Praxis in der Ethik

Praxis in der Ethik

Zur Methodenreflexion in der anwendungsorientierten Moralphilosophie

Herausgegeben von

Michael Zichy und Herwig Grimm

Walter de Gruyter · Berlin · New York

∞ Gedruckt auf säurefreiem Papier,
das die US-ANSI-Norm über Haltbarkeit erfüllt.

ISBN 978-3-11-019474-6

Bibliografische Information der Deutschen Nationalbibliothek

Die Deutsche Nationalbibliothek verzeichnet diese Publikation in der Deutschen Nationalbibliografie; detaillierte bibliografische Daten sind im Internet über http://dnb.d-nb.de abrufbar.

Printed in Germany
Einbandgestaltung: Martin Zech, Bremen
Einbandkonzept: +malsy, Willich
Druck und buchbinderische Verarbeitung: Hubert & Co. GmbH & Co. KG, Göttingen

Vorwort

Zu den Aufgaben eines Buches kann es gehören, alte Gedanken auf neue Wege und neue Gedanken auf alte Wege zu schicken. Jedenfalls ist dies, mit Bezug auf die Theorie- und Praxisdimension der angewandten Ethik, die Intention des vorliegenden Bandes. Seine Wurzeln hat er in dem alten Bedürfnis, dass Ethik für die Praxis wirksam werden möge. Seinen Anlass hat er im Alltagsgeschäft der angewandten Ethik, der Arbeit an gesellschaftlichen Herausforderungen, die dem Wunsch nach Praxisrelevanz nicht nur seine aktuelle Brisanz verleihen, sondern ihn in Notwendigkeit verwandeln.

Damit das Projekt, Ethik praktisch werden zu lassen, gelingen kann, wird es immer notwendig sein, nicht nur die Chancen, sondern auch die Grenzen dessen zu bestimmen, was von ihr erwartet werden kann. Der Weg zur Praxis muss nicht nur entdeckt und beschritten, sondern auch selbstkritisch reflektiert und theoretisch abgesichert werden. Dieser Aufgabe haben sich die hier versammelten Autoren gestellt; für die erfolgreiche und unkomplizierte Zusammenarbeit sei ihnen an dieser Stelle herzlich gedankt. Zum Erfolg und Gelingen dieses Buches haben aber auch viele andere beigetragen. In erster Linie möchten wir den Mitarbeitern des Institutes Technik Theologie Naturwissenschaften (TTN) an der Ludwig-Maximilians-Universität München für die Unterstützung danken, die dieses Buchprojekt zu einer gemeinsamen Anstrengung und einem gemeinsam getragenen Anliegen werden ließ. Dieser Dank gilt insbesondere Roger J. Busch, Geschäftsführer von TTN, für die Bereitstellung von Ressourcen, Andrea Beck und Birgit Dessauer für Korrekturen, sowie Martin Dürnberger und Heiner Aldebert für zahlreiche Anregungen bei der Entwicklung und Begleitung des Bandes. Ohne einen Verleger wäre die Erstellung eines Manuskriptes freilich vergebliche Mühe, und so sei abschließend besonders den Mitarbeitern der Verlages Walter de Gruyter für die kundige und freundliche Unterstützung gedankt.

Herwig Grimm und
Michael Zichy

Inhaltsverzeichnis

Teil III Zur Rolle von Theologie und Religion

Teil IV Zur praktischen Umsetzung theoretischer Ansprüche

Praxis in der Ethik: Zur Einführung

Michael Zichy und Herwig Grimm

I

Die Veränderung der Praxis ist ein alter Traum der Philosophie. Einst war ans Praktischwerden der Sinn des Philosophierens überhaupt geknüpft. Im besonderen Maße galt dies für die Ethik, jenes Nachdenken über Moral, „dessen Zweck", wie uns Aristoteles in der Nikomachischen Ethik belehrt, „nicht das Wissen, sondern das Handeln ist" (NE I, 1095a). Freilich war und ist die Realisierung dieses Traums nicht einfach und der Versuch des Praktischwerdens nur selten von Erfolg gekrönt. Und so wurde der Traum oft einfach aus dem Sinn gewischt und fallengelassen, die Theorie zum Selbstzweck erklärt und die philosophische Bemühung auf die Interpretation beschränkt.

Nach einer solchen Phase der Praxis-Abstinenz und des Rückzugs aus der Welt hat sich die philosophische Ethik seit den 70er Jahren des letzten Jahrhunderts aber wieder verstärkt ihres Traumes – ja ihrer ursprünglichen Bestimmung – erinnert und sich erneut der Praxis angenommen. Mit nachhaltiger Wirkung, wie es scheint, denn seit dieser Wiederentdeckung der Praxis hat die Moralphilosophie – in Gestalt der angewandten Ethik – nicht nur eine überaus erfolgreiche Geschichte erlebt, sondern auch eine für philosophische Disziplinen beispiellose Öffentlichkeitswirksamkeit entfaltet. Selbst vor dem Hintergrund der langen Geschichte der Moralphilosophie scheint diese Feststellung nicht übertrieben. Denn jetzt – und dies ist ein zentraler Unterschied zu den vorhergegangenen Phasen, in denen die Moralphilosophie praktisch zu werden versuchte – ist das Praktischwerden der Ethik vor allem eine Folge des Bedarfs moderner Gesellschaften. Zuvor wandte sich die Ethik aus innerem Antrieb der Praxis zu, diesmal folgt sie einer gesellschaftlichen Notwendigkeit. Hätte es die Ethik nicht schon vorher gegeben, so hätte sie jetzt erfunden werden müssen.

Für das gegenwärtige Praktischwerden der Ethik gibt es zwei äußere, gesellschaftliche, und einen inneren, in der Ethik selbst liegenden Grund. Erstens werfen die rasanten technologischen und sozialen Entwicklungen sowie deren Konsequenzen in unseren Gesellschaften beständig Fragen moralischer Natur auf, vor denen die traditionelle Moral versagt; kein Wunder, sind doch auf diese weitreichenden Fragen nicht ohne weiteres Antworten zu finden, geschweige denn vorgefertigte Antworten parat. Zweitens weisen pluralistisch verfasste Gesellschaften schon *per se* einen erhöhten Bedarf an säkularer Moralreflexion auf, da die traditionellen Moralen ihre unhinterfragte Autorität weitgehend eingebüßt haben. Beides macht eine arbeitsteilige, professionalisierte Bearbeitung moralischer Fragen notwendig. Die philosophische Ethik hat auf diesen Bedarf reagiert und den modernen Gesellschaften ihre Reflexionsressourcen angeboten. Angenommen wurde dieses Angebot aber nur deswegen, weil die Ethik – und dies ist der dritte, in ihr selbst liegende Grund – die Bereitschaft aufgebracht hat, den Elfenbeinturm der Wissenschaft zu verlassen und sich in das unübersichtliche Getümmel der moralischen Sorgen und Fragen des „wirklichen Lebens" und seiner Akteure zu begeben. Entscheidend dabei war und ist die Intention, mit der der Elfenbeinturm verlassen wurde: nämlich in der ehrlichen Absicht, für das wirkliche Leben etwas Praktisches zu leisten und einen Unterschied zu machen, und nicht nur, wie dies der Ethik – oft nicht zu unrecht – vorgeworfen wird, in der rein theoretischen Absicht, an den moralischen Problemen des wirklichen Lebens die Theorien zu erproben und zu schärfen. Neu am Engagement der Ethik ist also nicht der Bezug zu den realen, konkreten moralischen Problemen der Lebenswelt, sondern die Qualität der Orientierung an der Praxis. Dies blieb für die Methoden und Vorgehensweisen nicht folgenlos. Dort, wo die Absicht ehrlich und das Sich-Einlassen auf die Praxis ernst gemeint ist, werden praktische Ansprüche – zumindest tendenziell – über die theoretischen gestellt; die Theorie dient der Praxis, nicht andersherum. Ihren Ausdruck hat diese neue Qualität der Orientierung in für die angewandte Ethik typischen Erscheinungen gefunden, wie etwa in dem Verzicht auf starke Theorien, in der Ausdifferenzierung nach Problemfeldern bzw. Bereichsethiken sowie in der Bereitschaft, als eine (kompromissbereite) Stimme unter anderen in Kommissionen und Institutionen der gesellschaftlichen Steuerung mitzuwirken.

II

Das Sich-Einlassen auf die Praxis stellt die Ethik vor etliche neue Herausforderungen,[1] die allesamt mit der Frage der praktischen Anwendbarkeit von sittlichen Urteilen und insofern den verschiedenen Schnittstellen zur Praxis und deren erfolgreichen Integration zusammenhängen. Will die angewandte Ethik brauchbare Antworten auf konkrete, lebensweltliche Fragen finden, dann muss sie

a) vor allem einmal mit dem jeweiligen Praxissektor, aus dem die zu behandelnden Fragen und Probleme stammen, also etwa Medizin, Technik, Wirtschaft usw., vertraut sein;
b) eine profunde Kenntnis der spezifischen Sachverhalte aufweisen oder sie zu integrieren wissen, wozu sie in der Regel auf die anderen Wissenschaften, darunter insbesondere die Naturwissenschaften, angewiesen ist;
c) die Rahmenbedingungen möglicher Antworten berücksichtigen, d.h. die politischen Spielregeln, rechtlichen Regelungen und sonstige etablierte kontextspezifische Regeln in Rechnung stellen;
d) die allgemeinen gesellschaftlichen und die besonderen, im jeweiligen Praxissektor geltenden Wertesysteme jeweils für sich und in ihrem Zusammenhang berücksichtigen;
e) die Betroffenen und Beteiligten und deren Meinungen – wenn möglich dialogisch – einbinden.

Die große Herausforderung der angewandten Ethik ist, diese Schnittstellen und die mit ihnen einhergehenden Anforderungen auf angemessene Weise einzubeziehen und in die Antworten und die Begründungen von Lösungsvorschlägen zu integrieren. Möglich ist dies nur mit einem beträchtlichen Schuss Pragmatismus und Flexibilität.

Diese neue Orientierung an der Praxis und die damit einhergehende praktische Nützlichkeit und Nutzbarkeit der angewandten Ethik, der sie ihren Erfolg und ihre Karriere verdankt, hat aber auch ihren Preis. Denn genau dort, wo sie endlich praktisch werden könnte, droht die Theorie an Schärfe zu verlieren oder gar auf der Strecke zu bleiben. Damit läuft die angewandte Ethik Gefahr, die Rückbindung an ihre wissenschaftliche Heimat, die philosophische Ethik und die dortigen Theoriedebatten um

---

1 Für diese Herausforderungen stehen die Titel der einschlägigen Texte Pate. Vgl. Arnswald/Kertscher 2002; Bayertz 1991; Brand 2008; Friesen/Berr 2004; Gesang 2002; Honnefelder 1999; Kaminsky 1999; Kaminsky 2005; Kettner 1992; Kettner 2000; Leist 1998; Nida-Rümelin 2005; Ott 1996; Rippe 1999. Zudem soll erwähnt werden, dass insbesondere den Herausforderungen durch die Praxis beispielsweise mit so genannten „ethical tools" begegnet wurde, die versprechen, konkrete Handlungsorientierung zu bieten. Eine Sammlung solcher „ethical tools" findet sich bei Beekmann u.a. (2006).

normative Fundamente, zu verlieren. Hierfür lassen sich mindestens drei Gründe anführen: Zum Ersten hat sich erwiesen, dass allgemeine Theorien eine umso geringere Rolle spielen, je konkreter die zu bearbeitenden Probleme sind.[2] Dies gilt im besonderen Maße für die Arbeit in Kommissionen, die einen Gutteil des neuen Engagements der angewandten Ethik ausmacht. Zum Zweiten ist den teilweise gegenläufigen Anforderungen der angewandten Ethik nur schwer gleichzeitig gerecht zu werden. Kommt es darauf an, ist es immer noch leichter und pragmatischer, die Theorie preiszugeben. Zum Dritten besteht das Risiko, dass der Fundus an Theorien zu einem Werkzeugkasten wird, an dem sich nach rein pragmatischen Gesichtspunkten bedient und nach Gutdünken herausgenommen werden kann, was gerade zu passen scheint. Als erstes Anzeichen einer solchen „*tool-box*-Mentalität" könnte bereits die Zersplitterung der angewandten Ethik in unterschiedliche Bereichsethiken, die mit je eigenen Methoden an die unterschiedlichen Praxissektoren herangehen, gedeutet werden; dies hat ihnen auch – mit durchaus zynischer Konnotation – den Namen „Bindestrich-Ethiken" eingetragen.[3] Insgesamt scheint die ungute Alternative für die angewandte Ethik zu lauten: Entweder theorienah und praxisfern oder aber praxisnah und theoriefern.

Angesichts dieser Problemlage empfiehlt es sich, das Projekt der Selbstaufklärung der angewandten Ethik weiterzutreiben. Will die angewandte Ethik Wissenschaft bleiben – was sie muss, um ihrer gesellschaftlichen Verantwortung gerecht zu werden –, dann muss sie mindestens zwei Problemfelder bearbeiten, die nicht unabhängig voneinander behandelt werden können: Zum einen ist für die angewandte Ethik als Wissenschaft bzw. für Theorien der angewandten Ethik zu klären, wie die Integration dieser unterschiedlichen Anforderungen in die Theorie und die Operationalisierung in theoretisch abgesicherte Methoden gelingen kann. Um dies befriedigend leisten zu können, ist zum zweiten die metatheoretische Aufklärung darüber erforderlich, was diese Integration bzw. die Anwendungs- und Erfolgsorientierung überhaupt für Auswirkungen auf Theorien der angewandten Ethik und ihren Anspruch auf Wissenschaftlichkeit hat.

III

Die Beiträge des vorliegenden Bandes behandeln in je unterschiedlicher Absicht und Weise die oben skizzierten Themenstellungen. Die Perspektiven, aus denen sich die Autoren dem Thema „Praxis in der Ethik" nä-

2 Vgl. Ach/Runtenberg 2002, 161f.
3 Vgl. Wolf/Schaber 1998, 149.

hern, lassen sich – mit den unvermeidlichen Simplifizierungen einer solchen Einteilung – vier thematischen Abschnitten zuordnen, denen die Struktur des Buches entspricht.

Zur Grundlagenreflexion der Praxisorientierung

Die Beiträge des ersten thematischen Abschnittes widmen sich der theoretischen Grundlegung der angewandten Ethik, ihrer Rückbindung an ethische Theorien und ihrem Ort innerhalb der Moralphilosophie.

Für *Julian Nida-Rümelin* ist die starke Orientierung an der Praxis ein Konstitutivum der ethischen Theorie überhaupt, da diese rekonstruktiv vorgehen muss und daher essentiell auf das in der lebensweltlichen Sprach- und Interaktionspraxis gegebene System normativer Kriterien angewiesen ist: Die Ethik folgt also der Praxis. Daraus resultiert auch, dass die Ausdifferenzierung nach Praxisfeldern, die lebensweltlich etablierten Begründungsspielen folgt, gerechtfertigt ist. Die konstitutive Rolle der Lebenspraxis für die ethische Theorie begründet Nida-Rümelin, indem er zunächst gegen den Internalismus Humescher Prägung, für den praktische Gründe ausschließlich auf Wünsche zurückgehen, zeigt, dass praktische Gründe erstens in ihrer Vielfalt irreduzibel sind und zweitens – ähnlich den theoretischen – objektivistisch interpretiert werden müssen. Dies bedeutet, dass lebenspraktische Gründe von der Theorie ernst genommen werden müssen, weil sie es sind, die Normativität erzeugen. Die lebensweltliche Sprach- und Interaktionspraxis ist Quell der Normativität; die Ethik kann ihre Normativität daher auch nur im Rekurs auf die Lebenswelt erhalten und ist mithin nur als rekonstruktive möglich. Dass die Lebenswelt dennoch kritisierbar bleibt, dafür sorgt erstens das Gewissheitsgefälle moralischer Überzeugungen innerhalb des Systems der lebenspraktischen Gründe und zweitens die in die lebensweltliche Praxis des Gründegebens und -nehmens essentiell eingebaute Reflexivität, die ein kritisches Potential enthält und die fließend in die ethische Theoriebildung übergeht. Die Ethik ist also ein untrennbarer Bestandteil der Lebenswelt und kann nicht unabhängig von ihr – oder gar ihr gegenüberstehend – gedacht werden; sie ist Teil der Praxis und muss, wenn sie über die Praxis reflektiert, auf diese bezogen bleiben.

Ludwig Siep argumentiert dafür, dass Grundlagenfragen ethischer und metaethischer Art von Anwendungsfragen nicht zu trennen sind. Dazu zeigt er in einem ersten Schritt an vier Beispielen (Forschungen an Nichteinwilligungsfähigen, Enhancement, artgerechte Tierhaltung, Biodiversität), wie Grundlagenfragen auf Anwendungsfragen durchschlagen. Im zweiten Schritt verdeutlicht er das Scheitern einer erfahrungsfreien, von ethischen Traditionen und konkreten Urteilen unabhängigen, formalen oder apriorischen Moral an drei Versuchen solcher Moralbegründung (Handlung, Vernunft, Sprache). Daran wird deutlich, dass Moralbegründung nicht möglich ist ohne den Rückgriff auf empirisches Material, auf Erfahrung, Beobachtung, Wertung, auf Traditionen und Erzählungen. Aus beidem – der Zusammengehörigkeit von Grund- und Anwendungsfragen sowie der Notwendigkeit des Rückgriffs auf die Empirie – folgt, wie Siep im dritten und letzten Schritt ausführt, dass die Ethik einen Ausgleich suchen muss zwischen allgemeinen Regeln und Prinzipien einerseits und Traditionen, Erfahrungen und ihren Anwendungen in konkreten Situationen andererseits. Dazu ist es notwendig, die an der *common morality* orientierte Prinzipienethik Beauchamps und Childress' um eine ethische Methodik zu erweitern, die zweierlei umfasst: eine Hermeneutik kultureller Erfahrungen und – als kritisches Regulativ – eine Rahmenvorstellung einer wohlgeordneten natürlichen und sozialen Welt, d.h. eines universal bejahens- und erstrebenswerten Zustandes der Welt im Ganzen, die sich aus moralischen Traditionen aller kosmosfreundlichen religiösen und säkularen Weltanschauungen erheben lässt.

Otfried Höffe geht in seinem Beitrag der Frage nach, welche Rolle nichtutilitaristische Positionen in einer anwendungsorientierten Moralphilosophie spielen können. Dabei untersucht er das Anwendungspotential zweier Grundmodelle abendländischer Moralphilosophie, der Theorie des guten Lebens bzw. der Lebenskunst und der Maximen-Ethik in der Tradition Kants. Er zielt insbesondere auf die Orientierungsleistung für Handelnde, wobei die prinzipienorientierte Lebenskunst sich in Bescheidenheit übt, da sie weiß, dass das konkrete Tun und Lassen dem Handelnden überantwortet bleiben muss. Trotz dieser Einschränkung kann sie es leisten, die Grundschwierigkeiten des Relativismus und des Nihilismus zu lösen. An diese Untersuchung anschließend, macht Höffe auf der Grundlage eines reflektierten Begriffs der Maxime deutlich, dass die Maximen-Ethik ebenfalls das Potential hat, in der angewandten Ethik eine größere Rolle zu spielen. Maximen bezeichnen dabei die schlechthin höchsten und ersten Sätze einer Beweiskette, die sich auf normativ entscheidende Gesichtspunkte richten. Ihre Anwendung stellt eine hermeneutische Aufgabe dar, die man als ein Deuten der gegebenen Lage im Licht der Maxime oder auch als Vermittlung empirischer Faktoren mit dem normativen Faktor, der Maxime, beschreiben kann. Beide Konzeptionen, so der Autor schließlich, tragen ein bemerkenswertes und bislang zu wenig beachtetes Potential in sich, den Herausforderungen der anwendungsorientierten Moralphilosophie zu begegnen.

Michael Zichy untersucht in seinem Beitrag das spannungsvolle Verhältnis zwischen den Anforderungen an die Problemlösungsvorschläge der angewandten Ethik und die diesbezüglichen ethischen Implikationen der Anwendungsorientierung ethischer Theorien. Zu diesem Zweck klärt er zunächst den Typus von moralischen Problemen, mit denen die angewandte Ethik zu tun hat, um von ihnen die Lösungsanforderungen und Aufgaben der angewandten Ethik abzuleiten. Danach lotet er im Detail drei der wichtigsten Lösungsanforderungen – moralische Richtigkeit, Anwendbarkeit, Problembeseitigung inklusive Konfliktbeilegung – in ihrer tendentiellen Gegenläufigkeit, in dem daraus resultierenden Spannungsverhältnis und in ihren ethischen Implikationen aus. Ebenfalls im Hinblick auf ihre ethischen Implikationen, aber auch hinsichtlich ihrer Rechtfertigung analysiert Zichy anschließend zwei in der angewandten Ethik etablierte Strategien, mit diesen Spannungen umzugehen – die Trennung von Anwendungs- und Grundlagenfragen sowie die Trennung von Inhalt und Verfahren. Dabei kommt er zu dem Ergebnis, dass die Strategien die Spannungen zwar abmildern, aber nicht gänzlich auflösen können. Ihre tatsächliche Ausprägung hängt aber, so schließt er, letztlich von der jeweils vertretenen ethischen Theorie und der konkreten Rolle der/des Ethikerin/Ethikers bei der Problembearbeitung ab.

Zu den theoretischen Implikationen empirischer Sachverhalte

An diese grundlegenden Reflexionen schließen im zweiten Abschnitt Beiträge an, die sich auf die Herausforderungen und Implikationen der empirischen Gegebenheiten und Zusammenhänge sowie der komplexen Struktur konkreter Problemfelder angewandter Ethik einlassen; dies geschieht unter anderem in durchaus programmatischer Absicht.

Wie eine empirische Wissenschaft dabei helfen kann, moralische Geltung zu reflektieren bzw. in Zweifel zu ziehen, zeigt *Wolfgang van den Daele*. Der nüchterne Blick des Soziologen beschreibt moralische Geltung als soziale Tatsache und moralische Normen als kulturelle Erfindungen, die sich etablieren, weil sie Probleme lösen. Ihre Bedeutung wird jedoch zunehmend dadurch relativiert, dass wichtige soziale Bereiche mehr und mehr einer funktionalistischen Logik folgen und „entmoralisiert" werden; wo es für Koordination und Integration sozialen Handelns auf Werte und Normen ankommt, wird stattdessen gemeinhin auf rechtliche Regelungen und nicht auf moralische Verpflichtung gesetzt. Trotz dieser Relativierung bleibt jedoch der Geltungsglaube in den aktuellen bioethischen Debatten erhalten. Diese intuitiven Geltungsgewissheiten, so van den Daele, sind Ressourcen und nicht Themen des bioethischen Diskurses. Besonders der faktische Konsens, als eine notwendige Voraussetzung für die gesellschaftliche Geltung sittlicher Gebote, erlangt in der Auseinandersetzung

Bedeutung. Die soziologische Aufklärung kann helfen, diese empirisch gleichermaßen verifizierbare und falsifizierbare Geltungsgrundlage zu prüfen. Denn beobachtbare Tatsachen können die Geltung der Ansprüche widerlegen, wenn moralische Geltungsansprüche auf empirischen Prämissen aufbauen. Die Bedeutung für die angewandte Ethik veranschaulicht van den Daele an den Beispielen der Anerkennung des Lebensrechtes von Embryonen, dem Gebot der Sittlichkeit und dem Respekt vor der menschlichen Natur. Die Analyse führt ihn zu dem Schluss, dass soziologische Aufklärung als Korrektiv der Tendenz dienen kann, moralische Ansprüche mit mutmaßlich konsensuell getragenen Überzeugungen und ungeprüften Missbrauchs- oder Fehlentwicklungsszenarien rhetorisch zu untermauern.

Auf der Grundlage eines geschärften Verständnisses von Bioethik charakterisiert *Kristian Köchy* wesentliche Konfliktdimensionen bioethischer Fragestellungen, die sich aus der Natur ihrer Untersuchungsgegenstände ergeben. Von einem kontextualistischen Ansatz, für den der Autor in seinem Beitrag argumentiert, verspricht er sich eine Entschärfung einiger dieser Konfliktlagen. Dabei steht vorerst die wissenschaftsphilosophische Überlegung im Vordergrund, dass sich in kontextualistischer Perspektive nicht nur die theoretische Bestimmung von Wissenschaft ändert, sondern auch praktisch-moralische Konsequenzen wissenschaftlicher Handlungen offensichtlich werden. Daran anschließend steht zur Diskussion, wie im Kontext bioethischer Untersuchungen und Urteilsbildung empirische Erkenntnisse einbezogen werden können, ohne dass dies in einen Sein-Sollen-Fehlschluss mündet. Dem Vorwurf des naturalistischen Fehlschlusses begegnet Köchy mit dem Argument, dass der bioethische Faktenbezug in keinem Fall den Bezug auf rein deskriptive und wertfreie Prämissen bedeuten kann. Der unumgängliche Rekurs auf empirische Daten in bioethischen Reflexionen birgt allerdings die Schwierigkeit, dass jede Bewertung relational zu denselben ist. Der dadurch drohenden Relativierung der Bewertung begegnet der Autor mit dem Argument, dass gerade beim kontextuellen Ansatz ein Anspruchsniveau der Untersuchung formuliert werden kann, bei dem auch das Konkrete unter der Annahme umfassender Gesetzmäßigkeit betrachtet wird. Diese Überlegungen führt der Autor abschließend zusammen und beschreibt die weitreichenden Implikationen für die Rolle und das Bildungsideal des Bioethikers.

Jochen Ostheimer und *Markus Vogt* widmen sich einem grundsätzlichen Problem der angewandten Ethik, der Komplexität ihrer Problemstellungen, von der sie regelmäßig in die Enge getrieben wird. Erforderlich ist deshalb eine Methodenreflexion hinsichtlich der Berücksichtigung systemischer Effekte und schwer überschaubarer Folgen. Nach einer Begriffsbestimmung der Komplexität in Natur und Gesellschaft beschreiben die

Autoren, welche typischen Strategiefehler angesichts komplexer Probleme zu erwarten sind. Mit Rücksicht auf diese Fehler diskutieren die Autoren dann relevante Leitideen der Komplexitätsforschung, die bei der Behandlung ethischer Fragestellungen zu beachten sind und entsprechend methodisch integriert werden sollten. Das hier vorgeschlagene begriffliche und methodische Instrumentarium kann dort weiterhelfen, wo herkömmliche Methoden der ethischen Reflexion an ihre Grenzen geraten. Am Beispiel des Risikos gehen Ostheimer und Vogt deshalb dazu über, Aspekte von Handlungen in komplexen Kontexten in methodologischer Absicht zu erläutern. Diese entscheidende Dimension der Komplexität wird so in Risikotypen beschreibbar und in ein Risikomanagement integrierbar; die Risikomündigkeit wird hier zum zentralen Begriff des Beitrages. Mit ihr ist die aufgeklärte Übernahme von Verantwortung angesichts von komplexen Handlungskontexten und Nichtwissen gemeint. Aufgeklärte Risikomündigkeit wird so zum Gegenkonzept der Überforderung durch Komplexität und Nichtwissen und ermöglicht es Akteuren, drohende Handlungslähmung zu vermeiden; es bedarf der Aufklärung und Entwicklung von Strategien im Umgang mit Komplexität und Nichtwissen. Hiermit wird ein Weg vorgezeichnet, wie verantwortliche und rationale Entscheidungen im Bereich der anwendungsorientierten Ethik unter der Bedingung von Komplexität und gewusstem Nichtwissen möglich werden.

Zur Rolle von Theologie und Religion

Während sich der zweite Abschnitt überwiegend mit der Integration des empirischen Wissens in die ethische Methodik auseinandersetzt, behandeln die Beiträge des dritten Teils die Rolle und Funktion religiöser Überzeugungen und vermitteln einen Einblick in die Zusammenhänge zwischen theologischer Moralreflexion, Fragen ihrer Anwendung und philosophischer Ethik.

Konrad Hilpert widmet sich in seinem Beitrag der katholischen Moraltheologie, ihrer Herausforderung durch die Anwendungsorientierung sowie ihrem Verhältnis zur Ethik. Dazu legt er dar, dass und wie Sittlichkeit ein integraler Bestandteil des christlichen Glaubens ist und Theologie daher die Deutung des Glaubens für die Lebenspraxis zur Aufgabe hat. Diesem Selbstverständnis entspricht, dass sich die Theologie in den ethischen Diskurs einbringt. Sie beansprucht dort allerdings keine Monopolstellung in Bezug auf die Gestaltung der moralischen Lebenspraxis und gerät daher auch nicht in Konkurrenz zur Ethik. Ihr Spezifikum – und ihr Mehrwert – liegt vielmehr in einem Menschen-, Daseins- und Weltverständnis, das Moral jenseits aller Perfektionsbestrebungen als dankbare Antwort auf eine vorgängige Heilszusage versteht. Da die theologische Ethik wie jede Ethik letztlich auf Anwendung abzielt, steht auch sie vor der Herausforderung der Vermittlung allgemeiner Regeln mit konkreten Handlungsempfehlungen; im nicht immer unproblematischen Zusammen der allgemeinen und der speziellen, auf Einzelfragen fokussierten Moraltheologie kommt dies zum Ausdruck. Entscheidend dabei ist, dass die theologische Ethik keine inhaltlichen Regeln durch unmittelbaren Rückgriff auf Glaubensinhalte gewinnen, sondern nur den Sinnhorizont der Sittlichkeit offen legen kann, den es in einer wechselseitigen Hermeneutik auf konkrete Fälle der sittlichen Urteilsbildung zu beziehen gilt. Im ethischen Diskurs trifft die theologische Ethik auf weltanschauliche Konkurrenz. Dies erfordert von ihr, theologische Konzepte so weit wie möglich in eine säkulare Sprache zu übersetzen und an der Gewinnung allgemeingültiger, allen einsichtigen Normen mitzuwirken.

Friedemann Voigt untersucht in seinem Beitrag die Rolle von Religion und Religionsvertretern in bioethischen Diskursen. Diskurse, d.h. institutionalisierte Ethik-Debatten, dienen modernen Gesellschaften zur Aushandlung ethischer Fragestellungen. Diese Diskurse zehren aber ihrerseits von Voraussetzungen, die sie selbst nicht produzieren können, sondern die sie der europäischen moralischen und rechtlichen Tradition – und hierbei ganz wesentlich dem Christentum – zu verdanken haben. Diesen – oft nur untergründig wirkenden – Zusammenhängen zwischen Anwendungsdiskursen und kulturell sedimentierten religiösen Vorstellungen und Werten versucht Voigt nun mit Hilfe einer empirischen Analyse auf die Spur zu kommen. Um Religion in Diskursen überhaupt sichtbar zu machen, unterscheidet er zunächst drei Diskursebenen (Orientierungs-, Begründungs- und Beratungsebene) und drei Arten von Akteuren (Institutionen, Personen, Ideen). Auf dieser methodischen Basis analysiert Voigt dann am Beispiel des Nationalen Ethikrates in Deutschland die Rolle von Religionsvertretern. Thematisiert werden hierbei unter anderem der Unterschied und die Spannung zwischen Fremd- und Selbstwahrnehmung sowie zwischen persönlichem Standpunkt, Repräsentation der Religionsgemeinschaft und tatsächlichem Verhalten von Religionsvertretern, sowie das (Nicht-)Vorkommen religiöser und theologischer Sprache und die diesbezügliche theologische Reflexion und Begründung in den Sitzungen des Nationalen Ethikrates. Vor dem Hintergrund dieser Analyse kommt Voigt für das Verhältnis von Religion und ethischem Diskurs zu dem Schluss, dass Religion nicht als irrationales, dem Diskurs fremdes Moment anzusehen ist, sondern vielmehr in den Rationalitätskontext von Diskursen zutiefst eingewoben ist. Daran wird auch klar, dass und inwieweit ein vom Christentum geprägter historisch-kultureller Kontext zur Entstehung von verständigungsorientierten Diskursen beigetragen hat; ethische Anwendungsdiskurse sind mithin als kulturelle Ausdrucksformen einer vom Christentum geprägten Kultur zu betrachten.

Zur praktischen Umsetzung theoretischer Ansprüche

Die Autoren der Beiträge des letzten Abschnittes entwickeln Konzepte für die Umsetzung der Ethik zur Lösung konkreter moralischer Problemstellungen und bemühen sich um die reflektierte Integration der beim Praktischwerden auftauchenden Hindernisse in das methodische Repertoire der angewandten Ethik.

Konrad Ott untersucht die Spannung, die sich aus den schwer vereinbaren Anforderungen der Reflexivität und der Positionierung in der angewandten Ethik ergibt. Er sieht eine zentrale und grundlegende Schwierigkeit darin, dass sich die angewandte Ethik entweder auf eine Reihe von unabweislichen Reflexionsanforderungen einlässt und damit zur Methodologie von Ethik und zur Metaethik wird, oder es demgegenüber als ihre wesentliche Aufgabe begreift, in interdisziplinären Arbeitsgruppen zu politischen Fragen substantielle Positionen zu entwickeln und an deren Umsetzung mitzuwirken. Ott argumentiert hier, dass die angewandte Ethik nicht allein in Reflexion aufgehen kann, sondern sich diskursrational positionieren muss, auch wenn dies angesichts anstehender Entscheidungen nur unter Risiko, Unsicherheit und Ungewissheit möglich sein wird. Dies verdeutlicht er am Beispiel der Umweltethik, was ihn zu den Auswirkungen der Politikberatung auf die angewandte Ethik führt. Besonders beschäftigen ihn dabei der Einfluss der politischen Realität auf die ethische Entscheidungsfindung, die Wahrnehmung von Ethikern als Exoten in Beratungsgremien und das drohende „positionelle Nirwana" durch überbordende Grundsatzreflexion. Philosophen, die in Gremien der Politikberatung Aufgaben übernehmen, können sich nicht mehr allein am Ideal strikter Reflexion orientieren; tun sie es doch, so ein Fazit des Autors, haben sie dort eigentlich nichts verloren. Um nicht auf Abwege zu geraten, ist es für Ethiker umso wichtiger zu erkennen, wann der philosophische Weg der Reflexion und wann der politische Weg der Positionierung zu beschreiten ist. So ähnelt die angewandte Ethik in mancher Hinsicht eher der Kunstfertigkeit, im Aktuellen das Ethische präsent zu halten.

Josef Wieland diskutiert in seinem Beitrag die gesellschaftliche Institutionalisierung und praktische Organisierung gerechtfertigter moralischer Ansprüche durch die Governanceethik. Diese versucht das Scheitern von ethischen Theorien an der praktischen Anwendbarkeit zu vermeiden, indem sie das traditionell hierarchische Verhältnis von Theorie und Praxis durch ein kohärentistisches In-Bezug-Setzen ablöst. Dies erlaubt ihr, alle vier Faktoren, die für eine stabile, gelebte Praxis eine wesentliche Rolle spielen, gleichermaßen zu berücksichtigen: die informalen Institutionen (moralische, religiöse, kulturelle Grundüberzeugungen, Ethik), die emotionalen Faktoren der individuellen Selbstbindung (Scham, Empörung), die formalen Institutionen (Gesetze, Vorschriften) und die zur Verfügung stehenden Kooperations- und Koordinationsverfahren von Organisationen (Leitlinien, bürokratische Verfahren usw.). Diese vier Faktoren gilt es jeweils im gegebenen lokalen und globalen Kontext und hinsichtlich ihres Einflusses auf das Handeln zu betrachten. Am Beispiel der Wirtschaftsethik – und am Fallbeispiel der Korruption – veranschaulicht Wieland dann, wie die Governanceethik die Integration dieser vier Faktoren leistet. Dabei wird deutlich, dass die philosophische Begründung nur ein Element der Problemexplikation und -exekution ist. Die praktische Reichweite der Begründung ist durch die übrigen drei Faktoren bestimmt, die sowohl Beschränkung als auch Bedingung der Ermöglichung füreinander sind. An die Stelle einer hierarchischen Ordnung von Begründungs- und Anwendungsdiskursen tritt somit die Idee ihrer Relationierung, die den Begründungsakt zu einem Bestandteil des Anwendungsbezugs und den Anwendungsbezug zum Bestandteil des Begründungsakts macht. Dies führt in der Folge zu einem In-Bezug-Setzen von deskriptiven und normativen Ethiken, ohne die die Methodologie einer anwendungsorientierten Ethik, die es mit der Implementierung ihrer Ansprüche in die Gesellschaft ernst meint, nicht auskommen kann.

Herwig Grimm geht in seinem Beitrag der Frage nach, welchen Einfluss Anforderungen wie Kontextsensitivität, Umsetzbarkeit, Realisierbarkeit, Zumutbarkeit und wissenschaftliche Anschlussfähigkeit von Lösungsvorschlägen auf die Methode der angewandten Ethik haben. Diese pragmatischen Leitkonzepte angewandter Ethik werden als Scharniere zwischen theoretischen und praktischen Ansprüchen verstanden, die dabei helfen können, tragfähige Lösungsvorschläge für Problemstellungen der angewandten Ethik zu begründen. Hierbei besteht die Herausforderung darin, sowohl theoretische als auch praktische Ansprüche in das methodische Vorgehen der angewandten Ethik zu integrieren, wobei die pragmatischen Leitkonzepte eine zentrale Rolle spielen. Mithilfe der Bestimmung eines Problem- und Lösungstyps der angewandten Ethik versucht der Autor, die Leitkonzepte theoretisch einzuholen und für eine geeignete Problemlösungsstrategie fruchtbar zu machen. Dies führt zu einem Verständnis der Aufgabe angewandter Ethik, das sich an der naturwissenschaftlichen Forschung anlehnt und auf die Begründung und Prüfung von Hypothesen in einem konkreten Forschungsraum setzt. Die physischen und normativen Rahmenbedingungen sind integraler Bestandteil bei dieser Konstruktion und Prüfung hypothetischer Lösungsvorschläge. Die pragmatischen Leitkonzepte angewandter Ethik können hierbei als Kriterien dienen, die Arbeit von Ethikern methodisch anzuleiten, mögliche Lösungsvorschläge strukturiert zu reflektieren und auf ihre Angemessenheit hin zu prüfen, sodass ihre Verwirklichung die verantwortlichen Akteure nicht überfordert. Schließlich veranschaulicht der Autor dieses methodische Vorgehen an einem konkreten Beispiel aus der Tierethik.

Ausgangspunkt von *Bernhard Irrgangs* Beitrag zum Kriterium der Realisierbarkeit sittlicher Urteile ist die soziale Notwendigkeit angewandter Ethik, die der Ethik einen Paradigmenwechsel abverlangt. Dieser äußert sich in der Synthese von ehemals konkurrierenden Denkmustern, nämlich von Prinzipienethik und Deontologismus mit Utilitarismus und Pragmatismus sowie in der Auflösung des Gegensatzes von sittlicher und instrumenteller, strategischer Vernunft. Dieser Paradigmenwechsel erfordert, so Irrgang, eine hermeneutische Ethik, die mit dem Zusammenbrechen der alten Oppositionen umzugehen weiß, im „Sowohl – Als auch" beheimatet ist und auf diese Weise die Vermittlung zwischen Realisierbarkeit und Sittlichkeit erfolgreich in die Wege leiten kann. Eine zentrale Rolle in der Theoriebildung nimmt dabei die Reflexion auf wissenschaftliche Expertise und Expertentum ein, über die – etwa in Kommissionsarbeit – die Realisierung sittlicher Urteile läuft. Aus diesem Grund ist es, wie Irrgang in der zweiten Hälfte seines Beitrages in einer detaillierten Bearbeitung der damit in Verbindung stehenden Fragen aufzeigt, erforderlich, sowohl eine Theorie der Expertise als auch eine Theorie des Anwenders oder Entscheiders ethischer Probleme zu entwickeln und in die Ethik zu integrieren.

Literaturverzeichnis

Ach, Johann/Runtenberg, Christa (2002): Bioethik: Disziplin und Diskurs. Zur Selbstaufklärung angewandter Ethik. Frankfurt a.M.

Aristoteles (1985): Nikomachische Ethik. Auf Grundlage d. Übers. v. Eugen Rolfen neu übers. u. hg. v. Günther Bien. 4. Aufl. Hamburg.Arnswald, Ulrich/Kertscher, Jens (Hg.) (2002): Herausforderungen der Angewandten Ethik. Paderborn.

Bayertz, Kurt (1991): Praktische Philosophie als angewandte Ethik. In: Ders. (Hg.): Praktische Philosophie. Grundorientierungen angewandter Ethik. Reinbek bei Hamburg, 7-47.

Beekman, Volkert u.a. (2006): Ethical Bio-Technology Assessment Tools for Agriculture and Food Production. Final Report Ethical Bio-TA Tools. Den Haag.

Brand, Cordula u.a. (2008): Die Herausforderungen der Bioethik – Zur Einführung. In: Dies. (Hg.): Wie funktioniert Bioethik? Paderborn.

Friesen, Hans/Berr, Karsten (Hg.) (2004): Angewandte Ethik im Spannungsfeld von Begründung und Anwendung. Frankfurt a.M. u.a.

Gesang, Bernward (Hg.) (2002): Biomedizinische Ethik. Aufgaben, Methoden, Selbstverständnis. Paderborn.

Honnefelder, Ludger (1999): Anwendung in der Ethik und angewandte Ethik. In: Jahrbuch für Wissenschaft und Ethik 4, 273-282.

Kaminsky, Carmen (1999): Angewandte Ethik. Zwischen Moralphilosophie und Politik. In: Rippe, Klaus Peter (Hg.): Angewandte Ethik in der pluralistischen Gesellschaft. Freiburg i.Ue., 143-159.

Kaminsky, Carmen (2005): Moral für die Politik. Eine konzeptionelle Grundlegung der Angewandten Ethik. Paderborn.

Kettner, Matthias (1992): Drei Dilemmata angewandter Ethik. In: Ders./Apel, Karl-Otto (Hg.): Zur Anwendung der Diskursethik in Politik, Recht und Wissenschaft. Frankfurt a.M., 9-28.

Kettner, Matthias (Hg.) (2000): Angewandte Ethik als Politikum. Frankfurt a.M.

Leist, Anton (1998): Angewandte Ethik zwischen theoretischem Anspruch und sozialer Funktion. In: DZPhil 46/5, 753–779.

Nida-Rümelin, Julian (Hg.) (2005): Angewandte Ethik. Die Bereichsethiken und ihre theoretische Fundierung. 2. Aufl. Stuttgart.

Ott, Konrad (1996): Strukturprobleme angewandter Ethik und Möglichkeiten ihrer Lösung. In: Ders.: Vom Begründen zum Handeln. Tübingen, 51-86.

Rippe, Klaus Peter (Hg.) (1999): Angewandte Ethik in der pluralistischen Gesellschaft. Freiburg i.Ue.

Wolf, Jean Claude/Schaber, Peter (1998): Einführung in die Analytische Ethik. Freiburg i.Br.

Teil I

Zur Grundlagenreflexion der Praxisorientierung

Moralische Urteilsbildung und die Theorie der „Angewandten Ethik“

Julian Nida-Rümelin

1. Einführung: Was ist Ethik?[1]

Den Ausgangspunkt aller wissenschaftlichen Ethik (sei es nun theoretische oder angewandte) bilden unsere lebensweltlichen moralischen Überzeugungen. Diese moralischen Überzeugungen beziehen sich darauf, was gut ist, welche Handlung moralisch unzulässig ist, welche Verteilung als gerecht gelten kann etc. Die ethische Theorie versucht, allgemeine Kriterien für die Verwendung der Prädikate „gut“, „richtig“, „gerecht“ etc. zu entwickeln, die einerseits im Einklang sind mit unaufgebbar erscheinenden moralischen Überzeugungen und andererseits Orientierung in denjenigen Fällen bieten können, in denen unsere lebensweltlichen moralischen Auffassungen unsicher oder sogar widersprüchlich sind. Ethische Kriterien sind demnach normativ: Sie beschreiben nicht vorfindliche moralische Überzeugungen, sondern formulieren selbst eine moralische Überzeugung. Der Unterschied zwischen der beschreibenden Rekonstruktion vorfindlicher moralischer Überzeugungen und der Entwicklung einer ethischen Theorie besteht darin, dass letztere Kriterien moralischen Urteilens und moralischen Handelns entwickelt, während erstere sich der normativen Stellungnahme enthält.

Ethische Kriterien dürfen zudem nicht verwechselt werden mit einer reinen Bedeutungsbestimmung moralischer Ausdrücke. Denn jede sinnvolle Diskussion über ethische Kriterien setzt bereits voraus, dass die Diskutanten die moralischen Ausdrücke, von denen diese Kriterien Gebrauch machen, in etwa der gleichen Weise verwenden. Auch wenn die jahrzehntelange Diskussion um die Bedeutungsanalyse moralischer Ausdrücke von nicht geringem Ertrag war, so ist dennoch die Frage, welche Bedeutungsanalyse moralischer Ausdrücke angemessen ist, für die ethische Theoriebildung nachrangig.[2] Die zentralen normativen Prädikate wie

1 Vgl. Nida-Rümelin 2005.

2 Als paradigmatisches Werk für die Bedeutungsanalyse vgl. Hare 1952.

„gut", „richtig", „gerecht" etc. sind nämlich in unserem Sprachgebrauch so tief etabliert und werden in so vielen Zusammenhängen erfolgreich angewendet, dass die Sorge, es würden unterschiedliche moralische Sprachen gesprochen, unbegründet ist. Wir sprechen die gleiche moralische Sprache und verwenden die zentralen moralischen Ausdrücke in ungefähr der gleichen Bedeutung; daraus folgt jedoch nicht, dass wir uns in allen Situationen darüber einig sein müssen, was gut, richtig oder gerecht ist. Würden wir in solchen Streitfällen allerdings die moralischen Ausdrücke in unterschiedlicher Bedeutung verwenden und also nicht über das Gleiche reden, so wären diese Uneinigkeiten letztlich gegenstandslos.

Bisweilen wird in der Literatur zwischen einer Ethik erster und einer Ethik zweiter Ordnung unterschieden.[3] Die Ethik erster Ordnung entwickelt Kriterien der moralischen Beurteilung, während die Ethik zweiter Ordnung sich mit Fragen nach dem Status und der Begründbarkeit von Theorien erster Ordnung befasst. In den Bereich der Ethik zweiter Ordnung fallen erkenntnis- und handlungstheoretische Fragen, aber auch die Bedeutungsanalyse moralischer Ausdrücke sowie ontologische Probleme. Eine andere Einteilung unterscheidet zwischen normativer Ethik, Metaethik und deskriptiver Ethik. Die deskriptive Ethik beschreibt moralische Haltungen und Überzeugungen (sie gehört damit überwiegend zur Moralpsychologie, Soziologie oder Ethnologie), während die normative Ethik Kriterien der moralischen Beurteilung entwickelt und die Metaethik als Metatheorie normativer Ethik verstanden wird. Das Verhältnis von Metaethik und normativer Ethik ist in etwa das gleiche wie das zwischen Wissenschaftstheorie der Physik und Physik.

Im Folgenden soll für die These argumentiert werden, dass sich die Theoriebildung im Bereich der Ethik nicht wesentlich von der im Bereich der theoretischen Philosophie bzw. der deskriptiven Wissenschaft insgesamt unterscheidet. D.h. es soll gezeigt werden, dass es kein besonderes Problem ethischer Begründung gibt, aufgrund dessen der Ethik ihre „Wissenschaftlichkeit" abgesprochen werden müsste. Dieser Befund hat einige Implikationen für die angewandte Ethik, die in den letzten beiden Teilen meines Beitrags dargestellt werden.

3 Vgl. Mackie 1977.

2. Die Rolle von Gründen[4]

Es besteht weitgehend Konsens darüber, dass Gründe etwas mit etablierten Regeln zu tun haben und dass die *interpersonelle* Rolle von Gründen die primäre ist. Ein guter Grund für x überzeugt, wobei x eine Handlung, eine Überzeugung oder eine (nicht-propositionale) Einstellung sein kann. Wenn A gegenüber B einen guten Grund für x nennt, dann ist der hinreichend rationale B, nachdem er diesen Grund vernommen hat, von x überzeugt. D.h. dann ist B davon überzeugt, dass x richtig ist. Wenn wir die möglicherweise zirkuläre Bestimmung „rational“ weglassen, lässt sich der Begriff des *pragmatisch guten Grundes* einführen: G ist gegenüber B ein pragmatisch guter Grund für x, wenn sich B durch G von der Richtigkeit von x überzeugen lässt. Allerdings müssen wir annehmen können, dass der Gründe gebende A von G selbst überzeugt ist, also annimmt, dass G einen zutreffenden (deskriptiven oder normativen) Sachverhalt beschreibt, und dass G wirklich für x spricht, also ein objektiv guter Grund für x ist. Hierfür gilt – jedenfalls außerhalb von Wissenschaft und Philosophie –, dass die Frage, ob etwas ein objektiv guter Grund ist, nach den etablierten Regeln unserer lebensweltlichen Begründungsspiele zu beurteilen ist.
Wie aber interpretieren wir folgenden Dialog?

A: „Ich habe mich dafür entschieden.“

B: „Warum?“ (B hätte auch sagen können: „Nenn mir die Gründe für deine Entscheidung!“)

A: „Ich habe meine Gründe.“

B: „Welche?“

A: „Die würdest du sowieso nicht verstehen.“

B: „Aber andere würden sie verstehen?“

A: „Nein, ich glaube, niemand würde meine Gründe verstehen.“

Es scheint, dass A überzeugt ist, das Richtige oder jedenfalls das für ihn Richtige zu tun („Ich habe meine Gründe“). Könnte es sein, dass er damit Recht hat und zugleich damit, dass B und auch sonst niemand die Gründe verstehen würde? In diesem Fall wäre die soeben vertretene These, dass Gründe – jedenfalls in ihrem primären Gebrauch – eine interpersonelle Relation darstellen, zweifelhaft. Grundsätzlich nehmen wir an, dass wir den Begriff des Grundes bzw. das lebensweltliche Phänomen des Gründegebens und Gründenehmens über bestimmte Äußerungssituationen

4 Diese Überlegungen gehen auf den Vortrag „Gründe und Lebenswelt“ zurück, den ich im Oktober 2006 auf dem von der DFG geförderten Rundgespräch „Die Rolle der Lebenswelt in Wissenschaft, Ethik und Politik“ in München gehalten habe. Vgl. zudem Nida-Rümelin 2007.

erfassen. Jemand äußert eine Überzeugung und wird daraufhin gefragt, warum er diese Überzeugung habe. Die Antworten, die er hierauf gibt, geben subjektive Gründe für die Überzeugung an, d.h. nennen ihrerseits Überzeugungen, die die infrage stehende Überzeugung in den Augen des von ihr Überzeugten rechtfertigen. Eine Überzeugungen begründende Äußerung besteht also wieder in der Angabe von Überzeugungen. Daher ist die Rede von „subjektiven" Gründen nicht ungefährlich, denn sie könnte nahelegen, dass das Spiel des Begründens in den je vorfindlichen Meinungen der betreffenden Person ihren Schlusspunkt hat. Doch eine Begründung ist nur dann erfolgreich, wenn zwischen der Person, die die Begründung gibt, und der Person, die die Begründung nimmt, eine Übereinstimmung über das Bestehen desjenigen Sachverhaltes hergestellt wird, der zur Begründung herangezogen wird. In diesem Sinne, d.h. *in ihrem propositionalen Gehalt, sind Gründe immer objektiv, nie subjektiv.*

Diese objektivistische Lesart erlaubt es jedoch zugleich, dem interpersonellen Charakter des Begründungsspiels eine Grenze zu setzen. So kann eine Person davon überzeugt sein, dass ein bestimmter Sachverhalt besteht, der eine ihrer Überzeugungen rechtfertigt, und zugleich davon, dass dieser Sachverhalt nur ihr und niemandem sonst zugänglich ist. In diesem Fall kann diese Person berechtigterweise meinen, gute Gründe zu haben und diese guten Gründe weder B noch jemandem anderen vermitteln zu können. Damit wird nicht bestritten, dass das Spiel des Gründegebens und -nehmens durch die (interpersonelle) Äußerungspraxis angeeignet wird. In diesem Sinne muss man vielmehr weiterhin von einem Primat von Gründen als interpersonalen Relationen sprechen.

In der Philosophie wird üblicherweise zwischen theoretischen Gründen (die Überzeugungen rechtfertigen) und praktischen (die Handlungen rechtfertigen) unterschieden, und die Auffassung ist weit verbreitet, dass beide sehr unterschiedlich seien. Ich bin dagegen der Überzeugung, dass sich die Form des Gründegebens und -nehmens nicht danach unterscheidet, ob es sich um praktische oder theoretische Gründe handelt – ich habe sogar Zweifel, ob sich diese Unterscheidung überhaupt aufrechterhalten lässt. Denn die strenge Trennung zwischen theoretischen und praktischen Gründen beruht auf einer wenig überzeugenden Sichtweise menschlicher Praxis, nämlich auf dem auf David Hume zurückgehenden *Internalismus bezüglich praktischer Gründe.* Dieser interpretiert praktische Gründe nach folgendem Schema: Einen Grund für eine Handlung zu haben, heißt solche Wünsche und Überzeugungen zu haben, die erwarten lassen, dass meine Wünsche durch die Handlung, die ich vorhabe, (optimal) erfüllt werden. Für die (praktische) Begründung einer Handlung muss man also (1) die Wünsche und (2) die Überzeugungen, die die in Frage stehende Handlung als geeignetes Mittel zur Wunscherfüllung erscheinen lassen, anführen. Die Relation praktischer Begründungen endet demnach in den gegebenen Wünschen der Person, die selbst nicht mehr einer Begründung zugänglich sind.

Damit diese Auffassung von praktischen Gründen überzeugt, müsste es eine Kategorie basaler, einer Begründung nicht mehr bedürfender und fähiger Wünsche geben. Aber diese Kategorie gibt es nicht, denn auch das System der Wünsche einer rationalen Person unterliegt Kriterien einer holistischen Kohärenz. D.h. grundsätzlich sind alle Wünsche kritisierbar, selbst wenn es *Grade der Begründungsbedürftigkeit und -fähigkeit* gibt. Wenn das konative System aber nicht in zwei sorgsam unterschiedene Klassen von Wünschen zerfällt – solche die begründet und solche die begründend sind – dann entfällt das entscheidende Element des Humeschen Schemas. Praktische Begründungen können also nicht in den gegebenen Wünschen der handelnden Person enden.[5]

Ist man sich der gradualistischen Begründungbedürftigkeit von Wünschen erst einmal bewusst, so liegt die Analogie zu epistemischen Systemen – deren Begründung ebenfalls gradualistisch verläuft – auf der Hand. Konative und epistemische Systeme sind demnach nicht nur unauflöslich miteinander verbunden, sondern unterliegen vergleichbaren Kohärenzbedingungen. Tatsächlich kann man diese Ähnlichkeit noch akzentuieren, wenn man nicht mehr (verkürzend und damit irreführend) davon spricht, dass praktische Gründe Handlungen rechtfertigen, sondern stattdessen von der Begründung handlungsleitender (normativer) Überzeugungen.

Auch der Begriff der Entscheidung macht deutlich, wie eng das konative und das epistemische System miteinander verknüpft sind: Eine Entscheidung schließt die Abwägung von Gründen pro und contra ab, so dass man sie als Ausdruck der Überzeugung, dass die sie erfüllende Handlung die richtige ist, charakterisieren kann. Erfüllt wird eine Entscheidung durch einen bestimmten Typ von Ereignis, nämlich durch eine eigene Handlung. Entscheidungen sind somit Urteile, die mit einem Handlungswunsch einhergehen; insofern sind sie sowohl normativ als auch konativ und verwischen damit die strenge Trennung zwischen praktischen Gründen und Wünschen. Wenn diese Urteile zudem hinreichend stabile Elemente des epistemischen Systems sind, können wir sie als *propositionale Einstellungen* der betreffenden Person bezeichnen. Als propositionale Einstellungen sind Entscheidungen aber hybrid, d.h. sind sowohl epistemisch als auch konativ, und relativieren dadurch die Unterscheidung zwischen theoretischen Gründen und Wünschen.

Der den Entscheidungen vorausgehende Deliberationsprozess handelt von normativen und deskriptiven Sachverhalten: Was ist die richtige

5 Vgl. Nida-Rümelin 2001, insbesondere Kap. 1 „Handeln aus Überzeugung".

Handlung? Welche Gründe sprechen für diese im Vergleich zu anderen offen stehenden Handlungen? Es geht also sowohl im Falle von Handlungen als auch bei Entscheidungen um Überzeugungen. Demnach bleiben Überzeugungen Überzeugungen und verwandeln sich nicht im Laufe eines Deliberationsprozesses unter der Hand in Wünsche. Dadurch wurde gezeigt, dass nicht nur Wünsche Gründe liefern, sondern dass es eine *Vielfalt von Gründen* gibt, und diejenigen, die auf eigene Wünsche Bezug nehmen, spielen keine ausgezeichnete Rolle. Es wäre vielmehr aussichtslos, die Vielfalt auf diesen einen Typus von Gründen zu reduzieren. So ist eine Handlung beispielsweise dann wohlbegründet, wenn sie aus Rücksichtnahme auf die Interessen einer anderen Person erfolgt – der Zusatz, dass diese Rücksichtnahme einem eigenen Wunsch entspricht, erscheint künstlich und enthält in jedem Fall keine zusätzliche Information.

Als Alternative zu Wünschen werden häufig eigene Interessen als einzige Möglichkeit, Handlungsgründe zu konstituieren, gesehen.[6] Doch auch hier gilt, dass Interessen diese Rolle nur in einem qualitativ eingeschränkten Sinne erfüllen können. Es ist nämlich zum einen nicht das Bestehen von Interessen als solches, das gute Handlungsgründe bereitstellt. Denn eine, wie sie gelegentlich genannt wird, *hypothetische* Begründung ist keine: „Wenn du X willst, dann tue Y“ ist keine Begründung für Y, sondern lediglich die Feststellung eines kausalen oder probabilistischen Zusammenhangs. Dieser Zusammenhang macht Y nicht zwangsläufig rational – auch nicht für die Person, die X wünscht. Der Versuch der Humeaner, alle praktischen Gründe als hypothetische auszuweisen, ist mit der lebensweltlichen Rolle praktischer Gründe unvereinbar – denn hypothetische Rechtfertigungen zeigen entweder das Scheitern einer Begründung an oder sind lediglich Bausteine einer erst noch zu gebenden Begründung. Ein Beispiel demonstriert dies: „Wenn du davon überzeugt bist, dass Delphine Fische sind, dann solltest du auch annehmen, dass sie Eier legen.“ Dies ist selbstverständlich keine Begründung für die Überzeugung, dass Delphine Eier legen.

Die häufig geäußerte Idee, dass praktische Gründe grundsätzlich hypothetisch und theoretische grundsätzlich kategorisch sein müssten, ließe sich nur dann aufrecht erhalten, wenn Interessen jene Rolle hätten, die ihnen gerne zugeschrieben wird, nämlich Endpunkte praktischer Begründungen zu sein – Gegebenes, nicht mehr Kritisierbares, eben auch nicht mehr Begründbares. Dies ist aber in einem doppelten Sinne falsch: Zum einen sind die Interessen einer Person nichts Gegebenes, sondern selbst das Ergebnis einer Bewertung – einer Bewertung, die diese Person für sich vornehmen kann und die eine Verständigungsdimension hat, d.h.

6 Vgl. Gert 1988, Tugendhat 1993 und Hoerster 2003.

die nach akzeptablen Gründen sucht. Dies lässt sich auch nicht mit dem Argument bestreiten, dass es Wünsche gebe, die man einfach habe, und dass zugeschriebene Interessen ja im Kern nichts anderes seien als Zusammenfassungen von solchen Wunschkomplexen. Denn auch Wünsche sind nichts Gegebenes, sondern selbst wiederum das Ergebnis einer Bewertung. Und sogar wenn es Wünsche geben mag, die sich durch Gründe nicht beeinflussen lassen, so wäre damit noch nicht gezeigt, dass gerade diese kritikresistenten Wünsche als letzte und zentrale Referenz für praktische Begründungen gelten können. Ja, man könnte umgekehrt sagen: Wünsche, die in dieser Weise resistent sind, sind dogmatisch und eignen sich am allerwenigsten als letzte Referenzen praktischer Begründungen.

Zum anderen besteht ein Hiatus zwischen Interessen (und den diese Interessen konstituierenden Wunschkomplexen) und Handlungen. Denn Handeln ist das Ergebnis einer beurteilenden, bewertenden Stellungnahme: Ich handle so, weil ich diese Handlung für die richtige halte. Die Fähigkeit zur Distanzierung von den eigenen Interessen (bzw. den Wunschkomplexen, die diese konstituieren), welche einer Handlung zugrundeliegen, ist ein wesentliches Merkmal der rationalen Person. Die Begründung, dass eine Handlung rational sei, kann zwar auf subjektive Merkmale wie Wünsche oder Interessen der handelnden Person Bezug nehmen, sie ist aber selbst – wie jede Begründung – nur *objektiv* zu verstehen: sie zeichnet diese Handlung als die richtige aus. Dabei kann es durchaus wesentlich sein, wer diese Handlung vollzieht. Denn mit dieser Handlung ist der konkrete Handlungs-*token* gemeint, also die konkrete, von einer Person zu einem gegebenen Zeitpunkt vollzogene Handlung. Dass die entsprechenden Kriterien immer nur auf *types* Bezug nehmen können, um formulierbar zu sein, tut dem keinen Abbruch. Dennoch ist es ein Irrtum zu meinen, dass die Feststellung, eine Handlung sei rational *für eine bestimmte Person*, diese Charakterisierung zu einer subjektiven mache. Ich kann mir keine subjektive und zugleich normative Auszeichnung einer Handlung als rational oder moralisch vorstellen. Diese Form eines schwachen Universalismus ist in die Logik der normativen Sprache eingelassen. Dieser Universalismus ist allerdings derart schwach, dass er so gut wie keine inhaltlichen Vorgaben für die Kriterien normativer Theorien selbst macht. Der Irrtum, dass sich inhaltliche normative Kriterien allein auf Grund dieses Merkmals aus der Moralsprache ableiten ließen, hat allerdings in der neuzeitlichen Ethik eine wichtige Rolle gespielt.[7]

Das lebensweltlich etablierte Spiel des Gründegebens und -nehmens ist also normativ – und zwar für praktische wie theoretische Gründe gleichermaßen. Wenn A trotz guter Gründe, die für x sprechen, nicht von der

7 Diese (falsche) Hoffnung hatte bspw. die Diskursethik der neuen Frankfurter Schule. Vgl. hierzu paradigmatisch Habermas 1991.

Richtigkeit von x überzeugt ist, dann ist A irrational; d.h. dann trifft es zu, dass A von x überzeugt sein sollte – und zwar unabhängig davon, ob wir für x Entscheidungen, Handlungen, Normen, empirische Einzeltatsachen, empirische Gesetzmäßigkeiten, moralische Gefühle, Einstellungen, Dispositionen oder Tugenden einsetzen.

3. Lebenswelt als Quelle der Normativität

Unsere Rede von der „Lebenswelt", von „lebensweltlichen" Verständigungen, lässt sich mit Hilfe eines Argumentes von Ludwig Wittgenstein – jedenfalls in einer bestimmten Lesart – näher erläutern. Der Übergang von der Sprachphilosophie des *Tractatus* zur Sprachphilosophie der *Philosophischen Untersuchungen* ist der von einer realistischen Abbild-Theorie der Sprache zu der einer Gebrauchs-Theorie der Sprache. Im ersten Fall sind Behauptungssätze für die Bedeutung paradigmatisch, im zweiten Imperative. Es geht um die Rolle sprachlicher Äußerungen, die diese im Leben, in unseren alltäglichen Interaktionen und Verständigungsprozessen spielen. Im *Tractatus* wird die Bedeutung durch Wahrheitsbedingungen beschrieben, in den *Philosophischen Untersuchungen* durch die (performative) Rolle. Für diese Rolle allerdings bieten sich zwei Lesarten an, die verschiedene textliche Stützungen in den *Philosophischen Untersuchungen* haben: Eine behaviouristische, die man zumindest lange Zeit als für den mainstream der Wittgenstein-Interpretation charakteristisch ansehen kann, und eine normativistische. Gemäß der behaviouristischen geht es um die de-facto-Übereinstimmung in der Befolgung implizierter – und grundsätzlich nicht vollständig explizierbarer – Regeln, nach der normativistischen geht es um Kriterien der Angemessenheit sprachlicher Äußerungen und der Reaktionen auf diese. Nach der behaviouristischen werden die Wahrheitsbedingungen als Konstituentien von Bedeutung durch gemeinschaftliche (in der Sprachgemeinschaft geteilte) Regelkonformitäten ersetzt. In der normativistischen Interpretation werden Wahrheitsbedingungen durch Rechtfertigungs-[8] oder Berechtigungs- („entitlement")[9] Bedingungen ersetzt. In der normativistischen Interpretation ist es nicht die faktische Übereinstimmung, sondern die Übereinstimmung hinsichtlich der Kriterien der Adäquatheit – sowohl der Äußerung selbst als auch der Reaktionen auf diese Äußerung –, die ihre Rolle in der lebensweltlichen Verständigung, ihre Bedeutung ausmacht. Wenn ich etwa behaupte, dies oder jenes sei der Fall, dann muss ich auf Nachfrage Gründe sowohl für meine Überzeugung angeben können, dass dies oder jenes der Fall ist, als auch für die

8 Vgl. Kripke 1982.

9 Vgl. Brandom 1994.

Äußerung dieser Überzeugung. Ein Grund für die Überzeugung kann gegeben werden, indem man auf eine Wahrnehmung verweist, die man hatte und die einem verlässlich erscheint. Ein Grund, diese Überzeugung zu äußern, kann z.B. darin bestehen, dass man sich nicht sicher war, ob derjenige, gegenüber dem man diese Überzeugung äußerte, diese Überzeugung teilt oder gar, dass man vermutete, dass er einer anderen, mit jener nicht verträglichen Überzeugung sei.[10] In der normativistischen Interpretation der Sprachspiele und der Lebenswelt (Lebensform im Sinne Wittgensteins) bestehen die konstitutiven Übereinstimmungen der Sprach- und Verständigungsgemeinschaft in gemeinsam akzeptierten Kriterien des adäquaten, richtigen Sprachgebrauchs und der Verständigungspraxis.

Es kommt zum Austausch von Gründen, zum Prozess des Gründegebens und Gründenehmens immer dann, wenn Differenzen ausgetragen werden. Dem einen erscheint diese Äußerung unter den Bedingungen der Situation als unangemessen oder nicht gerechtfertigt, das veranlasst den Sprecher Gründe anzuführen. Wenn wir im Folgenden unter Äußerungen nicht nur Sprachhandlungen, sondern auch nichtsprachlich verfasste Handlungen einbeziehen, können wir uns den sonst immer wieder nötigen Hinweis auf theoretische *und* praktische Gründe sparen. In der oben entwickelten Argumentationslinie bringt jede Handlung normative wie deskriptive Überzeugungen implizit zum Ausdruck, so wie manche sprachliche Äußerung eine deskriptive oder normative Überzeugung explizit zum Ausdruck bringt. Dieses Zum-Ausdruck-Bringen von Überzeugungen – deskriptiven wie normativen – ist jedoch nicht die einzige Rolle von (Sprach- und anderen) Handlungen. Die Sprechakt-Theorie hat die Vielfalt von Rollen, die Äußerungen spielen können, analysiert. Wenn A gegenüber B etwas – P – verspricht, dann teilt A B unter anderem die Intention mit, das zu tun, was P erfüllt. Wenn der Versprechens-Akt gelingt, dann ist A davon überzeugt, dass B erwartet, dass A dasjenige tut, was P erfüllt. A hat mit seinem Versprechen zum Ausdruck gebracht, dass er dasjenige, was P erfüllt, für möglich hält – möglich nicht mehr im Sinne physischer Möglichkeit, sondern auch im Sinne deontischer Möglichkeit: A kann nur dann ein wahrhaftiges Versprechen geben, wenn A davon überzeugt ist, dass wenigstens einige derjenigen Handlungen, die P erfüllen, moralisch zulässig sind. Weitere Überzeugungen, die mit diesem Akt zum Ausdruck kommen, sind etwa, dass A annimmt, dass B seine Ver-

10 In § 289 der „Philosophischen Untersuchungen“ betont Wittgenstein, dass auch Äußerungen ohne Rechtfertigung nicht regelwidrig sein müssen. Das ist jedenfalls die naheliegende Interpretation von „ein Wort ohne Rechtfertigung gebrauchen, heißt nicht, es zu unrecht gebrauchen“, vgl. Kripke 1982, FN 63. Dieser vage Hinweis Wittgensteins, der an anderer Stelle nicht näher ausgeführt wird, sollte – so vermute ich – lediglich die Unterbestimmtheit der Rechtfertigungs-Bedingungen für Äußerungen deutlich machen.

sprechensäußerung versteht, nicht nur im phatischen, sondern auch im rhetischen Sinne.[11] A muss insbesondere davon überzeugt sein, dass seine Stellung gegenüber B und gegebenenfalls gegenüber anderen, die für diejenigen Handlungen, die für die Erfüllung von P in Frage kommen, relevant sind, ein solches Versprechen zuläßt. Vielleicht kann der Fraktionsvorsitzende einer Regierungspartei seinem Kanzler versprechen, dass er für eine Agenda die gesamte Fraktion hinter sich haben wird, der Hinterbänkler kann es jedenfalls nicht.

Es gibt Bedingungen, die, sofern sie nicht erfüllt sind, sprachlich wie nicht sprachlich verfasste Handlungen scheitern lassen – das, was Austin als *fallacy* bezeichnet und von *infelicity* unterscheidet. Aber auch wenn diese Form von Adäquatheits-Bedingungen erfüllt ist, ist das Spiel der Gründe nicht beendet. Auch ein gelungener Akt des Versprechens kann begründungsbedürftig erscheinen. Was bringt A dazu, dieses Versprechen zu geben, welche Gründe führt er dafür an? Die Autonomie der Person äußert sich auch darin, dass dieser Teil des Begründungsspiels in hohem Maße unterdeterminiert ist. Es ist, jedenfalls in unserer Kultur, jedem in weiten Grenzen selbst überlassen, welche Bindungen er eingeht, und ein Typus dieser Bindungen hat die Form von Versprechen.

Die normative Konstitution unserer lebensweltlichen Verständigungspraxis ist hoch komplex. Da sind beispielsweise diejenigen Regeln, deren Befolgung eine Sprachhandlung ausmacht und deren Nicht-Befolgen den entsprechenden Sprech-Akt scheitern lässt (*fallacy* im Sinne Austins). Verletzungen dieser Regeln kommen häufig vor, denn viele Versprechen werden in der Absicht gegeben, sie zu brechen. Sofern diese Absicht dem Adressaten verborgen bleibt, gelingt der Sprech-Akt des Versprechens, dennoch liegt eine gravierende Regelverletzung vor, die moralische Kritik nach sich zieht, wenn sie aufgedeckt wird. Diese moralische Kritik ist – fast – unabhängig davon, wie die Versprechens-Handlung sonst moralisch zu bewerten ist. Die moralische Kritik ist demnach an diesen Typus von Sprech-Akt gebunden. Dieses offensichtliche Phänomen gibt der philosophischen Ethik einige Rätsel auf. Stattdessen entwickeln die modernen Ethik-Theorien mehr oder weniger abstrakte Kriterien der moralischen Beurteilung. Man kann fünf Haupttypen oder Paradigmen solcher abstrakten Kriterien anführen, die eine Reduktion der vernetzten Vielfalt moralischer Begründungen in der Lebenswelt auf jeweils eine Kategorie von Gründen versuchen:[12]

11 Vgl. Austin 1962.

12 Vgl. Nida-Rümelin 2002.

1. Der *Libertarismus*, der individualrechtliche Ansatz normativer Ethik, reduziert die Vielfalt unserer moralischen Begründungen auf die Zuschreibung von Individualrechten.
2. Der *kontraktualistische* (oder vertragstheoretische) Ansatz reduziert die Vielfalt unserer moralischen Begründungen auf (in impliziter, expliziter oder fiktiver Weise) eingegangene Verpflichtungen.
3. Der *tugendethische* Ansatz traditionalistischer und feministischer Provenienz reduziert die Vielfalt unserer moralischen Begründungen auf die normativen Konstitutiva (Pflichten) sozialer Rollen und Lebensformen.
4. Die *kantische* Ethik reduziert die Vielfalt unserer moralischen Begründungen auf ein einziges apriorisches Prinzip, das des Kategorischen Imperativs.
5. Der *utilitaristische* Ansatz führt ebenso wie der kantische die Vielfalt unserer moralischen Begründungen auf ein einziges Prinzip zurück, nämlich die Summe des (wie auch immer näher bestimmten) Nutzens zu maximieren.

Aber keiner der genannten Ansätze kann der lebensweltlichen Vielfalt unserer Begründungspraxis gerecht werden. Eine mögliche Reaktion wäre, die normativen Konstituentien unserer lebensweltlichen Praxis für ethisch unbegründet zu halten. D.h. man könnte zugestehen, dass unsere lebensweltliche Praxis zwar von normativen Intuitionen geleitet ist – diese entbehren aber eines rationalen ethischen Fundamentes und erfassen daher auch keine moralische Verpflichtung. Eine zweite Möglichkeit der Interpretation wäre, diese normativen Konstituentien als eine erste Handlungsorientierung anzusehen, die dann von der ethischen Theorie erst rational rekonstruiert bzw. modifiziert oder aber – wenn Rekonstruktion und Modifikation scheitern – zurückgewiesen werden muss. Demnach wären wir lediglich prima facie verpflichtet, unsere Versprechen zu halten – ob wir tatsächlich verpflichtet sind, entscheidet letztlich das Prinzip der ethischen Theorie.

Diese beiden Varianten der Bestimmung des Verhältnisses von ethischer Theorie und lebensweltlicher Sprachpraxis scheinen mir geradezu bizarre praktische Konsequenzen zu haben. Die erste Variante käme einer vollständigen Entwertung all der fein ziselierten normativen Kriterien unserer lebensweltlichen Sprachpraxis gleich und würde in letzter Konsequenz die normativen Konstituentien unserer lebensweltlichen Verständigungs- und Interaktionspraxis zum Verschwinden bringen. Der ethisch-rationale Akteur schiede damit als Dialog- und Interaktionspartner aus. Die ethische Rationalisierung würde dadurch nicht nur einen umfassenden Moralverlust nach sich ziehen, sondern zugleich jede Fähigkeit zur Praxis einbüßen: Denn derjenige, der die ethische Theorie ernst nimmt und sich konsequent an ihren Prinzipien und Kriterien orientiert, könnte dann nur noch als Schauspieler am lebensweltlichen Verständigungs- und Interaktionsgefüge teilnehmen. Er würde normative Bindungen und Überzeugungen nur noch simulieren, ebenso wie diejenigen Einstellungen, die diese wahrhaftig erscheinen lassen.

Aber auch die zweite Version der Verhältnisbestimmung von ethischer Theorie und lebensweltlicher Praxis würde – falls ernst genommen – seltsame Resultate zeitigen. Denn für den Akteur wären in diesem Fall alle von ihm befolgten Regeln lediglich tentativ gültig. Seine Regel-Konformität, die ihn erst zu einem verlässlichen Dialog- und Interaktionspartner macht, wäre gewissermaßen immer nur hypothetisch und die ethische Prüfung könnte diese jederzeit dispensieren. Wenn man sich überdies das oben umrissene Spektrum moderner ethischer Theorien und ihre Prinzipien und Kriterien ins Gedächtnis ruft, ist gar nicht zu sehen, dass diese das notwendige hohe Maß an Regelkonformität der lebensweltlichen Praxis rechtfertigen könnten. Dies gilt jedenfalls so lange, als man diese Prüfungen in jedem Einzelfall ernst nimmt und nicht zur kursorischen Betrachtung ganzer Regelsysteme übergeht. Doch je punktueller die Analyse wird, desto unwahrscheinlicher ist eine Übereinstimmung zwischen ethischen Kriterien und normativen Regeln lebensweltlicher Praxis.

John Searle hat – eher beiläufig, im Zusammenhang mit der Analyse von Sprechakten – in Kap. 8 von *Speech Acts* einen Standpunkt eingenommen, der der ethischen und metaethischen Tradition des 20. Jahrhunderts (zumindest derjenigen analytischer Prägung) diametral entgegengesetzt ist.[13] Er beginnt mit der Tatsachenfeststellung, dass A ein Versprechen gegenüber B abgegeben hat, und endet mit der im Stil eines deduktiven Argumentes hergeleiteten Conclusio, dass A verpflichtet ist, das zu tun, was er versprochen hat. Ein klarer Fall für einen naturalistischen Fehlschluss, also für den Übergang einer deskriptiven Tatsachenfeststellung zu einer normativen oder moralischen Forderung. Als Anhänger der *naturalistic fallacy* (unabhängig davon, ob man die Begründung in George Edward Moores *Principia Ethica*, Kap. II, überzeugend findet – das tun die wenigsten[14]) sucht man in der Kette von Ableitungsschritten den Übergang von der Deskription zur Präskription. An irgendeiner Stelle fehlt aus dieser Sicht das ethische Prinzip, das den Übergang von der Tatsachenfeststellung zur moralischen Forderung erst begründen könnte. Es ist leicht, das Argument von John Searle in dieser Weise zurückzuweisen. Es scheint auf der Hand zu liegen, dass Searle an einer Stelle seiner Deduktion implizit von einem ethischen Prinzip Gebrauch macht, ohne dass genau angegeben werden könnte, um welches es sich da handelt. Die

13 Vgl. Searle 1969.
14 Vgl. Moore 1959.

„Deduktion" erscheint elliptisch. Um diese Ellipse zu beheben, wäre neben der Benennung des ethischen Prinzips auch eine genauere Beschreibung der Umstände des gegebenen Versprechens erforderlich. Je nach eingeführtem ethischen Prinzip (oder auch nur Kriterium)[15] wären etwa die Folgen relevant, die der Versprechensbruch (bzw. die Versprechenseinhaltung) für das Wohlergehen anderer Personen hätte (utilitaristisches Kriterium), ob und in welchem Umfang Rechtsverletzungen mit einem Versprechensbruch einhergingen (libertäres ethisches Kriterium), ob der Versprechensbruch einer Maxime folgt, die als allgemeines Gesetz verallgemeinerbar ist (oder als ein solches gewünscht werden kann, kantische Ethik) etc. Ich schlage eine andere Interpretation des Searleschen Beispiels vor, die nicht nur diesen Einwand entkräftet, sondern die Theorie der *naturalistic fallacy* auf ihren Wortsinn begrenzt: Aus natürlichen Propositionen lassen sich keine normativen deduzieren, aus nicht-natürlichen, aber empirisch zugänglichen Propositionen lassen sich sehr wohl normative deduzieren, oder anders formuliert: Es gibt empirische, nicht-natürliche Propositionen, die normative Eigenschaften aufweisen.

Die Normativität unserer Sprachpraxis muss also ernst genommen werden; zudem gilt es zu klären, worin diese besteht. Ist diese Quelle in der Konstruktion der eigenen Person zu suchen, wie Kantianische oder postmoderne Konstruktivisten dies meinen?[16] Oder besteht sie in einem ethischen Prinzip, das wir aufdecken oder erfinden? Als ethische Realisten sind wir überzeugt, dass wir ein solches Prinzip entdecken, als ethische Subjektivisten, dass wir es lediglich erfinden können. Wenn wir es entdecken können, stellt sich die Frage, mit welcher Methode bzw. mit welchem Erkenntnisvermögen dies möglich sein soll: Haben wir vielleicht eine unmittelbare Intuition, die uns dieses Prinzip schauen lässt, analog zu unseren Wahrnehmungsurteilen? Ist unter Umständen ein längerer Weg der Sensibilisierung erforderlich, um diese Intuition auszubilden, und muss man bspw. das Höhlengleichnis von Platon in diesem Sinne lesen? Die in diesem Gleichnis vorausgesetzte Wahrnehmungsfähigkeit und die darauf beruhende Erkenntnis des Guten würde es aber erforderlich machen, dass es (neben den im üblichen Sinne empirischen Gegenständen unserer Lebenswelt) Strukturen oder Formen gibt, die uns grundsätzlich unmittelbar zugänglich sind – aber eben nicht unmittelbar in dem Sinne, dass sie lebensweltlich gegeben sind, sondern dass man sie nach einer

15 Unter „Prinzip" versteht man meist eine Regel, die selbst nicht durch andere (grundlegendere) Regeln gerechtfertigt wird und die ihrerseits die Ableitung (oder jedenfalls Entwicklung und Begründung) konkreterer ethischer Kriterien erlaubt. Es ist hier nicht erheblich, ob man gleich auf ein Prinzip oder lediglich auf ein ethisches Kriterium zurückgeht.

16 Vgl. Korsgaard 1996 für die Kantianische und Taylor 1989 für die konstruktivistische Variante.

entsprechenden wissenschaftlichen und philosophischen Vorbereitung sehen kann. John Mackie meint zutreffend, ein solcher ethischer Realismus verbiete sich wegen der *ontological queerness*, die diese normativen Strukturen oder Formen an den Tag legen müssten, und ebenso aufgrund der *moral relativity*, die wir lebensweltlich feststellen. Aber auch die Idee einer Konstruktion ethischer Prinzipien führt in die Aporie: Denn auf der Basis welcher Auswahlkriterien sollten wir aus der unerschöpflichen Vielfalt möglicher ethischer Prinzipien wählen? Ohne Auswahlkriterien wären wir ratlos – mit Auswahlkriterien gerieten wir jedoch in einen unendlichen Regress, denn es stellt sich dann sofort die Frage, wie wir zu diesen Auswahlkriterien kommen.

Diese doppelte Aporie lässt vermuten, dass die Quelle der Normativität in der lebensweltlichen Sprach- und Interaktionspraxis selbst zu suchen ist. Es ist nicht das von außen herangetragene ethische Prinzip – weder realistisch als moralischer Sachverhalt, noch konstruktivistisch als eine nützliche Erfindung des menschlichen Geistes interpretiert. Für unsere Sprach- und Interaktionspraxis heißt ein Versprechen zu geben *ipso facto* Verpflichtungen einzugehen. Jedenfalls aus der Perspektive eines Mitglieds der Sprach- und Interaktionsgemeinschaft ist die (deskriptive) Feststellung, A habe B ein Versprechen gegeben, zugleich auch immer die (normative) Feststellung, A habe gegenüber B eine Verpflichtung. Man kann kein Versprechen geben, ohne Verpflichtungen einzugehen, und man kann die Tatsache, dass jemand ein Versprechen gegeben hat, jedenfalls als Mitglied der gleichen Sprach- und Interaktionsgemeinschaft nicht feststellen, ohne diese Verpflichtung anzuerkennen. Der vermeintliche naturalistische Fehlschluss, der sich einzustellen scheint, wenn man die Pflicht, ein Versprechen zu halten, auf das bloße Faktum, ein Versprechen gegeben zu haben, zurückführt, ist demnach keiner: Denn ein Versprechen zu geben heißt eben nichts anderes als unter spezifischen Bedingungen bestimmte Verpflichtungen einzugehen. Versprechen und andere normative Institutionen unserer Sprach- und Interaktionspraxis sind somit die eigentlichen Quellen der Normativität.

4. Zur Geltung ethischer Theorien[17]

Doch warum sollte es überhaupt für eine ethische Theorie sprechen, dass sie unsere lebensweltliche Normativität theoretisch erfassen und rekonstruieren kann? Die Diskussion um Wahrheitsansprüche in der Ethik ist durch eine Denktradition belastet, die Wahrheit und Gewissheit allzu eng

17 Vgl. Nida-Rümelin 2006.

miteinander verknüpft. Wer Wahrheitsansprüche hat, muss nach dieser Auffassung sagen können, warum er sich sicher ist, dass es sich so und nicht anders verhält. Entsprechend hat die philosophische Erkenntnistheorie über Jahrhunderte nach einem sicheren Fundament gesucht, das diese Gewissheit garantieren könnte. Sie hat damit eine Vielfalt von Fundamentalismen hervorgebracht – allerdings nicht im Sinne des religiösen oder politischen Fundamentalismus, sondern in einem erkenntnistheoretischen Sinne, der im Englischen als *foundationalism* bezeichnet wird. Ein solcher erkenntnistheoretischer Fundamentalismus liegt bspw. dem in der Frühen Neuzeit aufkommenden Rationalismus zugrunde. Dieser sucht sein gesichertes Fundament in der Abstraktion von empirischen Phänomenen, d.h. in reinen Vernunftwahrheiten: Der gesamte Korpus gesicherten, d.h. wissenschaftlich begründeten Wissens soll aus wenigen selbstevidenten Axiomen hergeleitet werden. Doch auch die nicht minder fundamentalistische Gegenposition wurde in der Philosophiegeschichte vertreten, nämlich durch den Empirismus, dessen Ursprünge ebenfalls bis in die Frühe Neuzeit zurückreichen. Nach diesem Ansatz, für den paradigmatisch Rudolf Carnap und der logische Empirismus des frühen 20. Jahrhunderts stehen, beruht alle wissenschaftliche Erkenntnis auf Empirie allein und lässt sich aus dieser induktiv gewinnen. Nachdem sich allerdings die sorgsame Trennung von Beobachtungs- und theoretischer Sprache sowie die Idee einer empiristischen Verifikation von Theorien als Chimären herausgestellt haben, muss auch diese Erneuerung des empiristischen Fundamentalismus als gescheitert gelten. Gemeinsam ist dem Rationalismus und dem Empirismus ihre ihnen zugrundeliegende erkenntnistheoretische Haltung, die von René Descartes in seinen *Meditationen* formuliert wurde:

> In der Ersten Meditation werden die Gründe auseinandergesetzt, weshalb wir an allen, besonders aber an den materiellen Dingen zweifeln können; *solange nämlich unser Wissen nicht festere Grundlagen hat als bisher.* Allerdings dürfte wohl der Wert eines so umfassenden Zweifels nicht auf den ersten Blick klar sein. Er ist gleichwohl sehr groß, insofern er uns nämlich von allen Vorurteilen befreit und uns den Weg ebnet, um ganz leicht den Verstand von den Sinnen abzuziehen. Schließlich bewirkt er, *dass wir an dem, was wir hernach für wahr befinden, nie wieder zweifeln können.*[18]

Es ist dieser Zertismus, also die Anbindung von Wahrheit an Gewissheit, die den erkenntnistheoretischen Fundamentalismus kennzeichnet. Die Position, die mir dagegen selbst als einzig angemessene erscheint, lässt sich mit einem Zitat aus *Über Gewissheit* von Ludwig Wittgenstein einleiten:

> Man könnte sich vorstellen, dass gewisse Sätze von der Form der Erfahrungssätze erstarrt wären und als Leitung für die nicht erstarrten, flüssigen Erfahrungssätze funktionierten; und dass sich dies Verhältnis mit der Zeit änderte, indem flüs-

18 Descartes 2002, 53 (Hervorhebung durch den Verfasser).

> sige Sätze erstarrten und feste flüssig würden. [...] Die Mythologie kann wieder in Fluss geraten, das Flussbett der Gedanken sich verschieben. Aber ich unterscheide zwischen der Bewegung des Wassers im Flussbett und der Verschiebung dieses; obwohl es eine scharfe Trennung der beiden nicht gibt. Alle Prüfung, alles Bekräften und Entkräften einer Annahme geschieht schon innerhalb eines Systems. Und zwar ist dies System nicht ein mehr oder weniger willkürlicher und zweifelhafter Anfangspunkt aller unsrer Argumente, sondern es gehört zum Wesen dessen, was wir ein Argument nennen. Das System ist nicht so sehr der Ausgangspunkt, als das Lebenselement der Argumente.[19]

Dieses Zitat verdeutlicht eine erkenntnistheoretische Haltung, die ich die „Wittgensteinsche Perspektive" nennen möchte und die sich folgendermaßen charakterisieren lässt:

1. Die Regeln des Begründens, die unsere alltägliche Praxis der Verständigung leiten, sind in unserer Lebenswelt vorgegeben, sie sind nicht erfunden oder gesetzt und sie können auch nicht erfunden oder gesetzt werden.
2. Diese Regeln des Begründens sind nicht vollständig explizierbar. Wir folgen Regeln, ohne sie angeben zu können. Wir müssen uns, um die Regeln des Begründens zu umreißen, oft darauf beschränken, auf Beispiele zu verweisen, in denen eine Regel des Begründungsspiels verletzt wurde: Wir sind gezwungen zu zeigen statt zu beschreiben.
3. Diese Regeln sind nicht starr. Auch zwischen Meta-Regeln und Regeln, d.h. solchen, die unser alltägliches Begründen steuern, und solchen, die wir anführen, um das Begründungsspiel zu charakterisieren, lässt sich nicht trennscharf unterscheiden.
4. Diese Regeln sind in einem bestimmten Sinne unhintergehbar.
5. Diese Perspektive beinhaltet einen Gradualismus des Begründens. Es gibt fließende Übergänge zwischen der unhintergehbaren Basis unserer Begründungsspiele und den erst noch zu begründenden einzelnen Überzeugungen, seien sie deskriptiver oder normativer Natur. Der Übergang zwischen Fluss und Flussbett ist fließend. Und das Flussbett ändert seine Lage.
6. Diese erkenntnistheoretische Position ist somit auch antifundamentalistisch. Es gibt keine letzte Gewissheit – weder durch die Schau des Guten noch durch eine von aller Wahrnehmung und lebensweltlichen Praxis abgelöste Rationalität.

Welche Konsequenzen ergeben sich aus dieser von uns eingenommenen Wittgensteinschen Perspektive für die Frage nach der Geltung normativer Theorien? Wenn wir diese Perspektive ernst nehmen, müssen wir die je etablierten Begründungsspiele als gegeben hinnehmen und uns damit

19 Wittgenstein 1984, § 105, S. 141.

begnügen, dass uns begründete oder begründbare Überzeugungen gewisser erscheinen als unbegründete – wenn sie nicht schon zu denjenigen gehören, die die Basis der Begründungsspiele ausmachen und, weitgehend fixiert, unter lebensweltlichen Bedingungen selbst keiner weiteren Begründung mehr zugänglich sind. Denn in vielen normativen Fragen erscheint uns die Antwort unbezweifelbar: So wäre es sicher unrecht, jetzt auf die Straße zu gehen und den nächstbesten Passanten zu erschlagen – und es bedarf keiner ethischen Theorie, um zu begründen, warum es sich hierbei um ein Unrecht handeln würde. Dies erscheint uns nicht nur sehr gewiss – vielmehr ist keine ethische Theorie denkbar, die diese Gewissheit erschüttern könnte. Die Begründungsspiele im Wittgensteinschen Sinne enden also nicht in ethischen Theorien; vielmehr müsste eine ethische Theorie, die mit solchen normativen Überzeugungen in Konflikt gerät, als gescheitert gelten.

Nun sind auch solche gewissen Überzeugungen nicht losgelöst von anderen, sie hängen vielmehr mit anderen über Begründungsspiele zusammen und können dabei die Rolle von Invarianzbedingungen übernehmen, wie in der Physik etwa die Isotropie des Raumes. Ein Gutteil der modernen Ethik hat versucht, solche Invarianzbedingungen, meistens unter dem Etikett „Universalisierung", zur eigentlichen Grundlage allen moralischen Urteilens zu machen – mit mäßigem Erfolg. Die Wittgensteinsche Perspektive ernst zu nehmen heißt dagegen, diese in die Lebenswelt eingebetteten Begründungsspiele nicht zu dispensieren und nicht den Versuch zu unternehmen, sie durch ethische Theorie zu ersetzen. Wir bleiben als Handelnde, als soziale Wesen, als Mitglieder einer Sprachgemeinschaft auf den Fortbestand dieser Begründungsspiele angewiesen – die Option, herauszuspringen und von einem äußeren Standpunkt das Ganze neu aufzubauen, steht uns nicht offen.

5. Ist die Lebenswelt kritisierbar?

Allerdings scheint mit der Wittgensteinschen Perspektive ein Problem verbunden zu sein: Denn führt der Pluralismus der Wittgensteinschen Perspektive, insofern diese die ganze Vielfalt von Begründungsspielen in den Blick nimmt und sich einer externen Systematisierung enthält, nicht zu weit? Ist damit nicht jeder rationalen Kritik der Boden entzogen? Wenn dieser Einwand zuträfe, wäre das Resultat unbefriedigend: Das kritische Potential normativer Ethik verschwände hinter der bloßen Beschreibung der lebensweltlichen Institutionen unserer Sprach- und Interaktionspraxis, und die jeweils etablierten Regeln würden zu nicht mehr bezweifelbaren Instanzen normativer Beurteilung. Zudem wären wir mit einer Vielfalt normativer Bindungen konfrontiert, von der nicht anzunehmen ist, dass sie kohärent ist. Die einzelnen Sprachspiele würden ein loses Netz von Interaktionsformen etablieren, das die wesentlichen normativen Orientierungen (wie die an Autonomie oder gleichem Respekt) obsolet erscheinen ließe. Das handelnde Subjekt würde zu einem Partikel von Gemeinschaften, welche sich über gemeinsame normative Kriterien richtiger Sprach- und Interaktionspraxis konstituierten. Die unterschiedlichen normativen Institutionen dieser Sprach- und Interaktionspraxis bestünden jeweils aus eigenem Recht – methodisch wäre ihre Kritik unmöglich. Und dies nicht etwa deswegen, weil diese Praxis insgesamt wohl begründet erschiene, sondern weil es prinzipiell keinen Weg, keine Form der Kritik mehr gäbe.

Diese Implikationen sind jedoch nicht zwingend. Wir haben gesagt, dass die primäre Quelle der Normativität in den Konstituentien unserer lebensweltlichen Sprach- und Interaktionspraxis zu suchen ist. Diese ist eben schon immer normativ verfasst und eine Person, die die normativen Regeln dieser Praxis nicht für sich akzeptiert, kann nicht Mitglied dieser Sprachgemeinschaft bleiben oder mutiert zum bloßen Simulanten. Die Quellen der Normativität müssen also nicht erst gesucht werden – sie sind in der lebensweltlichen Praxis immer schon präsent. Damit erübrigt sich allerdings keinesfalls die ethische Analyse und Kritik. Aber es ist nicht mehr das von außen herangetragene ethische Prinzip, das die normative Beurteilung erst möglich macht – sondern diese ist *integraler Teil der lebensweltlichen Sprach- und Interaktionspraxis.*

Wenn klar ist, was zu tun ist, stellt sich die Frage nach moralischer Abwägung und ethischer Begründung nicht. In diesem Fall ist die normative Sachlage eindeutig, und wer dennoch nach einer näheren Begründung fragt, wird auf die einschlägige normative Regel hingewiesen. Wer dennoch explizit nach einer elaborierten ethischen Theorie fragt, die erklärt, warum ich ein Versprechen einhalten sollte, der stellt sich außerhalb der etablierten und von uns allen akzeptierten Regeln lebensweltlicher Verständigung. Die eigentliche ethische Analyse beginnt stattdessen erst, wenn unterschiedliche Regeln, die gleichermaßen auf eine Situation passen, kollidieren und verschiedene Handlungsweisen fordern. Solche Situationen des moralischen Konfliktes führen zu moralischer Deliberation. Die Gründe, die dann abgewogen werden, beziehen sich auf Regeln, die in der Lebenswelt bereits etabliert sind; aber das Ergebnis dieser Abwägung ist von diesen Regeln nicht präformiert. Das Auftreten moralischer Konflikte kann zu lokaler Skepsis führen: Die „unterlegene“ Regel mag in Zukunft weniger verlässlich erscheinen, und wenn sich der Zweifel an ihr wiederholt, begründet dies die Suche nach einer verlässlicheren, die sowohl diejenigen Fälle mit abdeckt, in denen man sich auf die unterlegene Regel verlassen konnte, als auch Orientierung bietet in allen anderen Fällen. Die Quellen der Normativität sind also weiterhin in den etablierten Regeln lebensweltlicher Sprach- und Interaktionspraxis zu suchen – aber die Inkohärenz dieser Praxis lässt ihre Verlässlichkeit zweifelhaft erscheinen, und es beginnt die Suche nach abstrakteren, weiter reichenden, verlässlicheren Regeln. Doch diese Suche hat ihren Ursprung wiederum selbst in der lebensweltlichen Praxis: Der Übergang von der moralischen Reflexion im Rahmen der lebensweltlichen Sprach- und Interaktionspraxis zur ethischen Theoriebildung ist somit fließend.

Die in einem Teil der zeitgenössischen Philosophie verbreitete Auffassung, dass die ethische Theorie gewissermaßen außerhalb jeder lebensweltlichen Praxis stehe und mit dieser weder epistemologisch noch praktisch etwas zu tun habe, erscheint mir dagegen als ein Begräbnis des ethischen Projekts selbst. Eine philosophische Ethik ohne Stützung in der lebensweltlichen Praxis verkäme zur bloßen intellektuellen Spielerei. Stattdessen setzt der praktische Philosoph das fort, was in den moralischen Konflikten der Lebenswelt begonnen hat: die Klärung dessen, was richtig und was falsch ist. Dies ist Grund sowohl zur Bescheidenheit als auch zur Verantwortlichkeit: Zur Bescheidenheit, weil die philosophische Ethik die Handlungsgründe nicht neu erfindet, da die Quellen der Normativität in der lebensweltlichen Praxis zu suchen sind. Zur Verantwortlichkeit, weil die ethische Theorie ein Beitrag zu aufgeklärter Moral in der Praxis ist.

Da die ethische Analyse ihren Ausgangspunkt in realen moralischen Konflikten nimmt, ist die Versuchung für die philosophische Ethik allerdings groß, die lebensweltliche Dimension hinter sich zu lassen und zu einem ethischen Prinzip überzugehen, das moralische Konflikte ein für alle Mal unmöglich macht. Der moderne Handlungsutilitarismus, insbesondere in der Gestalt des Präferenzutilitarismus, ist dafür ein prominentes Beispiel: Er argumentiert für ein abstraktes Bewertungskriterium, das allen Handlungen, Entscheidungen etc. einen klaren moralischen Wert oder Unwert zuweist, so dass Dissens und Konflikt unmöglich werden. Diese Lösungsstrategie gegenüber moralischen Konflikten der Lebenswelt führt jedoch zu einem tief greifenden Konflikt mit den normativen lebensweltlichen Regeln. Um die Theorie zu retten, muss häufig die normative Konstitution unserer lebensweltlichen Praxis aufgegeben werden. Dadurch büßt die Theorie aber ihre Instanz der Begründung ein oder – wie es früher im logischen Empirismus hieß – ihrer Verifikation. Die Theorie verliert ihr Fundament in der Lebenswelt und damit den Kontakt zu den Quellen der Normativität.

Doch auch wenn eine vollständige Emanzipation der Ethik von der Lebenswelt unmöglich ist – so gilt trotzdem, dass die ethische Analyse die lebensweltliche Praxis zum Teil verändern kann. So ließ die ethische Analyse moralische Orientierungen verschwinden, die zum Teil tief in die lebensweltliche Praxis eingelassen waren, aber der ethischen Kritik nicht standhalten konnten. Bspw. verschwand die Keuschheit als eine zentrale sittliche Norm für Mädchen und junge Frauen in einem Jahrzehnte währenden Prozess auch deswegen, weil sie mit anderen Normen – wie der Gleichheit von Mann und Frau und einer selbstbestimmten Lebensform männlicher wie weiblicher Erwachsener – in Konflikt geriet und sich kein tiefer gehendes normatives Prinzip finden ließ, das diese überkommene Tugend rechtfertigte. Ebenso verschwanden die ständischen Vorrechte des Mittelalters nicht nur als Folge sozialer Veränderungen, sondern auch, weil sie mit den Normen gleicher Würde und gleichen Respekts in Konflikt gerieten, die ihrerseits anthropologisch gut begründbar schienen (wie Thomas Hobbes in *De Cive* und im *Leviathan* ausgeführt hat). Es dauerte noch Jahrhunderte, in vielen Teilen der Welt bis heute, bis diese ständischen Vorrechte vom Status unberechtigter Privilegien in den unwirksamer Ansprüche übergingen – doch auch hier spielte die ethische Analyse eine Rolle.

Das entscheidende Argument gegen einen wittgensteinianisch inspirierten Quietismus ist das, was ich als *Einheit der Lebenswelt* bezeichnen möchte. In der lebensweltlichen Praxis können wir uns nicht damit zufrieden geben, immer wieder andere Spiele zu spielen – einmal Schach und einmal Halma, einmal Fußball und dann mathematische Beweise führen, einmal die Elternrolle einnehmen und dann die des Lehrers, die des Schülers, die des Staatsbürgers, die des Arbeitnehmers, die eines Vereinsmitglieds etc. Es ist immer ein und dieselbe Person, die da agiert, die diese unterschiedlichen Rollen ausfüllt und daher sicherstellen muss, dass ihre Lebensform im Ganzen kohärent bleibt. Wir kennen alle dieses Phänomen des Springens von unterschiedlichen Rollenerwartungen in andere – aber die Sprünge dürfen nicht zu groß werden, sondern müssen durch gemeinsame normative und deskriptive Orientierungen zusammengehalten werden, und die Person muss über diese unterschiedlichen Rollen hinweg erkennbar bleiben.

Die Einheit der Lebenswelt hat aber vor allem eine interpersonelle Dimension. So verständigen wir uns über unsere normativen wie deskriptiven Orientierungen, wir müssen uns einig sein, was existiert und was nicht, was wohl begründet ist und was nicht – und diese Einigkeit kann nicht eine jeweils Spiel-spezifische Einigkeit sein. Die Metapher des Spiels ist verführerisch: Könnte es sich nicht um isolierte Spiele handeln, die man aus der Schublade ziehen kann, um dann in ihre Welt einzutauchen, in der man miteinander spielt und sonst nichts? Hilfreich ist die Metapher lediglich, um die Komplexität der lebensweltlich etablierten normativen Regeln in den Blick zu nehmen; aber sie führt in die Irre, wenn sie suggeriert, dass die lebensweltliche Praxis nichts anderes sei als eine Menge von

Spielsituationen mit je eigenen Regeln, die untereinander nicht verknüpft sind. Das unterscheidet das Schachspiel von den lebensweltlich etablierten, eben nicht künstlichen oder erfundenen Spielen: Diese stehen nicht isoliert und sind keine eigene Welt, sondern ihre Teilnehmer stehen in einem anhaltenden Verhältnis zueinander und definieren sich über ihre Rolle, normativen Orientierungen, Ziele, personalen Bindungen und Lebensprojekte über die Zeit hinweg. Diese werden nicht auf Dispens gestellt je nachdem, in welches Spiel man gerade eintritt. Um in dem Wittgensteinschen Bild zu bleiben: Wir spielen ein großes Spiel, dessen Regeln wir nicht beschreiben oder explizit machen können, dessen Regeln zudem ein hohes Maß an Unterbestimmtheit aufweisen und nur für kleine Ausschnitte dieses Gesamtspiels zu beschreiben sind – aber das macht diese Ausschnitte nicht zu separaten Spielen. Wir spielen *ein* großes Spiel, getragen von *einem* großen Komplex von miteinander verknüpften Regeln. Wir bleiben – grosso modo – *ein und dieselbe* Person beim Übergang von einem Ausschnitt zu einem anderen.

6. Zum Verhältnis von theoretischer und angewandter Ethik[20]

Aus den Überlegungen der letzten fünf Abschnitte ergibt sich nun ein besonderes Verständnis der Disziplin „Angewandte Ethik". Das von Peter Singer bzw. von dessen akademischem Lehrer Richard M. Hare repräsentierte klassische Verständnis steht in der Tradition des dargestellten frühneuzeitlichen erkenntnistheoretischen Rationalismus. Demnach gibt es ein ethisches Prinzip, das unbezweifelbar gewiss ist (etwa weil es sich aus den logischen Merkmalen der Moralsprache deduzieren lässt), und das in Anwendungsfragen unter Einbeziehung empirischer Daten zu konkreten normativen Kriterien richtigen und falschen Handelns führt. Diese Auffassung angewandter Ethik teilt mit dem Rationalismus das Problem, das Fundament zu bestimmen, auf dem sich das deduktive Gebäude der Gesamttheorie erheben kann. Descartes sucht das Fundament im *cogito*, Hare hofft auf die Logik der Moralsprache. Beide beabsichtigen, die rationale Begründung deskriptiver oder normativer Urteile von lebensweltlichen Überzeugungen und Intuitionen unabhängig zu machen. Diese Strategie scheitert aus Gründen, die in den vorausgegangenen Überlegungen skizziert wurden. Würde sie nicht scheitern, so wäre angewandte Ethik tatsächlich eine bloße Anwendung normativer Theorie. Angewandte unterschiede sich von theoretischer Ethik bloß darin, dass sie sich auf die empirischen Bezüge einlässt, die konkrete moralische Verpflichtungen aus

20 Vgl. Nida-Rümelin 2005.

der schon vorgegebenen normativen Theorie abzuleiten gestatten. Analog zum Hempel-Oppenheim-Schema wissenschaftlicher Erklärung, wonach das zu Erklärende (das *explanandum*) aus Gesetzeshypothesen und Antezedensbedingungen deduktiv ableitbar ist, wäre die singuläre moralische Verpflichtung aus dem normativen Prinzip (etwa der Gesamtnutzenmaximierung) und den empirischen Randbedingungen, die die kausalen Wirkungen der offenstehenden Handlungen auf die Nutzensumme näher charakterisieren (Anwendungsbedingungen), ableitbar.

Durch dieses einfache Modell wird bspw. ein Gutteil der Praxis in der Technikfolgenabschätzung bestimmt. Die Handlungsoptionen beziehen sich hier auf die Wahl unterschiedlicher technologischer Möglichkeiten und die Anwendungsbedingungen werden durch Technikfolgenabschätzung – z.B. in Form von Szenarien – charakterisiert. Bei einem hinreichend weiten Nutzenbegriff lassen sich die unterschiedlichen gesellschaftlichen und politischen Zielsetzungen in Form von Nutzenwerten darstellen. Das Verfahren der Wertbaumanalyse passt sich gut in das utilitaristische Paradigma angewandter Ethik ein. Gegenüber dem klassischen, auf Zufriedenheitsniveaus abzielenden Utilitarismus hat dieses Verfahren den Vorzug, dass es mit einer Pluralität unterschiedlicher Wertauffassungen vereinbar ist und – ganz im Sinne Max Webers – die inneren Verhältnisse unterschiedlicher Wertbestimmungen und die empirischen Nebenfolgen herausarbeitet. Das Webersche Wertfreiheitspostulat der Wissenschaft schlägt sich in dem Bemühen nieder, die Werthaltungen als externe empirische Daten in die Technikfolgenabschätzung einzuspeisen und die wissenschaftliche Analyse auf die Konstruktion von Szenarien – als moderne Variante der Analyse von geeigneten Mitteln für gegebene Zwecke – zu modellieren. Dieses verbreitete Verfahren ist implizit auf das konsequentialistische Paradigma normativer Ethik festgelegt, da Handlungen und strategische Optionen generell, hier insbesondere die Wahl technologischer Optionen, unter dem Aspekt der Optimierung vorgegebener Werte betrachtet werden. Während der klassische Utilitarismus mit dem ihm selbstevident erscheinenden Prinzip der universellen Nutzenmaximierung den Anspruch einer moralischen Erkenntnis formulierte, der in den zeitgenössischen Varianten in unterschiedlicher Ausprägung fortlebt (bis hin zu naturalistischen Utilitarismusvarianten wie der von David Brink[21]), tendiert diese Methode der Technikfolgenabschätzung zu einer weitgehenden Subjektivierung und Entrationalisierung des normativen Urteils. Im Ergebnis stehen sich Idealtypen moralischer Weltanschauungen gegenüber, die gelegentlich mit sozialen Konstellationen in Verbindung gebracht werden. Die in der empirischen Sozialforschung der Gegenwart

21 Vgl. Brink 1989.

verbreitete Theorie des gesellschaftlich-kulturellen Milieus verbindet sich hier mit der Weberschen Konzeption vom ewigen Kampf moralischer Weltanschauungen. Das hohe Maß der Übereinstimmung in normativen Grundfragen, das unsere Lebenswelt kennzeichnet, wird bei dieser Methode systematisch verdeckt. Tatsächlich lässt sich ein Gutteil vermeintlicher Wertungsdifferenzen auf divergierende Überzeugungen in empirischen Fragen zurückführen. Um ein Beispiel zu nennen: Wer ein dezentrales Energiesystem einem zentralisierten vorzieht und damit in der Methode der Wertbaumanalyse den Wert der Dezentralität offenbart, der wird in der Regel dezentrale Energieversorgungssysteme deswegen vorziehen, weil er der Überzeugung ist, sie seien weniger fehleranfällig, erlaubten eine effizientere Nutzung der Abwärme oder setzten keine umfangreiche, hierarchisch strukturierte und von außen schwer kontrollierbare Planungsbürokratie voraus. Ohne diese empirischen Annahmen scheint der „Wert" der Dezentralität unbegründet zu sein. Die vermeintliche Werthaltung entpuppt sich also als eine auf fundamentalere Normen und Werte zurückführbare Folge bestimmter empirischer Annahmen, die grundsätzlich auch empirisch-einzelwissenschaftlich überprüfbar sind. Aber selbst für den Fall, dass es um diese empirische Überprüfbarkeit aus pragmatischen Gründen schlecht bestellt ist, wäre es doch eine gefährliche Verzerrung der tatsächlichen Diskussionslage, diese empirischen Überzeugungsunterschiede in Wertungskonflikte zu übersetzen und sie damit gemäß der subjektivistischen Interpretation moralischer Überzeugungen zu entrationalisieren.

Der Konsensbereich moralischer Überzeugungen umfasst jedoch nicht universelle Optimierungsprinzipien (ob sie sich nun auf die Summe der Befriedigungen oder auf die Summe der Präferenzenerfüllungen beziehen), sondern in erster Linie bestimmte Normen lebensweltlicher Praxis. Es besteht Einigkeit darüber, dass Personen individuelle Rechte haben, die man zum Teil unter das Selbstbestimmungsrecht fassen kann und die nur in extremen Situationen verletzt werden dürfen. Es besteht ein Konsens über bestimmte Pflichten, die man gegenüber Schwächeren und Abhängigen hat; dazu gehören insbesondere die Pflichten von Eltern gegenüber ihren Kindern und der Gesellschaft insgesamt gegenüber denjenigen, die unverschuldet in Not geraten. Bildlich gesprochen werden die Meinungsunterschiede oben und unten größer. Oben auf der Ebene der abstrakten Prinzipien, die nach der im fünften Teil skizzierten kohärentistischen Methodologie aufgrund ihrer Beziehung zu anderen Elementen unseres normativen Überzeugungssystems zu rechtfertigen sind, gibt es tiefgreifende Meinungsunterschiede, die sich in der Regel als theoretische rekonstruieren lassen, d.h. die Meinungen gehen darüber auseinander, welches dieser Prinzipien die bessere Systematisierungsleistung erbringt.

Ebenso gibt es in konkreten Entscheidungssituationen häufig Divergenzen in der Einschätzung der Anwendungsbedingungen der mittleren moralischen Regeln der benannten Art, wobei dieser Dissens meist weniger theoretischer als empirischer Natur ist. Der normative Konsens bezieht sich aber nicht nur auf prima-facie-Regeln individueller Rechte und Pflichten, sondern auch auf sehr abstrakte Invarianzannahmen und konkrete Handlungsalternativen in lebensweltlichen Situationen. Wer im Sinne eines kognitivistischen Ethikverständnisses das Rationalitätspotential normativer Überzeugungen möglichst vollständig ausschöpfen möchte, wird an diese konsensualen Elemente anknüpfen und versuchen, sie sowohl im Hinblick auf die theoretische Verallgemeinerung als auch im Hinblick auf die Anwendungsdimension auszubauen.

Wenn ethische Urteilsfähigkeit darauf beruht, zentrale Bestandteile unseres moralischen Überzeugungssystems zu rekonstruieren und zu systematisieren und auf diesem Wege Kriterien zu schaffen, die in Situationen, in denen unser moralisches Urteil nicht eindeutig ist, Orientierung bieten, dann ist das deduktive Vorgehen der traditionellen Methode angewandter Ethik unangemessen. Wenn wir zusätzlich die Annahme aufgeben, dass uns ein leicht zu rekonstruierendes System normativer Kriterien zur Verfügung steht, dann erhält die Anwendungsdimension der Ethik einen völlig neuen Status. Konkrete anwendungsorientierte Probleme der moralischen Beurteilung sind dann *konstitutiver Bestandteil der ethischen Theoriebildung selbst.* Feste moralische Überzeugungen, die sich auf die Zulässigkeit eines konkreten Verhaltens beziehen, müssen sich im Rahmen der ethischen Theorie angemessen rekonstruieren lassen, wenn wir nicht schließlich bereit sind, diese Überzeugungen aufzugeben. Das, was von erkenntnistheoretischen Rationalisten an philosophischer Ethik gern diskreditiert wird – nämlich unsere moralischen Intuitionen – bildet das Material, aus dem das Gesamt der moralischen Urteilsfähigkeit entwickelt werden muss. Dies heißt nicht, in den Fehler traditioneller Intuitionisten zu verfallen, nämlich moralischen Intuitionen einen Status der Unantastbarkeit und Revisionsresistenz zuzuschreiben. Unsere moralischen Intuitionen sind selbst theoriegeladen, wandlungsfähig und in vielen Fällen widersprüchlich. Da jedoch die Idee, ethische Prinzipien als selbstevident der Kritik zu entziehen oder diese allein mit Mitteln der deduktiven Logik hervorzuzaubern, auf einem falschen Verständnis von ethischer Theorie beruht, haben wir nichts anderes als unsere „Intuitionen", wenn man diesen problematischen Sprachgebrauch beibehalten will. Man sollte besser – wie oben getan – von „moralischen Überzeugungen" sprechen, denen wir in unterschiedlichem Grade Gewicht beimessen, wobei sich das relative Gewicht eben danach bestimmt, welche dieser moralischen Überzeugungen wir im Konfliktfalle aufzugeben bereit sind. Konflikte zwischen moralischen Überzeugungen treten jedoch häufig erst im Verlaufe der Theoriebildung auf, da diese moralische Überzeugungen in Beziehung setzt, die vordem unvermittelt nebeneinander standen. Systematisierung moralischer Überzeugungen heißt Subsumtion moralischer Überzeugungen unter allgemeinere, womit legitimerweise eine Reduktion der großen Vielfalt von Beurteilungskategorien, moralischen Begriffen, Regeln und Werten einhergeht. Nach diesem Verständnis kann es Ethik ohne Anwendung nicht geben: Denn die ethische Theorie bewährt sich in ihren Anwendungen. Theoretische und praktische Fragen der Ethik bilden demnach nicht zwei disjunkte Klassen, sondern ein Kontinuum, und die Begründungsrelationen verlaufen weder von der Theorie zur Praxis noch von der Praxis zur Theorie, sondern richten sich nach dem Gewißheitsgefälle unserer moralischen Überzeugungen. Es gibt moralische Überzeugungen von hoher Allgemeinheit, die wir nicht aufzugeben bereit sind, ebenso wie es konkrete Verhaltensweisen gibt, die wir als unmoralisch charakterisiert sehen wollen.

7. Die Bereichsethiken

Aufgrund dieser erkenntnistheoretischen und methodologischen Überlegungen ist es nicht ausgeschlossen, dass für verschiedene Bereiche menschlicher Praxis unterschiedliche normative Kriterien angemessen sind, die sich nicht auf ein einziges System moralischer Regeln und Prinzipien reduzieren lassen. Zumindest erscheint es heuristisch zweckmäßig, größere Komplexe menschlicher Praxis, denen jeweils spezifische Charakteristika gemeinsam sind, einer eigenständigen normativen Analyse zu unterziehen. Statt von „angewandter Ethik mit ihren unterschiedlichen Fokussierungen" sollte man daher besser von „*Bereichsethiken*" sprechen.

Einige dieser Praxisbereiche konstituieren sich durch gesellschaftliche Subsysteme wie etwa das der Heilung und Therapie. Das gesellschaftliche Subsystem besteht hier aus dem Interaktionsgefüge von Ärzten, Patienten, Pflegern, Schwestern, einschließlich des Pharmabereiches. Dieses gesellschaftliche Subsystem ist nicht scharf abgegrenzt, und nicht alle Handlungsweisen innerhalb dieses Subsystems sind auf Heilung und Therapie bezogen. Dennoch liegt hier ein spezifischer Bereich menschlicher Praxis vor, der moralische Probleme besonderer Art aufwirft. Derjenige Teil normativer Ethik, der sich mit diesem Bereich menschlicher Praxis befaßt, trägt den Namen „Medizinethik". Die normative Analyse wirft dabei nicht nur im engeren Sinne Anwendungsprobleme auf, sondern erfordert auch theoretische Klärungen, die sich etwa in dem Versuch unterschiedlicher medizinethischer Entwürfe niederschlagen, alle moralischen Aspekte auf wenige Prinzipien zu reduzieren. Statt Medizinethik als einen Teil angewandter Ethik aufzufassen, sollte man diese Disziplin vielmehr als denjenigen Teil der Ethik verstehen, der sich auf einen spezifischen Bereich menschlicher Praxis bezieht.

Die journalistische Ethik ist ebenfalls durch ein bestimmtes berufliches Tätigkeitsfeld abgesteckt. Die Grenzen zu einer allgemeinen Medienethik sind allerdings fließend. Auch für die Wissenschaftsethik gilt, dass sie eng mit einem bestimmten gesellschaftlichen Subsystem, nämlich dem der Wissenschaft oder der *Scientific Community*, korreliert ist. Hierbei muss einerseits beachtet werden, dass nicht alle moralischen Aspekte der Praxis in diesem gesellschaftlichen Subsystem Gegenstand von Wissenschaftsethik sind, sondern nur diejenigen, die sich auf spezifisch wissenschaftliche Tätigkeiten beziehen. Andererseits ist es gerade die unauflösliche Vernetzung forschungsbezogener und nicht auf die Forschung bezogener Praxis, die eigene moralische Probleme aufwirft, die etwa über den Weg der Integrität der wissenschaftstreibenden Person Einfluss auf die normativen Kriterien der Wissenschaftsethik nehmen.

Andere Bereichsethiken lassen sich über gesellschaftliche Subsysteme selbst in dieser schwachen Weise nicht abgrenzen. Dies gilt bspw. für eine Bereichsethik, die häufig in einem Atemzug mit der Medizinethik genannt wird, nämlich die „Bioethik". Die Bioethik beschäftigt sich mit moralischen Problemen des Umgangs mit menschlichem und nichtmenschlichem Leben, so dass wesentliche Teilbereiche in die Medizinethik, aber auch in die ökologische Ethik und die Genethik fallen.

Auch die ökologische Ethik bezieht sich nicht auf ein gesellschaftliches Subsystem, selbst wenn der Bereich des *staatlichen* Natur- und Umweltschutzes mit seinen Institutionen, Gesetzen und Entscheidungsverfahren dabei eine wichtige Rolle spielt. Ökologische Ethik bezieht sich vielmehr auf einen Aspekt menschlichen Verhaltens, der so gut wie alle Praxisformen tangiert.

Die Ethik der Gentechnik (Genethik) hat zwar trotz ihres Überschneidungsbereiches mit ökologischer Ethik und Medizinethik einen bisher eng begrenzten praktischen Anwendungsbereich; noch ist die Gentechnik eine von vielen sich dynamisch entwickelnden Technologien, die unser Alltagsleben bisher nur in einem geringen Maße prägen. Die Gentechnologie eröffnet jedoch Handlungsoptionen, die moralische Abwägungen neuer Art verlangen. Dies hängt u.a. damit zusammen, dass unser legitimes Bestreben, innerhalb vorgegebener Strukturen optimierend zu handeln, dann in Frage gestellt wird, wenn diese Strukturen selbst Gegenstand der freien Wahl werden.

Ein Science-fiction-Beispiel mag dies veranschaulichen: Solange der Alterungsprozess im Wesentlichen natürlich vorgegeben ist und durch medizinische Interventionen nur bewirkt wird, dass bestimmte gesundheitliche Krisen lebend und meist ohne bleibende Schäden überstanden werden, streben viele Menschen durch eine gesunde Lebensweise und durch die Vermeidung unnötiger Risiken ein langes Leben bei guter Gesundheit an. Sollte es eines Tages möglich sein – in Analogie etwa zu der erfolgreichen genetischen Veränderung einer Tomatensorte – den biologischen Alterungsprozess selbst wesentlich zu beeinflussen oder gar zu stoppen, dann wären wir mit Handlungsalternativen konfrontiert, auf die die lebensweltlichen Kriterien moralischer Beurteilung nicht eingestellt sind. Sollte man in diesem Fall den jetzt Lebenden ein um mehrere hundert Jahre verlängertes oder gar ewiges Leben einräumen und – wegen der begrenzten irdischen Ressourcen – andere wesentliche Güter und Rechte limitieren (z.B. festlegen, dass nur jedes fünfzigste Paar Kinder haben darf), oder soll die „natürliche Ordnung der Dinge" einschließlich ihrer medizinischen Optimierung beibehalten werden? Würden wir ein Leben dieser Art überhaupt führen wollen? Ist das uns unter den gegebenen Bedingungen vernünftig erscheinende Bestreben, bei guter Gesundheit möglichst lange zu leben, auf einige hundert Jahre ausweitbar? Sind wir – falls dies nicht wünschenswert erscheint – in der Lage, die vernünftige Zeitspanne selbst zu bestimmen? Sollte und müsste dies gesellschaftlich-kollektiv oder individuell entschieden werden? Ist es überhaupt zumutbar, dass Menschen für sich diese Entscheidung treffen, die, als von außen vorgegeben, eine schicksalhafte Einschränkung unserer Wunscherfüllung darstellt, die wir – bei bestimmten Verbesserungen – insgesamt akzeptieren können, jedoch nicht selbst als einen Akt der freiwilligen Beschränkung wählen würden? Dieses Beispiel wurde bewusst weit außerhalb des heute empirisch Realisierbaren angesiedelt, um die grundlegende Problematik einer tiefgreifenden Veränderung menschlicher Handlungsoptionen durch den Einsatz neuer Technologien deutlich zu machen. Die Gentechnik mit ihren Möglichkeiten der Konstruktion neuer Arten des Lebens und ihrer Optimierung von Nutztieren und Nutzpflanzen schafft – unabhängig von der ökologischen, sozialen und wirtschaftlichen Dimension – ein Wissen, auf das auch die wissenschaftlich-technisch geprägten Kulturen bisher in kaum einer Weise vorbereitet sind. Die bei genetischen Beratungsstellen üblichen Informationsrestriktionen machen den Konflikt zwischen einer an Aufklärung, Rationalität und wissenschaftlicher Durchdringung orientierten Kultur einerseits und der Sorge, dass die Gesellschaft nicht in der Lage ist, mit jeder Form von Wissen adäquat umzugehen, andererseits deutlich.

Dieses Grundproblem der Veränderbarkeit von Strukturen, innerhalb derer sich die bisherigen Wertungen entwickelt und bewährt haben, stellt sich zwar mit dieser Radikalität vor allem im Bereich der von der Gentechnologie geprägten Praxisfelder; aber auch andere moderne Technologien ermöglichen tiefgreifende Strukturveränderungen, die das gesellschaftliche Gefüge grundlegend verändern können. Dies gilt in der Rückschau z.B. für die neuen Energietechnologien, die erst das Industriezeitalter einläuteten, und das gilt mit Blick auf die Zukunft insbesondere für die Medientechnologien, aber nach wie vor auch für die in einer Industriegesellschaft prägenden Verfahren und Restriktionen der Energiebereitstellung.

Die kritische Überprüfung moralischer Standards des etablierten Ethos ist für weite Bereiche der gesellschaftlichen und individuellen Praxis unverzichtbar geworden. Diese Einsicht beschränkt sich heute nicht mehr auf kleine Gruppen politischer Aktivisten, sondern scheint zumindest in den westlichen Industriegesellschaften, aber zunehmend auch in den neuen Demokratien Mittel- und Osteuropas sowie Südamerikas verbreitete Überzeugung zu werden. Der Gesichtspunkt der Anpassung moralischer Standards an die veränderten menschlichen Handlungsbedingungen wird dabei zunehmend flankiert von Bestrebungen, Elemente des tradierten Ethos zu bewahren oder wiederherzustellen. Speziell der Bioethik wird insbesondere im deutschen Sprachraum vorgeworfen, das tradierte moralische Fundament der Rücksichtnahme auf Behinderte, Alte und Kranke zu untergraben. Diese Sorge hat zu ungewohnten Konstellationen geführt. Nicht nur im deutschen Sprachraum verbünden sich Kritiker feministischer und ökologistischer Provenienz mit Konservativen – insbesondere aus dem Umfeld der katholischen Kirche – gegen Gentechnik, Befruchtungstechnologien, Atomkraft etc. Die traditionell progressive Linke hat im Zusammenhang mit der Ökologiedebatte traditionell konservative Orientierungen am Überkommenen und die Skepsis gegenüber Wissenschaft und Technik übernommen. Ein Teil der konservativen Kräfte wiederum hat Elemente der traditionell linken Kapitalismuskritik integriert. Diese Aufweichung des Rechts-Links-Schemas hat die Bedingungen für einen rationalen Diskurs der Probleme angewandter Ethik eher verbessert, denn die vordergründige Politisierung war nicht nur für die Verzerrungen des berühmten deutschen Positivismusstreites verantwortlich, sondern hat auch weite Bereiche der angewandten Ethik über viele Jahre hinweg behindert.

Nachdem der Gegensatz zwischen marxistisch und liberalistisch geprägtem Denken gegenwärtig keine Rolle mehr spielt, zeichnet sich jedoch an den Rändern eine neue Ideologisierung ab, die zum Teil von neuen Irrationalismen und Neo-Romantizismen herrührt und einen Gutteil der Technikphilosophie, der ökologischen Ethik und der feministischen Philosophie prägt. Konservative und linke Skepsis dem Projekt angewandter Ethik gegenüber treffen sich in ihrer Kritik an dem Versuch einer rationalen Klärung moralischer Probleme. Linke Ethikskepsis neigt dabei zu einer soziologisch geprägten Sichtweise, die Rollen, Erwartungen und Motive, aber keine genuinen Handlungsgründe kennt, während konservative Ethikskepsis die Gefährdung des traditionellen Ethos durch Rationalisierung befürchtet.

Angewandte Ethik ist, wie die Philosophie generell, ein Projekt der Aufklärung, und als solches muss sie sich gegen diese irrationalistische Zangenbewegung behaupten. Zugleich aber darf der Diskurs angewandter Ethik nicht der oben dargestellten rationalistischen Versuchung einer Neuerfindung des Moralischen erliegen. Ausgangspunkt deskriptiver wie normativer Begründungen sind immer die gemeinsamen Elemente unserer deskriptiven wie normativen Überzeugungssysteme, sie können weder ab ovo neu konstruiert, noch von einem Standpunkt außerhalb jeden normativen Überzeugungssystems kritisiert werden.

Literaturverzeichnis

Austin, John L. (1962): How to Do Things with Words. Oxford.
Brandom, Robert (1994): Making it Explicit. Cambridge, Mass.
Brink, David O. (1989): Moral Realism and the Foundation of Ethics. Cambridge, Mass.
Descartes, René (2002 [1641]): Meditationes de Prima Philosophia. Meditationen über die Erste Philosophie. Lateinisch/deutsch. Übers. u. hg. v. Gerhardt Schmidt. Stuttgart.
Gert, Bernard (1988): Morality: A New Justification of the Moral Rules. New York u.a.
Habermas, Jürgen (1991): Erläuterungen zur Diskursethik. Frankfurt a.M.
Hare, Richard M. (1952): The Language of Morals. Oxford.
Hoerster, Norbert (2003): Ethik und Interesse. Stuttgart.
Korsgaard, Christine (1996): The Sources of Normativity. Cambridge, Mass.
Kripke, Saul (1982): Wittgenstein on Rules and Private Language. Oxford.
Mackie, John L. (1977): Ethics. Inventing Right and Wrong. Harmondsworth.
Moore, George E. (1959 [1903]): Principia Ethica. Cambridge.
Nida-Rümelin, Julian (2001): Strukturelle Rationalität. Stuttgart.
Nida-Rümelin, Julian (2002): Begründung in der Ethik. In: Ders.: Ethische Essays. Frankfurt a.M., 32-47.
Nida-Rümelin, Julian (2005): Theoretische und angewandte Ethik: Paradigmen, Begründungen, Bereiche. In: Ders.: Angewandte Ethik. 2., aktualisierte Aufl. Stuttgart, 2-87.
Nida-Rümelin, Julian (2006): Philosophische vs. Praktische Vernunft. In: Ders.: Demokratie und Wahrheit. München, 13-51.
Nida-Rümelin, Julian (2007): Gründe und Lebenswelt. In: Information Philosophie 4, 7-21.
Searle, John (1969): Speech Acts. Cambridge.

Taylor, Charles (1989): Sources of the Self. The Making of Modern Identity. Cambridge, Mass.

Tugendhat, Ernst (1993): Vorlesungen über Ethik. Frankfurt a.M.

Wittenstein, Ludwig (1984 [1969]): Über Gewissheit. Werkausgabe Bd. 8. Bemerkungen über die Farben. Über Gewissheit. Zettel. Vermischte Bemerkungen. Frankfurt a.M.

Konkrete Ethik – zwischen Metaethik und Ethik-Kommissionen

Ludwig Siep

Über das Verhältnis zwischen Ethik-Begründung und ethischer Stellungnahme zu konkreten Problemen der Gesellschaft wurde in Deutschland schon in den 70er Jahren des letzten Jahrhunderts gestritten. Die „Kritische Theorie" und die „Rehabilitierung der praktischen Philosophie", die vor allem von der Schule Joachim Ritters ausging,[1] plädierten für eine Öffnung der Philosophie für Streitfragen über die richtige Gesellschaftsordnung, über Ökonomie und Politik (in der aristotelischen Tradition) oder Gesellschaftskritik in der marxistischen Tradition.

Die Anstöße zur Entwicklung der angewandten Ethik kamen etwa ein Jahrzehnt später vor allem aus zwei Richtungen: *zum einen* aus der angelsächsischen Ethik, die nach einer Periode des Non-Kognitivismus, d.h. der Bestreitung des Erkenntnisanspruchs der Ethik, wieder zu Inhaltsfragen auch der gesellschaftlichen Debatten der Zeit überging, etwa zum gerechten Krieg, zur Gentechnik oder zu medizinischen Dilemmata; *zum anderen* aus der institutionellen Entwicklung von Ethik-Kommissionen und parlamentarischen Enquête-Kommissionen in Deutschland, die Stellungnahmen zu konkreten Problemen zu erarbeiten hatten (klinische Forschung, Kernenergie, Gentechnik etc.).

Während in den USA die Bioethik teilweise ein eigenes Forschungs- und Betätigungsfeld außerhalb der Philosophie wurde, blieb sie in Deutschland ein Gebiet, auf dem Grundlagenüberlegungen und konkrete Beratung von denselben Fachvertretern betrieben wurde. Vielleicht gerade daher kam es allerdings vielfach zum Streit. Einerseits wurde eine prinzipienlose Akzeptanzforschung und Kasuistik beklagt. Auf der anderen Seite erschienen die Beschäftigungen mit der moralischen Sprache, der Normenbegründung usw. den mit Beratung beschäftigten Ethikern oft als Glasperlenspiel von Philosophen, die im Elfenbeinturm der universitären Forschung blieben.

1 Vgl. Riedel 1972; 1974.

Nach meiner Überzeugung, die ich mit vielen Fachkollegen teile, ist die Grundlagendiskussion in der Ethik von der Behandlung konkreter Anwendungsfragen nicht zu trennen. Das gilt aber in beiden Richtungen: Metaethik und allgemeine Ethik können nicht ohne Bezug auf konkrete Probleme betrieben werden. Zwischen ihren Überlegungen und den Anwendungsfragen und -antworten muss ein Reflexionsgleichgewicht stattfinden. Es gibt keine völlig apriorische Ethik-Begründung, aber es gibt auch keine prinzipienlose Beratung.[2]

Im ersten Teil meiner folgenden Ausführungen versuche ich, ausgehend von konkreten Fragen der bioethischen Diskussion zu zeigen, wie viel Metaethik und Grundlagenfragen in konkreten Problemen der angewandten Ethik enthalten sind (I). Im zweiten argumentiere ich dafür, dass eine reine Ethikbegründung ohne empirische Urteile über den Menschen und über richtige ethische Handlungen nicht gelingt (II). Im letzten Teil geht es dann darum, welche ethischen Grundlagen am besten zu einer konkreten Ethik passen, die zur institutionellen Beratung gesellschaftlicher und staatlicher Institutionen fähig ist (III).

I

An vier Beispielen möchte ich zunächst zeigen, wie Grundlagenfragen der Ethik unmittelbar durchschlagen auf konkrete Anwendungsprobleme: der medizinischen Forschung mit Nichteinwilligungsfähigen, den Problemen der therapeutischen oder verbessernden Medizin (Enhancement), der artgemäßen Behandlung von Tieren und der Erhaltung der Artenvielfalt bzw. der Biodiversität.

I.1 Das Problem der Forschung mit Nichteinwilligungsfähigen

Die Frage, inwieweit Kinder, bewusstlose Notfallpatienten oder Altersdemente in klinische Studien zur Erprobung von Medikamenten und Therapien einbezogen werden dürfen, hat vor einigen Jahren nicht nur Ethik-Kommissionen, sondern auch die breite Öffentlichkeit in Deutschland bewegt. Anlass war unter anderem die vom Europarat verfasste Konvention zum Schutz der Menschenrechte in der biomedizinischen Forschung (Bioethikkonvention).[3] Sie bedarf als völkerrechtlicher Vertrag einer Zeichnung und Ratifizierung durch die Mitgliedsländer, beides ist in

2 Zum Reflexionsgleichgewicht vgl. Hahn 2000 und Siep 2004, 118f. Zur Kritik an der apriorischen Ethik-Begründung vgl. Siep 2004, Kap. 2.2.

3 Vgl. USMM 1997, 285-303.

Deutschland bisher nicht geschehen.[4] Die Konvention erlaubt Forschungen mit Nichteinwilligungsfähigen, wenn dem einzelnen Patienten oder Probanden nur minimale Risiken und Belastungen zugemutet werden, die Alters- oder Krankheitsgruppe aber einen erheblichen Nutzen davon haben kann. Voraussetzung ist auch, dass die Forschung *nur* an dieser Alters- bzw. Patientengruppe durchführbar ist.

Der ethische Kern des Streites wurde von den Beteiligten, nicht zu Unrecht, auf einen Gegensatz zwischen kantisch-deontologischen und utilitaristischen Positionen zurückgeführt. Nach dem kantischen Verbot einer völligen Instrumentalisierung darf kein Mensch einer Behandlung unterzogen werden, der er entweder nicht freiwillig zustimmt oder die nicht eindeutig in seinem persönlichen Interesse liegt. Beides kann in vielen Fällen solcher Forschungen – z.B. bei einigen Impfstudien an gesunden Kindern oder bei einer Zufallskontrollgruppe[5] – nicht aufrichtig behauptet werden. Manchmal ist der Nutzen für den Teilnehmer höchst ungewiss und allenfalls in ferner Zukunft realisierbar.

Auf der anderen Seite können ohne solche Untersuchungen Nichteinwilligungsfähige nicht mit hinreichend überprüften Medikamenten – vor allem nicht in wissenschaftlich getesteten Dosierungen – behandelt werden. Die Dosierung von Medikamenten etwa bei Kindern wird oft in unverantwortlicher Weise „über den Daumen gepeilt". Beeinträchtigt ist also nicht nur der Gruppennutzen, sondern auch die ärztliche Haltung (Tugend) der Sorgfalt und wissenschaftlichen Vertretbarkeit in der Therapie.

Die Formulierung, solche Versuche seien bei „minimalen Risiken und Belastungen" für die Betroffenen erlaubt, versucht eine Art Kompromiss oder eine Güterabwägung: Generell bleibt das Prinzip der informierten Zustimmung in Kraft, das nur in Notfällen durch das „objektive Interesse" ersetzt werden kann. In Fällen, in denen eine solche Zustimmung nicht möglich ist, kann das vermutliche Interesse aber zugunsten eines eklatanten „Gruppennutzens" gegenüber minimalen Risiken und Belastungen des Probanden zurückgestellt werden. Wobei die „Gruppe" ja kein Kollektiv ist, sondern die Menge der zukünftigen einzelnen Patienten.

Was für eine ethische Position liegt einer solchen Lösung zugrunde? Kann es „ein bisschen Kant" mit „ein bisschen Utilitarismus" geben?

---

4 Allerdings ist in der 12. Novelle des deutschen Arzneimittelgesetzes (AMG) die Bestimmung der Kommission für die Forschung mit Kindern weitgehend übernommen worden.

5 Bei randomisierten klinischen Studien (RCT) wird ja die Verteilung der Patienten bzw. Probanden auf die Gruppe zur Untersuchung des neuen Medikamentes (bzw. der neuen Therapie) einerseits und die Kontrollgruppen (die die Standardtherapie und/oder Placebos erhalten) andererseits nach dem Zufallsprinzip vorgenommen. Eine Placebogabe kann aber kaum im „objektiven Interesse" des Betroffenen liegen, wenn er von der verbesserten Therapie nicht mit ziemlicher Wahrscheinlichkeit noch profitieren kann.

Kann es in ethischen Fragen der Autonomie überhaupt Kompromisse geben? Oder handelt es sich um ein ganz anderes ethisches Verfahren, nämlich eine Güterabwägung zwischen Autonomie, Wohlergehen und ärztlicher Verantwortung? Das betrifft offenbar Grundsatzfragen der Ethik und nicht bloß Situationsentscheidungen. Wenn Beratung von einer generellen ethischen Konzeption getragen und gerechtfertigt sein soll, dann braucht es hier erhebliche philosophische Anstrengungen. Es bleiben aber auch beträchtliche Anwendungsprobleme im Einzelfall: Wo beginnt eine mehr als minimale Belastung, ein mehr als minimales Risiko? Kann man an der Verweigerung der Teilnahme oder des Verlassens einer Studie „ohne Angabe von Gründen" festhalten, wenn Nichteinwilligungsfähige im Gruppeninteresse einbezogen werden? Natürlich kann man das alles den Praktikern überlassen – aber die stellen Fragen an den Ethiker, denen er nicht ausweichen kann.

I.2 Enhancement bzw. verbessernde Medizin

Die Frage, ob es der Medizin, dem Arzt oder dem „Kunden" erlaubt sein soll, nicht nur Medikamente oder Therapien, sondern auch leistungsfördernde oder stimmungsaufhellende Mittel anzubieten bzw. einzunehmen, beschäftigt ebenfalls nicht nur die Medizin, sondern auch die Öffentlichkeit; zumal eine große Menge von Psychopharmaka schon auf dem Markt ist, die zumindest beim Gesunden schon Verbesserungen des Zustandes bzw. der Leistung zu bewirken scheinen. Außerdem nehmen die Alters- und Schönheitsmedizin erheblich zu.

Auch hier sind Autonomiegesichtspunkte im Spiel: Wie kann es einem Menschen versagt werden, ein Mittel zu nehmen, das seinen Wünschen entspricht, solange er damit anderen nicht schadet? Die dahinter stehende ethische Position ist allerdings kaum eine kantianische, denn hier gibt es ja Pflichten gegen sich selbst bzw. gegen die überindividuelle Vernunft in einem jeden. Die Erlaubnis unschädlicher Selbstverbesserung folgt eher aus Vertragsethiken, nach denen die Freiwilligkeit der Kontrahenten das entscheidende Prinzip ist, oder aus dem Präferenzutilitarismus, für den ein Minimum an Frustrationen der tatsächlichen individuellen Präferenzen das ethische Ziel ist.

Kritiker von Enhancement – wobei ich zunächst das Maß der Verbesserung außer Acht lasse – bringen verschiedene Argumente vor. Sie können Güter wie das Wohl der Betroffenen, die vielleicht unter langfristigen Schäden leiden wie beim Doping, die Chancengleichheit (vor allem bei hohen Kosten für die Maßnahmen) oder die Grundlagen für Gleichheit und Gerechtigkeit ins Feld führen. Sie können auch generell bezweifeln, dass jeder eine unbegrenzte Verfügung über den eigenen Körper hat. Auch wenn es heute kaum noch den Tatbestand des „öffentlichen Ärgernisses“ gibt, könnten andere Gründe für eine Begrenzung des Spielraums der Selbstveränderung sprechen: Die bisherige Bandbreite körperlicher Variationen könnte Bedingung für wichtige öffentliche Güter sein – wie der Kommunikation, der Berechenbarkeit des Verhaltens, des gemeinsamen Maßstabes für Kompensationen bei Benachteiligten usw.[6] Schließlich könnte man der Natürlichkeit des menschlichen Körpers, wie er sich in der biologisch-kulturellen Evolution entwickelt hat, einen Wert zuschreiben, mit dem behutsam im Blick auf mögliche Verluste umzugehen ist.[7]

Die Grundsätze der allgemeinen Ethik, die hier zur Debatte stehen, betreffen die Frage, ob über die Berücksichtigung individueller Interessen hinaus überhaupt andere Kriterien für eine Ethik der Moderne erwogen werden können. Gibt es Güter oder Werte, die individuellen Interessen gegenüber zur Geltung gebracht werden dürfen? Haben Tugenden des Arztes, des Beraters, des an Gerechtigkeit orientierten Politikers einen Status, der mit autonomen Interessenbekundungen konkurrieren kann? Sind deskriptiv-evaluative Begriffe wie Gesundheit, Normalität, gutes Leben etc. in einer „objektiven“ Ethik überhaupt zugelassen? Auch hier genügt es mir zunächst, auf die grundsätzlichen Fragen hinzuweisen, die durch Anwendungsprobleme aufgeworfen werden.

I.3 Artgerechte Tierhaltung

Fragen des Tierschutzes haben in der Gegenwart eine neue ethische und politische Schärfe gewonnen. Es geht nicht mehr nur um Tierquälerei durch willkürliche Schmerzzufügung zum eigenen Lustgewinn oder aus Zorn (wie beim prügelnden Pferdekutscher vor-motorisierter Zeiten). Vielmehr geht es um Massentierhaltung und Tierversuche, vor allem in der medizinischen Forschung.

Schon im 18. Jahrhundert gab es bekanntlich prinzipielle Unterschiede in der Ethik hinsichtlich der Adressaten, gegenüber denen wir überhaupt moralische Pflichten haben. Für Kant waren es nur Vernunftwesen – das Verbot von Tierquälerei sollte nur der „Verrohung“ der Menschen im Umgang miteinander vorbeugen. Für Bentham, den Begründer des Utilitarismus, dagegen haben wir Pflichten gegenüber allen leidensfähigen Wesen.[8]

---

6 Vgl. Siep 2006.

7 Vgl. Habermas 2005. Sowie dazu Siep 2002.

8 Vgl. Kants Vorlesung über Ethik, 302f. und Bentham 1970, Kap. xvii, §1, Sek. 4, Fn., 282f.

Auch mit dieser pathozentrischen Konzeption gerät man aber angesichts der modernen Tierhaltung in Schwierigkeiten. Kann man nachweisen, dass Tiere unter engem Lebensraum und dem Entzug von Tageslicht subjektiv leiden? Was ist etwa mit einem „edlen" Zuchtpferd, das sich bester Pflege in hellen geräumigen Ställen erfreut, aber wegen der Gefahr der Verletzung nicht mehr auf die Weide darf?

Aufgrund der Intuitionen, dass Formen moderner Tierhaltung ebenfalls ethisch bedenklich sind, ist der Begriff der „Artgerechtigkeit" in die ethische Diskussion, aber auch in die Gesetzgebung gekommen. Wo Zweifel am Artbegriff bestehen – etwa auch bei der genetischen Veränderung von Tieren zu Forschungszwecken – wird statt „artgerecht" gerne von „tiergerecht" gesprochen. Aber auch da geht es um die Behandlung von Tieren gemäß ihrer je besonderen Lebensweise.

Hintergrund solcher Konzeptionen ist am ehesten eine aristotelische Auffassung, dass jedes Lebewesen bei Erfüllung seiner spezifischen Fähigkeiten und Funktionen (*ergon*) gedeiht und sich wohl fühlt. Aristoteles spricht allerdings auch von den Funktionen von Zuchttieren, und er sagt nicht ausdrücklich, dass wir jedes Tier oder jede Art in ihrem Gedeihen fördern sollen. Für einen solchen Schluss bedarf es des Umweges über seine teleologische Naturauffassung.

Wie steht es aber, wenn man, wie in der modernen medizinischen Forschung, Tiere als Krankheitsmodelle verwendet? Solange dabei nicht genetische Veränderungen durchgeführt werden, könnte man sagen, dass auch Krankheiten zum Leben der Tiere gehören. Darf man sie aber künstlich herbeiführen, um herauszufinden, welche Dosierungen von Medikamenten gefährlich bzw. tödlich sind? Offenbar doch nur, wenn das Wohl des Menschen wesentlich höher gewichtet wird als das des Tieres – wenn man eben das Leid vieler falscher Behandlungen und tödlicher oder sehr schädlicher Nebenwirkungen für große Mengen von Menschen vermeiden will. Wenn man solche Abwägungen nicht akzeptiert, muss man auf einen großen Teil der modernen Medizin verzichten.

Aber rechtfertigen derartige Abwägungen auch Tierversuche für die kosmetische Forschung? Oder die Züchtung von Chimären? Zweifel daran werden offenbar gerade auch durch die christliche Tradition genährt, die von Mitgeschöpfen spricht, denen, wie es etwa in der Schweizer Verfassung neuerdings heißt, sogar „Würde" zustehe. Damit scheint der generellen Scheidung zwischen Vernunftwesen mit moralischem Status – und unabwägbarer Würde – und dem Rest der Lebewesen der Abschied gegeben zu sein.

Aber von der Geschöpflichkeit und göttlichen Zustimmung („er sah, dass es gut war") kann die Würde auch nicht allein abhängen. Denn der Bekämpfung vieler Lebewesen, von Großstadtratten über Moskitos bis zu

Bakterien, stimmen auch die meisten Tierethiker zu. Ganz anders sieht es dagegen bei Primaten aus. Liegt das an ihrer Verwandtschaft mit uns, also an einem leicht ausgeweiteten Anthropozentrismus? Oder liegt es an den Vorstellungen einer *scala naturae*, einer Stufenfolge niederer und höherer Lebewesen, denen gegenüber anwachsende Verpflichtungen bestehen? Auch in diesem Fall muss als zusätzliches Argument eine berechtigte Abwehr von gesundheitsbedrohlichen Feinden konstatiert werden.

Auch hier geht es mir nicht um Lösungen, sondern um den Nachweis, dass die konkretesten Anwendungsfragen mit sehr allgemeinen Begriffen von Ethik, moralischen Pflichten und Rechten, sicher auch von Naturphilosophie und Ontologie (Gibt es Arten? Kann es Pflichten gegen sie geben?) verbunden sind.

Natürlich kann man den gordischen Knoten durchschlagen, indem man erklärt, dass nur Menschen (aber ab wann?) Träger moralischer Rechte sind. Dann wären eben alle Intuitionen über die richtige und falsche Behandlung von Tieren irrelevant, zumindest auf dem Gebiet der Ethik. Aber von welchen Evidenzen ist ein solcher Dualismus getragen? Dass nur Menschen Selbstzweckwesen sind, leuchtet nur dann ein, wenn wir Zwecke an Begriffe oder Allgemeinvorstellungen binden, zu denen Tiere mangels Sprache nicht fähig zu sein scheinen. Aber ist das zielstrebige Suchen nach Futter oder Schlafstelle kein letztlich auf sich selber als Zweck gerichtetes Handeln? Oder wäre das nur eine anthropomorphe Interpretation?

Die andere mögliche Begründung lautet, man könne nur Pflichten gegenüber Wesen haben, die selber Rechte reklamieren und Pflichten einhalten können. Das wird aber den asymmetrischen Verhältnissen unter Menschen nicht gerecht. Auch hier kennen wir Pflichten gegenüber Kindern, geistig Behinderten, zukünftigen Generationen etc.

Mit hoch allgemeinen Prinzipien allein lässt sich also nicht viel ausrichten. Dass nur „die Vernunft" etwas Absolutes und ein Wert sei, an dem von allen Wesen dieser Erde nur Menschen teilhaben, überzeugt offenbar in einem modernen, von den Naturwissenschaften zumindest mitgeprägten Weltbild nicht ohne weiteres. Solche Prinzipien sind nicht voraussetzungslos, und sie verlieren an Plausibilität, wenn sie den – nicht nur privaten, sondern längst in Gesetzen etablierten – Überzeugungen davon widersprechen, was außermenschlichen Lebewesen zusteht.

I.4 Artenvielfalt, Biodiversität

Noch weiter über die traditionellen Begriffe der Schmerzvermeidung oder der auf Personen beschränkten moralischen Pflichten hinaus gehen Begriffe, die dem Menschen Pflichten gegenüber dem Leben auf der Erde insgesamt auferlegen. Das beginnt mit weltweiten Rechtskonventionen über den Artenschutz und die Biodiversität und geht bis zum Gebot, die Schöpfung zu bewahren.

Auch hier gibt es natürlich keine Übereinstimmung zwischen grundlegenden ethischen Positionen. Für kantianische Vernunftethiker kann es nur um Fragen der Voraussetzung individuellen moralischen Handelns gehen. Ob dazu die Biodiversität gehört, ist zweifelhaft – es sei denn indirekt als Bedingung für Nahrungsmittel, Medikamente etc. So werden auch alle Formen des Anthropozentrismus es sehen, seien es utilitaristische, vertrags- oder diskursethische. Es ist aber ungewiss, wie viel an Diversität für mögliche Nahrungs- oder Arzneimittel relevant ist – vielleicht könnte dafür etwa auch die Hälfte der Artenvielfalt des Regenwaldes reichen. Außerdem könnte sich die Angewiesenheit auf natürliche genetische Kombinationen bald erübrigen, wenn man im Labor große Mengen von Variationen und Kombinationen durchspielen kann.

Ein nahe liegendes anthropozentrisches Argument ist das ästhetische. Man kann es in vielen Varianten vertreten, von der Deutung der Natur als Symbol der sittlichen Vernunft, wie in Kants Ästhetik der Erhabenheit, über die Auffassung, das interesselose Wohlgefallen an der Natur habe günstige moralische Wirkungen,[9] bis zum Lustgewinn des Menschen an einer vielfältigen Natur. Aber alle diese Begründungen sagen nicht, wie viel an natürlicher Vielfalt erhaltenswert ist, und können daher kaum den Diversitätsschutz als solchen begründen. Außerdem sind schon die Traditionen, ein Erbe der Menschheit an Kulturprodukten (Weltkulturerbe), aber auch an Landschaften und natürlichen Arten (Weltnaturerbe) zu reklamieren, zumindest im Anspruch vom Wandel der Moden des Gefallens unabhängig.

Nach Auffassung einiger Rechtswissenschaftler[10] zeigt die Entwicklung des internationalen Rechts darüber hinaus, dass die Begründung immer mehr von anthropozentrischen zu physiozentrischen Mustern übergeht. Ob dahinter religiöse Traditionen liegen oder ob Verlusterfahrungen zum Eigenwert einer natürlichen Vielfalt zurückführen, muss dabei offen bleiben.

Die Ausweitung des Kreises der Gegenstände moralischer Pflichten muss nicht beim Lebendigen stehen bleiben. Sie kann auch das Ganze der

9 Vgl. Seel 1997.

10 Vgl. Wolfrum 2001.

Erde, der Natur, des Kosmos („Schöpfung bewahren“) zum Gegenstand ethisch richtigen oder falschen Handelns machen. Wie weit man den Kreis des Ethischen zieht, hängt von beidem ab, der Beurteilung unserer Traditionen, Rechtskonventionen und Intuitionen einerseits und der Position zu den Prinzipien der Ethik andererseits. Beides ließe sich nur trennen, wenn der allgemeinen Ethik oder der Metaethik ein Gegenstandsbereich bliebe, der von den Wandlungen der Werturteile, der Kodifizierung von Normen, der moralischen Erfahrungen und Einsichten der Menschen unabhängig wäre. Dass dies nicht der Fall ist, möchte ich im folgenden Abschnitt andeuten und daraus Konsequenzen ziehen.

II

Es gab in der Geschichte der Ethik eine Fülle von Versuchen, eine von konkreten ethischen Erfahrungen unabhängige Begründung der Ethik zu liefern – man könnte in Übertragung von Richard Rortys Kritik an der Erkenntnistheorie sagen, den Spiegel des sozialen Handelns und der Geschichte ohne das Gespiegelte zu untersuchen.

Ich kann hier nur andeuten, dass keiner diese Versuche ohne Voranannahmen über „das Ethische“ auskommt, die von konkreten Handlungs-, Gesellschafts- und Geschichtserfahrungen abhängen. Als Beispiele will ich kurz auf „Handlung“ (Aristoteles), „Vernunft“ (Kant) und „Sprache“ als erfahrungsfreie Prinzipien der Ethik eingehen.

Aristoteles hat versucht, das gute menschliche Handeln von einer Teleologie des Handelns selber her zu bestimmen. Wer im vollen Sinne handelt, handelt gut. Zum Handeln gehört einerseits die Verfolgung von Zwecken oder Gütern, die wirkliche Ziele und nicht nur Mittel darstellen. Solche Ziele müssen den Handelnden in einen Zustand der Vollendung versetzen, in dem er keine weiteren Mittel und Ziele mehr benötigt. Solche autarken oder glücklichen Zustände sind letztlich diejenigen, in denen er seine menschlichen Fähigkeiten möglichst vollständig und angemessen betätigt.

Um zu sagen, was solche Fähigkeiten sind, braucht Aristoteles allerdings eine Psychologie und eine Tugendlehre. Auch die Psychologie soll, wie die spätere rationale, möglichst prinzipiell sein, also nur einige wenige Grundvermögen zur Sprache bringen, die jeder Mensch hat. Die Geschichte der rationalen Psychologie und später der empirischen hat aber gezeigt, dass es darüber unabhängig von Erfahrungen, Selbstbeobachtungen, heute Befragungen, Tests etc. keine endgültige Klarheit gibt. Außerdem hängt die Psychologie natürlich von der Beschaffenheit des menschlichen Körpers und ihrer Erklärung ab. Auch da sind die schlichten antiken Grundlagen längst überwunden und in der modernen Biologie und Medizin nahezu grenzenlos kompliziert worden.

Auch Aristoteles greift für die Frage, was denn nun eine vollendete Handlung, also ein autarker Vollzug der menschlichen Seelenkräfte ist, auf die Urteile der „Vielen und Weisen" über richtige Entscheidungen und lobenswerte Taten zurück. Wir wissen aus Erzählungen, was tapfere Handlungen, gerechte Gerichtsurteile, kluge Beratungen etc. waren. Daraus lassen sich mehr oder minder umfangreiche Tugendkataloge ableiten. Und diese kann man mit einer Lehre des Zusammenwirkens der Seelenvermögen (Vernunft, Affekte, Begierden) begründen bzw. rekonstruieren. Da die Ethik aber kein Feld des immer Gleichen ist, kann eine einzelne richtige Handlung auch nur umrissweise durch die richtige Proportion (*mesotes*) der Seelenkräfte in einer besonderen Situation getroffen bzw. beurteilt werden.

„Handeln" ist also offenbar kein Begriff, den man isoliert für sich nach allen seinen Bestandteilen analysieren kann, um dann erkennen zu können, wann eine vollständige, richtige Handlung zustande gekommen ist. Man muss dafür auf Erfahrung, Beobachtung, Wertung, auf Traditionen und Erzählungen über bewundernswerte Charaktere zurückgreifen. Für die moderne Handlungstheorie ist die Lage nicht wesentlich besser, auch wenn sie eine wertfreie, der Kausalität in der Natur möglichst analoge Erklärung des Zusammenwirkens von Dispositionen (*pro-attitudes*), Meinungen über Sachverhalte (*beliefs*) und dadurch ausgelöste willentliche Körperbewegungen zu sein beansprucht. Man denke nur an die Fragen, was zu einer Handlung oder Handlungsphase gehört – der Kauf des Revolvers, das Ziehen des Hahns, die Tötung des Tyrannen, der Sturz der Regierung, die Revolution etc. Aber nicht nur darum wird der Versuch, zwischen Handlung, richtiger (etwa erfolgreicher) und ethisch guter Handlung einen immanenten teleologischen Zusammenhang herzustellen wie bei Aristoteles, heute kaum noch unternommen.

Schon bei Aristoteles ist das ethisch richtige Handeln ein Zusammenwirken von Vernunft und Affekten. Wenn zumindest die Vernunft in ihren Verfahren immer und bei allen gleich ist, könnte man von daher zu einer prinzipiellen Ethik kommen. Das ist der kantische Versuch. Das Phänomen des Ethischen, von dem er ausgeht, ist freilich nicht die autarke, glücklich machende Handlung und das Lob für den gelungenen Ausdruck der Menschlichkeit. Es ist vielmehr das Gefühl der Pflicht, als der inneren Achtung vor etwas Höherem als die eigenen Wünsche und Interessen. Was diese Pflicht gebietet, ist die Achtung vor der Vernunft selbst und jedem ihrer Träger. Die Form der Vernunft, die in jeder Handlung verwirklicht werden muss, ist die Anwendung allgemeiner Regeln, die eben dies, die Vernunftausübung, bei allen anderen Trägern der Vernunft möglich machen.

Es kann hier natürlich nicht um eine adäquate Darstellung oder Kritik der kantischen Ethik gehen. Thema ist nur die Frage, ob bei einer solchen Prinzipienethik wirklich von allen Anwendungsfragen abgesehen werden kann. Das ist schon deswegen nicht der Fall, weil Menschen eben verkörperte Vernunftwesen in einer bestimmten Welt sind. Damit kommen die Bedingungen der Psychologie, der Anthropologie (einschließlich Medizin) und der Naturwissenschaft wieder ins Spiel.[11] Auch Kant will ja schon in der *Grundlegung* und erst recht der *Metaphysik der Sitten* eine Lehre der Rechts- und Tugendpflichten entwickeln bzw. einen Maßstab zur Überprüfung der klassischen Lehren bereitstellen. Da werden dann eine Reihe empirischer Annahmen über die menschlichen „Begehrungsvermögen" nötig, aber auch grundlegende Auffassungen über die Natur – etwa deren lückenlose Zweckmäßigkeit, die das Streben nach dem Angenehmen nicht zugleich für die Selbsterhaltung und Selbsttötung „vorgesehen" haben kann. Nicht entgehen kann Kant auch dem Problem der Pflichtenkollision, etwa zwischen Lügenverbot und Lebensrettung.[12] Und wenn er die Vernunft in einer Weise verabsolutiert, die das Leben der Menschen ohne die strikteste Durchführung ihrer Gebote und Strafen für wertlos erklärt, dann wird deutlich, dass nicht mehr von einem menschlichen Vermögen die Rede ist, sondern von einer in der Tradition „göttlich" genannten sich selbst wollenden und bezweckenden Wesenheit.[13] Diese aber ist selber nur noch postulierbar auf dem Weg über die „innere Erfahrung" des Pflichtgefühls und die Annahme einer notwendigen „Erfolgshoffnung" des moralischen Handelns.

Nach Handlung und Vernunft ist „Sprache" in der Moderne ein Kandidat für eine formelle, ohne Bezug auf konkrete Werturteile und Problemlösungen auskommende Prinzipienethik geworden. Auch bei der Sprache muss man aber schon am Anfang den Ausschnitt wählen, der als Moralsprache gilt. Das ist in der sprachanalytischen Metaethik in der Regel das moralische Urteil „du sollst x" bzw. „es ist gut, dass x". Davon abgesehen, ob damit wirklich das Wesentliche an der Ethik erfasst werden kann, gibt es schon hier Prioritätsprobleme: Folgt das Sollen aus dem Guten – was gut ist, soll sein bzw. getan werden – oder umgekehrt „gut" aus „soll" (die gesollten Handlungen und ihre Ergebnisse sind gut)? Oder

11 Vgl. dazu auch Siep 1996.

12 Zu Pflichtenkollisionen vgl. v. Kutschera 1999, 83.

13 Vgl. Tugendhat 1993, 44ff. Besonders deutliche Stellen für diesen „absoluten" Vernunftbegriff finden sich in Kants Anmerkung zum „Straf- und Begnadigungsrecht" der Rechtslehre der „Metaphysik der Sitten". Vgl. Kants Werke, Akademie-Textausgabe. Bd. 6, 331-337.

beim Ausdruck „gut“: Lässt man nur seine adverbiale Bedeutung („gut operiert“), oder auch seine attributive („ein guter Chirurg“) und seine prädikativen („es ist gut, dass operiert wurde“) zu? Wie entscheidet man das, wenn man nicht schon zuvor den Kreis der Urteile festgelegt hat, die zur moralischen Sprache gehören?[14]

Wenn wir von der Umgangssprache ausgehen, dann müssen wir einen weiten Gebrauch zulassen, denn wir verstehen etwa auch, was es heißt, Gesamtzustände sollten verbessert werden („Weltverbesserer“). Auch wenn wir darüber streiten mögen, ob Pflichten, eine bessere Welt herbeizuführen, in der Ethik sinnvoll sind, so verstehen wir doch eine solche Rede und ihren Gebrauch von „sollen“ und „gut“. Wenn wir die Tradition der Philosophie und der Religionen einbeziehen, dann verstehen wir, dass die Schöpfung als ganze „gut“ sein soll und dass es gut ist, dass in ihr eine Mannigfaltigkeit von Wesen existiert („jedes nach seiner Art“). Wir verstehen auch grundsätzlich, was mit den Ausdrücken „höchstes Gut“ oder „Idee des Guten“ gemeint ist, so schwierig die Gehalte dieser Lehren zu interpretieren sein mögen. Wenn wir um der größeren Klarheit und Genauigkeit willen die Sprache regulieren wollen nach dem Vorbild wissenschaftlicher Aussagesysteme, dann haben wir wiederum festgelegt, was für Gehalte der ethischen Diskussion zuzulassen sind.

Sicher können wir für „gut“ allgemeine Formulierungen einsetzen wie „von allen zu bejahen und zu erstreben“. Aber entscheidet das darüber, ob wir auch das Streben von Lebewesen ohne sprachliches Urteilsvermögen einbeziehen? Und besagt es etwas darüber, was nun uneingeschränkt bejahens- und erstrebenswert ist? Hier müssen wir offenbar zu konkreteren Vorstellungen davon übergehen, was denn zu einer guten Welt oder einem guten Menschen gehört und was dem entgegengesetzt ist. Darüber gibt es in der Tat seit den Anfängen der menschlichen Kulturgeschichte Vorstellungen, und man wird sehen müssen, welche davon angesichts unseres heutigen Wissens über die Welt und der Erfahrungen mit dem, was für Menschen gut oder schlecht ist, standhalten und welche obsolet geworden sind.

„Sprache“ kann schließlich auch von dem Verfahren des Miteinander-Sprechens her verstanden werden. Daraus folgt aber ethisch nur etwas, wenn ich entweder das Miteinander-Sprechen selber schon als einen Wert begreife – gegenüber der physischen Gewalt oder der „stummen Strategie“. Das liefert aber keine hinreichenden Kriterien für die Ethik. Oder aber, wenn ich bestimmte Arten des Sprechens auszeichne wie „argumentieren“, „beweisen“, „Gründe geben“, „sich verständigen“ etc. Der Diskurs, der für die Begründung moralischer Normen oder die Verständigung

14 Zu den grammatischen Verwendungsweisen von „gut“ vgl. v. Kutschera 1999, 12 ff. Zum Verhältnis von „sollen“ und „gut“ vgl. auch Broad 1934, 75 ff.

über sie als maßgeblich gilt, hat in der Regel Eigenschaften des wissenschaftlichen Argumentierens oder einer idealisierten Demokratie: Es sollen nur Gründe gelten, die jedem ohne Zwang und Beeinflussung einleuchten. Es fragt sich schon hier, ob dabei nicht Werte der Gleichheit und der Fairness vorausgesetzt sind, die der Diskurs selber weder generieren noch grundsätzlich infrage stellen kann. Erst recht gilt das für die Frage der Übereinstimmung: Wenn jeder seine Interessen artikulieren und nicht rhetorisch oder strategisch vorgehen darf, worüber sollte man in Situationen der Knappheit – und irgendeine Form davon ist für jede praktische Norm vorausgesetzt – übereinstimmen, wenn nicht gemeinsame Werte (Gerechtigkeit, Wohlergehen etc.) vorgegeben sind? Idealisierungen im Sinne des „ethisch richtig ist, was von allen rationalen Wesen auf Dauer bejaht wird", setzen wieder normative Begriffe von „rational" voraus oder liefern keine Kriterien für denjenigen, der die Resultate solcher Diskurse jetzt (etwa für zukünftige Generationen) antizipieren muss.

Die Probleme einer erfahrungsfreien, von ethischen Traditionen und konkreten Urteilen unabhängigen formalen oder apriorischen Moral können hier nur angedeutet werden. Was von „Handlung", „Vernunft" und „Sprache" gesagt wurde, ließe sich auch für „Interesse" oder „Schmerzvermeidung" zeigen. Für eine argumentativ ausreichende Kritik an solchen Prinzipienethiken ist hier nicht der Raum. Stattdessen sollen im letzten Teil Versuche eines Ausgleichs zwischen allgemeinen Regeln bzw. Prinzipien und einer „hermeneutischen", an Traditionen, Erfahrungen und ihren Anwendungen in konkreten Situationen orientierten Ethik erörtert werden.

III

Ich habe in den vorausgehenden Abschnitten dafür plädiert, dass wir von einer wechselseitigen Abhängigkeit von angewandter Ethik, allgemeiner Ethik und Metaethik ausgehen sollten. Begriffe und Prinzipien der allgemeinen Ethik und ihrer semantischen oder ontologischen Grundlagen leuchten nur im Blick auf gute Handlungen und gute Ratschläge zur Lösung ethischer Probleme oder moralischer Dilemmata ein. Anscheinend „unschuldige" Begriffe des moralischen Status oder der moralischen Sprache sind untrennbar von „Richtungsentscheidungen" in der angewandten Ethik.

Man kann daraus den Schluss ziehen, dass es in der Ethik überhaupt nicht um allgemeine Prinzipien, Regeln und Gebote geht, sondern nur um Einzelfallentscheidungen. Diese Konsequenz hat in der allgemeinen Ethik der Partikularismus gezogen, in der angewandten Ethik die Erneuerung der Kasuistik.[15] Ich kann mich mit diesen Positionen hier nicht ausführlich auseinandersetzen, aber auch in dieser Debatte wird reichlich Gebrauch gemacht von Beispielen überzeugender ethischer Urteile und Problemlösungen. Daher scheint es mir legitim, auch hier an konkrete ethische Probleme zu erinnern, die zeigen, dass zumindest prima-facie-Regeln in der Ethik eine unverzichtbare Rolle spielen.[16]

Nehmen wir das Problem der Sterbehilfe. Es hat seinen Ursprung in der modernen Gesellschaft in ganz bestimmten Institutionen, Rollen und Techniken. In Bezug auf diese geregelten Institutionen gibt es Missbrauchsgefahren: Entweder, dass das Leben eines Menschen ohne seine ausdrückliche oder zumindest gegen seine mutmaßliche Zustimmung in einer Weise verlängert wird, die ihn zu schwerem Leiden oder äußerst reduzierten Lebensvollzügen verdammt, oder dass im Gegenteil das Leben eines Menschen ohne seine erkennbare oder sicher vorauszusetzende Zustimmung verkürzt wird. Natürlich sind dies sehr allgemeine Beschreibungen, hinter denen sich eine Vielzahl unterschiedlicher Fälle verbirgt, die auch unterschiedlich beurteilt oder gelöst werden könnten. Für eine adäquate ethische Entscheidung ist es in vielen Fällen wichtig, die Verantwortlichen nicht an zu starre Regeln zu binden.

Aber auf der anderen Seite wissen wir offenbar deutlich, welchen Typus von Fällen wir durch die Regelung „nicht ohne Zustimmung und nur ausnahmsweise mit mutmaßlicher Einwilligung" verhindern wollen: Nämlich entweder willkürliche oder paternalistische Entscheidungen, die unseren Überzeugungen von der Bedeutung der Autonomie und des Wohlergehens des Betroffenen widersprechen. Ohne solche Regeln verfügt niemand der Beteiligten über die notwendigen Entscheidungskriterien. In hochgradig institutionalisierten Gesellschaften ist Verlässlichkeit, Vertrauen, die Verhinderung von Missbräuchen etc. nicht ohne Regeln zu erzeugen bzw. aufrecht zu erhalten.

Aber es ist auch überzeugend, dass Fälle, in denen richtig entschieden oder gehandelt wird, sich in so vielen Hinsichten hinreichend ähnlich sind, dass sie unter Regeln gefasst werden können. Allerdings ist es eine Erfahrung gerade der angewandten Ethik, dass es auch sehr ähnliche Fälle geben kann, in denen unterschiedliche Abwägungen und Entscheidungen

15 Zum ethischen Partikularismus vgl. Dancy 2004; zur Erneuerung der Kasuistik vgl. Jonsen und Toulmin, für die aber in „paradigm cases" auch Maximen enthalten sind und „general moral rules" in „new and more complex sets of circumstances" anwendbar sind, vgl. Jonsen/Toulmin 1988, 252 f., 343.

16 Zu prima-facie- bzw. pro-tanto-Regeln mit Bezug auf W. D. Ross und C. D. Broad vgl. Hooker 2000, 4. „Prima facie" darf in der Tat nicht so verstanden werden, dass die Regel bei näherem Zusehen gar nicht einschlägig oder gültig wäre.

ethisch angemessen sind.[17] Außerdem scheint es mir plausibel, dass man auch spontan ethisch richtig handeln kann und diese Richtigkeit nicht primär in der Verallgemeinerbarkeit einer impliziten Regel oder Maxime liegt. Schon Aristoteles wusste, dass das Handeln in der sublunaren Sphäre keine exakten Wiederholungen kennt und dass schon geringfügige Unterschiede andere Reaktionen erfordern. „Angemessenheit" oder „Situationsgerechtigkeit" ist ein unabhängiges ethisches Gütekriterium. Aber um sich einer richtigen Entscheidung anzunähern, braucht man Regeln, die in hinreichend ähnlichen Fällen gelten, aber durch andere Erwägungen überwogen oder ausnahmsweise außer Kraft gesetzt werden können. Auch wenn dafür Präzedenzfälle wichtig sind, kommt man zu einer Beurteilung nicht bloß durch den Vergleich von Fällen, sondern auch durch Verallgemeinerung von Werteigenschaften („grausam", „tapfer", „diskriminierend"), die zur Grundlage von Handlungsnormen werden können. Auch Ethik-Kommissionen, deren Verfahren sich an einer Art ethischem „case law" orientiert, kommen nicht ohne die Frage aus, welche Regeln in welchen Fällen relevant sind und wie weit sie befolgt wurden oder werden können.

Die ethische Position, die in der modernen angewandten Ethik diesem Charakter von Werten und Regeln, auf eine große Zahl von Fällen zuzutreffen, aber hinreichend offen für Spezifizierungen, Abwägungen gegen konkurrierende Regeln etc. zu sein, weitgehend Rechnung trägt, ist der „Principlism" von Beauchamp und Childress.[18] Diese Position versteht Prinzipien gerade nicht als universale und ausnahmslos gültige Gesetze bzw. Grundsätze, sondern als Werte (Autonomie) und Normen („Nicht-Schaden") mittlerer Reichweite.[19] Sie gehören zu einer weit verbreiteten moralischen Kultur („common morality"), in der sie unterschiedlich begründet sein können (z.B. religiös oder philosophisch) und unterschiedliche Konsequenzen in Gestalt spezifischerer Regeln und Anwendungen finden mögen. Autonomie, Gerechtigkeit, Nicht-Schaden und Wohltätigkeit sind bekanntlich diese – bei Beauchamp und Childress nur für die Biomedizin beanspruchten – Prinzipien, die einen dazu befähigen, die ethisch relevanten Güter und Verbote in einer Situation des Handelns erkennen und sich ihre Berücksichtigung zum Ziel setzen zu können.[20]

Der „Principlism" ist eine für die angewandte Ethik ganz sicher sinnvolle und fruchtbare Position. Seine Mängel liegen darin, dass er für eine ganze Reihe von Fragen der angewandten Ethik nur erste Annäherungen

17 Bei schwierigen Abwägungen spielen sicher auch die Persönlichkeit und der Charakter des Entscheidenden eine wichtige Rolle. Vgl. dazu, mit Bezug auf P. Winch, Raz 2000, 77.

18 Vgl. Beauchamp/Childress 2001.

19 Vgl. dazu auch Vieth 2008.

20 Vgl. zum „Principlism" und zur Kasuistik jetzt auch Schöne-Seifert 2007, 31-37.

bietet. Von den anfangs erörterten vier Beispielfällen ist er nur für die Frage der Forschung mit Nichteinwilligungsfähigen ausreichend. Hier gibt er uns immerhin die Güter an, die berücksichtigt werden müssen: die Autonomie der Patienten bzw. Probanden, ihr Wohlergehen, das nicht riskanten Eingriffen ausgesetzt werden darf (Nicht-Schaden), und die Gerechtigkeit, die zwischen den Belastungen der einen und der Verantwortung für Medikamente und Therapien der anderen – etwa der Kinder oder der zukünftig Altersdementen – ausgleichen muss. Dass er uns keine Lösung vorschreibt und etwa die Frage nicht entscheiden kann, ob aus Gerechtigkeitsgründen nicht auch von Einwilligungsfähigen eine minimale Risikobereitschaft für Versuche gefordert werden sollte, muss kein Vorwurf sein. Den Abwägungsspielraum für derartige Probleme muss jede heute überzeugende Ethik offen lassen.

Dass die Prinzipienethik aber in vielen anderen Fällen der angewandten Ethik einfach zu weit von den konkreten Anwendungsfragen entfernt ist, liegt wohl daran, dass sie die „common morality", die sie interpretiert, zu abstrakt und zu unhistorisch auffasst. So müssen wir heute in Fragen des Enhancements oder der Biodiversität an die kulturellen Prozesse der Ausweitung von Autonomie und der Beherrschung der inneren und äußeren Natur zu Zwecken des menschenwürdigen Lebens und des individuellen Wohlergehens unter Prämissen der allgemeinen Rechts- und Chancengleichheit erinnern. Ferner geht es um Erfahrungen der Belastung und Entlastung durch die Kontrollierbarkeit und Zurechenbarkeit von Prozessen, denen man früher schicksalhaft unterworfen war – wie der Verteilung der Erbanlagen in der Reproduktion oder der Aufteilung biologischer Nischen in der natürlichen Evolution.

Was für solche Fragen des Umganges mit der inneren und äußeren Natur zutrifft, gilt auch für die ethischen Probleme der multikulturellen Gesellschaft. Die historisch errungene Freiheit der öffentlichen Religionsausübung generiert neue Probleme, wenn sich auf engem sozialem und geographischem Raum kulturelle Manifestationen und Moralsysteme treffen und um knappe Güter streiten. Wie viel zählt hier überhaupt der Wert der kulturellen Mannigfaltigkeit und der Möglichkeit wechselseitiger Bereicherung? Wie sind die Individualrechte zu gewichten gegenüber der Schonung und Unterstützung der kulturellen Traditionen und inneren Hierarchien von kulturellen Gruppen?

Um einer adäquaten Behandlung dieser Fragen zumindest nahe zu kommen, bedarf es nach meiner Auffassung einer ethischen „Methode", die eine Hermeneutik kultureller Erfahrungen (1) und eine Rahmenvorstellung der „wohlgeordneten" natürlichen und sozialen Welt (2) enthält.[21] Meine Begründung für die beiden Erfordernisse ist die folgende:

(1) Die meisten Fragen der modernen angewandten Ethik haben es mit dem Verhältnis zwischen technischem Handeln, natürlichen Vorgaben und individueller Autonomie zu tun. Alle drei Bezugspunkte sind nicht ohne historische Entwicklungsprozesse zu begreifen. Wer den Gehalt von Autonomie so bestimmen will, dass er auf konkrete ethische Probleme der modernen Welt anwendbar ist, muss sich des kulturellen Lern- und Erfahrungsprozesses versichern, in dem sich dieser Wert entwickelt hat. Dazu gehören die individuellen Ansprüche auf Wahrheitserkenntnis schon in der griechischen Philosophie, die aber unter der Dominanz der monotheistischen Erlösungsreligionen und ihren mehr oder minder hierarchisch-zentralistischen Kirchenorganisationen in Europa erst seit der frühen Neuzeit schrittweise gesichert werden. Noch heute gilt in vielen religiösen Strömungen Zweifel als Sünde und Austritt als Grund für schwere Sanktionen.

Die Entwicklung der bürgerlichen Selbstbestimmung durch den Abbau der Feudalgesellschaft und die „Generationen"[22] von Menschenrechten war ebenfalls ein langer Prozess, der in den Inhalten der heute immer umfassenderen Menschenrechtskataloge seine Spuren hinterlassen hat. An der Erweiterung dieser Kataloge zeigt sich die Historizität dieser Rechte, die sowohl von der Erweiterung von Handlungsmöglichkeiten wie von neuen technischen Gefährdungen bedingt ist. Man denke an das Recht auf Fortpflanzungsfreiheit („reproductive freedom") oder auf informationelle Selbstbestimmung. Ohne Empfängnisverhütung und Familienplanung wäre das erste in seiner heutigen Form nicht zu verstehen, ohne moderne Datenerfassung und -übertragung das zweite nicht entstanden. Mit diesen Entwicklungen hängen aber so grundsätzliche Veränderungen der Autonomie zusammen wie die Emanzipation der Frau oder die individuelle Lebensführung bei Nutzung moderner Datentechnik.

Die Zunahme an Autonomie, aber auch ihre Gefährdung in der technisch-bürokratischen Welt[23] hat es offenbar sowohl mit historischen Sinnverschiebungen als auch mit ihren technischen Voraussetzungen zu tun. Durch letztere ist das Verhältnis des Einzelnen und der Gesellschaft zu natürlichen Prozessen und ihren Resultaten grundsätzlich verändert worden. Mit diesen Veränderungen sind sowohl die Fragen nach dem moralischen Status des beginnenden und endenden Lebens des Menschen verbunden als auch die nach der Erlaubnis zur Veränderung des Körpers, aber auch die nach den Ansprüchen der außermenschlichen Natur. Das

---

21 Vgl. zum Folgenden Siep 2004.

22 Vgl. „Citizenship and Social Class", in: Marshall 1963.

23 Man denke an Max Webers „stählernes Gehäuse" der Bürokratie. Vgl. Weber 1980, 835.

kann hier nicht im Einzelnen gezeigt werden. Daher wieder nur ein Beispiel:

Was ist der Status einer totipotenten Zelle in vitro, die entweder durch eine künstliche Vereinigung von Ei- und Samenzelle, durch einen Zellkerntransfer oder durch eine Reprogrammierung differenzierter Körperzellen entstanden ist? Darüber gibt es einen gesellschaftlichen Kulturkampf, den Philosophen und Wissenschaftler durch subtile Argumente über den biologischen Entwicklungszustand und sein Potential, die Kontinuität zum und die Identität mit dem möglicherweise daraus entwickelten Menschen sowie seine Gattungszugehörigkeit zu entscheiden versuchen – bisher vergebens.[24] Nicht gestellt wird in der Regel die Frage, ob das biologische Potential einer vom Menschen in einer bestimmten Absicht hergestellten Zelle sein Handeln durch irgendeine innere Teleologie (oder Entzogenheit durch den überirdischen Schöpfer) bestimmen kann, oder ob er sich selber die Verantwortung dafür zuschreiben muss, in welchem Handlungszusammenhang und zu welchem Zweck sie entstanden ist und verwendet wird. Dabei ist natürlich auf Missbrauchsgefahren zu achten. Entwicklungschancen in verschiedenen Stadien eines etwa durch die Nidation eingeschlagenen Weges zur Geburt dürfen nur noch gegen Ansprüche der Mutter abgewogen werden. Solche Schutznormen müssen einsichtig mit passenden biologischen Stadien verbunden werden.

Allein vom technischen Können und der individuellen Autonomie her können aber nicht alle bioethischen Konflikte hinsichtlich der Manipulierbarkeit technischer Entwicklungen entschieden werden. Im Gegenteil, der Traum der Aufklärung von einer grenzenlosen Beherrschung und Verbesserung natürlicher Prozesse und Phänomene hat auf vielen Gebieten zu Ernüchterung geführt. Es gibt Erfahrungen und Antizipationen, die der Entlastung und Bereicherung durch eine vom Menschen nicht völlig kontrollierte Natur durchaus einen Wert zuschreiben. Das gilt nicht nur für die menschliche Reproduktion, die ohne technische Manipulation der Erbanlagen – insofern „natürlich" – von Zuschreibungen und Verantwortlichkeiten zwischen Eltern und Kindern ebenso entlasten kann wie von Erwartungsdruck auf die Heranwachsenden. Es gilt auch für die spontanen Prozesse der Evolution, die zu einem Reichtum der intraspezifischen Variation ebenso beigetragen haben wie zur Diversifizierung der Arten. Beides ist durch Züchtungs- und Klonierungstechniken bekanntlich erheblich gefährdet.

Ohne ein Verständnis für Autonomie, Technik und Natur im Wandel evolutions- und kulturgeschichtlicher Erfahrungen lassen sich die modernen bioethischen Problemlagen nicht erfassen. Das betrifft auch den Wert

24 Vgl. Ach/Schöne-Seifert/Siep 2006.

und das Gewicht der Autonomie selbst. Dass dieser Wert dem Menschen zu einem würdigen und in aller Regel befriedigenden Leben verhilft, kann gerade nach den Erfahrungen seiner Verleugnung in den Totalitarismen des 20. Jahrhunderts nicht bestritten werden. Ob er aber in allen Fällen vor Anforderungen des Gemeinwohls oder öffentlicher Güter den Vorrang hat, darf man nach den Erfahrungen mit radikal liberalen Gesellschaften auch zur Debatte stellen. Schon beim motorisierten Individualverkehr muss eine Kosten-Nutzenrechnung mit unsicherem Ausgang diskutabel sein. Die Gefährdung der menschlichen Solidarität und Chancengleichheit bei einer radikalen Weiterentwicklung der Ansätze zur marktgesteuerten Dienstleistungsmedizin ist ebenfalls kaum zu bezweifeln. Wie oben angedeutet, könnte sie, verbunden mit Optimierungen des menschlichen Körpers, nicht nur zu einer verschärften Klassenbildung, sondern sogar zur Entwicklung von Subspezies führen, deren Verständigungs- und Gleichheitsbedingungen gefährdet wären. Die Ethik muss also über Grenzen der Autonomie auch bezüglich des Eigensten, des eigenen Körpers, nachdenken und argumentieren können.

Die Fragen nach dem moralischen Status der außermenschlichen Natur können auch nur von einem „Entwicklungsgesichtspunkt" her entschieden werden. Der moralische Standpunkt selbst, der die Forderung enthält, die Ansprüche anderer zu berücksichtigen und sie den eigenen Interessen unter Umständen überzuordnen, war und ist in seinem Umfang nicht endgültig festgelegt. Er hat sich von der engen Sozialgruppe auf große Gemeinschaften und zumindest seit der Aufklärung des 18. Jahrhunderts der Idee nach auf alle Mitglieder der Gattung ausgedehnt. Schlicht linear ist die Entwicklung aber keineswegs verlaufen: In den Naturreligionen wie in manchen schöpfungsreligiösen Vorstellungen kamen auch vielen nicht-menschlichen Wesen und Kräften Ansprüche zu, die durch moralisch richtiges oder falsches Verhalten respektiert oder verletzt werden konnten. Damit konkurrierte allerdings seit den Dualismen der Geist- und Vernunftmetaphysik eine andere Zweiteilung der Welt: die in Wesen, die der absoluten Essenz einer reinen, über die unteren Weltsphären erhabenen Vernunft teilhaftig waren auf der einen Seite – wie Menschen und höhere Vernunftwesen – und in die materiellen Wesen der unteren Sphären auf der anderen, deren „Sinn" in ihrer Instrumentalisierbarkeit für die Vernunft lag. Sowohl in der religiösen Form der *Imago-Dei*-Vorstellungen wie in der einer ratio- oder anthropozentrischen Beschränkung des moralischen Status ist sie bis heute lebendig.

Dass die Frage nach der Ausdehnung des moralischen Standpunktes durch die Modernisierung und ihre „Entzauberung" der Welt zumindest in den entwickelten Gesellschaften entschieden sei, ist meines Erachtens nicht erwiesen. Weder der Verzicht der Naturwissenschaften auf teleologische Erklärungen noch die Formalisierung des Rechts oder andere Rationalisierungsprozesse in der Sicht der Max-Weber-Tradition zwingen dazu, den Dualismus zwischen Trägern der Vernunft und dem „Rest der Welt" aufrechtzuerhalten. Die modernen Wissenschaften stellen ja eher die Notwendigkeit solcher Dualismen in Frage. Und die evolutionäre Weltsicht erhöht auch nicht gerade die Plausibilität einer Auffassung, nach der die Welt vor und eventuell nach dem Menschen keinen Sinn und Wert habe. Zwar kann eine Entscheidung in ethischen Grundfragen nicht aus naturwissenschaftlichen Erkenntnissen abgeleitet werden, aber die „Passung" zu der besten verfügbaren Welterklärung ist ein wichtiges Plausibilitätskriterium der Ethik.[25]

Auch die Entwicklung weltweiter Konventionen zum Umgang mit der außermenschlichen Natur lässt eher eine Tendenz erkennen, in der sich wieder ein weiter Horizont des moralischen Standpunktes über die Beschränkung auf das „animal rationale" hinaus zur Geltung bringt. Ohne eine historische Hermeneutik ist die Ethik auch in dieser grundsätzlichen, bis ins Metaethische reichenden Frage inkompetent.

(2) Über welche Kriterien und Maßstäbe verfügt aber eine moderne Ethik, die einem Horizont gewachsen sein soll, der die „Stellung des Menschen im Kosmos", aber auch die Fülle seiner kulturellen, religiösen und ethnischen Traditionen und Differenzen umfasst? Muss der Verzicht auf reine, erfahrungsunabhängige Instanzen wie Handlung, Vernunft, Sprache zugunsten des Eingehens auf historische Prozesse der technischen und moralischen Entwicklung, einschließlich des Wertewandels, nicht zu einem völligen Relativismus führen?

Schon das Verstehen solcher Entwicklungsprozesse muss indessen keine bloße Deskription und Affirmation der Entwicklung sein. Es gibt, wie angedeutet, weithin geteilte Gewinn- und Verlusterfahrungen. Kollektive Erfahrungen, die dem „test of time" standhalten und zur Grundlage stabiler Entwicklungen in Institutionen und Verfassungen, Rechtsordnungen und moralischen Kulturen werden, können Anspruch auf Irreversibilität erheben. Zumal Entdeckungen wie die der Menschenrechte, die mit Erfahrungen jahrhundertelanger Leiden und Demütigungen ebenso verbunden sind wie mit denen neuer Möglichkeiten des Gedeihens und der kulturellen Blüte von Individuen und Gruppen, Einblicke in grundsätzliche Eigenschaften der „condition humaine" befördern. Dass ein Wesen, das zum Lernen und zur Einsicht, zur Selbstreflexion und zur Bestimmung seines Handelns nach eigenen Plänen, Zwecken und Entscheidungen in der Lage ist, nur dann würdig und frei leben kann, wenn es diese Fähigkeiten ausübt, ist fast schon zwingend – auch wenn man Menschen

25 Vgl. Quante/Siep 2004.

nicht grundsätzlich disqualifizieren darf, die einen starken Hang zur autoritären Führung besitzen. Menschenrechte des Schutzes wie der Mitwirkung beruhen also nicht nur auf stabilen Erfahrungen, sondern auch auf überzeugenden Begründungen, die aber ohne den oben erwähnten grundsätzlichen Dualismus auskommen können.[26]

Der Blick zurück auf die Genese von Rechten, Normen und Werten reicht aber zur Beratung in den Problemen einer technisierten und liberalisierten Welt nicht aus. Außer bewährten und gut begründeten Regeln des Umganges miteinander, außer der Transformation klassischer Tugenden und Werte in neue soziale Kontexte – etwa der Tapferkeit in Zivilcourage oder der familiären Fürsorge und Verlässlichkeit in ganz neuen Formen der Partnerschaft – sind Rahmenvorstellungen notwendig, die individuelle und gesellschaftliche Entscheidungen orientieren können. Wenn zum moralischen Standpunkt, wie oben vermutet, nicht nur die Vereinbarung der Maximen von Vernunftwesen nach allgemeinen Gesetzen gehört, sondern auch die „regulative Idee" einer Welt der gedeihlichen und bereichernden Mannigfaltigkeit von Individuen und Kulturen, Arten und Formen, dann muss diese Idee sowohl begründet als auch konkretisiert werden.

Man kann versuchen sie zu begründen, indem man die Semantik einer weit gefassten moralischen Sprache entwickelt, in der sich „gut" auf den universal bejahens- und erstrebenswerten Zustand der Welt im Ganzen bezieht (s. o. S. 58). Diese Vorstellung liegt sicher den moralischen Traditionen aller „kosmosfreundlichen" religiösen und säkularen Weltanschauungen zugrunde. Zu einer „Welt" gehört dabei eine interagierende Mannigfaltigkeit von Teilnehmern, die erhaltungs- und entwicklungsfähig sind. Eine derartige „Wohlordnung" (Kosmos) kann sowohl als letzte Orientierung für den Umgang mit der Natur als auch für das Verhältnis unter den mannigfaltigen Gruppen, Völkern, Kulturen, Traditionen, Religionen etc. dienen. Es scheint mir, dass nur eine solche grundsätzlich positive Bewertung der Mannigfaltigkeiten von Natur- und Kulturformen zur Begründung von Biodiversität, aber auch multikultureller Toleranz und wechselseitiger Bereicherung geeignet ist. Allein aus den Individualrechten und dem sozialen Nutzen sind sie nicht zu rechtfertigen.

Eine solche „schwache" Rahmenvorstellung muss wiederum im Blick auf die kulturellen Traditionen und Erfahrungen, der sich unsere gegenwärtige „common morality" verdankt, konkretisiert werden. Und sie muss konkretisiert werden zu einer Orientierung in den Konfliktfällen der angewandten Ethik zwischen Autonomie und Gemeinwohl, technischer Verfügung und dem Wert natürlicher Prozesse und Strukturen. „Orientie-

26 Man denke an die Theorien der Entstehung menschlicher Reflexion und Erkenntnis bei Michael Tomasello 2006.

rung“ heißt dabei oft nur, dass die relevanten Ansprüche und Güter, Tugenden und Verbote für die adäquate Behandlung einer Situation erkennbar sind. Die Abwägung selber können auch Ethik-Kommissionen oft nicht mit wissenschaftlicher Autorität durchführen. Ihre Mitglieder können sie mit allen verfügbaren Perspektiven und Kompetenzen durchdenken und gemeinsam zu vertretbaren Vorschlägen gelangen – manchmal zu mehreren. Die moralisch, rechtlich und oft auch politisch zu verantwortenden Entscheidungen müssen sie meist Individuen (wie Ärzten) oder Gremien (wie Parlamenten) überlassen. Was sie vorschlagen, ist aber weder deduziert aus ersten Prinzipien noch völlig unabhängig von ihnen. In der angewandten Ethik gibt es nur Reflexionsgleichgewichte zwischen Metaethik und allgemeiner Ethik auf der einen Seite, Ethik-Kommission und individueller ethischer Entscheidung auf der anderen.

Literaturverzeichnis

Ach, Johann/Schöne-Seifert, Bettina/Siep, Ludwig (2006): Totipotenz und Pluralität. Zum moralischen Status von Embryonen bei unterschiedlichen Varianten der Gewinnung embryonaler Stammzellen. In: Jahrbuch für Wissenschaft und Ethik 11, 261-321.

Beauchamp, Tom/Childress, James (2001): Principles of Biomedical Ethics. 5. Aufl. Oxford u.a.

Bentham, Jeremy (1970): An Introduction to the Principles of Morals and Legislation. The Collected Works of Jeremy Bentham. Hg. v. J.H. Burns u. H.L.A Hart. London.

Broad, Charles Dunbar (1934): Five Types of Ethical Theory. London u.a.

Dancy, Jonathan (2004): Ethics without Principles. Oxford.

Habermas, Jürgen (2005): Die Zukunft der menschlichen Natur. Auf dem Weg zu einer liberalen Eugenik? Erw. Ausg. Frankfurt a.M.

Hahn, Susanne (2000): Überlegungsgleichgewicht(e). Prüfung einer Rechtfertigungsmetapher. Freiburg i. Br./München.

Hooker, Brad (2000): Moral Particularism: Wrong and Bad. In: Ders./Little, Margaret (Hg.): Moral Particularism. Oxford, 1-22.

Jonsen, Albert/Toulmin, Stephen (1988): The Abuse of Casuistry: A History of Moral Reasoning. Berkeley.

Kant, Immanuel (1968 [1785]): Grundlegung zur Metaphysik der Sitten. In: Preußische Akademie der Wissenschaften (Hg.): Kants Werke, Akademie-Textausgabe. Bd. 6. Berlin/New York.

Kant, Immanuel (1924): Eine Vorlesung über Ethik. Hg. v. Paul Menzer. Berlin.

Kutschera, Franz von (1999): Grundlagen der Ethik. 2. Aufl. Berlin/New York.

Marshall, Thomas H. (1963): Sociology at the Crossroads and other Essays. London u.a.

Quante, Michael/Siep, Ludwig (2004): Passung zwischen Evolutionstheorie und Ethik. In: Wils, Jean-Pierre (Hg.): Die Kulturelle Form der Ethik. Freiburg i.Ue., 91-106.

Raz, Joseph (2000): The Truth in Particularism. In: Hooker, Brad/Little, Margaret (Hg.): Moral Particularism. Oxford, 48-78.
Riedel, Manfred (Hg.) (1972): Rehabilitierung der praktischen Philosophie. Bd. 1. Freiburg i.Br..
Riedel, Manfred (Hg.) (1974): Rehabilitiertung der praktischen Philosophie. Bd. 2. Freibug i.Br.
Schöne-Seifert, Bettina (2007): Grundlagen der Medizinethik. Stuttgart.
Seel, Martin (1997): Ästhetische und moralische Anerkennung der Natur. In: Krebs, Angelika (Hg.): Naturethik. Grundtexte der gegenwärtigen tier- und ökoethischen Diskussion. Frankfurt a.M., 307-330.
Siep, Ludwig (1996): Ethik und Anthropologie. In: Barkhaus, Annette u.a. (Hg.): Identität, Leiblichkeit, Normativität. Neue Horizonte anthropologischen Denkens. Frankfurt a.M., 274-298.
Siep, Ludwig (2002): Moral und Gattungsethik. In: Deutsche Zeitschrift für Philosophie 1, 111-120.
Siep, Ludwig (2004): Konkrete Ethik. Frankfurt a.M.
Siep, Ludwig (2006): Die biotechnische Neuerfindung des Menschen. In: Abel, Günter (Hg.): Kreativität. Akten des XX. Deutschen Kongresses für Philosophie. Hamburg, 306-323.
Tomasello, Michael (2006): Die kulturelle Entwicklung des menschlichen Denkens. Zur Evolution der Kognition. Frankfurt a.M.
Tugendhat, Ernst (1993): Vorlesungen über Ethik. Frankfurt a.M.
USMM (1997): Übereinkommen zum Schutz der Menschenrechte und der Menschenwürde im Hinblick auf die Anwendung von Biologie und Medizin: Menschenrechtsübereinkommen zur Biomedizin des Europarates. In: Jahrbuch für Wissenschaft und Ethik 2, 285-303.
Vieth, Andreas (2008): Prinzipien mittlerer Reichweite. In welcher Weise sind sie begründet, was können sie begründen? In: Brand, Cordula u.a. (Hg.): Wie funktioniert Bioethik? Paderborn, 97-124.
Weber, Max (1980): Wirtschaft und Gesellschaft. Hg. v. J. Winckelmann. 5. Aufl. Tübingen.
Wolfrum, Rüdiger (2001): Biodiversität – juristische, insbesondere völkerrechtliche Aspekte ihres Schutzes. In: Janich, Peter/Gutmann, Mathias/Prieß, Kathrin (Hg.): Biodiversität. Wissenschaftliche Grundlagen und gesellschaftliche Relevanzen. Berlin u.a., 417-443.

Lebenskunst und Maximenethik. Zwei Modelle philosophischer Orientierung[1]

Otfried Höffe

Die angewandte Ethik erfreut sich einer Hochkonjunktur, um die jeder Wirtschaftspolitiker sie beneiden kann. Erstaunlicherweise spielt jenes Thema, das die klassische Moralphilosophie zur angewandten Ethik öffnet, die Theorie des guten Lebens bzw. der Lebenskunst, so gut wie keine Rolle. Ebensowenig wird das Anwendungspotential ihrer philosophischen Alternative, des Maximenbegriffs in Kants kategorischem Imperativ, erörtert. Zu den Gründen gehört, dass in den öffentlichen Ethik-Debatten heute soziale Fragen vorherrschen. Auch in den philosophischen Diskursen zur anwendungsorientierten Moralphilosophie stehen Wissenschafts- und Technikethik, biomedizinische Ethik, Wirtschaftsethik und die politische Ethik im Vordergrund. Nicht minder wichtig ist aber die personale Ethik. Deren Orientierungsleistung hängt von der Art der philosophischen Ethik ab. Im Folgenden werden zwei ihrer Grundmodelle erörtert.

1. Eudaimonistische Lebenskunst

Es gab eine Zeit, da sich die Philosophie als eine Lebenskunst verstand, als eine *ars bene vivere* bzw. *technē peri tou biou*, die zu einem guten und gelungenen, insofern glücklichen Leben verhelfen wollte. Der Ausdruck „Kunst" ist also nicht in jenem modernen Verständnis gemeint, das sich im Geniekult der Spätaufklärung und in der Frühromantik ausbildet. Gesucht ist vielmehr, was im Lateinischen *ars* und im Griechischen *technē* heißt: ein anwendungsorientiertes Expertenwissen, das, fachlich geordnet und in Regeln fassbar, lehr- und lernbar ist.

Ein treffendes Beispiel bietet eines der bis ins 17. Jahrhundert meistgelesenen philosophischen Bücher, Boëthius' *Trost der Philosophie.* Verfasst ist es von einem zu Unrecht angeklagten und zum Tode verurteilten Phi-

1 Der Text greift auf Kapitel 7 und 20 in Höffe (2007) zurück; dort auch die Auseinandersetzung mit der reichen Literatur.

losophen, Theologen und hohen Beamten. Die um 523 n. Chr. entstandene, also seit weit mehr als tausend Jahren hochgeschätzte Schrift handelt unter anderem von der Wankelmütigkeit des Schicksals und vom Gleichmaß der deshalb gegenüber dem Glück geforderten Tugend. Bezeichnenderweise erscheint dem Verfasser im Kerker nicht Christus, sondern die Philosophie. Wie eine Seelenärztin, Psychotherapeutin, führt sie den von Empörung und Trauer erschütterten Boëthius schrittweise zu einem Einverständnis mit seinem Schicksal. Auf dem entsprechenden Weg läutert sich der Geist, der schließlich, aufgrund freier Zustimmung, die anfängliche Übermacht des Schicksals überwindet.

Boëthius' Text zeigt exemplarisch, was eine philosophische Lebenskunst sein kann und wie sie sich von einer gewöhnlichen Kunstfertigkeit unterscheidet. Bei der Kochkunst, Garten- oder Redekunst über die Kunst, Geige oder Schach zu spielen, bis zur ärztlichen oder richterlichen Kunst, gibt es ein anwendungsorientiertes Experten-Wissen, im üblichen Verständnis, also eine Fertigkeit, die wegen ihrer Regeln und deren methodischen Aufbaus gelehrt und gelernt werden kann.

Für das Leben als ganzes zuständig, ist die Lebenskunst das Gegenteil jedes Faches, ein Un-Fach, für das nur Scharlatane genaue Regeln, Rezepte für das Ziel Lebensglück anpreisen. Der Philosoph, zeigt Boëthius, begnügt sich mit Regeln zweiter Stufe, mit gewissen Grundsätzen, denen ein außergewöhnliches Know-how entspricht, nämlich Lebenseinstellungen, die wegen ihres positiven Wertes Tugenden, genauer: sittliche Tugenden heißen.

Noch in einer weiteren Hinsicht unterscheidet sich die Lebenskunst von den üblichen Künsten: Fachwissen kann veralten, deutlich sichtbar bei der Heilkunst. Für die Lebenskunst dagegen erweisen sich die Ratschläge der Alten als immer noch erstaunlich jung, bei rechter Deutung fast so frisch und überzeugend wie vor vielen Jahrhunderten.[2] Weil die zwei entscheidenden Faktoren, die Herausforderungen des Lebens und die glückstauglichen Antworten, mit der Conditio humana zusammenhängen, sind sie in ihrem Kern kultur- und epochenunabhängig. Infolgedessen ist der Lebenskunst ein Kennzeichen der modernen Wissenschaften, die immer wieder neuen Entdeckungen und Erfindungen, weitgehend fremd.

2 Aufschlussreich ist ein Blick in das Lesebuch zur Ethik: Höffe 2002.

1.1 Drei Grundmuster

Schränkt man den Ausdruck „philosophisch" nicht auf möglichst wissenschaftliche Aussagen ein, so tritt die philosophische Lebenskunst, idealtypisch gesehen, in drei Grundmustern auf. Das erste Muster gibt jene meist lockere Sammlung von Maximen und Reflexionen der europäischen Moralisten ab, die in literarisch brillanter Form Überlegungen zum guten Leben, einschließlich skeptischer Einwürfe präsentieren. Nehmen wir wieder nur ein Beispiel – Friedrich Nietzsche und von ihm lediglich die Aphorismen.[3] Bei ihnen fällt der ätzende Sarkasmus und eine Schule des Verdachts auf, die sich zwischen Pathos und Ironie in der Schwebe hält. Im zweiten Muster philosophischer Lebenskunst, den „Utopien" genannten Visionen idealer Lebensverhältnisse, finden sich sowohl religiöse als auch nichtreligiöse Paradiesvorstellungen. Wie das neuzeitliche Vorbild, Thomas Morus' Schrift *Von der besten Staatsverfassung oder der neuen Insel Utopia*, zeigt, schicken die Verfasser die Vorstellungskraft auf Reisen; sie befassen sich eher mit einem Sehnsuchtsglück als dem Glück, auf das einzelne Menschen selber hinarbeiten können, dem Strebensglück. Diesem Glück, der Eudaimonie, ist das dritte Muster, jene prinzipienorientierte Lebenskunst verpflichtet, die bei Platon und Aristoteles einen bis heute paradigmatischen Höhepunkt erreicht. Über das Mittelalter bis weit in die Neuzeit, etwa zu Spinoza und Leibniz, bleibt die Philosophie dem Prinzip Strebensglück treu.

1.2 Entmachtung der Lebenskunst

Bekanntlich hat die Philosophie die Fähigkeit zur Lebenskunst längst aus dem Blick verloren. Weil dafür mindestens vier Gründe verantwortlich sind, erfolgen die neueren Versuche der Wiederbelebung meist zu oberflächlich. Der weit verbreitete rasche Rückgriff auf Aristoteles, verbunden mit einer oberflächlichen Kritik an Kants Prinzip der Autonomie, die sich nicht selten aus einer erheblichen Kant-Ignoranz speist, genügt bei weitem nicht.

Nur der *erste* Grund liegt in der vor allem durch Immanuel Kant vollzogenen moralphilosophischen Revolution. Durch sie wird die Eudaimonie zu einem unzureichenden, sogar untauglichen Fundament der Moral erklärt und an dessen Stelle die Autonomie, die Selbstbestimmung des Willens gesetzt. Diese Revolution allein führt nur zu einer gewissen Entmachtung der philosophischen Lebenskunst, nicht zu ihrer völligen

3 Zum Beispiel: Die Fröhliche Wissenschaft - „*La gaya scienza*" (1882; Werke V, 2).

Rechtlosigkeit. Denn die Fragen nach dem gelungenen Leben werden nicht überflüssig.

Selbst Kant bekräftigt, dass der Mensch als sinnliches Vernunftwesen notwendig nach Glückseligkeit verlange (z. B. *Kritik der praktischen Vernunft*, § 3 Anm. II). Gegen eine philosophische Theorie des Glücks spricht erst ein *zweiter* Grund, die wissenschaftstheoretische These, Philosophen sollten nach objektiv gültigen Aussagen suchen, die es für das menschliche Glück nicht gebe, denn dessen Begriff sei inhaltlich zu unbestimmt.

Sofern es über das Glück doch ein zumindest angenähert objektives Wissen gibt, hat die Philosophie *drittens* die starke Konkurrenz von Psychologen, Soziologen und Theologen, auch von Journalisten oder lebenserfahrenen Frauen und Männern erhalten, deren Ratgeber längst ganze Bibliotheken füllen. Nun bedeutet Konkurrenz lediglich Wettstreit, nicht vollständige Entmachtung. Im facettenreichen Angebot haben die Philosophen zwar keine privilegierte Sonderstellung, sie behalten aber ein Recht, sich zu Fragen der Lebenskunst zu äußern.

Dass dieses Recht kaum noch wahrgenommen wird, hat einen *vierten* Grund: Zumindest die westlichen Philosophen haben es auch deshalb verlernt, über Lebenskunst und Glück nachzudenken, weil sich im 19. Jahrhundert die Erfahrung des Nihilismus breit machte. Darunter ist hier nicht die moralphilosophische, zugleich ethikkritische These zu verstehen, allgemeine Verbindlichkeiten des Lebens seien unmöglich zu begründen. Gemeint ist die geschichtliche Erfahrung, dass die bislang vorherrschenden Grundwerte ihren Wert verlieren. Wo die dem Leben und Sterben bislang Sinn gebenden Normen und Werte sich entwerten, weil das sie tragende Prinzip, etwa der Glaube an Gott, fragwürdig geworden ist, breitet sich ein Gefühl der Leere und Sinnlosigkeit aus. Der Nihilismus wird nicht etwa herbeigeredet, sondern zur existentiell bedrückenden Erfahrung.[4]

1.3 Grundriss-Wissen

Wer die philosophische Lebenskunst nicht naiv zurückgewinnen will, kennt die genannten Gründe, sieht in ihnen aber nicht unüberwindbare Hindernisse, sondern Schwierigkeiten, die er zu lösen sucht. Ohne der Autonomie den Rang eines neuen Fundaments der Moral abzustreiten, erweitert er die Ethik des Sollens um eine Ethik des eudaimonistischen Könnens. Bei ihr verlässt er sich nicht auf die Gewissheit eines Experten, eines empirischen Wissenschaftlers, auch nicht auf die andersartige Ge-

4 Nietzsche stellt die von Schopenhauer aufgeworfene Frage: „Hat denn das Dasein überhaupt einen Sinn?" (Die fröhliche Wissenschaft, Nr. 357).

wissheit des Propheten, der im Namen seines Gottes wortgewaltig Buße und Umkehr fordert. Trotz der Gefahr, hochgestellte Erwartungen zu enttäuschen, bleibt der Philosoph bei seinen Leisten, dem nüchternen Medium von Begriff und Argument. Dazu gehört, dass er angesichts der hochgradigen Unterschiede unter den Menschen und Kulturen mit dem Anspruch auf eudaimonistische Aussagen von allgemeiner oder objektiver Gültigkeit vor- und umsichtig umgeht. In die Resignation, dass es nur subjektive Aussagen gebe, fällt er aber nicht.

Nach dem antiken Bild vom Bogenschützen, der sein Ziel, wenn er es klar vor Augen hat, besser trifft, setzt die prinzipienorientierte Lebenskunst beim Leitziel des gelungenen Lebens, dem Strebensglück im Sinne von Eudaimonie, an. Als ein Endziel, sogar Endziel zweiter Stufe, ist es aber nur begrenzt mit dem Ziel eines Bogenschützen zu vergleichen, und genau deshalb fällt die Orientierungskraft anders als vielfach erwartet aus. Die prinzipienorientierte Lebenskunst liefert „nur", was sich bewusst für Unterschiede in der menschlichen Glückssuche offen hält, ein Grundriss-Wissen. Dem selbständig Handelnden ist dies willkommen, nur dem Unselbständigen erscheint es als zu wenig. Eine prinzipienorientierte Lebenskunst argumentiert durchaus facettenreich und lebensnah. Betrachtet man ein Maßstab setzendes Beispiel, Aristoteles' *Nikomachische Ethik*, beginnt sie mit dem Begriff des Glücks, entwickelt aus ihm gewisse Kriterien und setzt mit deren Hilfe Lebensformen, die das Glück erwarten lassen, gegen andere ab, die wie das Genuss-, das Reputations- und das Kaufmannsleben, das Glück strukturell verhindern. Sie arbeitet die Grundbausteine der glückstauglichen Lebensformen heraus, so insbesondere die Charaktertugenden und die komplementäre intellektuelle Tugend, die Lebensklugheit. Sie nennt die Art und Weise, wie man diese Dinge erwirbt, und benennt grundlegende Hindernisse.

Nimmt man all dies zusammen, so darf man das philosophische Wissen sachgerecht, zusätzlich auch erfahrungsgesättigt nennen. Rezepte dafür, wie Individuen für sich oder mit anderen hier und jetzt glückstauglich handeln, stellt sie aber nicht auf. Und dafür hat sie einen eudaimonistischen Grund: Auf das entscheidende Strukturgitter, gewissermaßen das eudaimonistische Skelett, konzentriert, bleibt das individuelle Handeln der Verantwortung der Handelnden, ihrer Begabung, Lage und kulturellen Umwelt überlassen, folglich inhaltlich offen.

Im Vorübergehen zeigt die praktische Philosophie, wie menschliches Leben verschieden sein und doch eine gemeinsame Qualität, hier die des glücklichen Gelingens, haben kann, ohne einem ethischen Relativismus auf der einen oder einem starren Regeldogmatismus auf der anderen Seite das Wort zu reden. Das Strukturgitter bezeichnet genau jenes Einheitsmoment, das gegen den Relativismus spricht, und die Notwendigkeit, das

Gitter durch ein Vermitteln mit individuellen Besonderheiten, gewissermaßen mit „Fleisch und Blut", anzureichern, das gegen den Regeldogmatismus gerichtete Moment.

Eine Philosophie, die unter dem stolzen Anspruch einer prinzipienorientierten Lebenskunst auftritt, übt sich daher in Bescheidenheit. Im Wissen, dass das konkrete Tun und Lassen dem Handelnden überantwortet bleiben muss, erkennt sie, dass ihre Einsichten nicht weniger, aber auch nicht mehr als ein Strukturgitter, als eine Grundriss-Einsicht sind. Deren in praktischer Hinsicht entscheidende Leistung, der Vollzug, bleibt durchaus einer nichtphilosophischen Instanz, dem Handelnden selbst, aufgegeben.[5]

Zu den Gründen der philosophischen Bescheidenheit gehört der Umstand, dass beim moralischen Handeln drei methodisch grundverschiedene Momente eine Rolle spielen. Das präskriptive, näherhin moralische Moment besteht im Gedanken des moralisch Guten und das deskriptive Moment in allgemeinen Anwendungsbedingungen, unter denen das moralisch Gute gefragt ist. Hinzu kommt drittens das Handeln in seiner individuellen Konkretion.

Offensichtlich liegt das moralische Moment in der Zuständigkeit der Moralphilosophie. Da in das zweite Moment allgemeinmenschliche Erfahrungen hereinspielen, besitzt die Philosophie hier keine Alleinzuständigkeit, aber eine erhebliche Mitzuständigkeit. Für das dritte Moment, die Einschätzung der konkreten Situation, braucht es dagegen eine Fähigkeit, die Urteilskraft, für die der Philosoph keine Sonderkompetenz mitbringt. Hier ist jede mündige Person selbst zuständig. Denn sie muss ihr eigenes Leben führen und sich dabei auf die eigene Urteilskraft verlassen, auch wenn sie bei wichtigen Fragen und in verwickelter Lage den Rat urteilsfähiger Freunde einholt.

Noch spricht ein weiteres Argument gegen eine zu hohe Orientierungserwartung. Damit beispielsweise ein Arzt seine Urteilskraft in den Dienst des Patienten stellt, braucht er zusätzlich zu seinem medizinischen Fachwissen eine moralische Grundeinstellung, die Bereitschaft, dem Patienten zu helfen. Ähnlich sucht beim moralischen Handeln die Urteilskraft nur unter Voraussetzung einer moralischen Grundeinstellung, der ethischen Tugend, eine moralische Lösung. Die Philosophie kann nun diese moralische Voraussetzung klären, aber nicht zu ihr erziehen. Wer aus der Ethik Nutzen ziehen will, muss sich daher – sagt Aristoteles zu Recht (*Nikomachische Ethik* I 1, 1095a4 ff.) – von seinen Leidenschaften gelöst und sein Streben nach der Vernunft (*katà lógon*) ausgerichtet haben.

5 Vgl. Höffe 2008.

Welche Orientierung leistet also die Philosophie als prinzipienorientierte Lebenskunst? Sie vermag Grundschwierigkeiten zu lösen, zum Beispiel gegen die radikale Skepsis seitens des Relativismus und des Nihilismus die moralische Perspektive in ihr Recht zu setzen. Im Streit um das letzte Handlungsprinzip beginnt sie mit einer Begriffsanalyse und gewinnt aus ihr einen Begriff, dann Maßstab. Schließlich stellt sie allgemeine Beurteilungspunkte bereit. Dieses zweifellos reiche Arsenal von Orientierungsmitteln verhilft nicht zum einschlägigen Handeln, wohl aber dazu, das Ziel, das Strebensglück, genauer zu sehen und leichter zu treffen. Eine prinzipienorientierte Lebenskunst verbindet also ihre Grundorientierung mit einem hohen Maß an Freiheit und einem Recht auf Differenz. Mitlaufend votiert sie für einen ethischen Liberalismus, der sich hinsichtlich konkreter Lebensentwürfe von allem maternalistischen und paternalistischen Besserwissen freihält.

1.4 Doppelstrategie

Eine prinzipienorientierte Philosophie kann durchaus auf Lebenserfahrung, Weisheitsliteratur und empirische Forschung zurückgreifen. Im Wesentlichen konzentriert sie sich aber auf eine diskursive Lebenskunst. Diese beginnt, wie gesagt, mit Klärung des Leitbegriffs, des Glücks im Sinne von Eudaimonie.

Eine zweite Reihe von objektiven Aussagen setzt bei der Erfahrung an, dass ein glückliches Leben von einer Fülle von Illusionen bedroht ist. Sie beginnen mit den kleinen Illusionen, dass jemand mit „zwei linken Beinen" Rennläufer oder Fußballspieler werden will. Der einschlägige Grundsatz, man kann das Glück nur seinen Begabungen entsprechend finden, mag als trivial erscheinen. Wer ihn aber nicht zu beherzigen vermag, wird kaum glücklich. Aus diesem Grund hat man für ein gelungenes Leben zwei Fähigkeiten zu erwerben, die intellektuelle Fähigkeit, die eigenen Begabungen realistisch einzuschätzen, also Urteilskraft, auf das Leben bezogen: Lebensklugheit, und die charakterliche Fähigkeit, sein Leben gemäß der Selbsteinschätzung zu führen, deshalb zum Beispiel seine Jugend-Lebensträume in oft schmerzlichen Prozessen den Grenzen der Begabung und den Schwierigkeiten der Weltlage anzupassen.

Dieselben zwei Fähigkeiten braucht es gegen mittlere Illusionen, etwa gegen Fehleinschätzungen der Mitmenschen. Wer beispielsweise Freundschaft sucht, dabei aber an Opportunisten oder Schnorrer zu geraten pflegt, muss sowohl sich als auch die Welt, hier andere Menschen, richtig einzuschätzen und der Einschätzung gemäß zu leben verstehen.

Die Philosophie setzt sich in der Regel erst mit der nächsten Stufe auseinander, mit der großen Illusion, die das Glück aus einer Lebensstrategie erwartet, die unabhängig von der jeweiligen Situation und Persönlichkeitsstruktur, nämlich strukturbedingt, kein glückliches Leben zulässt. Der Grund für dieses strukturbedingte Scheitern liegt darin, dass die im ersten Argumentationsschritt, der Begriffsklärung, herausgestellte Bedingung von Strebensglück, der Selbstzweckcharakter, verletzt wird.[6] Es gibt aber eine noch größere Illusion, mit der die Philosophie sinnvollerweise beginnt: Wer das Glück nur als Sehnsuchtsglück kennt oder nur als schwindelerregend überschäumende Freude anerkennt, wird auf Dauer nicht glücklich, weder in dieser Welt noch in dieser seiner Haut, nämlich als Mensch mit Bedürfnissen, die einander widerstreiten; mit dem Hang zur Übersättigung, mit dem „neidischen Blick auf die Früchte in Nachbars Garten"; mit der Gefahr, dass man von Freunden verlassen oder gar verraten wird; mit der weiteren Gefahr, Unglück zu erleiden und alt und gebrechlich zu werden; nicht zuletzt wegen der Ängste und Sorgen, die nicht erst diese und weitere Gefahren, sondern schon die Angst vor solchen Gefahren heraufbeschwören.

Das mancherorts beklagte Glücksdefizit besteht in der Kluft zwischen Glückserwartung und Glückserfüllung. Um die Kluft zu überwinden, bieten sich zwei Strategien an. Entweder vermindert man die Nachfrage an Glückserwartungen oder man erhöht das Angebot an Glückserfüllung. Angesichts der Differenz von Sehnsuchtsglück und Strebensglück beginnt die philosophische Lebenskunst mit der ersten Aufgabe: Bevor man die Leistung erhöhe, mindere man die Erwartung. Diese Lebensstrategie besteht in der Fähigkeit, ein glückliches Leben zu führen, ohne auf der Insel der Seligen: im vollkommenen Heil, der totalen Versöhnung und dem ewigen Frieden, zu leben. Es ist die Fähigkeit, ein glückliches Leben trotz bleibender Defizite an Sehnsuchtsglück zu führen.

Unter der semantischen Voraussetzung, dass das erste Moment im Glücksbegriff, das „Äußerste und Letzte", sowohl anspruchsvoller als auch bescheidener ausbuchstabiert werden kann, und der empirischen Bedingung, dass die Realisierbarkeit eines zu anspruchsvollen Begriffs sich an der Conditio humana bricht, also aus der Verbindung einer semantischer Option mit anthropologischen Gegebenheiten, gewinnt die Philosophie einen mehr als bloß subjektiven Ratschlag. Der erste Baustein objektiver Lebenskunst richtet sich gegen ein Übermaß an Erwartungen, das notwendigerweise in Enttäuschungen umschlägt. Gegen eine Hybris der Glückssuche, die sich am Ende, wegen der vorhersehbaren Enttäuschung, selbst bestraft, gebietet der erste eudaimonistische Rat: „Nichts im Über-

6 Ein Beispiel bietet Aristoteles im Kapitel 3 des ersten Buches der *Nikomachischen Ethik*.

maß!", oder professioneller, sozialwissenschaftlicher formuliert: „Man übe sich in Sinnfrustrationstoleranz!" Nur wer diesem keineswegs moralisierenden Ratschlag zu folgen vermag, erfüllt eine wichtige Eigenschaft des Glücksbegriffs: dass sich die angestrebten Ziele zu einem Ganzen zusammenfinden, das sich rundet.

Die von den Griechen bekannte Maxime „nichts im Übermaß" (*medèn ágan*) antwortet auf die generelle Gefahr des Mehr-und-Mehr-Wollens, der Unersättlichkeit (*pleonexía*). Hier richtet sie sich gegen die Unersättlichkeit der Glückssehnsucht. Das endgültige Heil ist Sache der Gottheit, das endliche Heil Sache des Menschen. Gegen eine vorschnelle Zufriedenheit mit dem Zweitbesten weiß die Philosophie aber, dass das Göttliche in gewisser Weise schon in uns ist, in der Regel aber nur für eine kurze Spanne des Lebens. Was Aristoteles von der Theoria, der philosophisch-wissenschaftlichen Lebenspraxis, sagt (*Nikomachische Ethik* X 6-7), kann es auch andernorts geben, in der Beziehung zu Mitmenschen, zur Natur, zu eigenen Bedürfnissen, nach Auskunft einiger Mystiker sogar im Verhältnis zum Göttlichen selbst: eine Steigerung des Lebens, die bis an den Rand des Sehnsuchtsglücks reicht.

Das zweitbeste Glück schließt das absolut Beste nicht notwendig aus. Der erste Ratschlag gebietet keine vorschnelle Zufriedenheit; er verlangt nicht, das Sehnsuchtsglück zu vergessen, beispielsweise alle Jugendträume aufzugeben. Wer noch Sehnsucht „sich leistet", könnte im Gegenteil ein erfüllteres Leben führen. Die Zufriedenheit mit dem Zweitbesten ist lediglich ein Glück „aus Sicherheitsgründen". Man gebe die Hoffnung auf das große Glück nicht auf: dass einem beispielsweise etwas Unerwartetes zuteil wird oder dass man vorübergehend seiner selbst in einer ursprünglichen Einheit mit anderen Menschen oder mit der Natur innewird. Daher ein zweiter philosophischer Ratschlag: „Man halte sich im Werktagsglück für das Sonntagsglück offen!"

Dieser Ratschlag wendet sich gegen eine Sinndiät in Form einer „Diätetik der Sinnerwartung". Statt einer bloßen Erwartungsreduktion empfiehlt er eine Doppelstrategie: Man hoffe auf die große Versöhnung und verstehe trotzdem, mit Entfremdungen zu leben. Die Zufriedenheit mit dem kleineren, aber keineswegs kleinen Glück behält sich für das größere Glück eine Erwartungsreserve zurück.

Die Doppelstrategie hat allerdings eine Folgelast, ein Enttäuschungspotential. Wer sich dagegen mit dem kleinsten Glück, dem der Üblichkeiten und der Routine zufrieden gibt, entgeht dem Risiko, das eigentlich Lohnenswerte vielleicht nie zu erreichen. Der Preis für seine „Versicherungsmentalität in der Lebensführung"[7], der rigorose Verzicht auf eine

---

7 Sie klingt z.B. an bei Marquard 1986.

Steigerung des Lebens, ist aber ersichtlich hoch. Denn die Routine hilft nur über Durststrecken der Glückssuche, löscht jedoch nicht den Durst. Man kann zwar den Durst verringern, aber der Durst, der bleibt, will gelöscht werden, wozu die Routine – bestätigen beide, die Lebenserfahrung und die empirische Glücksforschung – außerstande ist.

2. Maximenethik

2.1 Zum Begriff der Maxime

Die zur eudaimonistischen Lebenskunst alternative Ethik vertritt als Moralprinzip die Autonomie, die Selbstgesetzlichkeit des Willens, auch Willensfreiheit genannt. Und sie operationalisiert dieses Prinzip zur Verallgemeinerbarkeit subjektiver Handlungsgrundsätze, zur Universalisierbarkeit von Maximen. Universalisierbare Maximen haben einen moralischen Rang, nicht universalisierbare haben ihn nicht.

Überlegungen zum Gedanken der Universalisierbarkeit gibt es schon im Überfluss. Weniger beachtet ist das andere, für die Orientierungsleistung sogar entscheidende Moment, die Maxime. Dieses darf man nicht mit irgendeiner Regel verwechseln. Auch eine Maxime, die sich nicht verallgemeinern lässt, hat einen ziemlich allgemeinen Charakter. Man kann die Maximen als Handlungsgründe ansprechen, mit dem entscheidenden Zusatz, dass ihre Anerkennung zum festen Bestandteil der betreffenden Person, zu ihrem Charaktermerkmal geworden ist. Dadurch erhalten die Gründe die volle Wirklichkeit eines praktizierten Lebensgrundsatzes, einer gelebten Maxime.

Wo man nach Maximen lebt, entspringt das Handeln einem Wollen im emphatischen Sinn: Man wünscht etwas, setzt seine Kräfte für das Gewünschte ein und lässt sich nicht durch andere Wünsche oder Neigungen beirren. Hinzu kommt, dass das Gewünschte kein Einzelwunsch ist, beispielsweise hier und jetzt jemandem zu helfen. Maximen stehen für Lebenseinstellungen angesichts größerer Handlungsbereiche, im Beispiel für die Bereitschaft, Notleidenden zu helfen. Maximen sind Grund-Sätze in einem doppelten Sinn, sie bedeuten sowohl die letzte Antriebskraft als auch eine normative Gemeinsamkeit verschiedener Handlungen.

Selbst Moralphilosophen vom Fach übersehen oft, dass das Moralkriterium einer strengen Willensethik sich nicht auf irgendwelche Gründe oder Regeln richtet, sondern auf Gründe bzw. Regeln höherer Stufe, eben auf Grundsätze.[8] Bekannt sind derartige Maximen aus der Moralkritik der

8 Ein Beispiel eines eklatanten Missverständnisses bietet die einstmals einflussreiche Ethik von W.K. Frankena (1963).

frühen Neuzeit, beispielsweise von La Rochefoucauld, dessen Reflexionen über den Menschen unter genau diesem Titel *Maximes* erscheinen. Dass der Ausdruck weit älter ist und schon in Boëthius' lateinischem Kommentar zu Aristoteles' Logik auftaucht, kann hier außer Betracht bleiben. Wichtig ist allein, dass im Rahmen einer Willensethik Maximen die schlechthin höchsten und ersten Sätze einer normativen Beweiskette bezeichnen. Auf diese Weise heben sie die normative Qualität des Willens, seine moralische oder aber nichtmoralische hervor, was sich in vier Gesichtspunkten präzisieren lässt:

Maximen sind *erstens* etwas Subjektives; Maximen werden von jemandem befolgt; sie gelten für diese Person, eine zurechnungsfähige Person, tatsächlich nicht kognitiv, sondern praktisch. Genauer sind sie Willensbestimmungen, also nicht Ordnungsschemata, die ein objektiver Beobachter dem Handelnden unterstellt, sondern Bestimmungen, die der Akteur selbst als die eigenen anerkennt und zu praktizieren pflegt.

Zweitens heben Maximen innerhalb der weiten Menge praktischer Regeln jene allgemeinen Regeln heraus, die ein ganzes Leben leiten und zusätzlich größere Handlungsfelder oder Lebensbereiche betreffen. Innerhalb eines derartigen Handlungsfeldes, etwa dem Eintreten von Notlagen und Hilfsbedürftigkeit, gibt es erhebliche Unterschiede. Jemand braucht beispielsweise finanzielle, ein anderer seelische, ein Dritter chirurgische Hilfe, und ein Vierter droht zu ertrinken. Je nach Situationstyp stellen sich andere Handlungsanforderungen, denen themenspezifischere, folglich weniger allgemeine Handlungsregeln entsprechen. Eine Maxime sieht von allen deskriptiven Unterschieden ab und konzentriert sich auf den normativ entscheidenden Gesichtspunkt, die Hilfsbedürftigkeit, auf die man mit zwei Haltungen antworten kann, entweder mit Hilfsbereitschaft oder aber mit Gleichgültigkeit, also Hartherzigkeit. In den themenspezifischen Handlungsregeln (über die finanzielle, psychologische, chirurgische und andere Art von Hilfe) wird das normative Handlungsprinzip, die Hilfsbereitschaft oder aber Hartherzigkeit, mit regelmäßig wiederkehrenden Situationsarten vermittelt. Die daraus hervorgehenden Regeln haben es mit den wechselnden Bedingungen des Lebens zu tun, dabei nicht bloß mit verschiedenen Situationstypen, sondern auch mit unterschiedlichen Fähigkeiten der Handelnden, weshalb auch bei identischer Maxime die praktischen Regeln verschieden ausfallen. So hilft der Nichtschwimmer einem Ertrinkenden anders als der geübte Rettungsschwimmer.

Die normative Gemeinsamkeit betrifft *drittens* das Moment am Handeln, das in der eigenen Verfügung steht. Wer hilfsbereit ist, setzt gegebenenfalls all sein Wissen und Können ein, um die von der Situation geforderte Hilfe zu erbringen. Dass es auch erfolgreich ist, beispielsweise der Unfallverletzte gerettet wird, liegt aber an ihm allein nicht. Und weil die

Maxime den letzten Handlungsgrund beinhaltet, ist sie für die moralische Beurteilung oder Verurteilung ausschlaggebend. Fachlich („technisch") gut ist, wer dem Verletzten die richtige Hilfe bringt, pragmatisch gut, wer sich die Hilfe finanziell oder sonstwie belohnen lässt. Moralisch gut ist dagegen, wer aus einer Grundhaltung von Hilfsbereitschaft selbst dort zu helfen versucht, wo weder eine Strafe (wegen unterlassener Hilfeleistung) noch irgendein Lohn winken. Auf diese Weise hebt die Maxime dem komplexen Netz von Faktoren, die im konkreten Handeln zusammenkommen, den normativ entscheidenden, letzten Bestimmungsgrund hervor, jene Antriebskraft, aus der heraus allfällige Überlegungen und schließlich die Handlung auf den Weg gebracht werden. Als nicht bloß momentan leitender, sondern zum Charaktermerkmal gewordener Vorsatz beinhaltet sie eine auf Dauer gestellte Willensausrichtung. Vom Inneren der Person, seinem Willen, her heißt sie „Gesinnung", vom beobachtbaren Tun und Lassen her „Einstellung" oder „Haltung".

Viertens ist nicht jede Maxime moralerheblich. Wer zum Beispiel sein Fahrrad und seine Haustür sorgfältig abzuschließen pflegt, folgt der nur pragmatischen Maxime, seine Habe zu schützen. Moralisch ist erst die Frage, ob man fremdes Hab und Gut achtet. Hier wie dort entscheiden Maximen über den normativen Wert oder Unwert der gewöhnlichen, relativ konkreten Regeln. Nicht auf die sprichwörtliche, abfällig gemeinte Prinzipienreiterei, auf das sture Festhalten an einmal beschlossenen Regeln, kommt es ihnen an. Vielmehr sind sie Gesichtspunkte zweiter Stufe, die die Gesichtspunkte erster Stufe, gewöhnliche Regeln, als vernünftig erscheinen lassen, nämlich eine insgesamt wohlüberlegte, eine entweder pragmatisch oder aber moralisch sinnvolle Lebensführung ermöglichen.

2.2 Vorteile einer Maximenethik

Selbst von Kant inspirierte Moralphilosophen übersehen häufig, dass sich dessen Kriterium weder auf die Einzelhandlung noch auf gewöhnliche Handlungsregeln, sondern auf Lebensgrundsätze richtet. Eine derartige Maximenethik ist daher ungewohnt, bietet aber zahlreiche Vorteile:

Indem die Maximen von den wechselnden Lebensumständen absehen, halten sie sich *erstens* für deren Mannigfaltigkeit offen. Wer in normativer Hinsicht lieber Maximen als Handlungsregeln folgt, wehrt ein unflexibel pedantisches Leben ab. Mit einem *esprit de finesse* geht er mit den wechselnden Herausforderungen kreativ um und nimmt die in der jeweiligen Lage sachgerechte Kontextualisierung vor.

Da sich Maximen auf den normativ entscheidenden Punkt, die zugrundeliegende Willensbestimmung, konzentrieren, helfen sie *zweitens* zu verstehen, wieso menschliches Handeln verschieden ausfallen und trotzdem eine gemeinsame, entweder moralische oder aber unmoralische Qualität besitzen kann: Der geübte Rettungsschwimmer vermag einen Ertrinkenden selber zu retten; der Nichtschwimmer dagegen holt, auf dass nicht zwei Menschen ertrinken, besser fremde Hilfe. Eine Maximenethik tritt daher zwei gegenläufigen Missverständnissen von Moral entgegen, sowohl einem starren Regeldogmatismus als auch jenem Teil des ethischen Relativismus, der aus beträchtlichen Unterschieden der geltenden Moralen auf Unterschiede der moralischen Grundsätze schließt. Die (moralerhebliche) Maxime ist nämlich genau jenes identische Moment, die entweder moralische oder aber nichtmoralische Gemeinsamkeit, die gegen die genannte Art von Relativismus spricht. Und im Widerspruch zum Regeldogmatismus verlangt die Notwendigkeit, im konkreten Handeln die allgemeine Maxime mit den Besonderheiten von Situation und Person zu vermitteln, nach einer situationsgerechten Kontextualisierung.

Maximen, die moralisch sind, heißen Pflichten. Eine Maximenethik beläuft sich daher auf eine Pflichtenethik (deontologische Ethik), die aber – *dritter* Vorteil – den oft behaupteten Gegensatz zu einer Tugendethik unterläuft. Der Ausdruck „Tugendethik"[9] ist zwar mehrdeutig, da es unterschiedliche Tugenden gibt, einerseits Charaktertugenden und intellektuelle Tugenden, andererseits im Rahmen der Charaktertugenden die normativ primären, moralischen, die sekundären, pragmatischen und die tertiären, technischen bzw. funktionalen Tugenden. Einer moralphilosophischen Grundlagendebatte kommt es aber vornehmlich auf die Charaktertugenden und in ihrem Rahmen auf die moralischen Tugenden an. Für sie gilt nun, dass die moralischen Grundsätze das einschlägige Begriffsmoment der Tugend, die zur Haltung gewordene Anerkennung der Moral, erfüllen.

Viertens tritt eine Maximenethik dem Vorurteil entgegen, als (angebliche) Alternative zu einer Tugendethik nach Aristotelischem Vorbild lasse sie für die Urteilskraft keinen Raum. Tatsächlich ist diese auch in der Maximenethik gefragt, tritt hier sogar in drei Arten auf und übernimmt dabei drei Rollen:[10] Erstens sucht eine empirisch-hermeneutische Urteilskraft für die verschiedenen Handlungsfelder die zuständigen, zunächst alternativen Maximen auf, beispielsweise für Notlagen die Maxime der Hilfsbereitschaft oder im Gegenteil die der Hartherzigkeit. Zweitens sind unter den alternativen Maximen die moralischen gegen die nichtmoralischen abzusetzen, was im Gedankenexperiment der rein rationalen Verallgemeinerung geschieht. Schließlich ist eine gegebene Lage, eine konkrete Not, nach Maßgabe der moralisch ausgezeichneten Maxime, hier der Hilfsbe-

9 Zur Tugendethik vgl. z.B. Rippe/Schaber 1998.

10 Vgl. hierzu Höffe 1990, 545-549.

reitschaft, zu erschließen. Dabei geht es nicht, wie der beliebte Ausdruck „Anwenden“ nahelegt, um eine logische Ableitung. Vielmehr ist erneut eine hermeneutische Aufgabe zu leisten, die man als ein Deuten der gegebenen Lage im Licht der Maxime oder auch als Vermittlung empirischer Faktoren mit dem normativen Faktor, der Maxime, beschreiben kann. Dabei sind die funktionalen Tugenden von Urteilskraft: situative Geschmeidigkeit, Flexibilität und Kreativität, gefragt.

Fünfter Vorteil: Die wirklich letzten Willensgrundsätze pflegen sich auf so allgemeine Handlungsfelder und Lebensbereiche zu richten, die wie Sein-Wort-Geben („Versprechen“), wie Notlagen, wie die Gefahr, dass Leib und Leben, die eigene Habe und ein guter Name („Ehre“) verletzt werden, nicht nur in einigen Kulturen vorkommen, sondern so gut wie allerorten und zu aller Zeit. Man muss es zwar im Einzelnen noch nachweisen, der Blick in andere Kulturen legt es aber nahe, zumindest einem beträchtlichen Teil der Handlungsfelder einen anthropologischen Rang zuzuweisen. Die Maximenethik richtet sich auf kultur- und epochenübergreifend geltende Alternativen wie Ehrlichkeit oder Unehrlichkeit, wie Hilfsbereitschaft in Not oder Gleichgültigkeit. Es überrascht daher nicht, dass verallgemeinerbare Maximen wie die Ehrlichkeit und die Hilfsbereitschaft in so gut wie allen Kulturen als moralisch geschätzt werden. Die Maximenethik hilft also der Menschheit, viele Unterschiede zu Feinunterschieden zu relativieren, denen eine wesentliche Gemeinsamkeit zugrundeliegt. Trotz kultureller Unterschiede herrschen sowohl bei den Herausforderungen der Moral als auch bei den moralischen Antworten Gemeinsamkeiten vor, die erlauben, in Anlehnung an das von der UNESCO geschützte kulturelle Welterbe von einem gemeinsamen moralischen Welterbe zu sprechen. Der heute interkulturell zu führende Ethikdiskurs findet also in der Maximenethik eine wesentliche Stütze.

Bedeutungsvoll ist die Maximenethik nicht bloß für die moralische Identität der Gattung, der Menschheit, sondern auch *sechstens* für die Identität des Einzelnen. Allgemeine Grundsätze, die situationsgerecht zu kontextualisieren sind, verhindern, dass sich das Leben eines Individuums in eine unübersehbare Mannigfaltigkeit von Regeln oder gar unendlich viele Einzelhandlungen aufsplittert. Stattdessen werden die Teile der Biographie zu einheitlichen Zusammenhängen verbunden, zu Lebens- und Sinnzusammenhängen, bei denen der Verallgemeinerungstest prüft, ob sie moralisch gültig sind. Nicht die konkreten Handlungsregeln, sondern erst die Maximen erlauben, jemanden als rachsüchtig oder aber großmütig, als rücksichtslos oder aber rücksichtsvoll, als eigensüchtig oder aber als rechtschaffen, ehrlich und couragiert, eben als moralisch oder aber unmoralisch zu qualifizieren.

Der *siebente* Vorteil schließt sich daran an. Die Maximenethik ist nicht nur für die Beurteilung von Menschen, sondern auch für die Erziehung wichtig. Das Einimpfen von Regeln rückt die Erziehung in die Nähe einer Dressur. Für persönliche Unterschiede offen, lassen Maximen jenen Freiraum, der für personale Freiheit und moralische Selbstbestimmung unerlässlich ist.

Ein weiteres, mittlerweile *achtes* Argument sagt, dass die Gründe, die eine Person angibt, nicht ihre wahren Gründe sein müssen. Sie können auch nur mittlere Gründe sein, hinter denen andere, höherrangige Gründe stehen, die wiederum von anderen, noch höherrangigeren Gründen abhängen. Zur Einschätzung der moralischen Qualität einer Handlung muss man daher auf die jeweils letzten Gründe achten, auf jene Grund-Sätze, die die gewöhnlichen Gründe ihrerseits begründen.

Das praktische Selbstbewusstsein schließt allerdings nicht aus, was vom theoretischen bekannt ist: Da Maximen nicht notwendig an der Oberfläche des Bewusstseins liegen, kann man sowohl andere als auch sich selbst täuschen. Ohnehin sind nicht die ausdrücklich oder stillschweigend behaupteten Gründe entscheidend, sondern diejenigen, aus denen das Tun oder Lassen tatsächlich erfolgt, mit der bei Maximen verschärften Bedingung: letztlich erfolgt.

Da die handlungswirksamen Letzt-Gründe nicht immer offen zutage liegen, ist weder der Handelnde selbst noch der Betroffene und auch kein neutraler Beobachter eine irrtumsfreie Instanz. Die Gefahr der Selbst- und der Fremdtäuschung sowie die der irrtümlichen Zuschreibung werden aber erheblich vermindert, wenn man die Gründe der Art einer Person entnimmt, ihren Einstellungen, Grundhaltungen und Charaktereigenschaften, kurz: ihrer Persönlichkeit. Dann entsprechen die Gründe nicht den behaupteten oder den vermeinten, sondern den tatsächlich praktizierten Grundsätzen. Ihretwegen hat das Handeln eine gewisse Determination: Wer „von Grund auf" ehrlich ist, kann nicht anders, als nicht zu betrügen, wer einen hartherzigen Charakter hat, kann nicht anders, als gegen fremde Not gleichgültig sein. Allerdings liegt keine absolute Determination vor: Der Hartherzige kann sich erweichen lassen, bei wiederholtem Nachgeben sogar seinen Charakter ändern. Umgekehrt kann jemand, der bislang hilfsbereit war, hartherzig werden.

3. Schlussbemerkung

In seiner wirkungsmächtigen *Theorie der Gerechtigkeit* hat John Rawls den Utilitarismus kritisiert, sich statt dessen an Kant angelehnt, aber auch Platz für ein „Aristotelisches Prinzip" gefunden. Vor allem seit Rawls pflegen auch anglophone Diskurse zu den Grundlagen der Moral nichtutilitaristische Positionen, namentlich Aristotelische und Kantische Ethiken, vorzuziehen. Erstaunlicherweise hat dieser Paradigmenwechsel die angewandte Ethik wenig erreicht. Vielleicht weil sich mit dem Paradigma Nutzenkalkulation leichter operieren lässt, lieben viele anwendungsorientierte Moralphilosophen den Utilitarismus noch immer. Die vorangehenden Überlegungen skizzieren zwei Alternativen angewandter Moralphilosophie. Beide Grundmodelle abendländischer Moralphilosophie, Aristoteles' eudaimonistische Ethik und Kants Ethik von Autonomie und kategorischem Imperativ, enthalten ein bemerkenswertes Potential an Anwendbarkeit. Allerdings setzt es die Fähigkeit voraus, „Anwender" etwas anders und doch, vielleicht sogar in einem noch höheren Maß erfahrungsoffen und sachgerecht zu verstehen.

Literaturverzeichnis

Frankena, William K. (1963): Ethics. Englewood Cliffs (dt. Übers. v. Norbert Hoerster, Analytische Ethik. Eine Einführung. München 1972).

Höffe, Otfried (1990): Universalistische Ethik und Urteilskraft. Ein aristotelischer Blick auf Kant. In: Zeitschrift für philosophische Forschung 44, 537-563.

Höffe, Otfried (2002): Philosophische Texte von der Antike bis zur Gegenwart. München.

Höffe, Otfried (2007): Lebenskunst und Moral oder macht Tugend glücklich? München.

Höffe, Otfried (2008): Praktische Philosophie. Das Modell des Aristoteles. 3. Aufl. Berlin.

Marquard, Odo (1986): Zur Diätetik der Sinnerwartungen. Philosophische Bemerkungen. In: Ders.: Apologie des Zufälligen. Philosophische Studien, Stuttgart, 33-53.

Rippe, Klaus P./Schaber, Peter (Hg.) (1998): Tugendethik. Stuttgart.

Gut und praktisch. Angewandte Ethik zwischen Richtigkeitsanspruch, Anwendbarkeit und Konfliktbewältigung

Michael Zichy

1. Einleitung

Die für eine philosophische Disziplin beispiellos breite Öffentlichkeitswirksamkeit oder der – wenn man so will – Erfolg der angewandten Ethik verdankt sich drei für moderne Gesellschaften charakteristischen Entwicklungen: erstens der Erosion der Verbindlichkeit traditioneller moralischer Autoritäten, zweitens der damit im Zusammenhang stehenden Pluralisierung der in einer Gesellschaft geltenden Orientierungs- und Wertesysteme, und drittens den rasanten wissenschaftlichen und technischen Entwicklungen, mit denen regelmäßig bislang unbekannte Handlungsspielräume entstehen, in denen schon allein deswegen die ethische Orientierung so schwer fällt, weil die dafür nötigen Erfahrungen im Umgang mit den neuen Errungenschaften fehlen.

Aus diesen drei Entwicklungen erwuchs ab den späten 1960er und den 1970er Jahren, zunächst im Bereich der Medizin und der Ökologie, dann aber schon bald auch in anderen gesellschaftlichen Praxisfeldern (Technik, Ökonomie, Wissenschaft, Medien, Erziehung usw.) ein steigender Bedarf an „neutraler", und dies bedeutet für moderne Gesellschaften: säkularer, wissenschaftsgestützter Orientierungshilfe, mit dem der philosophischen Ethik ein unerwartet breites Arbeitsfeld entstand.[1] Auf dieses reagierte sie mit der Herausbildung einer eigenen Sub-Disziplin: der angewandten Ethik mit ihrer Vielzahl an so genannten Bereichs- bzw.

---

1 Vgl. Solomon 2006, 340ff. Zur Geschichte der Bioethik, der ersten Form der angewandten Ethik, vgl. Jonsen 1998; Levine 2007; Rothman 1991. 1971 erscheint John Rawls' „Theory of Justice", mit dem die Ethik nach einer Phase der Konzentration auf die Metaethik wieder zu den lebenspraktischen Problemen und zur Normativität zurückfindet. 1979 erscheinen dann drei Klassiker der angewandten Ethik: „Practical Ethics" von Peter Singer, „Das Prinzip Verantwortung" von Hans Jonas und die „Principles of Biomedical Ethics" von Tom Beauchamp und James Childress. Zu den Bereichsethiken vgl. etwa Nida-Rümelin 2005a; Knoepffler u.a. 2006; ferner Düwell/Hübenthal/Werner 2006, 243-302.

Bindestrichethiken. In Gestalt der angewandten Ethik hat sich die Philosophie seither der konkreten moralischen Probleme in ihren vielfältigen Erscheinungsformen angenommen und leistet dadurch ihren Beitrag zur gesellschaftlichen Lösung konfliktträchtiger Problemfelder. Inzwischen ist die angewandte Ethik als eigene wissenschaftliche Disziplin etabliert und legitimiert – durch die Existenz ihres spezifischen Gegenstandes, den im Gegensatz zur (allgemeinen) normativen Ethik realen, konkreten, lebensweltlich relevanten moralischen Fragen, durch ihre spezifischen Fragen und Aufgaben in Bezug auf diesen Gegenstand, durch ihre Methoden, die sich zum Teil erheblich von denen der normativen Ethik unterscheiden, und nicht zuletzt durch die Tatsache, dass sie mittlerweile im universitären Rahmen fest institutionalisiert ist.

Die Hinwendung zu konkreten, lebensweltlich relevanten moralischen Problemen hat nun nicht nur eine Flut an moralphilosophischen Stellungnahmen zu allerlei brennenden Fragestellungen ausgelöst, sondern auch eine breit und kontroversiell geführte Methodendiskussion innerhalb der angewandten Ethik mit sich geführt. Die Suche nach gesellschaftlich brauchbaren Antworten für konkrete Fragen der Handlungsorientierung machte neue ethische Reflexionsformen notwendig, die den Anforderungen der Praxis gerechter wurden als die traditionellen Ansätze der normativen Ethik.

Es sind diese Anforderungen an die Antworten und Lösungen der angewandten Ethik und das spannungsreiche Verhältnis zwischen diesen Anforderungen, die der vorliegende Beitrag zum Gegenstand hat. Dabei wird so vorgegangen, dass im nun folgenden Kapitel zunächst die Probleme, um derentwillen die angewandte Ethik entstanden ist und um die sie sich zu bemühen hat, in einer allgemeinen Weise charakterisiert werden. Aus dieser Analyse des Problemtypus der angewandten Ethik lassen sich die verschiedenen Anforderungen an die Lösungen, die die angewandte Ethik für konkrete Probleme generieren soll, herausarbeiten. Der tendenziellen Gegenläufigkeit dieser Anforderungen und den daraus resultierenden Spannungen, der die angewandte Ethik bei ihrer Suche nach Antworten ausgesetzt ist, widmet sich das dritte Kapitel. Das vierte Kapitel sieht sich dann zwei Strategien der angewandten Ethik an, diese Spannungen abzumildern, und reißt noch kurz drei praktische Möglichkeiten an, mit diesen Spannungen umzugehen. Mit einigen zusammenfassenden Bemerkungen im fünften Kapitel endet dieser Beitrag.

2. Herausforderungen – Anforderungen – Aufgaben

2.1 Herausforderungen angewandter Ethik

Die angewandte Ethik steht vor anderen und ungleich komplexeren Herausforderungen als ihre große Schwester, die normative Ethik. Diese entwirft allgemeine theoretische Modelle, mit deren Hilfe sie grundlegende ethische Prinzipien bzw. Verfahren zu (re-)konstruieren und zu begründen versucht; ihre Probleme sind mithin vorrangig theoretischer Natur. Deren Lösung mag zwar theoretisch für das reale Leben von Bedeutung sein, tatsächlich aber ist sie für die Praxis – außer vielleicht für den Theoretiker, den das Problem beschäftigt – in der Regel kaum und wenn, dann höchstens sehr mittelbar, von Belang. Die angewandte Ethik dagegen hat es mit Problemen zu tun, die nicht nur theoretisch, sondern auch und insbesondere praktisch sind; sie sind „vom Leben selbst" gestellt und müssen für dieses auch gelöst werden.[2] Dass sich die Lösung auf die Praxis niederschlägt, ist hier nicht nur oft der Fall, sondern es ist auch ausdrücklich ihr Zweck.

Die Komplexität der Herausforderungen, denen sich die angewandte Ethik stellen muss, geht auf die Komplexität der Probleme zurück, mit denen sie sich befassen soll und um derentwillen es sie gibt. Diese Probleme sind durch folgende Eigenschaften charakterisiert:[3]

1. Es handelt sich, wie bereits erwähnt, um reale Probleme, die „vom Leben selbst gestellt" und aus außertheoretischen, lebenspraktischen Gründen wichtig sind. Sie sind daher als solche auch für Nichtphilosophen erkennbar und relevant.

2. Es handelt sich um Probleme, die in ihrem Kern aus der Verunsicherung der Handlungsorientierung resultieren, d.h. die Antwort auf die Frage: „Was soll in dieser spezifischen Situation getan werden?" ist nicht klar bzw. strittig. Die Verunsicherung kann dabei eine oder mehrere der folgenden Ursachen haben: (a) Die Art und Weise, wie ein als richtig eingesehener ethischer Grundsatz, z.B. nachhaltiger Ressourcenverbrauch, konkret umgesetzt werden soll, ist unklar bzw. strittig. (b) Die das Problem betreffenden, meist komplexen empirischen Fragen sind unklar bzw. strittig. (c) Es liegt ein Konflikt zwischen ethisch relevanten Prinzipien bzw. Werten vor, wie z.B. zwischen Lebensschutzprinzip und Autonomieprinzip in der Abtreibungs- oder Sterbehilfedebatte, oder zwischen

2 Vgl. Bayertz 1999, 74; Bayertz 1991, 22.

3 Die Aufzählung der Eigenschaften erfolgt in Anlehnung an und in Erweiterung von Überlegungen von Bayertz (1999, 76f.).

Tierwohl und ökonomischem Auskommen des Landwirtes in der die landwirtschaftliche Nutztierhaltung betreffenden Tierschutzdebatte.[4]

Diese drei Ursachen lassen sich zu zwei Arten von Problemen zusammenführen: Entweder liegt ein Umsetzungs- bzw. Informationsproblem vor, oder aber es liegt ein ethisches Grundsatzproblem vor. Ersteres ist dann der Fall, wenn grundsätzlich klar ist, welche Normen gelten und welches ethische Ziel anzustreben ist, die Mittel und Wege dahin aber unklar oder strittig sind. Dies wiederum kann so sein, weil die Umsetzung bzw. Spezifizierung der Norm schwierig oder strittig ist und bzw. oder weil zu wenig empirisches Wissen vorliegt, auf Basis dessen eine klare Umsetzung der Norm möglich wäre. Im Grunde handelt es sich bei dieser Art von Problemen um Probleme technischer Art mit ethischen Aspekten der Interpretation. Ein ethisches Grundsatzproblem – das klassische ethische Problem – liegt demgegenüber dann vor, wenn nicht klar ist, welche ethischen Normen überhaupt oder vorrangig gelten sollen, d.h. wenn das ethische Ziel unklar oder strittig ist.

3. Die Probleme sind in reale, praktische Handlungszusammenhänge eingebettet und wirken dort auf eine Art und Weise, die von vielen bzw. zumindest von einigen Betroffenen als störend empfunden wird; sie unterbrechen den selbstverständlichen, reibungslosen Handlungsfluss. Die Lösung des Problems zeitigt ebenfalls reale Wirkungen: Sie verändert den praktischen Handlungszusammenhang in einer Art und Weise, der von zumindest einigen – im Idealfall aber von allen – Betroffenen als Aufhebung der Störung erlebt wird und den selbstverständlichen, reibungslosen Handlungsfluss wiederherstellt. Diese Störung ist mit ein Grund, warum ethische Probleme überhaupt als Probleme wahrgenommen werden.

4. Die von einem Problem Betroffenen sind von dem Problem oft in ihrem persönlichen Ethos berührt; sie haben eine moralische Meinung über das Problem bzw. begegnen ihm mit einer gewissen moralischen Einstellung.

5. Praktische ethische Probleme gehen in der Regel mit gesellschaftlichen Konflikten über die Antwort auf die Frage, was in einer Situation zu tun ist, einher. Meistens ist es der (auch antizipierte) gesellschaftliche Konflikt, der ein ethisches Problem überhaupt erst zu einem Thema, dessen sich die angewandte Ethik annehmen muss, macht. Und oft ist es auch der gesellschaftliche Konflikt, der als Störung des Handlungsflusses wahrgenommen wird bzw. sogar die Störung verursacht.

6. Als reale, in praktische Handlungszusammenhänge eingebettete Probleme sind sie oft lokal und temporär begrenzt.

---

4 Vgl. dazu Zichy 2006, 127ff.

7. Es handelt sich um Probleme, die auf nicht-triviale und vertrackte Weise mit Fragen empirischer Art zusammenhängen. Nicht selten lassen sich vermeintliche Wertungskonflikte überhaupt auf divergierende Überzeugungen bezüglich empirischer Fragen zurückführen. Dies hängt damit zusammen, dass bei praktischen ethischen Problemen die empirischen Tatsachen oft ebenso wenig – wenn nicht sogar weniger – geklärt sind wie die ethischen Kriterien der Beurteilung. Von Bedeutung ist dies nun insofern, als die empirischen Tatsachen für das ethische Urteil ebenso wichtig sind wie die ethischen Kriterien. Welche ethischen Kriterien auch immer zur Anwendung kommen mögen, sie hängen stets an den Fakten, und von den Fakten hängt auch ab, welche Kriterien überhaupt zur Geltung kommen können.[5] Die bestbegründetsten Kriterien und das ausgeklügeltste Verfahren ihrer Anwendung helfen daher nichts, wenn nicht vorab hinreichend klar ist, wie die Sachverhalte, auf die die Kriterien angewendet werden sollen, beschaffen sind. Aus diesem Grund bildet die Frage nach den Tatsachen einen integralen Bestandteil des Vorgehens der angewandten Ethik. Freilich kann die angewandte Ethik die Klärung der Fakten selbst nicht vornehmen, dazu ist sie – nicht nur aufgrund hochkomplexer und -spezialisierter Problemstellungen, sondern prinzipiell – nicht kompetent. Angewandte Ethik ist auf die Kompetenz anderer, empirischer Wissenschaften angewiesen und daher von Haus aus interdisziplinär.[6] Die Interdisziplinarität trägt nun ihrerseits wieder zur Erhöhung des Konfliktpotentials bei.

8. Die Probleme sollen nicht nur theoretisch reflektiert, sondern für den praktischen Handlungszusammenhang, aus dem sie stammen, gelöst werden. Das Problem, das eben unter anderem auch darin besteht, dass es für die Betroffenen störende Wirkungen entfaltet, soll aufgelöst werden, d.h. die Störung des Handlungsflusses soll aufgehoben werden.

9. Die Probleme sind drängend, d.h. sie müssen in einem zeitlich begrenzten Rahmen und auf eine gesellschaftlich befriedigende Weise gelöst werden.

2.2 Anforderungen an Lösungen angewandter Ethik

Dem Typus von Problemen, mit denen es die angewandte Ethik zu tun hat, entsprechend, sind die Anforderungen an das, was die angewandte Ethik zu leisten hat, anders und ungleich komplexer als diejenigen der normativen Ethik. Deren Problemlösungen sind dann erfolgreich, wenn

5 Zur Rolle empirischer Daten in der ethischen Bewertung vgl. – in Bezug auf die Tierschutzdebatte – Grimm (2007).

6 Zur Interdisziplinarität der Bioethik vgl. Iltis 2006 und Arnason 2005.

sich das Problem – sei es durch eine Erweiterung bzw. Anpassung der ursprünglichen Theorie oder aber eine neue, leistungsfähigere Theorie – auf überzeugende Weise theoretisch auflösen lässt. Dies ist dann der Fall, wenn durch die Lösung das Problem zum Verschwinden gebracht wird, die Lösung moralisch adäquat ist, d.h. den moralischen Intuitionen, die wir nicht aufzugeben gewillt sind, entspricht, und sich die Lösung nahtlos in die Theorie, mit der das Problem bearbeitet wird bzw. für die sich das Problem stellt, einfügen lässt. Die Lösung eines praktischen normativen Problems hingegen muss anderen und wesentlich breiteren Erfolgsbedingungen genügen, die im Folgenden dargestellt sind:[7]

1. Es muss eine Lösung gefunden werden, denn keine Lösung zu finden, ist meistens die schlechteste Lösung. Die Lösungssuche geschieht dabei in der Regel unter suboptimalen Bedingungen: unter Zeitdruck, mit unausreichenden Informationen und mit ungenügender Repräsentation der Betroffenen.

2. Die Lösung muss das Problem zum Verschwinden bringen und dessen nachteilige Wirkung auf den Handlungszusammenhang, aus dem es stammt, beseitigen. Zu diesem Zweck muss sie erstens die Frage, was in einer spezifischen Situation getan werden soll, eindeutig beantworten, und zweitens durch diese Antwort vor allem auch den gegebenenfalls vorhandenen gesellschaftlichen Konflikt um diese Frage befrieden bzw. entschärfen.

3. Die Problemlösungen müssen dem Anspruch genügen, moralisch richtig bzw. adäquat zu sein. Dies erfordert insbesondere auch, den mit dem Problem verknüpften empirischen Fragen gerecht zu werden. Da sich die moralische Richtigkeit einer Lösung für die angewandte Ethik nur durch ihre rationale Begründung und Rechtfertigung im Rahmen von ethischen oder aber metaethischen Theorien und Modellen ausweisen lässt, müssen Lösungen theoretisch und methodisch begründbar bzw. zumindest einholbar sein.

4. Darüber hinaus müssen Lösungen in dem Handlungszusammenhang, in den sie eingebettet werden sollen, anwendbar sein. Dazu müssen Lösungen den Rahmenbedingungen des Problems angepasst sein. Im Einzelnen bedeutet dies, dass Lösungen erstens für die Betroffenen akzeptabel sein und an ihre Intuitionen und Überzeugungen anschließbar sein müssen. Dies impliziert auch die Kompatibilität mit grundlegenden Interessen. Lösungen, die gegen den Willen der Betroffenen eingesetzt werden und ihnen nicht einsichtig sind, werden langfristig keinen Erfolg haben, sondern im Gegenteil eher kontraproduktiv wirken, weil sie Anlass

---

7 Die Aufzählung der Lösungsbedingungen ist angelehnt an die von Kaminsky (2005, 159ff) ausgearbeitete Konkretisierung der Tragfähigkeitsansprüche, unter denen moralpragmatische Argumente stehen.

zu neuen Konflikten geben. Zweitens müssen Lösungen der angewandten Ethik befolgbar und zumutbar sein: die Betroffenen müssen, ganz nach dem Grundsatz „ultra posse nemo obligatur", im Stande sein, das zu tun, was von der Lösung gefordert wird. Drittens müssen sie in einem technischen Sinne umsetzbar sein, d.h. sie müssen rechtlich implementierbar sein, also etwa mit faktisch geltenden Rechtsnormen und deren Auslegungen kompatibel sein, sie müssen finanzierbar sein, kontrollierbar sein usw. Und viertens schließlich müssen sie effektiv sein, d.h. die tatsächliche Wirkung der Problemlösung sollte sich mit ihrer beabsichtigten decken.

Eine gelungene Problemlösung ist dadurch gekennzeichnet, dass sie all diesen Anforderungen in gleicher Weise gerecht wird. Unter diesen Anforderungen ist die der moralischen Richtigkeit allerdings die für die angewandte Ethik wichtigste, da sie aus dieser die Legitimität und den Zweck ihrer gesellschaftlichen Funktion schöpft. Ginge es bei der Bewältigung konkreter ethischer Probleme nicht in erster Linie darum, eine moralisch adäquate Lösung zu finden, sondern nur darum, irgendwie die mit dem Problem einhergehende Störung zu beheben, etwa durch einen Interessenausgleich zwischen den konfligierenden Parteien, dann wären nur politisches und strategisches Geschick gefragt, nicht aber ethische Kompetenz.

2.3 Aufgaben angewandter Ethik

Aus dem oben beschriebenen Problemtypus und dem entsprechenden Anforderungsprofil an Lösungen, die die angewandte Ethik generieren soll, lassen sich vier zentrale Aufgaben der angewandten Ethik ableiten:[8]

1. Ethische Orientierung: Die erste und wichtigste Aufgabe der angewandten Ethik besteht darin, für die konkrete Problemstellung ethische Orientierung bereitzustellen. Die Ethik soll also die Frage „Was soll in dieser spezifischen Situation getan werden?" beantworten. Die Art und Weise, wie diese Frage beantwortet wird, ist nicht beliebig. Es muss wissenschaftlich, d.h. weltanschaulich möglichst neutral, nachvollziehbar und rational überprüfbar geschehen. Dazu muss auf gültige ethische Kriterien zurückgegriffen werden, die ihrerseits wiederum mit ethischen Theorien zu begründen sind.

2. Entschärfung von Konflikten: Viele moralische Probleme haben ihren Ursprung darin, dass keine Einigkeit oder Unsicherheit darüber herrscht, ob eine Handlung zulässig ist oder nicht und ob sie daher erlaubt werden sollte oder nicht. Darüber entstehen Konflikte, die mitunter sogar

8 Zur Rolle und Funktion der angewandten Ethik vgl. z.B. Birnbacher 1999; Crosthwaite 1995; Rendtorff 1998.

so heftig werden, dass sie den sozialen Frieden zu gefährden drohen. Der angewandten Ethik kommt in solchen Fällen die Funktion des Streitschlichters und Konfliktmanagers zu. Ihr obliegt es, die Pro- und Contra-Argumente möglichst unparteiisch und kritisch zu prüfen, Interessen, Meinungen und Überzeugungen auf ihre Legitimität und die Berechtigung ihrer Geltungsansprüche abzuklopfen. Des Weiteren obliegt es ihr zu prüfen, wo eventuell moralisch adäquate Kompromisse geschlossen werden könnten. Und schließlich muss sie prüfen, welche Streitschlichtungsverfahren angemessen sind. Indem die angewandte Ethik diese Aufgaben wahrnimmt, wird sie zu einem gesellschaftlichen Verständigungsinstrument, d.h. zu einem Mittel der gewaltlosen und fairen Konfliktbewältigung.

3. Aufklärung und Vermittlung: Moralische Probleme und Konflikte sind unter anderem auch durch Missverständnisse, gegenseitiges Misstrauen, Ängste vor Unbekanntem usw. gezeichnet, wenn nicht sogar verursacht. Um Orientierung stiften und Konflikte beilegen helfen zu können, muss Ethik daher dazu beitragen, Missverständnisse aufzuklären, Misstrauen zu begegnen, unbegründete Ängste zu nehmen und auch Akzeptanz zu schaffen. Dies geschieht vor allem dadurch, dass sie Probleme und Konflikte in ihrer normativen Struktur begreiflich macht, das relevante Wissen über Fakten und Normen reflektiert und vermittelt sowie gegensätzliche Standpunkte nachvollziehbar macht. Die Ethik sieht sich daher vor die Aufgabe gestellt, eine Brückenfunktion zu übernehmen, die sie zwischen den wissenschaftlichen Fächern, zwischen Wissenschaft und Gesellschaft und zwischen Teilen der Gesellschaft vermitteln lässt.

4. Begriffsklärung sowie Theorien- und Methodenbildung: Um ihre ersten drei Aufgaben bewältigen zu können, muss die angewandte Ethik Klarheit über moralische Begriffe und Konzepte gewinnen, und Theorien, Methoden und Kriterien entwickeln, mit denen diese Aufgaben bewältigt werden können, d.h. also Theoriebildung in praktischer Absicht.

3. Spannungen

Das breite Aufgabenportfolio der angewandten Ethik und das heterogene Anforderungsprofil an ihre Lösungsvorschläge wären schon für sich genommen eine beträchtliche Herausforderung. Hinzu kommt aber noch, dass die unterschiedlichen Aufgaben und Anforderungen nicht harmonisch zueinander stehen, sondern eher gegenläufig wirken, so dass es schwierig – und manchmal unmöglich – wird, allen Aufgaben und Anforderungen gleichzeitig gerecht zu werden. Besonders klar ins Auge fallen diese strukturellen Schwierigkeiten, wenn noch einmal ein Blick auf die wichtigsten Anforderungen für Lösungsvorschläge der angewandten Ethik geworfen wird. Im Folgenden sollen diese Schwierigkeiten vor allem mit Bezug auf das Kriterium der moralischen Richtigkeit von Lösungen, das für die angewandte Ethik ja Existenzberechtigung ist, herausgearbeitet werden.[9]

Wie oben dargestellt, müssen Lösungsvorschläge der angewandten Ethik neben der Tatsache, dass sie überhaupt vorgelegt werden müssen, im Wesentlichen drei ineinander verflochtene Erfolgsbedingungen erfüllen:

1. sie müssen moralisch richtig sein,
2. sie müssen anwendbar sein, und
3. sie müssen das Problem beheben, d.h. dessen negative Wirkungen auf den Handlungszusammenhang aufheben. Dies schließt mit ein, den mit dem Problem einhergehenden gesellschaftlichen Konflikt zu entschärfen.

Es liegt auf der Hand, dass das Verhältnis dieser drei Erfolgsbedingungen bzw. Kriterien nicht spannungsfrei ist. Die folgende Analyse zeigt, wo genau und aus welchen Gründen Spannungen auftreten.

3.1 Moralische Richtigkeit

Wie bereits erwähnt, ist das Kriterium der moralischen Richtigkeit erstens das für die angewandte Ethik wichtigste, da es ein Engagement in gesellschaftlichen Entscheidungsprozessen derselben überhaupt erst nötig macht. Zweitens verweist dieses Kriterium auf die Theorie, da sich für die angewandte Ethik als wissenschaftliche Disziplin das, was das moralisch Richtige ist, nur im Rahmen einer ethischen Theorie aufzeigen und be-

9 Strukturelle Schwierigkeiten der angewandten Ethik finden sich – in jeweils unterschiedlichen Perspektiven – auch bei anderen Autoren thematisiert; zum Teil konvergieren diese mit dem, was hier diskutiert wird. Wieland (1989) etwa erkennt drei Aporien der praktischen Vernunft, die auch für die angewandte Ethik Geltung haben, nämlich Applikation, Motivation und Institutionalisierung. Kettner (1992) diskutiert drei für die angewandte Ethik typische Dilemmata, nämlich Dependenz/Autonomie, Relativismus/Zynismus und Resignation/Grandiosität. Ott (1996) identifiziert neun Strukturprobleme der angewandten Ethik, nämlich das Problem der „Zwischenstellung" der angewandten Ethik zwischen allgemeiner Ethik und spezifischen Debatten, das „Umfeldproblem", das damit zusammenhängt, dass die angewandte Ethik sich der Alltags-Moralsprache bedienen muss, das Problem der „Nicht-Indifferenz" bzw. der Parteilichkeit für die Moralität, das „Motivationsproblem", das Problem der Interdisziplinarität und ihrer Kompetenzanforderungen, das „Sprecherrollenproblem", das die Frage nach der öffentlichen Funktion und Rolle des Ethikers betrifft, das Problem der Anwendung von ethischen Theorien auf Praxisfelder und schließlich das Problem der „gemischten Rationalitätstypen", das das Aufeinandertreffen von moralischer mit instrumenteller-strategischer Rationalität betrifft.

gründen lässt. Dies gilt auch für jene Ansätze innerhalb der philosophischen Ethik, die – wie etwa die Kasuistik – meinen, auf Theorien verzichten zu können. Hier ist es dann der Verzicht auf die ethische Theorie, der seinerseits einer metatheoretischen Begründung und Rechtfertigung bedarf.[10]

Moralische Richtigkeit als Kriterium für die Güte der Problemlösung besagt, dass die Problemlösung dem moralisch Gesollten entsprechen und zur Verwirklichung des Guten beitragen oder zumindest verhindern soll, dass Schlechtes geschieht. Da es die angewandte Ethik mit konkreten, spezifischen Problemfällen zu tun hat, bedeutet dies: Die für eine konkrete, spezifische Situation moralisch richtige Lösung soll gefunden werden. Um das Richtige in einer spezifischen Situation begründet feststellen zu können, bedarf es einer genauen Kenntnis der ethisch relevanten empirischen Umstände – also etwa des Sachverhaltes um den es geht, der Risiken, die bestimmte Arten, das Problem zu lösen, mit sich brächten usw. Moralische Richtigkeit hat also die Angemessenheit an die empirischen Sachverhalte des fraglichen Problems zur Voraussetzung. Für die angewandte Ethik erwachsen daraus zwei Schwierigkeiten:

1. Ethische Urteile und Lösungsvorschläge sind in hohem Maße abhängig von dem empirischen Wissen über die Sachverhalte, um die es geht. Dies erfordert nicht nur, dass die angewandte Ethik die Hürden der echten, produktiven interdisziplinären Zusammenarbeit nimmt, sondern es bedeutet auch, dass die Lösungen der angewandten Ethik die Grenzen ihrer Richtigkeit an den faktischen Grenzen des empirischen Wissens, d.h. in ungenügender Information aufgrund des Mangels an Zeit und Ressourcen oder der schieren Komplexität der Fragestellungen, finden. Die behauptete oder in Anspruch genommene Richtigkeit der Problemlösungen steht daher immer unter dem grundsätzlichen Vorbehalt der richtigen Information und ist gleichsam mit einem auf ungewisse Zeit ausgestellten Ablaufdatum versehen.

2. Die ethische Theorie, die in Anschlag gebrachten ethischen Kriterien bzw. Prinzipien oder das ethische Verfahren, die moralische Richtigkeit garantieren sollen, müssen mit der konkreten Praxis vermittelt und den empirischen Sachverhalten angepasst werden. Der naheliegende Versuch, konkrete Handlungsanleitungen einfach aus abstrakten ethischen Theorien oder Prinzipien abzuleiten, schlägt fehl, da diese grundsätzlich unterbestimmt sind und die einfache Deduktion von singulären Urteilen nicht erlauben. Dies zeigt sich auch daran, dass sogar diejenigen Ethiker, die eine Moralkonzeption teilen, zu unterschiedlichen Einzelfallurteilen gelangen. Außerdem besteht die Gefahr, Probleme allein durch die Brille

10 Zur Kasuistik vgl. etwa Jonsen/Toulmin 1988.

der abstrakten Theorie zu betrachten und sie dadurch zu schnell auf bestimmte Aspekte zu reduzieren. Konzentriert sich die angewandte Ethik demgegenüber aber zu sehr auf das konkrete Problem und verzichtet auf abstrakte Theorien, läuft sie Gefahr, moralisches Urteilen von ungerechtfertigten individuellen und sozialen Vorurteilen abhängig zu machen und sich dem Vorwurf der Beliebigkeit auszusetzen. Zudem ist nicht auszuschließen, dass dadurch der Horizont zu eng gesteckt und letztlich ein Konservativismus unterstützt wird, der auf neue Herausforderungen nicht angemessen reagieren kann und mit dem die kritische Funktion der Moralphilosophie verloren geht.[11]

Diese beiden Schwierigkeiten – die Angewiesenheit auf empirisches Wissen und der Theorie-Praxis-Bezug – sorgen bereits innerhalb des Kriteriums der moralischen Richtigkeit für gewisse Spannungen. Erstere dadurch, dass sie moralische Richtigkeit in gewisser Weise der Volatilität empirischer Erkenntnisse aussetzt, letztere dadurch, dass sie in die Umsetzung der Theorie in Praxis ein offenbar unvermeidliches Quäntchen Beliebigkeit induziert, das an der Legitimität der so gewonnenen Lösung kratzt. Beide Schwierigkeiten sind aber für die Theorie nicht besonders gravierend. Die erste ist eine unvermeidliche Tatsache, die einfach nur zur Kenntnis genommen werden muss. Sie ist der normative Niederschlag der zur „conditio humana" zählenden Begrenztheit der Erkenntnis einerseits und der modernen Welt mit ihrem rasanten Prozess der Generierung neuen – und insofern auch ständig überholten – Wissens andererseits. Die zweite Schwierigkeit ist eine vieler – vielleicht sogar aller – ethischer Theorien, von denen einige schlecht, andere aber besser damit umgehen können. Sie gründet in dem einfachen Umstand, dass das Allgemeine – die ethische Theorie oder das ethische Prinzip – nicht das Singuläre determinieren kann; zwischen diesem und jenem klafft ein Spalt, den es mit ethischer Erfahrung, Sensibilität und Kreativität, d.h. mit geschulter moralischer Urteilskraft, zu bewältigen gilt – personale Qualitäten, für die eine ethische Theorie durchaus Raum geben kann.[12]

---

11 Vgl. Ach/Runtenberg 2002, 116-132.

12 Ethiker, die angewandte Ethik betreiben und sich an Kommissionen, öffentlichen Diskussionen, Beratungsprozessen usw. beteiligen, sollten für die Ausübung dieser Tätigkeit neben spezifischen Kenntnissen und analytischen und rekonstruktiven Kompetenzen unter anderem auch Charaktereigenschaften wie innere Unabhängigkeit, Durchhaltevermögen, Integrität, Empathiefähigkeit sowie gewisse kommunikative Fähigkeiten mitbringen. Vgl. dazu – in Bezug auf die Bioethik – Moreno 1991, 195; Birnbacher 1999, 275ff. Zum Profil eines klinischen Ethik-Beraters vgl. die Beiträge in Baylis 1995. Insofern ist es nicht verwunderlich, dass auch die Tugendethik zunehmend in der angewandten Ethik Fuß fasst. Einen Überblick vermitteln Walker/Ivanhoe 2007; zu tugendethischen Ansätzen in der Bioethik vgl. etwa Pellegrino/Thomasma 1993 und Oakley/Cocking 2001; in der Umweltethik Cafaro/Sandler 2005.

Neben diesen beiden Schwierigkeiten gibt es in Bezug auf das Kriterium der moralischen Richtigkeit ein weiteres, diesmal gravierendes grundsätzliches Problem: das des ethischen Theorien-Pluralismus. Bekanntlich gibt es in der Ethik eine Vielzahl unterschiedlicher Theorien, die zum Teil für sich in Anspruch nehmen, die einzig legitime zu sein, und die in Bezug auf das, was als das moralisch Richtige gilt, sehr unterschiedlicher Meinung sein können. Da die menschliche Erkenntnis auch hier keinen archimedischen Punkt kennt, von dem aus mit letzter Gewissheit endgültig darüber entschieden werden könnte, welche der konkurrierenden Theorien Recht hat und worin genau das moralisch Gute und Richtige besteht, muss die Frage der moralischen Richtigkeit zumindest in den Fällen, wo sie strittig ist, offen bleiben. Das Kriterium der moralischen Richtigkeit ist aus diesem Grund in sich selbst höchst und unauflöslich spannungsvoll. Für viele Ethiker[13] ist diese Spannung allerdings gelöst: Andere Antworten und andere Theorien als die eigene gelten schlicht als falsch.

Das Kriterium der moralischen Richtigkeit ist aber nicht nur in sich spannungsreich, sondern trägt in praktischer Hinsicht die Notwendigkeit der Konfliktbewältigung immer schon in sich. Das Problem des Theorien-Pluralismus hat im Zusammenhang der angewandten Ethik folglich eine doppelte Signatur: Zum einen ist es für die einzelnen Ansätze der angewandten Ethik eine bleibende theoretische Herausforderung epistemischer Natur. Zum anderen ist es ein praktisches Problem insofern, als die unterschiedlichen Theorien in Bezug auf die konkrete moralische Fragestellung, die es zu lösen gilt, mit unterschiedlichen Antworten aufwarten und daher in Konflikt miteinander geraten. Damit aber werden die Theorien zum Bestandteil eben des Problems, das sie lösen sollen, denn das Problem besteht ja unter anderem gerade darin, dass es einen Konflikt in Bezug auf die Frage gibt, wie es am besten zu lösen sei. Die Möglichkeit dieses performativen Widerspruchs muss jeder anwendungsorientierte ethische Ansatz reflektieren und theoretisch einholen. Praktisch gesehen ist das Problem des Theorienpluralismus eine Frage der Konfliktbewältigung.

Im Unterschied zur normativen Ethik, für die die Tatsache des ethischen Pluralismus beständiger Quell neuer Theorieanstrengungen ist, ohne allerdings schwerwiegende weitere Nebenwirkungen zu haben, hat die Theorienvielfalt für die angewandte Ethik neben produktivitätsfördernden Effekten also durchaus negative praktische Folgen. Außer dass die Anwendung ethischer Theorien auf lebenspraktische Fragen Konflikte entfachen kann,[14] kann der Umstand, dass es zu konkreten moralischen Fragestellungen völlig unterschiedliche, sich widersprechende Ansichten

13 Das Maskulinum ist – wo immer möglich – als ein generisches zu verstehen.

14 Ein besonders schönes Beispiel dafür ist Singers Buch „Practical Ethics" (1993 [1979]).

gibt und Ethik nicht „mit einer Stimme“ spricht, bei philosophischen Laien, mit denen und für die die angewandte Ethik ja arbeitet, zudem Verunsicherungen hervorrufen und dazu führen, dass die ethische Reflexion insgesamt für nicht zielführend bzw. überflüssig erachtet wird. Dies kann zur Folge haben, dass auf ethische Gesichtspunkte tendentiell überhaupt verzichtet wird.[15] Es könnte darüber hinaus auch dazu führen, dass Moral generell unter Relativismusverdacht gestellt und noch etablierte moralische Grundsätze der Erosion ausgesetzt werden.

> Das Problem [...] ist, dass die [...] Moraltheorien hoch umstritten sind und die Debatten zwischen ihnen ziemlich verwirrend sein können. Und solche Verwirrung auf philosophischer Ebene könnte das Vertrauen auf der Ebene der alltagsmoralischen Prinzipien erschüttern.[16]

So schwerwiegend das Pluralismus-Problem theoretisch auch sein mag, praktisch erfährt es eine gewisse Entschärfung dadurch, dass Lösungsvorschläge nicht nur moralisch richtig, sondern auch anwendbar und erfolgreich sein sollen. Viele Lösungsvorschläge scheitern an diesen beiden Erfolgsbedingungen; diese wirken daher auch wie Filter, die den Spielraum für mögliche Lösungen einschränken und Pluralität reduzieren.

3.2 Anwendbarkeit

Anwendbarkeit als Kriterium bedeutet, dass eine Lösung so an die Rahmenbedingungen des Handlungszusammenhangs, aus dem das Problem stammt, angepasst ist, dass sie von den Betroffenen befolgt wird und sie effektiv ist. Diese Rahmenbedingungen können nun in erheblicher Spannung zu der Anforderung der moralischen Richtigkeit stehen. Die oben genannten Rahmenbedingungen – faktische empirische Grenzen (das „Können“), Institutionen (Kultur, Recht, Religion usw.) sowie Intuitionen und Überzeugungen – reichen von solchen, deren Veränderung nicht oder nur mit sehr hohem Aufwand möglich ist (z.B. biologische, geographische und kulturelle Gegebenheiten), bis zu solchen, die mehr oder weniger leicht verändert werden können bzw. zumindest im Prinzip veränderbar sein sollten (z.B. Infrastruktur, Rechtsordnung, kulturelle und weltanschauliche Aspekte, moralische Überzeugungen). Rahmenbedingungen, die nicht oder kaum verändert werden können, sind außermoralisch und haben keine moralische Qualität; eine Anpassung an sie ist nicht nur ethisch legitim, sondern gefordert. Rahmenbedingungen, die veränderbar sind, sind, je nach Art und nach Maßgabe der Leichtigkeit, mit der sie verändert werden können, moralisch gehaltvoll und daher ihrerseits der

15 Vgl. Weisbard 1987, 781.
16 Kymlicka 2000, 223.

ethischen Beurteilung zugänglich. Eine Anpassung der ethischen Problemlösung an veränderbare Rahmenbedingungen könnte daher, wenn aus moralischen Gründen ihre Modifikation gefordert wäre – etwa weil sie in sich moralisch problematisch sind – die moralische Richtigkeit der Lösung korrumpieren.

Von besonderer Bedeutung sind in diesem Zusammenhang die Intuitionen und Überzeugungen der Betroffenen einer ethischen Problemlösung; dies aus zwei Gründen: Erstens werden Problemlösungen, die nicht an diejenigen ethischen Intuitionen und Überzeugungen anschließen, die von den Betroffenen für unaufgebbar, richtig und legitim erachtet werden, kaum von den Betroffenen getragen werden und haben insofern kaum Aussicht auf langfristigen Erfolg. Und zweitens gelten Intuitionen und Überzeugungen als korrigierbar. Unabhängig davon, wie leicht sie im Einzelfall tatsächlich korrigierbar sind, es besteht im Allgemeinen die Erwartung und der Anspruch, dass sie zu ändern sind, falls sie falsch oder ungerechtfertigt sind. Sollten sich Intuitionen und Überzeugungen als moralisch falsch herausstellen, dann besteht daher die moralische Pflicht, ihre Veränderung zu fordern bzw. sie bei der Problemlösung zumindest nicht zu berücksichtigen.

Nun ist es tatsächlich oft so, dass Intuitionen und Überzeugungen zu dem – einer Theorie gemäßen – moralisch Richtigen quer liegen bzw. ihm sogar offen widersprechen. Dies kann z.B. der Fall sein bei Überzeugungen in Bezug auf den moralischen Status von Embryonen, Tieren oder Pflanzen in der Stammzell- oder Naturschutzdebatte, bei Überzeugungen in Bezug auf den Körper, das Sterben und den Tod in der Organspendedebatte, bei breit etablierten Ansichten über die Legitimität von Korruption, oder auch bei in einer Gesellschaft tief verwurzelten rassistischen, homophoben oder patriacharlischen Denkmustern usw. In allen diesen Fällen gibt es Intuitionen und Überzeugungen, die dem, was einer Theorie gemäß das Richtige ist, fundamental widersprechen.

Die entscheidende Fragestellung in diesem Zusammenhang ist nun, ob, und wenn ja, inwieweit die im Prinzip modifizierbaren Rahmenbedingungen um der Anwendbarkeit bzw. des Erfolges der Lösung willen als faktische Grenzen akzeptiert werden dürfen und eine Anpassung der Lösung erfolgen soll, oder ob, und wenn ja, inwieweit gefordert werden muss, diese Rahmenbedingungen selbst zu korrigieren. Diese Problematik besteht auch dann, wenn faktisch keine realistische Aussicht darauf besteht, dass die im Prinzip veränderbaren Rahmenbedingungen (z.B. im Falle eines Rechtssystems, der internationalen Marktordnung oder kulturell tief verankerter Vorurteile) korrigiert werden. Denn dann ist zu überlegen, ob die Lösung im Sinne einer aus der Ökonomik bekannten „second best solution"[17] verantwortbar ist, oder ob dadurch nicht an sich moralisch problematische Rahmenbedingungen stabilisiert oder gar indirekt moralisch legitimiert werden.[18]

Die Spannung zwischen dem Kriterium der moralischen Richtigkeit und dem der Anwendbarkeit besteht also darin, dass das letztere erfordert, die Lösung eines moralischen Problems unter Umständen an Rahmenbedingungen anzupassen, die ihrerseits moralisch problematisch sind. Dies kann in ein Dilemma führen: In dem Fall der Anpassung an unmoralische Rahmenbedingungen läuft die Lösung einerseits Gefahr, (a) ihre moralische Richtigkeit zu beschädigen, (b) die moralisch problematischen Rahmenbedingungen zu legitimieren und (c) dadurch letztlich das Unternehmen der angewandten Ethik insgesamt zu korrumpieren. Wird die Lösung aber nicht an die Rahmenbedingungen angepasst, dann besteht andererseits das Risiko, dass (a) die Lösung ins Leere läuft, (b) damit eine Chance vertan wird, zumindest etwas zum Besseren zu bewegen, wodurch (c) das Ansehen der angewandten Ethik wiederum Schaden nehmen kann. Freilich ist es möglich, das eine zu tun und das andere nicht zu lassen, d.h. eine Korrektur der Rahmenbedingungen einzuklagen und gleichzeitig für den Fall, dass dies nicht geschieht, eine angepasste „second best solution" zu präsentieren. Ob aber mit einem solchen Vorgehen dem Anspruch der moralischen Richtigkeit Genüge getan wird, steht nicht von vornherein fest. Auf alle Fälle läuft dieses Dilemma auf eine Güterabwägung hinaus, bei der entweder der Schaden, den die mögliche Legitimierung der Rahmenbedingungen anrichtet, gegenüber dem Nutzen, den die an die Rahmenbedingungen angepasste Lösung hervorbringt, abgewogen werden muss, oder bei der andersherum der Nutzen einer moralischen Desavouierung der Rahmenbedingungen gegenüber dem Schaden, für ein spezifisches Problem keine Lösung anzubieten, auf die Waagschale gelegt werden muss.

17 Vgl. Lipsey/Lancaster 1956/57. Die Theorie der „zweitbesten Lösung" entspricht in etwa Rawls „Nicht-idealer Theorie" (1979, 276-280; ferner 2002). Zu moralischen Ansprüchen in der nicht-idealen Theorie vgl. auch Murphy 2000.

18 Die katholische Kirche hat sich aus diesem Grund in einer sehr umstrittenen Entscheidung dazu entschlossen, in Deutschland aus der Schwangerschaftsberatung, deren Absolvierung für die Durchführung einer Abtreibung notwendig ist, auszusteigen. Spaemann (1991) urteilt in diesem Zusammenhang etwa, dass die Einbindung in das System „[...] die Kirchen ungewollt zu Komplizen der Abtreibungsorganisation [...]" macht. Zur Debatte dieser Entscheidung vgl. Spieker 2005, 161-181.

3.3 Problembeseitigung und Konfliktbeilegung

Problembeseitigung als Kriterium für die Güte von Lösungen der angewandten Ethik bedeutet, dass durch die Lösung die Störung, die das Problem im Handlungszusammenhang schafft, aufgehoben wird und ein selbstverständlicher, reibungsloser Handlungsfluss wieder möglich gemacht wird.

Nun gibt es, wie oben unter Kapitel 2.1, Punkt 2 beschrieben, zwei Arten von Problemen, mit denen die angewandte Ethik zu tun hat: Umsetzungsprobleme und Grundsatzprobleme. Bei ersteren ist allen Beteiligten grundsätzlich klar, was das moralisch Richtige ist, welche Normen gelten und wo das ethische Ziel liegt, unklar ist allerdings – aus Gründen der Komplexität und Unübersichtlichkeit der Problemlage –, wie dieses Ziel unter den gegebenen Umständen am besten und effektivsten erreicht werden kann. Probleme dieser Art sind dann gelöst, wenn derjenige Weg aufgezeigt und beschritten wird, zu dem es keine bessere Alternative gibt. Bei Problemlösungen dieser Art tritt keine Spannung zwischen dem Kriterium der Problembeseitigung und dem der moralischen Richtigkeit auf. Die Lösung besteht allein in der adäquaten Umsetzung des als moralisch richtig Erkannten, d.h. mit der moralisch richtigen Lösung ist in diesem Fall auch schon das Problem gelöst.

Anders verhält es sich bei der zweiten Art von Problemen, den Grundsatzproblemen. Hier sind die Beteiligten uneins darüber, was überhaupt das moralisch Richtige in einer Situation ist, d.h. das moralische Ziel ist unklar bzw. strittig. Probleme dieser Art sind – in praktischer, aber nicht unbedingt in moralischer Hinsicht – dann gelöst, wenn der Konflikt beigelegt und Klarheit darüber, was künftig in der fraglichen Situation zu tun ist, hergestellt werden kann.

Es gibt nun mehrere Arten, Konflikte zu beenden. Unter ihnen genießt in der angewandten Ethik – schon allein aus Gründen der Selbstrechtfertigung – die gewaltfreie Konfliktbeilegung im Diskurs, in dem Argumente ausgetauscht werden, den Vorzug. Die Beilegung des Konfliktes im Diskurs kann nun aus zwei Gründen erfolgen: Im idealen Fall gelingt es den Betroffenen und Beteiligten, zwanglos zu einer gemeinsam geteilten Überzeugung darüber zu kommen, was das moralisch Richtige ist. Dadurch wären auf einen Schlag alle hier genannten Schwierigkeiten und Spannungen gelöst. Im nicht-idealen Fall hingegen gelingt es nicht, einen Konsens über die moralische Richtigkeit herzustellen, sondern nur, – sei es durch Mehrheitsentscheidung, Interessenausgleich, Kompromissbildung oder gebilligte autoritative Entscheidung – Einverständnis und Klarheit darüber herzustellen, was künftig in einer Situation verbindlich zu tun oder zu lassen ist. Dieser nicht-ideale Fall ist der weitaus wahrscheinlichste:

> Der für moderne Großgesellschaften typische Konsens ist der *partikulare Konsens*: der Konsens einer begrenzten Zahl von Individuen in einer bestimmten Frage. Es ist sinnlos, sich darüber hinwegzutäuschen, dass dies eine deutliche Relativierung impliziert: eine Reduktion von ‚Konsens' auf *Mehrheit*.[19]

Dass Konflikte in ethischen Fragen über einen diskursiven Weg zum Zwecke der Konsensfindung beigelegt werden, ist nicht ganz voraussetzungslos. Denn sich auf einen Diskurs über ethische Fragen einzulassen und dessen Ergebnis als ein mit einer gewissen moralischen Autorität ausgestattetes zu akzeptieren, bedeutet, den Diskurs, so wie er tatsächlich gelaufen ist, zu akzeptieren. Im Einzelnen impliziert dies:

(a) jene Sprache und Form der Rationalität anzuerkennen und moralisch zu legitimieren, die – gleichsam als „kleinster gemeinsamer Nenner" – als gemeinsame Basis für die Aushandlung der Lösung fungieren kann;[20]
(b) das im Diskurs praktizierte Verfahren der Entscheidungsfindung zu akzeptieren und moralisch zu legitimieren;
(c) den moralischen Wert des gesellschaftlichen Friedens in Bezug auf eine bestimmte Frage, um dessentwillen ein Diskurs ja erst stattfindet, und den moralischen Wert der Autonomie, der einen Diskurs erst notwendig macht, höher zu gewichten als die moralischen Werte, die im Diskurs verhandelt werden;[21]
(d) die für die ausgehandelte Lösung ausschlaggebenden Gründe, aber unter Umständen auch andere Faktoren, wie z.B. charakterliche Eigenschaften oder auch rhetorische Fähigkeiten der am Diskurs Teilnehmenden, persönliche Animositäten und Empfindlichkeiten usw. moralisch zu legitimieren;
(e) einen faktischen Nonkognitivismus anzuerkennen, da im faktischen Diskurs niemals alle Faktoren vollständig zur Sprache kommen und verhandelt werden können, die bei der Entscheidung eine Rolle spielen.

Im Grunde tritt damit im Spannungsfeld zwischen moralischer Richtigkeit und Problembeseitigung ein ganz ähnliches Dilemma auf wie im Span-

---

19 Bayertz 1996a, 16 (Hervorhebungen im Original). Vgl. zu der Thematik insgesamt den Sammelband Bayertz 1996b; ferner Engelhardt 2006.

20 Dies impliziert, neben den Diskursvoraussetzungen auch eine bestimmte gehaltvolle Vorstellung des „guten Lebens" zu akzeptieren; vgl. Kuhse 1996, 113f.

21 Ob die Teilnahme am Diskurs tatsächlich impliziert, neben dem Wert des gesellschaftlichen Friedens auch den der Autonomie anzuerkennen, ist umstritten. Vgl. dazu z.B. Kuhse 1996, 108ff.; Engelhardt 1996, 57f.

nungsfeld zwischen moralischer Richtigkeit und Anwendbarkeit. Waren bei diesem die moralisch problematischen Rahmenbedingungen Ursache der Spannungen, so sind es bei jenem die im Diskurs ausgehandelten Lösungen, die Schwierigkeiten verursachen können. Denn auch diese können quer zu dem liegen, was – gemäß einer Theorie – das moralisch Richtige ist. Und so stellt sich auch hier die entscheidende Frage, ob, und wenn ja, inwieweit um der Problembeseitigung und der Konfliktbewältigung willen einer moralisch problematischen Lösung zugestimmt werden darf. Das Dilemma, vor dem die angewandte Ethik nun steht, lautet diesmal daher: Nimmt sie am Diskurs teil und trägt sie die darin ausgehandelte Lösung, dann läuft sie Gefahr, (a) den Anspruch auf moralische Richtigkeit aufgeben zu müssen bzw. ihn zu beschädigen, (b) eine an sich moralisch nicht ideale Lösung und ihre Entstehungsbedingungen moralisch zu legitimieren, und dadurch (c) der angewandten Ethik Schaden zuzufügen. Verweigert sie hingegen die Teilnahme am Diskurs und trägt sie die ausgehandelte Lösung nicht mit, dann besteht das Risiko, (a) sich aus der Bewältigung gesellschaftlicher Probleme auszuklinken, (b) statt an der Lösung des Problems zu arbeiten zu einem Teil des Problems zu werden bzw. dieses zu verschärfen, (c) die Chance zu verspielen, zumindest etwas zum Besseren zu bewegen, und (d) dem Ansehen und dem öffentlichen Gewicht der Ethik zu schaden. Wiederum mag es auch hier möglich sein, einerseits am Diskurs teilzunehmen und die ausgehandelte Lösung mitzutragen, andererseits aber gleichzeitig die moralische Unzulänglichkeit der Lösung aufzuzeigen und zu bemängeln. Fraglich bleibt dabei aber einerseits, inwieweit dies dem Anspruch auf moralische Richtigkeit gerecht werden würde, und andererseits, ob dadurch nicht der Lösung jegliche moralische Qualität abgesprochen wird. Unvermeidlich ist jedenfalls auch hier eine Güterabwägung, bei der der Wert der erfolgreichen Problembeseitigung und Konfliktbeilegung gegenüber den moralischen Werten, die im Diskurs verhandelt werden, abgewogen werden muss.[22]

---

22 Für eine ethische Position, der zufolge Menschenwürde der oberste moralische Wert ist und der zufolge Embryonen Menschenwürde im vollen Sinne, d.h. inklusive Lebensrecht, zukommt, macht die Teilnahme an einem Diskurs zur Beilegung eines gesellschaftlichen Konfliktes über die Frage der Zulässigkeit von Abtreibungen im Grunde keinen Sinn, da der Wert des gesellschaftlichen Friedens in Bezug auf diese Frage den Wert der Menschenwürde nicht ohne Weiteres aufwiegen kann. Im Gegenteil wäre es für diese Position eher konsequent, aktiven Widerstand oder zumindest zivilen Ungehorsam zum Schutz von Embryonen zu fordern, auch wenn dadurch möglicherweise der gesellschaftliche Frieden zusätzlich gefährdet wird.

4. Zwei Strategien und drei Rollen

Zusammenfassend lässt sich für das Verhältnis der drei Erfolgsbedingungen der angewandten Ethik sagen, das es von erheblichen Spannungen in Hinblick auf die Erfordernis der moralischen Richtigkeit geprägt ist. Zum einen rühren diese Spannungen daher, dass moralische Richtigkeit aufgrund des Fehlens eines archimedischen Punktes und der dadurch unhintergehbaren Pluralität der Theorien des moralisch Richtigen in sich selbst prinzipiell spannungsgeladen ist; diese Tatsache ist einerseits eine beständige theoretische Herausforderung, andererseits eine praktische Schwierigkeit, die ein Bestandteil des zu lösenden Problems ist und in eine Frage der Konfliktbewältigung transformiert werden muss. Da nun aber das theoretische Problem der Theorien-Pluralität für viele Theorien insofern gelöst ist, als die jeweils anderen Theorien einfach als falsch gelten, reduziert sich das Pluralismus-Problem auf ein Konfliktlösungsproblem.

Damit bleiben nur noch zwei Spannungsfelder übrig, die ihre Ursache darin haben, dass die moralische Richtigkeit einer Lösung in Konflikt mit ihrer Anwendbarkeit geraten kann, da die Anwendbarkeit eventuell die Anpassung an moralisch problematische Rahmenbedingungen erfordert, und dass die Effektivität der Lösung bei der Beseitigung des durch das Problem verursachten gesellschaftlichen Konfliktes in Konflikt mit dem geraten kann, was moralisch gefordert ist. Beide Spannungsfelder sind dadurch gekennzeichnet, dass sie eine Abwägung erfordern zwischen dem zu erwartenden moralischen Gewinn des Erfolges der Lösung und den zu erwartenden moralischen Kosten dieses Erfolges.

Die Spannungen innerhalb der Anforderung der moralischen Richtigkeit und zwischen dieser und den Anforderungen der Anwendbarkeit und der Problembereinigung wirken sich auf die unterschiedlichen Ethik-Ansätze in unterschiedlicher Weise aus. Ethiken, die auf die Frage, was in einer spezifischen Situation zu tun ist, eine inhaltliche Antwort geben, so wie etwa der Kantianismus oder der Utilitarismus, werden die Spannungen am stärksten spüren. Für Ethiken, die sich hingegen darauf beschränken, das moralisch Richtige indirekt, über die Verfahren, die zu ihm führen, festzulegen, werden die Spannungen schon schwächer sein. Und schließlich werden Ethiken, die – wie die Kasuistik – das moralisch Richtige ganz aus den Kontextbedingungen eines Problems herausarbeiten, die Spannungen unter Umständen kaum noch wahrnehmen. In welchem Maße die Spannungen tatsächlich auftreten, hängt freilich ganz entscheidend von der konkreten Ausgestaltung einer Theorie ab. In der einen oder anderen Form werden aber alle ethischen Ansätze mit diesen Spannungen zu kämpfen haben.

Wird das Pluralismus-Problem in die Frage der Konfliktbewältigung überführt, bleiben der angewandten Ethik also zwei Schwierigkeiten: Die Anwendung und die effektive Problembeseitigung sowie die damit in Verbindung stehenden Spannungen. Auf diese beiden Herausforderungen hat die angewandte Ethik mit zwei – oft gleichzeitig eingesetzten – Strategien reagiert:

1. Die Schwierigkeiten mit der für die Anwendung notwendigen Anpassung an die Rahmenbedingungen hat sie dadurch entschärft, dass sie durch eine Verengung des Fokus auf das spezifische, für eine konkrete Situation zu lösende Problem die Behandlung desselben von den die übergeordneten Rahmenbedingungen betreffenden Grundlagenfragen abgekoppelt hat.

2. Den Schwierigkeiten der Problembeseitigung, d.h. der Konfliktbeilegung, ist sie dadurch begegnet, dass sie zwischen Inhalt und Verfahren, d.h. zwischen den das Problem betreffenden moralischen Fragen und der moralischen Qualität der Methoden, mit denen diese Fragen behandelt und beantwortet werden, trennt und sich in ihren Bemühungen auf letztere beschränkt.

4.1 Trennung Grundlagenfragen – Anwendungsfragen

Die erste Strategie besteht also in der Abkoppelung des spezifischen Problems, das es zu bewältigen gilt, von den – aus der Vogelperspektive sich stellenden – übergeordneten ethischen Fragestellungen nach der moralischen Legitimität der Rahmenbedingungen. Die Probleme werden dabei – gleichsam aus der Froschperspektive der von einem Problem unmittelbar Betroffenen – von ihrem spezifischen Entstehungskontext her gefasst und auch innerhalb dieses und für diesen engen Bezugsrahmen zu lösen versucht. So werden etwa bei medizinethischen Fragestellungen in Bezug auf den Umgang mit Patientenverfügungen in der Regel übergeordnete Fragen nach der moralischen Legitimität und auch Sinnhaftigkeit des gesamten Systems der modernen Medizin ausgeklammert. Ebenso werden etwa bei konkreten Problemen der Unternehmensethik, z.B. dem Umgang mit Korruption, Fragen der moralischen Legitimität des Wirtschaftssystems bzw. des Gesellschaftssystems kaum thematisiert.

Dieser Abkoppelung der Anwendungs- von den Grundlagenfragen entspricht die Herausbildung der Bereichs- oder Bindestrichethiken, in denen sich die Ethik darauf beschränkt, die spezifischen, in einem gesellschaftlichen Praxissektor auftauchenden Probleme unter den für diesen Praxissektor geltenden Bedingungen für eben diesen Praxissektor zu lösen. Diese Ethiken definieren sich dadurch, ausdrücklich nicht das Ganze im Blick zu haben, sondern nur jene Bereiche, die für die pragmatische Lösung eines Problems unmittelbar notwendig sind. Dazu gehört auch, dass sie sich für eine ethische Beurteilung auf die in den jeweiligen Regelungsbereichen etablierten und bewährten ethischen Grundsätze und Überzeugungen beziehen, also etwa für den Bereich der Medizin auf das ärztliche und auch pflegerische Ethos und die in ihnen enthaltenen ethischen Kriterien.

Die Beschränkung der ethischen Reflexion auf den unmittelbaren Problemkontext kann durch zwei Gründe gerechtfertigt sein:

(a) Die Rahmenbedingungen sind im Großen und Ganzen moralisch in Ordnung, d.h. es gibt gar keinen Bedarf, sie in ethischer Hinsicht zu problematisieren. In diesem Fall ist die Beschränkung der Problembehandlung auf den engeren Problemkontext einfach eine Folge des Umstandes, dass die Reflexion der übergeordneten Rahmenbedingungen schlicht nicht nötig ist. Gerade in den Bereichsethiken und ihrem auf einzelne gesellschaftliche Subsysteme gerichteten Fokus drückt sich oft ein grundlegendes Einverständnis mit und Vertrauen in die Rahmenbedingungen aus.

(b) Die Rahmenbedingungen sind zwar moralisch problematisch, ihre Veränderung zum Besseren aber aussichtslos. Ihre ethische Problematisierung wäre im Hinblick auf das zu lösende konkrete Problem daher nicht zielführend bzw. sogar kontraproduktiv. Aussichtslos kann die Veränderung der Rahmenbedingungen nun entweder aufgrund des Fehlens von den für die Veränderung nötigen Machtmitteln sein, wie dies meistens in autokratischen Gesellschaftssystemen der Fall ist, oder aber aus dem für moderne Gesellschaften typischen Umstand, dass es äußerst unwahrscheinlich ist, einen Konsens in Bezug auf die Grundlagenfragen herzustellen. Im Gegenteil, es dürfte hier nicht einmal möglich sein, eine Einigung darüber herzustellen, was überhaupt Grundlagenfragen sind und welche davon in Bezug auf ein konkretes Problem relevant sind. Die oft drängende und notwendige Behandlung der Anwendungsfragen kann aber nicht darauf warten, bis die Grundlagenfragen geklärt sind. Von ihrer Problematisierung ist daher Abstand zu nehmen. Um in einem Bild zu sprechen: Die Gesellschaft bzw. eines ihrer Subsysteme kann mit einem Schiff verglichen werden, dass in voller Fahrt auf hoher See ist. Unglücklicherweise weist es an allen Ecken und Enden Mängel und Defekte (moralische Probleme) auf, die auf See notdürftig mit den an Bord vorhandenen Werkzeugen und Materialien repariert werden müssen, damit das Schiff nicht Wasser nimmt und untergeht. Natürlich wäre es vorteilhaft, das Schiff in eine Werft an Land zu schaffen, um es von Grund auf neu und besser zu konstruieren. Dies erscheint aber leider gänzlich unmöglich, weil die Besatzung mit Sicherheit in einen heftigen Streit darüber ausbrechen würde, welches Land (ethische Theorie) überhaupt anzusteuern wäre, welche Konstruktion das Schiff haben sollte (welche Theorievariante), welche Arbeiter, Werkzeuge und Materialien (welche Spezifizierung) zum Einsatz kommen sollten, und schließlich noch darüber, wann genau das Schiff nun fertiggestellt und wieder seetauglich sei. Zu befürchten ist außerdem, dass das Schiff aufgrund der sich streitenden und nicht mehr reparierenden Besatzung das Land ohnehin nicht erreicht. Sollte sie es wieder Erwarten doch erreichen, so ist nicht auszuschließen, dass sich die Mannschaft dann dort gegenseitig aufreibt oder ihr zumindest die Lust vergeht, das Schiff überhaupt noch zu bauen.

Dass das Schiff auf hoher See repariert werden muss, hat also nicht nur Nachteile. Im Gegenteil, es hat sogar den großen Vorteil, dass die Besatzung, will sie nicht kentern, gezwungen ist, sich friedlich zu verhalten und zusammenzuarbeiten. Freilich braucht es jemanden, der das Schiff auf Kurs hält, und freilich muss das Schiff auch immer wieder in einen Hafen – allerdings nicht, um neu gebaut, sondern nur, um Proviant und Reparaturmaterial aufzunehmen und vielleicht das eine oder andere Mal etwas gründlicher überholt zu werden. Dass dies friedlich und einmütig geschehen kann, dafür sorgt auch hier allein der gemeinsame Wille, zu überleben und dafür das Notwendige zu unternehmen.

Die Entscheidung, das Schiff auf See bei voller Fahrt zu reparieren, d.h. die ethische Reflexion auf die unmittelbar die Anwendung betreffenden Fragen zu beschränken und nicht auf die Rahmenbedingungen auszudehnen, impliziert nun gemäß dem, was oben zur Schwierigkeit der Anwendung gesagt wurde, dass die dort beschriebene Güterabwägung entschieden und moralisch legitimiert ist: Die Lösung des konkreten Problems hat höheres moralisches Gewicht als die Veränderung der Rahmenbedingungen, mögen diese im Einzelnen auch noch so problematisch sein. Diese Entscheidung kann das Resultat einer Abwägung zwischen zwei Übeln sein. In der Regel drückt sich in ihr aber doch mehr aus als nur dies: eben das den meisten Bereichsethiken zugrundeliegende Vertrauen darauf, dass die Rahmenbedingungen insgesamt betrachtet so übel gar nicht sind.

4.2 Trennung Inhalt – Verfahren

Die zweite Strategie, mit der die angewandte Ethik auf die Herausforderung der Konfliktbeilegung reagiert, besteht erstens in der methodischen Trennung zwischen den inhaltlichen Antworten auf die ethischen Streitfragen und den Verfahren, mittels derer auf die Streitfragen gemeinsam getragene Antworten gefunden werden, und zweitens in der Beschränkung der ethischen Bemühungen auf das Verfahren. Mit dieser Strategie nimmt die angewandte Ethik folglich Abstand davon, inhaltliche Positionen zu begründen, d.h. sie enthält sich ganz oder weitestgehend einer inhaltlichen Festlegung moralischer Beurteilungsmaßstäbe und einer dementsprechenden Lösung für das Problem. Sie beschränkt sich vielmehr darauf, für die Lösungssuche bestimmte Verfahren zu begründen, sie vorzuschlagen, bei ihrer Durchführung zu unterstützen und ihre Einhaltung zu überwachen; die Verfahren sind dabei wesentlich ergebnisoffen. Es ist eine Lösung zweiter Ordnung, die die angewandte Ethik damit anbietet.

Da die Trennung von Inhalt und Verfahren in der angewandten Ethik mit dem Ziel erfolgt, Konflikte zwischen den von einem Problem Betroffenen konsensuell zu regeln, handelt es sich bei den Verfahren in der Regel um dialogisch angelegte Diskursverfahren.

Durch die Trennung von Inhalt und Verfahren und die Beschränkung auf letzteres wird die Möglichkeit, dass Spannungen im Hinblick auf die moralische Richtigkeit des inhaltlichen Resultats des Lösungsverfahrens auftreten, von Beginn an unterbunden. Denn die Moralität der Lösung hängt in diesem Fall ganz von der Moralität des Verfahrens ab. Ist diese gegeben, dann ist auch die durch das Verfahren hergestellte Lösung moralisch legitimiert. Gerechtfertigt scheint diese Strategie durch folgende drei Gründe:

(a) Damit ein Verfahren der Streitschlichtung tatsächlich zum Einsatz kommen kann, muss es zunächst einen Konsens der Beteiligten darüber geben, den Streit überhaupt mittels eines spezifischen Verfahrens zu schlichten. Dass dieser Konsens zweiter Ordnung tatsächlich zu Stande kommt, dafür sorgt – wie auch das oben verwendete Bild vom Schiff illustriert – erstens die von den Betroffenen eingesehene Notwendigkeit, das Problem zu lösen, zweitens das gemeinsame Interesse an einer gewaltfreien Konfliktbeilegung, und drittens die Einsicht in die Tatsache, dass der Diskurs oft die einzige Möglichkeit der gewaltfreien Konfliktbeilegung ist. Dem kommt entgegen, dass moderne westliche Gesellschaften fundamental auf diskursiven Verfahren der Konfliktbeilegung basieren; diese Verfahren sind also dort, wo die angewandte Ethik in der Regel zum Einsatz kommt, breit etabliert, sie stoßen auf eine hohe Zustimmung und gelten als Selbstverständlichkeit. Auch die angewandte Ethik bringt ihnen in der Regel großes Vertrauen entgegen.[23] Pragmatisch gesehen legt sich die Strategie der Beschränkung auf das Verfahren daher deswegen nahe, weil sich ein tatsächlicher Konsens über das Verfahren der Streitschlichtung, also etwa die Mehrheitsentscheidung, wesentlich leichter herstellen

23 Die angewandte Ethik ist insofern auch auf „entgegenkommende Lebensformen“ angewiesen; vgl. Habermas 1992, 25.

lässt als ein Konsens über die das Problem betreffenden inhaltlichen ethischen Fragen.

(b) Darüber hinaus ist die Trennung von Inhalt und Verfahren für die angewandte Ethik deswegen von Vorteil, weil sich die moralische Richtigkeit eines Verfahrens leichter begründen lässt als die inhaltlicher Handlungsvorschriften, da dabei nicht auf die diffizilen empirischen Fragestellungen eingegangen werden muss, die konkrete moralische Probleme mit sich bringen. Die Wahrscheinlichkeit, dass Verfahren die Erfolgsbedingungen der Lösungen angewandter Ethik, d.h. moralische Richtigkeit, Anwendbarkeit und Konfliktbeilegung, erfüllen, ist wesentlich höher als bei inhaltlichen Lösungen erster Ordnung.

(c) Für jene Moraltheorien, für die Moralbegründung generell über Verfahren läuft, ist die Trennung von Inhalt und Verfahren ohnehin theoretische und praktische Pflicht.

Analog zur Entscheidung, den Fokus auf die Anwendungsfragen zu richten, impliziert auch die Entscheidung, zwischen Inhalt und Verfahren zu trennen, gemäß der oben dargestellten Güterabwägung, dass die Werte, um die es in dem Verfahren geht, denjenigen Werten, aufgrund deren man ein Verfahren überhaupt durchführt, unterzuordnen sind.

4.3 Schwierigkeiten der Strategien

Beide Strategien, sowohl die Trennung der Grundlagenfragen von den Fragen der Anwendung als auch die Trennung von Inhalt und Verfahren, können tatsächlich zu einer gewissen Entspannung zwischen den Anforderungen auf moralische Richtigkeit, Anwendbarkeit und Problembehebung führen. Zur Gänze beseitigen können sie die Spannungen aber nicht; selbst mit den Strategien bleiben sie, wenn auch in etwas reduzierter Form, bestehen. In Bezug auf die Schwierigkeit der Rahmenbedingungen insofern, als die Unterscheidung zwischen Grundlagenfragen und Anwendungsfragen unscharf ist. Es ist daher auch unklar, wo die Trennungslinie zwischen diesen Fragentypen im Einzelfall verantwortungsvoll gezogen werden kann und darf. So mag es zwar möglich – und durchaus sinnvoll – sein, die großen gesellschaftlich, geopolitisch, marktwirtschaftlich usw. bedingten Rahmenbedingungen auszublenden, aber kaum, schlechterdings alle Rahmenbedingungen, vor allem das mehr oder weniger nahe am Problem liegende kontextuelle Feld, zu vernachlässigen. Im Gegenteil, es lässt sich kaum vermeiden, dass auch der breitere Problemkontext seinerseits der ethischen Analyse und Beurteilung unterzogen werden muss und nicht einfach als gegeben hingenommen werden kann. Die Trennung zwischen Grundlagen- und Anwendungsfragen wird also kaum so gezogen werden können, dass es zu überhaupt keiner Spannung zwischen moralischer Richtigkeit und der Anpassung an die Rahmenbedingungen kommt.

Gleiches gilt in Bezug auf die Schwierigkeit der Konfliktbewältigung. Hier liegt das Problem darin, dass der Diskurs hohen Standards genügen muss, um dem Anspruch auf moralische Richtigkeit gerecht zu werden und die moralische Autorität der ausgehandelten Lösung zu garantieren, diese Standards aber praktisch nur schwer einzuhalten sind. Damit tauchen auf der Ebene des Verfahrens genau dieselben Schwierigkeiten auf, die mit der Trennung von Verfahren und Inhalt gerade hätten vermieden werden sollen: die Schwierigkeit der Anpassung der Standards an die Realbedingungen tatsächlicher Diskurse, mit der auch die Frage der Rahmenbedingungen wiederkehrt, und die Schwierigkeit, wie mit Konflikten in Bezug auf die Standards des Verfahrens umzugehen ist. Theoretisch droht hier ein infiniter Regress, da diese Streitfragen praktisch wieder nur durch ein Verfahren zu regeln sind, das seinerseits wiederum genau dieselben Probleme aufwirft, die dann wiederum in einem weiteren Verfahren zu verhandeln sind, das von eben diesen Problemen behaftet ist usw. Praktisch verhält es sich demgegenüber so, dass die Qualität des tatsächlichen Diskurses die Teilnehmer entweder zufriedenstellt – dann werden sie auch das Ergebnis akzeptieren – oder aber eben nicht zufriedenstellt. In diesem Fall wird kein Konsens zustande kommen.

Die für die angewandte Ethik zentrale Frage lautet in diesem Zusammenhang daher: Bis zu welchem Grade kann die Nicht-Idealität bzw. können Einbußen der Moralität des tatsächlichen Diskurses in Kauf genommen werden, ohne die moralische Richtigkeit der ausgehandelten Lösung allzu schwer zu beschädigen? Letztlich läuft dies auf eine ganz ähnliche wie die oben skizzierte Güterabwägung hinaus – eine Güterabwägung, bei der der Wert der erfolgreichen Problembeseitigung und Konfliktbeilegung gegenüber den moralischen Defekten des tatsächlichen Diskurses – und insofern indirekt auch wieder gegenüber den moralischen Werten, die im Diskurs verhandelt werden – abgewogen werden muss. Daraus folgt, dass die Strategie der Trennung von Inhalt und Verfahren die Spannungen zwar eventuell mildern, sie aber nicht lösen kann; im Grunde verschiebt sie sie nur von der Ebene des Inhalts auf die Metaebene des Verfahrens der Inhaltsfindung. Theoretisch ist dies unbefriedigend, pragmatisch allerdings von Vorteil, da diese Spannungen in der Regel nicht im Fokus der Aufmerksamkeit der Diskursteilnehmer sind und daher nur bei groben Verletzungen der Verfahrensregeln eigens thematisiert werden.[24]

Dass beide Strategien nicht ganz ohne Gefahren sind, ist offensichtlich. Die größte Gefahr liegt darin, dass die moralische Richtigkeit einer so auf den Weg gebrachten Lösung auf der Strecke bleibt und die angewandte Ethik insgesamt ihre moralische Integrität verspielt. Dies wird dann der Fall sein, wenn um des Erfolges der Lösung willen entweder der Fokus zu eng gesteckt und an sich problematische Rahmenbedingungen in Kauf genommen werden oder aber schwer defizitäre Diskurse zur Konfliktbeilegung akzeptiert und ihre Lösungen mitgetragen werden. Dies würde einer – wenn auch verdeckten – Kapitulation der Ethik gleichkommen. Im bekannten Vorwurf, in Gestalt der angewandten Ethik verkomme die Ethik zu einem Unternehmen der Akzeptanzbeschaffung, dessen Zweck allein darin bestehe, für eine möglichst reibungsfreie Durchsetzung politisch opportuner Interessen zu sorgen, spiegelt sich diese Sorge – eine Sorge, der nur mit einer theoretisch gedeckten, methodisch abgesicherten und mit äußerster Sorgfalt betriebenen Durchführung der oben genannten Güterabwägungen begegnet werden kann.

4.4 Drei Rollen

Wie eben dargestellt, können die beiden Strategien die Spannungen zwischen moralischer Richtigkeit, Anwendbarkeit und Problembeseitigungskapazität zwar mildern, aber nicht ganz auflösen; die Schwierigkeiten bleiben im Grunde bestehen. Wie stark sie sind und wie mit ihnen umzugehen ist, hängt dabei wesentlich von dem ethischen Ansatz und der Rolle ab, die der Ethiker nach Maßgabe der Theorie, die er vertritt, bei der Problembehandlung einnimmt. Grundsätzlich gibt es für den Ethiker drei – oftmals miteinander kombinierte – idealtypische Möglichkeiten, an einer Problembehandlung mitzuwirken:[25]

1. Der Ethiker enthält sich aller normativen Vorgaben und Bewertungen – also sowohl bezüglich des Inhalts als auch des Verfahrens – und beschränkt sich auf die „neutrale“ Analyse und Beschreibung des Problems, der verschiedenen ethischen Zugangsweisen, der verschiedenen

24 Aufmerksamkeit erhält das Verfahren zumeist erst dann, wenn das inhaltliche Ergebnis des Diskurses für mindestens eine Partei unbefriedigend ist und diese Partei dann Missstände im Verfahren für dieses Ergebnis verantwortlich macht.

25 Eine Übersicht über die verschiedenen Funktionen bzw. Rollen, die Ethiker bzw. die angewandte Ethik im Feld der Bioethik einnehmen kann, und die diesbezügliche Diskussion vermitteln Ach/Runtenberg 2002, 128-182. Zur damit in Verbindung stehenden Frage der moralischen Expertise vgl. Birnbacher 2002.

Argumente und der möglichen Lösungen. Spannungen können hier nicht auftreten, da der Ethiker nicht normativ Position bezieht.

2. Der Ethiker enthält sich aller inhaltlichen Aussagen zum Problem und beschränkt sich darauf, die moralische Qualität des Problemlösungsverfahrens zu begründen und zu sichern, d.h. er fungiert als überparteilicher Anwalt des Verfahrens. Normativ Position bezieht er lediglich dann, wenn es um Fragen des Verfahrens selbst geht. Spannungen können hier in Bezug auf die moralische Qualität des faktischen Verfahrens auftreten, das allen drei Erfolgsbedingungen genügen muss. Ob diese Spannungen allerdings tatsächlich auftreten, hängt erstens vom Verfahren ab und zweitens von der Leistungsfähigkeit der vertretenen Theorie, die Kriterien der Anwendbarkeit und der erfolgreichen Konfliktbeilegung theoretisch befriedigend mit dem Kriterium der moralischen Richtigkeit zu vermitteln.

3. Der Ethiker vertritt eine dezidierte inhaltliche Position in Bezug auf das Problem und schlägt eine Lösung vor, die vor dem Hintergrund der Theorie, die er vertritt, begründet ist und von deren moralischer Richtigkeit er überzeugt ist; er ergreift in einem gesellschaftlichen Konflikt also Partei. Damit ist er, sofern es eine abweichende Meinung zu dem Problem gibt, ein Teil des gesellschaftlichen Konfliktes und mithin auch ein Teil des Problems – aber natürlich auch Teil der Problemlösung. Bezieht der Ethiker Position, können in besonderem Maße Spannungen zwischen den Kriterien der moralischen Richtigkeit, Anwendbarkeit und Konfliktbeilegung auftreten. Aber wie ausgeprägt sie sind, hängt zum einen davon ab, was für die Erfüllung der beiden letzten Kriterien notwendig ist, zum anderen aber davon, wie flexibel eine ethische Theorie auf diese Anforderungen der Praxis reagieren kann.

5. Schlussbemerkung

Moralische Richtigkeit, Anwendbarkeit und effektive Problembeseitigung bzw. Konfliktbeilegung sind die Trias der gerechtfertigten, aber schwierig zu vermittelnden Anforderungen an die Lösungen für die Probleme, die die angewandte Ethik zu behandeln hat. Das spannungsgeladene Zusammen dieser Drei ist zugleich die große Herausforderung für die angewandte Ethik, aber auch der Sinn und Zweck ihrer Existenz.

Müßig ist es zu fragen, ob die genannten Strategien, und wenn ja, welche der beiden, und welche der genannten Rollen der angewandten Ethik am besten zu Gesicht stehen. Notwendig ist alles: die kritische Reflexion der großen und kleinen Rahmenbedingungen, die Anpassung an den Problemkontext, die Begründung und Sicherung von Verfahren usw. Es braucht sie alle, damit das Schiff über Wasser bleibt: den Blick aufs Ganze, den engen Fokus, den Konfliktberater, den Verfahrensverwalter, den Positionsbezieher, den Beobachter und Erklärer, den Vermittler usw. Um all dies zu gewährleisten, ist eine Arbeitsteilung, so wie sie in der Ethik – wenn auch vielleicht ungeplant und unkoordiniert – als etabliert gelten kann, notwendig. Die Arbeitsteilung ermöglicht, all diesen Aufgaben nachzugehen und sie mit der nötigen Sorgfalt zu erledigen. Insgesamt ist es wohl gerade diese unüberschaubare Vielfalt an ethischen Ansätzen, die im Austausch von Gesichtspunkten und Argumenten zu guter Letzt Lösungen für konkrete praktische Probleme hervorbringt, die dann manchmal tatsächlich an das heranreichen, was in einem gegebenen Fall das moralisch Gute und Richtige ist. Mit einem Mal ist die Vielfalt nicht das Problem, sondern des Problems Lösung.

Literaturverzeichnis

Ach, Johann/Runtenberg, Christa (2002): Bioethik: Disziplin und Diskurs. Zur Selbstaufklärung angewandter Ethik. Frankfurt a.M.

Arnason, Vilhjalmur (2005): Sensible Discussion in Bioethics: Reflections on Interdisciplinary Research. In: Cambridge Quarterly of Healthcare Ethics 14/3, 322-328.

Bayertz, Kurt (1991): Praktische Philosophie als angewandte Ethik. In: Ders. (Hg.): Praktische Philosophie. Grundorientierungen angewandter Ethik. Reinbek, 7-22.

Bayertz, Kurt (1996a): Einleitung. Moralischer Konsens als soziales und philosophisches Problem. In: Ders. (Hg.): Moralischer Konsens. Technische Eingriffe in die menschliche Fortpflanzung als Modellfall. Frankfurt a.M., 11-29.

Bayertz, Kurt (Hg.) (1996b): Moralischer Konsens. Technische Eingriffe in die menschliche Fortpflanzung als Modellfall. Frankfurt a.M.

Bayertz, Kurt (1999): Moral als Konstruktion. Zur Selbstaufklärung der angewandten Ethik. In: Kampits, Peter/Kokai, Karol/Weinberg, Anja (Hg.): Angewandte Ethik. Beiträge des 21. Internationalen Wittgenstein Symposiums. Wien, 73-89.

Baylis, Françoise (Hg.) (1995): The Health Care Ethics Consultant. Totowa, NY.

Beauchamp, Tom/Childress, James (2001 [1979]), Principles of Biomedical Ethics. 5. Aufl., Oxford u.a.

Birnbacher, Dieter (1999): Wofür ist der „Ethik-Experte" Experte? In: Rippe, Klaus Peter (Hg.): Angewandte Ethik in der Pluralistischen Gesellschaft. Freiburg i.Ue, 267-283.

Cafaro, Philip/Sandler, Ronald (Hg.) (2005): Environmental Virtue Ethics. Lanham, MD.

Crosthwaite, Jan (1995): Moral Expertise. A Problem in the Professional Ethics of Professional Ethics. In: Bioethics 9/5, 361-379.

Düwell, Markus/Hübenthal, Christoph/Werner, Micha (Hg.) (2006): Handbuch Ethik. 2. Aufl., Stuttgart/Weimar.

Engelhardt, H. Tristram Jr. (1996): Konsens: Auf wie viel können wir hoffen? Eine begriffliche Erkundung, veranschaulicht an neueren Debatten über die Verwendung von Reproduktionstechnologien beim Menschen. In: Bayertz, Kurt (Hg.):

Moralischer Konsens. Technische Eingriffe in die menschliche Fortpflanzung als Modellfall. Frankfurt a.M., 30-59.

Engelhardt, H. Tristram Jr. (Hg.) (2006): Global Bioethics. The Collapse of Consensus. Salem, MA.

Grimm, Herwig (2007): Empirical Facts in Farm-Animal Welfare Discourse. In: Zollitsch, Werner u.a. (Hg.): Sustainable Food Production and Ethics. Wageningen, 300-305.

Habermas, Jürgen (1992): Erläuterungen zur Diskursethik. 2. Aufl. Frankfurt a.M.

Honnefelder, Ludger (1999): Anwendung in der Ethik und angewandte Ethik. In: Jahrbuch für Wissenschaft und Ethik 4, 273-282.

Iltis, Ana (2006): Look Who's Talking: The Interdisciplinarity of Bioethics and the Implications for Bioethics Education. In: Journal of Medicine and Philosophy 31/6, 629-641.

Jonas, Hans (1979): Das Prinzip Verantwortung. Frankfurt a.M.

Jonsen, Albert (1998): The Birth of Bioethics. New York/Oxford.

Jonsen, Albert/Toulmin, Stephen (1988): The Abuse of Casuistry: A History of Moral Reasoning. Berkeley/Los Angeles.

Kaminsky, Carmen (2005): Moral für die Politik. Eine konzeptionelle Grundlegung der Angewandten Ethik, Paderborn.

Kettner, Matthias (1992): Drei Dilemmata angewandter Ethik. In: Ders./Apel, Karl-Otto (Hg.): Zur Anwendung der Diskursethik in Politik, Recht und Wissenschaft. Frankfurt a.M., 9-28.

Knoepffler, Nikolaus/Kunzmann, Peter/Pies, Ingo/Siegetsleitner, Anne (Hg.) (2006): Einführung in die Angewandte Ethik. Freiburg i.Br./München.

Kuhse, Helga (1996): Neue Reproduktionstechnologie: Ethischer Konflikt und das Problem des Konsenses. In: Bayertz, Kurt (Hg.): Moralischer Konsens. Technische Eingriffe in die menschliche Fortpflanzung als Modellfall. Frankfurt a.M., 98-126.

Kymlicka, Will (2000): Moralphilosophie und Staatstätigkeit: das Beispiel der neuen Reproduktionstechnologien. In: Kettner, Matthias (Hg.): Angewandte Ethik als Politikum. Frankfurt a.M., 193-225.

Levine, Carol (2007): Analyzing Pandora's Box. The History of Bioethics. In: Eckenwiler, Lisa/Cohn, Felicia (Hg.): The Ethics of Bioethics. Mapping the Moral Landscape. Baltimore, MD, 3-23.

Lipsey, Richard/Lancaster, Kelvin (1956/57): The General Theory of Second Best. In: The Review of Economic Studies 24/1, 11-32.

Moreno, Jonathan (1991): Ethics Consultation as Moral Management. In: Bioethics 5, 44-56.

Murphy, Liam (2000): Moral Demands in Nonideal Theory. Oxford.

Nida-Rümelin, Julian (Hg.) (2005a): Angewandte Ethik. Die Bereichsethiken und ihre theoretische Fundierung. 2. Aufl. Stuttgart.

Nida-Rümelin, Julian (2005b): Theoretische und angewandte Ethik: Paradigmen, Begründungen, Bereiche. In: Ders. (Hg.): Angewandte Ethik. Die Bereichsethiken und ihre theoretische Fundierung. 2. Aufl. Stuttgart, 3-87.

Oakley, Justin/Cocking, Dean (2001): Virtue Ethics and Professional Roles. Cambridge u.a.

Ott, Konrad (1996): Strukturprobleme angewandter Ethik und Möglichkeiten ihrer Lösung. In: Ders.: Vom Begründen zum Handeln. Aufsätze zur angewandten Ethik. Tübingen, 51-85.
Pellegrino, Edmund/Thomasma, David (1993): The Virtues in Medical Practice, Oxford u.a.
Rawls, John (1971): A Theory of Justice. Oxford u.a.
Rawls, John (1979): Eine Theorie der Gerechtigkeit. Frankfurt a.M.
Rawls, John (2002): Das Recht der Völker. Berlin/New York.
Rendtorff, Trutz (1998): Vom Nutzen der Ethik für die Wissenschaft. Über den Status medizinischer Ethik als „angewandte Ethik“ sowie Aufgaben bioethischer Forschung. In: Jahrbuch für Wissenschaft und Ethik 3, 33-46.
Rothman, David (1991): Strangers at the Bedside. A History of How Law and Bioethics Transformed Medical Decision Making. New York.
Singer, Peter (1993 [1979]): Practical Ethics. 2. Aufl. Cambridge.
Solomon, David (2006): Domestic Dissaray and Imperial Ambition: Contemporary Applied Ethics and the Prospects for Global Bioethics. In: Engelhardt, Tristram (Hg.), Global Bioethics. The Collapse of Consensus. Salem, MA, 335-361.
Spaemann, Robert (1991): Verantwortung für die Ungeborenen. In: Schriftenreihe Juristen-Vereinigung Lebensrecht 8, 13-30.
Spieker, Manfred (2005): Der verleugnete Rechtsstaat. Anmerkungen zur Kultur des Todes in Europa. Paderborn.
Walker, Rebecca/Ivanhoe, Philip (Hg.) (2007): Working Virtue: Virtue Ethics and Contemporary Moral Problems. Oxford u.a.
Weisbard, Alan (1987): The Role of Philosophers in the Public Process. A View from the President's Commission. In: Ethics 97, 776-785.
Wieland, Wolfgang (1989): Aporien der praktischen Vernunft. Frankfurt a.M.
Zichy, Michael (2006): Ein methodischer Leitfaden zur strukturierten Behandlung moralischer Probleme. Ein Werkstattbericht. In: Salzburger Jahrbuch für Philosophie 52, 115-131.

Teil II

Zu den theoretischen Implikationen empirischer Sachverhalte

Soziologische Aufklärung und moralische Geltung: Empirische Argumente im bioethischen Diskurs

Wolfgang van den Daele

1. Einleitung

Die Soziologie beschreibt und erklärt gesellschaftliche Strukturen und Prozesse. Soweit sie sich als empirische Wissenschaft begreift, kann sie weder selbst moralische Urteile fällen, noch kann sie Rechtfertigungen für solche Urteile liefern. Sind soziologische Befunde gleichwohl von Bedeutung für die Geltung von Moral? Und: Spielen sie eine Rolle in den bioethischen Debatten der Gegenwart?

Es gehört zu den Standarddiagnosen der Soziologie, dass in modernen (westlichen) Gesellschaften das Ausmaß sinkt, in dem soziale Integration durch die Verpflichtung aller auf gemeinsame moralische Normen und Werte gewährleistet werden muss. Diese Gesellschaften haben nicht nur die Autonomie des Individuums und die Gewährleistung der gleichen Freiheit aller ins Zentrum der moralischen und verfassungsrechtlichen Werteordnung gerückt. Sie haben auch in vielen Handlungsbereichen (Recht, Wirtschaft, Wissenschaft, Medizin) soziale Systeme und Rollen ausdifferenziert, für deren Performanz und Akzeptanz in erster Linie nicht moralische Imperative, sondern sachliche Leistungskriterien (funktionale Imperative) ausschlaggebend sind. Zugleich sind in diesen Gesellschaften kulturelle Prozesse der Rationalisierung und Säkularisierung abgelaufen, die moralische Geltungsansprüche aus dem Himmel ewiger Gewissheiten auf den irdischen Boden menschlicher Errungenschaften herabgeholt haben. Moral ist danach als ein immanentes und historisch wandelbares Produkt gesellschaftlicher Entwicklung anzusehen. Transzendente, insbesondere religiöse Rechtfertigungen moralischer Normen sind als öffentliche Argumente so gut wie verschwunden.

Aus soziologischer Sicht ist dennoch zu verzeichnen, dass das Faktum der Moral durch den „Kult des Individuums“ und durch die sozialstrukturelle Eingrenzung und kulturelle Relativierung moralischer Geltungsansprüche bemerkenswert unberührt geblieben ist. Auch in modernen Gesellschaften teilen die Handelnden moralische Intuitionen, die Pflichten und Verantwortlichkeiten definieren und die, wo es auf Moral ankommt, das Rechte und Gerechte vom Falschen und Ungerechten zu unterscheiden erlauben. Die Gewissheiten, die solche Intuitionen vermitteln, sind Bezugspunkt und Ressource von Regulierungsansprüchen in der Bioethik.

Im Folgenden wird zunächst dargestellt, warum sozialwissenschaftliche Metatheorien zur Reichweite und Funktion von Moral in modernen Gesellschaften für die Auseinandersetzung über die bioethischen Ansprüche keine Rolle spielen. Sie müssen ebenso wie die diversen philosophischen Angebote zur Begründung und Rechtfertigung von Moral „vor die Klammer" gezogen werden (Abschnitt 2). Der Rekurs auf geteilte moralische Intuitionen immunisiert den bioethischen Diskurs gegenüber Meta-Theorien der Reflexion auf Moral (Abschnitt 3). Trotzdem kommen soziologische Argumente innerhalb des Diskurses, also gewissermaßen auf der Objektebene der Moral, zum Tragen. Hier erweisen sich moralische Geltungsansprüche in verschiedener Hinsicht als „anfällig" für die Prüfung, also Bestätigung oder Widerlegung durch empirische Befunde zur Wirklichkeit der Gesellschaft. Das gilt zum einen für den Standardfall, dass ein moralisches (Un-)Werturteil und entsprechend die Forderung nach bioethischer Regulierung aus der Tatsache abgeleitet wird, dass die umstrittene Handlung bzw. Technik unvertretbare schädliche Konsequenzen für die Gesellschaft haben würde. Das Werturteil hängt davon ab, ob die empirische Prämisse, dass solche Konsequenzen tatsächlich drohen, haltbar ist (Abschnitt 4). Anfällig für empirische Prüfung sind ferner moralische Urteile, die sich nicht auf schädliche Folgen berufen, sondern geltend machen, dass es einen faktischen Konsens in der Gesellschaft gibt, dass eine Handlung schlechterdings nicht sein soll, weil sie tabu oder sittenwidrig ist oder der Natur des Menschen widerspricht. Solche Urteile spielen im bioethischen Diskurs vor allem dort eine Rolle, wo es darum geht, die moralischen Grenzen der Verfügung des Menschen über sich selbst auszuloten. Der empirische Nachweis, dass es den angenommenen Konsens tatsächlich nicht (oder nicht mehr) gibt, entzieht dem moralischen Geltungsanspruch den Boden (Abschnitte 5 und 6).

2. Soziologische Perspektiven auf die Geltung von Moral

Aus soziologischer Sicht ist Moral, was in der Gesellschaft als Moral gilt. Alle Gesellschaften zeichnen bestimmte soziale Normen dadurch aus, dass sie, was die Normen gebieten, nicht lediglich als wünschenswert, klug oder nützlich oder als der Gewohnheit oder kollektiver Entscheidung entsprechend ansehen, sondern als moralisch richtig und deshalb notwendig. Diese Normen werden nicht nur kognitiv als richtig erkannt, sie werden in aller Regel auch als innerlich verpflichtend empfunden. Die Inhalte moralischer Pflichten lassen sich nicht vollständig theoretisch antizipieren. Unterschiedliche Gesellschaften und dieselben Gesellschaften in unterschiedlichen Epochen ihrer historischen Entwicklung können durchaus unterschiedliche Gebote „moralisieren".

Man kann davon ausgehen, dass elementare Regeln zwischenmenschlicher Beziehungen, wie die negative Pflicht, andere nicht zu schädigen, und die positive Pflicht, ihnen auf zumutbare Weise zu helfen, in allen Gesellschaften einen Kern der Moral ausmachen.[1] Das Repertoire faktisch geltender Moral ist damit aber nicht ausgeschöpft. Auch Pflichten gegen sich selbst und Gebote, sich an bestimmte Sitten der Lebensführung zu halten, können moralisch sanktioniert sein. In dieser Hinsicht fallen Gesellschaften erkennbar auseinander. Unterschiedliche Bewertungen des Umgangs mit dem eigenen Körper und des Sexualverhaltens sind Belege dafür. Aber auch für den Kernbereich der Moral gelten jenseits gewisser Minimalstandards, die vor allem durch die physische und psychische Verletzlichkeit von Menschen bedingt sein dürften, nicht immer und überall gleiche Normen. Die negative Pflicht nicht zu schaden, hängt davon ab, was in einer gegebenen Gesellschaft als relevante Schädigung zählt, die positive Pflicht zu helfen davon, welche Rollen und folglich Verantwortlichkeiten institutionalisiert sind und welche Kriterien der (Verteilungs-) Gerechtigkeit gelten.

Der Inhalt von Moral lässt sich mithin nur durch empirische Erhebung der Normen, die in einer Gesellschaft faktisch gelten, vollständig umschreiben. Ob eine moralische Norm vorliegt, lässt sich an den Reaktionen auf ihre Verletzung erkennen. Diese bestehen in Entrüstung oder Empörung, wenn andere die Norm verletzen, und in Scham oder Schuldgefühlen, wenn man sie selbst verletzt.[2]

Soziologische Analysen halten Distanz zum Geltungsanspruch der Moral. Sie setzen nicht voraus, dass man sich der Moral, die man unter-

---

1 Mit der Formel „Verletze niemand, vielmehr hilf, soviel Du kannst, allen" hat Schopenhauer (in seiner Preisschrift über die Grundlagen der Moral von 1841) den wesentlichen Inhalt von Moral umschrieben; siehe dazu: Steinvorth 1990, 16. Gert (1988) unterscheidet „moralische Regeln" (Füge anderen keinen Schaden zu!), „moralische Ideale" (Wende Schaden von anderen ab, lindere ihr Leiden!) und „utilitaristische Ideale" (Befördere die Wohlfahrt und das Glück anderer!).

2 Diese Reaktionen sind Indikatoren für die innere Verpflichtung, die mit moralischen Ansprüchen verknüpft ist; vgl. Montada 1990; für Tugendhat (1990, 34) sind sie analytisch mit moralischem Sollen verknüpft und machen dessen Sinn aus. Nunner-Winkler (1998) weist allerdings darauf hin, dass moralisches Wissen und moralische Motivation zwei unabhängige Dimensionen sind und faktisch die Einsicht in die Verwerflichkeit einer Handlung mit fehlender moralischer Motivation und dem Ausbleiben von Schuldgefühlen einhergehen kann.

sucht, verpflichtet fühlt, ebenso wenig wie die Beobachtung einer Religion voraussetzt, dass man gläubig ist. Distanz zum Geltungsanspruch entsteht, weil (und sofern) Moral konstruktivistisch und funktionalistisch erklärt wird. Moralische Normen sind nicht Strukturen einer objektiven Realität, die allen Gesellschaften wie die Bedingungen der natürlichen Umwelt gewissermaßen a priori vorgegeben sind. Sie sind Konstruktionen innerhalb von Gesellschaften; sie sind kulturelle Erfindungen, die sich etablieren, weil sie Probleme lösen. Moralische Normen stimmen Handlungen so aufeinander ab, dass kollektives Überleben von Menschen in einer sozialen Ordnung gewährleistet ist. Wenn sie universell gelten, dann deshalb, weil die Probleme universell sind, also für alle Gesellschaften bestehen. Als Problemlösung steht Moral auf einer Stufe mit anderen Mechanismen sozialer Integration und Koordination, wie Geld oder Religion oder Herrschaft. Talcott Parsons (1964) bezeichnet diese Mechanismen als „evolutionary universals". Wie das Beispiel des Geldes zeigt, müssen sie nicht eine Basis in der anthropologischen Verfassung des Menschen haben. Einmal entdeckt, setzen sie sich evolutionär durch, weil sie die überlegene Problemlösung sind.[3]

Ob die funktionalistische Deutung nicht nur eine Erklärung, sondern auch eine Rechtfertigung von Moral liefert, also begründet, warum diese anerkannt werden soll, kann hier dahingestellt bleiben. Wenn moralische Normen dazu dienen, menschliches Leben vor Verletzung zu schützen, dürfte das als Rechtfertigung ausreichen.[4] Nicht alle faktisch in einer Gesellschaft geltenden moralischen Normen haben jedoch diese Funktion. Die Normen stabilisieren auch gegebene kulturelle und soziale Ordnungen, indem sie Menschenbilder und Ideale der Lebensführung durchsetzen, zudem legitimieren sie Ungleichheit und politische Herrschaft. Die Einsicht in diese Funktionen kann Raum schaffen, die Geltung der Normen ideologiekritisch in Frage zu stellen.

Aus soziologischer Sicht ist es durchaus plausibel, dass die Geltung von Moral zeitlich befristet sein kann und ihre Inhalte historischem Wandel unterliegen. Wenn sich die Problemzonen sozialer Koordination und Integration verschieben, können alte moralische Ansprüche vergehen und neue entstehen. Eine funktionalistische Interpretation von Moral impli-

---

3 Dass universell verbreitete moralische Orientierungen der Achtung von und Solidarität mit anderen Gruppenmitgliedern eine genetische Basis haben, wird man nicht ausschließen können. Die Varianz moralischer Normen zwischen Gesellschaften kann man so aber nicht erklären.

4 Vgl. Hart 1973, 265: Moral befasst sich nicht mit den Regeln eines Selbstmordclubs; die menschliche Natur und die Beschaffenheit der Welt geben Randbedingungen für die Inhalte vor; siehe auch Döbert 1986, 99f. Um dem logischen Einwand zu entgehen, dass hier ein naturalistischer Fehlschluss vorliegt, muss allerdings als Wertprämisse hinzugefügt werden, dass die Integrität menschlichen Lebens erhalten werden soll.

ziert zudem, dass es funktionale Äquivalente zur Moral geben kann. Auch wenn die Probleme sich nicht ändern, könnten sie auf andere Weise als durch moralische Normierung gelöst werden.

Am moralischen Wandel, der mit dem Übergang zur modernen (westlichen) Gesellschaft eingesetzt hat, kann man beispielhaft illustrieren, in wie hohem Maße Inhalte und Reichweite moralischer Ansprüche durch sozialstrukturelle und kulturelle Veränderungen im sozialen Umfeld relativiert werden können. Der Übergang zur modernen Gesellschaft, der durch die philosophische Aufklärung, den wirtschaftlichen Aufstieg des Bürgertums und Industriekapitalismus, sowie das Aufkommen des politischen Liberalismus markiert wird, ist in verschiedener Hinsicht mit einem Rückzug von der Koordination des sozialen Handelns durch kollektiv verbindliche Moral verbunden. Dieser Übergang wird von den Klassikern der Soziologie übereinstimmend als Wechsel von eher festgefügten, ständischen Ordnungen und Orientierungen zu offeneren, auf Aushandlung und Entscheidung gegründeten Sozialverhältnissen beschrieben. Sumner Maine (1861) konstatiert einen Wandel „from status to contract", Ferdinand Tönnies (1887) die Ablösung der „Gemeinschaft" durch „Gesellschaft" (was in der altertümlichen Terminologie der dritten Auflage von 1920 die Ersetzung von „Wesenwillen" durch „Kürwillen" bedeutet), Max Weber (1922) das Vordringen von „Vergesellschaftung" (Koordination durch die Konkurrenz und Komplementarität von Interessen und Orientierung an sachlichen Ordnungen) als Modus sozialer Integration. Im Zuge dieses Wechsels hat die moralische Normierung der eigenen Lebensführung kontinuierlich abgenommen. Ideale des „guten Lebens", die in religiös verfassten Gesellschaften dem Einzelnen vorgaben, was Sinn und Ziel menschlichen Dasein ist und wie man leben muss (will man nicht sein Seelenheil riskieren), haben ihre kollektive Verbindlichkeit weitgehend eingebüßt. Sie sind, wie Emile Durkheim (1988 [1902], 478) formuliert hat, durch einen „Kult des Individuums" ersetzt worden.[5] In modernen Gesellschaften sind individuelle Freiheiten ins Zentrum des Wertsystems gerückt. Dem entsprechen moralische Regeln, die Respekt vor der Selbstbestimmung des Einzelnen gebieten. Diese Regeln begrenzen den legitimen Gebrauch, den Einzelne von ihren Freiheiten machen können, auf Bedingungen, unter denen alle die gleichen Freiheiten genießen können.

5 Durkheim hat in diesem Kult eine Ersatzreligion gesehen, die an die Stelle der unverbindlich gewordenen traditionellen Religion tritt. „In dem Maße, in dem alle anderen Überzeugungen und Praktiken einen immer weniger religiösen Charakter annehmen, wird das Individuum zum Gegenstand einer Art Religion. Wir haben für die Würde der Person einen Kult, der, wie jeder starke Kult, bereits seinen Aberglauben aufweist. Wenn man will, handelt es sich dabei sehr wohl um einen gemeinsamen Glauben; aber er ist nur durch den Zusammenbruch der anderen Glaubensüberzeugungen möglich geworden." (Durkheim 1988 [1902], 227)

Aber sie schreiben dem Einzelnen nicht mehr eine bestimmte Lebensführung vor. Jeder hat die Freiheit (und die Last), selbst zu wählen, was er mit seinem Leben anfangen will – unter den wie immer restriktiven gesellschaftlichen Randbedingungen, aber ohne die Normierung und die Orientierungshilfe durch eine vorgegebene moralische Ordnung.

Unter dem Kult des Individuums ist nicht zu erwarten, dass Gebote der Frömmigkeit dauerhaft in die säkulare Kultur hinübergerettet werden können, indem man sie zu Postulaten der Sittlichkeit umdefiniert. Bei der Regulierung der Sexualität ist dieser Versuch jedenfalls spektakulär misslungen. Die kulturelle Dynamik, mit der in dieser Hinsicht Moral durch Selbstbestimmung ersetzt wird, ist bis heute ungebrochen. Die Legalisierung eheähnlicher gleichgeschlechtlicher Partnerschaften ist ein jüngster Beleg dafür.

Sozialstrukturell wird die Bedeutung moralischer Normen in modernen Gesellschaften dadurch relativiert, dass wichtige Funktionsbereiche, etwa Wirtschaft, Wissenschaft oder Recht, zu quasi-autonomen Teilsystemen ausdifferenziert worden sind, die insofern „entmoralisiert" sind, als sie einer funktionalen Logik folgen. Die Rollen und Verantwortlichkeiten der in diesen Systemen Handelnden sind so ausgerichtet, dass bestimmte Leistungen erwartet werden können: Erkenntnisgewinn, Produktivitätssteigerung, Streitschlichtung usw. Für die soziale Integration innerhalb und zwischen den Teilsystemen sind wechselseitige Abhängigkeiten in Leistungsbeziehungen und Märkten von größerer Bedeutung als gemeinsame Werte und moralische Ansprüche. Letztere werden tendenziell an die Ränder der Funktionsbereiche gedrängt; sie kommen zum Zuge, wenn es um die Regulierung der Anwendung von Wissenschaft geht oder um die sozialpolitische Kompensation von Folgen der Wirtschaftsdynamik oder um die Setzung von Recht durch Politik und Gesetzgebung.

Schließlich gibt es in modernen Gesellschaften einen Funktionsverlust von Moral auch deshalb, weil dort, wo es für die Koordination und Integration sozialen Handelns nach wie vor auf Werte und Normen ankommt, in aller Regel auf rechtliche Regulierung und nicht auf moralische Verpflichtung gesetzt wird. Die Ersetzung der Moral durch Recht lässt die Inhalte moralischer Pflichten intakt. Viele Rechtsnormen, vor allem im Strafrecht, reproduzieren diese Inhalte. Ersetzt wird jedoch der spezifische Sanktionsmechanismus der Moral. Man klagt die Einhaltung des Rechts ein, wobei notfalls mit staatlichem Zwang nachgeholfen werden kann. Es bedarf nicht der inneren Bindung an die Norm und der Mobilisierung von Schuldgefühlen und öffentlicher Empörung. Die Verrechtlichung reduziert das Ausmaß, in dem im sozialen Kontakt „moralisiert" werden muss, also Signale persönlicher Missachtung gesendet werden und mit Ausschluss aus der Gemeinschaft gedroht wird. Das trägt zur affektiven De-Eskalation der Konfliktaustragung bei.[6]

Die Soziologie stellt Distanz zu den Geltungsansprüchen von Moral her. Aus soziologischer Perspektive ist moralische Geltung eine soziale Tatsache, die aus gesellschaftlichen Bedingungen zu erklären ist. Das läuft nicht auf eine Verfallsdiagnose hinaus. Gesellschaftliche Bedingungen erklären nicht nur, warum alte moralische Ansprüche vergehen, sondern auch, warum neue entstehen oder schon geltende sich verstärken. So zeichnet sich gegenwärtig das Aufkommen moralischer Ansprüche im Verhältnis zur natürlichen Umwelt ab, ebenso für den Umgang mit Tieren. Erkennbar normativ stabilisiert und verstärkt werden in modernen Gesellschaften die aus elementaren Menschenrechten folgenden moralischen Ansprüche – ungeachtet der Defizite und Rückschläge ihrer faktischen Durchsetzung. Auch diese Entwicklungen sind jedoch den gesellschaftlichen Bedingungen zuzuschreiben. Aus soziologischer Sicht ist Moral ein Resultat sozialer und kultureller Evolution: Sie ist im Kern Menschenwerk; ihre Geltung ist historisch kontingent und daher immer auch irgendwie prekär.

Von solcher Relativierung des Geltungsanspruchs von Moral ist allerdings in den aktuellen bioethischen Debatten wenig zu spüren. Hier überwiegt – und das ist ebenfalls soziologisch zu beobachten – ungebrochener Geltungsglaube. Offenbar sind Diskurse, in denen moralische Ansprüche geltend gemacht werden, durch Reflexionsschranken gegen Diskurse abgeschottet, in denen moralische Geltungsansprüche erklärt und dadurch gegebenenfalls relativiert werden.

3. Der Vorrang moralischer Intuitionen

In öffentlichen Diskursen über bioethische Probleme werden zur Begründung von Regulierungsansprüchen moralische Werte und Normen angeführt, die für selbstverständlich erachtet und nicht ihrerseits wiederum für begründungsbedürftig gehalten werden. Die moralischen Intuitionen, die hier mobilisiert werden, betreffen die negative Pflicht, anderen nicht zu schaden ebenso wie die positive Pflicht, Leiden zu verringern und das Gute zu befördern, und sie betreffen auch den Respekt vor der menschlichen Natur. So gilt es als ausgemacht, dass menschliches Leben zu schützen und die Autonomie von Patienten zu respektieren ist, dass Kranke Zugang zu medizinischer Behandlung haben sollten und Forschung ge-

6 Moralische Bindung ist geeignet, die Intensität von Konflikten zu erhöhen. Niklas Luhmann (1978, 55) betont die Streitnähe von Moral; mehr Moral bedeutet daher nicht notwendigerweise eine bessere Gesellschaft.

fördert werden sollte, die ihnen die Aussicht auf Heilung eröffnet, aber auch, dass man menschliche Organe oder Embryonen zwar spenden, nicht jedoch gegen Höchstgebot verkaufen können sollte und dass die menschliche Natur nicht willkürlich verändert werden darf. Für die fraglose Geltung solcher Ansprüche bürgt intuitive subjektive Gewissheit, die zugleich die Gewissheit ist, dass die Intuitionen von allen geteilt werden, also Konsens über die darin ausgedrückten moralischen Werte und Normen besteht.

Diese intuitiven Geltungsgewissheiten sind Ressourcen, nicht Themen in bioethischen Diskursen. Das bedeutet nicht, dass die Diskursteilnehmer sich einfach auf Intuition berufen würden, falls sie Rechenschaft ablegen müssen, warum die moralischen Ansprüche, die sie vertreten, richtig und anerkennenswürdig sind. Den Erwartungen unserer rationalistischen Kultur entsprechend, werden sie vielmehr unterstellen, dass die Ansprüche gut begründet sind und Argumente produzieren, die im Repertoire der Kultur für solche Begründungen bereitgehalten sind; sie werden übergeordnete moralische Regeln und Prinzipien, Nutzenerwägungen und funktionalistische Erklärungen anführen.[7] Die moralischen Intuitionen sind aber deshalb Ressource und nicht Thema, weil der Fall, dass sie in aktuellen moralischen Diskursen unter Begründungszwang geraten, so gut wie nie vorkommt. Die intuitiv verbürgten Geltungsansprüche werden vielmehr, wenn es auf der „Objektebene" der Moral darum geht zu bestimmen, was im konkreten Fall verboten oder geboten oder erlaubt sein soll, als Bezugssystem zugrundegelegt, nicht aber in Frage gestellt. Sie können zwar auf der „Meta-Ebene" der philosophischen oder soziologischen Reflexion auf Moral relativiert werden. Aber radikale Relativierungen auf der Reflexionsebene prallen in aller Regel auf der Objektebene der Moral an der Realität der moralischen Intuitionen ab. An diesen entscheidet sich, was moralisch gilt.

Der Vorrang der Intuitionen zeigt sich in der Moralphilosophie daran, dass unstrittig jede Begründung moralischer Geltung die intuitiven Gewissheiten des moralischen Lebens rekonstruieren und reproduzieren können muss. Kann sie das nicht, ist die Philosophie desavouiert, nicht die faktische Moral.[8]

---

7 Die kognitive Moralforschung belegt die Varianz der Gründe, die mobilisiert werden, wenn Probanden ihr moralisches Urteil begründen müssen; vgl. etwa Nunner-Winkler 2005a.

8 Vgl. etwa Ross: „The moral convictions of thoughtful and well-educated people are the data of ethics just as sense perceptions are the data of natural science. […] The existing body of moral convictions of the best people is the cumulative product of moral reflection of many generations, which has developed an extremely delicate power of appreciation of moral distinctions; and this the theorist cannot afford to treat with anything other than the greatest respect." (Ross 2002, 39-41)

Für die soziologische Relativierung moralischer Geltungsansprüche gilt Entsprechendes. Die wissenssoziologische Einsicht, dass moralische Geltung nicht aus Quellen jenseits der gegebenen Kultur und Gesellschaft gespeist ist, sondern innerweltlich „konstruiert" werden muss, kann nicht der Geltungsgewissheit entgegen gehalten werden, mit der moralische Ansprüche im Alltag und in Regulierungsdiskursen erhoben werden. Da alle Geltung sozial konstruiert ist, müssen (wenn man richtig konstruiert) die Unterscheidungen in der Geltungsdimension zwischen moralisch richtig und falsch oder zwischen Wahrheit und Irrtum als soziale Konstruktionen reproduziert und bestätigt werden. Dann aber hat der soziale Konstruktivismus den Status einer epistemologischen Theorie und ist gewissermaßen „vor die Klammer" der Geltungsansprüche zu ziehen. Jedenfalls ist die Tatsache, dass moralische Ansprüche sozial konstruiert sind, ebenso wenig ein Einwand gegen ihre Geltung, wie es ein Einwand gegen die Geltung von Erkenntnis ist, dass Wissen sozial konstruiert ist. Wer solche Einwände erhebt, erliegt dem Kategorienfehler des „misplaced constructivism". Gehör wird er damit absehbar nicht finden.[9]

Die moralischen Intuitionen, die in aktuellen moralischen Diskursen mobilisiert werden, werden auch nicht durch die metaphysische Ernüchterung erschüttert, die daraus folgt, dass in unserer Kultur moralische Geltung nicht mehr auf religiöse Offenbarung oder transzendente Vernunft gestützt werden kann, sondern nur noch auf „das Wollen aller" (Tugendhat 1993b, 87f.). Die Hoffnung auf eine Letztbegründung, die moralische Inhalte zweifelsfrei und endgültig festschreibt, ist damit freilich aufgegeben. Aber in moralischen Diskursen werden Begründungsprobleme ohnehin vermieden, und wenn man die Gewissheiten, die in ihnen zugrundegelegt werden, begründen muss, ist „das Wollen aller" ausreichend. Dadurch fällt der Inhalt von Moral keineswegs umstandslos dem anheim, was alle wollen. Jedes aktuelle kollektive Wollen kann im Licht der in der Kultur anerkannten moralischen Regeln und Ideale geprüft und zurückgewiesen werden. Der Berufung auf gesellschaftlichen Konsens entkommt man dadurch allerdings nicht. Vielmehr mobilisiert man einen latenten moralischen Hintergrundkonsens und setzt darauf, dass er sich gegen das abweichende manifeste moralische Meinungsklima behaupten wird.

Auch die auf der Reflexionsebene akkumulierten Einsichten in den historischen Charakter und die Revidierbarkeit moralischer Ansprüche

---

9 Tatsächlich dürften solche Einwände in Diskursen, in denen wirkliche Regulierungsprobleme abgehandelt werden, so gut wie nie erhoben werden. Siehe dazu – für einen kognitiven Diskurs – van den Daele 1996. Anders kann es aussehen, wenn die Wissenssoziologen versuchen, sich in die Regulierung von Wissenschaft einzuschalten. Wenn sie dabei auf sozialen Konstruktivismus rekurrieren, sind „allergische" Abwehrreaktionen der betroffenen Wissenschaftler und im Rechtssystem zu beobachten; vgl. zu den so genannten „science wars" etwa: Ashman/Barringer 2001.

führen keineswegs dazu, dass die Geltung von Moral zur Verhandlungssache wird.[10] Man kann wissen, dass die moralischen Normen, denen man anhängt, historisch wandelbar sind, aber man kann dieses Wissen nicht aktuellen moralischen Ansprüchen entgegenhalten. Moralische Geltungsansprüche sind zwar der Form nach zeitlos, aber dem Inhalt nach auf Gegenwart bezogen. Jede Geltung ist notwendigerweise von heute; sie impliziert den Vorrang der wirklichen Gegenwart (und der darin aufgehobenen Vergangenheit) vor der möglichen Zukunft, in der es anders sein kann.[11] Auch der Hinweis, dass eine moralische Norm das Relikt einer vergangenen Epoche ist, in der die Religion noch definieren konnte, was moralisch erlaubt ist, ist lediglich eine interessante Einsicht,[12] aber kein Argument gegen die Geltung der Norm. Solange die Norm Konsens ist, kann die Reaktion durchaus sein: „Na und? Solche Normen gibt es eben!"

Allerdings wird man davon ausgehen können, dass die kulturelle und historische Relativität, die in soziologischen Analysen von Moral hervorgekehrt wird, sich auch im Alltagsbewusstsein niederschlägt. Das ist zu erwarten in einer Welt, in der man dem Vergleich mit den Werten und Normen, die in anderen Kulturen gelten, ausgesetzt ist und in der eigenen Kultur selbst die Erfahrung macht, dass moralische Ansprüche, die individuelle Lebensführung regulieren, ihre Geltung verlieren können. Die populäre Klage über den Verfall von Moral belegt, dass die Relativität von Moral wahrgenommen wird. Die Bindung an Normen und Werte, die von einem solchen Erosionsprozess nicht (oder noch nicht) erfasst sind, wird durch solche Wahrnehmung aber nicht notwendigerweise schwächer. Sie kann im Gegenteil gestärkt werden, weil sie dazu motiviert, sich weiterem Verfall der Moral entgegenzustemmen.

Im Ergebnis erscheint, was die Soziologie zu den kulturellen Bedingungen, zur historischen Entwicklung und zum Wandel der gesellschaftlichen Funktionen von Moral zu sagen hat, ohne Bedeutung für die durch intuitive Gewissheit und Konsens verbürgte Geltung von Moral. Soziologische Befunde zur Reflexionsebene von Moral sind in aktuellen Diskursen über moralische Fragen, also auf der Objektebene der Moral, fehl am

---

10 So beschreibt aber Sutter (2003) die Situation der Moderne. Tatsächlich hat er jedoch im Auge, dass Inhalte und Funktionen von Moral durch sozialstrukturelle und kulturelle Verschiebungen oder Krisen in Bewegung gesetzt werden. Mit „Verhandlungen" zwischen Akteuren in Diskursen oder Regulierungsagenturen hat das wenig zu tun.

11 Die Gegenwartsbindung von Geltung erklärt, warum die Einsicht in die Zeitlichkeit allen Wissens, etwa in der Form der Fallibilität objektiver Erkenntnis, nicht Geltungsdiskussionen überhaupt gegenstandslos werden lässt. Carl Friedrich von Weizsäcker hat den unvermeidlichen Vorrang der Gegenwart gelegentlich auf die Formel gebracht: „Ich philosophiere jetzt!" Für Moral kann man entsprechend sagen: Wir leben jetzt, und für dieses Jetzt muss bestimmt werden, was aus Moral folgt.

12 Zum Euthanasieverbot siehe Tugendhat 2001.

Platz. Es gibt jedoch auch auf der Objektebene Einfallstore für soziologische Argumente. Sie betreffen Grauzonen der Moral, in denen unbestimmt ist, was gelten soll, weil intuitive Gewissheiten nicht hinreichen oder verloren gehen. Moralische Fragen in der Grauzone sind der eigentliche Gegenstand bioethischer Diskurse. In ihnen kann die Soziologie zur Klärung beitragen, wenn die Bewertung umstrittener Handlungen und Techniken von den Folgen einer Handlung oder Technik für die Gesellschaft abhängt bzw. abhängig gemacht wird und wenn die Frage, ob es in der Gesellschaft Konsens gibt, eine Rolle spielt.

4. Was der Fall ist und welche Folgen etwas hat

Um moralisch zu urteilen, muss man wissen, was der Fall ist. Moralische Regeln und Ansprüche beziehen sich auf empirische Sachverhalte, auf Handlungen, Situationen und Zustände. Diese Sachverhalte sind, wie das Beispiel der Strafrechtsnormen zeigt, nicht schon durch den Tatbestand der Norm definiert. Für die Feststellung, dass das Tötungsverbot verletzt worden ist, ist die Tötungshandlung eine notwendige aber keine hinreichende Bedingung. Man muss zusätzlich prüfen, ob tatsächliche Umstände vorliegen, die eine Tötung ausnahmsweise rechtfertigen, beispielsweise eine Notwehrsituation.[13] Die Frage, ob solche Zusatzbedingungen als Einschränkung der Normgeltung oder als Voraussetzung der Normanwendung zu konstruieren sind, kann der Moralphilosophie zur Weiterbearbeitung überlassen bleiben (vgl. dazu Günther 1988; Ross 2002). Festzuhalten ist jedenfalls, dass ein angemessenes moralisches Urteil eine angemessene Beschreibung der faktischen Situation voraussetzt.

Um die Situation angemessen zu beschreiben, muss man sich nicht der schlechten Unendlichkeit einer Aufzählung aller Besonderheiten des konkreten Falls aussetzen. Nicht jeder tatsächliche Umstand ist auch normativ relevant. Zum moralischen Repertoire einer Gesellschaft gehören Regeln, die festlegen, unter welchen Umständen es Ausnahmen von prima facie geltenden Pflichten geben soll und wie bei Konflikten zwischen solchen Pflichten abzuwägen ist. Trotzdem bleibt auf der Ebene der Situationsbeschreibung Raum dafür, moralische Urteile durch empirische Argumente, auch durch soziologische Befunde zu verändern. Man kann etwa Güterkollisionen aufdecken, die übersehen worden sind oder auf Folgen verweisen, die in bisherigen Abwägungen unberücksichtigt geblieben sind.

13 Strafrechtlich muss darüber hinaus geprüft werden, ob angesichts der tatsächlichen Umstände die subjektive Schuld des Täters ausgeschlossen ist, etwa weil dieser in einer schweren Notlage oder unter äußerem Zwang oder im Zustand fehlender Einsichtsfähigkeit gehandelt hat.

Solche Argumente spielen in vielen moralischen Kontroversen eine Rolle. Sie setzen voraus, dass man aus Erfahrung moralisch lernen kann.[14] Allerdings lösen Folgeargumente nicht zwangsläufig Lernprozesse aus. Das lässt sich an den gegenwärtigen Auseinandersetzungen über bioethische Probleme illustrieren.

In diesen Auseinandersetzungen geht es häufig um die Reichweite und das Gewicht moralischer Ansprüche, die auf die Autonomie und das Wohlergehen des Einzelnen abstellen. Soll es Ausnahmen vom Verbot der Tötung auf Verlangen geben und aktive Sterbehilfe für unheilbar kranke und schwer leidende Patienten erlaubt sein? Soll man vom natürlichen Pfad menschlicher Fortpflanzung abweichen dürfen, wenn anders ein Kinderwunsch nicht erfüllt werden kann? Soll ein Arzt auf Wunsch auch Eingriffe am menschlichen Körper vornehmen dürfen, die nicht medizinisch indiziert sind? Soll man bei einer In-vitro-Befruchtung Embryonen vor der Einpflanzung genetisch untersuchen und aussondern dürfen, um die Wahrscheinlichkeit einer Schwangerschaft zu erhöhen und die Fehlbildungsrisiken für das zukünftige Kind zu verringern? Soll man menschliche embryonale Stammzellen klonen dürfen, um transplantierbares Gewebe für Patienten zu entwickeln? Der anhaltende bioethische Streit zeigt, dass die Abwägung in diesen Fällen nicht zu einem von allen Seiten akzeptierten Ergebnis führt. In der Gewichtung der konkurrierenden moralischen Ansprüche spiegeln sich unterschiedliche Konzepte einer richtigen oder guten Lebensführung, zwischen denen offenkundig nicht wiederum eindeutig nach moralischen Kriterien unterschieden werden kann. Es gibt eben in der Gesellschaft keinen Konsens darüber, was am Bild des Menschen unantastbar ist, was am Ethos ärztlichen Handelns unverzichtbar ist, wie wir mit dem eigenen Tod umgehen sollen und wie weit man über das eigene Leben verfügen darf.

Man gerät jedoch in unserer Kultur tendenziell in die Defensive, wenn man Selbstbestimmungsansprüchen bloß die kollektive Bindung an Formen und Institutionen des guten Lebens entgegenstellt, denn diese mögen zwar faktisch gelten, lassen sich aber nicht nach unstrittigen moralischen Kriterien als unaufgebbar ausweisen.[15] Das moralische Gewicht des Respekts vor der Selbstbestimmung nimmt hingegen immer noch zu. So ist inzwischen unbestritten, dass es bei Entscheidungen über die Aufnahme und den Abbruch einer medizinischen Behandlung nicht auf die Imperati-

---

14 Tugendhat (1984, 87ff.) dürfte vor allem solche Befunde im Auge haben, wenn er davon ausgeht, dass man aus Erfahrung moralisch lernen kann.

15 Für den Umgang mit ungeborenem menschlichem Leben versucht man moralische Eindeutigkeit zu erzeugen, indem man die Rechte des Embryos als Person in die Waagschale wirft; aber es bleibt in der Gesellschaft umstritten, ob Embryonen überhaupt den moralischen Status einer Person haben.

ve der professionellen Ethik, sondern allein auf den Willen des Patienten ankommt. Häufig wird auf empirische Argumente zur Beschreibung der Situation zurückgegriffen, um der Dynamik von Selbstbestimmungsansprüchen etwas entgegenzusetzen und in der Abwägung Eindeutigkeit zugunsten restriktiver moralischer Ansprüche zu erzeugen. So wird zum einen argumentiert, dass bei den umstrittenen Handlungen von Selbstbestimmung nicht die Rede sein könne, weil es unter den gegebenen gesellschaftlichen Randbedingungen Spielräume für autonomes Handeln in Wahrheit nicht gebe. Zum anderen wird argumentiert, dass mit unvertretbaren Fehlentwicklungen und Schäden in der Gesellschaft gerechnet werden müsse, falls man die Handlungen zulasse; deshalb sei es gerechtfertigt und geboten, die Selbstbestimmung zu beschränken.

Dem ersten Argument liegt genuine soziologische Aufklärung zugrunde, aber es verfehlt das beabsichtigte Beweisziel. Zwar ist nicht zu bestreiten, dass individuelle Bedürfnisse, Präferenzen und Ziele nicht gewissermaßen vom Himmel fallen oder, was ein Äquivalent ist, durch die Natur vorgegeben sind, sondern sich im Rahmen kultureller Interpretationen und unter dem Einfluss von sozialen Erwartungen aus dem Umfeld des Handelnden bilden. Das gilt für den Kinderwunsch ebenso wie für die Angst davor, ein behindertes Kind zur Welt zu bringen, oder den Entschluss eines unheilbar Schwerkranken, seinem Leben ein Ende setzen zu wollen. Aber die Einsicht in die gesellschaftliche Bedingtheit des Handelns kann das moralische Gewicht der Berufung auf Selbstbestimmung nicht relativieren. Sie macht eher deutlich, was wir mit „Selbstbestimmung" eigentlich meinen. Diese kann nämlich gar nichts anderes bedeuten als die Freiheit unter gegebenen kulturellen und gesellschaftlichen Vorgaben und Erwartungen, zu denen auch die Beeinflussung durch Massenmedien und Werbung gehört, eine eigene Entscheidung zu treffen. Dass Handelnde tatsächlich in der Lage sind zu entscheiden, wird ihnen in unserer Kultur auch normativ zugeschrieben – sofern sie nicht unmündig oder krank sind oder unter manifestem äußeren Zwang stehen. Aber die Zuschreibung hat durchaus realistischen Gehalt; was die Betroffenen spätestens dann bestätigen werden, wenn man ihnen die eigene Entscheidung versagt und sie fremden Entscheidungen unterwirft. So mag man Michel Foucault einräumen, dass individuelle Bedürfnisse und Ansprüche stets auch die in Selbstdisziplin übersetzte Steuerung durch kollektive gesellschaftliche Machtverhältnisse spiegeln. Für die Anerkennung von Selbstbestimmungsansprüchen ist dieser Befund jedoch ohne Belang. Jedenfalls ist nicht absehbar, dass unsere Kultur sich durch soziologische Selbstaufklärung von der Unterstellung der Möglichkeit von Selbstbestimmung abbringen lassen könnte.[16]

Das zweite Argument ist dagegen geeignet, die Abwägung eindeutig zu machen und gegen die Selbstbestimmungsansprüche ausfallen zu lassen. Es ist moralischer Common Sense in modernen Gesellschaften, dass man Verantwortung für die Folgen seines Handelns trägt und bei der Entfaltung eigener Freiheiten die Freiheiten der anderen und den Schutz wichtiger Güter der Gemeinschaft zu respektieren hat.[17] Konsequentialismus in der Ethik macht Tatsachen zu moralischen Gründen; moralische Geltung wird vom Stand der empirischen Erkenntnis abhängig. Die Entdeckung schädlicher Folgen dürfte ein Hauptbeispiel dafür sein, dass Handlungen, die prima facie moralisch legitim sind, durch die Erhebung neuer Tatsachen illegitim werden können.[18]

Auch bei der Folgenberücksichtigung gibt es normative Filter, die relevante von irrelevanten Tatsachen unterscheiden. Weil konkurrierende moralische Ansprüche abzuwägen und schonend miteinander auszugleichen sind, reicht es nicht, auf irgendeinen drohenden Schaden zu verweisen. Es müssen Werte oder Güter auf dem Spiel stehen, die Vorrang vor der Selbstbestimmung haben. Darüber hinaus muss die Einschränkung der Selbstbestimmung geeignet und erforderlich sein, den drohenden Schaden abzuwenden.[19] Um diese normativen Hürden zu überspringen, wird in der öffentlichen Auseinandersetzung über die Bioethik in aller Regel mit gravierenden Gefahren für hochrangige Rechtsgüter argumentiert. So wird etwa geltend gemacht, dass die Zulassung von vorgeburtlicher Diagnose und Selektion bei geschädigten Embryonen oder Föten das Gefüge der Familie zerstören oder das Lebensrecht von Menschen mit

16 Foucault spricht in diesem Zusammenhang von „gouvernementalité", vgl. dazu etwa Lemke u.a. 2000. Der Versuch, die Möglichkeit von Selbstbestimmung soziologisch zu widerlegen, ist ein szientistischer Übergriff auf normative Deutungen, der ebenso abgewiesen wird wie die Zumutung einiger Hirnforscher, die Prämisse des freien Willens fallen zu lassen, weil nicht erkennbar ist, wie sie mit einigen neueren experimentellen Ergebnissen vereinbart werden kann.

17 Das Grundrecht auf freie Entfaltung der Persönlichkeit steht entsprechend unter dem Vorbehalt der Rechte anderer, des Sittengesetzes und der verfassungsmäßigen Ordnung (Art. 2 Absatz 1 Grundgesetz).

18 Das funktioniert umgekehrt auch bei der Entdeckung nützlicher Folgen. Sollte sich herausstellen, dass embryonale Stammzellen tatsächlich der Weg sind, Therapien für bislang unbehandelbare schwere Krankheiten zu entwickeln, dürfte das die moralischen Einwände gegen die Verwendung solcher Zellen unterminieren. Eben deshalb wird in der gegenwärtigen Auseinandersetzung so nachdrücklich betont, dass solcher Nutzen gar nicht absehbar sei und sich adulte Stammzellen als Alternative anböten.

19 Das entspricht dem im deutschen Verfassungsrecht geltenden Grundsatz der Verhältnismäßigkeit. Danach sind Eingriffe in Grundrechte nur zulässig, wenn sie ein geeignetes und notwendiges Mittel sind, einen legitimen Schutzzweck zu erreichen; es darf daher keine Alternative geben, die weniger belastend ist (ferner muss der Eingriff zumutbar sein).

Behinderung in Frage stellen werde. Wenn man aktive Sterbehilfe zulasse, also Ausnahmen vom Verbot der Tötung auf Verlangen zugestehe, werde der Respekt vor menschlichem Leben in der Gesellschaft erodieren und unheilbar kranke Menschen würden schließlich auch gegen ihren Willen getötet werden (vgl. dazu NER 2006, 93).

Solche Folgenargumente sind schlüssig. Wenn sie zutreffen, rechtfertigen sie das Verbot der umstrittenen Praktiken und die damit einhergehende Einschränkung von Selbstbestimmung. Es kommt also darauf an, ob sie zutreffen. Mit dieser Frage aber wird das moralische Feld für empirische Untersuchung geöffnet: Wie wahrscheinlich ist der Eintritt eines Schadens? Sind die angenommenen Fehlentwicklungen und Missbräuche tatsächlich zu erwarten? Liegt das Risiko eines Schadens in einer Größenordnung, die in anderen Bereichen hingenommen wird, ohne Abwehrmaßnahmen auszulösen? Kann der Schaden durch andere Maßnahmen als ein Verbot abgewehrt werden?

Moralische Urteile, die mit Annahmen über die gesellschaftlichen Folgen einer Handlung begründet werden, sind im Prinzip „anfällig" für soziologische Aufklärung. So kann man etwa der Behauptung, die Zulassung von Präimplantationsdiagnostik werde zur Diskriminierung von Menschen mit Behinderung führen, die Erfahrung entgegenhalten, dass die jahrzehntelange Praxis der selektiven Abtreibung nach Pränataldiagnostik keine derartigen Folgen gezeigt hat. Selektive Abtreibung ist beispielsweise bei Down Syndrom die Regel; bei etwa 90% der diagnostizierten Fälle wird die Schwangerschaft abgebrochen. Gleichwohl ist die gesellschaftliche Anerkennung und der Schutz der Rechte von Menschen mit Down Syndrom in den letzten Jahrzehnten kontinuierlich gestiegen (vgl. van den Daele 2005). Der empirische Befund entkräftet das Folgenargument.

An der Empirie scheitert auch die britische Regierung, wenn sie ihre Weigerung, die Strafbarkeit der Beihilfe zur Selbsttötung aufzuheben, damit begründet, dass anderenfalls „das Leben der Schwachen und Verletzbaren in Gefahr gerate".[20] Hier kann eingewendet werden, dass diese Folgen in den Ländern, die solche Beihilfe nicht bestrafen, tatsächlich nicht eingetreten sind.[21] Die in diesem Zusammenhang ebenfalls geäußerte Befürchtung, unheilbar Kranke könnten von ihrer sozialen Umgebung unter Druck gesetzt werden, den Ausweg der Selbsttötung zu wählen,

20 „The Government can see no basis for permitting assisted suicide. Such change would be open to abuse and put the lives of the weak and the vulnerable at risk". Die Regierung bezieht sich auf einen Bericht des House of Lords Select Committee, das seine Besorgnis äußert, „that vulnerable people – the elderly, lonely, sick or distressed – would feel pressure, whether real or imagined, to request early death". Zitate in: Europäischer Gerichtshof für Menschenrechte 2002 (Pretty v. The United Kingdom), Randnummern 28/29.

21 Straffrei ist die (uneigennützige) Beihilfe zur Selbsttötung u.a. in Deutschland, in der Schweiz und im US-Staat Oregon. Vgl. zu diesen Fragen: van den Daele 2008a.

erscheint dagegen grundsätzlich empirisch plausibel. So etwas dürfte vorkommen. Es ist allerdings fraglich, ob man den betroffenen Patienten die Option des assistierten Suizids schon deshalb versagen sollte, weil sie bei ihrer Entscheidung sozialem Druck von Angehörigen oder Ärzten ausgesetzt werden könnten. Auch hierzu kann man empirisch argumentieren. Das Risiko sozialen Drucks besteht nämlich ebenso bei anderen Optionen, die den Eintritt des Todes beschleunigen, etwa dem Verlangen nach Abbruch einer lebensverlängernden Therapie. Diese Option wird Patienten in unserer Gesellschaft aber ohne Abstriche zugestanden.

Theoretisch sollte, wenn in moralischen Kontroversen zunehmend auf Folgenargumente zurückgegriffen wird, die empirische Prüfung dieser Argumente ein gewichtiges Thema werden. Damit würde die moralische Kontroverse zu kognitiven Fragen hin verschoben. Tatsächlich aber werden im Fall der Bioethik die empirischen Aspekte von Folgenargumenten nur in der Literatur ausführlich behandelt; an den Fronten des öffentlichen Streits ist dagegen von einer kognitiven Wende wenig zu spüren. Die Protagonisten des Streits belassen es meist bei Folgenbehauptungen, die sie weder kausal begründen, noch einer empirischen Prüfung aussetzen.[22] Ein Grund für diese kognitive „Enthaltsamkeit" könnte darin liegen, dass man Behauptungen über gesellschaftliche Fehlentwicklungen und Missbräuche, die in der Zukunft eintreten werden, ohnehin weder zwingend beweisen noch widerlegen kann. Man endet schließlich immer bei normativen Fragen der Beweislast: Was ist geboten, wenn die Ungewissheit über die Möglichkeit eines Risikos nicht ausgeräumt werden kann?[23] Hauptgrund für die fehlende Auseinandersetzung über die empirische Triftigkeit von Folgenargumenten dürfte jedoch sein, dass diese Argumente eher Begründungsrituale sind, auf die es letztlich nicht ankommt. Sie werden hilfsweise zur Flankierung von moralischen Hintergrundpositionen vorgebracht, die aus anderen Gründen ohnehin feststehen und auch bei Widerlegung der Folgenargumente nicht aufgegeben würden. Allerdings sind

22 So entwickeln etwa die Autoren eines Alternativentwurfs zur Sterbehilfe von 2005 in extenso Argumente, die für die Anerkennung der Selbstbestimmungsansprüche der betroffenen Patienten sprechen, um dann mit einem Satz Ausnahmen vom Verbot der Tötung auf Verlangen mit dem ladiparen Hinweis auf *„beinahe zwangsläufig"* damit verbundenen Missbrauchsgefahren und Ausweitungstendenzen trotzdem abzulehnen (Schöch u.a. 2005, 583). Ebenso diskussionsarm ist an diesem Punkt die einschlägige Stellungnahme des Nationalen Ethikrats: „Einige sehen die Gefahren einer schleichenden Ausweitung der erforderlichen Voraussetzungen und die Gefahren des Missbrauchs als zu gravierend an." (NER 2006, 94f.) Der Hinweis auf die Missbrauchsgefahren ist schon das ganze Argument.

23 In der Stellungnahme des NER zur Präimplantationsdiagnostik wird von den Gegnern der Diagnostik eine präventive Verantwortungsethik vertreten, die einer „Heuristik der Furcht" (Hans Jonas) folgt und auch bei Risiken, die man lediglich nicht definitiv ausschließen kann, ein vorsorgliches Verbot rechtfertigt (NER 2003, 88).

auch diese Hintergrundpositionen nicht schlechthin immun gegen empirische Aufklärung.

5. Moralische Selbstverständlichkeiten der Lebensführung: Sittlichkeit

Aus soziologischer Sicht handelt es sich bei jeder geltenden Moral um in der Gesellschaft institutionalisierte Selbstverständlichkeiten der Lebensführung. Manche dieser Selbstverständlichkeiten werden lediglich durch soziale Erwartungen oder positives Recht stabilisiert – etwa, dass man zur Schule geht, einen Beruf erlernt, Karriere macht oder eine Familie gründet. Andere sind Teil der Moral, sie werden in aller Regel als innerlich verpflichtend erlebt. Als Institutionen der Lebensführung lassen sich Regeln des Gerechten und Konzepte von gutem Leben nicht begrifflich auseinander dividieren. Die Achtung der Menschenrechte ist ebenso ein moralisches Ethos der Lebensführung wie die Befolgung von Geboten der Frömmigkeit.[24] Zwar stehen in modernen, nicht mehr religiös verfassten Gesellschaften die Rechte der Person und die Pflichten gegenüber anderen im Zentrum der Moral. Das heißt aber nicht, dass „heilige“ oder sakrosankte Sitten sowie Pflichten gegen sich selbst vollständig aus dem moralischen Repertoire unserer Kultur verschwunden sind. Das Grundgesetz nennt in Artikel 2 Absatz 1 ausdrücklich das „Sittengesetz“ als immanente Schranke der Freiheitsausübung. Als Eingriffsermächtigung für den Gesetzgeber mag diese Schranke ohne Bedeutung sein, weil die notwendigen Regelungsspielräume schon durch den ebenfalls in Artikel 2 genannten Vorbehalt der verfassungsmäßigen Ordnung eröffnet werden. Sie verweist jedoch auf moralische Normen, die nicht deckungsgleich mit dem Respekt vor den Rechten anderer sind; man denke etwa an das Inzesttabu.

Als Beobachter der moralischen Entwicklung kann man wissen, dass sittliche Gebote, soweit sie nicht auf die wechselseitige Anerkennung der Menschen als Person und auf den Respekt vor den Rechten anderer zielen, sondern Tabuzonen errichten oder Pflichten bloß gegenüber sich selbst auferlegen, in modernen Gesellschaften einen prekären Status haben. Aber man kann dieses Wissen nicht als Teilnehmer moralischer Diskussionen zum Argument gegen die Geltung solcher Gebote machen. Die fortschreitende Liberalisierung der Normen für konsentierte Sexualität unter Erwachsenen illustriert, wie in einer um Selbstbestimmung zentrierten Kultur Ordnungen der Sittlichkeit aufgelöst und zu Maximen privater

24 Vgl. dazu Wolf 1984, 197: „Das Ideal der gleichen Achtung aller, das ‚wir‘ faktisch vertreten, steht im Kontext einer Konzeption des guten Lebens, die derjenigen Sinnmöglichkeit starkes Gewicht gibt, die im gelungenen individuellen Leben liegt.“

Lebensführung herabgestuft werden. Dass dies möglich und vielleicht sogar antizipiert werden kann, begründet aber keinen Einwand gegen sittliche Gebote, die ihres moralischen Gehalts noch nicht entkleidet sind. Das belegt der moralische Aufschrei, den ein 2002 in Deutschland bekannt gewordener Fall von konsentiertem Kannibalismus auslöste. Ob das Verspeisen von Leichenteilen mit Zustimmung des Verstorbenen die Rechte der Person verletzt, kann man fragen. Dass es ein Tabu bricht, dessen Geltung aktuell unangefochten ist, steht außer Frage.[25]

Die Berufung auf die Gebote der Sittlichkeit ist ein anderer moralischer Grund als die Berufung auf den Achtungsanspruch der Person, aber aus soziologischer Sicht nicht notwendigerweise ein schwächerer. Faktischer Konsens in der Gesellschaft verbürgt die Geltung der Gebote. Diese Geltung ist begründungsarm; man kann nur darauf verweisen, dass es eben so ist.[26] Aber dem Rekurs auf faktischen Konsens entgeht man am Ende auch dann nicht, wenn man Regeln, die in der Gesellschaft als moralische akzeptiert werden, selbst noch einmal moralischer Prüfung unterzieht und sie beispielsweise daran misst, ob sie für alle gleichermaßen gut oder unparteilich sind. Hier verschiebt sich die Abhängigkeit von faktischem Konsens lediglich auf die Ebene der Kriterien der Prüfung. Diese Kriterien kann man in einer säkularen Gesellschaft nicht gewissermaßen vom Himmel geoffenbarter Wahrheiten oder überzeitlicher Vernunfteinsichten pflücken (vgl. Tugendhat 1984, 127). Sie müssen innerweltlich gewählt werden – in der Entscheidung für eine bestimmte Lebensführung und Gesellschaftsform, rechtlich gesprochen: in einem Akt der Verfassungsgebung.[27] Faktischer Konsens kann eine hinreichende Voraussetzung für die gesellschaftliche Geltung sittlicher Gebote sein; er ist dann aber auch eine notwendige Voraussetzung. Dass man nicht begründen kann, warum es den Konsens geben muss, ficht solche Gebote nicht an. Dass der faktische Konsens fehlt bzw. verloren gegangen ist, ist dagegen

25 Kannibalismus liegt so weit außerhalb jedes erwartbaren abweichenden Verhaltens, dass es dazu nicht einmal einen Straftatbestand gibt. Dieser Teil der Tat konnte daher vom Gericht nur als „Störung der Totenruhe“ geahndet werden.

26 „Frag die Sitte!“ ist in Richard Wagners Oper die Antwort Tristans auf die Frage Isoldes, warum die Sitte verlangt, dass er den Kontakt mit ihr meidet, wenn er sie als Brautwerber für König Marke nach Cornwall führt.

27 Für die Geltung positiven Rechts ist die Verfassung der Maßstab, für die Geltung der Verfassung aber der fortdauernde faktische Konsens der Rechtsgemeinschaft; vgl. Hesse 1990, 17: Der aktuelle „Wille zur Verfassung“ ist die Basis ihrer Geltung. Rawls (1993) hat eingeräumt, dass man sich schon auf die Prämissen des politischen Liberalismus eingelassen haben muss, wenn man sich den Kriterien verpflichtet fühlen soll, von denen nach der „Theorie der Gerechtigkeit“ (Rawls 1977) abhängt, ob Regeln, auf die Konfliktparteien sich verständigen, moralisch gültig sind.

ein relevanter Einwand. Hier kann eine soziologische Kritik moralischer Geltungsansprüche ansetzen.[28]

Raum für eine solche Kritik entsteht, weil man in Auseinandersetzungen über moralische Fragen nicht nur auf Überzeugungen pochen kann, sondern auch mit Begründungen operieren muss. Zwar kann man in solchen Auseinandersetzungen philosophische Probleme der Letztbegründung moralischer Geltung vor die Klammer ziehen und dahingestellt sein lassen. Übergänge vom „intuitive" zum „critical thinking" (Hare 1981, 25) und Verwicklung in Argumentation sind aber gleichwohl kaum zu umgehen, sobald sich nicht von selbst versteht, was im konkreten Fall moralisch geboten ist. Begründungen auf mittlerer Ebene gehören zum Stil des Moralisierens. Dabei muss man Gründe angeben, die für alle zählen, wenn man allgemeine Geltungsansprüche verteidigen will. Die Berufung auf die „höheren Wahrheiten" religiösen Glaubens oder philosophischer Lehren vom Wesen des Menschen läuft unter modernen Bedingungen in der Regel ins Leere.[29]

Der Übergang zum „critical thinking", das reflexive Distanz zu moralischen Intuitionen herstellt, ist nicht nur unvermeidlich, wenn moralische Prinzipien in der Anwendung kollidieren und im Lichte aller relevanten Merkmale des konkreten Falls ausgeglichen werden müssen.[30] Er ist auch unvermeidlich, wenn die Geltung moralischer Prinzipien in Zweifel gezogen wird. Die Behauptung eines faktischen Konsenses in der Gesellschaft dürfte das Minimum (und vielleicht auch das Maximum) an Begründung sein, dass man geben muss (und kann), um moralische Ansprüche zu verteidigen, für deren Geltung man sich auf ein in der Kultur verankertes Gebot der Sitte oder ein existierendes Tabu beruft. Die Behauptung des faktischen Konsenses ist aber empirisch angreifbar. Und der Nachweis, dass es ihn nicht gibt, beschädigt den Geltungsanspruch des Gebots. Er macht deutlich, dass das Gebot nicht *die* in der Gesellschaft geltende Moral repräsentiert, sondern *eine* Moral, zu der es Alternativen gibt.

---

28 Eine moralischtheoretische Kritik wird dagegen eher darauf abstellen, dass ein überkommenes Gebot der Sittlichkeit nicht (mehr) mit den in unserer Kultur anerkannten elementaren Freiheitsrechten des Einzelnen zu vereinbaren sei. Allerdings wird in dem Maße, wie hier ein Widerspruch gesehen wird, auch der faktische sittliche Konsens erodieren.

29 „Höhere Wahrheiten" werden pluralistisch neutralisiert und relativiert: Es wird akzeptiert, dass andere ihnen anhängen; sie werden nicht so verstanden, dass von ihnen der Anspruch ausgeht, sie ebenfalls zu übernehmen. Um das Ausweichen in Pluralismus abzuwehren wird daher in den bioethischen Auseinandersetzungen der Gegenwart auch von Vertretern der Religionsgemeinschaften ausschließlich mit „säkularen" Gründen argumentiert; vgl. zu den Deliberationen im Nationalen Ethikrat: van den Daele 2008b.

30 Diesen Fall hatte Hare vor allem im Auge; vgl. dazu Günther 1988, 279: „Die einzigen Regeln, denen wir im ‚critical thinking' folgen, beziehen sich auf die Semantik der moralischen Ausdrücke und die Sammlung der relevanten Tatsachen in Konfliktsituationen."

Das Verbot der Tötung auf Verlangen (§ 216 Strafgesetzbuch) ist ein Beispiel für eine moralische Norm, die durch die empirische Prüfung der Konsensbehauptung in Bedrängnis gerät. Prima facie dürfte diese Norm tatsächlich von moralischem Konsens in der Gesellschaft getragen sein. Dass niemand einen anderen einfach ermächtigen kann, ihn zu töten, ist so gut wie unbestritten. Trotzdem ist Tötung auf Verlangen in unserer Gesellschaft nicht ein der Abwägung vollständig entzogenes moralisches Tabu. Im Fall der Euthanasie bricht nämlich die Ablehnungsfront in der Bevölkerung zusammen. In repräsentativen Umfragen sprechen sich über 60% der Befragten dafür aus, dass „ein schwer kranker Patient im Krankenhaus das Recht haben [soll], den Tod zu wählen und zu verlangen, dass ein Arzt ihm eine todbringende Spritze gibt" (Allensbach 2001).[31] Diese Befunde erledigen das Argument, die Zulassung der Euthanasie wäre ein moralischer Tabubruch – es sei denn, man lässt als „Tabu" nicht nur gelten, was nach allgemeiner Überzeugung als schlechthin undenkbar ausgeschlossen sein soll, sondern auch, was lediglich dem eigenen Moralempfinden widerspricht. Dagegen erledigen sie nicht Argumente, dass Euthanasie moralisch unerlaubt sei, weil erheblicher Missbrauch drohe oder schädliche Folgen für die Gesellschaft zu erwarten seien. Solche Gründe liegen außerhalb des Wahrnehmungshorizonts der Umfragen. Man kann davon ausgehen, dass sie allgemein akzeptiert werden und auch die Befragten zur Revision ihres Urteils veranlassen würden – wenn plausibel gemacht werden kann, dass sie empirisch zutreffen.

Ebensowenig können Befunde aus Untersuchungen zur Bevölkerungseinstellung offenbar die politische Attraktivität der Rhetorik des Tabubruchs in der öffentlichen Auseinandersetzung über moralische Fragen erledigen. Man kann sich zwar in solchen Auseinandersetzungen kaum weigern, auf die Begründungsebene zu wechseln, ohne Gefahr zu laufen, als jemand dazustehen, der dogmatisch oder fundamentalistisch auf seinem Standpunkt beharrt. Aber es ist durchaus möglich und üblich, sich auf eine empirische Prüfung der Gründe, die man für seine Position anführt, gar nicht einzulassen. Insbesondere besteht offenbar wenig Bereitschaft, Konsensunterstellungen, die man zur Begründung eigener moralischer Ansprüche machen muss, systematischer soziologischer Untersuchung auszusetzen. Anders als die naturwissenschaftlich-technischen Fächer haben sich die Sozialwissenschaften nicht als Quelle sachlicher Expertise etablieren können, auf die sich alle Streitparteien zur Klärung empirischer Prämissen von moralischen Geltungsansprüchen widerspruchslos einlassen.

---

31 1990 sprachen sich in ALLBUS-Umfragen zwei Drittel und 2000 fast drei Viertel der Befragten (73,3%) gegen ein gesetzliches Verbot der aktiven Sterbehilfe aus; vgl. zu diesen und weiteren Daten van den Daele 2008a.

Belege für die Abwehr soziologischer Expertise findet man etwa in der Rechtsprechung zur Sittenwidrigkeit. Hier gilt zwar inzwischen als ausgemacht, dass man bei der Festlegung dessen, was durch „Gute Sitten" oder das „Sittengesetz" geboten ist, nicht auf überzeitliche Wertmaßstäbe und unumstößliche höhere Wahrheiten zurückgreifen kann, sondern nur auf die faktisch in der Bevölkerung akzeptierten Wertvorstellungen. Es kommt auf die „dem geschichtlichen Wandel unterworfenen sozialethischen Wertvorstellungen" an, auf „die in der Allgemeinheit herrschende Überzeugung".[32] Zu einer wirklichen empirischen Wende ist es aber bei der Auslegung der Guten Sitten oder des Sittengesetzes trotzdem nicht gekommen. Der Grund dafür ist, dass die Gerichte auch dort, wo sie sich notgedrungen auf außerrechtliche Standards, also auf gesellschaftliche Realität, beziehen müssen, die Deutungshoheit über diese Standards nicht aus der Hand geben. Im Ergebnis konstruieren sie selbst die Beschreibung der gesellschaftlichen Realität mit einer Mischung von empirischen und normativen Kriterien.

So betont das Bundesverfassungsgericht in einem frühen Urteil zur Homosexualität zwar, dass es bei der Auslegung von „Sittenwidrigkeit" nicht auf das „persönliche sittliche Gefühl eines Richters" ankomme.[33] Es legt aber im selben Atemzug fest, dass dem Urteil der christlichen Konfes-

---

32 Bundesverwaltungsgericht, Entscheidungen Band 84, 314ff. (318) (Urteil des 1. Senats vom 30. Januar 1990 – Peepshow). Siehe schon Bundesverfassungsgericht, Entscheidungen Band 6, 435 (Urteil vom 10. Mai 1957 – Homosexualität): Es kommt darauf an, ob ein sittliches Werturteil „allgemein anerkannt wird und als Sittengesetz gilt".

Im Rückblick erscheint es daher eher als intellektueller Unfall, dass der Bundesgerichtshof 1951 in seiner berühmten Kuppeleientscheidung gegen die Tendenz von Oberlandesgerichten, die einer veränderten „Auffassung der Volkskreise" Rechnung tragen wollten, darauf bestand, dass der Geschlechtsverkehr zwischen Verlobten Unzucht sei. Die Sollenssätze des Sittengesetzes gelten „unabhängig davon, ob diejenigen, an die sie sich mit dem Anspruch auf Befolgung wenden, sie anerkennen [...], ihr Inhalt kann sich nicht deswegen ändern, weil die Anschauungen über das, was gilt, wechseln." „Indem das Sittengesetz dem Menschen die Einehe und die Familie als verbindliche Lebensform gesetzt [...] hat, spricht es zugleich aus, dass sich der Verkehr der Geschlechter grundsätzlich nur in der Ehe vollziehen soll". Bundesgerichtshof, Entscheidungen in Strafsachen, Band 6, 52/53f. (Beschluss des Großen Senats vom 17. Februar 1951 – Kuppelei).

Das Bundesverwaltungsgericht hat 1981 in seinem ersten Peepshow-Urteil ebenfalls versucht, die normative Wertung gegen die mögliche Relativierung durch den Wandel der Anschauungen in der Bevölkerung zu immunisieren. Es sieht in Peepshows eine Verletzung der Menschenwürde der Frau, die auch durch deren Zustimmung nicht aufgehoben wird. „Würde des Menschen ist ein objektiver, unverfügbarer Wert, auf dessen Beachtung der Einzelne nicht wirksam verzichten kann". Bundesverwaltungsgericht, Entscheidungen Band 64, 279f. (Urteil des 1. Senats vom 15. Dezember 1981 – Peepshow); vgl. zu diesem Komplex: Schoeps 2003.

33 Vgl. Bundesverfassungsgericht, Entscheidungen Band 6, 434 (Urteil vom 10 Mai 1957 – Homosexualität); Nach Band 7, 215 (Urteil vom 15. Januar 1957 – Lüth) ist die Anschauung der „anständigen Leute" zugrundezulegen. Diese Kriterien werden in der Folge von allen Gerichten rituell bekräftigt.

sionen großes Gewicht beizumessen sei, weil „aus deren Lehren große Teile des Volkes die Maßstäbe für ihr sittliches Verhalten entnehmen" (Entscheidungen Band 6, 398). Dass die Kirchen Volkes Stimme repräsentieren, wird vom Gericht unterstellt. Des weiteren folgert das Gericht aus der Tatsache, dass die Rechtsordnung Homosexualität unter Erwachsenen nach wie vor als Unzucht unter Strafe stellt, dass eine „Änderung des allgemeinen sittlichen Urteils sich bislang nicht durchgesetzt hat" (Entscheidungen Band 6, 436). Die Geltung der Strafnorm kann danach gar nicht einem gesellschaftlichen Realitätstest ausgesetzt werden, weil sie der empirische Indikator für diese Realität ist. Diese Tendenz zu juristischer Selbstreferentialität (oder: Selbstbedienung) bei der Beschreibung der sozialen Voraussetzungen von Normen der Sittlichkeit setzt sich in späteren Urteilen fort, wenn die Anwendung des Rechts in Behördenpraxis und Rechtsprechung als Indikator für den Wandel oder die Kontinuität sozialethischer Anschauungen in Anspruch genommen wird.[34] Immerhin macht das Bundesverwaltungsgericht insofern einen Schritt zu einer nicht schon normativ vorsortierten empirischen Beschreibung, indem es auch die „Reaktionen in der Öffentlichkeit" auf die Rechtsprechung als Indikator für den Wandel gesellschaftlicher Wertvorstellungen ansieht.

Was aber von den Gerichten definitiv zurückgewiesen wird, ist die Forderung, mit den Methoden der Umfrageforschung feststellen zu lassen, ob bestimmte sozialethische Anschauungen bzw. Gebote der Sittlichkeit Akzeptanz in der Bevölkerung finden. Das Oberverwaltungsgericht Lüneburg hat 1994 eine Umfrage, nach der nur 48% der Bevölkerung (52% der befragten Frauen) eine Peepshow als sittenwidrig ansehen, für schlicht unbeachtlich erklärt. „Die Auffassung, die mit Hilfe der Demoskopie ermittelten Meinungen in der Bevölkerung zu sozialethischen Fragen seien für die Gerichte verbindlich, verkennt, dass der Richter die ihm im gewaltenteilenden Verfassungsstaat übertragene Rechtsfindungsaufgabe nicht an das zu befragende Volk oder an einen repräsentativen Teil desselben delegieren kann."[35] Das Bundesverwaltungsgericht hat hinzugefügt: „Mit Rücksicht auf die [...] prägende Wirkung von Behördenpraxis und gerichtlichen Entscheidungen für die Bewertung [...] rechtfertigt eine nur von etwa der Hälfte der Befragten vertretene Auffassung fehlender

34 Bundesverwaltungsgericht, Entscheidungen Band 84, 318 (Urteil vom 30. Januar 1990 – Peepshow).

35 Oberverwaltungsgericht Lüneburg, Gewerbearchiv 1995, 109 (Urteil vom 17. November 1994).

Sittenwidrigkeit nicht schon zwangsläufig eine Beurteilung [...] als nicht gegen die guten Sitten verstoßend."[36]

Erst in jüngster Zeit hat sich ein Verwaltungsgericht auch einmal auf eine Umfrage berufen – als „weitere Bestätigung der bislang ermittelten Indizien für einen gesellschaftlichen Wandel in der Akzeptanz der Prostitution".[37] Dass damit die Zuständigkeit der empirischen Sozialforschung für die Beschreibung rechtlich relevanter gesellschaftlicher Tatsachen grundsätzlich anerkannt ist, wird man allerdings kaum behaupten können. Das Verwaltungsgericht wollte die bis dahin sehr restriktive Rechtsprechung zur Sittenwidrigkeit im Gaststättenrecht kippen. Die Benutzung der Umfrage belegt eher, dass in Auseinandersetzungen über Normen, die auf sozialethischem Konsens beruhen, empirische Bezüge selektiv und strategisch eingesetzt werden. Wer solche Normen korrigieren will, kehrt Daten zur Diversität und zum Wandel gesellschaftlicher Wertvorstellungen hervor, wer an ihnen festhalten will, spielt die Bedeutung solcher Daten herunter.[38] Das Verwaltungsgericht Berlin wiederholt im Übrigen in seinem Urteil (vermutlich aus Respekt vor der Revisionsinstanz) auch die vom Bundesverwaltungsgericht bekräftigten allgemeinen Vorbehalte gegen die Ermittlung von sozialethischen Anschauungen durch Umfragen.[39]

Ein Grund für den anhaltenden Widerstand im Recht dagegen, die Feststellung von sozialethischem Konsens der empirischen Sozialforschung zu überantworten, liegt darin, dass „Gute Sitten" oder „Sittlichkeit" unbestimmte Rechtsbegriffe sind, mit denen der Gesetzgeber die Rechtsprechung nicht nur anweist empirisch festzustellen, was faktisch sozialethischer Konsens ist, sondern ihr zugleich das Mandat gibt, normativ festzulegen, was von Rechts wegen als Konsens auferlegt werden soll. Zu entscheiden, was allgemeinverbindlich gelten soll, wenn die morali-

---

36 Bundesverwaltungsgericht, Gewerbearchiv 1996, 19 (Beschluss vom 23. August 1995, mit dem die Beschwerde gegen die Nichtzulassung der Revision gegen das Urteil des Oberverwaltungsgerichts Lüneburg verworfen wurde).

37 Verwaltungsgericht Berlin, Neue Juristische Wochenschrift 2001, 983ff. (988) (Urteil vom 01. Dezember 2000). Das Gericht zitiert eine Allensbach-Umfrage von 1997. Danach bewerteten 1981 42% der deutschen Bevölkerung die Prostitution als etwas, das man „unter keinen Umständen tun (darf)", 1990 waren es 30% in Westdeutschland (51% in Ostdeutschland), 1994 noch 25% (bzw. 34%).

38 Wenig überraschend ist es daher auch, dass in der Begründung des Gesetzes zur Regelung der Rechtsverhältnisse der Prostituierten von 2002 ebenfalls eine Umfrage als Beleg dafür angeführt wird, dass Prostitution heute nicht mehr als sittenwidrig gilt: 1999 sprachen sich 68% der Befragten dafür aus, Prostitution rechtlich anzuerkennen; siehe Bundestagsdrucksache 14/5958, 4.

39 Keine Probleme hat das Verwaltungsgericht dagegen damit, die von ihm selbst bei 50 Wissenschaftlern, Verbänden, Gewerkschaften und kirchlichen Stellen eingeholten Meinungsäußerungen zur Sittlichkeit im Gaststättenbereich als valide empirische Basis zur Beurteilung des Wandels gesellschaftlicher Anschauungen anzusehen; vgl. die Auszüge bei Schoeps 2003, 244ff.

schen Überzeugungen in der Gesellschaft sich auseinander entwickeln, und wie lange man an bislang eingespielten Regeln noch festhalten soll, ist eine Aufgabe der Rechtsfindung, nicht der Tatsachenfeststellung. Und in Bezug auf diese Aufgabe kann es Sinn machen, mit dem Oberwaltungsgericht Lüneburg Demokratie gegen Demoskopie auszuspielen. Konsequenterweise wird man das richterliche Urteil dann auch nicht als eine Aussage über die in der Gesellschaft akzeptierten Gebote der Sittlichkeit ansehen dürfen, sondern nur als Entscheidung darüber, was (im konkreten Fall) im Gaststättenrecht als Maßstab der Sittlichkeit gelten soll.[40]

Aber nicht nur bei der Rechtsfindung, auch in den Arenen des öffentlichen Streits über Moral ist die Neigung gering, einfach das Volk zu befragen, wenn es darum geht festzustellen, ob etwas nach den allgemein in unserer Gesellschaft anerkannten Regeln moralisch geboten ist oder nicht. So wird etwa in der Stellungnahme des Nationalen Ethikrats zur „Selbstbestimmung und Fürsorge am Lebensende" zwar aus der Umfrageforschung u.a. referiert, dass fast zwei Drittel der Bevölkerung eine Tötung auf Verlangen bei unheilbar und schwer leidenden Patienten akzeptieren würden, dass 70% finden, ein Betroffener solle „selbst entscheiden können, ob er leben oder sterben möchte", und dass die Vorstellung, aus dem moralisch gebotenen Respekt vor dem Leben folge eine Pflicht gegen sich selbst, nicht über das eigene Leben zu verfügen, kaum Resonanz findet.[41] Diese Passagen fanden aber nur deshalb Eingang in den gemeinsamen Text der Stellungnahme, weil in einer Vorbemerkung zugestanden wurde, dass sich aus empirischen Befunden zu normativen Einstellungen in der Bevölkerung nicht ableiten lässt, was ethisch richtig oder vertretbar ist, und weil der Aussagewert der berichteten Daten durch Hervorhebung der bekannten methodischen Probleme und Begrenzungen sozialwissenschaftlicher Erhebungen relativiert wurde (NER 2006, 16ff.).

Solche Relativierung schließt nicht aus, dass die soziologische Aufklärung über die in der Gesellschaft akzeptierten Wertungen beim Beobachter der moralischen Kontroverse gleichwohl durchschlägt. Die Daten lassen keinen Zweifel, dass man sich für ein absolutes Verbot der Tötung auf Verlangen nicht auf einen sozialethischen Konsens in der Gesellschaft berufen kann. Daraus folgt, dass man – sofern man nicht auf tragfähige konsequentialistische Argumente ausweichen kann (s.o.) – nichts in der Hand hat, um ein solches Verbot als Teil einer allgemeinen, also alle ver-

---

40 So ausdrücklich das Verwaltungsgericht Berlin auf Seite 984 der zitierten Entscheidung von 2000 (siehe Fußnote 37).

41 NER 2006, 20ff. Nur 12 Prozent der deutschen Bevölkerung unterstützen die Aussage: *„Über Leben und Tod darf nur Gott, man kann auch sagen das Schicksal, entscheiden. Das Leben ist heilig und muss es auch bleiben. Keinesfalls darf das Leben vorzeitig beendet werden, auch wenn der Patient das ausdrücklich verlangt."* (Allensbach 2001) Zu den anderen Daten: ALLBUS 2002 (s.o. zu Fußnote 31).

pflichtenden Moral zu begründen. Man kann nur geltend machen, dass man sich jedenfalls für die eigene Person an diese Moral gebunden fühlt. Ob diese Aufklärung auch bei den im Streit befangenen Teilnehmern der öffentlichen Auseinandersetzung über diese Frage ankommt, steht freilich auf einem anderen Blatt.[42]

6. Das prekäre Ethos des Respekts vor der menschlichen Natur

Die modernen Biotechniken stellen die menschliche Natur zur Disposition. Formen der Fortpflanzung, genetische Ausstattung, Körperfunktionen, Aussehen lassen sich technisch verändern. Damit werden natürliche Randbedingungen, die dem Menschen bislang als Grenze und Bezugspunkte gewissermaßen a priori vorgegeben waren und als unabwendbares Schicksal hingenommen werden mussten, zu Optionen und Projekten menschlichen Handelns. Diese Perspektive provoziert moralischen Widerstand. Es wird geltend gemacht, dass eine technische Rekonstruktion des Menschen durch den Menschen die Grenze des Erlaubten überschreite und es moralisch geboten sei, die Natürlichkeit der menschlichen Natur zu respektieren.[43]

Ist ein Ethos des Respekts vor der menschlichen Natur gesellschaftliche Realität? Oder existiert es nur als Thema für die Diskussion oder als Projekt moralischer „Unternehmer"? Es spricht einiges dafür, dass ein solcher Respekt tatsächlich zum Repertoire der in unserer Gesellschaft geltenden, also von allen anerkannten Moral gehört. So wird beispielsweise reproduktives Klonen als Methode menschlicher Fortpflanzung von der überwältigenden Mehrheit der Bevölkerung entschieden abgelehnt. In einer Umfrage von 2002 sprachen sich 90% der Befragten dagegen aus, dass Paare, die auf andere Weise kein Kind bekommen können, sich ein Kind klonen lassen dürfen.[44] Dabei sind sicher nicht die technischen Defizite der Methode der Stein des Anstoßes – gegenwärtig wäre reproduktives Klonen ein Experiment mit Menschen, das schon wegen der sehr geringen Erfolgsrate und der Missbildungsrisiken für das Kind moralisch unerlaubt wäre. Die Ablehnung geht tiefer; sie betrifft die Unnatürlichkeit der Methode – auch und gerade, wenn sie technisch perfekt ist und zu

42 Zur Streitkultur im Nationalen Ethikrat vgl. van den Daele 2008b.

43 Vgl. dazu etwa Bayertz 2004; Habermas 2002; siehe auch van den Daele 1987, 2002.

44 polis-Umfrage (N=1009) für die Deutsche Presseagentur, siehe: polis aktuell 15/2002. Vgl. auch NER 2004. In einem Zusatzprotokoll zum „Übereinkommen über Menschenrechte und Biomedizin" von 1997 hat der Europarat beschlossen, das Klonen von menschlichen Lebewesen zu verbieten (Europarat 1998). Initiativen für ein weltweites Verbot sind auf UN-Ebene daran gescheitert, dass einige Staaten das (oft als „therapeutisches Klonen" bezeichnete) Klonen zu Forschungszwecken gleich mit verbieten wollten.

einem gesunden Kind führt. Ihr liegt die moralische Intuition zugrunde, dass diese Art, Kinder zu erzeugen, schlechterdings nicht sein soll.

Diese Intuition erübrigt jede Begründung für das gängige Argument, reproduktives Klonen verletze die Menschenwürde. Man wird ihr kaum gerecht, wenn man, um den Rekurs auf moralischen Respekt vor der Natur zu vermeiden, das Klonverbot damit zu begründen versucht, dass nur ein Kind mit einem Genom aus einer Zufallskombination der elterlichen Gene sich als Person anerkannt und als Träger gleicher Rechte begreifen könne.[45] Der Vorwurf, dass Klonen Hybris sei und man nicht „Gott spielen" dürfe, trifft eher den Nerv dessen, was die Menschen moralisch erregt. Auch eine Fortpflanzungsmethode, bei der ein Kind von der Befruchtung bis zur „Geburt" außerhalb des Mutterleibes entwickelt wird, würde (falls es sie je gibt) wohl ebenso entschieden abgelehnt werden wie das reproduktive Klonen – obwohl dabei von einer Verletzung der Persönlichkeitsrechte des Kindes nicht die Rede sein kann.

Ebenfalls mit großer Eindeutigkeit moralisch verworfen wird die Wahl des Geschlechts des Kindes (durch selektiven Schwangerschaftsabbruch). In Deutschland lehnen 96% der befragten Patienten der genetischen Beratung (N=593) und 93% der befragten Humangenetiker ein Recht der Eltern ab, das Geschlecht ihres Kindes zu wählen.[46] In einer FORSA-Umfrage (N=1094) gaben 90% der deutschen Bevölkerung an, dass sie selbst dann nicht von Geschlechtsselektion Gebrauch machen würden, wenn diese durch einfache Einnahme einer Pille möglich wäre (vgl. Dahl u.a. 2003). Ein gesetzliches Verbot der Wahl des Geschlechts eines zukünftigen Kindes (außerhalb medizinischer Indikation) hätte daher alle Aussicht, in der Bevölkerung als moralisch gerechtfertigt und geboten akzeptiert zu werden. Dasselbe dürfte für das Verbot der Leihmutterschaft in Deutschland gelten (§ 1, Absatz 1, Nr. 7 Embryonenschutzgesetz).

Respekt vor der menschlichen Natur ist mithin kein leeres Schlagwort moralischer Propaganda; er ist auch nicht lediglich ein partikulares Ethos, dem sich besondere Gruppen in der Gesellschaft verpflichtet fühlen (vergleichbar der Verpflichtung zu vegetarischer Lebensweise). Er ist Teil der

45 Vgl. Habermas 2001 und 2002, 285: Einem geklonten Kind fehle „gleichzeitig mit dem Bewusstsein der Kontingenz seiner naturwüchsigen Herkunft eine mentale Voraussetzung für den Zugang zu einem Status [...], durch den [es] als Rechtsperson erst in den tatsächlichen Genuss gleicher Rechte gelangen kann". Kritik an dieser Konstruktion etwa bei: Birnbacher 2002; Gutmann 2005; Nunner-Winkler 2005b; vgl. auch van den Daele 2004.

46 Entsprechend liegt offenbar in Deutschland auch die Nachfrage nach solcher Selektion nahe Null. Irmgard Nippert (2005, 206) berichtet, dass es bei 19000 für 2001/2002 erfassten Pränataldiagnosen zu keinem einzigen Schwangerschaftsabbruch wegen des unerwünschten Geschlechts gekommen sei; die Situation ist allerdings im Ausland anders. Vgl. auch NER 2003, 58.

von allen anerkannten moralischen Regeln. Diese Regeln ziehen der Selbstbestimmung des Menschen über seinen eigenen Körper Grenzen.[47] Allerdings läuft der Appell an diesen Respekt ins Leere, wenn es einen Konsens darüber, was an der menschlichen Natur unverfügbar sein soll, in der Gesellschaft nicht gibt, oder wenn ein solcher Konsens durch sozialen Wandel verlorengeht. Hier ist es eine Aufgabe soziologischer Aufklärung, deutlich zu machen, was der Fall ist, also wie breit oder wie schmal der Bestand an allgemein geteilten moralischen Intuitionen des Respekts vor der Natur des Menschen tatsächlich ist.

Die empirische Analyse zeigt, dass dieser Respekt im Urteil der Bevölkerung keineswegs mit den Attributen der Unantastbarkeit oder des Tabus ausgestattet wird. Tatsächlich werden tiefgreifende Eingriffe in die menschliche Natur um so eher als unerlaubt verworfen, je unrealistischer sie sind. Der moralische Widerstand gegen die technischen Utopien der Science-Fiction ist stark und eindeutig – aber auch gratis. Sobald die Techniken aber verfügbar werden, setzt Differenzierung ein. Insbesondere medizinische Zwecke sind das Einfallstor dafür, die technische Verfügung über die menschliche Natur immer noch einen Schritt weiterzutreiben. Im Laufe der Medizinentwicklung sind viele Eingriffe – von der Impfung, über Operationen am Herzen, Psychochirurgie, Geschlechtsumwandlung, Organtransplantation bis hin zur In-vitro-Befruchtung als unzulässige Grenzüberschreitung gegeißelt worden – ohne nennenswerte gesellschaftliche Resonanz. Im moralischen Urteil der Bevölkerung wiegt das individuelle Recht auf Gesundheit und Leben in aller Regel stärker als der Respekt vor der Natürlichkeit der menschlichen Natur und das Interesse an der Integrität eines bestimmten Menschenbildes.

In vielen Fällen wiegt aber auch schon der Anspruch auf Selbstbestimmung stärker als der Respekt vor der Natur. Die Akzeptanz von invasiven Eingriffen zum „enhancement" (Verbesserung, Optimierung) des menschlichen Körpers wächst. Insbesondere bei der kosmetischen Chirurgie sind inzwischen die Dämme gebrochen. Nach einer Umfrage der Deutschen Gesellschaft für Ästhetisch-Plastische Chirurgie wäre jede zweite Frau zu einem Verschönerungseingriff (Fettabsaugen, Facelifting etc.) bereit, sieht also darin kein moralisches Problem (Schöne-Seifert

47 Ein rechtlicher Ausdruck dieser Schranken findet sich in § 228a (früher § 226a) Strafgesetzbuch. Danach ist ein Eingriff in den menschlichen Körper trotz vorliegender Einwilligung des Betroffenen eine strafbare Körperverletzung, wenn die Einwilligung „sittenwidrig" ist. Letztere Vorschrift ist in den Diskussionen zur Strafrechtsreform in den 1970ern heftig als Anachronismus und paternalistische Bevormundung angegriffen worden. Die Kritik hat sich damals nicht durchgesetzt; sie ist heute verstummt – was auch der Wahrnehmung der durch die modernen Biotechniken aufgeworfenen moralischen Fragen zuzuschreiben sein dürfte.

2005, 188).[48] Zwar dürfte nach wie vor Konsens in der Gesellschaft sein, dass man sich nicht selbst verstümmeln darf und daher die Einwilligung in verstümmelnde Eingriffe sittenwidrig und damit unwirksam ist. Klar scheint auch, dass Selbstbestimmung nicht dazu legitimiert, sich selbst der Möglichkeit autonomen Handelns zu entledigen, also Eingriffen zuzustimmen, durch die man sich willenlos oder zum Sklaven anderer macht.[49] Aber unterhalb solcher Extreme gibt es eine Tendenz, die Verfügung über den eigenen Körper zu entmoralisieren. Wer gleichwohl darauf pocht, dass solche Verfügungen unerlaubt sind, tut das gewissermaßen auf eigene moralische Rechnung. Deckung durch Konsens in der Gesellschaft kann er dafür nicht in Anspruch nehmen.

Nicht einmal für ein absolutes Verbot der Keimbahnmanipulation könnte man sich auf moralischen Konsens in der Gesellschaft berufen. Eingriffe durch die Eltern in das Genom ihrer zukünftigen Kinder werden von vielen für moralisch gut und richtig gehalten, sofern sie dem Zweck dienen, den Kindern Gesundheit und „normale" Ausgangsbedingungen für ihre Entwicklung zu gewährleisten. Nach einer EMNID-Umfrage für „Chrismon" von 2002 würden 55% von N=1012 Befragten Genveränderungen am eigenen Kind befürworten, um Behinderung und Krankheiten zu verhindern, 18%, um die Intelligenz zu verbessern (EMNID 2002). Ein anderes Beispiel für eine extreme Manipulation der menschlichen Fortpflanzung, die gleichwohl von Teilen der Bevölkerung als moralisch hinnehmbar angesehen wird, ist die Selektion eines Embryos nach Immuneigenschaften, die das zukünftige Kind (bzw. dessen Nabelschnurblut) zum lebensrettenden Spender für ein tödlich erkranktes, schon lebendes Geschwister machen. Die Zustimmung in den USA lag 2002 (N= 1.211) bei 69% (zitiert bei Hennen/Sauter 2004, 141). Für Deutschland liegen keine Daten vor, aber immerhin wollten in der polis-Umfrage von 2002 (N= 1009) 35% der Bevölkerung (41% der Männer und 29% der Frauen) das Klonen eines Kindes erlauben, „um einem anderen Menschen – etwa durch eine Knochenmarkspende – das Leben zu retten" (polis2002). Auch wenn die Frage sich auf ein sinnloses Beispiel bezieht, zeigt die Antwort, dass viele bereit sind, den Respekt vor der Natur zugunsten höherer Werte fallen zu lassen.

Wenn soziologische Analysen zeigen, dass Forderungen nach Respekt vor der menschlichen Natur nicht den moralischen Common Sense in

48 Nach einer EMNID-Umfrage von 2003 würde jede vierte Frau einen ästhetischen Eingriff an sich vornehmen lassen, wenn es nicht so teuer wäre (EMNID 2002).

49 Dass man die Möglichkeit eigener Selbstbestimmung nicht preisgeben darf, ist das Minimum von Pflichten gegen sich selbst, das auch dann bleibt, wenn die Moral vollständig auf die wechselseitige Achtung der Rechte der Person umgestellt ist; vgl. Tugendhat 1984, 173ff.

unserer Gesellschaft repräsentieren, muss das nicht das Engagement herabsetzen, mit dem für solchen Respekt gefochten wird. Aber es wird im moralischen Streit zumindest für den Beobachter klargestellt, dass diejenigen, die der Selbstbestimmung den Vorrang einräumen, nicht einfach unmoralisch sind, sondern ebenfalls eine Moral vertreten – nur eine andere.

7. Schlussbemerkung

Soziologische Befunde sind keine moralischen Argumente. Die kategoriale Unterscheidung von empirischen Tatsachen und normativer Geltung kann nicht einfach übersprungen werden. Aus Sein folgt nicht unmittelbar Sollen. Wo aber moralische Ansprüche empirische Prämissen haben, etwa wenn sie mit den schädlichen Folgen einer Handlung begründet werden, oder sich lediglich auf das Faktum eines gesellschaftlichen Konsenses stützen, können Tatsachen die Geltung der Ansprüche widerlegen. Soziologische Aufklärung konfrontiert die Gesellschaft mit Erkenntnissen, die Folgebehauptungen entkräften oder zumindest relativieren. Sie dient als Korrektiv zur Tendenz, moralische Ansprüche mit ungeprüften Missbrauchs- oder Fehlentwicklungsszenarien rhetorisch zu untermauern. Und: Soziologische Aufklärung konfrontiert die Gesellschaft mit der Tatsache des in ihr existierenden moralischen Pluralismus. Bei vielen moralischen Streitfragen, von der Anerkennung des Lebensrechts von Embryonen über den Inhalt der Gebote der Sittlichkeit bis zur Reichweite des Respekts vor der menschlichen Natur kann man sich, wie immer man entscheidet, nicht auf einen Konsens in der Gesellschaft berufen. Man kann versuchen, der Tatsache, dass die moralischen Überzeugungen in der Bevölkerung auseinander fallen, dadurch zu entkommen, dass man umstrittene moralische Ansprüche in das Konzept der Menschenwürde (Art 1 Grundgesetz) hineinlegt und damit qua Verfassungsrecht gegen Kritik und Alternativen abschirmt. Damit ändert man vielleicht die Verfassung, entgeht aber nicht dem Pluralismus der gesellschaftlichen Moral. Denn man hat nach wie vor keine von allen akzeptierten Gründe, mit denen man anderen Positionen entgegentreten kann. Vielmehr hat man dann eine Moral allen anderen übergestülpt und ein Menschenbild auf Kosten aller anderen mit den Mitteln des Rechts absolut gesetzt.

Soziologische Aufklärung kann dazu beitragen, die politische Lösung moralischen Streits zu erleichtern. Es ist unstreitig, dass der parlamentarische Gesetzgeber ein Mandat hat, moralische Fragen dort, wo es das öffentliche Interesse erfordert, durch rechtliche Regelung zu ordnen und dabei festzulegen, welches Ethos der Lebensführung und des Umgangs mit der menschlichen Natur allgemein verbindlich sein soll. Das ist leichter hinzunehmen, wenn man im Lichte der tatsächlichen Verhältnisse der Moral in unserer Gesellschaft einräumt, dass die damit gezogenen Grenzen nicht aus zwingender Moral, sondern aus demokratischer Mehrheitsentscheidung folgen, und wenn man darauf verzichtet, denjenigen, die beim Verbot der Embryonenforschung, der Präimplantationsdiagnostik, der Geschlechtsselektion, der aktiven Sterbehilfe usw. überstimmt werden, Amoralität zu bescheinigen.

Literaturverzeichnis

ALLBUS (2002): Allgemeine Bevölkerungsumfrage der Sozialwissenschaften. http://www.gesis.org/Dauerbeobachtung/Allbus/

Allensbach (2001) (Institut für Demoskopie): Allensbacher Berichte, Nr. 9. http://www.ifdallensbach.de/pdf/prd_0109.pdf

Ashman, Keith/Barringer, Philip (Hg.) (2001): After the science wars. London.

Bayertz, Kurt (Hg.) (2004): Die menschliche Natur. Welchen und wie viel Wert hat sie? Paderborn.

Birnbacher, Dieter (2002): Habermas' ehrgeiziges Beweisziel – erreicht oder verfehlt? In: Deutsche Zeitschrift für Philosophie 50/2, 21-26.

Daele, Wolfgang van den (1987): Die Moralisierung der menschlichen Natur und empirische Bezüge in gesellschaftlichen Institutionen. In: Kritische Vierteljahresschrift für Gesetzgebung und Rechtswissenschaft 2, 351-366.

Daele, Wolfgang van den (1996): Objektives Wissen als politische Ressource: Experten und Gegenexperten im Diskurs. In: Ders./Neidhardt, Friedhelm (Hg.): Kommunikation und Entscheidung. Politische Funktionen öffentlicher Meinungsbildung und diskursiver Verfahren. WZB-Jahrbuch 1996. Berlin, 297-326.

Daele, Wolfgang van den (2002): Die Natürlichkeit des Menschen als Kriterium und Schranke technischer Eingriffe. In: Kegler, Karl/Kerner, Max (Hg.): Der künstliche Mensch. Körper und Intelligenz im Zeitalter ihrer technischen Reproduzierbarkeit. Köln, 55-74.

Daele, Wolfgang van den (2004): Moderne Tabus? Zum Verbot des Klonens von Menschen. In: Schreiber, Hans-Peter (Hg.): Biomedizin und Ethik. Basel, 77-83.

Daele, Wolfgang van den (2005): Vorgeburtliche Selektion: Ist die Pränataldiagnostik behindertenfeindlich? In: Ders. (Hg.): Biopolitik. Leviathan Sonderheft 23. Wiesbaden, 97-122.

Daele, Wolfgang van den (2008a): Das Euthanasieverbot in liberalen Gesellschaften – aus soziologischer Perspektive. In: Robertson-von Trotha, Caroline (Hg.): Tod und Sterben in der Gegenwartsgesellschaft. Baden-Baden, 37-62.

Daele, Wolfgang van den (2008b): Streitkultur. Über den Umgang mit unlösbaren moralischen Konflikten im Nationalen Ethikrat. In: Gosewinkel, Dieter/Schuppert, Gunnar (Hg.): Politische Kultur im Wandel von Staatlichkeit. WZB-Jahrbuch 2007. Berlin. (im Druck)

Dahl, Edgar u.a. (2003): Preconception Sex Selection for Non-medical Reasons: A Representative Survey from Germany. In: Human Reproduction 18/19, 2231-2234.

Döbert, Rainer (1986): Wider die Vernachlässigung des „Inhalts“ in den Moraltheorien von Kohlberg und Habermas. Implikationen für die Relativismus/Universalismus-Kontroverse. In: Edelstein, Wolfgang/Nunner-Winkler, Gertrud (Hg.): Zur Bestimmung der Moral. Frankfurt a.M., 86-125.

Durkheim, Emile (1988 [1902]): Über die Teilung der sozialen Arbeit. Frankfurt a.M.

EMNID (2002): Umfrage für Chrismon April 2002. http://www.bioethik-diskurs.de/documents/wissensdatenbank/umfragen/umf_gentechnik/view (Stand 14.01.08)

EMNID (2003): Umfrage Bildwoche 31/2003: Jeder 4. Deutsche träumt von einer Schönheitsoperation. http://www.schoenheit-und-medizin.de/news/statistik/statistik-schoenheitsoperation.html (Stand 14.01.2008)

Europäischer Gerichtshof für Menschenrechte (2002): Case of Pretty v. the United Kingdom, Judgement 29 April 2002. http://cmiskp.echr.coe.int/tkp197/portal.asp?sessionId=8401505&skin=hudoc-en&action=request

Europarat (1998): Zusatzprotokoll „Verbot jeglichen Klonens beim Menschen“. http://www.bioethik-konvention.de/bioethik-konvention_texte_und_zusatz protokolle.html (Stand 14.01.08)

Gert, Bernard (1988): Die moralischen Regeln. Eine neue rationale Begründung der Moral. Frankfurt a.M.

Günther, Klaus (1988): Der Sinn für Angemessenheit: Anwendungsdiskurse in Moral und Recht. Frankfurt a.M.

Gutmann, Thomas (2005): „Gattungsethik“ als Grenze der Verfügung des Menschen über sich selbst? In: Daele, Wolfgang van den (Hg.): Biopolitik. Leviathan Sonderheft 23. Wiesbaden, 236-264.

Habermas, Jürgen (2001): Die Zukunft der menschlichen Natur. Auf dem Wege zu einer liberalen Eugenik? Frankfurt a.M.

Habermas, Jürgen (2002): Replik auf Einwände. In: Deutsche Zeitschrift für Philosophie 50/2, 283-298.

Hare, Richard (1981): Die Sprache der Moral. Frankfurt a.M.

Hart, Herbert Lionel Adolphus (1973): Der Begriff des Rechts. Frankfurt a.M.

Hennen, Leonhard/Sauter, Arnold (2004): Präimplantationsdiagnostik. Praxis und rechtliche Regulierung in sieben ausgewählten Ländern. Arbeitsbericht Nr. 94. Büro für Technikfolgen-Abschätzung beim Deutschen Bundestag.

Hesse, Konrad (1990): Grundzüge des Verfassungsrechts der Bundesrepublik Deutschland. 17. Aufl. Heidelberg.

Lemke, Thomas/Krasmann, Susanne/Bröckling, Ulrich (2000): Gouvernementalität, Neoliberalismus und Selbsttechnologien. In: Bröckling, Ulrich/Krasmann, Susanne/Lemke, Thomas (Hg.): Gouvernementalität der Gegenwart. Studien zur Ökonomisierung des Sozialen. Frankfurt a.M., 7-40.

Luhmann, Niklas (1978): Soziologie der Moral. In: Luhmann, Niklas/Pfürtner, Stefan (Hg.): Theorietechnik und Moral. Frankfurt a.M., 8-116.

Maine, Henry Sumner (1861): Ancient Law: Its Connection With the Early History of Society, and its Relation to Modern Ideas. London.

Montada, Leo (1990): Moralische Gefühle. In: Edelstein, Wolfgang/Noam, Gil/Nunner-Winkler, Gertrud (Hg.): Moral und Person. Frankfurt a.M., 259-277.

NER (2003): Nationaler Ethikrat: Genetische Diagnostik vor und während der Schwangerschaft. http://www.ethikrat.org/stellungnahmen/pdf/Stellungnahme_Genetische-Diagnostik.pdf

NER (2004): Nationaler Ethikrat: Klonen zu Fortpflanzungszwecken und Klonen zu biomedizinischen Forschungszwecken. http://www.ethikrat.org/stellungnahmen/pdf/Stellungnahme_Klonen.pdf

NER (2006): Nationaler Ethikrat: Selbstbestimmung und Fürsorge am Lebensende. http://www.ethikrat.org/stellungnahmen/pdf/Stellungnahme_Selbstbestimmung_und_Fuersorge_am_Lebensende.pdf

Nippert, Irmgard (2005): Perspektiven der Geschlechtsselektion. In: Daele, Wolfgang van den (Hg.): Biopolitik. Leviathan Sonderheft 23. Wiesbaden, 201-234.

Nunner-Winkler, Gertrud (1998): Zum Verständnis von Moral – Entwicklungen in der Kindheit. In: Weinert, Franz (Hg.): Entwicklung im Kindesalter. Weinheim, 133-152.

Nunner-Winkler, Gertrud (2005a): Anerkennung moralischer Normen. In: Heitmeyer, Wilhelm/Imbusch, Peter (Hg.): Integrationspotenziale einer modernen Gesellschaft. Wiesbaden, 157-178.

Nunner-Winkler, Gertrud (2005b): Können Klone Identität ausbilden? In: Daele, Wolfgang van den (Hg.): Biopolitik. Leviathan Sonderheft 23. Wiesbaden, 265-294.

Parsons, Talcott (1964): Evolutionary Universals in Societies, In: American Sociological Review 29, 339-357.

Rawls, John (1977): Eine Theorie der Gerechtigkeit. Frankfurt a.M.

Rawls, John (1993): Political Liberalism. New York.

Ross, William (2002 [1930]): The Right and the Good. Reprinted 2002. Oxford.

Schöch, Heinz u.a. (2005): Alternativentwurf Sterbebegleitung. In: Goltdammer's Archiv für Strafrecht (GA), 553-586.

Schöne-Seifert, Bettina (2005): Von der Medizin zur Humantechnologie? Ärztliches Handeln zwischen medizinischer Indikation und Patientenwunsch. In: Daele, Wolfgang van den (Hg.): Biopolitik. Leviathan Sonderheft 23. Wiesbaden, 179-200.

Schoeps, Miriam (2003): Die rechtliche Beurteilung kommerzialisierten Sexualverhaltens anhand außerrechtlicher Maßstäbe. Hamburg.

Steinvorth, Ulrich (1990): Klassische und moderne Ethik. Grundlinien einer materialen Moraltheorie. Reinbek.

Sutter, Tilmann (2003): Entmoralisierung und moralischer Subjektivismus. Reaktionen auf normative Verunsicherungen in der modernen Gesellschaft. In: Psarros, Nikos/Stekeler-Weithofer, Pirmin/Vobruba, Georg (Hg.): Die Entwicklung sozialer Wirklichkeit: Auseinandersetzungen mit der historisch-genetischen Theorie der Gesellschaft. Weilerswist, 179-200.

Tönnies, Ferdinand (1887): Gemeinschaft und Gesellschaft. Grundbegriffe der reinen Soziologie. Darmstadt (erschienen 2005 auf der Grundlage der 8. Aufl. von 1935).

Tugendhat, Ernst (1984): Probleme der Moral. Frankfurt a.M.

Tugendhat, Ernst (1993a): Die Rolle der Identität in der Konstitution der Moral. In: Edelstein, Wolfgang/Nunner-Winkler, Gertrud/Noam, Gil (Hg.): Moral und Person. Frankfurt a.M., 33-47.
Tugendhat, Ernst (1993b): Vorlesungen über Ethik. Frankfurt a.M.
Tugendhat, Ernst (2001): Das Euthanasieproblem in philosophischer Sicht. In: Ders.: Aufsätze 1992-2000. Frankfurt a.M., 40-56.
Weber, Max (1922): Wirtschaft und Gesellschaft. Grundriss der Verstehenden Soziologie. Hg. von Johannes Winckelmann. 5. Aufl. Tübingen.
Wolf, Ursula (1984): Das Problem des moralischen Sollens. Berlin.

Kontextualistische Bioethik – zur Rolle von biowissenschaftlichen Fakten bei bioethischen Fragen

Kristian Köchy

1. Bioethik als angewandte Ethik

Bestimmt man *Bioethik als angewandte Ethik*, dann sind mit den Elementen dieser Kennzeichnung drei Aspekte zum Ausdruck gebracht, die die Zielsetzungen, das methodische Vorgehen und die Problemstellungen der Disziplin in ihren Grundlagen betreffen: Gegenstand der *Bio*ethik sind Handlungen in den Biowissenschaften. Der Standpunkt, von dem aus diese Handlungen betrachtet werden, ist ein *ethischer*. Die Betrachtung biowissenschaftlicher Handlungsweisen unter ethischen Gesichtspunkten kennzeichnet die Bioethik als *angewandte* philosophische Disziplin. Auffällig ist, dass zwischen diesen drei Elementen der Bestimmung deutliche Spannungen existieren, die sowohl die formalen als auch die inhaltlichen Aspekte des bioethischen Ansatzes betreffen. Ein Blick auf diese Spannungen ist deshalb nicht nur geeignet, das bioethische Selbstverständnis zu konkretisieren, er kann auch dazu dienen, unmittelbar praktische Konsequenzen für das methodische Vorgehen der Bioethik abzuleiten oder bestehende Praxen verständlich zu machen. Verwenden wir deshalb ein wenig Zeit auf diese „Trivialitäten" der Begriffsbestimmung, um so einen Einstieg in die folgende Erörterung eines kontextualistischen Programms und der sich in diesem Rahmen stellenden Frage nach der Rolle von biowissenschaftlichen Fakten zu gewinnen.

(1) Bei *bio*ethischen Fragestellungen geht es um die Erörterung *biowissenschaftlicher Handlungsweisen* und Handlungszusammenhänge. Die Aufgabe der Bioethik ist es also, Handlungen, die im Kontext der biomedizinischen Forschung oder aber der Anwendung vollzogen werden, unter ethischen Gesichtspunkten zu bewerten. Damit werden Fragestellungen, Methoden, Zielsetzungen und Objektfelder der betroffenen Biowissenschaften für die Bioethik relevant.[1] Da es zudem immer zugleich darum geht, die Hand-

---

1 Für den vergleichbaren Fall der Wissenschaftsethik definiert Gethmann: „Die Wissenschaftsethik versteht sich als Teildisziplin der philosophischen Ethik mit der spezifischen

lungen *von Forscherinnen und Forschern* unter ethischen Gesichtspunkten zu bewerten, muss neben der objektgebundenen, methodisch-praktischen und methodologischen Dimension der Forschung auch die soziale Dimension der wissenschaftlichen Handlungsgemeinschaften und Fachkulturen mitberücksichtigt werden. Bioethik ist deshalb stets eine in umfassender Weise auf die Biowissenschaften bezogene und insofern von den Biowissenschaften abhängige Disziplin.

(2) Insofern es allerdings um bio*ethische* Fragestellungen geht, kann die Analyse bei aller Anbindung an die Fachwissenschaften dennoch nicht in den Grenzen der Einzelwissenschaft verbleiben. Als genuin ethische Frage nach den leitenden Normen und Prinzipien für Handlungen in den Biowissenschaften steht die bioethische Untersuchung vielmehr immer auf einem anderen Standpunkt als ihn diejenigen einnehmen müssen, die nach Antworten auf fachwissenschaftliche Sachfragen suchen. Damit ergibt sich ein neuer Zugang zu den fachwissenschaftlichen Phänomenen und Fragestellungen. Vom ethischen Standpunkt aus werden *andere* Aspekte des Geschehens in den Vordergrund treten als vom biowissenschaftlichen Standpunkt aus; es werden aber auch fachwissenschaftliche Selbstverständlichkeiten *in neuer Weise* thematisiert, womit sie gegebenenfalls auch ihren Charakter der Selbstverständlichkeit einbüßen können. Das Infragestellen von scheinbar fraglosen Gewissheiten zeichnet die genuin philosophische Intention des ethischen Ansatzes aus. Dies gilt für die Methoden und Zielsetzungen der Biowissenschaften ebenso wie für deren Vorstellungen über den Gegenstandsbereich. Die Bioethik bleibt deshalb trotz aller Nähe zu den Biowissenschaften durch ihre eigenständige *ethische* Aufgabenstellung ausgezeichnet. Der Unterschied zu den Biowissenschaften ließe sich beispielsweise logisch betrachtet als Unterschied zwischen präskriptiven (vorschreibenden) und deskriptiven (beschreibenden) Aussagen fassen. Auf der normativen Ebene selbst zeigt sich dieser Unterschied als derjenige zwischen fachimmanenter Ausrichtung auf den methodologischen Code wissenschaftlicher Redlichkeit einerseits (technisch-praktische Ausrichtung) und ethischer Bewertung andererseits (moralisch-praktische Ausrichtung). Die Frage, ob ein Wissenschaftler methodisch sauber arbeitet, ist offensichtlich eine andere als die, ob seine Methode ethisch unbedenklich ist.

(3) Insofern Bioethik eine *angewandte* Ethik ist, werden in ihr nicht nur die diversen Anwendungsfelder der biowissenschaftlichen und biomedizi-

Aufgabenstellung, diejenigen Handlungsorientierungen zu rekonstruieren, die durch das den Wissenschaften immanente Verständnis ihres jeweiligen Gegenstandsbereichs, durch die wissenschaftlichen Verfahren seiner Beschreibung und Erklärung sowie durch die mit wissenschaftlichem Wissen eröffneten Handlungsmöglichkeiten mit gesetzt sind.“ (Gethmann 2000, 778)

nischen Forschung thematisiert, sondern es geht überhaupt darum, ethische Normen und Prinzipien in konkreten Situationen anzuwenden oder Regeln für diese Anwendung zu erstellen.[2] Mit dieser *Konkretisierungsforderung* wird nicht nur die Ebene allgemeiner Normen und Richtlinien in Richtung auf die besondere Handlungsorientierung vor Ort oder im Konfliktfall überschritten. Es gelten nun auch neue Bedingungen für die Untersuchung, so dass gerade dieser Übergang von allgemeinen Prinzipien zu den konkreten Handlungsanweisungen sowohl in theoretischer Hinsicht als auch in praktisch-technischer Hinsicht eine wesentliche Herausforderung für die Bioethik darstellt. Die Suche nach überzeugenden Lösungen für diesen Brückenschlag zwischen allgemeinen Prinzipien und einzelnen Anwendungsfällen macht einen der gewichtigsten Aspekte der methodologischen Seite des bioethischen Anliegens aus. Mit Hans Jonas (1973, 277f.) könnte man allerdings diesbezüglich auch behaupten, dass hier die Vermittlungsfähigkeit der Urteilskraft gefordert ist, die sich ihrerseits als nicht weiter theoretisierbar erweist.[3] Damit würde nicht eine methodologische Aufgabe entstehen, sondern vielmehr die Ausbildung von lebenspraktischer Klugheit vonnöten sein. Wie man sich auch immer hinsichtlich dieser Frage positioniert, in allen Fällen gilt: Als angewandte Ethik ist die Bioethik der konkreten Situation, dem konkreten Entscheidungsprozess in den diversen Handlungsfeldern der Biowissenschaften verpflichtet. Mit dieser Ausrichtung auf Anwendung ist auch die Notwendigkeit verbunden, in einer differenzierten Analyse die Bedingungen der konkreten Situation möglichst adäquat in bioethische Fragestellungen und Lösungsansätze einfließen zu lassen.

(4) Insofern jedoch die Bioethik eine angewandte *Ethik* ist, geht es ihr wie aller Ethik um Verbindlichkeit. Nicht soll die Beliebigkeit einzelner gewohnheitsmäßiger oder tradierter wissenschaftlicher oder lebensweltlicher Moralen unreflektiert beschrieben werden, sondern es geht vielmehr darum, ausgehend von einer im Reflexionsprozess als begründet ausgewiesenen Norm mittels allgemeiner Imperative verbindliche Vorgaben für die ethische Bewertung von fachwissenschaftlichen *Handlungen überhaupt*

---

2 So formulieren Krones und Richter den Standpunkt ihrer kontextsensitiven Ethik: „Die Frage nach dem wahren oder falschen Handeln kann nach Aristoteles nicht situationsunabhängig beantwortet werden." (Krones/Richter 2003, 238)

3 In diesem Sinne weisen auch Damschen und Schönecker hinsichtlich der bioethischen Debatte um den moralischen Status menschlicher Embryonen darauf hin, dass die Frage nach der Güte eines Arguments im konkreten Fall eben nicht als logische Geltung gefasst werden kann, sondern vielmehr einen Akt der Anerkennung voraussetzt, der von dem Urteilenden Urteilskraft verlangt, „die selbst, wie man weiß, nicht wieder unter eine Regel zu bringen ist" (Damschen/Schönecker 2003, 258).

festzuschreiben.[4] Mit dieser Ausrichtung auf allgemeingültige Bewertung anhand ausgewiesener und begründeter Normen ist die Notwendigkeit verbunden, solche Aussagen und Imperative zu formulieren, die nicht nur im Einzelfall, sondern eben *in allen möglichen* Fällen gelten.

Es ist offensichtlich, dass diese vier Bestimmungen zueinander in deutliche Spannung geraten, da aus ihnen in Teilen miteinander konfligierende Forderungen resultieren: Die beiden ersten Punkte bedingen einerseits einen engen Kontakt zwischen ethischer Begutachtung und fachwissenschaftlichem Sachstand, andererseits jedoch auch die Wahrung der Eigenständigkeit von ethischer und naturwissenschaftlicher Fragestellung. Ein Aspekt dieser Spannung ist die Notwendigkeit, in der Bioethik eine solche Verbindung zwischen *ethischem „Sollen"* und *naturwissenschaftlichem „Sein"* herzustellen, bei der die Unterschiede zwischen diesen beiden logischen Bereichen auch in der ethischen Standpunktbestimmung gewahrt bleiben. Dabei soll es jedoch möglichst dennoch gelingen, eine nachvollziehbare Beziehung zwischen diesen beiden Seiten auszuweisen. Mit der Kontaktnahme zu den Naturwissenschaften, die den Anwendungsaspekt der Bioethik ausmacht, ist dann – so bringen es die Punkte drei und vier zum Ausdruck – ein möglicher Konflikt zwischen dem *Allgemeinheitsanspruch* einer sich als Wissenschaft verstehenden Ethik einerseits und dem *Konkretisierungsanspruch* einer sachgerechten und relevanten Untersuchung mit umsetzbaren Handlungsanweisungen andererseits gegeben.

Diese in der Sache liegenden Konfliktzonen haben auf mehreren Ebenen der Bioethik Auswirkungen: *Erstens* wäre für die theoretische – metaethische – Ebene zu fragen, wie der aufgezeigte Konflikt zwischen Allgemeinheitsforderung und Anwendungsforderung zu lösen ist. Dabei ist diese Frage latent von dem Grundlagendisput um Universalismus und Relativismus (vgl. etwa Herskovits 1947 oder Patzig 1971) in der Ethik tangiert. Ebenfalls theoretisch ist die *zweite* Frage nach der Anbindung der ethischen Analyse an die fachwissenschaftlichen Handlungszusammenhänge, wenn man sie als Frage nach der Verbindung zwischen Sollen und Sein versteht. Praktisch, im Sinne von methodologisch *und* methodisch, wird diese Frage *drittens*, wenn man nach den adäquaten Verfahren sucht, die eine solche Anbindung der Ethik an die Fachwissenschaften gewährleisten. Damit ist der Grundlagendisput um kasuistische *und* kontextuelle Ansätze einerseits sowie universalistische Ansätze andererseits betroffen. Plakativ formuliert geht es um die Verbindung von Gesetz und Einzelfall.

---

4 In diesem Sinne betont Wandschneider „daß die ethische Frage nach dem richtigen Handeln unvermeidlich ist, sobald, wie beim Menschen, überhaupt Vernunft im Spiele ist, und daß dasjenige, was ethisch richtig und falsch ist, nicht durch Gefühl oder durch Macht, sondern allein rational begründet werden kann. [...] Ethische Prinzipien haben solchermaßen [...] universellen Charakter." (Wandschneider 1991, 258)

Noch praktischer, im Sinne eines lebenspraktischen Selbstverständnisses der Akteure im bioethischen Diskurs, wird die Frage *viertens*, wenn man sie unter dem Gesichtspunkt des inter- respektive transdisziplinären Charakters der Bioethik – als Interdisziplin zwischen den Fachkulturen von Philosophie und Biowissenschaft – versteht. Welche Expertise benötigt unter diesen Voraussetzungen eine Expertin für Bioethik?

Zudem ist die Beschränkung auf biowissenschaftliche und philosophische Zuständigkeiten wohl nicht gerechtfertigt, denn auch rechtliche, politische, religiöse, psychologische und lebensweltliche Gesichtspunkte sind für nahezu alle bioethischen Fragestellungen einschlägig. Darüber hinaus überschreiten die bioethischen Fragen nicht nur die innerwissenschaftliche Grenze zwischen Grundlagenforschung und Anwendung, sondern es werden im Kontext der Anwendung auch externe gesellschaftliche Einbindungen der Wissenschaften deutlich, so dass bioethische Fragen immer auch öffentliche Fragen sind. Somit verbleiben sie niemals im geschlossenen Bereich fachwissenschaftlicher Expertise – und auch die Bioethik repräsentiert in diesem Sinne eine fachwissenschaftliche Spezialisierung (vgl. Schäfer 1999, 29). Für diesen Punkt spricht zudem, dass eine Reihe aktueller Problemfelder der Bioethik grundsätzliche Aspekte menschlicher Existenz und menschlichen Selbstverständnisses betreffen, so dass auch in dieser Hinsicht eine Einbindung *aller* Betroffenen zu fordern wäre. Damit ist einerseits der bioethische „Experte" in vielen bioethischen Konfliktfällen mindestens in zweierlei Hinsicht involviert: qua Experte in bioethischen Sachfragen sowie grundsätzlicher qua menschliches Wesen als möglicher Betroffener der zu diskutierenden Entwicklung. Andererseits büßt die Expertenrolle der Bioethikerin unter diesem Gesichtspunkt ihren exponierten Status im Diskurs ein.[5]

Im Folgenden wird es um diesen Fragenkatalog gehen. Nicht alle Aspekte des angesprochenen Problemfeldes können dabei umfassend und im Detail gewürdigt werden. Interessanterweise eröffnet sich jedoch ein allgemeiner Ausblick auf eine mögliche Lösungsoption für alle der genannten Konfliktdimensionen und -ebenen, wenn man einen kontextualistischen oder zumindest einen kontextsensitiven Standpunkt einnimmt. Aus diesem Grund wird im folgenden Abschnitt, ausgehend von wissenschaftsphilosophischen Überlegungen zur Kontextualisierung von Wissenschaft, nach den moralisch-praktischen Konsequenzen eines solchen

5 Auf die Notwendigkeit, den distanzierten Standpunkt des Beobachters aus der Metaperspektive einer sozialwissenschaftlichen oder philosophischen Analyse mit dem teilnehmenden Standpunkt eines Akteurs unter anderen im Diskurs zu kombinieren, haben hinsichtlich der Nachhaltigkeitsdebatte Ott und Döring (2006, 91) hingewiesen. Allgemein für den Fall der Umweltethik hat Ott (1996, 93) bereits in seinem Ebenenmodell die zu unterscheidenden und dennoch stets miteinander interagierenden Sprecherrollen des Ethikers, des Experten für angewandte Ethik und des rechtskundigen Staatsbürgers dargelegt.

Ansatzes gefragt. Es werden im Anschluss daran kontextualistische Lösungsangebote für die genannten Hauptkonfliktzonen zwischen „Sein und Sollen" sowie „Gesetz und Einzelfall" erörtert. In diesem Zusammenhang wird auch die Frage nach dem Status und der Funktion von biowissenschaftlichen „Fakten" im Kontext bioethischer Fragestellungen beantwortet. Aus dieser Bestimmung ergeben sich zwangsläufig eine Richtlinie für das methodische Vorgehen der Bioethik sowie zugleich ein Hinweis auf die Rolle des bioethischen „Experten". Durch die Ausrichtung auf Grundsätzliches hat die folgende Erörterung programmatischen Charakter. Es geht hier vor allem um die Suche nach einem angesichts der aufgewiesenen Grundspannungen gangbaren konsistenten Programm von Bioethik.[6]

2. Der kontextualistische Ansatz

Die einfachste Möglichkeit, die wesentlichen Merkmale des kontextualistischen Ansatzes darzulegen ist, sich am wissenschaftsphilosophischen Verständnis zu orientieren. Dabei werden die Besonderheiten des kontextualistischen Programms vor allem dann deutlich, wenn man es von den klassischen Vorgaben einer neopositivistischen Deutung von Wissenschaft abgrenzt. Bei einem solchen komparativen Vorgehen überzeichnet man zwar die Unterschiede, aber die resultierende holzschnittartige Kennzeichnung kann dazu beitragen, die Vorzüge des kontextualistischen Ansatzes für das oben skizzierte Problemfeld deutlicher hervortreten zu lassen.

Die *neopositivistische Deutung* von Wissenschaft zeigt sich paradigmatisch in den verschiedenen Entwürfen aus den Reihen des Wiener Kreises und markiert den historischen Beginn einer eigenständigen Wissenschaftstheorie.[7] Als Hauptkennzeichen dieses philosophischen Verständnisses von Wissenschaft kann man folgende Merkmale festhalten: Zentral ist die Fokussierung auf ein logisches oder theoretisches Verständnis von Wissenschaft. Wissenschaft gilt als *logisches System.* Wenn Wissenschaft als System von begründeten Aussagen aufgefasst wird, dann ist es die Aufgabe der Wissenschaftsphilosophie, als eine Wissenschaftslogik zu fungieren. Sie hat nach dem logischen Status wissenschaftlicher Aussagensyste-

6 Einige in diesen Zusammenhang gehörende Fallstudien und Detailerörterungen habe ich in an anderen Orten bereits vorgelegt (Köchy 2002; 2005; 2005b; 2007; 2008b). Insofern verzichte ich im Folgenden auf eine umfängliche Erörterung von Fallbeispielen und konzentriere mich unter Verweis auf diese Studien auf die „große Linie" eines Entwurfs der kontextualistischen Bioethik.

7 Vgl. etwa die Textsammlung „Einheitswissenschaft" (Schulte/McGuinness 1992).

me zu fragen sowie die Einhaltung logischer Standards zu überwachen. Mit diesem Verständnis ist – bei aller Anerkennung der Differenziertheit realer Einzelwissenschaften – ein einheitswissenschaftliches Ideal insofern verbunden, als disziplinäre Vielfalt in methodischer oder begrifflicher Hinsicht mit babylonischer Sprachverwirrung gleichgesetzt wird. Vielfalt markiert so eine negative Entwicklung, die es zu korrigieren gilt. Das Hauptziel der Wissenschaftsphilosophie besteht dann darin, die Mängel begrifflicher Vielfalt und der daraus resultierenden Unschärfe durch die Eindeutigkeit und Verbindlichkeit einer logisch geregelten Idealsprache zu heilen. Bei dieser normativen Vorgabe ist es verständlich, dass der eigentliche Gegenstand der Philosophie nicht konkrete, realhistorische Forschungsprogramme der verschiedenen Wissenschaften sind, sondern vielmehr das der Zeit enthobene Ideal einer Wissenschaft *überhaupt*. Wie die Einbindung der Fachwissenschaften in realhistorische Zusammenhänge ausgeblendet wird, so auch die gesellschaftliche und politische Einflussnahme auf die Wissenschaften oder die psychologischen, sozialen, ökonomischen und politischen Interessen der wissenschaftlichen Akteure.

Diese Konzentration auf den methodo*logischen* Kernbereich und auf die internen Normen begrifflicher Klarheit, technischer Sauberkeit oder der Verantwortlichkeit begründeter Thesen ist mit Blick auf die latente Gefahr einer Ideologisierung und politischen Vereinnahmung der Wissenschaften nachvollziehbar und verdienstvoll.[8] Sie entspricht den schon von Max Weber geltend gemachten Einwänden gegen die Kathederwertung (Weber 1973, 489 ff.; vgl. auch Albert/Topitsch 1971 und Keuth 1991) und ist dem Ziel einer klaren Trennung zwischen Sachfrage und Bewertung verpflichtet. Diese Grenzziehung trifft jedoch die Realitäten der aktuellen Fachwissenschaften nicht adäquat, und sie droht auch, die Verbindung zwischen Wissenschaft und Verantwortung zu kappen. Es ist deshalb wenig verwunderlich, wenn im Anschluss an die auf innermethodologische Aspekte bezogene Kritik von Karl R. Popper (1994) spätestens seit den Überlegungen von Thomas S. Kuhn (1991) eine kontextualistische Erweiterung des Verständnisses von Wissenschaft einsetzt. Schon Kuhn sieht in der Wissenschaft nicht mehr allein ein logisches System von Aussagen, sondern vielmehr ein *soziales System* von Handlungen. Der Theorienwandel im Verlauf der historischen Entwicklung wird nach dieser *Psychologie der Forschung* (Kuhn 1970) weniger durch rationale Argumente bestimmt, die von der Wissenschaftsphilosophie in einer logischen Form zu rekonstruieren wären. Maßgebliches Moment des Theorienwandels in wissenschaftlichen Krisen ist vielmehr ein sozialer Machtmechanismus der Propaganda und Überredung. Ebenso ist die Beharrungskraft wissen-

8 Vgl. dazu auch von kontextualistischer Seite Fleck 1983, 175ff.

schaftlicher Theorien in Zeiten der Normalwissenschaft durch soziale Mechanismen (etwa die Unterdrückung von Kritikern) erklärlich. Trotz dieser Ausdehnung auf die soziale und historische Dimension der Forschung bleibt allerdings Kuhns Ansatz noch insofern dem alten Ideal verpflichtet, als es auch ihm um die theoretischen Anteile der Forschung geht. Nach wie vor ist die Analyse Kuhns dem Theorienwandel gewidmet und durch die Frage nach den Mechanismen der Bewährung und Durchsetzung von Aussagensystemen bestimmt. Eine vergleichbare „Altlast" führt auch der Ansatz von Imre Lakatos mit sich. Auch dessen Vorstellung von Wissenschaft erweitert den Aufmerksamkeitsbereich der Wissenschaftsforschung. Statt um logische Systeme geht es Lakatos um komplexe *Forschungsprogramme* (Lakatos 1970), die neben einem inneren Kern von Theorieannahmen immer eine Peripherie von heuristischen Anwendungsbereichen umfassen. Diese verschiedenen innermethodologischen Sphären (die Lakatos als rational bestimmt) bleiben jedoch auch hier von den gesellschaftlichen, psychologischen und ökonomischen Rahmenbedingungen als externen Einflussgrößen (die nach Lakatos irrational sind) deutlich getrennt.

Erst im Anschluss an Lakatos hat die Science-in-Context-Bewegung (vgl. Lenoir 1992, 172ff.) diese externen Einflüsse in ihrer Wirkung auf die Wissenschaft näher bestimmt und ein *kontextuelles Verständnis* von Wissenschaft etabliert. Dabei wurde immer deutlicher, dass eine klare Grenzziehung zwischen internen (methodologischen) und externen (soziologischen) Aspekten der Forschung unmöglich ist. In kontextueller Perspektive ist Wissenschaft nicht nur *in der* Kultur, sie erweist sich vielmehr selbst *als* Kultur (Daston 2001, 149). Die Konsequenzen dieses kontextuellen Verständnisses zeigen sich im Fall der Biowissenschaften beispielsweise in den Fallstudien von Ludwik Fleck (1980; 1983) oder Timothy Lenoir (1992). Wie sich der wissenschaftliche Erkenntnisprozess aus kontextualistischer Perspektive darstellt, resümiert Fleck:

> Die Erkenntnis kann nicht mehr als Funktion von zwei Komponenten allein verstanden werden, also als eine Relation zwischen dem individuellen Subjekt und dem Objekt. Jede Erkenntnis ist eine soziale Tätigkeit – nicht nur, wenn sie wirklich Kooperation erfordert [...]. Sie ist sozial, weil während jedes andauernden Gedankenaustausches Ideen und Standards erscheinen und wachsen, die an keinen individuellen Autor geknüpft werden können. Es entwickelt sich eine gemeinschaftliche Denkweise, die alle Teilnehmer bindet und die sicherlich jede Erkenntnistätigkeit bestimmt. Deshalb muss Erkenntnis als eine Funktion von drei Elementen verstanden werden: Sie ist eine Relation zwischen dem individuellen Subjekt, dem bestimmten Objekt und der gegebenen Denkgemeinschaft (Denkkollektiv), in dem das Subjekt handelt [...]. (Fleck 1983, 176f.)

Wie ich anderenorts zeigen konnte (Köchy 2008), erscheinen die Biowissenschaften unter kontextualistischen Vorzeichen als komplexe Forschungsprogramme. Sie stellen eine Summe von Handlungen wissenschaftlicher Akteure dar, welche unter bestimmten methodologischen, soziologischen, ökonomischen und historischen Rahmenbedingungen erfolgen. Damit sind die einzelnen Programme der Biowissenschaften nicht nur als spezifische Sprachspiele und Denkstile von Denkkollektiven gekennzeichnet, sondern vor allem als Praxen und Kulturen. Es fächert sich mit dieser Betrachtung hinsichtlich des methodologischen Arbeitsfeldes ein Spektrum auf, das von der Beobachtung über die Darstellung, die modellhafte Formalisierung, die experimentelle Praxis bis hin zur Verallgemeinerung durch Begriffe, Aussagen und Theorien reicht. Zudem wird gerade unter kontextualistischen Vorzeichen ersichtlich, dass die Ausformung biologischer Verfahren immer als Reaktion auf die besonderen Forschungsbedingungen der Biologie verstanden werden muss. Biologie ist nie nur reflexive Tätigkeit oder logische Formalisierung, sondern immer auch eine Form des praktischen Umgangs mit Lebewesen und deren Lebensäußerungen in bestimmten Untersuchungskontexten. Schließlich ist gerade bei einer kontextualistischen Perspektive die Rolle der Forschungsakteure und deren sozialer und institutioneller Organisation zu beachten. Aspekte wie die Frage nach wissenschaftlichen Motiven, psychologischen oder ökonomischen Interessen oder sozialen Mechanismen der Organisation und Macht gewinnen an Bedeutung.

Für unsere Fragestellung ist vor allem die wissenschaftsethische Dimension dieses neuen Verständnisses entscheidend.[9] In dieser Hinsicht ist bedeutsam, dass mit der gewandelten wissenschaftsphilosophischen Perspektive eine Aufhebung der Isolation der Theorie nicht nur in methodologischer Hinsicht verbunden ist. Wie sich die Wechselbeziehung zwischen Theorie und *technischer* Praxis insbesondere vom kontextualistischen Standpunkt aus zeigt, so auch die Verbindung zwischen Theorie, technischer Praxis und *moralischer* Praxis. Aus der traditionellen neopositivistischen Wissenschaftstheorie hingegen resultierte noch eine rigorose Absage an die Ethik. Ethische Reflexionen galten als sinnlose Spekulation über eine nicht existierende Welt von Ideen. Wenn man Normen des wissenschaftlichen Programms formulierte, dann handelte es sich um rein technische Verpflichtungen, um interne Normen der Methodologie. Nur in dieser operationalisierten Form schienen Gebote und Verbote einen intersubjektiv nachvollziehbaren Sinn zu haben. Für alle darüber hinausgehenden Bestrebungen der „Wertphilosophie" führte die logische Analyse des Neopositivismus hingegen zu einem negativen Ergebnis, und die Sätze dieses Gebiets galten als gänzlich sinnlos (Carnap 1986, 367f.).

9 Vgl. zum Folgenden auch die Ausführungen in Köchy 2002; 2005; 2008b.

Da sich im kontextualistischen Ansatz das Verständnis von Wissenschaft jedoch in der Weise gewandelt hat, dass nun Wissenschaften nicht mehr rein als *logische Systeme von Aussagen* verstanden werden, sondern auch als *soziale Systeme von handelnden Akteuren*, ändern sich notwendig die Vorzeichen für die Rolle der Werturteile in der Forschung (Lenk 1991, 15). Wird die soziale Bedingtheit der Wissenschaft anerkannt, so dass etwa die Biowissenschaften auch als historisches und soziales Phänomen und nicht mehr nur als logische Ordnung von Aussagen in den Blick der Philosophie kommen, dann fällt die eindeutige Grenze zwischen internen Normen der Methodologie und externen normativen Einflussgrößen. Es wird nun eine wechselseitige Verbindung erkennbar, die sich auch in dem Mit- und Gegeneinander von verschiedenen Normenkatalogen niederschlägt. Die positive Funktion der bisherigen Abgrenzung zwischen internen (methodologischen) und externen (sozialen) Aspekten, bestand darin, so sahen wir, einen Schutz der Wissenschaften vor deren ideologischer Instrumentalisierung und Vereinnahmung darzustellen (vgl. Keuth 1991, 116ff.). Angesichts der technischen Entwicklungen, vor allem in den Biowissenschaften und der damit verbundenen wachsenden Dringlichkeit der Lösung moralischer Problemlagen (Düwell/Steigleder 2003, 15ff.), droht allerdings die bisherige Grenzziehung unter heutigen Bedingungen in ihr Gegenteil umzuschlagen. Ein Rückzug auf eine klare Trennung zwischen internen Fragen der fachwissenschaftlichen Kompetenz, die höchstens unter den methodologischen Regeln des wissenschaftlichen Ethos zu bewerten wären, und den sich im Anwendungskontext stellenden Fragen der externen Verantwortung von Wissenschaft gegenüber der Gesellschaft erzeugt unter den aktuellen Bedingungen vielmehr den Ruch einer Immunisierungsstrategie der Fachwissenschaftler.

Unter diesem Gesichtspunkt ist dann auch die in der Geschichte der Wissenschaftstheorie deutlich werdende Ausblendung des gesellschaftlichen Entstehungs- und Verwendungskontextes wissenschaftlicher Handlungsvollzüge, Produkte und Erkenntnisse Teil einer problematischen Spezialisierung und Separierung. Zur Lösung der Legitimationskrise des wissenschaftlich-technischen Programms ist es geboten, diese Form von Spezialisierung aufzuheben (Ropohl 1991, 33). Die Ausbildung der Bioethik als eigenständige fächerübergreifende Disziplin ist in diesem Sinne als eine Reaktion auf die Dringlichkeit ethischer Problemlagen in und durch die Fachwissenschaften zu verstehen. Sie bringt zudem ein interdisziplinäres Bedürfnis zum Ausdruck. Die durch die Entwicklungen in Wissenschaft und Technik verursachte *grundlegend neue Qualität* ethischer Fragestellungen bildet deshalb den gemeinsamen Ausgangspunkt vieler früher Programmschriften der Bioethik – von der Zukunftsethik Van Rensselaer Potters (1971) bis zum *Prinzip Verantwortung* (1984) von Hans Jonas.

Mit der kontextualistischen Perspektive auf die Wissenschaften ändert sich also nicht nur die theoretische Bestimmung dessen, was Wissenschaft ist, es werden auch die praktisch-moralischen Konsequenzen wissenschaftlicher Handlungen sichtbar. Wenn Wissenschaften in ihrer wechselwirkenden Beziehung zur Gesellschaft betrachtet werden, dann stellt sich zwangsläufig auch die Frage nach der Verantwortung der Wissenschaften und der Wissenschaftler gegenüber der Gesellschaft in einer neuen Form. Wie es Schäfer formuliert:

> Unter dem Gesichtspunkt, daß die Wissenschaften Machtfaktoren sind, die unser aller Leben beeinflussen, muß man das Verhältnis von Wissenschaft und Gesellschaft anders fassen, als es in der Entgegensetzung in rein theoretischer Perspektive geschieht [...]. (Schäfer 1999, 33)

Die Frage nach der Verantwortung wird jedoch zugleich – da nun die soziale Dimension des Handelns auch für die Bestimmung von Wissenschaft in den Vordergrund tritt – erstmalig als solche innerhalb eines Theorie und Praxis umfassenden wissenschaftsphilosophischen Programms thematisierbar.

3. Sein und Sollen

Die Bioethik als eine anwendungsorientierte Disziplin, so sahen wir, ist auf die Einbeziehung biowissenschaftlicher Erkenntnisse angewiesen. Es geht ihr nicht lediglich darum, formal-allgemeine Reflexionen über Prinzipien und Normen zur Regelung wissenschaftlicher Handlungen vorzunehmen, sondern sie soll auf inhaltlich-konkrete Probleme der Biowissenschaften reagieren und hier zu einzelnen Handlungsoptionen bewertend Stellung nehmen. Für diese Aufgabe muss die adäquate Berücksichtigung des jeweiligen Handlungskontextes notwendig vorausgesetzt werden. Mit der Relevanzforderung im Sinne einer adäquaten Berücksichtigung von Handlungsoptionen, fachwissenschaftlichen Verfahren oder Objektbestimmungen, Zielsetzungen und Motivationslagen der Akteure ist allerdings nicht notwendig bereits die Fokussierung auf das Konkretionsniveau des je einzelnen individuellen Eingriffskontextes vorgenommen. Auch mittlere Niveaus der Verallgemeinerung und Abstraktion können durchaus eine Rolle spielen, so etwa die Berücksichtigung und Differenzierung zwischen verwandten Forschungsansätzen hinsichtlich deren Handlungszielen, Handlungsmitteln oder Handlungskontexten. Beispielsweise sind die Verfahren des therapeutischen und des reproduktiven Klonens bei Betrachtung eines mittleren Niveaus – jenseits der *individuellen Perspektive* je einzigartiger Handlungen und je privater Motivationen einerseits sowie der *globalen Perspektive* einer weltweiten Forschungskonkurrenz andererseits – in vielen methodischen Hinsichten identisch, weichen jedoch in einigen ethisch zentralen Punkten des Handlungsgeschehens voneinander ab. Diese Differenzierung wird vor allem bei Berücksichtigung des Handlungskontextes auf mittlerem Niveau deutlich (Köchy 2005, 80ff.). Bei weitgehender Vergleichbarkeit des methodischen Vorgehens von Laborkollektiven sind in diesem Fall eine Reihe von Unterschieden der Handlungskontexte denkbar, die nicht nur ein je unterschiedliches Selbstverständnis der Akteure zum Ausdruck bringen (praktisch-technischer Kontext der Grundlagenforschung *versus* praktisch-therapeutischer Kontext der medizinischen Anwendung), sondern auch grundsätzlich unterschiedliche Zielsetzungen (Herstellung lebensfähiger Individuen *versus* Herstellung bestimmter Körpergewebe oder aber reproduktive Absicht *versus* therapeutische Absicht) und die auch gänzlich verschiedene Folgen haben können (Erzeugung neuer lebender Menschen *versus* Vernichtung totipotenter Zellen qua Tötung menschlicher Embryonen oder Behandlung einer potentiellen Person als bloßes Objekt eines manipulativen Aktes *versus* möglicher therapeutischer Hilfe für schwerkranke Patienten). Wie bei fachwissenschaftlichen Fragestellungen auch – etwa bei der Beobachtung von tierischem Verhalten (vgl. Hinde 1973, 24ff.) – ist deshalb stets die Mahnung Whiteheads (Whitehead 1979, 7) vor einer *fallacy of misplaced concreteness* zu berücksichtigen, d.h. das jeweilige Analyseniveau der bioethischen Untersuchung ist der Problemlage anzupassen; diese Anpassung bestimmt jedoch die Art der Antwort mit.

In allen Fällen bleibt der Rekurs der Bioethik auf die „Sachlage" der Biowissenschaften relevant. Exemplarisch zeigt dies die Debatte um die verschiedenen Techniken der Reproduktionsmedizin. So ist etwa für die Beantwortung der Frage nach dem moralischen Status menschlicher Embryonen eine ganze Reihe von fachwissenschaftlichen Bestimmungen und Differenzierungen vorauszusetzen (Köchy 2003). Bereits eine detailgenaue und dem embryologischen Kenntnisstand angemessene Präzisierung der ersten embryonalen Entwicklungsschritte (vgl. Damschen/Schönecker 2003, 192f.) ist auf fachwissenschaftliche Daten und Bestimmungen angewiesen. Für diese begriffliche Kärrnerarbeit sind dann allerdings nicht nur terminologische Festlegungen gefordert, sondern es ist zu berücksichtigen, dass die Begriffe stets im Rahmen fachwissenschaftlicher Sprachspiele formuliert werden, d.h. innerhalb bestimmter wissenschaftlicher Traditionen, methodischer Kontexte, Experimentalanordnungen, Laborkulturen etc. (Köchy 2005, 80ff.). So ist beispielsweise für die Debatte um das Klonen nicht nur die Sprachregelung von Embryologie und Stammzellforschung allein bedeutsam (vgl. Beier 2000), sondern vor allem auch die Tatsache, dass es in bioethischer Hinsicht häufig eben nicht nur um die einer Zelle oder einem Zellverband natürlich zukommende Potentialität geht, sondern in einigen entscheidenden Fragestellungen auch um künstliche, durch Eingriffe wie den Kerntransfer erzeugte Potentialitäten (Jaenisch 2004). Für die bioethische Bewertung von Forschungskontexten und Handlungszusammenhängen sind dann Informationen zum Stand der Forschung in den relevanten Fachwissenschaften (etwa Wobus u.a. 2006; Heinemann/Kersten 2007), zur historischen Genese der Forschungsansätze (Gurdon/Byrne 2002) oder zur gesellschaftlichen Einbindung – etwa der rechtlichen Situation (Heyer/Dederer 2007) – miteinander zu kombinieren.

In eine bioethische Bewertung muss also stets mindestens einfließen, von wem, mit welchen methodischen Mitteln, zu welchem Zweck, an welchem Forschungsobjekt welche Handlungen mit welchen möglichen Folgen vollzogen werden. Für diese komplexe Fragestellung spielen offenkundig die jeweiligen biologischen Wissensbestände und Faktenlagen eine entscheidende Rolle. Diese enge Bezugnahme der Bewertung auf die „Sachlage" der Forschung ist jedoch nicht nur problematisch wegen der damit verbundenen Abhängigkeit der Bewertung von einem sich rapide wandelnden Forschungsstand (Damschen/Schönecker 2003, 194) oder wegen der Erschwernis der Bewertung bei zukünftigen Anwendungsoptionen, über die derzeit keine verlässlichen Daten oder Prognosen vorliegen (Düwell/Steigleder 2003, 30; vgl. schon Jonas 1984, 64ff.) und deren Bewältigung zunehmend eine interdisziplinäre Perspektive (Baumgärtner/Becker 2005; Technikfolgenabschätzung 2005) oder eine synthetische Rationalität erfordert (Ropohl 1991, 48ff.). Mit diesem Rekurs auf den „Sachstand" der Bezugsdisziplinen eröffnet sich nach dem oben Ausgeführten vor allem die Gefahr eines *naturalistischen Fehlschlusses*. Es stellt sich das so genannte Sein-Sollen-Problem. Den Ausführungen von Damschen und Schönecker (2003, 205ff.) folgend ist allerdings zunächst zu berücksichtigen, dass die beiden Fehlschlüsse – wie sie George E. Moore und David Hume diskutiert haben – nicht identisch sind. Auch in dem vorliegenden Fall einer Verbindung zwischen bioethischer Bewertung und fachwissenschaftlicher Sachlage geht es ja nicht vorrangig um die von Moore primär gemeinte Identifikation des Attributs „gut" mit anderen Attributen. Es geht vielmehr zunächst ganz allgemein um den von Hume hervorgehobenen Fehler einer Nichtunterscheidung von biowissenschaftlichen „ist"-Aussagen (deskriptiv) und bioethischen „soll"-Aussagen (präskriptiv).

Dieser „is-ought" Fehlschluss liegt jedoch im strengen Sinne nur dann vor, wenn tatsächlich aus einer Prämissenmenge, die *keinerlei* normative Aussagen enthält, eine normative Aussage als Konklusion gefolgert wird. Dieses wäre bei der Kontaktnahme von biowissenschaftlicher Sachlage mit bioethischer Bewertung allerdings nur in dem Fall zu unterstellen, wenn die Sachlage tatsächlich durch *rein* deskriptive, von allen normativen Implikationen freie Aussagen beschrieben würde, etwa so, wie es nach dem neopositivistischen Verständnis durch normativ neutrale Beobachtungs- oder Protokollsätze geschieht. Würde sich hingegen erweisen, dass bereits auf der untersten Ableitungsebene des Ableitungssystems (von deskriptiven zu normativen Aussagen) *einige* Sätze als normativ zu kennzeichnen wären, dann würde man sich im strengen Sinne nicht mehr vom „Sein" zum „Sollen" bewegen. Arne Naess hat diesen Punkt noch verstärkt, indem er eine *rein normative* Ableitungsbeziehung in seinem argumentativen Pyramidenmodell für die tiefenökologische Umweltethik reklamiert (Naess 1997, 201f.). Dieses Konzept ist jedoch nach dem bisher Dargestellten noch zu stark dem Gedanken der Wissenschaftslogik verpflichtet. Statt deshalb im Sinne von Naess ein hierarchisches, rein normatives System von Ableitungen zu unterstellen, ist von kontextualistischer Warte vielmehr davon auszugehen, dass eine innige netzwerkartige Wechselbeziehung zwischen deskriptiven und normativen Elementen innerhalb ganzer Forschungsprogramme besteht (Köchy 1998).

Was dieses konkret – zunächst für die Ebene der Feststellung biowissenschaftlicher Fakten – bedeutet, wird ersichtlich, wenn man die bereits innerhalb des neopositivistischen Ansatzes existierende Kontroverse um den Übergang von Tatsachen zu Aussagen (Es-gibt-Sätze) oder den Status von Beobachtungssätzen (Basis- oder Protokollsatzproblematik) berücksichtigt. Seit Popper (1994, 72, Anm. *2) wurden in diesem Punkt – vor allem in den Konzepten von Kuhn (1991, 123ff.), Lakatos (1970, 99) oder Feyerabend (1978, 161) – die Überlegungen zur theoriengeleiteten Beobachtung gegen die Vorstellung einer simplen Transformation von empirischen Sachlagen in neutrale Deskriptionen vorgebracht. Einerseits nimmt eine Beobachtung erst unter Rekurs auf eine Theorie Gestalt an, und andererseits sind Theorien durch ihre Datenbasis stets unterbestimmt (Lenoir 1992, 172). Eine neutrale Beschreibung eines Sachverhaltes existiert demnach nicht. Immer sind (normative) Überlegungen des theoretischen Rahmens für die Konstituierung fachwissenschaftlicher Daten und deren Darstellung oder Vermittlung mit verantwortlich.

Eine aus kontextualistischer Perspektive geführte Kritik an der Vorstellung reiner und neutraler Beobachtung sowie der „Objektivität" fachwissenschaftlicher Daten lässt sich in Orientierung an Ludwik Fleck (1983, 59 ff.) vorbringen. Fleck wendet sich gegen den von positivistischer Warte behaupteten logisch eindeutigen und rein deskriptiven Status von Beobachtungen sowie gegen die Idealisierung eines unproblematischen, weil eindeutigen Übergangs von der Beobachtung zum Begriff. Seine Argumente gewinnt Fleck aus der Analyse realer Beobachtungs- und Forschungskontexte in verschiedenen Forschungsprogrammen der Biowissenschaften. Am positivistischen Ideal kritisiert Fleck erstens, dass hier verallgemeinernd von Beobachtung *überhaupt* ausgegangen wird und dass von metatheoretischer Warte aus eine eindeutige methodologische Bewertbarkeit von „guten" (wissenschaftlichen) und „schlechten" (unwissenschaftlichen) Beobachtungen unterstellt wird. Eine allgemeine Fähigkeit der Beobachtung existiert nach Fleck jedoch nicht. Man hat es vielmehr stets mit Beobachtungen zu tun, die mit einem bestimmten Wissenszweig übereinstimmen oder eben nicht. Beobachtung erweist sich als disziplinen- und kontextspezifische Fähigkeit. Der zweite Einwand betrifft die im neopositivistischen Ansatz vollzogene Ausblendung der sozialen Einbindung des Beobachters, seiner fachwissenschaftlichen Ausbildung sowie ganz allgemein der Conditio humana. Vorausgesetzt wird von den Neopositivisten letztlich die göttliche Perspektive des Überblicks. Der ideale wissenschaftliche Beobachter beobachtet alles, besitzt unendlich viel Zeit und ist zudem in der Lage, alle Beobachtungen deutlich zu fassen und sie in Begriffe zu überführen. Diese idealen Bedingungen liegen jedoch in realen Forschungskontexten nicht vor.

Auch die philosophische Untersuchung und die aus ihr abzuleitenden Schlüsse sind deshalb nach Fleck auf die Bedingungen je umschriebener Beobachtungskontexte abzustimmen. Bei dieser Fokussierung auf fachdisziplinäre Beobachtungskontexte ergibt sich dann notwendig eine Differenzierung der jeweils Beobachtenden. Deren Qualifikation kann vom Laien bis zum Experten variieren. So entstehen ein Spektrum je unterschiedlicher Beobachtungen sowie ein Spektrum je unterschiedlicher sprachlicher oder bildlicher Wiedergaben des Beobachteten. Der Experte hat im Laufe seiner Ausbildung eine Fähigkeit zur gerichteten Wahrnehmung entwickelt und ist in der Lage, die für seine Disziplin wichtigen „Gestalten" entsprechend der Standards wahrzunehmen. Zugleich schwinden ihm jedoch im Zuge seiner Professionalisierung die Fähigkeiten, anderes wahrzunehmen. Gerichtete Aufmerksamkeit und spezifische Blindheit sind zwei Seiten derselben Medaille. Naturwissenschaftliche Beobachtung ist deshalb durch fachdisziplinäre Schulung erworben und durch Tradition vermittelt, sie ist nicht ein unmittelbar Gegebenes. Darüber hinaus sind nach Fleck nicht nur die Fähigkeit zur Beobachtung, sondern auch die Möglichkeiten der intersubjektiven Vermittlung des Beobachteten kontextabhängig.

Somit stellen fachwissenschaftliche Beobachtungen, Aussagen und Definitionen keinesfalls eine neutrale – rein deskriptive – Ausgangslage dar. Sie sind vielmehr durch ein umfassendes Rahmengerüst von Normen, Vorannahmen, Theorien, Deutungen und Interessen begleitet. Die Deutung der Welt durch die Biowissenschaften und deren Konstatierung von „Fakten" stellt sich dann ebenso als eine hermeneutische Aufgabe dar, wie die Deutung der Welt in anderen symbolischen Formen auch (Cassirer 1994a III, 474ff.; Cassirer 1994b, 192; Cassirer 1996, 315ff.). Insofern steht auch die naturwissenschaftliche Weltauffassung unter den Bedingungen der Hermeneutik (vgl. Köchy 2008b, 195; vgl. Poser 2001, 209ff.). Gleiches gilt dann für die Deutung der naturwissenschaftlichen Bestimmungen durch die Bioethik. So sind einerseits die hermeneutischen Rahmenbedingungen in der bioethischen Bezugnahme auf die Biowissenschaften zu berücksichtigen, andererseits muss, da sich das Erkenntnisinteresse von Fachwissenschaftler und angewandter Ethikerin unterscheiden kann, auch diese mögliche Differenz berücksichtigt werden und kann das Ergebnis des Deutungsprozesses beeinflussen. So hat die Ethikerin die (normativen) Rahmenannahmen des biowissenschaftlichen Sachstandes für ihre Untersuchung insofern mitzuberücksichtigen, als sie beispielsweise nicht einfach voraussetzen kann, mit dem Rekurs auf die biowissenschaftliche Bestimmung sei bereits ein Grad an Legitimation der eigenen Analyse erreicht, den man mit dem Begriff „Objektivität" kennzeichnen könnte. Sie kann sich nicht auf den fachwissenschaftlichen Sachstand als natürlich-objektive Basis berufen, um damit die Geltungsansprüche ihrer eigenen methodologischen und ethischen Bestimmung abzusichern. Täte sie dieses, dann würde sie genau in der Weise einen naturalistischen Fehlschluss begehen, wie ihn Dieter Birnbacher (1997, 222) dargestellt und zu Recht kritisiert hat.

So notwendig der Rekurs auf den Erkenntnisstand der Fachwissenschaften für die Beantwortung bioethischer Fragen deshalb ist, er ist immer unter Berücksichtigung seiner kontextuellen Bedingungen vorzunehmen. Dabei sind auch die oben genannten Ausblendungen im Zuge des fachwissenschaftlichen Professionalisierungsprozesses bedeutsam. Beispielsweise ist der unter bioethischen Vorzeichen vorausgesetzte Informationsbegriff ein ganz anderer als der fachwissenschaftliche – etwa der bei der Bezeichnung „genetische Information" vorausgesetzte (Janich 2001, 75). Bei der Debatte um das Recht auf Wissen oder Nichtwissen oder um die mit Wissen einhergehenden Verantwortlichkeiten wird in ethischer Hinsicht stets ein Geltungs- und Sinnhorizont unterstellt, wobei das hier veranschlagte „Wissen" eben nicht nur unter logisch-methodologischen Gesichtspunkten bewertet werden soll, sondern vor allem unter ethischen Gesichtspunkten (vgl. etwa Bayertz/Ach/Paslack 2001). Fachwissenschaftlich hat man es hingegen gerade bei der Verwendung der Begriffe „genetische Information" oder „genetisches Programm" mit Konzepten zu tun, die explizit auf Sinnfreiheit angelegt sind. Dieses macht erneut vor allem die Untersuchung des historischen Kontextes der Genese (*context of justification*) des Begriffsfeldes „genetische Information" deutlich (Kay 1994; Kay 2001; Rehmann-Sutter 2005, 50ff.).

Bedeutender noch wird diese Kontextgebundenheit, wenn man berücksichtigt, dass unter kontextualistischen Vorzeichen ja nicht fachwissenschaftliche Begriffe und Bestimmungen allein, sondern immer Handlungskontexte in den Blick geraten. Stets geht es um reale Handlungen in Labor, Klinik oder Lebenswelt, die mittels bestimmter Techniken, Apparate und Instrumente gegenüber bestimmten Forschungsgegenständen oder Personen vollzogen werden. Bei Berücksichtigung dieses Handlungskontextes relativiert sich allerdings der vermeintliche Verlust einer „objektiven“ Basis. Einerseits geraten überhaupt erst die Biowissenschaften als Aufgabenfeld der angewandten Ethik in den Blick, denn nun geht es nicht mehr um die methodologische oder logische Untersuchung von Aussagensystemen allein, sondern erstmals wirklich um Untersuchung ethisch relevanter Handlungssysteme. Nur unter kontextualistischen Vorzeichen ist die soziale Handlungsdimension der Akteure in den Biowissenschaften angemessen gewürdigt. Andererseits wird damit deutlich, dass sich der Objektivitätsanspruch der ethischen Analyse ja nicht allein auf die „sachliche“ Basis im Sinne von Tat*sachen* bezieht, sondern eben auf *Tat*sachen, also auf die im Kontext der Handlung vollzogene Änderung in der Welt. Für deren Bewertung bildet dann genau die Einsicht in die methodologische Bedingtheit von Sachaussagen, die unter logischer Perspektive als negatives Moment der Relativierung und Unsicherheit erscheint, die angemessene Basis der Verbindlichkeit. Zugleich büßt unter methodologischen *Gesichtspunkten des Kontextes* die Differenz von Sein und Sollen die Brisanz ein, die sie unter rein logischen *Gesichtspunkten der Konsistenz* hat. Nun wird deutlich, dass der Übergang von fachwissenschaftlichem Sachstand zu ethischer Bewertung nur bedingt als Übergang von der deskriptiven zur präskriptiven Sphäre verstanden werden kann. Vielmehr stellen schon wissenschaftliche Forschungsprogramme selbst komplexe Normenkataloge dar. Schon hier sind neben methodologischen Normen auch Normen des wissenschaftlichen Ethos und genuin ethische Normen relevant (Schmidt 1971; Merton 1972). In keinem Fall bewegt man sich also beim bioethischen Faktenbezug von rein deskriptiven Prämissen hin zu normativen Konklusionen.

4. Gesetz und Einzelfall

Mit der letzten Feststellung sind wir bereits zum nächsten Punkt unserer Untersuchung übergegangen. Der kontextualistische Ansatz birgt offensichtlich ein Moment des *Relationalen*, des Bezuges einer Handlung und deren Bewertung zum konkreten Umfeld dieser Handlung mit ihren je bestimmten Gegebenheiten. Dieses Moment kann unter bestimmten Hinsichten als *Relativierung* fester Bezugspunkte verstanden werden. Während das logische Verständnis der Wissenschaft als Aussagensystem die Sicherheit einer verbindlichen Wahrheit oder einer einheitlichen Wissenschaft verspricht, scheint mit der kontextualistischen Perspektive durch die mit ihr zum Ausdruck gebrachte Kontextgebundenheit aller wissenschaftlichen Erkenntnisformen und -inhalte eine Relativierung von Wahrheits- und Orientierungsstandards notwendig verbunden. Denkt man etwa an Paul Feyerabends provokanten Imperativ „*anything goes*" (Feyerabend 1976; Feyerabend 1980, 97 f.),[10] dann ist diese Befürchtung zumindest nicht abwegig. Mit der Aufgabe aller Bezugsgrößen und aller verbindlichen Orientierungsmaßstäbe wäre dann allerdings auch die primäre ethische Aufgabenstellung, Handlungsorientierung in Konfliktfällen zu bieten, ad absurdum geführt. Der Extrempunkt einer gänzlichen Aufhebung aller orientierenden Normen wäre erreicht. Nicht nur für die Abstraktionsebene allgemeiner Normen und Prinzipien, sondern bereits für die Aufgabe einer Subsumtion von konkreten Konfliktfällen unter die für sie in Anschlag zu bringenden Normen scheint deshalb mit der Forderung nach Berücksichtigung von Handlungskontexten eine Verlagerung zum Einzelnen und Irregulären verbunden. Hier wird eine Konkretisierungsforderung formuliert, die auf gänzlichen Verzicht einer an Allgemeinheit orientierten Wissenschaft – und damit auch einer Ethik als Wissenschaft – hinauszulaufen scheint.

Betrachtet man jedoch solche möglichen Einwände, wie sie gegen die kontextualistische Bioethik erhoben werden könnten, dann ist zunächst zu erwidern, dass *Allgemeinheit* und *Verbindlichkeit* keinesfalls das Gleiche bedeuten. Ein Verzicht auf Allgemeinheit – also auf ein bestimmtes Abstraktionsniveau der Analyse und Anwendungsbreite der Erkenntnisse – ist nicht gleichbedeutend mit dem gänzlichen Verzicht auf die Geltungsansprüche von Urteilen. Darüber hinaus ist hinsichtlich des *Verbindlichkeitsideals* zu berücksichtigen, dass dieses Ideal für die Ethik nicht notgedrungen mit dem Ideal für die Naturwissenschaften oder die Logik identisch sein muss. So kann man sich gerade in ethischer Hinsicht auf eine lange Tradition berufen, die vielmehr eine situationsabhängige Ausrichtung der Ethik fordern würde. Diese Richtung hebt spätestens mit Aristoteles[11] an,

---

10 Gerade im Fall von Feyerabends Position zeigt sich jedoch, dass dieses provokante Postulat eines völligen Verlustes von Maßstäben – oder deren historischer Relativierung und Gleichwertigkeit – letztlich nur aus einer rationalistischen Metaperspektive konstatiert wird. Die „Forschungslogik" selbst folgt dabei weiterhin guten Gründen und sinnvollen Verfahren, nur ist sie eben viel flexibler, pragmatischer und situationsgebundener als es bestimmte wissenschaftsphilosophische Ideale fordern (Feyerabend 1980, 97).

11 Ihre kontextsensitive Ethik verbinden deshalb Krones und Richter (2003, 238) u. a. mit einer Orientierung an Aristoteles. Hier ist – wie Jonsen und Toulmin (1988, 36 ff.) deutlich machen – zudem die gerade im Ansatz von Aristoteles markante Bezugnahme zum prak-

ohne dass damit ein Verzicht auf Verbindlichkeit verbunden wäre. Man beruft sich vielmehr auf ein anderes Verbindlichkeitsideal. Nicht die Verbindlichkeit eines für alle möglichen Fälle geltenden Naturgesetzes ist hier gefordert, wie es das theoretische Wissen zu liefern hat, sondern die Verbindlichkeit einer für konkrete Lebensumstände förderlichen praktischen Klugheit oder aber eines für therapeutische Zwecke guten ärztlichen Handelns. Auch die (klinische oder ethische) Praxis benötigt zwar theoretisches Wissen, muss dieses aber stets im konkreten Fall anwenden können.

Insofern macht Jürgen Habermas' Bezugnahme auf die aristotelische „Logik" von Handlungsformen im Kontext der Debatten um die bioethische Bewertung gentechnischer Eingriffe durchaus Sinn (Habermas 2001, 80 ff.). Dabei ist über Habermas hinausgehend festzuhalten, dass nicht nur die historische Verschiebung in den Handlungslogiken der jeweiligen Fachwissenschaften (etwa der Gentechnik als einer neuen, kombinierten Handlungslogik aus objektivierender Einstellung eines interesselosen wissenschaftlichen Beobachters einerseits und technischer Einstellung eines eingreifenden Akteurs andererseits) für die ethische Analyse bedeutsam ist. Ebenso wichtig ist auch die Feststellung, dass der *ethisch* interessierte Beobachter nach wie vor durch die performative Einstellung des kommunikativ Handelnden innerhalb einer intersubjektiv geteilten Lebenswelt oder aber durch die auf Schutz, Heilung und Verantwortung ausgerichtete Einstellung des moralisch Handelnden zu bestimmen ist. So ist zwar Habermas' Konstatierung einer Auflösung fester Bezüge zwischen bestimmten Handlungslogiken und bestimmten Regionen des Seienden sicher stimmig und ethisch bedeutsam, hinsichtlich der Charakterisierung des ethischen Standpunktes selbst jedoch und der Frage nach der hier zu fordernden Verbindlichkeit ist allerdings immer noch der Unterschied zum naturwissenschaftlichen Ideal einzufordern. So ist der Eindruck eines Verlustes an Verbindlichkeit durch Ausrichtung am kontextualistischen Ansatz der Bioethik zu relativieren. Er trifft vor allem das Verbindlichkeitsideal der logischen Wahrheit oder der naturwissenschaftlichen Objektivität. Beide Ideale relativieren sich jedoch selbst auch für die Naturwissenschaften oder die Logik, sobald man sie von kontextualistischer Warte aus betrachtet.

Zentral im Fall der Debatten um die Berücksichtigung des Kontextes in der Bioethik ist offensichtlich aber auch der eingangs bereits angedeutete Konflikt zwischen dem *Allgemeinheitsanspruch* einer Ethik als Wissenschaft auf der einen Seite und der mit dem kontextuellen Ansatz verbundenen Forderung nach Ausrichtung an den spezifischen Rahmenbedingungen der zur Disposition stehenden einzelnen Hand-

---

tisch-technischen Wissen und der Klugheit (phronesis) des Arztes in medizinischen Fragestellungen auch für die Biowissenschaften insgesamt einschlägig.

lungsoption auf der anderen Seite. Hier stehen sich Gesetz und Einzelfall gegenüber. In dieser Hinsicht beinhaltet der kontextuelle Ansatz auch Momente der Kasuistik (Jonsen/Toulmin 1988)[12]. Auch den kasuistischen Ansatz kennzeichnet die Annahme, Bioethik habe es vorrangig mit der Analyse von Fällen und deren ethisch vertretbarer Lösung zu tun. Ausgegangen wird dabei ebenfalls davon, dass sich ein auf der Ebene von Moraltheorien bestehender Dissens durchaus auf der Ebene der konkreten Entscheidung auflösen kann.[13] Die Plausibilität einer Lösung hängt nach diesem Verständnis von der jeweils konkreten Problemstellung ab und geht bei Änderung der Umstände möglicherweise verloren. Umstände sind deshalb nicht vernachlässigbar oder beiläufig (ebd. 131). Insofern ist eine Berücksichtigung dieser Umstände von entscheidender Bedeutung. Jonsen und Toulmin (ebd. 253f.) sehen deshalb in der Bestimmung der traditionellen Liste von Umständen (wer, was, wann, warum, wie und mit welchen Mitteln) einen zentralen Aspekt der Ausarbeitung eines stimmigen Beurteilungsmodells. Auch in diesem Ansatz werden die jeweiligen Bedingungen der Akteure (*conditions of the agent*) in die Untersuchung aufgenommen.

Wegen dieser Gemeinsamkeiten wäre es möglich, die Einwände gegen die Kasuistik (Steigleder 2003, 163ff.) auch gegen das kontextuelle Programm zu richten. Allerdings werden gerade bei Berücksichtigung dieser Kritik auch die wesentlichen Unterschiede zwischen dem kasuistischen und dem kontextuellen Ansatz erkennbar. Kritik an der Kasuistik kann etwa mit Blick auf die vor allem von Jonsen stark gemachte Ausblendung theoretischer Rahmenannahmen vorgebracht werden. Es wurde allerdings bereits deutlich, dass diese Kritik den *kontextuellen* Ansatz nicht trifft, da eine kritische Prüfung der jeweiligen Rahmenbedingungen biowissenschaftlichen oder ärztlichen Handelns ja gerade eines der Hauptziele dieses Ansatzes ist. Insofern ist die den kasuistischen Ansatz auszeichnende

---

12 So auch Krones und Richter 2003, 238.

13 Dieses setzt auch Hegselmann (1991, 221ff.) in seinem moralischen Bildungsideal voraus, wenn er neben der Einsicht in die logischen oder erkenntniskritischen Forderungen an die ethische Argumentation (Selbsttransparenz, Konsistenz, Kritik, Einsicht in Momente der Ratlosigkeit) sowie pragmatischen Aspekten eben auch darauf setzt, dass einerseits eine Analyse und Strukturierung moralischer Dissense gefordert ist und andererseits die Suche nach übereinstimmenden Konsequenzen bei divergierenden Prämissen oder aber die Suspendierung des weltanschaulichen Hintergrundes zugunsten möglichst neutraler und allgemein zustimmungsfähiger Prämissen. Einen ähnlichen Gedanken scheinen Damschen und Schönecker (2003, 196ff.) zu verfolgen, wenn sie in ihrer „indirekten Strategie" – angesichts des fehlenden Konsenses auf der Ebene von Ethiktypen, ethischer Grundprinzipien oder daraus abzuleitender Handlungsgebote – im Fall der Frage nach dem moralischen Status menschlicher Embryonen auf eine explizite Begründung würdestiftender Eigenschaften verzichten und stattdessen von Aussagen über die Würde von Lebewesen ausgehen, die von (fast) allen Diskussionspartnern anerkannt werden.

Theorieferne kein Kennzeichen, das auch auf den kontextuellen Ansatz zutrifft. Der kontextuelle Ansatz – so sahen wir – ist vielmehr hinsichtlich seines Gegenstandes (der biowissenschaftlichen oder medizinischen Handlungskontexte) als auch hinsichtlich seiner eigenen Standortbestimmung (als einer ethisch geleiteten Fragestellung) von dem umgreifenden Einfluss theoretischer Vorannahmen und philosophischer Rahmenbedingungen überzeugt. Allein die Kritik an einem rein deduktiven Ableitungssystem nach logischem Vorbild teilt der kontextuelle Ansatz mit dem kasuistischen Ansatz.

Eine lehrreiche Relativierung des von der Kasuistik auf den kontextualistischen Ansatz übertragenen Einwands, die Orientierung am Kontext des Einzelfalls sei notwendig unwissenschaftlich, da Wissenschaft immer die Ausrichtung an allgemeinen, regulären oder gesetzmäßigen Phänomenen verlange, gewinnt man, wenn man noch einmal auf die wissenschaftsphilosophischen Überlegungen zur Kontextualität zurückblickt. Bezüglich dieses Punktes ist der Ansatz des Psychologen, Biologen und Philosophen Kurt Lewin aufschlussreich. Da dessen kontextuelles Wissenschaftsbild – bei allen frappanten Unterschieden – viele Gemeinsamkeiten mit dem Ansatz von Ludwik Fleck aufweist, sind seine Reflexionen für unsere Analyse besonders einschlägig. In der Studie *Der Übergang von der aristotelischen zur galileischen Denkweise in Biologie und Psychologie* (1971 [1931/32]) geht Lewin vor dem Hintergrund seiner vergleichenden *Wissenschaftslehre* (Lewin 1983a [1925]; 1983b) der Frage nach, welche Wandlungsprozesse die moderne[14] Biologie und Psychologie bestimmen. Unter *Wissenschaftslehre* versteht Lewin dabei eine Metaanalyse von „Betrachtungsweisen" der verschiedenen Einzelwissenschaften, die jeweils bestimmten Gegenstandssphären korrelieren (Lewin 1983a, 51ff.). Es geht ihm um Abkehr vom einheitswissenschaftlichen Ideal und um Anerkennung der „Vielheit der gegebenen Wissenschaften". Dabei werden diese Einzelwissenschaften nicht als etwas Fixes betrachtet, sondern als sich entwickelnde historische Einheiten. Die Arbeit der Wissenschaftslehre ist für Lewin zwar nicht – wie für spätere kontextualistische Ansätze – mit einer kulturwissenschaftlichen Studie gleichzusetzen und fasst – im Gegensatz zu Fleck und in Anlehnung an den Neopositivismus – Wissenschaften durchaus noch als Satz- oder Problemgefüge auf, reflektiert jedoch bereits über das Verhältnis von Kulturgeschichte und Wissenschaftsphilosophie (ebd. 57) und ist vor allem davon überzeugt, dass die Erfassung von Gegenständen in den Einzelwissenschaften niemals einen isolierten Erkenntnisakt darstellt, sondern stets „eingebettet ist in ein erkenntnistheoretisches *Umfeld*" (Hervorhebung im Original, Lewin 1983a [1925], 68).

14 Lewin bezieht sich auf die Situation in den 1920er Jahren.

Vor dem Hintergrund dieses Ansatzes konstatiert Lewin in der genannten Studie (Lewin 1971 [1931/32]) in Biologie und Psychologie einen Paradigmenwechsel vom aristotelischen zum galileischen Denkstil, wie er ähnlich im historischen Vorlauf bereits in der Physik stattgefunden habe. Die *aristotelische Denkweise* ist demnach – und nur dieser Punkt sei, da für unsere Analyse relevant, hier herausgestellt – durch eine Auffassung von Gesetzlichkeit gekennzeichnet, bei der, weil Gesetzlichkeit nur beschränkt für bestimmte Aspekte der physischen Welt gilt, Belege und Kriterien gefordert sind. Als Kriterien dafür, ob ein Vorgang gesetzlich ist oder nicht, gilt dessen Regelmäßigkeit und Häufigkeit (ebd., 6f.). Die *galileische Denkweise* hingegen ist durch eine umfassende Homogenisierung gekennzeichnet. Hier wird eine allumfassende Einheitlichkeit der physikalischen Welt unterstellt, so dass die Geltung der Gesetze für die gesamte physikalische Wirklichkeit vorausgesetzt ist. Dieses bedeutet für die Frage nach dem Konkreten, dass auch der konkrete Einzelgegenstand gesetzmäßig bestimmt ist und dass umgekehrt das Gesetz am konkreten Einzelfall begrifflich erfasst werden kann (ebd., 11f.).

Überträgt man diese Einsichten nun auf die Biowissenschaften und die Psychologie, so ist nach Lewin der *aristotelische Denkstil* in diesen Disziplinen dadurch gekennzeichnet, dass eine Zufälligkeit des Individuellen unterstellt wird. Lewin sieht diesen Ansatz vor allem in den indeterministischen Strömungen der Biologie zu Beginn des 20. Jahrhunderts repräsentiert. Hier gilt, dass sich Gesetz und Individuum prinzipiell widersprechen (ebd., 15ff.; 20ff.). Auch die Wertschätzung von statistischer Häufigkeit ist ein Aspekt dieses Ansatzes. Für Lewin bringt diese Orientierung an Häufigkeit und Wiederholung erneut zum Ausdruck, dass Gesetzlichkeit eben nicht automatisch zur Natur des Biologischen und Psychischen gerechnet wird und „also nicht ohne weiteres auch für die einmaligen [...] Prozesse Geltung hat“ (ebd., 18). Der *galileische Denkstil* hingegen würde eine unbedingte Allgemeingültigkeit der psychologischen und biologischen Gesetze unterstellen (ebd., 26ff.). Auf der Basis einer allumfassenden Homogenität des Gesamtgebiets psychologischer und biologischer Forschung würde dann auch das „Anspruchsniveau“ dieser Forschung steigen. In diesem Fall würden auch solche Prozesse, die eine ausgeprägte Individualität zeigen, als der begrifflichen Bestimmung und der experimentellen Untersuchung zugänglich erachtet. Der Widerspruch zwischen Gesetz und Individuum wäre damit aufgehoben.

Wendet man diese Überlegungen zum „Anspruchsniveau“ auch auf die Grundsituation der kontextuellen Analyse an, dann lässt sich mit Lewins Beispiel einer psychologischen Untersuchung individueller Verhaltensweisen in konkreten Umwelten Folgendes festhalten: Der besondere Gesichtspunkt der kontextuellen Analyse besteht darin, dass einzelne Ereignisse nicht als (substanzielle) Momente verstanden werden, die nur in ihrer individuellen Vollkommenheit und Einzigartigkeit gewürdigt werden könnten, wobei jede Beziehung und Beeinflussung durch die Umwelt ausgeblendet wird. Statt dieses auf Isolation einzelner (substanzieller) Faktoren des Geschehens gerichteten Verständnisses fordert das kontextuelle Vorgehen vielmehr ein vektorielles oder relationales Verfahren (ebd., 32). Dabei wird die *Beziehung des Ereignisses zu seiner Umgebung* bedeutsam und die Wechselwirkung unterschiedlicher Faktoren des Kontextes wird in die Untersuchung einbezogen. Wie Lewin es formuliert:

> Diese Auffassung über die Dynamik bedeutet nicht, dass die Natur des Gegenstandes nun bedeutungslos wird. Eigenart und Gestalt des jeweiligen Gegenstandes bleiben [...] wichtig. Nur tritt neben den Gegenstand durchaus gleichwertig die Situation, in der er sich befindet. Erst durch die konkrete, Gegenstand und Umgebung umfassende Gesamtsituation sind die Vektoren bestimmt, die die Dynamik jeweils beherrschen. (Lewin 1971 [1931/32], 34)

Das gesamte individuelle Geschehen ist dabei durchgehend für die Erklärung offen, da es als gesetzmäßig verstanden wird.

Überträgt man diese Überlegung vom Verhältnis der Fachwissenschaft zu ihrem Gegenstandsfeld auf die Metaebene des Verhältnisses der Bioethik zu ihrem Gegenstand (Handlungskontexte der Fachwissenschaften), dann gilt auch hier: Mit der Ausrichtung auf je konkrete Handlungskontexte (Handlungen in deren jeweiliger Umgebung) ist keinesfalls eo ipso der Verzicht auf Allgemeingültigkeit oder Gesetzmäßigkeit verbunden. Lewins kontextuelle Betrachtung zeigt vielmehr gerade das Gegenteil. Im Gegensatz zur Auffassung, Kontextualisierung bedinge notwendig einen Verzicht auf Gesetzmäßigkeit, wird ersichtlich, dass gerade beim kontextuellen Ansatz erstmalig ein *Anspruchsniveau der Untersuchung* formuliert ist, bei dem auch das Konkrete unter der Annahme umfassender Gesetzmäßigkeit betrachtet wird. Mit dem neuen Anspruchsniveau wird der Verzicht auf Erklärung des einzelnen und situationsgebundenen Geschehens aufgehoben. Kontextuelles Denken – so zeigt dieses Beispiel aus der Wissenschaftsphilosophie – muss nicht Verzicht auf wissenschaftliche Erklärung des Phänomens bedeuten. Übertragen auf die Bioethik heißt das: Die kontextuelle Bioethik ist auch insofern keine Kasuistik, als ihre Ausrichtung auf den jeweiligen Kontext eines Handlungszusammenhanges nicht schon eine Absage an die allgemeingültige ethische Bewertung bedeutet.

5. Bioethik im Kontext

Was ändert sich nun durch diese Überlegungen zur kontextualistischen Ausrichtung der Bioethik für die Arbeitsweise in bioethischen Fragestellungen? Oder anders gefragt: Über welche Kompetenzen müsste eine Bioethikerin, ein Bioethiker verfügen, um diesem Programm angemessen nachkommen zu können? Zieht man die Konsequenzen aus den bisherigen Überlegungen, dann kann man feststellen, dass einige grundsätzliche Aspekte in allen unterschiedlichen Ansätzen, Methoden und Positionen der Bioethik gleichermaßen Berücksichtigung finden müssen. Als eine dieser grundsätzlichen Forderungen an die Bioethik *überhaupt* hat zu gelten, so stellten wir eingangs fest, dass sie einen engen Bezug auf Sachlagen und Handlungskontexte der einschlägigen Fachwissenschaften realisieren muss. Dieser Aspekt gilt natürlich auch für das kontextualistische Programm, erhält jedoch in diesem ein besonderes Gewicht, da hier davon ausgegangen wird, dass in umfassender Weise verschiedenste Aspekte des Handlungskontextes Berücksichtigung finden müssen, wenn es darum geht, eine angemessene ethische Beurteilung von Handlungen vorzunehmen. Aus diesem Bezug auf die konkreten Handlungskontexte der Biowissenschaften ergibt sich generell, dass bioethische Experten die Aufgabe haben, ihre Fragestellungen und Antworten nicht allein unter *formalen Gesichtspunkten* – auch nicht denen einer „reinen" ethischen Bestimmung – anzugehen. Sie sind vielmehr stets auf *inhaltliche Konkretionen* verwiesen, die sich maßgeblich aus den verschiedenen Aspekten der realen Handlungskontexte der Fachwissenschaften in ihrer Anwendung ergeben.

Das bedeutet nicht, dass begriffliche Klärung oder logische Maximen (etwa die der Konsistenz und Folgerichtigkeit der Argumentation) gar keine Rolle in bioethischen Fragen spielten. Auch unter kontextuellen Vorzeichen ist die Klärung bedeutsam, „worüber überhaupt gestritten wird und unter welchen Voraussetzungen dies geschieht" (Damschen/Schönecker 2003, 189). Präzise Analyse der Argumente und deren kritische Durchmusterung gehören somit eindeutig zum Aufgabenfeld auch der kontextuellen Bioethik und damit auch zum Kompetenzspektrum, über das ein „Experte" in Sachen Bioethik verfügen sollte. Wie es Rainer Hegselmann (1991, 221ff.) in seinem „moralischen Bildungsideal" treffend formuliert hat, sind die Befähigung zu Identifizierung, Präzisierung und Systematisierung grundlegender Werte, zur Konsistenz moralischer Überzeugungen und zur systematischen Infragestellung moralischer Konflikte *logisch-epistemische Schlüsselqualifikationen* für eine erfolgreiche Arbeit in der Wissenschaftsethik.[15]

15 Mit Blick auf die Medizinethik nennt Sass (1999, 15) als positive Ergebnisse medizinethischer Schulung deshalb auch „Analyse und Bewertung von Wertkonflikten", „Kompetenz

Deutlich wurde jedoch auch, dass vor allem unter kontextualistischen Vorzeichen der bioethische Bezug auf „Sachstände“ (Handlungen, Begriffe, Praxen, Techniken, instrumentelle Bedingungen etc.) der fachdisziplinären Diskurse und Forschungsprogramme unabdingbar wird. Insofern muss *fachwissenschaftliche Expertise* in die bioethische Stellungnahme einfließen. Dabei ist von bioethischer Seite einerseits Auskunft über diese fachlichen Bedingungen gefragt, und andererseits ist ein kritisches Potenzial gefordert, damit die erhobenen Informationen entsprechend der oben aufgezeigten Rahmenbedingungen hinterfragt und gewürdigt werden können. Diese Dimension des kritischen Infragestellens läuft – neben einer grundlegenden Schulung in Sachen Kritik oder Urteilsvermögen (wobei letzteres nach Kant wohl weniger eine Angelegenheit der Schulung ist als vielmehr der lebensweltlichen Bildung und Erfahrung) – letztlich sowohl auf fachwissenschaftliche Kenntnis einerseits als auch auf *wissenschaftsphilosophische, wissenschaftshistorische oder wissenschaftssoziologische Expertise* andererseits hinaus.[16] Zugleich sahen wir, dass Teile des relevanten Kontextes eben auch in soziologische, rechtswissenschaftliche, ökonomische, psychologische etc. Zuständigkeiten fallen. Dieses kann etwa auch die Auswertung von Befragungen und Erhebungen umfassen.[17]

Bereits diese unvollständige Liste verschiedener fachwissenschaftlicher Kompetenzen macht deutlich, dass die Summe all dieser Zuständigkeiten oder gar die Fähigkeit, diese mit Blick auf einen bestimmten bioethischen Konflikt synthetisch zusammenzuführen und konstruktiv für die Lösung von Problemen einzusetzen, die Möglichkeit einzelner Akteure bei weitem übersteigt und deshalb nicht mehr als einen *focus imaginarius* des bioethischen Bildungsideals darstellen kann. Selbst einem solchen Ideal eines bioethischen *uomo universale* gegenüber kann man angesichts der Fülle, des Umfangs, der Dynamik und der Komplexität der geforderten Kenntnisse berechtigterweise skeptisch sein. Bestimmte vorbereitende Schritte – etwa zur Erreichung des bereits genannten moralischen Bildungsideals (Hegselmann 1991), der synthetischen Rationalität (Ropohl 1991) oder einer interdisziplinären Kompetenz (Ropohl 2001; Baumgärtner/Becker 2005; Technikfolgenabschätzung 2005) – allerdings sind trotz notwendiger Separierung, Spezialisierung und Arbeitsteilung wohl gerade in bioethischen Aufgabenfeldern kaum verzichtbar. Über solche *synthetischen Grundkompetenzen* hinaus muss es angesichts der fächerübergreifenden Relevanz und der Komplexität der bioethischen Konflikte dann immer auch darum

für eigene Güterabwägung“, „Verbalisierungsfähigkeit von Wertkonflikten“ oder „Argumentations- und Güterabwägungskompetenz“.

16 Man müsste sogar mit Engels (1999, 13) das Spektrum notwendiger Kompetenzen in diesem Punkt auch um naturphilosophische und anthropologische Kenntnisse erweitern.

17 So das Beispiel der Überlegungen von Krones und Richter (2003, 241ff.).

gehen, die Etablierung einer *Interdisziplin Bioethik* – gewissermaßen als „disziplinäre" Orientierungsmarke eines sich interdisziplinär und kontextualistisch verstehenden Anliegens – sowohl durch die diesbezügliche Ausbildung von bioethischen Experten als auch durch spezifisch bioethische Institutionen zu stärken (Düwell/Steigleder 2003, 33ff.).

Hinsichtlich des bioethischen Expertentums gilt es allerdings zu bedenken, dass *Expertise* (im Sinne einer akademischen und disziplinären Ausbildung als Bioethiker) entsprechend der Bestimmungen Flecks nach kontextualistischem Verständnis mit notwendigen Ausblendungen und „blinden Flecken" einhergeht. Darüber hinaus verbinden die relevanten bioethischen Konfliktfälle ja über die Expertenrolle hinausgehend die Bioethikerin mit Betroffenen und Betroffenenverbänden in der Sache. In dieser Hinsicht ist die bioethische Aufgabe grundsätzlich eine öffentliche Aufgabe. Im Prinzip – und auch dieses ist eine Einsicht, die gerade in kontextualistischer Perspektive wegen der schwindenden Grenzen zwischen internen und externen Bereichen von „Wissenschaft" unübersehbar wird – gehen bioethische Fragen jeden an und transzendieren so notwendig die Grenze zwischen Experten und Laien. Wie es Krones und Richter formulieren:

> Erkenntnis- und handlungsleitend für eine kontextsensitive Ethik ist daher eine gründliche Analyse der Situation, in der alle Beteiligten in ihren eigenen moralischen Urteilsfähigkeiten ernst genommen werden. (Krones/Richter 2003, 239)

Anerkennung der verschiedenen Akteure im Diskurs – vor allem auch der „Laien" – ist somit ebenso ein Element des kontextualistischen Ansatzes wie Zurücknahme und Hinterfragung der eigenen Expertenrolle.

Gerade in kontextualistischer Perspektive wird deutlich, dass Bioethik bei aller Notwendigkeit einer eigenständigen Expertise in Sachen „Ethik", ein *interdisziplinäres Anliegen* ist. Auch in dieser Hinsicht kann man auf die obige Karikatur zweier methodologischer Programme verweisen: Mit dem neopositivischen Modell teilt das kontextualistische Programm dann die Einsicht, dass es nicht mehr der Einzelne sein kann, der in der Lage ist, die Arbeit einer philosophischen Analyse im Alleingang umzusetzen (Carnap 1979 [1928], XIX). Die gemeinsame Arbeit am Problem erfordert stets eine Rechtfertigung und Verantwortung „vor der Gesamtheit der Mitarbeitenden" (ebd.). Nur umfasst diese in bioethischer und kontextualistischer Hinsicht nicht allein die logisch-methodologische Rechtfertigung und den Bezug auf technische Normen der Methodologie. Sie kann sich zudem nicht mehr auf die neopositivistische Selbstverständlichkeit einer unproblematischen und gemeinsam getragenen Basis an normativen, methodologischen, methodischen, epistemologischen oder ontologischen Vorannahmen beziehen. Vielmehr muss sie zugestehen, dass selbst der vermeintlich absolute Standpunkt der Wissenschaft – wie es schon Otto

Neurath einsah – „eine historische Erscheinung wie jede andere ist, deren Abhängigkeit von gesellschaftlichen Umständen nicht deutlich genug zum Bewusstsein gebracht werden kann." (Neurath 1979, 129) Die von der Bioethik geforderte kritische Distanz darf deshalb nicht zu einer Ablösung von anderen Akteuren im Diskurs und deren Positionen führen, so dass der Eindruck einer überlegenen Machtstellung im Diskurs entstünde.

Insofern ist die *kritisch-hermeneutische Kompetenz* zur Infragestellung und Reflexion der Bedingungen des eigenen Spezialistentums mit seinen spezifischen Vorannahmen Teil der bioethischen Aufgabe unter kontextualistischen Vorzeichen. Dazu gehören auch das Zugeständnis von moralischer Ratlosigkeit oder fachlichem Unwissen. Ebenso geht es um die Fähigkeit und den Willen zur Suspendierung der persönlichen Interessen und Wertvorstellungen zugunsten der Suche nach konsensfähigen Lösungen oder aber dem Eingeständnis unlösbarer Dissense. Deshalb bedeutet die Einnahme der kontextualistischen Perspektive in Sachen Bioethik letztlich vor allem eine gewisse *Bescheidenheit*. Wie es Fleck (1983, 178ff.) für die Wissenschaftsphilosophie formulierte, ist ein Denkstil stets eine „gemeinschaftliche Tendenz zu selektiver Wahrnehmung und zu entsprechender geistiger und praktischer Verwendung des Wahrgenommenen". Daraus resultiert: „Der Wissenschaftler wird bescheidener, indem er die begrenzte Rolle des Individuums anerkennt." Die Einsicht in den Denkstilcharakter von Wissenschaften ist deshalb verbunden mit einer gewissen Relativierung der fremden und eigenen Wahrheitsansprüche. Dieses erzeugt in theoretischer Perspektive zwar eine – wie wir sehen konnten nicht im vollen Umfang begründete – Angst vor dem Verlust an verbindlicher Orientierung. Es sollte jedoch vor allem in ethischer Hinsicht das Moment der Bescheidenheit und Zurücknahme eigener Deutungsansprüche im Vordergrund stehen. Unter diesem Vorbehalt hat die Bioethik als eine interdisziplinäre Arbeit dann die Aufgabe, sich um die möglichst adäquate Berücksichtigung der für die ethische Bewertung bestimmter Handlungen bedeutsamen Handlungskontexte zu bemühen.

Literaturverzeichnis

Albert, Hans/Topitsch, Ernst (Hg.) (1971): Werturteilsstreit. Darmstadt.

Baumgärtner, Stefan/Becker, Christian (Hg.) (2005): Wissenschaftsphilosophie interdisziplinärer Umweltforschung. Marburg.

Bayertz, Kurt/Ach, Johann/Paslack, Rainer (2001): Wissen mit Folgen: Zukunftsperspektiven und Regelungsbedarf der genetischen Diagnostik innerhalb und außerhalb der Humangenetik. In: Jahrbuch für Wissenschaft und Ethik 6, 271-307.

Beier, Henning (2000): Zur Problematik von Totipotenz und Pluripotenz. In: Bundesministerium für Bildung und Forschung (Hg.): Humane Stammzellen. Perspektiven und Grenzen in der regenerativen Medizin. Stuttgart/New York, 55-70.

Birnbacher, Dieter (1997): „Natur" als Maßstab menschlichen Handelns. In: Ders. (Hg.): Ökophilosophie. Stuttgart, 217-241.

Carnap, Rudolf (1979 [1928]): Der logische Aufbau der Welt. Hamburg.

Carnap, Rudolf (1986 [1932]): Überwindung der Metaphysik durch logische Analyse der Sprache. In: Spierling, Volker (Hg.): Philosophie des 20. Jahrhunderts. München, 367-376.

Cassirer, Ernst (1994a [1923]): Philosophie der symbolischen Formen. 10. Aufl. Darmstadt.

Cassirer, Ernst (1994b [1956]): Wesen und Wirkung des Symbolbegriffs. 8. Aufl. Darmstadt.

Cassirer, Ernst (1996 [1944]): Versuch über den Menschen. Hamburg.

Damschen, Gregor/Schönecker, Dietmar (2003): In dubio pro embryone. Neue Argumente zum moralischen Status menschlicher Embryonen. In: Dies. (Hg.): Der moralische Status menschlicher Embryonen. Berlin/New York, 187-267.

Daston, Lorraine (2001): Die Kultur der wissenschaftlichen Objektivität. In: Hagner, Michael (Hg.): Ansichten der Wissenschaftsgeschichte. Frankfurt a.M., 137-160.

Düwell, Marcus/Steigleder, Klaus (2003): Bioethik – Zu Geschichte, Bedeutung und Aufgaben. In: Dies. (Hg.): Bioethik. Eine Einführung. Frankfurt a.M., 12-40.

Engels, Eve-Marie (1999): Natur- und Menschenbilder in der Bioethik des 20. Jahrhunderts. Zur Einführung. In: Dies. (Hg.): Biologie und Ethik. Stuttgart, 7-42.

Feyerabend, Paul (1976): Wider den Methodenzwang. Skizze einer anarchistischen Erkenntnistheorie. Frankfurt a.M.

Feyerabend, Paul (1978): Kuhns Struktur wissenschaftlicher Revolutionen. Ein Trostbüchlein für Spezialisten? In: Ders.: Der wissenschaftstheoretische Realismus und die Autorität der Wissenschaften. Braunschweig, 153-204.

Feyerabend, Paul (1980): Erkenntnis für freie Menschen. Frankfurt a.M.

Fleck, Ludwik (1980): Entstehung und Entwicklung einer wissenschaftlichen Tatsache. Einführung in die Lehre vom Denkstil und Denkkollektiv. Frankfurt a.M.

Fleck, Ludwik (1983): Erfahrung und Tatsache. Gesammelte Aufsätze. Frankfurt a.M.

Gethmann, Carl Friedrich (2000): Wissenschaftsethik. In: Lexikon der Bioethik. Bd. 3. Gütersloh, 778-781.

Gurdon, John/Byrne, James (2002): The History of Cloning. In: McLaren, Anne (Hg.): Cloning. Council of Europe Publication. Straßburg, 34-54.

Habermas, Jürgen (2001): Die Zukunft der menschlichen Natur. Auf dem Weg zu einer liberalen Eugenik? Frankfurt a.M.

Hegselmann, Rainer (1991): Wissenschaftsethik und moralische Bildung. In: Lenk, Hans (Hg.): Wissenschaft und Ethik. Stuttgart, 215-232.

Heinemann, Thomas/Kersten, Jens (2007): Stammzellforschung. Naturwissenschaftliche, rechtliche und ethische Aspekte. Freiburg/München.

Herskovits, Melville (1947): Statement on Human Rights. In: American Anthropologist 49, 539-543 (dt.: Ethnologischer Relativismus und Menschenrechte. In: Birnbacher, Dieter/Hoerster, Norbert [Hg.] [1976]: Texte zur Ethik. München, 36-42).

Heyer, Martin/Dederer, Hans-Georg (2007): Präimplantationsdiagnostik, Embryonenforschung, Klonen. Ein vergleichender Überblick zur Rechtslage in ausgewählten Ländern. Freiburg/München.

Hinde, Robert (1973): Das Verhalten der Tiere. Bd. 1. Frankfurt a.M.

Jaenisch, Rudolf (2004): Die Biologie des Kerntransfers und das Potenzial geklonter embryonaler Stammzellen. In: Honnefelder, Ludger/Lanzerath, Dirk (Hg.). Klonen in biomedizinischer Forschung und Reproduktion. Bonn, 221-249.

Janich, Peter (2001): Der Status des genetischen Wissens. In: Honnefelder, Ludger/Propping, Peter (Hg.): Was wissen wir, wenn wir das menschliche Genom kennen? Köln, 70-89.

Jonas, Hans (1973): Organismus und Freiheit. Ansätze zu einer philosophischen Biologie. Göttingen.

Jonas, Hans (1984): Das Prinzip Verantwortung. Versuch einer Ethik für die technologische Zivilisation. Frankfurt a.M.

Jonsen, Albert R./Toulmin, Stephen (1988): The Abuse of Casuistry. A History of Moral Reasoning. Berkeley/Los Angeles/London.

Kay, Lily (1994): Wer schrieb das Buch des Lebens? Information und die Transformation der Molekularbiologie. In: Hagner, Michael/Rheinberger, Hans-Jörg/Wahrig-Schmidt, Bettina (Hg.): Objekte, Differenzen und Konjunkturen: Experimentalsysteme im historischen Kontext. Berlin, 151-179.

Kay, Lily (2001): Das Buch des Lebens. Wer schrieb den genetischen Code? München/Wien.

Keuth, Herbert (1991): Die Abhängigkeit der Wissenschaften von Wertungen und das Problem der Wertfreiheit. In: Lenk, Hans (Hg.): Wissenschaft und Ethik. Stuttgart, 116-134.

Köchy, Kristian (1998): Organologische versus mechanistische Bioethik. Über spezifische ethische Programme bei verschiedenen Lebenstheorien. In: Engels, Eve-Marie/Junker, Thomas/Weingarten, Michael (Hg.): Ethik in den Biowissenschaften. Geschichte und Theorie. Berlin, 41-60.

Köchy, Kristian (2002): Philosophische Grundlagenreflexion in der Bioethik. In: Medizinethische Materialien 135. Bochum.

Köchy, Kristian (2003): Zellen – Organe – Lebewesen. Stufen des Lebensbegriffs. In: Schweidler, Walter/Neumann, Herbert A./Brysch, Eugen (Hg.): Menschenleben – Menschenwürde. Münster/Hamburg/London, 225-242.

Köchy, Kristian (2005): Norm und Kontext. In: Dabrock, Peter/Ried, Jens (Hg.): Therapeutisches Klonen als Herausforderung für die Statusbestimmung des menschlichen Embryos. Paderborn, 69-88.

Köchy, Kristian (2005b): Biologie ohne Philosophie? Zur naturphilosophischen Dimension der Debatte um Differenzierungsgrad und Potenzialität von Stammzellen und Klonen. In: Biospektrum 11/1, 50-52.

Köchy, Kristian (2007): Naturphilosophie und aktuelle Biologie. Das Fallbeispiel der Debatte um die Potentialität von Zellen. In: Falkenburg, Brigitte (Hg.): Natur – Technik – Kultur. Philosophie im interdisziplinären Dialog. Paderborn, 111-128.

Köchy, Kristian (2008): Biophilosophie zur Einführung. Hamburg (im Druck).

Köchy, Kristian (2008b): Wie beeinflussen naturwissenschaftliche Fakten moralische Vorstellungen? In: Brand, Cordula u.a. (Hg.): Wie funktioniert Bioethik? Paderborn, 189-206.

Krones, Tanja/Richter, Gerd (2003): Kontextsensitive Ethik am Rubikon. In: Düwell, Marcus/Steigleder, Klaus (Hg.): Bioethik. Eine Einführung. Frankfurt a.M., 238-245.

Kuhn, Thomas (1970): Logic of Discovery or Psychology of Research? In: Lakatos, Imre/Musgrave, Alan (Hg.): Criticism and the Growth of Knowledge. Cambridge, 1-23.

Kuhn, Thomas (1991): Die Struktur wissenschaftlicher Revolutionen. 11. Aufl. Frankfurt a.M.

Lakatos, Imre (1970): Falsification and the Methodology of Scientific Research Programmes. In: Ders./Musgrave, Alan (Hg.): Criticism and the Growth of Knowledge. Cambridge, 91-196.

Lenk, Hans (1991): Moralische Herausforderung der Wissenschaft? In: Ders. (Hg.): Wissenschaft und Ethik. Stuttgart, 7-24.

Lenoir, Timothy (1992): Politik im Tempel der Wissenschaft. Forschung und Machtausübung im deutschen Kaiserreich. Frankfurt/New York.

Lewin, Kurt (1971 [1930/31]): Der Übergang von der aristotelischen zur galileischen Denkweise in Biologie und Psychologie. Darmstadt.

Lewin, Kurt (1983a [1925]): Über Idee und Aufgabe der vergleichenden Wissenschaftslehre. In: Kurt-Lewin-Werkausgabe. Bd. 1: Wissenschaftstheorie I. Hg. v. Carl-Friedrich Graumann. Stuttgart, 49-79.

Lewin, Kurt (1983b): Wissenschaftslehre, 1925-28. In: Kurt-Lewin-Werkausgabe. Bd. 2: Wissenschaftstheorie II. Hg. v. Carl-Friedrich Graumann. Stuttgart, 319-471.

Merton, Robert (1972): Wissenschaft und demokratische Sozialstruktur, 1957. In: Weingart, Peter (Hg.): Wissenschaftssoziologie 1. Wissenschaftliche Entwicklung als sozialer Prozess. Frankfurt a.M., 45-59.

Naess, Arne (1997): Die tiefenökologische Bewegung. Einige philosophische Aspekte. In: Krebs, Angelika (Hg.): Naturethik. Grundtexte der gegenwärtigen tier- und ökoethischen Diskussionen. Frankfurt a.M., 182-210.

Neurath, Otto (1979): Die neue Enzyklopädie, 1938. In: Ders.: Wissenschaftliche Weltauffassung, Sozialismus und Logischer Empirismus. Hg. v. Rainer Hegselmann. Frankfurt a.M., 120-131.

Ott, Konrad (1996): Wie ist eine diskursethische Begründung von ökologischen Rechts- und Moralnormen möglich? In: Ders.: Vom Begründen zum Handeln. Aufsätze zur angewandten Ethik. Tübingen, 86-128.

Ott, Konrad/Döring, Ralf (2006): Grundlinien einer Theorie „starker" Nachhaltigkeit. In: Köchy, Kristian/Norwig, Martin (Hg.): Umwelt-Handeln. Zum Zusammenhang von Naturphilosophie und Umweltethik. Freiburg/München, 89-128.

Patzig, Günther (1971): Ethik ohne Metaphysik. Göttingen.

Popper, Karl R. (1994 [1934]): Logik der Forschung. 10. Aufl. Tübingen.

Poser, Hans (2001): Wissenschaftstheorie. Stuttgart.

Potter, Van Rensselaer (1971): Bioethics. Bridge to the Future. Englewood Cliffs.

Rehmann-Sutter, Christoph (2005): Zwischen den Molekülen. Beiträge zur Philosophie der Genetik. Tübingen.

Ropohl, Günter (1991): Technologische Aufklärung. Beiträge zur Technikphilosophie. Frankfurt a.M.

Ropohl, Günter (Hg.) (2001): Erträge der Interdisziplinären Technikforschung. Berlin.

Sass, Hans-Martin (1999): Einführung. In: Ders. (Hg.): Medizin und Ethik. Stuttgart 1999, 5-16.

Schäfer, Lothar (1999): Das Bacon-Projekt. Von der Erkenntnis, Nutzung und Schonung der Natur. Frankfurt a.M.

Schmidt, Paul F. (1971): Ethische Normen in der wissenschaftlichen Methode, 1959. In: Albert, Hans/Topitsch, Ernst (Hg.): Werturteilsstreit. Darmstadt, 353-364.

Schulte, Joachim/McGuinness, Brian (Hg.) (1992): Einheitswissenschaft. Frankfurt a.M.

Steigleder, Klaus (2003): Kasuistische Ansätze in der Bioethik. In: Düwell, Marcus/Steigleder, Klaus (Hg.): Bioethik. Frankfurt a.M., 152-167.

Technikfolgenabschätzung (2005): Schwerpunktthema: Metho(dolog)ische Fragen der Inter- und Transdisziplinarität – Wege zu einer praxisstützenden Interdisziplinaritätsforschung. In: Technikfolgenabschätzung. Theorie und Praxis. 14/2, 4-79.

Wandschneider, Dieter (1991): Das Gutachtendilemma – Über das Unethische partikularer Wahrheit. In: Lenk, Hans (Hg.): Wissenschaft und Ethik. Stuttgart, 248-268.

Weber, Max (1973 [1918]): Der Sinn der „Wertfreiheit" der soziologischen und ökonomischen Wissenschaften. In: Ders.: Gesammelte Aufsätze zur Wissenschaftslehre. 4. Aufl. Tübingen, 489-540.

Whitehead, Alfred N. (1979): Process and Reality. New York.

Wobus, Anna u.a. (2006): Stammzellforschung und Zelltherapie. Stand des Wissens und der Rahmenbedingungen in Deutschland. Supplement zum Gentechnologiebericht. Heidelberg/Berlin.

Risikomündigkeit – rationale Strategien im Umgang mit Komplexität

Jochen Ostheimer und Markus Vogt

1. Angewandte Ethik angesichts ungewisser Konsequenzen

Anwendungsorientierte Ethik sucht das Gute in den Folgen einer Handlung und nicht primär in deren Motivation. Die verschiedenen Formen der Folgenbewertung verrechnen Kosten gegen Nutzen. Unsichere Folgen werden dazu probabilisiert: ihr Wert wird mit ihrer Eintrittswahrscheinlichkeit gewichtet. Darauf baut auch das herkömmliche Versicherungsprinzip auf: Schadenshöhe mal Wahrscheinlichkeit ergibt das Risiko. Bewirkt eine Handlung mehrere Folgen, so sind diese insgesamt gegeneinander abzuwägen, um so zu beurteilen, ob die Handlung erlaubt oder verboten ist. All diese konsequentialistischen Methoden basieren auf einer starken Rationalitätsannahme: die Folgen lassen sich absehen. Was aber, wenn sich die Folgen und Nebenfolgen und Nebenfolgen von Nebenfolgen nicht abschätzen lassen?

Genau dies ist unter Bedingungen von Komplexität der Fall. Man denke etwa an die Grüne Gentechnik, d.h. das Ausbringen von genmanipulierten Pflanzen in der Landwirtschaft. Dass es zu Auskreuzungen kommen wird, kann man wissen. Ob diese Veränderungen sich durchsetzen werden, ist unsicher. Was dann passieren wird, ist nicht vorhersehbar.

Komplexität stellt die angewandte Ethik vor grundlegende Methodenprobleme. Komplexe Bedingungen unterwandern die Arithmetik der rationalen Wahl. Nicht bedachte, vielleicht konstitutiv nicht bedenkbare Konsequenzen sprengen eine solche Formel ebenso wie mögliche Schäden, die exponentiell anwachsen. Die prognostische Unkalkulierbarkeit von Risiken in hochkomplexen Wirkungszusammenhängen, in denen die Eintrittswahrscheinlichkeit nicht berechenbar ist, führt dazu, dass sie weder moralisch sanktionierbar noch rechtlich versicherbar sind.[1]

---

1 Vgl. Lübbe 1994, 293f., 296f.

Komplexität, so die Ausgangsthese dieser Überlegungen, treibt den konsequentialistischen Ansatz der anwendungsorientierten Ethik in die Enge. Denn die Folgen verschwinden allzu oft hinter einem „Schleier des Nichtwissens“.[2] Die Konsequenz aus dieser Einsicht sollte jedoch nicht eine Preisgabe der angewandten Ethik durch den Rückzug auf Tugendlehre, die lediglich den Einzelnen in dieser Unübersichtlichkeit zu stärken versucht, oder auf Pflichtenethik sein, die eine verbotene Handlung ohne Bezug auf mögliche Folgen als apodiktisch verboten ablehnt. Erforderlich ist vielmehr eine Methodenreflexion der angewandten Ethik hinsichtlich der Berücksichtigung systemischer und unübersichtlicher Folgen.

Komplexität muss reduziert werden, damit sie bearbeitet werden kann. Komplexität wird im Folgenden zunächst auf naturwissenschaftliche Erklärungsmuster zurückgeführt. Denn die geläufigste Form der angewandten Ethik ist die Technikfolgenabschätzung, die es mit komplexen Zusammenhängen in Bereichen zu tun hat, die Gegenstand naturwissenschaftlicher Forschung sind. Da es sich bei Technik aber um ein soziokulturelles Phänomen handelt, sind auch soziologische Überlegungen zum Komplexitätsbegriff zu bedenken. Vor diesem Hintergrund werden die sich daraus ergebenden Herausforderungen für anwendungsorientierte Ethik unter der Perspektive des Handelns unter Risiko diskutiert. Risiko ist die entscheidungstheoretische Seite der Komplexität. Ziel der Argumentation sind deshalb Kriterien für eine Ethik des Risikos im Sinne des rationalen und mündigen Umgangs mit systematischem Unwissen in komplexen Situationen.

2. Komplexität: ein Rationalitätsproblem für die Ethik

Für den Methodendiskurs der Ethik interessant ist die Frage, ob sich in den verschiedenen Theorien zu komplexen Systemen ein neuer Rationalitätstypus finden lässt, der den Umgang mit Komplexität zu orientieren vermag. Denn eine solche Praxis kann im Unterschied zu Handlungen in linearen Systemen gerade nicht auf einer prognostischen Folgenabschätzung beruhen, sondern nur auf neuen Strukturmustern von Planungs-, Entscheidungs- und Organisationsprozessen.

---

2 Ein Bild, das Rawls (1994, 159ff.), in anderer Hinsicht gebraucht.

2.1 Komplexität in der Natur

In zahlreichen naturwissenschaftlichen Forschungsrichtungen spielt der Begriff der Komplexität eine wichtige Rolle, doch es fehlt eine einheitliche Definition. Damit zusammenhängende und z.T. synonym gebrauchte Ausdrücke sind: Chaos (Edward Lorenz), Synergetik (Hermann Haken), dissipative Strukturen (Ilya Prigogine), Fraktale (Benoît Mandelbrot), nichttriviale Maschinen (Heinz von Foerster), nichtlineare bzw. gleichgewichtsferne Prozesse, Selbstorganisation, *order from noise*, um nur die wichtigsten zu nennen.[3] Hier wird – diesen Facettenreichtum zusammenfassend – Komplexität als Oberbegriff für Systeme, Prozesse und Bedingungen verstanden, die sich nicht vollständig überblicken, berechnen oder vorhersehen lassen.

Der Begriff der Komplexität wird sowohl auf Phänomene des Lebens als auch auf physikalisch-chemisch-mathematische Prozesse bezogen. In biologischer Hinsicht zeigt sich, dass die koordinierten Wechselwirkungen molekularer Strukturen bereits auf der Zellebene so vielfältig sind, dass zu ihrer Ordnung ein Programm oder eine Information erforderlich ist. Als Maß für die Komplexität lebender Systeme kann die Informationsmenge angesehen werden, die nötig ist, um die genetische Information zu entschlüsseln.[4]

Den verschiedenen physikalisch-mathematischen Forschungen ist gemeinsam, dass sie den Vorstellungen der klassischen, von Galilei und Newton geprägten Mechanik widersprechen bzw. ihren Geltungsbereich einschränken. Ein fundamentaler Einwand besagt, dass bestimmte Vorgänge nicht linear verlaufen und irreversibel sind. Damit genügt zur Bestimmung eines Systems nicht, die Lage und Geschwindigkeit der beteiligten Massen zu kennen, sondern man muss auch den jeweiligen Verlauf des Systems beachten; damit wird „Geschichte" zu einer wichtigen physikalischen Größe.

Ein neben der Nichtlinearität weiterer Aspekt von Komplexität ist die in der Thermodynamik vorgenommene Unterscheidung zwischen Zuständen im Gleichgewicht, Zuständen in der Nähe des Gleichgewichts, wo sich Prozesse linear (aber womöglich irreversibel) verhalten, und gleichgewichtsfernen oder nichtlinearen Zuständen. Hier können selbst minimale Schwankungen, die sonst, also in Gleichgewichtsnähe, reguliert und aufgefangen werden können, zu einer neuen Art von Ordnung führen. Diese entsteht durch „Selbstorganisation". Das System findet seine Struktur alleine.[5]

---

3 Vgl. grundlegend Prigogine/Stengers 1993; Küppers 1987a; Briggs/Peat 1993.

4 Vgl. Küppers 1987b, v.a. 21-36.

5 Vgl. Haken 1991, 66.

Während lineare Entwicklungen streng deterministischen Gesetzen folgen, ist in gleichgewichtsfernen Situationen nicht vorhersehbar, wie sich ein System verhalten wird. Es steht gleichsam vor einer Bifurkation (Verzweigung) und muss „sich entscheiden"; es kann mehrere Zustände annehmen. Komplexe Systeme können sich in einer Weise verhalten, die man als spontan oder „frei" bezeichnen könnte.[6] Denn ihre Entwicklung hängt nicht allein von äußeren Bedingungen, sondern ebenso von internen Zuständen ab. Es liegt eine „nicht-triviale Maschine" vor.[7] Werden mehrere Verzweigungen kombiniert, geht das System ins Chaos über. Solche Konstellationen lassen sich beispielsweise in Flüssigkeitsströmen beobachten oder bei Systemen mit stoßenden Kugeln wie z.B. einem Flipperautomaten.[8] Als Geburtsstunde der Chaostheorie gilt die Entdeckung iterativer Lösungen komplexer, analytisch nicht auflösbarer Gleichungen durch den US-amerikanischen Meteorologen und Mathematiker Edward Lorenz in den frühen 1960er Jahren. Im Kontext von Wetterprognosen entdeckte Lorenz, dass winzige Abweichungen in den Anfangsbedingungen bei der Computerberechnung des weiteren Verlaufs aufgrund der Kopplung von Gleichungen bzw. der Überlagerung verschiedener Effekte zu völlig anderen Ergebnissen führen („Schmetterlingseffekt"), und zwar so sehr, dass sich keine lineare Beziehung zwischen Ursache und Wirkung mehr aufstellen lässt.[9]

Komplexe Systeme sind nicht chaotisch im Sinne völliger Ordnungslosigkeit, sondern in ihnen herrscht ein so genanntes „deterministisches Chaos".[10] Sie weisen in verschiedenen Größenordnungen, also skaleninvariant, sich wiederholende Muster der Veränderungsprozesse auf, die sich als geometrische Regelmäßigkeiten abbilden lassen.[11] Der Mathematiker Benoît Mandelbrot hat für solche Gebilde, die eine nicht-ganzzahlige Dimension aufweisen, die Bezeichnung „Fraktal" geprägt. Beispiele für derartige selbstähnliche Figuren in der Natur sind Wolken, Gebirgsformationen oder die Verästelungen des menschlichen Blutgefäßsystems. Da die Berechnung solcher in verschiedenen Größenordnungen selbstähnlicher

---

6 Derartige anthropomorph klingende Formulierungen sind solange berechtigt, als sie im Bewusstsein der Analogie geäußert werden und nicht Eigenschaften, die als genuin menschlich betrachtet werden, auf nichtmenschliche Phänomene übertragen. Sie sind sinnvoll, um komplizierte Sachverhalte nicht nur durch mathematische Formeln und Graphiken, sondern auch sprachlich verständlich darstellen zu können.

7 Vgl. Foerster 1993, 211-232, 357-363. Als Maschinen bezeichnet Foerster in Anlehnung an Alan Turing nicht primär mechanische Gebilde, sondern alles, was in der Form logisch-mathematischer Schemata ausgedrückt werden kann.

8 Vgl. Schuster 1994; Prigogine/Stengers 1993, 169-171.

9 Vgl. Briggs/Peat 1993, v.a. 96-101.

10 Vgl. Küppers 1987b, 18f.; Haken 1991, 74-79.

11 Vgl. Briggs/Peat 1993, 127-165.

Strukturen numerische Iterationsverfahren erfordert, lassen sich chaotische Ordnungsstrukturen nur mit Hilfe von Computern berechnen. Das ist ein technischer Grund dafür, dass die Chaostheorie erst in jüngster Zeit eine praktische Bedeutung gewinnen konnte.

Mit Blick auf Erkenntnis und Methode der Naturwissenschaften heißt dies, dass das „Universum der Genauigkeit“[12] der klassischen Mechanik mit ihrer Annahme einer absoluten Rationalität und damit einer vollständigen Erkennbarkeit der Welt zumindest nicht mehr als universal gültig angesehen werden kann. Häufig sind statistische Aussagen die einzig möglichen und folglich gegenüber dem Ideal der Eindeutigkeit nicht defizitär, sondern von einer angemessenen Genauigkeit. Zudem ist zu beachten, dass es in manchen Fällen nicht, zumindest nicht a priori klar ist, was genau zum System gehört, welches Verhältnis das System zu seiner Umwelt unterhält und welche Umweltbedingungen relevant sein können. Insofern sind Experimente eine „Wette“ oder ein „Glücksspiel [...], bei dem es um die Relevanz der Fragestellung und um die Zulässigkeit der Vereinfachung geht.“[13] Diese Überlegungen haben wiederum Auswirkungen auf die anderen Wissenschaften, die sich seit der Aufklärung am mathematisch-naturwissenschaftlichen Ideal, etwa unter dem Titel *more geometrico* oder *more mathematico*, orientiert haben. So könnte beispielsweise der *homo oeconomicus* letztlich dem Denkhorizont der klassischen Mechanik zuzurechnen sein. Denn es handelt sich um eine idealisierte Figur (ähnlich wie ein Idealkörper mit einer Idealbewegung, d.h. ohne Reibung), bei der individuelle Randbedingungen, die persönliche Geschichte oder „qualitative“ Eigenschaften vernachlässigt werden können. Ein Akteur gleicht in seinem Verhalten dem anderen. Deswegen können ihre Handlungen oder Präferenzen aggregiert und z.B. unter das Prinzip der rationalen Entscheidung subsumiert werden.

Eine wichtige Rolle bei komplexen Systemen spielen Rückkopplungsmechanismen. Bei einfachen oder linearen Systemen sorgen negative Rückkopplungen dafür, dass das System sich nur innerhalb einer bestimmten, stabilen Bandbreite verhält. Ein Pendel beispielsweise wird in seiner Aufwärtsbewegung von der Schwerkraft gebremst und schließlich wieder zurückgezogen; es schwingt – mit abnehmender Amplitude – weiter, bis es schließlich in seinem Ruhepunkt (einem punktförmigen Attraktor) verharrt. Viele natürliche Prozesse und auch Technologien beruhen auf diesem Prinzip; am bekanntesten ist vielleicht der Heizungsthermostat. Positive Rückkopplungen dagegen führen zu einem Aufschaukelungskreis, Abweichungen verstärken sich selbst und werden immer größer, was dann

12 Prigogine/Stengers 1993, 325, vgl. zudem 302ff., 316.

13 Prigogine/Stengers 1993, 310, vgl. zudem 304, 47ff.

etwa in einer Resonanzkatastrophe enden kann. Das System zerstört sich selbst durch seine Schwingungen.

2.2 Komplexität in der Gesellschaft

Rückkopplungen sind ein entscheidender Mechanismus zur Steuerung von Systemen, womit sich die Kybernetik und die allgemeine Systemtheorie befassen. Zahlreiche Prozesse in der Natur werden über derartige Vernetzungen reguliert und sind darin z.T. grundsätzlich nicht voraussagbar. Doch auch soziale Vorgänge lassen sich mit diesem Muster beschreiben, wie insbesondere die systemtheoretisch geprägte Soziologie etwa von Talcott Parsons oder Niklas Luhmann zeigen, die viele Anregungen aus der kybernetischen Forschung (z.B. Gregory Bateson, Heinz von Foerster[14]) und aus der (Neuro-)Biologie (vor allem das Konzept der Autopoiesis und der operationalen Geschlossenheit von Humberto Maturana und Francisco Varela[15]) aufgenommen haben.

Luhmann, der die Forschungen und Entwicklungen in der allgemeinen Systemtheorie wohl am konsequentesten in die Soziologie übernommen und dort weiter entfaltet hat, bestimmt Komplexität über die beiden Begriffe Element und Relation.[16] Was dabei jeweils als Element fungiert, wird vom System selbst bestimmt. Elemente können daher auch prozesshaft, d.h. als Operationen gedacht werden; im Bewusstseinssystem als Gedanken, in sozialen Systemen als Kommunikation. Komplexität entsteht dadurch, dass es ab einer bestimmten Schwelle nicht mehr möglich ist, jedes einzelne Element mit jedem anderen in Beziehung zu setzen; Systeme können daher unterschiedlich komplex sein. Ein grundsätzliches Komplexitätsgefälle besteht zwischen System und Umwelt: Die Umwelt ist stets komplexer. Das System verfügt nie über die „erforderliche Vielfalt“[17], um die Umwelt im Sinne des Adäquationsprinzips abzubilden.

Wegen der Beschränkung der möglichen Verbindungen bedeutet Komplexität Selektionszwang und geht stets mit Kontingenz einher. Denn es wären immer auch andere Relationierungen möglich gewesen. Zugleich kann die Reduktion von Komplexität dazu dienen, eine neue, spezifische Komplexität aufzubauen. Die Sprache beispielsweise lässt nur sehr wenige Zeichen (Buchstaben, Worte) und Zeichenverbindungen (Worte, Sätze) als sinnvoll zu. Doch genau diese Vereinfachung ermöglicht es, die Welt im Medium der Sprache gleichsam neu und in neuer Weise zu errichten.

---

14 Vgl. Bateson 1987; 1992; Foerster 1993.

15 Vgl. Maturana 1985; Maturana/Varela 1987.

16 Vgl. Luhmann 1984, 45ff.; Luhmann 1975.

17 Vgl. Ashby 1974, 293-315.

Die Komplexität der modernen Gesellschaft wird durch ihre Form der funktionalen Differenzierung strukturiert. Die gesellschaftlichen Funktionssysteme (wie Politik, Wirtschaft, Recht, Erziehung) konstituieren sich dadurch, dass sie allein auf ihre eigenen Operationen Bezug nehmen und sich dadurch von ihrer Umwelt abgrenzen; sie sind operational geschlossen. Sie beobachten alles, was in ihnen und in der Umwelt geschieht, d.h. als Kommunikation prozessiert wird, unter der Perspektive einer binär codierten Leitunterscheidung. Was beispielsweise mit dem Code zahlen/nicht zahlen erfasst werden kann, wird dem Wirtschaftssystem zugerechnet.

Da jedes Funktionssystem an seine Leitunterscheidung und an die damit beobachteten Operationen gebunden ist, erzeugt ein jedes eine eigenständige und einmalige System-Umwelt-Konstellation, mithin eine „eigene Welt". Das „Ganze" ist nur noch unter einer jeweils spezifischen und kontingenten Perspektive zugänglich.

Komplexität vermag nicht auf etwas Einfaches, auf eine allem zugrunde liegende Einheit zurückgeführt zu werden, sondern Komplexität kann nur mithilfe einer anderen und auf eine andere Komplexität reduziert werden. Jedes Funktionssystem reduziert mithilfe seiner Basisunterscheidung die Komplexität der Gesellschaft in seiner jeweiligen Weise und vermag infolgedessen intern eine spezifische Komplexität aufzubauen – was die Gesamtkomplexität der Gesellschaft beträchtlich steigert.

2.3 Handeln unter der Bedingung von Komplexität

Das Handeln in den systemischen Verflechtungen der modernen, ausdifferenzierten Gesellschaft folgt oft der „Logik des Misslingens", wie sie der Bamberger Psychologe und Systemtheoretiker Dietrich Dörner anhand mehrerer Experimente als typische Strategiefehler angesichts komplexer Probleme analysiert hat.[18] Diese lassen sich mit Blick auf die hier relevante Thematik zu vier Typen zusammenfassen.

1. Mangelnde Zielerkennung/Zielsetzung: Ziele werden nicht klar erkannt bzw. formuliert und nicht gewichtet. Zwischen- und Teilziele können sich daher verselbständigen. Es entsteht ein Aktionismus, der in der Form eines Reparaturdienstverhaltens nach irgendwelchen Missständen sucht, die dann bewältigt werden können. Das Kriterium hierfür ist zuweilen das eigene Vermögen, für das passende Probleme ausfindig gemacht werden.

18 Vgl. Dörner 1992; Vester 1984, 24-26.

2. Mangelndes systemisches Denken: Es überwiegt die Detailwahrnehmung, die die großen Zusammenhänge und die wechselseitige Vernetzung, d.h. positive und negative Rückkopplungsmechanismen, ausblendet und Nebenwirkungen nicht berücksichtigt. Häufig wird der Prozesscharakter, d.h. die Bedeutung von Zeitverläufen mit Eigenlogik und unterschiedlichen Geschwindigkeiten, ignoriert. Dies führt in der Regel zu Übersteuerungen, weil man nicht erkennt, dass das System verzögert oder nichtlinear reagiert.

3. Fehlende Kontrolle: Ursachen- und Situationsanalyse werden entweder ins Extrem getrieben, was verunsichert und lähmt, oder vernachlässigt. Veränderungen werden kaum berücksichtigt, Handlungen nicht evaluiert, Selbstkritik fällt aus. Man lebt in einem selbstgeschaffenen Modell und vergisst darüber, dass man in der Realität handelt. Wegen ausbleibender Beachtung der Situation scheint vielen auch der „Methodismus" ratsam, d.h. das Festhalten an einer Vorgehensweise, die sich – allerdings unter anderen Umständen – bewährt hat.

4. Überforderung: In komplexen Situationen geraten Akteure schnell an Grenzen. In solchen Fällen und meist in Zusammenhang mit fehlender Zielklarheit verkapseln sie sich in ein (Rand-)Thema, das sie meistern und in dem sie sich somit als kompetent erleben und selbst bestätigen können. Beim ersten Widerstand wird das Thema gewechselt, man findet ein Hin- und Herpendeln zwischen verschiedenen Bereichen oder ein Verhalten im Stile des „Ad-Hocismus". Weitere Reaktionen auf Überforderung sind zynische Resignation, Ersatzhandlungen, Diktatorverhalten oder die „Delegation", d.h. das Abschieben von Verantwortung an andere, denen meist erst recht die notwendigen Kompetenzen fehlen.

Beispiele für derartige Strategiefehler sind der Assuanstaudamm, die Hungerkatastrophe in der Sahel-Zone oder die Regenwaldabholzungen, deren gemeinsames Merkmal ist, dass komplexe Wechselwirkungen nicht beachtet werden, so dass kurzfristige Problemlösungen langfristige Problemsteigerungen bewirken. Als Gegenrezept formuliert Dörner: „In einer Welt von interagierenden Systemen muß man in interagierenden Teilsystemen denken, wenn man Erfolg haben will."[19]

Das Phänomen der Problemsteigerung durch unterkomplexe Lösungsversuche lässt sich auch bei gesellschaftlichen Steuerungsproblemen entdecken. Als eine Art moralischer Kompensation für Steuerungsdefizite in der Gesellschaft wird die Politik als scheinbar allem übergeordnete gesellschaftliche Instanz mit der Zurechnung von Verantwortung überfordert, die weit über ihre realen Handlungsmöglichkeiten hinausgeht. Die Folge ist ein sich „zivilisationsspezifisch ausbreitender Moralismus", also

19 Dörner 1992, 13.

der Versuch „der Lösung drängender Zivilisationsprobleme über Appelle an das Kollektiv nicht organisierter beteiligter Individuen".[20] Politiker reagieren darauf mit einer Neigung zu „symbolischer Politik" oder zu deklamatorischer Verantwortungsüberlastung, die realen Problemlösungen eher im Weg steht. Das häufig beklagte Versagen der Politik ist aber nur zu einem geringeren Teil als Moralversagen zu beschreiben, es hat vielmehr in der zunehmenden Komplexität und Autonomisierung einzelner Sachbereiche eine strukturelle Ursache. Dahinter zeigt sich ein Problem der Steuerung komplexer Systeme.

Eine Analyse wie die von Dörner vorgelegte, die charakteristische Muster einer „Logik des Misslingens" erkennen lässt, macht deutlich, dass ein Handeln unter der Bedingung von Komplexität eines besonderen Typus von Rationalität bedarf. Indirekt kann eine solche systemtheoretische Analyse somit zur Agenda einer Risikoethik beitragen.

2.4 Schlussfolgerungen für die Methoden der angewandten Ethik

In ethischer Hinsicht können die komplexitätstheoretischen Forschungen vor allem in den folgenden beiden Hinsichten bedeutsam sein. Erstens sehen manche in der Komplexität natürlicher Systeme mit ihren Aspekten der Spontaneität und Kreativität ein letztes Bollwerk zur Verteidigung der menschlichen Freiheit gegen den naturgesetzlichen Determinismus. In religiöser Hinsicht wird zuweilen diese letzte Unbestimmtheit und Unbestimmbarkeit als Möglichkeit für göttliche Eingriffe behauptet. Philosophisch betrachtet liegt solchen Überlegungen in aller Regel ein Kategorienfehler zugrunde. In der Komplexität gesellschaftlicher Funktionssysteme dagegen sehen manche eine Bedrohung der menschlichen Freiheit: Der Einzelne verliere sich in den Systemzusammenhängen und seine Autonomie an Systemimperative. Zwar sind dies ethisch bedeutsame Befürchtungen, doch bei einer Methodenreflexion fällt häufig auf, dass ihre System- und Handlungsbegriffe nicht geklärt sind oder nicht zusammenpassen.

Interessanter ist daher der Umstand, dass die Komplexitätstheorien[21] zweitens ein methodisches und begriffliches Instrumentarium zur Verfü-

20 Lübbe 1994, 297f..

21 Küppers (1991, 95) schlägt den Typus einer „Wissenschaft des Komplexen" als einer „Strukturwissenschaft" vor. Sie „untersucht das gesetzmäßige Verhalten von Strukturen, und zwar unabhängig davon, in welcher Form diese Strukturen in der Realität vorkommen." Zu dieser Wissenschaftsform zählt er neben der Mathematik z.B. auch Kybernetik, Systemtheorie und Semiotik.. Es bedürfte einer eigenen Untersuchung, wie die verschiedenen Komplexitätsbegriffe von natur- zu geisteswissenschaftlichen Theorien übergewandert und dann dort weiter verarbeitet worden sind.

gung stellen, das die Ethik nutzen kann, wenn sie es mit Situationen zu tun hat, die sich – nun bereits mithilfe dieses Begriffs- und Erkenntnisapparats – als komplex beschreiben lassen und bei denen herkömmliche Methoden der ethischen Reflexion schnell an ihre Grenzen geraten.

Wegen der fundamentalen Differenz zwischen Ereignissen in Gleichgewichtsnähe und -ferne sind scheinbar problemlos verständliche Begriffe neu zu bestimmen. Stabilität beispielsweise muss nicht Bewegungslosigkeit, Unveränderlichkeit oder Ruhe bedeuten. Der Zustand, den ein System anstrebt (Attraktor genannt), kann die Ruhelage eines Pendels sein. Daneben gibt es aber auch das Fließgleichgewicht, das charakteristisch für soziale Systeme ist, oder den Typus des „seltsamen Attraktors": Im Endzustand zeigt das System quasiregelmäßige Schwingungen, die aber nie identisch sind, sondern eine fraktale Struktur aufweisen. Stabil ist ein solches System insofern, als es ohne äußeren Anstoß diesen Zustand nicht mehr verlässt. Ähnliches lässt sich in Bezug auf Ordnung sagen. Statische und dynamische Ordnungsmuster unterscheiden sich grundsätzlich, aber beide Male handelt es sich um Formen von Ordnung. Daher sind Chaos und Ordnung auch keine Gegenbegriffe, denn auch in chaotischen Strukturen lassen sich Muster erkennen. Ebenso ist Kausalität bei nichtlinearen Phänomenen neu zu verstehen. Zum einen lassen sich Zufall und Gesetzmäßigkeit unter manchen Bedingungen vereinbaren, so für das „deterministische Chaos" oder für Prozesse, die vor Bifurkationen sprunghaft verlaufen und anschließend wieder in einer stabilen Ruhephase verharren. Zum anderen kann sich in gleichgewichtsfernen Lagen die sonst vorherrschende Äquivalenz zwischen Wirkkräften und Folgen verändern. Rückkopplungsmechanismen können vermeintlich starke Ursachen nivellieren und unscheinbaren Anstößen eine ungeahnte Wirkung verleihen. Der berühmte Flügelschlag eines Schmetterlings kann, wie es dann sehr bildlich und vereinfacht heißt, einen Wirbelsturm entfachen. Aktueller und konkreter ist allerdings das Beispiel des Klimawandels: Ab einem gewissen Temperaturanstieg, so die gegenwärtig vorherrschende Ansicht, werden die Folgen drastisch anwachsen. Damit werden einfache und klare Zurechnungen von Ursache und Verantwortung schwierig bis unmöglich.

Einige der für die Ethik relevanten Leitideen der Komplexitätsforschung seien als erste Zwischenbilanz skizziert:

1. Anfangs- und/oder Randbedingungen sowie die geschichtliche Entwicklung können eine große Relevanz besitzen. Während die Objekte der klassischen Dynamik ihre Geschichte „vergessen", spielt diese bei nichtlinearen Entwicklungen die ausschlaggebende Rolle. Zudem verlaufen viele Vorgänge irreversibel. Inwieweit diese Merkmale auch im gesellschaftlichen Bereich anzutreffen sind, ist sozialwissenschaftlich zu klären. Die Unumkehrbarkeit der Zeit, die Einmaligkeit eines Ereignisses verleiht

Entscheidungen und Entwicklungen ihre ethische Brisanz und Dignität. Dieser auch durch Geschichte konstituierten Individualität müssen Entscheidungen gerecht werden. Ein Negativbeispiel ist die Entwicklungspolitik: Hier folgen Maßnahmen allzu oft kontextvergessen einer allgemeinen Regel, etwa „wie im Westen so auf Erden".[22]

2. Viele Vorgänge haben ihre „eigene" Zeit, die mit der axialen Zeit der klassischen Physik nicht identisch ist, sondern eher Ähnlichkeiten zum Konzept der *durée* von Henri Bergson aufweist. Die Beachtung von Eigenzeiten ist in der modernen Gesellschaft unter der Dominanz des Taktes von Maschinen häufig verloren gegangen. Das Bemühen um eine Synchronisation ökologischer, sozialer und ökonomischer Rhythmen, wie es das ethisch-politische Leitbild der Nachhaltigkeit anstrebt, ist nicht denkbar ohne eine Erforschung der komplexen Vielfalt von Eigenzeiten und Regenerationsrhythmen.[23]

3. Die Vorgehensweise der klassischen Wissenschaft, die Systemteile immer differenzierteren Analysen unterzieht, ist im Blick auf komplexe Wechselwirkungen in Natur und Gesellschaft durch die Erforschung von Systemzusammenhängen zu ergänzen.[24] Die Kenntnis dieser Dynamik kann entscheidend sein, um langfristige oder verzögert und mit Querschnittscharakter auftretende Probleme, wie sie etwa im Kontext von Globalisierung und Klimawandel typisch sind, politisch besser zu bewältigen.

4. Komplexe, sich selbst organisierende Systeme lassen sich kaum über direkte Eingriffe steuern, sondern meist nur indirekt über bestimmte Kontrollparameter beeinflussen. Eine in funktionaler Hinsicht umfassende, aber auf die Kontrollparameter beschränkte und dadurch handhabbare Vernetzung, wie sie das Organisationsprinzip der Retinität vorsieht,[25] ist weitaus differenzierter und flexibler als eine auf zentrale Lenkung ausgerichtete Strategie. Darüber hinaus ist sie auch eher freiheits- und demokratieverträglich, da sie system- und kulturinhärente und kontextsensible Steuerung gegenüber externen Interventionen bevorzugt (z.B. eher Marktkräfte als Subventionen).

5. In scheinbar heterogenen Prozessen lassen sich gemeinsame Muster erkennen. Dies ist bei Entscheidungen unter Bedingungen von Komplexität ein wichtiges Instrumentarium, um Zukunftsentwicklungen abschätzen

---

22 Vgl. Sachs 1993.

23 Vgl. Held/Geißler 1995.

24 Lipp (1997, 17) mahnt in diesem Sinn einen Übergang von „analytischen" zu „synthetischen Rationalitätsmodellen" an, wofür es verschiedene Schlagwörter gibt, etwa Retinität bei Wilhelm Korff oder vernetztes Denken bei Frederic Vester, um nur zwei Beispiele zu nennen.

25 Vgl. Vogt 1996.

zu können und typische Strategiefehler zu vermeiden. Dies kann helfen, bei der Einführung moderner Technik in Entwicklungs- und Schwellenländern nicht ähnliche Fehler wie in den Industrieländern zu wiederholen.

6. Ein System beschreiben und verstehen zu können, ist nicht immer eine hinreichende Bedingung für die Möglichkeit, seine Entwicklung vorherzusehen. Zu wissen, wie etwas ist und wie es dazu gekommen ist, reicht womöglich nicht für eine Prognose aus. Für den dennoch erforderlichen und hilfreichen „Blick in die Zukunft“ könnte sich stattdessen die Methode der Szenarienbildung empfehlen, die unter den verschiedenen plausiblen Ausgangs- und Randbedingungen mehrere signifikante Werte auswählt und dann jeweils in eine als ungewiss gekennzeichnete Zukunft extrapoliert.[26] Indem Szenarien von Anfang an das systematische Unwissen durch variable Bezugsgrößen, negative Rückkopplungen und dynamische Kommunikationsprozesse bearbeiten, können sie helfen, flexibel auf Überraschungen zu reagieren.

7. Experimentelle Verfahren sind notwendig reduktionistisch. Folglich ist stets zu hinterfragen, welche erforderlichen Vereinfachungen welche möglichen Auswirkungen ausblenden. Das Bewusstsein der Voraussetzungen und Grenzen des jeweiligen Erkenntnismodells fördert die Dialogfähigkeit mit Kulturen und Wissensbereichen, die von anderen Voraussetzungen ausgehen.

8. Nicht zuletzt ist zu bedenken, dass der Beobachter (und Bewerter) von Innovationen Teil des beobachteten (bzw. bewerteten) Systems selbst ist. Daher sind Interessen und Präferenzen möglichst offenzulegen. Ziel von Wissenschaft und Politik kann deshalb nicht die falsch verstandene Neutralität einer vermeintlich beobachtungsunabhängigen Objektivität sein, sondern relevant sind Kriterien wie Transparenz oder Diskursivität. Dies ist von entscheidender Bedeutung für den Stellenwert von Ethik sowie von Theologie, die diese Voraussetzungen methodisch reflektieren.[27]

---

26 Das *Intergovernmental Panel for Climate Change* (IPCC) arbeitet beispielsweise mit diesem Verfahren. Szenarien dienen hier „[...] vor allem dazu, die Konsequenzen verschiedener Handlungsoptionen zu beleuchten, und funktionieren nach dem ‚Wenn-dann-Prinzip‘ [...]. Falls sich die Weltgemeinschaft dafür entscheidet, Klimaschutz zu betreiben und die CO_2-Konzentration zu stabilisieren, treten die pessimistischeren Szenarien nicht ein – das bedeutet natürlich nicht, dass dies dann ‚falsche Vorhersagen‘ waren, vielmehr wären diese Szenarien eine rechtzeitige Vorwarnung gewesen.“ (Rahmstorf/Schellnhuber 2007, 46f.)

27 Zu diesem wissenschaftstheoretisch ausgerichteten Verständnis von Theologie und Ethik vgl. Pannenberg 1973; Vogt 1997, 6-14.

3. Risiko: die entscheidungstheoretische Seite von Komplexität

Handlungen in komplexen Kontexten sind riskant. Der Risikobegriff gibt der eher analytischen Kategorie der Komplexität ihren ethischen Ort. Für den hier verwandten und an Luhmann angelehnten Risikobegriff sind zwei Komponenten relevant. Erstens geht es um einen möglichen, also kontingenten zukünftigen Schaden. Zweitens wird dieser auf eine gegenwärtig zu treffende Entscheidung bezogen. Es sind folgende Positionen zu unterscheiden: (a) diejenigen, die eine Entscheidung treffen bzw. denen eine bestimmte Entscheidung mitsamt der daran hängenden Verantwortung zugeschrieben wird, sowie (b) diejenigen, die von dieser Entscheidung betroffen sind; dabei wird meist ausschließlich an die negativ Betroffenen und kaum an die Nutznießer gedacht.

Durch die Zurechnung auf eine Entscheidung wird der mögliche zukünftige Schaden als kontingent, mithin vermeidbar konzipiert. Der Risikobegriff lässt sich in zweifacher Weise abgrenzen: auf der einen Seite gegen Sicherheit, also die Behauptung, dass ein künftiger Schaden unmöglich sei; auf der anderen Seite gegen Gefahr, d.h. die Bestreitung, dass der Schaden auf eine Entscheidung zugerechnet werden könne.[28] Bei vielen Gefährdungen ist es schwierig, sie einer bestimmten Entscheidung zuzuordnen. Als Zurechnungsgröße bleiben nur Entscheidungsketten oder noch deutlicher: Entscheidungsnetze. Das Waldsterben beispielsweise ist nicht auf eine einzelne Entscheidung zurückzuführen, aber es lassen sich zahllose Handlungen benennen, die diesen Vorgang mitbewirkt haben.

Wenn man wissen kann, dass Entscheidungen riskant sind, dann scheint es vernünftig, das Risiko abzuschätzen und mit dem möglichen Nutzen abzuwägen. Für den Umgang mit Risiko sucht man – typisch neuzeitlich-modern – rationale Strategien. Ein solches Abwägen unterscheidet sich von einer Kosten-Nutzen-Kalkulation, bei der sich die Bezugsgrößen im Vorhinein berechnen lassen. Beim Risiko geht es „um eine Entscheidung, die man, *wie man voraussehen kann*, nachträglich bereuen wird, wenn ein Schadensfall eintritt, den vermeiden zu können man gehofft hatte."[29] Der Risikobegriff hat somit eine sachliche, zeitliche und soziale Struktur. Es geht um einen möglichen Schaden, der sich in der Zukunft einstellen kann und der auf eine Entscheidung zugerechnet wird. Bedeutsam ist nun, dass alle drei Dimensionen eine immer stärkere Ausdehnung erfahren; die Eingriffstiefe des technischen und wirtschaftlichen

---

28 Vgl. Luhmann 1991, 25-27; Bechmann 1993b, 239ff., v.a. 244-246; als allgemeinen Hintergrund Bechmann 1993a; Bayerische Rück 1993; Nassehi 1997, 39-51; Renn u.a. 2007, bes. 20-62; zu einer knappen Übersicht über verschiedene Definitionen: Jungermann/Slovic 1993a, 169f.

29 Luhmann 1991, 19.

Handelns wächst gewaltig.[30] Damit ist eine komplexe Eigendynamik von Wirkungen verbunden, die zur Bewertung einer Handlung wesentlich sind, die jedoch nur höchst unvollständig vorhergesehen oder individuell gesteuert werden können. Zur ethischen Orientierung können klassische Tugenden wie Mäßigung oder Klugheit hier einerseits neu an Bedeutung gewinnen, andererseits genügen sie im Blick auf die systemischen Handlungsbedingungen nicht und müssen durch eine strukturethische Reflexion ergänzt werden. Auch die Grundnorm des sozialen Zusammenlebens, die Gerechtigkeit, muss in spezifischer Weise ergänzt werden, da Fragen der Entwicklungsdynamik nicht als Probleme der Verteilung vorhandener Güter und Rechte gedacht werden können. Risikoethik, die sich mit entscheidungs- und organisationstheoretischen Normen für den Umgang mit ungewisser Zukunft beschäftigt, erfordert methodische Innovationen der Gerechtigkeitskonzeption. Hierzu gibt es bisher nur wenig Grundlagenforschung.

Klassisch bestimmt sich das Maß eines Risikos aus dem Produkt von Eintrittswahrscheinlichkeit und Schadensausmaß. Diese Formel suggeriert eine Einfachheit, die insbesondere für die Folgenabschätzung bei Hochtechnologie nicht gegeben ist. Nichtlineare Entwicklungen lassen keine verlässlichen Prognosen zu. Zudem ist fraglich, wie eine Berechnung zu bewerten ist, bei der der eine Wert gegen null, der andere gegen unendlich geht wie etwa beim Risiko der Explosion eines Kernkraftwerks. Ebenso sind mit Blick auf die zweite Komponente Differenzierungen vorzunehmen: Erstens sind Schäden nicht nur „Sach-Schäden“ und betreffen nicht nur Nutzungsinteressen. Zweitens lassen sich die mannigfaltigen Beeinträchtigungen nicht unbedingt auf ein einheitliches (meist monetarisiertes) Maß bringen, was bei der Frage nach dem Preis eines Menschenlebens sofort einleuchtet. Drittens ist davon auszugehen, dass unterschiedliche Beobachter den Schaden unterschiedlich wahrnehmen und bewerten. Aus diesen Gründen ist ein Vergleich verschiedener möglicher Einbußen methodisch problematisch. Gleiches gilt für den möglichen Nutzen, der sich aus der Inkaufnahme eines Risikos ergibt. Die Herausforderung für die Ethik besteht folglich darin, einen Rationalitätstypus zu entwerfen, der der Struktur des Risikos angemessen ist.

30 Zu einer Form der Ausweitung, nämlich der „Verlängerung der Handlungsketten durch organisierte Arbeitsteilung“, vgl. Kaufmann 1992, 48-56.

3.1 Praktische Konsequenzen der Unterscheidung von Risikotypen

Auch wenn man jede Entscheidung und jede Praxis unter dem Aspekt des Risikos wahrnehmen kann, so sind doch Handlungen unter der Bedingung von Komplexität in besonderer Weise ein Thema von Risikodiskursen. Für den prospektiven Umgang mit Risiken ist ein bloßes Sicherheitsstreben inadäquat, denn es führt in eine Handlungslähmung. Es braucht vielmehr – vielleicht in gewisser Analogie zur aristotelischen Bestimmung der Tugend der Tapferkeit als der Mitte zwischen Furcht und Leichtsinn – eine überlegte Risikobereitschaft. Dazu ist es sinnvoll, verschiedene Risikotypen zu unterscheiden. Im Anschluss an die Soziologen Ortwin Renn und Andreas Klinke werden hier sechs Typen, die diese mit Figuren aus der griechischen Mythologie illustriert haben, idealtypisch voneinander abgegrenzt.[31]

3.1.1 Risikotypologie

1. Risikoklasse „Schwert des Damokles“: Eine verheerende Katastrophe ist möglich, jedoch äußerst unwahrscheinlich. Ein typisches Beispiel ist ein Unfall in einem Kernkraftwerk wie etwa in Tschernobyl 1986.
2. Risikotyp „Zyklop“: Ob etwas passieren wird, lässt sich kaum prognostizieren; doch was im Falle eines Falles die Konsequenzen sein werden, gilt als sicher. Es ist also nur die eine Seite bekannt – so wie ein einäugiger Zyklop nicht mehrdimensional sehen kann. Ein Beispiel für solche Risiken sind Infektionskrankheiten (die im Unterschied zur ersten Risikoklasse nicht katastrophal enden müssen).
3. Risikotyp „Pythia“: So wie die Weissagungen der Seherin am Orakel von Delphi stets mehrdeutig waren, so lassen sich hier die Eintrittswahrscheinlichkeit und das Schadensausmaß kaum abschätzen. Dies gilt etwa für terroristische Anschläge.
4. Risikoklasse „Büchse der Pandora“: Wahrscheinlichkeit und Ausmaß sind ungewiss und zugleich von großer zeitlicher und räumlicher Reichweite. Unter diese Rubrik fällt die Grüne Gentechnik: Ob sich Auskreuzungen durchsetzen und wie sie sich auswirken, ist nicht vorhersehbar; aber dass einmal stattgefundene Veränderungen sich nicht mehr rückgängig machen lassen, ist gewiss. Dieser Risikotypus hat in der Moderne, d.h. durch die Hochtechnologie und infolge der Globalisierung, beträchtlich an Bedeutung gewonnen. Gerade bei dieser Kon-

31 Vgl. Renn/Klinke 2003, 32-38.

stellation wird deutlich, dass die herkömmliche Risikokalkulation „Wahrscheinlichkeit mal Schaden“ ins Leere läuft.

5. Risikoklasse „Kassandra“: Da die Folgen zum Teil erst mit großer Verzögerung eintreten, werden diese Risiken oft ebenso ignoriert wie die Warnungen der trojanischen Seherin. Auf den Klimawandel ist beispielsweise schon vor über hundert Jahren hingewiesen worden, aber Maßnahmen zu seiner Begrenzung werden erst jetzt und auch nur allmählich eingeleitet.
6. Risikoklasse „Medusa“: Manche Phänomene lösen bereits in der Vorstellung der Menschen großen Schrecken aus, auch wenn sie wissenschaftlich kaum als Bedrohung gewertet werden. Die Meinung von Experten und Laien divergiert gewaltig. Dazu zählt z.B. die Beurteilung elektromagnetischer Felder („Elektrosmog“). Typisch für diese Klasse ist das hohe öffentliche Mobilisierungspotential.

Eine große Zahl der Verständigungsprobleme im politischen und gesellschaftlichen Streit um moderne Technikrisiken beruht darauf, dass diese Risikotypen nicht hinreichend unterschieden werden. So reagieren beispielsweise viele auf die Risiken der Grünen Gentechnik, die sich gegenwärtig zum Leitkonflikt des ethischen Streits um Technik entwickelt hat,[32] mit Vorstellungsmustern, die aus dem Bereich der Kernenergie stammen, die in den Anfängen der deutschen Umweltbewegung der Zentralkonflikt war. Damit sind sowohl auf Seiten der Kritiker als auch auf Seiten der Befürworter massive Fehleinschätzungen verbunden. Die einen setzen die mögliche Konsequenz (Auskreuzung) mit einem extremen Schaden gleich (analog zum Kernkraft-GAU), während die anderen „Nullrisiko“ und Koexistenzmöglichkeit versprechen, was im Bereich der Grünen Gentechnik unhaltbar ist. Die Analyse der je spezifischen Arten von Risiken ist eine unverzichtbare Basis für die ethische und politische Bewältigung der damit verbundenen Überzeugungs- und Interessenkonflikte.

3.1.2 Risikomanagement

Aus dieser Unterscheidung von Risikoklassen ergeben sich differenzierte Strategien des Umgangs mit Risiken, die sich grob in risikoorientierte, vorsorgeorientierte und diskursive Strategien gliedern lassen:[33]

1. Risikoorientierte Strategien (besonders für Typ eins und zwei) zielen vor allem darauf, das Schadensausmaß und die Wahrscheinlichkeit des möglichen Ereignisses zu mindern. Geschwindigkeitsbegrenzungen im

32 Vgl. Köstner/van Saan-Klein/Vogt 2007.

33 Vgl. Renn/Klinke 2003, 39-45.

Straßenverkehr und der Sicherheitsgurt beim Auto fallen in diesen Bereich. Eine klassische Form der Schadensverringerung sind Versicherungen. Sie verhindern zwar den Schadenseintritt nicht, doch sie ermöglichen im Schadensfall einen Neuanfang.

Beim Typ „Damoklesschwert" wird es sinnvoll sein, „Katastrophenschwellen"[34] zu beachten. Wenn der Faden allzu dünn ist, ist der entsprechende Sitzplatz nicht ratsam. Ferner sind Nebenursachen zu berücksichtigen, etwa, um im Bild zu bleiben, eine Maus, die am Faden knabbert. Dadurch können sich Wahrscheinlichkeiten schnell ändern. Solche nichtlinearen Entwicklungen richtig einzuschätzen, ist allerdings nicht leicht.

Für die Risikoklasse „Zyklop" mit ihrer unklaren Eintrittswahrscheinlichkeit sind zum einen Forschungen oder auch Frühwarnsysteme erforderlich, um das Wissensdefizit zu verringern. Zum anderen sind Vorsorgemaßnahmen sinnvoll.

2. Vorsorge (vor allem für die Risikoklassen drei und vier) umfasst mehrere Strategien. Zum einen geht es um die Verringerung des Risikos, etwa indem Alternativen zu riskanten Prozessen oder Stoffen entwickelt werden. Auflagen, die durch Parlament und Regierung, Versicherungen, Industrie- und Berufsverbände, Tarifparteien usw. erlassen werden, setzen meist an dieser Stellschraube an, um Risiken zu minimieren. Bei diesem Mechanismus stoßen allerdings politische Systeme aufeinander. Während in den kontinentaleuropäischen Staaten das Vorsorgeprinzip z.B. im Bereich der sozialen Sicherung oder des Umweltschutzes eher weit ausgelegt wird, ist es im angloamerikanischen Bereich nur schwach ausgeprägt. Auf einen anderen Bereich bezogen, äußert sich Vorsorge in Investitionen in die öffentliche Sicherheit. Eine präsente und effektive Polizei kann das Risiko, überfallen zu werden, deutlich mindern. Zum anderen kann Vorsorge darauf zielen, die Robustheit und Widerstandskraft gegen unangenehme Überraschungen zu erhöhen (so genannte *resilience*) und sich auf ein Katastrophenmanagement vorzubereiten, indem z.B. Feuerlöscher installiert werden.

3. Ist die Einschätzung, Bewertung und/oder Betroffenheit von einem Risiko extrem unterschiedlich (vor allem Typ fünf und sechs), sind diskursive Strategien von vorrangiger Bedeutung.[35] Es geht um Konfliktmanagement angesichts bleibender Differenzen und um eine gerechte Verteilung von Nutzen und Lasten. Dieser Bereich ist das primäre Aktionsfeld so genannter zivilgesellschaftlicher Gruppierungen.

Bei Kassandra-Risiken braucht es Aufklärung und Bewusstseinsbildung, andernfalls werden sie allzu leicht so lange verdrängt, bis Gegen-

34 Luhmann 1991, 11. Eine Katastrophenschwelle ist eine Grenze, jenseits derer ein Unglück als katastrophal empfunden würde. In ihrer Nähe nimmt die Risikoaversion signifikant zu.

35 Vgl. Renn u.a. 2007, 188-236.

maßnahmen nicht mehr möglich sind oder zumindest sehr teuer zu stehen kommen. Man denke nur an den Stern-Bericht zu den Kosten von Klimawandel und entsprechenden Reaktionen in Abhängigkeit vom Beginn derselben.[36] Beschwichtigungen der Art, dass es schon nicht so schlimm kommen werde und dass das eigentliche Problem die Massenhysterie sei, verschärfen hier die Situation, während sie in anderen Fällen durchaus angemessen sein mögen. Ferner sind gesamtgesellschaftliche Weichenstellungen erforderlich. Neue Technologien müssen entwickelt werden, die das bestehende Problem zumindest nicht verschlimmern. Dafür sind wirtschaftliche Entscheidungen (Investitionen, Produktangebote, Nachfrage) ebenso nötig wie politische Programme, die den Wandel unterstützen bzw. forcieren. – Ein gutes Beispiel für eine solche erfolgreiche konzertierte Aktion ist die Umstellung auf FCKW-freie Kühlschränke zum Schutz der Ozonsphäre seit Mitte der 90er Jahre.

Risiken der Klasse „Medusa“ verlangen Aufklärung und öffentliche Diskussionen, bei denen Betroffene ihre Ansichten und Ängste artikulieren können. Vertrauensbildung ist die dringlichste Maßnahme – wobei Vertrauen bereits selbst eine Form des Umgangs mit Risiko ist. Doch Vertrauen ist im politischen und wirtschaftlichen Bereich eine seltene Ressource. Sie ist unverzichtbar zur Bewältigung der Komplexitätsprobleme der modernen Gesellschaft und muss als ein kostbares Gut geschützt werden. Um Vertrauen aufzubauen, genügt einseitige Informationsvermittlung in der Regel nicht; in manchen Bereichen ist Risikoakzeptanz nur durch ergebnisoffene Beteiligungsprozesse zu erreichen.

3.2 Risikomündigkeit angesichts systematischen Unwissens

3.2.1 Mündiges Entscheiden im Horizont von gewusstem Nichtwissen

Komplexität dient immer wieder als Entschuldigungsbegriff, um eigene Überforderung und Unentschlossenheit zu rechtfertigen. Dass dieses Vorgehen nicht zielführend ist, liegt auf der Hand. Statt solcher Fehlleistungen fordert die Unterschiedlichkeit von Rationalitätstypen und Eigenlogiken gesellschaftlicher Teilsysteme eine eigene Art von Strategien zur Bewältigung der damit verbundenen Komplexitätssteigerung. Notwendig ist erstens die Auseinandersetzung mit prinzipiellem (nicht bloß subjektivem und somit überwindbarem) Nichtwissen, mit der häufig zu findenden

36 Vgl. Stern 2007.

Verknüpfung von deskriptiven und normativen Elementen sowie mit der Logik offener Entscheidungen und Prozessabläufe.

Das wissbare Nichtwissen hat unterschiedliche Ursachen bzw. Ebenen: Wie die naturwissenschaftlichen Komplexitätsforschungen zeigen, lassen sich manche Entwicklungen im Zusammenspiel von Technik, Gesellschaft und Umwelt grundsätzlich weder prognostizieren noch monokausal auf einzelne Ursachen zurückführen. Obwohl die Menschheit zweitens noch nie so viel Information über weltweite Entwicklungen und künftig zu erwartende Ereignisse besessen hat, gibt es gleichzeitig einen rapiden Verlust von Wissen aufgrund der beschleunigten Innovationen, die das Wissen in allen Bereichen in immer kürzeren Halbwertszeiten veralten lassen. Drittens ist mit einer irreduziblen Pluralität an Beschreibungen und Bewertungen von Problemen und Lösungsansätzen, von Ursachen und Folgen zu rechnen. Ebenso wie die verschiedenen gesellschaftlichen Teilsysteme bzw. die diversen Theoriediskurse mit einer je eigenen Rationalität, mit heterogenen beobachtungsleitenden Unterscheidungen beobachten, unterscheiden sich auch Einzelpersonen hinsichtlich ihrer Risikowahrnehmung und -akzeptanz. Hinzu kommt in zahlreichen Fällen eine Kluft zwischen Expertensicht und Alltagsverstand. In diesem sind vielfältige kollektive Erfahrungen zu allgemeinen Regeln sedimentiert, weshalb er grundsätzlich als ein Korrektiv zur Expertenmeinung anzuhören ist.[37]

Dies ist eine qualitativ veränderte Herausforderung für die Auseinandersetzung mit der komplexen Verschränkung von Wissen und Nichtwissen, die für das Verständnis von Entscheidungsproblemen maßgeblich ist. Angesichts dieser Ausgangslage der Unübersichtlichkeit stoßen teleologische Ansätze an methodische Grenzen. Viele individuelle und gesellschaftliche Entscheidungssituationen sind durch einen so hohen und spezifischen Komplexitätsgrad geprägt, dass der Rationalitätstyp der prognostischen Kalkulation von Folgen keine vernünftigen Entscheidungen zu gewährleisten vermag.

Die Ethik findet sich folglich vor der Aufgabe, neue rationale Formen des Umgangs mit Entscheidungen unter der Bedingung von Unsicherheit zu konzipieren. Es geht, wie man anders formulieren könnte, um Risikomündigkeit.

Risikomündigkeit ist die Fähigkeit, auch in Situationen, die durch hohe Komplexität und Unsicherheit geprägt sind, begründete und verantwortliche Entscheidungen zu treffen. Die Unsicherheit bezieht sich dabei auf die Handlungsfolgen, auf unterschiedliche Bewertungsmaßstäbe der

37 Dies umso mehr, wenn man wie Luhmann (1991, 229) davon ausgeht, dass mit Blick auf die Zukunft nur „Meinungswissen“ möglich sei und daher alles, auch die wissenschaftliche Argumentation, auf Rhetorik hinauslaufe.

Betroffenen, über die nur manchmal ein Konsens gefunden werden kann, sowie auf die Grenzen moralischer Rationalität, für die es unter Modernitätsbedingungen keine Letztbegründung und keine vollständige Kohärenz gibt.

> Das Denken in Wahrscheinlichkeiten, das Abwägen mehrerer Möglichkeiten gehört zur kognitiven Infrastruktur der Moderne, denn die Moderne ist die Epoche der nur relativen, der gewissheitsfreien Rationalität. [...] Daher müssen wir in technischer wie in moralischer Hinsicht risikomündig werden und ein Management der Ungewissheit entwickeln.[38]

Dies ist der methodische Ausgangspunkt für jede Form von Technikfolgenabschätzung.

3.2.2 Die soziale Konstruktion von Risiko

Ein Risiko ist ein möglicher künftiger Schaden, der auch als ein solcher wahrgenommen wird. Beides ist wichtig: die Wahrnehmung und die Einstufung als bedrohlich. Beides ist aber schwierig und bei den typischen Risiken der Moderne besonders problematisch. Dies zeigt dann auch, dass der Umgang mit Risiko nicht individualistisch oder psychologisch eng zu führen, sondern ebenso soziokulturell zu verstehen ist: Risiko ist ein soziales Konstrukt. Die Aufmerksamkeit wird nicht selten auf diejenigen Probleme konzentriert, für die bereits Lösungsmöglichkeiten zur Verfügung stehen,[39] oder es werden lediglich solche Verfahren vorgeschlagen, die die Lage eines etablierten Netzwerks aus Forschungseinrichtungen und Wirtschaftsunternehmen zumindest unangetastet lassen oder die besonders gut zu einem bestimmten politischen Programm passen.[40] Ferner treten bei den typisch modernen Gefährdungen, die wie etwa bei der Nanotechnik sehr abstrakt sind, Vorstellungen an die Stelle von Erfahrungen. Diese sind relativ leicht formbar und somit zugänglich sowohl für übertriebene Befürchtungen als auch für irrationale Verharmlosungen.[41]

Wie sehr die Bestimmung eines Risikos sozial bedingt ist und nicht von naturalen Schwellenwerten abhängt, kann am Beispiel der Erforschung gesundheitsgefährdender Stoffe deutlich werden. Diese sind nicht sinnlich wahrnehmbar, es braucht mithin einen Expertenblick mitsamt seiner technischen Apparatur. Ob und in welchem Maß etwas gefährlich

38 Kersting 2002, 317; zur Risikomündigkeit vgl. den ganzen Abschnitt 317-320.

39 Vgl. Dörner 1992, 46.

40 Man könnte hier an die politisch-offizielle Formel denken, dass der Klimawandel bei zwei Grad stehenbleiben werde. Denn alle darüber liegenden Werte führen zu Szenarien, die die „Real-Politik“ (und das heißt: die Gesellschaft) allzu sehr erschrecken.

41 Vgl. Luhmann 1991, 120f.

ist, wird nicht selten in Experimenten festgelegt, die aus ethischen Gründen gerade das nicht testen können, worauf es ankommt, sondern stattdessen Tiere zum Maß des Menschen machen. Des Weiteren werden Risiken üblicherweise an Grenzwerten festgemacht. Diese aber hängen erstens von den Test- und vor allem von den Messmethoden und ihrer jeweils möglichen Genauigkeit ab. Zweitens sind sie ein Gegenstand von Aushandlungsprozessen. Hier wäre zu reflektieren, ob bzw. welche anderen Interessen als die Risikoverringerung mitwirken, welche Wertentscheidungen in sie eingehen sowie aus welchen Disziplinen und Professionen mit ihren jeweiligen methodischen Ansätzen und Vorstellungswelten Grenzwertkommissionen zusammengesetzt sind. Nicht zuletzt haben Grenzwerte die paradoxe Wirkung, dass alles, was unter dem jeweiligen Wert liegt, als unbedenklich und als zulässig zu gelten hat.[42]

Risiken werden auf Entscheidungen zugerechnet, sie basieren auf sozialen Prozessen. Deswegen braucht es grundsätzlich diskursive Strategien für ihre Bewältigung. Entscheidend für die Akzeptanz von Risiken sind nicht allein Grenzwerte, die wissenschaftlichen Standards genügen, sondern die Wahrung der Souveränität der Betroffenen. Manche Menschen erachten es z.B. als ein hohes Gut, zu wissen, was sie verzehren, und eigenmächtig entscheiden zu können, ob sie Produkte von ihrem Einkaufszettel streichen, die mit Gentechnik in Berührung gekommen sind („Konsumentensouveränität"). Dieses Freiheitsrecht besitzt für sie einen Wert ganz unabhängig von wissenschaftlichen Forschungsergebnissen über mögliche Gesundheitsrisiken. Genau betrachtet, geht es hier also nicht mehr um Gefahren aufgrund technischer Entwicklungen, sondern um die Gefährdung von Selbstbestimmung. Wird dies nicht erkannt, sind unsachliche und irrationale Debatten kaum zu vermeiden. Daher kann das Urteil der unmittelbar Handelnden und Betroffenen in dieser Hinsicht nicht durch die Meinung externer Experten ersetzt werden.[43] Die Sozialdimension von Risiko erweist sich an diesem Punkt als weitgehend unabhängig von der Sachdimension.

---

42 Vgl. Beck 1986, 85-92.

43 Zu beachten ist, dass in die Risikowahrnehmung von Laien mehr Aspekte eingehen als die beiden Größen im Expertenkalkül: Schadensausmaß und Wahrscheinlichkeit, z.B. Katastrophenpotential, eigene Betroffenheit, Freiwilligkeit, Kontrollierbarkeit; vgl. Jungermann/Slovic 1993b; Wiedemann 1996.

3.2.3 Risikobewältigung durch Partizipation

> Gerade weil die Risikowahrnehmung [...] nicht durch die Grammatik absoluter Rationalität geprägt ist, sondern eingebettet ist in ein plurales, unterschiedliche Wertperspektiven ausbalancierendes Wahrnehmungsverhalten, muss sie in partizipatorische Entscheidungsmodelle der Risikobeherrschung eingebettet bleiben.[44]

Risikomündigkeit erfordert demokratische Verfahren, die unter repräsentativer Beteiligung der Betroffenen sowie der verschiedenen Kompetenzen in Selbstreflexion, Güterabwägung und Wertediskussion einen wesentlichen Beitrag zur Ausbildung des Maßes an sozialer Rationalität leisten, dessen die moderne Gesellschaft bedarf.

Hochtechnologien mit ihrem Risikopotential stellen eine grundlegende demokratietheoretische Frage, nämlich ob Entscheidungen darüber wie bislang dem Zusammenspiel von alltäglichem Regierungsgeschäft, Wertschöpfungsorientierung der Wirtschaft und Wissensdrang der Wissenschaften überlassen bleiben oder ob neue Verfahren der Bürgerbeteiligung zu konzipieren sind bzw. sich faktisch herausbilden, wofür Ulrich Beck den Ausdruck der Subpolitik in die Diskussion eingebracht hat.[45] Aus ethischer Sicht ist die Beteiligung möglicher Betroffener bei der Entscheidung über Risiken ein grundlegender Wert. Offen bleibt in diesem bloßen Postulat allerdings die Frage, ob und wie dies jeweils möglich ist. Mitunter führen derartige Integrationsbemühungen lediglich dazu, dass die jeweils Gefragten die Risiken nach dem „Sankt-Florian-Prinzip" auf andere abwälzen und so neue Betroffenheiten erzeugt werden. Zudem lässt der Wunsch nach rationalem und partizipatorischem Umgang mit riskanten Entscheidungen die Menge an Entscheidungen beträchtlich anwachsen, was die Unübersichtlichkeit steigert, so dass am Ende – entgegen der Absicht – umso mehr die Experten die Entscheidungen treffen (müssen) oder infolge wechselseitiger Blockaden die Entscheidung für keine Entscheidung gefällt wird.[46] Daher muss in verantwortungsethischer Hinsicht die Zuständigkeit für Entscheidungen klar abgegrenzt und funktionsfähig vernetzt werden.

Bei mangelnder Beteiligung an Entscheidungen nehmen nicht wenige ausgeschlossene Betroffene die Zukunft unter der Perspektive der Gefahr wahr und reagieren darauf mit „Angstkommunikation"[47] – was häufig auch die einzige Möglichkeit ist, wenn diejenigen, die die Entscheidung treffen, für sich die Position der Sach- und Fachkompetenz oder der Rechtmäßigkeit, d.h. die Position der Rationalität, reklamieren (und zuge-

---

44 Kersting 2002, 318.

45 Vgl. Beck 1993, bes. 154-163.

46 Vgl. Luhmann 1991, 115, 129.

47 Vgl. Luhmann 1986, 237-248.

schrieben bekommen). Statt Lösungen und Konzepte sucht man dann Schuldige; der Diskurs wird moralisch aufgeladen; Positionen werden zu Ideologien; der Dissens bleibt.

Um derartige Sackgassen zu vermeiden, werden Sozialverträglichkeitsprüfungen durchgeführt. Dieser Begriff wird allerdings nicht einheitlich gebraucht. In einer Hinsicht geht es normativ um die Einbeziehung auch sozialer oder ökologischer Folgen in die Kosten-Nutzen-Rechnung; in anderer Hinsicht kann das Ziel vor Augen stehen, neue Partizipationsverfahren zu implementieren. Eine solche „Strukturdemokratisierung"[48] stellt im Unterschied zu vielen Fällen von „Risikokommunikation" nicht darauf ab, Akzeptanzbereitschaft zu erzeugen, sondern sie will in der Gesellschaft auch über den politisch institutionalisierten Bereich hinaus demokratische Mitgestaltung ermöglichen.

Bei der Diskussion über die Ausweitung von Beteiligungschancen ist allerdings zu bedenken, dass eine Vermittlung zwischen der Perspektive der Entscheider, die eher größere Risiken, und der Betroffenen, die eher geringere, dann als Gefahren wahrgenommene Gefährdungen in Kauf zu nehmen bereit sind, die Lage deutlich unterkomplex skizziert. Erstens können viele Gefährdungen erst dadurch eingeschätzt werden, dass man sie riskiert. Zweitens geht es oftmals um das Abwägen mehrerer Risiken mit unterschiedlichen Betroffenheitsstrukturen und Lasten-Nutzen-Relationen. Drittens ist die Frage nach der Legitimation zu stellen. Ist potentielle Betroffenheit ein ausreichender Grund für Mitsprache? Viertens wäre die faktische Umsetzung der Beteiligung zu klären.

Fünftens ist der Stellenwert der „öffentlichen Meinung" in der ethischen Urteilsbildung und Risikoeinschätzung zu reflektieren. Die neuzeitliche Moralphilosophie sprach vom hohen Stellenwert des „tribunal of public opinion",[49] vor dem sich das individuelle Gewissensurteil rechtfertigen müsse.

> Vor allem Vertreter der Moral-Sense-Ethik wiesen dem Konsens einer kultivierten Öffentlichkeit und damit der öffentlichen Meinung maßgebender Schichten eine *epistemische* Offenbarungsrolle zu. Das moralische Empfinden der kultivierten Öffentlichkeit konstituierte geradezu moralische Wahrheit und bot sich damit als politisches Leitbild und Korrektiv an.[50]

---

48 Beck 1986, 369; vgl. Bechmann (1993b, 263-265), der als Ergebnis dieses Versuchs der Rationalitätssteigerung eine Zerstückelung der Rationalität befürchtet: Kommissionen und Unterkommissionen behandeln die zergliederten Probleme arbeitsteilig und meist auch unter Zeitdruck – und zu einem bestimmten Zeitpunkt muss dann irgendeine Entscheidung getroffen sein.

49 Vgl. Bentham 1989, 56ff.

50 Schüßler 2006, 217; zu den philosophischen Folgen neuzeitlicher Öffentlichkeit vgl. 217-222; zur Öffentlichkeit allgemein: Hölscher 1979.

Doch die öffentliche Meinungsbildung hat sich seitdem ebenso wie ihre Wertschätzung gewandelt. Sie verspricht allgemeine Beteiligungschancen aller und tendiert in Verbindung damit zu einer Unterhaltungskultur und zu einer medialen Überflutung mit Belanglosigkeiten. Dies kann als das Dilemma „Qualität versus Beteiligungsmöglichkeiten für alle" rekonstruiert werden.[51] Die Ethik scheint hier vor einer Patt-Situation zu stehen. Aus der ethischen Perspektive von Mündigkeit, Autonomie und Verantwortungsübernahme ist es grundsätzlich positiv, wenn die Öffentlichkeit bei ethisch relevanten Themen selbst Stellung bezieht. Doch es drängen sich nicht wenige Fragen auf: Welche Konfliktfälle werden aufgegriffen und aus welchen Gründen? Nach welchen Kriterien wird entschieden bzw. wer gibt oder formuliert Maßstäbe oder gar Entscheidungen vor? Was wird alles nicht gesehen, wenn die öffentliche Aufmerksamkeit, die ja auch nur eine begrenzte Ressource ist,[52] sich über Wochen auf ein großes Thema konzentriert?

Risikomündigkeit ist also auch hinsichtlich der öffentlichen Meinung eine Aufgabe qualifizierter Meinungsbildung in den Medien und einer Vielfalt zivilgesellschaftlicher Diskussionsformen sowie nicht zuletzt auch eine Aufgabe der Bildung: „Erziehung zur Risikomündigkeit [ist] ein wichtiger Teil des Pensums einer Ethik der technisch-wissenschaftlichen Zivilisation."[53] Nida-Rümelin denkt vor diesem Hintergrund an einen neuen Gesellschaftsvertrag „für den Umgang mit kollektiven Risiken, insbesondere solchen, die durch Technologien verursacht sind."[54] Er spricht sich für ein institutionalisiertes kollektives Entscheidungsverfahren aus, denn eine Risikosteuerung allein über den Markt genüge nicht.[55] So sehr dem zuzustimmen ist, so sehr bleibt allerdings unerwähnt und offen, wie solche Institutionen aussehen sollen, vor allem wenn man bedenkt, dass erstens zahlreiche Entscheidungen in politisch nicht oder kaum kontrollierten Wirtschaftsunternehmen oder Forschungseinrichtungen, d.h. in Bereichen, die aus guten Gründen dem unmittelbaren politischen Zugriff entzogen sind, oder im Ausland getroffen werden und zweitens viele Gefähr-

---

51 In aktuellen Konzepten wird die Idee des Gerichtshofes der öffentlichen Vernunft im so genannten Diskursmodell der Öffentlichkeit weitergeführt, wie es etwa von Habermas vertreten wird, vgl. Habermas 1990, bes. 343-359, zu dem Begriff und den ethischen Funktionen der „öffentlichen Meinung" sowie zum „Strukturwandel der Öffentlichkeit" seit der Aufklärung. Eine Alternative ist das Spiegelmodell, dem zufolge sich die Gesellschaft in der Öffentlichkeit wie in einem Spiegel selbst beobachten könne, vgl. Luhmann 1991, 151; 1990c.

52 Vgl. Rötzer 1999; Crary 2002.

53 Kersting 2002, 318.

54 Nida-Rümelin 1996, 827.

55 Zur Ansicht, dass Wirtschaft und Recht Risikoprobleme grundsätzlich nicht lösen können, weil sie es mit Problemen der Zeitbindung zu tun haben, die anders strukturiert sind als Risiken, vgl. Luhmann 1991, 117f., 59-81.

dungen aus unbeabsichtigten oder unvorhersehbaren Kopplungen und Akkumulationen resultieren – man könnte hier im Übrigen auch an den demographischen Wandel denken –, so dass die Semantik der Entscheidung überhaupt fraglich wird.

3.2.4 Das Risiko des Nichthandelns

Will eine Übelabwägung die faktische Entscheidungssituation nicht verzerrt und einseitig reflektieren, muss sie systematisch auch die Folgen eines Handlungsverzichts in den Begriff der Verantwortung einbeziehen.[56] Dass es kein Nullrisiko gibt und dass auch ein Nichthandeln riskant ist, vernachlässigen beispielsweise Claus Offes Konzept einer „Null-Option“[57] oder Hans Jonas in seiner „nichtutopischen Verantwortungsethik“. Dort wird Risikovermeidung primär durch eine „Heuristik der Furcht“ mit ihrer Grundregel, „daß der Unheilsprophezeiung mehr Gehör zu geben ist als der Heilsprophezeiung“,[58] angestrebt. Aufgrund der überbordenden Unsicherheiten in komplexen Systemen würde dies, konsequent angewandt, jedoch zu einer völligen Blockade der Handlungsfähigkeit führen. Strikte Risikovermeidung mündet in den resignativen Verzicht auf Innovation und könnte sich insofern am Ende als eine Strategie erweisen, die aufgrund der Lähmung von Handlungspotentialen mehr Risiken erzeugt als vermeidet; sie entspräche damit der „Logik des Misslingens“.[59] Risikomündigkeit zielt nicht auf die absolute Minimierung jeglichen Risikos, sondern auf die Vermeidung einer kritischen Schwelle von Risiken und auf die Erhöhung der flexiblen Problemlösungspotentiale.

Sozialpsychologisch wäre an dieser Stelle nachzufragen, was hinter der gegenwärtig häufig anzutreffenden Sehnsucht nach Sicherheit steht, etwa ein fehlendes Grundvertrauen in die Gesellschaft, in die Welt, in das Leben oder ein mangelnder Realitätssinn, so dass die grundsätzliche Unberechenbarkeit des Lebens durch die Vorstellung der Planbarkeit verdrängt wird.

Offen bleibt allerdings die hinter den Ideen von Offe oder Jonas stehende Frage nach der Möglichkeit bzw. Notwendigkeit der Steuerung der gesellschaftlichen Entwicklung. Die voranschreitende Spezialisierung vermag zwar innerhalb der einzelnen Domänen Fortschritte in ungeahntem Ausmaß zu ermöglichen, doch gerade deswegen können die Neben-

56 Zur Güter- und Übelabwägung vgl. Korff 1979, 68-90; Rat von Sachverständigen für Umweltfragen 1994, Nr. 50-60.

57 Vgl. Offe 1986, v.a. 113f.

58 Jonas 1984, 63f., 70 (Hervorhebung im Original.), vgl. 385f., 390-392.

59 Dörner 1992; s.o. Kap. 2.3.

folgen in anderen Bereichen kaum mehr vorab eingeschätzt und berücksichtigt und hinterher häufig nicht oder nur sehr aufwändig bewältigt werden. „Sektorale Modernisierungsgewinne“ können „Wohlfahrtseinbußen“ für Einzelne wie für die Gesellschaft im Ganzen bedeuten.[60] Die gesellschaftlichen Funktionssysteme sind, wie oben (2.2) gezeigt, nicht in der Lage, für ihre Nachbarsysteme „mitzudenken“. Daher werden externe Nebenfolgen nicht grundsätzlich in die Planung miteinbezogen. Ebenso können übergreifende ethische Leitideen wie etwa das Gemeinwohl oder die globalen und intergenerationellen Dimensionen der Gerechtigkeit nur insoweit reflektiert und bei Entscheidungen berücksichtigt werden, als sie sich systemspezifisch darstellen lassen – doch genau dadurch büßen sie ihren umfassenden Charakter ein.

Schwächer und daher vielleicht eher praktikabel als die verschiedenen Formen einer Null-Option sind Regelungen, die Risiken grundsätzlich zulassen, aber Rahmenbedingungen formulieren. Dazu zählen die verschiedenen Formen von Produkthaftung. Ein verpflichtender Versicherungsschutz, der im Falle eines Falles gewährleistet, dass Schäden zumindest finanziell wieder gutgemacht werden, ist ein weiteres Beispiel. In beiden Fällen wird die eigentlich vergangenheitsorientierte Haftungs- mit der zukunftsorientierten Entscheidungsverantwortung kombiniert.[61] Der gegenwärtige Beschluss ist nur legitim, wenn er zugleich dafür sorgt, dass ein zukünftiger Schadenseintritt nachträglich bewältigt werden kann. Voraussetzung ist freilich ein funktionierendes Rechtssystem, das in weiten Teilen der Welt nicht gegeben ist. Ein weiteres und damit kompatibles Modell ist die Umkehr der Beweislast. Der Betreiber einer prinzipiell gefährlichen Anlage muss im Schadensfall nachweisen, dass ihm nichts vorzuwerfen ist. Dieses Verfahren ist vor allem deswegen bedeutsam, weil viele Betroffene kaum die (finanziellen) Mittel aufzubringen in der Lage sind, um erfolgreich gegen Großunternehmen oder Forschungseinrichtungen zu prozessieren. – All diese Maßnahmen haben den Vorteil, dass sie sich lediglich auf Rahmenordnungen und Verfahren beziehen, inhaltlich aber keine Vorgaben machen und somit eine größtmögliche, mit dem Grundsatz der Verantwortlichkeit vereinbare Freiheit gewähren. Auf diese Weise kann ein Teil der Risikosteuerung ohne staatlichen Eingriff über den (Versicherungs-)Markt geregelt werden, ohne dadurch das Recht des Stärkeren zum Prinzip zu machen.

---

60 Vgl. Offe 1986, 113f.; Kreibich 1991, 39.

61 Zu diesen beiden Kategorien vgl. Kaufmann (1992, 109-114). Vgl. auch: Lübbe 1994, 290-292.

3.2.5 Die Kalkulation des Risikos

Zur Risikomündigkeit gehört wesentlich eine klare Problem- und Gefahrenhierarchie in der Abschätzung komplexer Situationen und Gewichtung nicht unmittelbar vergleichbarer Risiken; besonders problematisch sind dabei systemische Risiken, d.h. Beeinträchtigungen mit Querschnittswirkungen.[62] Traditionell beschränken technische Risikoanalysen die Abschätzung der unerwünschten Effekte auf numerische Wahrscheinlichkeiten, die in der Regel auf relativen Häufigkeiten und den diesen Wahrscheinlichkeiten zugeordneten Schadenspotentialen beruhen. Zentrale Technikkonflikte der Gegenwart sind jedoch gerade dadurch geprägt, dass Eintrittswahrscheinlichkeit und Schadensumfang nicht hinreichend bekannt sind. Nötig sind daher zusätzliche Bewertungskriterien, so vor allem:

1. die Begrenzung von Ubiquität und Persistenz (geografischer Reichweite und zeitlicher Ausdehnung) der Wirkung,
2. die Reversibilität der Entscheidung (besonders bei verzögert eintretenden Effekten),[63]
3. die Freiwilligkeit der Risikoübernahme,
4. die Erhaltung bzw. Steigerung der Handlungs-, Kontroll- und Steuerungsfähigkeit sowie der Fähigkeit, mit Überraschungen umzugehen,[64]
5. die Bereitstellung der erforderlichen Ressourcen, um die getroffene Entscheidung zumindest bei einem günstigen Verlauf durchhalten zu können.[65]

Risikomündigkeit fordert systemisches Denken, das nicht Einzelgrößen maximiert, sondern Zusammenhänge optimiert. Auf diese Weise, so lässt sich in entscheidungstheoretischer Hinsicht festhalten, wird dem Umgang mit der Zukunft eine neue Logik zugrunde gelegt.

Im Kontext technologischer Entwicklungen sind die Folgen des Handelns nicht selten in so hohem Maß unvorhersehbar, dass die klassische Methode der Güter- und Übelabwägung als Grundlage rationaler Entscheidung nicht angemessen im Rahmen einer Zukunftsprognose durchgerechnet werden kann. Die Abwägung ist im Sinne des Regelutilitarismus nicht nur auf die Bewertung einzelner mit den Handlungsalternativen

62 Vgl. Renn/Klinke 2003, 23; Renn u.a. 2007, 176-184.

63 Vgl. Renn/Klinke 2003, 29.

64 Eine Analogie aus dem Schach: Schachcomputer rechnen nicht sämtliche mögliche Züge bis zum Ende durch, sondern bewerten Stellungen danach, ob sie günstige Optionen bieten.

65 Es erweist sich z.B. in Demokratien immer wieder als ein schwieriges Problem für Regierungen, mit den Beschlüssen ihrer Vorgänger adäquat umzugehen; man denke etwa an den beschlossenen „Atom-Ausstieg“.

verbundener Güter und Übel zu beziehen, sondern auch auf die Regeln und Maximen, die der Entscheidung zugrunde liegen. Die Unsicherheit der Zukunftsprognose wird dadurch bearbeitet, dass man Faktoren einbezieht, die sich nicht inhaltlich durch einzelne Güter bestimmen lassen, sondern nur als Strukturbedingungen bestimmter Entwicklungen in komplexen Systemen zu beschreiben sind. Es werden somit auch Handlungsstrategien und Sekundärkriterien wie die gerade genannten in ihrer Tragfähigkeit und ihren Grenzen evaluiert.

Zudem ist zu überlegen, ob bei Risikoentscheidungen konsequentialistische Ethikkonzeptionen durch einen deontologischen Kern zu erweitern sind, wie Julian Nida-Rümelin in seinem Ansatz zu einer Risikoethik vorschlägt. Bestimmte Güter wie die Menschen-, Bürger- und Eigentumsrechte gelten als unverfügbar oder dürfen nur unter eng begrenzten Bedingungen zugunsten möglicher zukünftiger Vorteile aufgegeben werden.[66] Dadurch entgeht man der Gefahr der Erpressbarkeit[67] und kann sich zudem vor der Überforderung durch permanentes Abwägen schützen.[68] Man vermeidet dadurch allerdings gerade nicht das Risiko, dass eine solche Entschiedenheit als Verweigerung einer situationsgemäßen Optimierung oder als fahrlässige Untätigkeit aufgefasst wird.

Grundsätzlich ist bei ethischen Analysen von Folgenabschätzungen also herauszuarbeiten, welche impliziten Werturteile und Ethikmodelle zugrunde liegen: etwa ein deontologischer Kern, wie gerade skizziert, ein utilitaristisches Konzept oder auch ein egalitaristischer Ansatz. Kurzum, mit der sachlichen Komplexität des jeweiligen Problems verbindet sich eine methodische Komplexität aufgrund der nicht reduzierbaren Vielfalt ethischer Bewertungszugänge.

3.3 Verantwortung angesichts von Nichtwissen

In der neuzeitlichen Entwicklung wird immer mehr zu einer Frage der Entscheidung, was sich zuvor mehr oder weniger von selbst ergeben hat.[69] Die Pflicht und damit die Möglichkeit zur Wahl lässt die Folgen derselben kontingent und damit zu einem Risiko werden. Weder Standesethos noch die aufgeklärte Vernunft können für einen einspringen. Entscheidungen sind zu verantworten. Dementsprechend hat sich eine Verantwortungs-

66 Vgl. Nida-Rümelin 1996, 822-825.

67 Vgl. Spaemann 1999.

68 Vgl. Dörner 1992, 239-241, 247-249.

69 Vgl. Luhmann 1991, 51-58. Da dieser Zwang aber niemandem zuzurechnen ist, kann die gesamte Unterscheidung Risiko/Gefahr in paradoxer Weise als eine Gefahr rekonstruiert werden, vgl. Nassehi 1997, 61.

ethik herausgebildet.[70] Max Weber bezieht dieses Konzept auf Personen, die „Politik als Beruf" betreiben. Diese sind gehalten, ihre Entscheidungen nicht, wie es noch Kant ganz universell in der *Grundlegung zur Metaphysik der Sitten* gefordert hat, an den guten Absichten, sondern an den tatsächlichen Konsequenzen zu bemessen.[71] Viele aktuelle gesellschaftliche Konfliktfälle werden mit diesem folgenorientierten Ethikmodell bearbeitet – und stoßen dabei immer wieder an Grenzen.

Diese sind zu analysieren, denn Risikomündigkeit erfordert insbesondere in politischer Hinsicht vor allem eine transparente und vorausschauende Organisation des Risikomanagements im Sinne der klaren Definition von Subjekt, Gegenstand, Kontrollinstanz und Kriterien der Verantwortung sowie einer Analyse der sozialen Mechanismen der Zuschreibung von Verantwortung.[72] Die Reflexion der Risikoprobleme bedarf also der Einbettung in eine ethische Theorie der Verantwortung.

In der Dynamik der modernen technologischen Gesellschaft kommt es zu einer „Zurechenbarkeitsexpansion".[73] Geschehnisse, die früher als natürlich oder mit dem Schicksal erklärt und als selbstverständlich hinzunehmend akzeptiert worden wären, werden immer mehr auf Handlungen anderer, auch entfernter, unbekannter, kollektiver anderer, zugerechnet, damit in die Kategorie der Verantwortung überführt.

Für den Umgang mit der solchermaßen ausgeweiteten Verantwortung haben sich mehrere Mechanismen herausgebildet.

Erstens wird Verantwortung häufig entmoralisiert, an die Stelle persönlicher Schuld tritt die Funktionsgesetzlichkeit von Recht und Versicherung.[74]

Zweitens wird zwischen Technik im weiteren Sinn und dem menschlichen Faktor, zwischen technischem Defekt und menschlichem Versagen unterschieden. Diese Differenzierung ist allerdings nicht immer sinnvoll, weil sie zum einen beide Facetten wie lineare Systeme oder Trivialmaschinen behandelt und zum anderen trennt, was erst durch sein Zusammenspiel die erwünschte Wirkung und auch den Unfall ermöglicht.

Drittens wird die Forderung aufgestellt, dass Entscheidungen reversibel sein müssten, um bei späterer Einsicht in die Probleme einer Technologie noch korrigierend eingreifen zu können. Solche Technologien und Handlungs- bzw. Entscheidungssysteme werden dann auch fehlerfreundlich genannt. Eine falsche Handlung, ein fehlerhaftes Teil darf nicht gleich zu einer Katastrophe führen, sondern es sind entsprechende Sicherheits-

---

70 Zum „Ruf nach Verantwortung" vgl. Kaufmann 1992.

71 Vgl. Weber 1980, 551ff.; Kant 1996, BA 1-3.

72 Vgl. Höffe 1993, 20-33; Lübbe 1994; Beaufort/Gumpert/Vogt 2003.

73 Vgl. Lübbe 1994, 289ff.

74 Vgl. Lübbe 1994, 294f.

vorkehrungen vonnöten, die es zulassen, dass aus Fehlern gelernt werden kann. Doch hier ist stets die andere Seite im Blick zu halten: die Kosten für derartige Maßnahmen, die zu Lasten anderer gewünschter Möglichkeiten gehen. Abstrakter gefasst:

> Jeder Versuch, sich die Zukunft offenzuhalten, legt die Irreversibilitäten nur auf eine andere Weise fest: durch Unterlassungen oder durch nicht-intendierte [...] Nebenfolgen des Handelns.[75]

Verantwortung bleibt immer riskant.

Für den vierten Fall, dass die Verantwortung einem unterscheidbaren Kollektiv, wofür das Rechtswesen die Hilfsfigur der juristischen Person entwickelt hat, zugeschrieben wird, gibt es mehrere Strategien. Verantwortung kann über den Rechtsweg, über politischen Druck, über die Zuweisung bzw. den Entzug von finanziellen Mittel und mit bestimmten Vorteilen versehenen Positionen sowie über die Mobilisierung der Öffentlichkeit – und das heißt meist: Massenboykott – zugeschrieben werden. Im letzteren Fall braucht es in der Regel eine schlagkräftige Organisation als Initiativkraft und Kristallisationskern – man könnte an Greenpeace denken – sowie den gebündelten Blick der Massenmedien.[76]

Daneben finden sich Mechanismen, die eine kollektive auf eine individuelle Verantwortlichkeit zurückführen. Die alten Israeliten haben in solchen Fällen einen Sündenbock, der die Schuld aller trägt, in die Wüste geschickt. Diese Wendung hat sich bis heute in der Sprache gehalten, ebenso wie das Phänomen. Jemand muss die Verantwortung auf sich und folglich seinen Hut nehmen. Es ist dann nur eine (Macht-)Frage, wen es trifft. Die Kriterien sind meist die Größe des Problems sowie die Stärke des Drucks der entscheidenden anderen bzw. der Öffentlichkeit.

Fünftens können sich die Folgen individueller Handlungen inkrementalistisch zu nichtsteuerbaren Gesamtwirkungen aufsummieren. Die Akteure lassen sich nicht mehr zu einem irgendwie organisierten Kollektiv zusammenfassen, und ebenso lässt sich die „Zurechenbarkeit dieser Handlungsfolgen pragmatisch sinnvoll nicht mehr fingieren".[77] Hier greifen primär diskursive Strategien – mit dem bereits oben angesprochenen Dilemma, dass bei allgemeiner Partizipation die qualifizierte öffentliche Meinung schnell der Banalität weicht. Gleichzeitig stellt sich aber die grundlegende Frage, ob an diesem Punkt nicht Risiken in Gefahren übergehen und die Unterscheidung zwischen Entscheidern und Betroffenen kollabiert.[78]

---

75 Luhmann 1990b, 166.

76 Vgl. die Analyse des Massenprotests gegen die geplante Versenkung der Ölplattform Brent Spar durch Shell in Beck 1997, 121-127.

77 Lübbe 1994, 293; vgl. Lübbe 1993.

78 Vgl. Luhmann 1991, 130f.

Sechstens werden bei riskanten Entscheidungen in komplexen Situationen, d.h. bei Entscheidungen, wie sie in der Technikfolgenabschätzung oder auch bei grundlegenden ökonomischen Weichenstellungen typisch sind, meist Zweitkriterien herangezogen, um sich im Falle eines Schadenseintritts abzusichern. Man muss hinterher glaubhaft machen können, dass man nach bestem Wissen und Gewissen gehandelt, dass man also alle Standards der Wissenschaftlichkeit beachtet und alle einschlägigen Regeln der Konsultation und Entscheidungsfindung befolgt hat: Legitimation durch Verfahren.[79]

Der verantwortungsethische Ansatz stößt bei komplexen Situationen an Grenzen. Folgen sind, wie insbesondere die Forschungen zu komplexen, nichtlinearen Entwicklungen herausgearbeitet haben, nicht mehr klar unterscheidbaren Entscheidungen bzw. Handlungen zuzuordnen. Daher lassen sich Entscheidungen für Risiken (oder auch nicht minder riskante Entscheidungen gegen Risiken) häufig nicht klar zuschreiben, und ebenso finden sich auch für Verantwortungszuschreibungen nicht selten keine Adressen.

Es braucht folglich auf der inhaltlichen und wissenschaftstheoretischen Ebene eine Auseinandersetzung über die Grenzen des Wissens sowie deren entscheidungs- und organisationstheoretische Konsequenzen. Der Verantwortungsdiskurs kann dazu beitragen, die institutionelle Seite der Risikoethik zu entfalten. Weil sich die Risiken des Handelns in komplexen Systemen nur zu einem kleinen Teil individuell zuordnen und kontrollieren lassen, bedarf es der Institution von Handlungs- und Kommunikationsstrukturen wie etwa der schon genannten Haftungsregeln. Verantwortung ist heute wesentlich als institutionelle Risikotheorie zu denken. Über diese institutionellen Aspekte hinaus ist eine ethische Theorie der Verantwortung im Kontext von Risiko auch auf einen wissenschaftstheoretischen Pfad verwiesen. Es kommt darauf an, Ungewissheiten nicht zu ignorieren, sondern sie in gewusstes Nichtwissen zu transformieren.

4. Schlussbemerkung

Der Umgang mit Komplexität und der Umgang mit Risiko hat einige Gemeinsamkeiten: Ein vollständiges Wissen ist weder gegeben noch möglich; die Perspektiven der Beteiligten divergieren sowohl bei der Wahrnehmung als auch bei der Bewertung; im Hintergrund von Debatten stehen häufig unausgesprochene Wertvorstellungen. Die Ethik wäre

79 Vgl. Luhmann 1978.

überfordert, sollte sie hier das letzte Wort sprechen. Denn auch ihre praktische Vernunft vermag die genannten Grenzen einer konsequentialistischen Abwägung nicht zu überwinden. Ihre Kompetenzen liegen vielmehr darin, die analytischen Methoden und die ethischen Implikationen zu reflektieren, um auf diese Weise eine Klarheit zu schaffen, die Verständigung (nicht unbedingt Konsens) allererst ermöglicht.[80] Auf diese Weise trägt sie zur Entwicklung eines Rationalitätstypus bei, der verantwortliche Entscheidungen unter der Bedingung moderner Komplexität und gewussten Nichtwissens zu treffen hilft. Dem damit verbundenen Risiko kann nicht ausgewichen werden. Gegen die weit verbreitete Strategie, den Kopf in den Sand zu stecken, und gegen das irrationale Streben nach utopischer Sicherheit, die oftmals umso mehr Gefahren für Dritte birgt, wird hier für Risikomündigkeit plädiert.

Literaturverzeichnis

Ashby, William Ross (1974): Einführung in die Kybernetik. Frankfurt a.M.

Bateson, Gregory (1987): Geist und Natur: eine notwendige Einheit. Frankfurt a.M.

Bateson, Gregory (1992): Ökologie des Geistes. Anthropologische, psychologische, biologische und epistemologische Perspektiven. 4. Aufl. Frankfurt a.M.

Bayerische Rück (Hg.) (1993): Risiko ist ein Konstrukt. Wahrnehmungen zur Risikowahrnehmung. München.

Beaufort, Jan/Gumpert, Edmund/Vogt, Markus (Hg.) (2003): Fortschritt und Risiko. Zur Dialektik der Verantwortung in (post-)modernen Gesellschaften. Dettelbach.

Bechmann, Gotthard (Hg.) (1993a): Risiko und Gesellschaft. Grundlagen und Ergebnisse interdisziplinärer Risikoforschung. Opladen.

Bechmann, Gotthard (1993b): Risiko als Schlüsselkategorie der Gesellschaftstheorie. In: Ders. (Hg.): Risiko und Gesellschaft. Grundlagen und Ergebnisse interdisziplinärer Risikoforschung. Opladen, 237-276.

Beck, Ulrich (1986): Risikogesellschaft. Auf dem Weg in eine andere Moderne. Frankfurt a.M.

Beck, Ulrich (1993): Die Erfindung des Politischen. Zu einer Theorie reflexiver Modernisierung. Frankfurt a.M.

Beck, Ulrich (1997): Was ist Globalisierung? Irrtümer des Globalismus, Antworten auf Globalisierung. Frankfurt a.M.

Bentham, Jeremy (1989 [1822]): Economy as Applied to Office. In: Ders.: First Principles Preparatory to Constitutional Code. Hg. v. Philip Schofield. Oxford, 1-122.

Birnbacher, Dieter (1991): Ethische Dimensionen bei der Bewertung technischer Risiken. In: Lenk, Hans/Maring, Matthias (Hg.): Technikverantwortung. Güterabwägung – Risikobewertung – Verhaltenskodizes. Frankfurt a.M./New York, 136-147.

Briggs, John/Peat, F. David (1993): Die Entdeckung des Chaos. Eine Reise durch die Chaos-Theorie. München/Wien.

80 Vgl. Birnbacher 1991, 136f.

Crary, Jonathan (2002): Aufmerksamkeit. Wahrnehmung und moderne Kultur. Frankfurt a.M.

Dörner, Dietrich (1992): Die Logik des Mißlingens. Strategisches Denken in komplexen Situationen. Reinbek.

Foerster, Heinz von (1993): Wissen und Gewissen. Versuch einer Brücke. Frankfurt a.M.

Habermas, Jürgen (1990): Strukturwandel der Öffentlichkeit. Untersuchungen zu einer Kategorie der bürgerlichen Gesellschaft. Frankfurt a.M.

Haken, Hermann (1991): Synergetik im Management. In: Balck, Henning/Kreibich, Rolf (Hg.): Evolutionäre Wege in die Zukunft. Wie lassen sich komplexe Systeme managen? Weinheim/Basel, 65-91.

Held, Martin/Geißler, Karl-Heinz (Hg.) (1995): Von Rhythmen und Eigenzeiten. Perspektiven einer Ökologie der Zeit. Stuttgart.

Höffe, Otfried (1993): Moral als Preis der Moderne. Ein Versuch über Wissenschaft, Technik und Umwelt. Frankfurt a.M.

Hölscher, Lucian (1979): Öffentlichkeit und Geheimnis. Eine begriffsgeschichtliche Untersuchung zur Entstehung der Öffentlichkeit in der frühen Neuzeit. Stuttgart.

Jonas, Hans (1984): Das Prinzip Verantwortung. Versuch einer Ethik für die technologische Zivilisation. Frankfurt a.M.

Jungermann, Helmut/Slovic, Paul (1993a): Die Psychologie der Kognition und Evaluation von Risiko. In: Bechmann, Gotthard (Hg.): Risiko und Gesellschaft. Grundlagen und Ergebnisse interdisziplinärer Risikoforschung. Opladen, 167-207.

Jungermann, Helmut/Slovic, Paul (1993b): Charakteristika individueller Risikowahrnehmung. In: Bayerische Rück (Hg.): Risiko ist ein Konstrukt. Wahrnehmungen zur Risikowahrnehmung. München, 89-107.

Kant, Immanuel (1996): Grundlegung zur Metaphysik der Sitten. Werkausgabe Bd. VII. 13. Aufl. Frankfurt a.M., 5-102.

Kaufmann, Franz-Xaver (1992): Der Ruf nach Verantwortung. Risiko und Ethik in einer unüberschaubaren Welt. Freiburg.

Kersting, Wolfgang (2002): Kritik der Gleichheit. Über die Grenzen der Gerechtigkeit und der Moral. Weilerswist.

Köstner, Barbara/van Saan-Klein, Beatrice/Vogt, Markus (Hg.) (2007): Agro-Gentechnik im ländlichen Raum – Potenziale, Konflikte und Perspektiven. Dettelbach.

Korff, Wilhelm (1979): Kernenergie und Moraltheologie. Der Beitrag der theologischen Ethik zur Frage allgemeiner Kriterien ethischer Entscheidungsprozesse. Frankfurt a.M.

Kreibich, Rolf (1991): Forschungskultur und Produktionskultur – Zur Krise der Wissenschafts- und Technikgesellschaft und Elemente eines neuen Fortschrittsmusters. In: Balck, Henning/Kreibich, Rolf (Hg.): Evolutionäre Wege in die Zukunft. Wie lassen sich komplexe Systeme managen? Weinheim/Basel, 13-43.

Küppers, Bernd-Olaf (Hg.) (1987a): Ordnung aus dem Chaos. Prinzipien der Selbstorganisation und Evolution des Lebens. München.

Küppers, Bernd-Olaf (1987b): Die Komplexität des Lebendigen – Möglichkeiten und Grenzen objektiver Erkenntnis in der Biologie. In: Ders. (Hg.): Ordnung aus dem Chaos. Prinzipien der Selbstorganisation und Evolution des Lebens. München, 15-47.

Küppers, Bernd-Olaf (1991): Chaos und Komplexität – Über eine Revolution in der Wissenschaft. In: Balck, Henning/Kreibich, Rolf (Hg.): Evolutionäre Wege in die Zukunft. Wie lassen sich komplexe Systeme managen? Weinheim/Basel, 92-98.

Lipp, Wolfgang (1997): Risiken, Verantwortung, Schicksal. Positionen einer Ethik der Postmoderne. In: Hijikata, Toru/Nassehi, Armin (Hg.): Riskante Strategien. Beiträge zur Soziologie des Risikos. Opladen, 9-35.

Lübbe, Hermann (1993): Sicherheit. Risikowahrnehmung im Zivilisationsprozeß. In: Bayerische Rück (Hg.): Risiko ist ein Konstrukt. Wahrnehmungen zur Risikowahrnehmung. München, 23-41.

Lübbe, Hermann (1994): Moralismus oder fingierte Handlungssubjektivität in komplexen historischen Prozessen. In: Lübbe, Weyma (Hg.): Kausalität und Zurechnung. Über Verantwortung in komplexen kulturellen Prozessen. Berlin/New York, 289-301.

Luhmann, Niklas (1975): Komplexität. In: Ders.: Soziologische Aufklärung 2. Aufsätze zur Theorie der Gesellschaft. Opladen, 204-220.

Luhmann, Niklas (1978): Legitimation durch Verfahren. 3. Aufl. Darmstadt/Neuwied.

Luhmann, Niklas (1984): Soziale Systeme. Grundriß einer allgemeinen Theorie. Frankfurt a.M.

Luhmann, Niklas (1986): Ökologische Kommunikation. Kann die moderne Gesellschaft sich auf ökologische Gefährdungen einstellen? Opladen.

Luhmann, Niklas (1990a): Paradigm lost. Über die ethische Reflexion der Moral. Frankfurt a.M.

Luhmann, Niklas (1990b): Risiko und Gefahr. In: Ders.: Soziologische Aufklärung 5. Konstruktivistische Perspektiven. Opladen, 131-169.

Luhmann, Niklas (1990c): Gesellschaftliche Komplexität und öffentliche Meinung. In: Ders.: Soziologische Aufklärung 5. Konstruktivistische Perspektiven. Opladen, 170-182.

Luhmann, Niklas (1991): Soziologie des Risikos. Berlin/New York.

Maturana, Humberto (1985): Erkennen. Die Organisation und Verkörperung von Wirklichkeit. Ausgewählte Arbeiten zur biologischen Epistemologie. 2. Aufl. Braunschweig/Wiesbaden.

Maturana, Humberto/Varela, Francisco (1987): Der Baum der Erkenntnis. Die biologischen Wurzeln des menschlichen Erkennens. Bern u.a.

Nassehi, Armin (1997): Risiko – Zeit – Gesellschaft. Gefahren und Risiken der anderen Moderne. In: Hijikata, Toru/Nassehi, Armin (Hg.): Riskante Strategien. Beiträge zur Soziologie des Risikos. Opladen, 37-64.

Nida-Rümelin, Julian (1996): Ethik des Risikos. In: Ders. (Hg.): Angewandte Ethik. Die Bereichsethiken und ihre theoretische Fundierung. Stuttgart, 806-830.

Offe, Claus (1986): Die Utopie der Null-Option. Modernität und Modernisierung als politische Gütekriterien. In: Berger, Johannes (Hg.): Die Moderne – Kontinuitäten und Zäsuren. Göttingen, 97-117

Pannenberg, Wolfhart (1973): Wissenschaftstheorie und Theologie. Frankfurt a.M.

Prigogine, Ilya/Stengers, Ingrid (1993): Dialog mit der Natur. Neue Wege naturwissenschaftlichen Denkens. 7. Aufl. München.

Rahmstorf, Stefan/Schellnhuber, Hans-Joachim (2007): Der Klimawandel. Diagnose, Prognose, Therapie. 4. Aufl. München.

Rat von Sachverständigen für Umweltfragen (1994): Umweltgutachten 1994. Für eine dauerhaft-umweltgerechte Entwicklung. Stuttgart.

Rawls, John (1994): Eine Theorie der Gerechtigkeit. Frankfurt a.M.

Renn, Ortwin/Klinke, Andreas (2003): Risikoabschätzung und -bewertung. Ein neues Konzept im Umgang mit Komplexität, Unsicherheit und Ambiguität. In: Beaufort, Jan/Gumpert, Edmund/Vogt, Markus (Hg.): Fortschritt und Risiko. Zur Dialektik der Verantwortung in (post-)modernen Gesellschaft. Dettelbach, 21-51.

Renn, Ortwin u.a. (2007): Risiko. Über den gesellschaftlichen Umgang mit Unsicherheit. München.

Rötzer, Florian (1999): Ressource Aufmerksamkeit. Ästhetik in der Informationsgesellschaft. In: Kunstforum International 148, Dez. 1999 – Jan. 2000, 51-181.

Sachs, Wolfgang (Hg.) (1993): Wie im Westen so auf Erden. Ein polemisches Handbuch zur Entwicklungspolitik. Reinbek.

Schüßler, Rudolf (2006): Moral im Zweifel. Bd II: Die Herausforderung des Probabilismus. Paderborn.

Schuster, Heinz Georg (1994): Deterministisches Chaos. Eine Einführung. Weinheim u.a.

Spaemann, Robert (1999): Die schlechte Lehre vom guten Zweck. Der korrumpierende Kalkül hinter der Schein-Debatte. In: Frankfurter Allgemeine Zeitung, 23.10.1999.

Stern, Nicholas (Hg.) (2007): The economics of climate change. The Stern review. Cambridge.
http://www.hm-treasury.gov.uk/independent_reviews/stern_review_economics_climate_change/stern_review_report.cfm (Stand: 19. 3. 2008).

Vogt, Markus (1996): Retinität: Vernetzung als ethisches Leitprinzip für das Handeln in komplexen Systemzusammenhängen. In: Bornholdt, Stefan/Feindt, Peter (Hg.): Komplexe adaptive Systeme. Dettelbach, 159-197.

Vogt, Markus (1997): Sozialdarwinismus. Wissenschaftstheorie, politische und theologisch-ethische Aspekte der Evolutionstheorie. Freiburg i.Br.

Vester, Frederic (1984): Neuland des Denkens. Vom technokratischen zum kybernetischen Zeitalter. München.

Weber, Max (1980): Politik als Beruf. In: Gesammelte politische Schriften. 4. Aufl. Tübingen, 505-560.

Wiedemann, Peter (1996): Wahrnehmungsmuster von technischen Risiken in der Gesellschaft. In: Jahrbuch für christliche Sozialwissenschaften 37, 11-28.

Teil III

Zur Rolle von Theologie und Religion

Die Rolle der Theologie in der Ethik und ihre Implikationen für die Theorie der angewandten Ethik

Konrad Hilpert

I. Ethik in der Theologie

Jeder Blick in die Geschichte der Theologie und der Kirchen zeigt, wie sehr dem christlichen Glauben an einer moralischen Lebensführung liegt. Religiöse Überzeugungen einerseits und Erwartungen an das Handeln und die Lebensgestaltung andererseits finden sich in einen engen Zusammenhang gerückt. Wie Gebet, Riten und gemeinschaftliches Feiern im Kult gelten auch Sittlichkeit und Wohltätigkeit als zentrale Formen einer Lebensführung „im Angesicht Gottes" (coram Deo). In der Person von als heilig verehrten und für vorbildlich erklärten Menschen erscheint beides – das Glauben und die sittliche Lebensführung – untrennbar miteinander verknüpft und in existenzieller bzw. typologischer Konkretheit. Dabei kann der Zusammenhang sowohl inhaltliche Regeln für bestimmte Situationen als auch situationsübergreifende Grundsätze oder auch spirituelle Einstellungen und Grundhaltungen der vom Glauben ergriffenen Akteure betreffen.

Dieser kulturphänomenologischen Beobachtung eines starken Zusammenhangs zwischen Religion und Sittlichkeit entspricht das Selbstverständnis des christlichen Glaubens und dessen theoretische Reflexion in der Theologie. Den biblischen Grundlagenschriften ist der Gedanke gemeinsam, dass Glauben als Vollzug die Entschiedenheit zu einer moralischen Lebensführung einschließt. Das wird unter anderem an der Struktur des Dekalogs deutlich, der das Sich-Richten nach den Weisungen als Konsequenz der Erfahrung des befreienden Handelns Gottes in der Geschichte Israels vorstellt. Betroffen und herausgefordert davon ist nicht nur das Verhalten gegenüber Gott, sondern gleichermaßen auch dasjenige gegenüber den Volksgenossen bzw. Mitmenschen, gehe es dabei im Einzelnen um die Erhaltung der Solidarität zwischen den Generationen, den Anspruch auf Wiederherstellung der eigenen Arbeitsfähigkeit, die Respektierung des Daseins der anderen, um die Achtung des Eigentums, der engen

Zusammengehörigkeit in Ehe und Familie, um die Ehre und Unbescholtenheit in der Öffentlichkeit oder um die Sicherheit vor Machenschaften, die darauf angelegt sind, einem die Lebensgrundlagen nach und nach systematisch zu entziehen. Nach Mt 7 muss der Glaube des Glaubenden „Früchte" bringen, und seine Echtheit ist an diesen zu erkennen. Paulus stellt im Römerbrief einen unmittelbaren Zusammenhang zwischen der Taufe auf Jesus Christus und der umfassenden Lebensgestaltung her (Röm 5,7). Worauf es in allem und vor allem anderen ankommt, ist nach Gal 5,6, den Glauben zu haben, „der in der Liebe wirksam ist". Eine Verwirklichung des Glaubens ohne Abkehr von Selbstbezogenheit und Unfrieden sowie ohne Hinwendung zum Mitmenschen ist für Paulus nicht denkbar. Der vorbehaltlose Einsatz für die Kleinen und an den Rand Gedrängten, für Redlichkeit und Wahrhaftigkeit in den zwischenmenschlichen Beziehungen, für die Überwindung der Gewalttätigkeit durch Versöhnung – dies alles sind laut der biblischen Verkündigung Weisen, wie Glauben im Leben und Handeln fruchtbar werden kann und sogar muss.

Wo aber das Glauben vom sittlichen Handeln losgelöst bzw. auf rituelle Vollzüge (insbesondere Opfer) oder auf einen Rückzug in die spirituelle Innerlichkeit beschränkt wird, fallen harsche Worte. Im Alten Testament sind es vor allem die Propheten, die diese innere Verbundenheit von Glauben und sittlichem Handeln als konstitutiv einfordern und deren Dissoziierung wiederholt und scharf als Widerspruch zum Willen Gottes kritisieren. Der markante Gottesspruch bei Hosea „Liebe will ich, nicht Schlachtopfer!" (Hos 6,6) wird im Evangelium des Matthäus wieder aufgenommen (Mt 9,13 und 12,7), um die Grundeinstellung Jesu zu einer Frömmigkeitspraxis zu charakterisieren, die auf das Inhaltlich-Richtige und das Rituell-Korrekte verengt ist. Auch die große Weltgerichtsperikope in Mt 25 lässt den Weltenrichter sein Urteil über das endgültige Heil bzw. Unheil der Menschen ausschließlich nach dem Kriterium fällen, ob sie anderen, die in Not waren, geholfen haben oder nicht.

Offensichtlich ist dies so zu verstehen, dass die sittliche Existenz und das moralische Handeln nicht als etwas Zweites, anderes zur Botschaft und zu ihrer Annahme im Glauben hinzugefügt werden, sondern dass Lebensführung und Praxis selbst genuine „Erschließungs- und Vermittlungssituation"[1] sind, in denen sich Evangelium und Glaube artikulieren und konkretisieren.

Das entspricht auch der Leiblichkeit als Grundverfasstheit des menschlichen Daseins. Sie ist gestaltbar und in hohem Maße individualisierbar; deshalb können wir so gut wie alle Empfindungen und Erfahrungen, die wir mit ihr machen, uns selbst („ich") zuschreiben. Aber die Leib-

1 So Hemmerle 1975, 26.

lichkeit ist – jedenfalls so lange wir auf Erden leben – nicht hintergehbar, sondern allenfalls gedanklich transzendierbar. Die „Stelle" im menschlichen Dasein, wo diese unhintergehbare Einheit von Leib und Intentionalität („Geist") nicht bloß als Widerfahrnis oder Grenze gespürt, sondern im Gegenteil ausdrücklich gewollt, gestaltet und herbeigeführt werden kann, ist das Handeln. Wenn Glaube nicht eine Gegebenheit oder ein notwendiger Zustand ist, sondern ein Akt menschlicher Freiheit, also ein Handeln, dann muss er sich auch verleiblichen und ausdrücken in der Dimension der Leiblichkeit. Ein Glaube, der rein innerlich bliebe, wäre entweder unmenschlich,[2] oder er müsste ein ideologisches Konstrukt sein, das um bestimmter Interessen willen von seiner anthropologischen Basis abgetrennt worden wäre. Unter den gegebenen Bedingungen unseres Daseins als Menschen drückt sich Glauben als existenzieller Freiheitsakt und habituelle Grundeinstellung zur Wirklichkeit also notwendig im Handeln aus, und dieses Handeln ist die äußere leibliche Gestalt der inneren Stellungnahme.

Auch wenn das Wissen um diesen Zusammenhang im Lauf der Kirchen-, Theologie- und Frömmigkeitsgeschichte immer wieder zur Herausbildung besonderer Lebensformen und -stile geführt hat, die nur in hochmotivierten Gruppen und mit Distanzierung zur Normalität („Welt") gelebt werden konnten, ist der Anspruch, dass gläubige Existenz den gesamten Lebens- und Gestaltungsraum der Menschen betrifft, also nicht nur die Areale des Sakralen, sondern auch das Handeln „in der Welt", nie aufgegeben worden. Die unauflösbare Zusammengehörigkeit von Glauben und sittlichem Handeln ist vielmehr ein zentrales Element der Identität des Christentums, auch wenn dieser Zusammenhang in der Auseinandersetzung der Konfessionen theologisch recht verschieden, um nicht zu sagen: sogar gegensätzlich interpretiert wurde. Dabei ging es aber um die Bestimmung des Anteils, den der Einzelne dabei leisten kann, der Rolle der Institution Kirche und der Reihenfolge, aber nie um die Bestreitung der Zusammengehörigkeit als solcher.

Entsprechend gehört es zur ureigenen Aufgabe der Theologie, zu bedenken und zu artikulieren, was der christliche Glaube für das Leben und Handeln der Menschen bedeuten kann oder muss. Und sie hat das im Blick auf die gegenwärtigen Lebensverhältnisse zu spezifizieren. Es ist also nur konsequent im Sinn ihres eigenen Selbstverständnisses, wenn die Theologie einerseits zum Handeln aufruft und andererseits sensibel ist für ethisch relevante Fragestellungen. Die Theologie tut dies alles in Gestalt

---

2 Sehr drastisch weist Pascal darauf hin, dass alles menschliche Tun immer körperlich und geistig zugleich ist und es keine rein geistige menschliche Tätigkeit geben kann: „Wer sich zum Engel aufspielen will, sinkt zum Tier herab." (Blaise Pascal, Pensées, Fragment 358 nach der älteren Zählung von Léon Brunschvig, 678 nach der jüngeren von Louis Lafuma).

einer ausdifferenzierten Fachdisziplin, der theologischen Ethik (oder Moraltheologie[3]).

II. Religion im ethischen Diskurs

Wenn Ethik solcher Art vom Selbstverständnis christlicher Theologie her als Notwendigkeit erscheint, bleibt es nicht aus, dass religiös begründete Positionen auch in den ethischen Diskurs eingebracht werden und eine wahrnehmbare Rolle spielen, die die ganze Bandbreite von Orientierung, Sensibilisierung, Bekräftigung bis hin zu Widerspruch und Konflikt umfassen kann. Am deutlichsten ist das der Fall, wenn Gruppen von Gläubigen, organisierte Verbände oder Organe der Kirchen (Bischofskonferenzen, Synoden und Ähnliches mehr) durch Verlautbarungen in der Öffentlichkeit Stellung beziehen zu ganz konkreten normativen Fragen wie etwa dem Umgang mit Schwangerschaftskonflikten oder dem assistierten Suizid bzw. zu Grundsatzfragen wie etwa den Grundwerten der Gesellschaft, dem Schutz der natürlichen Umwelt oder der demokratischen Kultur.

Weniger sichtbar für die Öffentlichkeit, aber dafür doch erheblich gewichtiger dürfte die Rolle religiös begründeter Überzeugungen in der ethischen Urteilsfindung dort zu Buche schlagen, wo es um die Vorbereitung und Beratung von Entscheidungen geht, zu denen Einzelne ihre Zustimmung geben müssen (etwa im Rahmen medizinischer Maßnahmen) oder zu denen sie sich selbst erst durchringen müssen (etwa im Rahmen individueller Lebens- und Krisenberatung).

Die Feststellung, dass Kirchen, ihre Repräsentanten und religiöse Gruppierungen häufig Position beziehen, wenn ethische oder rechtsethische Probleme diskutiert werden, und die Beobachtung, dass religiös begründete Standpunkte immer von entscheidender Bedeutung sind, wo es um situationsbezogene konkrete Entscheidungen geht, kann noch ergänzt werden durch den analytischen Hinweis, dass im ethischen Diskurs, wie er in der Philosophie, aber auch in der Rechtsphilosophie und in Politik und öffentlicher Meinung geübt wird, durchaus auch Begriffe, Argumente, methodische Figuren und auch inhaltliche Ideale aus der religiösen bzw. theologisch-ethischen Tradition rezipiert sind und weitertradiert werden. Beispiele dafür sind etwa die Topoi „Heiligkeit des Lebens" und „Bewahrung der Schöpfung"[4], „Mitgeschöpflichkeit", „Verantwortung", ebenso „Menschenwürde" und die Verpflichtung zu deren „Achtung". Auch ein

3 Zur Terminologie s. Hilpert 1998.

4 Zum Gebrauch des Topos „Schöpfung" im gegenwärtigen bioethischen Diskurs: Christophersen 2005.

Theorem wie dasjenige von der Handlung mit Doppelwirkung dürfte aus dem reichen Fundus der theologisch-ethischen Tradition übernommen sein, ähnlich wie die Methode der Güter- und Übelabwägung samt den dazu gehörenden Vorzugsregeln.

Freilich erlauben die beschriebenen Beobachtungen erst die Feststellung, dass religiöse Überzeugungen im ethischen Diskurs faktisch eine wichtige Rolle spielen. Die weitergehende Frage, die sich aufdrängt, ist aber, ob diese Rolle nur residualer Art ist oder ob sie ein Konkurrieren in den Gründen bei der Rechtfertigung der ethischen Grundsätze bedeutet oder gar ob sich religiöse Überzeugungen und deren theologisch-ethische Reflexion auf einen Mehrwert an Erkenntnismöglichkeit beziehen, der im ethischen Diskurs sonst unbedacht und unthematisiert bleibt.

Voraussetzung dafür, diese Frage beantworten zu können, ist eine Klärung dessen, was das Religiöse bzw. Theologische der theologischen Ethik eigentlich ausmacht. Man muss es wohl in erster Linie daran festmachen, dass das im Glauben erschlossene Verständnis von Mensch, Gott und Welt für die Lebenspraxis des Einzelnen und der Gesellschaft entfaltet wird. Es geht um die Wahrnehmung und das Verstehen der erlebten Wirklichkeit, um den Horizont von Deutung und Sinn, in den wir unsere Erfahrungen einordnen und von dem her wir dann auch unser Handeln und unsere Lebenspraxis reflektieren. Die Eckpunkte dieses Deutungs- und Sinnhorizonts sind:

- die Anerkennung der eigenen Endlichkeit,
- das Bewusstwerden der Geschenkhaftigkeit des Daseins,
- die vorbehaltlose Anerkennung der Anderen als gleich,
- das Vertrauen-Dürfen darauf, dass sittliches Bemühen trotz notorischer Fragmenthaftigkeit, Verletzbarkeit und der steten Möglichkeit, schuldig zu werden und schuldig zu sein, sinnvoll ist.

Negativ ausgedrückt hängt die Bedeutung des Gottesgedankens für die Ethik nicht auf Gedeih und Verderben daran, dass die konkreten materialen Forderungen jeweils als unmittelbar von Gott geoffenbart nachgewiesen werden können. Dem widerspricht bereits die Tatsache, dass auch für ethische Maßstäbe und Erkenntnisse, die im Kontext und unter Bezugnahme auf den Glauben gewonnen wurden bzw. werden, Wissen, Erfahrung, Kultur, Zeitumstände, Konsistenz mit den sonstigen sittlichen Verpflichtungen eine unübersehbare Rolle spielen. Dieser offensichtliche Zusammenhang der konkreten Verbindlichkeiten mit Faktoren, die nicht religiös im emphatischen Sinne sind, schließt als solche noch nicht die Erfahrung der Unbedingtheit sittlicher Verpflichtung aus, die für den Glauben typisch und aus einer eigenen Sicht konstitutiv ist.

Aus dem Gesagten ergibt sich, dass die theologische Ethik weder die Alleinzuständigkeit für die Gestaltung der moralischen Lebenspraxis beansprucht noch sich automatisch und von vornherein in Konkurrenz zur philosophischen Ethik und zu allen weiteren präskriptiven Wissenschaften gestellt sieht und somit aus der Autarkie ihrer eigenen Erkenntnisquelle völlig eigenständig zu allen Fragen konkrete Verantwortlichkeiten benennen könnte oder müsste. Dies wäre auch kaum mit dem Selbstverständnis des christlichen Glaubens kompatibel, der sich ja als Antwort auf die Heilsbedürftigkeit aller Menschen versteht; dies kann er jedoch nur dann sein, wenn er von einer grundlegenden Korrespondenz zwischen dem Menschsein in seinen Strukturen und Potenzialen einerseits und dem Glauben in der Verstehbarkeit seiner Botschaft und in seinem Versprechen, zum Glücken des Daseins beizutragen, andererseits ausgeht. Auch muss die Überzeugungskraft der ethischen Begründungen und Appelle über den Kreis der tatsächlich Gläubigen hinausreichen, wenn es für die christliche Botschaft ein konstitutives Element ist, dass sie sich an alle Menschen richtet.

Der entscheidende Punkt an der Theologizität der theologischen Ethik ist offensichtlich ein anderer, als es bei oberflächlicher Sicht den Anschein zu haben scheint, nämlich: dass die moralische Lebenspraxis und ihr folgend auch die darauf bezogene Reflexion im Zusammenhang des christlichen Glaubens in das Bezugsfeld eines Menschen-, Daseins- und Weltverständnisses gerät, das sich auch in die Moral hinein auswirkt. Davon betroffen sind zunächst einmal der Ansatz, dann aber auch die Grundlage und der Stellenwert der Moral. Was den Ansatz betrifft, so ist Moralität nicht primär als Sollen bzw. als Streben nach Perfektheit konzipiert, sondern als Antwort und Dankbarkeit für eine vorausgehende Zusage von Heil. Was die sittliche Verbindlichkeit betrifft, so wird diese in ihrem letzten Grund als Anspruch Gottes an die Person gedeutet. Grundgestalt der moralischen Verbindlichkeit ist infolgedessen nicht die sachhafte, auf das äußere Verhalten bezogene Gesetzlichkeit, sondern der Einzelne in seiner Freiheit. Und was den Stellenwert der Moral angeht, so sind hier trotz aller Bedeutung und Unausweichlichkeit sittlicher Lebenspraxis als Ausdruck des Glaubens auch die Grenzen deutlich: Moral ist kein Weg der (Selbst-)Erlösung, sondern sie bleibt eine Weise, mit unseren geschöpflichen Potenzialen, mit der Tatsache, dass unser Leben sich immer mit und unter anderen abspielt, mit der Möglichkeit von Schwäche, Versagen, Schuld und Bosheit anderer wie auch eigener zurechtzukommen. Weder muss das, was die Menschen zustandegebracht haben, wegen ihrer Fehler und Unvollkommenheiten überwunden oder ausgerottet werden, noch muss umgekehrt daran gearbeitet werden, durch menschliche Anstrengung das Paradies zu errichten. Vielmehr gilt der Mensch als erlösungsbedürftig und erlösungsfähig, weshalb er nicht verzweifeln muss, wenn er selbst oder andere moralisch scheitern. In diesem Horizont kann Sittlichkeit folglich auch dahingehend Gestalt annehmen, anderen zu helfen, solche belastenden Erfahrungen zu bewältigen und die dadurch ausgelösten Folgen zu bearbeiten, Versöhnung zu gewähren, sich zu mühen, dass Besserung wahrscheinlich wird und dass Hoffnung immer möglich bleibt.

Der weltanschauliche und anthropologische Rahmen, in den auch andere, tendenziell sogar alle ethischen Überlegungen und Argumentationen zumindest in der Person des reflektierenden Subjekts eingelassen sind, wird im ethischen Diskurs meistens nur implizit transportiert und kommt nur ganz selten auch ausdrücklich zur Sprache. Als Rahmen und Sinn spendender Horizont hat die weltanschauliche Verortung aber nicht nur Bedeutung für die Motivation des Einzelnen, sondern fließt in Gestalt grundlegender Einstellungen und Überzeugungen immer in den ethischen Diskurs mit ein, unter Umständen mit Konsequenzen sogar bis in die situationsbezogenen ethischen Urteile.

Damit schieben sich aber zwei Fragen in den Vordergrund des Interesses, nämlich *erstens*: Welche Rolle spielen die Fragen der angewandten Ethik für die theologische Ethik? Und *zweitens*: Wie steht es um die Möglichkeiten (und Grenzen) der Kommunizierbarkeit religiös bzw. christlich begründeter Positionen, und was bedeutet dies für die weltanschaulich plurale Situation der Gegenwart?

III. „Anwendung" in der theologischen Ethik

Wie jede Ethik zielt auch die theologische letztlich auf ihre Anwendung, weil sie sich von ihren theologischen Grundlagen her als theoretische Anleitung zu einem guten und gelingendem Leben im Angesicht Gottes versteht. Dabei ist das, was seit einiger Zeit übereinstimmend mit dem ethischen Sprachgebrauch als „Anwendung" bezeichnet wird, nur in dem Sinne eindeutig, dass es dabei stets darum geht, aus allgemeinen Prinzipien begründete (oder wenigstens nachvollziehbare), realisierbare und in ihrem Verbindlichkeitsanspruch anerkannte Maßstäbe für die wirklichen Fälle des Handelns und der Lebensführung zu gewinnen. Der Bedarf hierfür ist stets vorhanden, insofern die situative, die subjektiv-momentane und die biografische Konkretheit des Handelns und der Lebensführung nie einfach lückenlos kongruiert mit dem, was die abstrahierend-allgemeinen Prinzipien und die daraus abgeleiteten falltypisierenden Gebote präventiv vorgeben können. Insofern erfolgt Anwendung im Sinne konkreter sach-

und situationsgerechter Beurteilung immer schon gewohnheitsmäßig und unbemerkt.

Ein explizites Thema und ein Gegenstand theoretischer Anstrengung wird Anwendung[5] erst dort, wo zwar eine gültige Moral vorhanden ist, aber sich die konkrete Handlungsrealität als komplex erweist und Konflikte zwischen Handlungsalternativen auftreten, angesichts derer die herkömmlichen Orientierungen in ihrer Gültigkeit unsicher erscheinen oder wegen ihrer Neuartigkeit allererst nach begründeten Regeln fragen lassen. Solcher Reflexionsbedarf tritt besonders im Zusammenhang mit Erweiterung der wissenschaftlichen Erkenntnis, mit technischen und medizinischen Innovationen, mit Phänomenen des sozialen Wandels in deren Gefolge oder auch in der Konfrontation mit anderen Moralen und Mentalitäten auf.

Diese Herausforderung zur ethischen Reflexion des Sollens-Anspruchs im Ausgang von bzw. im Blick auf einen konkreten moralischen Regelungsbedarf wird innerhalb des Panoramas der Ethiken in unterschiedlicher Weise angenommen und bearbeitet. Als typische Wege erscheinen:

1. der Rückgriff auf anerkannte allgemeine normativ-ethische Prinzipien, die im Hinblick auf bestimmte Bereiche, Handlungsfelder oder berufliche Tätigkeiten ausgestaltet werden;
2. der Rückgriff auf ein oberstes Moralprinzip, aus dem unter Einbeziehung von Intuitionen mittels Analogiebildungen und Konsistenzprüfungen schöpferisch spezielle Normen für Klassen von neuen Handlungen gewonnen werden;
3. die Applikation feststehender (oder durch Autorität festgestellter) fallgruppenbezogener Normen bzw. Gebote auf neue sowie auf singuläre Fälle;
4. der Verzicht auf allgemeinverbindliche materiale Normen zugunsten von Richtlinien, die mit berufsspezifischer Sachlichkeit und der sorgfältigen Beachtung von Qualitätsanforderungen an die Entscheidungs-

5 Dabei kommt es nicht auf die Verwendung des Terminus „Anwendung" an. Heinz E. Tödt, der im Blick auf die Grundlagendiskussionen in der katholischen Moraltheologie und in der protestantischen Ethik der 1970er und 80er Jahre das weitgehende Fehlen entsprechender Überlegungen angemahnt hat, spricht stattdessen von den sittlichen Urteilen auf der Vollzugsebene, die er von den ethischen Kriterien und Reflexionen auf der Theorie- oder Wissenschaftsebene einerseits und von den objektiven Urteilsentscheiden andererseits abhebt. Zur methodischen Findung sittlicher Urteile hat er ein viel beachtetes Schema entwickelt. Siehe besonders: Tödt 1988, 21-48. Diese Überlegungen werden u.a. aufgenommen und ausdrücklich unter der Überschrift „Angewandte Ethik" verhandelt bei Fischer 2002. In der katholischen Moraltheologie werden sie etwa rezipiert bei Laubach 2000, 268-271. Zur Rezeption bei weiteren Autoren der theologischen Ethik s. Schuhmacher 2006.

findung verbunden sind und die dem Entscheider einen gewissen Ermessensspielraum einräumen.

Danach, worin die Herausforderung der Anwendung jeweils gesehen wird, richtet sich auch die jeweilige Konzeption von „angewandter Ethik". Gemeinsam ist allen Konzepten von angewandter Ethik die Ausrichtung auf konkrete aktuelle Probleme und Konfliktlagen sowie die normative Intention. Verschieden hingegen sind sie in Umfang und Intensität ihrer Zuordnung zur Prinzipienethik, die die Bestimmung des allgemein Verbindlichen – normative Prinzipien und Ideale, das oberste Moralprinzip, allgemeingültige Regeln – zur Aufgabe hat.

Im Lauf der Geschichte der theologischen Ethik können Ausprägungen aller vier dieser Konzeptionen gefunden werden, allerdings mit sehr ungleicher Prägekraft und Anerkennung und teilweise in Verbindung mit konfessionsspezifischen Akzenten. Die Moraltheologie, wie sie sich als eigenständige Disziplin der katholischen Theologie seit Ende des 16. Jahrhunderts herausgebildet hat,[6] lässt sich am ehesten als Kombination der ersten drei Konzeptionstypen deuten. Ihr Bemühen hatte einerseits dem Versuch zu gelten, aus den anthropologisch-naturalen Gegebenheiten die Struktur und Zielgerichtetheit menschlichen Handelns zu erheben und das Moralprinzip und die obersten Grundsätze zu ergründen. Andererseits ging es ihr wenigstens mit gleichem oder noch größerem Nachdruck darum, die Handlungssituationen, die im Leben immer wieder oder auch nur selten vorkamen, zu sammeln, in Fallgruppen zu klassifizieren und die Gebote (insbesondere des Dekalogs), Tugenden und Laster, die Seligkeiten, später auch die Pflichten herauszufinden, die dafür jeweils relevant waren. Die innere Verbindung zwischen beiden Aufgaben wurde gedanklich und material über die so genannten göttlichen Tugenden hergestellt, aszetisch und ekklesiologisch-formal über das Prinzip der Nachfolge. Die Moraltheologie als Disziplin vereinigt so zwei Traditionslinien in sich, die jeweils geschichtlich viel weiter zurückreichen und ursprünglich auch gesonderte Orte hatten: Die Reflexion über die Anthropologie des Handelns, die Prinzipien und die Tugenden hatte ihren Platz spätestens seit Petrus Lombardus und Thomas von Aquin im Rahmen der Erörterung der dogmatischen Themen Schöpfung, Sünde, Gnade, Erlösung,[7] die Reflexion über die unmittelbaren Handlungsprobleme des praktischen Lebens hingegen in der Ausbildung für die Verwaltung des Bußsakraments mittels der Bußbücher und später der Pönitenzialsummen, in denen au-

---

6 Zur Geschichte der Moraltheologie als Disziplin der Theologie s. Theiner 1970; sowie die Überblicke in Korff 1997, 911-923; Kleber 2005.

7 Vgl. Theiner 1970, 45-52.

ßerdem Kommentierungen von Autoritäten und Entscheidungen – vor allem kirchenrechtliche – aufbewahrt wurden.

Ein guter Teil der wissenschaftlichen Anstrengungen der Moraltheologie in den letzten zwei Jahrhunderten galt dem Ziel, die Gefahren abzuwenden, die mit diesem Nebeneinander von theoretischer und praktischer Aufgabenstellung verbunden waren: Eine zu sehr aufs Grundsätzliche fokussierte Erörterung des ethischen Sollensanspruchs konnte nicht nur leicht an der großen Menge der Menschen bzw. der Gläubigen vorbeigehen, sondern auch leicht zu bloßer Spekulation und folgenloser Frömmigkeit degenerieren, während umgekehrt eine sich ausschließlich auf die konkreten Handlungsprobleme konzentrierende Ethik rasch zu einem Verzeichnis von Vorschriften und von Verstoßmöglichkeiten (also: Sünden) entarten kann, deren Begründung mangels eines tragenden theoretischen Fundaments nur noch in positivistisch genommenen Einzelbelegen gesucht wird. Eine solche Moraltheologie wird aber über kurz oder lang legalistisch.

Es waren deshalb naheliegenderweise vor allem pastorale Erfordernisse und das im Vergleich zur konkurrierenden philosophischen Ethik als Schwäche bemerkte Fehlen eines soliden theoretischen Fundaments, die die Moraltheologie seit der Aufklärungsepoche bis weit ins 20. Jahrhundert hinein zu intensiven konzeptionellen Reformversuchen nötigte. Während die Moraltheologen der Aufklärungszeit vor allem versuchten, aus der intensiven Auseinandersetzung mit der zeitgenössischen Philosophie von Kant, Fichte und später auch Schleiermacher ein tragfähigeres Fundament zu gewinnen, suchten die Exponenten der so genannten Tübinger Schule den Schlüssel zu einem solideren Grund in einem stärkeren Rückgriff auf die Bibel. Die von Italien ausgehende Neuscholastik, die ab der Mitte des 19. Jahrhunderts sehr schnell auch in Deutschland Fuß fasste, suchte die Neubegründung hingegen in dem durch Suárez und andere Spätscholastiker interpretierten Thomas von Aquin. In der (in sich spannungsvoll bleibenden) Synthese dieser Richtungen etablierte sich jene systematische Struktur der theologischen Ethik, die katholischerseits bis heute stilbildend geblieben ist, nämlich die Gliederung in die Fundamental- bzw. Allgemeine Moral(theologie) und in die so genannte Spezielle Moral(theologie).[8] Diese Gliederung wollte von Anfang an mehr sein als nur eine Aufteilung des Stoffes, sie wollte nämlich gerade die Einheit und Zusammengehörigkeit zum Ausdruck bringen und das wechselseitige Spannungs- und Durchdringungsverhältnis (den „Systemgedanken"[9]) zwischen den grundsätzlichen und allgemeingültigen Erörterungen und

8 Siehe dazu besonders Hirschbrich 1959; Hadrossek 1950.

9 Hadrossek 1950.

den auf einzelne Lebenskreise und konkrete Handlungsfelder abstellenden Regeln der besonderen bzw. angewandten Moraltheologie gewährleisten.

Der Stellenwert der ethischen Behandlung konkreter, das einzelne Handlungssubjekt betreffender Einzelfragen in der katholischen Moraltheologie war dementsprechend groß und ist es bis auf den heutigen Tag unzweifelhaft geblieben, und zwar qualitativ wie auch quantitativ. Das blieb auch so, als die zeitgleiche philosophische Ethik sich von der Erörterung konkreter ethischer Fragen abwandte und sich stattdessen ganz dem Sujet Gesellschaft zuwandte. Die Frage, die sich gleichwohl unüberhörbar aufdrängt, ist die, ob und inwieweit dieser umfangreiche Komplex von fallgruppenbezogenen Urteilen, Regeln und Lebensformen, die die Spezielle Moral mit ihren diversen Traktaten ausmachen, ein theologisches Profil aufweist oder, anders ausgedrückt, durch den christlichen Glauben, wie er im zweiten Abschnitt als weltanschaulicher Rahmen der Ethik dargestellt wurde, konkret beeinflusst oder sogar geprägt wird.

Über diese Frage ist in der katholischen Moraltheologie und mit einer gewissen Verzögerung dann auch in ihrer Schwesterdisziplin, der Christlichen Sozialethik, während der letzten drei bis vier Jahrzehnte intensiv und teilweise heftig diskutiert worden. In dieser Diskussion wurde deutlich, dass die theologische Ethik inhaltliche Regeln für das ganz konkrete Handeln der Menschen nicht durch unmittelbaren Rückgriff auf die Inhalte des Glaubens, etwa Schöpfung, Sünde, Erlösung, eschatologische Hoffnung gewinnen kann. Vielmehr besteht deren Relevanz für die theologische Ethik gerade darin, den Möglichkeitsgrund und letzten Sinnbezug der Sittlichkeit offenzulegen und das sittliche Bemühen des Einzelnen als Teil der von Gott selbst in Gang gebrachten Heraufkunft der Gottesherrschaft aufscheinen zu lassen, was diesem Bemühen des moralischen Subjekts trotz der fortbestehenden Fragmentarität und Angefochtenheit eine unbedingte und motivierende Qualität verleiht. Das elaborierte Ethos, das in der Bibel und in den sie aktualisierenden bzw. systematisierenden Schriften der theologischen Tradition enthalten ist und teilweise sogar die Form konkreter Regeln angenommen hat, ist dadurch keineswegs entwertet. Denn es enthält sowohl grundsätzliche Perspektiven und Optionen, die bis in die Regelung konkreter Handlungssituationen durchschlagen (der ungleiche Andere als Subjekt gleicher Würde etwa, der der Hilfe Bedürftige als Nächster auch jenseits aller Gruppenzugehörigkeit, die Option für die Schwächeren usw.), und es verfügt mit den erzählten Worten, Taten und Zeichen Jesu von Nazareth und weiterer Glaubender, die sich von seiner Botschaft inspirieren ließen, über eine Fülle von Handlungsmodellen und exemplarischen Einzelfällen, die anschaulich machen, was sittliches Handeln und sein Leben moralisch Gestalten heißen kann.

Was eine theologische Ethik hingegen aus den spezifisch theologischen Erkenntnisquellen nicht gewinnen bzw. bereitstellen oder gar substituieren kann, ist das Wissen über den jeweiligen Sachverhalt (etwa einen technischen oder medizinischen Eingriff einschließlich des Wissens um Umstände und Folgen), um den es bei der ethischen Beurteilung konkreter Handlungen oder Handlungsmöglichkeiten geht, erst recht wenn diese neuartig und so noch nie vorgekommen sind. Jedes ethische Urteil in einer konkreten Frage (deren Gesamtheit bildet wiederum die „angewandte Ethik") besteht nämlich aus einem normativen Werturteil und einem Urteil über den relevanten Sachverhalt, ist insofern also „gemischt"[10]. Eine Beschränkung auf die spezifische Kompetenz der theologischen Ethik als Disziplin der Theologie würde also die Bildung konkreter sachgerechter ethischer Urteile behindern oder gar unmöglich machen. Damit solche entwickelt werden können, bedarf es vielmehr erst einer Vermittlung der allgemeinen Sollensvorstellungen, die aus theologischen Überzeugungen und Einsichten (Wirklichkeits-, Welt- und Menschenverständnis, Perspektiven, Prinzipien, Tugenden, Modelle usw.) gewonnen wurden, und einer Analyse des empirischen Sachverhalts einschließlich der Handlungsmöglichkeiten und der lebensweltlichen Bedingungen.

Viele der Schwierigkeiten der Fragen der angewandten Ethik und ihrer häufig kontroversen Diskussion heute dürften gerade mit der Komplexität der empirischen Sachverhalte zusammenhängen, die jeweils relevant sind. In vielen Fragen der Friedensethik, der Wirtschaftsethik und auch der Umweltethik ist die Notwendigkeit entsprechender Sachverhaltsanalysen mehr oder weniger evident. Aber sie gilt auch für die Fragen der Medizin- und der Bioethik.[11]

---

10 Siehe dazu Näheres etwa bei Schüller 1980, 313, 319f. sowie Kreß 2003, 123-125. Zum asymptotischen Charakter sittlicher Erkenntnis im Zusammenhang der Anwendung auch: Demmer 1989, 186-192; 2003, 9-11.

11 Mit der Anerkennung dieser Notwendigkeit der Sachverhaltsanalyse entsteht freilich ein weiteres Problem, nämlich das der Rolle von Expertentum und Spezialistentum für die ethische und in deren Gefolge für die rechtspolitische Urteilsbildung.

	Was „Anwendung“ im ethischen Kontext bedeuten kann:
in der Alltagssprache	• das Umsetzen von Einsichten ins Handeln • das Übergehen von der Ebene der Theorie der Ethik und ihren obersten Prinzipien zu Fragen der praktischen Lebensführung und des lebensweltlichen Handelns
in der Sprache der herkömmlichen Moraltheologie	• die Ableitung unmittelbarer Handlungsanweisungen aus allgemeinen und abstrakten Prinzipien • die Gewinnung konkreter (aber genereller) Normen aus Prinzipien und allgemeinen Normen mittels Deduktion bzw. Determination • das urteilende Subsumieren eines einzelnen Falls unter eine vorab gegebene allgemeine sittliche Norm • das singuläre, also situationsspezifische und personbezogene Urteilen auf der Basis konkreter Normen in der eigenen Lebensführung wie in der Beratung anderer
in der Terminologie der theologischen Ethik, sofern sie sich gezielt mit den wissenschaftlich-technischen Entwicklungen und den Veränderungen der Lebensbedingungen in modernen Gesellschaften befasst	• die Erarbeitung von praktikablen Regulierungsvorschlägen für Konflikte und neue Orientierungsprobleme in dynamisch sich entwickelnden und hochspezialisierten Handlungsbereichen (Medizin, Ökologie, Frieden, Medien, Ernährung usw.) auf der Basis anerkannter allgemeiner Normen

Zusammenfassende Liste der Bedeutungen von „Anwendung“

IV. Der Brückenschlag zwischen normativen Grundsätzen und konkreten Handlungsfeldern in der theologischen Ethik

Der Umstand, dass verbindliche und begründete Orientierungen in Fragen der angewandten Ethik auf Wissen über die Sache angewiesen sind, lässt sich nicht in der Weise vermeiden, dass theoretische und praktische Fragen der Ethik strikt in zwei ganz verschiedene Kategorien aufgeteilt werden, so dass die theoretischen Reflexionen von der Bezugnahme auf empirische Gegebenheiten ganz unabhängig bleiben könnten, während die praktischen auf Intuitionen, Traditionen und Weisungen von Autoritäten beschränkt blieben. In diesem Ergebnis jedenfalls stimmen sämtliche moraltheologischen Reformansätze überein, die seit der Wende vom 19. zum 20. Jahrhundert bestrebt waren, die durch das Stichwort „Krise der Moral"[12] chiffrierte Situation des Fachs zu durchbrechen. Für die theologische gilt danach ebenso wie für jede philosophische Ethik, dass sich ethische Theorie erst in den Anwendungen bewährt. Wie aber soll der methodische Weg vorgestellt bzw. gestaltet werden, der die ethische Theorie bzw. allgemeingültige Prinzipien und Praxis des konkreten Handelns und der konkreten Lebensführung in bestimmten Feldern bzw. typischen Konstellationen miteinander in Beziehung setzt?

Die neuscholastische Moraltheologie bestimmte diesen Weg als Subsumtion der einzelnen Fälle unter moralische Prinzipien. Die zentrale Tätigkeit beim Anwenden war in ihren Augen also eine Verstandesoperation, die den Gesetzen der Logik unterliegt. Im Wissen darum, dass eine solche Verstandesoperation, um die Basis für moralisches Handeln sein zu können, auch die Anerkennung und innere Zustimmung des handelnden Subjekts benötigt, ging sie davon aus, dass die durch die für die Moral zuständigen Autoritäten und Traditionen elaborierten objektiven Normen im Normalfall völlig übereinstimmten mit dem Spruch, den der Einzelne in seinem Gewissen erfährt. Sollte das aber einmal nicht zutreffen und die Angelegenheit gleichzeitig von hoher existenzieller Wichtigkeit sein, wurde der Fall eines irrenden Gewissens statuiert. Ein solcher verpflichtete das Subjekt zwar, entsprechend zu handeln, legte ihm aber gleichzeitig nahe, dass irgendetwas in seiner Urteilsbildung nicht in Ordnung war, seine Beurteilung der speziellen Situation vielleicht, sein Wissen oder sein schlussfolgerndes Vermögen defizitär sei.

Als praktisches sichtbares Problem solcher Subsumtionskasuistik erweist sich ihre Begrenztheit und Unfähigkeit, in einer sich rasch verändernden und immer stärker sich differenzierenden und damit auch spezieller werdenden Gesellschaft für alle neuen Entscheidungslagen,

12 Besonders Mausbach 1901; 1902, 1-18, 41-46; Walter 1905; Tillmann 1948.

Fallgruppen und Prinzipienkollisionen zuverlässige Handlungsanweisungen zur Verfügung zu stellen. Das ist aber lediglich die Oberfläche eines Normenpositivismus, der moralische Verbindlichkeiten behandelt wie kodifizierte Rechtsnormen, bei deren Anwendung es ausschließlich auf äußere Beweisbarkeit und Exaktheit ankommt, aber die subjektive Innenseite, die vorausgehenden Überlegungen und der ideelle Zusammenhang fast keine Rolle spielen.[13] Bereits in der Zwischenkriegszeit verwies Theodor Steinbüchel auf den nie vorherzubestimmenden Reichtum, die nie vorherzuschauende und „daher in kein System zu bringende Konkretheit und Fülle sittlich möglicher und vom Augenblick je geforderter Aufgaben"[14] und kritisierte damit den Anspruch der herkömmlichen Kasuistik, Gewissensentscheidungen regelhaft vorwegdenken zu können. Ein weiteres Problem der deduktiven Subsumtionsmoral besteht darin, „dass die Beurteilung des Falles den Maßstab des Allgemeinen, nach dem sie geschieht, nicht einfach anwendet, sondern selbst mitbestimmt, ergänzt und berichtigt"[15].

Wegen dieser problematischen Punkte wird in den moraltheologischen Erneuerungskonzepten, die im 20. Jahrhundert im deutschen Sprachraum entwickelt und seit dem Zweiten Vatikanum für das Fach prägend wurden, immer wieder darauf hingewiesen, dass bereits Thomas von Aquin neben der Ableitung durch logische Schlussfolgerung (conclusio) einen weiteren Modus der Bestimmung der angewandten Ethik kannte, der im Gegensatz zum analytisch-schlussfolgernden synthetisch-konstruktiv ist, nämlich das positive Bestimmen und Festlegen des Allgemeinen (determinatio).[16] Mit dieser zweiten Möglichkcit kann der Notwendigkeit Rechnung getragen werden, die abstrakten ethischen Prinzipien und Normen mit den spezifischen Gegebenheiten und Gesetzmäßigkeiten des betreffenden Sachbereichs, den gesellschaftlich oder kulturell plausiblen Sichtweisen, den gesetzlichen Rahmenbedingungen und nicht zuletzt der biografischen Disponiertheit der Subjekte zusammenzubringen bzw. ihnen gerechter zu werden, als es eine bloß deduktive Prinzipienanwendung je kann.

Diesem zweiten der von Thomas beschriebenen Typen von Zuordnung zwischen ethischer Theorie und Prinzipien auf der einen Seite und verbindlichen, begründeten und fallgruppenbezogenen Handlungsorientierungen auf der anderen Seite lassen sich viele der jüngeren Überlegungen aus dem Kreis der Moraltheologen zuordnen, die darauf abzielen, normative Konkretionen zu gewinnen, die mit den prinzipiellen Ausrich-

13 Siehe dazu Schöllgen 1961, 15-30.
14 Vgl. Steinbüchel 1932/33.
15 Vgl. Gadamer 1990, 45.
16 S. th. I-II, 95, 2.

tungen und Werte-Standards der christlichen Tradition kompatibel sind und bleiben, aber auch der veränderten Lebenswirklichkeit, der Kontextuierung der Handlungen in Gesellschaft und Kultur, dem Stand der wissenschaftlichen Erkenntnis sowie den Bedürfnislagen der Menschen gerecht werden. Anders als die Vorschläge der Situationsethik, die in ihren verschiedenen Spielarten darauf hinausliefen, nur an obersten Prinzipien festzuhalten und die davon inspirierten oder erhellten Einzelfallbeurteilungen des Subjekts als unhinterfragbare, weil existenziell authentische Positionierungen zu respektieren[17] – eine Sichtweise, die jedoch in der katholischen Moraltheologie nie so vertreten wurde, aber mit der man sich als Kontrastfolie zu einer ausschließlich auf die Objektivität achtenden Theorie und Praxis stark auseinandersetzte[18] –, nehmen sie Bezug auf die „Erfahrung".[19] „Erfahrung" fungiert in diesen Zusammenhängen als Chiffre für die nicht abstreifbare Situiertheit des konkreten menschlichen Handelns in geschichtlich-gesellschaftlich geprägter und biografisch und situativ einmaliger Erfahrungswelt und möchte diesen Aspekt gegenüber Verbindlichkeitsgründen, die ausschließlich aus der Tradition geschöpft sind und von Kontextualitäten in ihrer Entstehungs- und Wirkungsgeschichte „gereinigt" wurden, also abstrakt und allgemeingültig formuliert sind, als sittlich relevant betonen. Folgerichtig ist ihnen bewusster als den vorwiegend am deduktiven Weg interessierten Ansätzen, dass moralische Normen auch Produkte menschlichen Entwerfens und Begründens und insofern Artefakte sind, was aber keineswegs bedeutet, dass sie willkürlich oder beliebig wären.[20] Ebenso nehmen diese Entwürfe in Kauf, dass nicht alle Einzelfälle und Handlungskonflikte, die in der Fülle der Wirklichkeit vorkommen und moralisch relevant sind, erfasst und gleichsam auf Vorrat in all ihren Dimensionierungen erörtert werden können. Ferner rechnen sie damit, dass die „Lösungen" nicht immer restlos und problemfrei aufgehen, sondern unter Umständen auch annäherungshaft oder gar im problematischen oder tentativen Status verbleiben.

Der Hinweis auf den Konvergenzcharakter[21] vieler angewandter Urteile ist ein theoretischer Fingerzeig auf diesen Sachverhalt, die Würdigung des Kompromisses als legitimer ethischer Figur ein anderer.[22] In diesen Zusammenhang gehört schließlich auch die Aktualisierung und Fortent-

---

17 Zur Charakterisierung der Situationsethik s. Reifenberg 1997, 641-643.

18 Rahner 2003, 326-343; 2006, 491-549; Fuchs 1952; Böckle 1959.

19 Böckle 1977; Gründel 1980, 92-118; Schüller 1980, 306-320; Korff 1985, 131-143; Demmer 1985; Mieth 1998/99; Auer 1984, 34-46.

20 Die Charakterisierung von Normen als „Artefakte" geht zurück auf Korff 1985; 1993; ausdrücklich zustimmend: Auer 1995, 231 f. Zur Erläuterung siehe u.a. Müller 2000.

21 Die Argumentationsstrategie geht auf John H. Newman (1870) zurück. In die Moraltheologie eingeführt wurde sie vor allem durch Johannes Gründel u.a. in: Gründel 1967.

22 Wilting 1975; Weber 1984; Ringeling 1993.

wicklung der traditionellen Lehre von der Güter- und Übelabwägung zu einer Theorie der Vorzugsregeln für Wertkonflikte und Prinzipienkollisionen,[23] die sich vor allem in gesellschaftlichen, rechtspolitischen und ökonomischen Fragen als unentbehrliches Instrument erwiesen hat und immer wieder neu erweist.

Diese Versuche treffen gelegentlich – vor allem in Äußerungen aus dem kirchlichen Raum, in dem es ein starkes Interesse an Eindeutigkeit und an Kontinuität der speziellen ethischen Regeln gibt – auf Zweifel oder auch bloß auf den Verdacht, die auf den Wegen der Determination zustande gekommenen normativen Urteile und Bewertungen entbehrten der sittlichen Unbedingtheit, gäben die objektive Verbindlichkeit dem subjektiven Ermessen preis und seien offen für Einflüsse des „Zeitgeistes". Auswege, die häufiger erwogen und manchmal auch beschritten werden, sind das nachdrückliche Einfordern traditioneller konkreter Normen (gelegentlich in Verbindung mit der Bemühung um deren bessere Begründung und das Angebot einer intensivierten pastoralen Begleitung) und die Fokussierung der Reflexion von durch Extrapolation gewonnenen Zukunftsszenarien, die moralische Dammbrüche einschließen und ihre Regelungen aus dem Willen gewinnen, diese zu verhindern. Obschon das Dammbruch- sowie das Schiefe-Ebene-Argument in der Ethik durchaus eine Berechtigung hat, führt seine exzessive Benutzung zu einer kulturpessimistischen Hermeneutik des globalen Verdachts und der faktischen Entfernung von den konkreten Realitäten, was mit dem christlichen Schöpfungsglauben nur schwer in Einklang gebracht werden kann.

In der wissenschaftlichen Diskussion der Moraltheologie und auch der Christlichen Sozialethik während der letzten Jahrzehnte können de facto wenigstens noch zwei weitere Ansätze ausgemacht werden, prinzipielle Orientierungen und die Regelungsbedürftigkeit spezieller Lebensbereiche und Handlungsfelder, die eine gewisse Eigengesetzlichkeit zeigen, miteinander zu verknüpfen, um dadurch zu handlungsrelevanten Regeln zu kommen. Den einen Ansatz könnte man vielleicht als Anwendung mittels Beratung charakterisieren, den anderen als Anwendung mittels Diskurs. Was damit jeweils gemeint ist, soll nun kurz skizziert werden:

Schon immer galten etwa im Bereich ärztlichen Handelns bzw. innerhalb des durch die allgemeingültigen Gesetze abgesteckten Möglichkeitsrahmens Verhaltensstandards, die sich einer strikt normativen Fixierung entziehen, aber dennoch verbindlich sein wollen und dem Handeln in kritischen Situationen Sicherheit verleihen. Bei diesen berufsethischen Standards kommt es darauf an, dass sie situationsbezogen aktiviert und mit erfahrungsgestütztem Augenmaß sowie mit Gespür für das Machbare

23 Korff 1979; vgl. auch Auer 1995, 225 f.

in Konfliktlagen zur berufsethischen Anwendung gebracht werden. Erworben werden können sie nicht eigentlich durch lehrhaft-theoretische Aneignung, sondern vor allem durch praktisches Angeleitet-Werden, durch reflektierte Erfahrungen, durch das Miterleben von anderen, die sie bereits praktizieren, in der Aus- und Fortbildung wohl auch mittels Fallstudien. Analoge berufs- und rollenspezifische Klugheitskompetenzen spielen auch in jenen Handlungsfeldern eine wichtige Rolle, in denen kirchliche Akteure tätig sind (seelsorgliche Begleitung, Krankenhausseelsorge, Erwachsenenbildung, Altenseelsorge) oder die Kirche als Träger von Einrichtungen diakonische Dienste anbietet (Telefonseelsorge, Beratungsdienste, Sozialarbeit, Behindertenarbeit, Familienhilfe, schulische Erziehung). Noch in viel stärkerem Maße als dort, wo wie etwa in der theologischen Forschung und Ausbildung anwendungsbezogene Normierung beobachtet, reflektiert, eingeübt und gelehrt wird, kommt es in diesen praktischen Feldern darauf an, dass sachlich kompetente und lebensnah konkrete Orientierungen gefunden und angeboten bzw. angeraten werden können. Zur sachlichen Kompetenz gehört in diesem Zusammenhang sowohl das über das rein theologische Wissen hinausgehende fachliche Sachwissen als auch kommunikative Kompetenz (Empathie, Kreativität, Gesprächsführung, Toleranz) und ein waches Gespür für die Grenzen menschlichen Könnens.[24] Aus solchen Prozessen hervorgehende Bewertungen können nicht auf jeden weiteren Fall übertragen werden, sondern sind nur Empfehlungen und begleitete Ermutigungen, mit entsprechenden belastenden Situationen umzugehen. Solche berufs- bzw. rollenspezifische ethische Kompetenz resultiert nicht in erster Linie aus der Bemühung der individuellen Person um ihre Lebensführung, sondern hängt „in Umkehrung der Blickrichtung“ wesentlich an der „sozialen Funktion des Berufs“[25]. Gelegentlich wird das auf diese Weise akkumulierte Erfahrungswissen in ethischen „Richtlinien“ (auch „Leitlinien“, „Standards“, „Empfehlungen“, „Grundsätze“) von Berufsverbänden kodifiziert, die den Verantwortlichen bei der Urteilsbildung und Entscheidungsfindung helfen wollen.[26]

Was im Zusammenhang einer Methodenreflexion zur konkreten Ethik in der Theologie mit dem Stichwort Anwendung mittels Diskurs charakterisiert werden soll, sind Versuche, in und trotz der Pluralität von morali-

24 Dass hiervon auch eine Bereicherung für die theoretische theologische Ethik ausgehen könnte, gibt Klaus Demmer (1982; 1983, 136f.) zu bedenken: Aus der Beratung von Fällen und den damit verbundenen situationsspezifischen Werturteilen kann durch Vergleichen Generell-Gültiges, „Typisches“ erkannt und gelernt werden. Kasuistik enthalte gesammelte Lebenserfahrung, mache anschaulich und schütze vor unrealistischem Rigorismus.

25 Rendtorff 1999, 203.

26 Näheres dazu in Bartels 2005.

schen Überzeugungen und ethischen Ansätzen in regelungsbedürftigen praktischen Fragen von großer gesellschaftlicher Tragweite mögliche Übereinstimmungen und Konvergenzen in der Einschätzung dessen, was verantwortbar ist, auszuloten. Näheres dazu wird weiter unten auszuführen sein. Aber schon jetzt sei betont, dass es hierbei nicht um die Generierung neuer ethischer Normen etwa durch Mehrheitsbeschlüsse geht, sondern zentral um das Herausfinden und Markieren von verbindlichen Handlungsbewertungen und -orientierungen, die im Blick auf mögliche und wirkliche Fallkonstellationen auf der Grundlage bereits vorhandener Ethiken mittels institutionalisierter Gremien von Experten als unstrittig erkannt werden.

V. Anwendungsbezogene ethische Reflexion und theologische Hermeneutik

Ein erheblicher Teil des Bedarfs an angewandter ethischer Reflexion resultiert aus den vielen neuen bzw. veränderten Handlungsmöglichkeiten, die sich im Prozess der Fortentwicklung der Gesellschaft durch Wissenschaft, Wirtschaft, Technik, Kommunikationsmedien und Information ergeben. Für sie sämtliche Referenztexte oder Gewohnheiten in der theologischen Tradition zu finden oder sie ins Licht oder gar unter den bestimmenden Anspruch eines passenden theologischen Gedankens zu stellen, legt sich in den meisten Fällen nicht nahe oder ist auch gar nicht möglich. Auch die Bibel taugt trotz der zahlreichen ethischen Stoffe und konkreten Handlungsanweisungen, die sich in ihr finden lassen, nicht zum Kompendium der Moral. Ihre Relevanz für die konkreten Fragen heute muss meistens erst durch aufwändige Interpretation und die Herausarbeitung von leitenden Gedanken und prinzipiellen Perspektiven (beispielsweise Liebe, Nachfolge, Gerechtigkeit, Wahrhaftigkeit) hergestellt werden.

Die notwendige Beziehung zwischen problembezogener Anwendung und theologischem Aspekt kann nach zwei Richtungen hin aufgebaut werden: Die eine Möglichkeit besteht darin, dass das Ethos in den Zeugnissen der Tradition erhoben, in seinem geschichtlichen und gesellschaftlichen Sitz im Leben sichtbar gemacht und je nachdem als Modell richtigen Handelns oder als prinzipielle Perspektive oder auch als Beispiel für das immer wieder neue und vertiefte Bemühen um die bessere Auslegung des Zentralgebots der Gottes- und Nächstenliebe in ganz verschiedenen Lebenskontexten für die Reflexion angewandter Fragen fruchtbar gemacht wird.[27] Die andere Möglichkeit besteht darin, in umgekehrter Richtung

27 Zur systematischen Problematik s. die Übersicht in: Hilpert 1986.

von den neuen konkreten Problemlagen her in den Zeugnissen der Tradition nach situationsüberbietenden Inhalten, grundsätzlichen Perspektiven, anthropologischen Einsichten und Begründungszusammenhängen zu suchen, die relevant sein könnten oder durch Analogisierung, Ergänzung, Konzentration auf das Wesentliche und ähnliche hermeneutische Operationen orientierende Kraft gewinnen können.

Beide Wege stellen keine sich ausschließende Alternativen dar, sondern sind aufeinander angewiesen und ergänzen sich. Sie bewahren sich gegenseitig vor einer doppelten Gefahr, nämlich zum einen vor der, die Tradition als einen riesigen Steinbruch für Legitimationsargumente zu benutzen, die man dann, wenn man sie gefunden hat, buchstabengetreu, aber kontextlos einfordern kann, und zum anderen vor der Gefahr, die Tradition *in globo* für überholt und ethisch unmaßgeblich abzutun.

Angewandte Ethik als Bestandteil der theologischen Ethik hat in Folge dieser Unentbehrlichkeit aktiver Hermeneutik ein kreatives Element. Und sie stellt klar, dass die Theologizität der theologischen Ethik nicht auf die Gewinnung einzelner spezifisch christlicher Normen fixiert sein darf, sondern der Befähigung zur Wahrnehmung der von diesen Innovationsprozessen betroffenen Menschen zu gelten hat – Individuen mit eigenen Biografien und Entwicklungen, spezifischen Erfahrungen und der Fähigkeit zu sittlicher Einsicht.

Gleichzeitig bietet die hermeneutische Anstrengung die Gewähr, dass die Unbedingtheit des Anspruchs der Liebe und der Verantwortung, von der die Bibel durchwirkt ist, als Ziel des moralischen Bemühens des Menschen in seinem Handeln und in seiner Lebensführung festgehalten wird.

VI. Urteilsbildung und Entscheidungsfindung im Raum der Öffentlichkeit

Der christliche Glaube muss von seinem Selbstverständnis her und so, wie sich die religiöse Situation entwickelt hat, eben auch faktisch unter den Bedingungen der weltanschaulichen Konkurrenz leben und sich behaupten können. Für die theologische Ethik bedeutet dies, dass sie zumindest dann und dort, wo in der Öffentlichkeit um ethische Orientierungen gerungen wird, auf Standpunkte und Überzeugungen trifft, die sich anderen religiösen Orientierungen verpflichtet wissen oder eine weltanschauliche Bindung strikt ablehnen oder bei ihren Reflexionen wenigstens derartige Bezüge dahingestellt sein lassen. Zur Vielheit der ethischen Ansätze und Theorien kommt also noch die Pluralität der Hintergrund- und Überzeugungskontextuierung hinzu.

Die Übereinstimmung bei Fragen der angewandten Ethik ergibt sich deshalb in den allermeisten Fällen nicht von selbst und kann auch nicht erwartet werden. Die Erfahrung zeigt, dass Diskurse über konkrete ethische Fragen vor allem dann kontrovers und heftig geführt werden, wenn die Regelung von Handlungsoptionen etwa auf Grund neuer technischer oder medizinischer Entdeckungen nicht auf die lange Bank geschoben noch bis zum Zeitpunkt der eventuellen Einigung der am öffentlichen Meinungsbildungsprozess beteiligten Überzeugungsgruppierungen storniert werden kann. Andererseits zeigt sich gelegentlich aber auch, dass Übereinstimmung in konkreten Fragen nicht unmöglich ist, obschon in den theoretischen Ansätzen und obersten Grundsätzen erhebliche Differenzen bestehen.

Angesichts dieser beiden Beobachtungen stellt sich die Frage, ob ein ethischer Konsens überhaupt möglich ist und auf welchem Weg man ihm näherkommen kann. Könnte es sich nicht lohnen, bei Strittigem das Unstrittige zu ermitteln und von dieser Basis aus die Regelung der anliegenden Probleme anzugehen?

Ein solcher Weg scheint möglich, jedenfalls sofern die weltanschaulich eingebundenen Bewertungen nicht nur persönlich-subjektive Begründungen enthalten, sondern eben auch intersubjektiv gültige, die von den Partnern des Suchprozesses anerkannt werden können.[28] Von den theologischen Ethikern darf deshalb erwartet werden, dass sie sich im Kontext der Pluralität bemühen, die von ihnen herangezogenen theologischen Schlüsselkategorien in nicht glaubensgebundene Sprache zu „übersetzen“[29] oder zumindest die darin enthaltenen Sinnfragen zu explizieren. Ebenso müssen aber auch die anderen (sei es profanen, atheistischen oder anders religiös orientierten) Ethiker, wenn sie an gemeinsamen Ergebnissen interessiert sind, bereit sein, den Bezug zu den letzten (weltanschaulichen?) Orientierungen und Welt- und Lebenssichten bzw. Basisüberzeugungen ihrer Voten sichtbar zu machen und den von theologischen Ethikern in den Diskurs eingebrachten Gründen und Vorschlägen nicht allein aus dem Grunde, weil sie von Theologen geäußert wurden, die Aufmerksamkeit zu verweigern. Denn es ist nicht auszuschließen, dass in den theologischen Topoi auch Elemente und Einsichten aufbewahrt sind, die in den Ethik-Konzepten, die aus welchen Gründen auch immer den Gottesbezug methodisch ausblenden, verloren gegangen sind.

Der skizzierte Weg kann vom einzelnen Ethiker im Rahmen seiner theologischen oder philosophischen Forschungsarbeit beschritten werden, indem er sich umfassend informiert und sich mit den Reflexionen anders orientierter Denker auseinandersetzt. Er kann aber auch in der Weise

28 Siehe dazu als Methode den Verfahrensvorschlag von Mieth 1993.

29 Habermas 2001, 29. In völligem Gegensatz dazu wird der „Versuch, moraltheologische Verpflichtungen in eine säkulare Sprache zu bringen“, von Engelhardt (2002, 71-76) als „linguistische Blasphemie“ qualifiziert.

institutionalisierter Ethikgremien in Angriff genommen und zielstrebig vorangetrieben werden.[30] Solche Bemühungen sind freilich nicht ohne Risiko zu haben: Die Schritte zum Erfolg hängen von der Gutwilligkeit der Teilnehmer ab, die Überlegungen und Auseinandersetzungen müssen mit Disziplin und Fantasie betrieben werden, es gibt nie eine Garantie, zu einem gemeinsamen Ergebnis zu gelangen; und wenn man sich zu solchen Ergebnissen dann doch durchgerungen hat, gibt es keine Gewähr, dass sie von der Mehrheit der Bürger, in deren Vertretung die Vorschläge entwickelt wurden, zustimmend zur Kenntnis genommen und angeeignet werden. Eine wichtige Korrekturfunktion, um sich durch die Differenz der Prinzipien und theoretischen Ansätze nicht auseinander bringen zu lassen, ist erfahrungsgemäß die Konzentration des Blicks auf das, was auf keinen Fall eintreten bzw. befürwortet werden soll.[31]

Weil bei den neueren Fragen der angewandten Ethik die Rolle von Fachwissen und Spezialkenntnissen bezüglich der tatsächlichen Handlungsoptionen und der Kontexte immer wichtiger wird, tun die beteiligten Ethiker gut daran, in solchen Ethikgremien auch die Expertise und den Rat von Vertretern nichtethischer Disziplinen (z.B. Sozialwissenschaften, Medizin usw.) einzuholen. Soweit die Gremienarbeit darauf abzielt, Vorschläge für den Auftraggeber oder die Öffentlichkeit zu machen, empfiehlt es sich auch, Juristen und Politologen einzubeziehen. So gesehen muss solche Gremienarbeit notwendigerweise multidisziplinär sein und sollte nicht ausschließlich im akademischen Umfeld durchgeführt werden.[32]

Für die theologische Ethik selbst bringt die Tatsache, unhintergehbar im Kontext der Pluralität zu stehen, eine weitere Herausforderung mit sich: Sie muss sich ja einerseits in Gesellschaft, Öffentlichkeit und Wissenschaft daran beteiligen, an der Gewinnung allgemeingültiger, den Bürgern qua Vernunftwesen einsichtigen ethischen Normen und rechtlicher Regeln mitzuwirken. Andererseits muss sie den Mitgliedern der eigenen Überzeugungsgemeinschaft (Kirche) die Konsequenzen des Glaubens für die Lebensgestaltung der Gläubigen aufzeigen. Dass es zwischen beiden Bezugs-

---

30 Ausführlich dazu: Hilpert 2006.

31 Vgl. dazu Jonsen/Toulmin 1988, 18.

32 Speziell in der Medizinethik wurden auch mit dem Versuch, im Ausgang von mittleren Prinzipien, die allgemeine Akzeptanz erfahren, zu gemeinsamen Beurteilungen zu kommen, gute Erfahrungen gemacht. Möglicherweise beruht dieser „Erfolg" darauf, dass diese Prinzipien in so gut wie allen ethischen Theorien vorkommen bzw. von ihnen her gerechtfertigt werden können. Allerdings ist die faktische Zustimmung zu ihnen noch keine Begründung ihrer Geltung, was sich dort als misslich erweisen kann, wo eines dieser Prinzipien in die Kritik gerät oder Konkurrenzen entstehen. Zur theoretischen Rechtfertigung siehe Beauchamp/Childress 2001; grundsätzlich: Jonsen/Toulmin 1988; zur Kritik: Düwell 2002, 246. Einen guten Einblick in das genannte Theorie- und Diskussionsfeld bieten: Quante/Vieth 2000.

größen bzw. den damit verbundenen Plausibilitäten zu Differenzen kommen kann, lässt sich nicht a priori ausschließen. Aber diese hinsichtlich der Praxis bestehende Möglichkeit gibt noch keine Berechtigung, sich grundsätzlich nur mit dem Blick auf den eigenen Bereich und die eigene Tradition zufrieden zu geben oder die moralischen und rechtlichen Positionierungen der ganzen Gesellschaft bestimmen zu dürfen.

Nur wenn die theologische Ethik diese Spannung aushält und sich immer neu um ihre Lösung bemüht, kann es ihr gelingen, aus ihren eigenen Ursprüngen zu schöpfen und gleichzeitig im Vertrauen auf die schöpfungsmäßig begründete Vernunft aller der Theorie der angewandten Ethik Impulse zu geben.

Angesichts der beschriebenen Komplexität des Suchens nach anwendungsbezogenen Normierungsvorschlägen könnte sich die Frage aufdrängen, ob die Rückbindung der angewandten ethischen Reflexion an die theoretische Grundlagenreflexion nicht verzichtbar ist. Eine auf Anwendungsfragen sich beschränkende ethische Reflexion hätte aber keinen sie selbst übersteigenden und begründbaren Angelpunkt mehr und könnte daher auch kein Eigengewicht haben. Sie wäre den Entwicklungen in Wissenschaft, Technik und Gesellschaft mehr oder minder vollständig ausgeliefert, ohne die Möglichkeit, sich ihnen gegebenenfalls entgegenzustellen oder sie zu kritisieren, gleichzeitig auch mit dem Risiko behaftet, im Interesse ganz spezieller Handlungsoptionen oder einzelner Bezugsgruppen eingespielte und kulturell etablierte Standards sittlicher Praxis zu unterbieten. Das aber wäre letzten Endes zum Nachteil der Entwicklung selbst, die der Möglichkeit enthoben wäre, um derentwillen angewandte Ethik überhaupt erst betrieben wird, nämlich gelenkt und gestaltet zu werden, und dies angesichts von Problemen, für deren verantwortliche Bewältigung das Orientierungspotenzial der vorhandenen ethischen Normierungen offensichtlich nicht mehr ausreicht. Doch auch umgekehrt würde die Grundlagentheorie der Ethik ohne den Bezug zu Beispielen praktischer Anwendung zu einem bloßen Konstrukt, dem unter Umständen jede praktische Relevanz abgehen könnte. Insofern dürfen die Reflexion praktischer ethischer Fragen (angewandte oder „spezielle“ Moraltheologie) und die theoretische Behandlung der Grundlegungsfragen („allgemeine“ Moraltheologie oder üblicherweise „Fundamentalmoral“ genannt) nicht auseinandergerissen werden. Beide brauchen einander und beide stehen in einem wechselseitigen (und eben nicht nur konsekutiven) Verhältnis zueinander.

Literaturverzeichnis

Auer, Alfons (1984): Umweltethik. Ein theologischer Beitrag zur ökologischen Diskussion. Düsseldorf.

Auer, Alfons (1995): Zur Theologie der Ethik. Das Weltethos im theologischen Diskurs. Freiburg i.Ue./Freiburg i.Br.

Bartels, Sandra (2005): Wie hilfreich sind „ethische Richtlinien" am Einzelfall? Eine vergleichende Analyse der Deutschen Grundsätze, Britischen Guidelines und Schweizerischen Richtlinien zur Sterbebegleitung. In: Ethik in der Medizin 17, 191-205.

Beauchamp, Tom L./Childress, James F. (2001): Principles of Biomedical Ethics. 5. Aufl. New York/Oxford.

Böckle, Franz (1959): Existenzialethik. In: LThK² II, 1301-1304.

Böckle, Franz (1977): Fundamentalmoral. München.

Christophersen, Alf (2005): „Von Gott geschaffen" – für den Menschen tabu? Über die Inflation der Schöpfungssemantik im gegenwärtigen bioethischen Diskurs. In: Forum TTN 13, 3-10.

Demmer, Klaus (1982): Erwägungen über den Sinn der Kasuistik. In: Gregorianum 63, 133-140.

Demmer, Klaus (1983): Moraltheologische Methodenlehre. Freiburg i.Ue./Freiburg i.Br.

Demmer, Klaus (1985): Deuten und Handeln. Grundlagen und Grundfragen der Fundamentalmoral. Freiburg i.Ue./Freiburg i.Br.

Demmer, Klaus (1989): Moraltheologische Methodenlehre. Freiburg i.Ue./Freiburg i.Br.

Demmer, Klaus (2003): Angewandte Theologie des Ethischen. Freiburg i.Ue./Freiburg i.Br.

Düwell, Marcus (2002): Angewandte oder Bereichsspezifische Ethik: Einleitung. In: Ders./Hübenthal, Christoph/Werner, Micha (Hg.): Handbuch Ethik. Stuttgart/Weimar, 243-247.

Engelhardt, H. Tristram jr. (2002): Wessen Konfession? Welche Theologie? Überlegungen zu den Fundamenten einer christlichen Bioethik. In: Holderegger, Adrian u.a. (Hg.): Theologie und biomedizinische Ethik: Grundlagen und Konkretionen. Freiburg i.Ue./Freiburg i.Br., 62-84.

Fischer, Johannes (2002): Theologische Ethik – Grundwissen und Orientierung. Stuttgart/Berlin/Köln, 232-250.

Fuchs, Josef (1952): Situation und Entscheidung. Grundfragen christlicher Situationsethik. Frankfurt a.M.

Gadamer, Hans-Georg (1990): Wahrheit und Methode. Grundzüge einer philosophischen Hermeneutik. Gesammelte Werke. Bd. 1: Hermeneutik. 6. Aufl. Tübingen.

Gründel, Johannes (1967): Die Bedeutung der Konvergenzargumentation für die Gewißheitsbildung und für die Zustimmung zur absoluten Geltung einzelner sittlicher Normen. In: Scheffczyk, Leo u.a. (Hg.): Wahrheit und Verkündigung. München u.a., 1607-1630.

Gründel, Johannes (1980): Normen im Wandel. Eine Orientierungshilfe für christliches Leben heute. München.

Habermas, Jürgen (2001): Glauben und Wissen. Friedenspreis des Deutschen Buchhandels. Frankfurt a.M.

Hadrossek, Paul (1950): Die Bedeutung des Systemgedankens für die Moraltheologie in Deutschland seit der Thomas-Renaissance. München.
Hemmerle, Klaus (1975): Theologie als Nachfolge. Bonaventura – ein Weg für heute. Freiburg/Basel/Wien.
Hilpert, Konrad (1986): Modell – Norm – Beispiel. Zum Verhältnis von Situation und normativer Tradition als Grundproblem moraltheologischer Hermeneutik. In: Zeitschrift für Katholische Theologie 108, 266-281.
Hilpert, Konrad (1998): Moraltheologie. In: LThK[3] VII, 462-467.
Hilpert, Konrad (2006): Institutionalisierung bioethischer Reflexion als Schnittstelle von wissenschaftlichem und öffentlichem Diskurs. In: Ders./Mieth, Dietmar (Hg.): Kriterien biomedizinischer Ethik. Theologische Beiträge zum gesellschaftlichen Diskurs. Freiburg i.Br., 356-379.
Hirschbrich, Ernst (1959): Die Entwicklung der Moraltheologie im deutschen Sprachgebiet seit der Jahrhundertwende. Klosterneuburg.
Jonsen, Albert/Toulmin, Stephen (1988): The Abuse of Casuistry. A History of Moral Reasoning. Berkeley.
Kleber, Karl-Heinz (2005): Historia docet. Zur Geschichte der Moraltheologie. Münster.
Korff, Wilhelm (1979): Kernenergie und Moraltheologie. Der Beitrag der theologischen Ethik zur Frage allgemeiner Kriterien ethischer Entscheidungsprozesse. Frankfurt a.M.
Korff, Wilhelm (1985): Norm und Sittlichkeit. Untersuchungen zur Logik der normativen Vernunft. 2. Aufl. Mainz.
Korff, Wilhelm (1993): Nachwort zur Erstauflage. In: Hertz, Anselm u.a. (Hg.): Handbuch Christlicher Ethik. Bd. III. Freiburg i.Br., 557-564.
Korff, Wilhelm (1997): Ethik C Theologisch II. Geschichte. In: LThK[3] III, 911-923.
Kreß, Hartmut (2003): Medizinische Ethik. Aktuelle Grundlagen und ethische Wertkonflikte heutiger Medizin. Stuttgart.
Laubach, Thomas (2000): Entscheidungen. Die Anwendungsfälle sittlichen Urteilens und Handelns. In: Ders./Hunold, Gerfried/Greis, Andreas (Hg.): Theologische Ethik. Ein Werkbuch. Tübingen/Basel, 264-273.
Mausbach, Joseph (1901): Die katholische Moral, ihre Methoden, Grundsätze und Aufgaben. Köln.
Mausbach, Joseph (1902): Die neuesten Vorschläge zur Reform der Moraltheologie und ihre Kritik. In: Theologische Revue 1, 1-8 u. 41-46.
Mieth, Dietmar (1993): Norm und Erfahrung. Die Relevanz der Erfahrung für die ethische Theorie und sittliche Praxis. In: Zeitschrift für Evangelische Ethik 37, 33-45.
Mieth, Dietmar (1998/99): Moral und Erfahrung. 2 Bde. 4. Aufl. Freiburg i.Ue./Freiburg i.Br.
Müller, Sigrid (2000): Normen. Zum Verhältnis von gesellschaftlichen Ansprüchen und sittlicher Autonomie. In: Hunold, Gerfried W./Laubach, Thomas/Greis, Andreas (Hg.): Theologische Ethik. Ein Werkbuch. Tübingen/Basel, 188-206.
Newman, John H. (1870): Grammar of Assent. London.
Quante, Michael/Vieth, Andreas (2000): Angewandte Ethik oder Ethik in Anwendung? Überlegungen zur Weiterentwicklung des principalism. In: Jahrbuch für Wissenschaft und Ethik 5, 5-34.

Rahner, Karl (2003): Prinzipien und Imperative. In: Ders.: Sämtliche Werke. Bd. 10. Freiburg i.Br., 326-343.
Rahner, Karl (2006): Objektive und subjektive Moral (Gespräch mit Anita Röper). In: Ders.: Sämtliche Werke. Bd. 23. Freiburg i.Br., 491-549.
Reifenberg, Peter (1997): Situationsethik. In: LThK[3] IX, 641-643.
Rendtorff, Trutz (1999): Konsens und Konflikt: Herausforderungen an die Ethik in einer pluralen Gesellschaft. In: Handbuch der Wirtschaftsethik. Bd. I. Gütersloh, 198-207.
Ringeling, Hermann (1993): Die Notwendigkeit des ethischen Kompromisses: Kritik und theologische Begründung. In: Hertz, Anselm u.a. (Hg.): Handbuch Christlicher Ethik. Bd. III. Freiburg i.Br., 93-116.
Schöllgen, Werner (1961): Konkrete Ethik. Düsseldorf.
Schüller, Bruno (1980): Die Begründung sittlicher Urteile. Typen ethischer Argumentation in der Moraltheologie. 2. Aufl. Düsseldorf.
Schuhmacher, Wolfgang (2006): Theologische Ethik als Verantwortungs-Ethik. Leben und Werk Heinz E. Tödts in ökumenischer Perspektive. Gütersloh, 391-442.
Steinbüchel, Theodor (1932/33): Von Wesen und Grenze menschlicher Personalität. In: Akademische Bonifatius-Korrespondenz 47/4, 177-196.
Theiner, Johann (1970): Die Entwicklung der Moraltheologie als eigenständige Disziplin. Regensburg.
Tillmann, Fritz (1948): Um eine katholische Sittenlehre. In: Heinen, Wilhelm/Höffner, Joseph (Hg.): Menschenkunde im Dienste der Seelsorge und Erziehung. Trier, 9-19.
Tödt, Heinz E. (1988): Perspektiven theologischer Ethik. München.
Walter, Franz (1905): Theorie und Praxis in der Moral. Paderborn.
Weber, Helmut (Hg.) (1984): Der ethische Kompromiß. Freiburg i.Ue./Freiburg i.Br.
Wilting, Hans J. (1975): Der Kompromiß als theologisches und als ethisches Problem. Düsseldorf.

Religion und Religionsvertreter in ethischen Diskursen und Kommissionen

Friedemann Voigt

Im Zusammenhang der „Angewandten Ethik“ ist der Diskursbegriff zu einem Synonym institutionalisierter Ethik-Debatten geworden. Mit dem Hinweis auf den eigenen Charakter und die spezifische Kommunikationssituation in Gremien und Komitees wird dieser institutionalisierte Diskurs beispielsweise von akademischen Begründungsräsonnements unterschieden. Die differenzierte Beschäftigung mit dem Mikrokosmos der institutionalisierten Diskurse hat zu wichtigen Einsichten geführt, ist aber auch an die Grenzen ihrer Erklärungskraft gestoßen. Vor allem ein Problemkreis lässt sich mit Hilfe dieses Typs Angewandter Ethik nicht befriedigend erschließen. Die Normen und Werte, welche den Diskurs in den Kommissionen bestimmen, lassen sich nicht aus dem Binnengeschehen dieses Kommissionsdiskurses selbst herleiten. Diesem liegen, so hat es Ludwig Siep formuliert, „Normen und Werte zugrunde“, die das Diskursverfahren „weder als faktisches noch als ideales selber generiert“. Vielmehr liegen diesen Diskursen Errungenschaften der „europäischen moralischen und rechtlichen Tradition“ zugrunde, die als solche Grundnormen oder „Güter“ fungieren.[1]

Zweifellos ist die Religion einer der mächtigsten Bestandteile dieser europäischen Tradition. Ihre Bedeutung für die Ethikdiskurse ist in den letzten Jahren vor allem im Zusammenhang der Bioethik und besonders der sogenannten „roten“, humanen Bioethik augenfällig geworden.[2] Für die Frage nach der Rolle der Religion in Ethikkommissionen besteht die Schwierigkeit, dass in den konkreten Argumentationen im Rahmen von Gremien die Religion gleichsam „unsichtbar“ ist. Sichtbar wird sie, wenn ihrer Überlieferung zugehörige Symbole und Begriffe in den Diskursen Gebrauch finden, sichtbar ist sie aber auch durch die „Religionsvertreter“, also in erster Linie Theologen aus Universität und Kirche, die den Gremien angehören. Wie verhält es sich in solchen Gremien aber überhaupt

1 Siep 2005, 62f.

2 Pinter 2003.

empirisch mit dem Gebrauch religiöser Sprache? Weisen sich die Religionsvertreter als Religionsvertreter durch explizit religiöse Begriffe aus oder liegt ihrem Engagement nicht vielmehr jene untergründige, kulturell sedimentierte Wertorientierung zugrunde, von der Siep spricht?

Um dem so angezeigten Problem der Wechselwirkung zwischen den ethischen Anwendungsdiskursen und den untergründig wirksamen, kulturell sedimentierten religiösen Werten auf die Spur zu kommen, wird im Folgenden ein Modell entworfen, in welchem die institutionalisierten Diskurse in Gremien, Komitees und Kommissionen nicht isoliert betrachtet werden, sondern in den Zusammenhang ethischer Diskurse unterschiedlicher Funktionsebenen gestellt werden. Erst im Zusammenspiel der unterschiedlichen Diskursebenen und der auf ihnen jeweils beteiligten Akteure lassen sich die Normen und Werte, Argumentationsweisen und -strategien in Ethikkommissionen angemessen verstehen (1.). Auf dem Hintergrund dieses Modells wird dann am Beispiel der bioethischen Debatten des Nationalen Ethikrats in Deutschland die Rolle von Religion und Religionsvertretern ausgehend von empirischem Material untersucht (2.). Daran anschließend können die Probleme der Bestimmung von Religion in ethischen Diskursen und Kommissionen und also Folgerungen für das Thema „Religion und Angewandte Ethik“ (3.) erörtert werden.

1. Zum Ort von Ethikkommissionen im ethischen Diskurs – ein Integrationsmodell

Soll der Diskursbegriff nicht nur ein anderes, modisches Wort für „Debatte“ sein, sondern eine aufschließende Qualität für die Debatten in Ethikkommissionen haben, ist es hilfreich, sich an einigen klassischen Bestimmungen des Diskursbegriffs abzuarbeiten – vor allem solchen, wie sie sich in der (bekanntlich kontroversen) Debatte zwischen Jürgen Habermas und Michel Foucault ergeben haben.

Unter Diskurs versteht man nach Habermas kommunikative Verfahren, die auf argumentative Verständigung hin angelegt sind. Verständigung bedeutet ein rational motiviertes Verständnis aufgrund kritisierbarer Geltungsansprüche.[3] Der Konsens ist also das Ziel des Diskurses, der Diskurs so ein zielgerichtetes Geschehen. Indem jede verständigungsorientierte Äußerung nach Habermas den Anspruch auf Verständlichkeit und Wahrheit (der Aussagen), Richtigkeit (innerhalb normativer Kontexte) sowie Wahrhaftigkeit (bezüglich der Sprecherintention) einschließt, enthält sie immer auch Voraussetzungen, Haltungen und Positionen, die im Akt der

3 Habermas 1991a.

Verständigung nicht aufgehen. Doch sind es gerade diese Voraussetzungen, welche das Zustandekommen einer idealen Sprechsituation häufig faktisch verhindern. Im Interesse einer möglichst umfassenden Erfassung des Geschehens in ethischen Diskursen erscheint daher eine Ergänzung durch den Diskursbegriff Foucaults möglich und fruchtbar.

Foucault fragt nach historischen und soziologischen Aprioris realer Diskurse: Was ist überhaupt sagbar, welche Argumente haben Plausibilitätscharakter, welche Gründe dürfen auf Akzeptanz hoffen? Im Diskurs selbst konstituieren sich Struktur und Inhalte, welche Verständnis, Plausibilität und Akzeptanz hervorbringen.[4] Damit deutet Foucault auf jene Tiefenstruktur von Diskursen hin, durch welche Denken und Argumente letztlich organisiert werden. So wird ein Zugang zur orientierenden Ebene von „Weltbildern" genommen, auf der überhaupt erst diskursive Plausibilitäten erzeugt werden. Foucaults Diskursbegriff erlaubt es daher, den Blick nicht nur auf Personen und Institutionen zu richten, sondern auch Ideen, Begriffe und Vorstellungen als prägende Faktoren von Diskursen zu verstehen. Ein Problem dieser Ausweitung des Diskursbegriffs ist dann allerdings, dass er sich ubiquitär auszubreiten droht – alles wird zum Diskurs.

Demgegenüber scheint wiederum die Erinnerung an den Diskursbegriff von Habermas sinnvoll, der ihm ein immanentes Telos der Verständigung zuschreibt. Allerdings ist es notwendig, den Begriff der „Verständigung" hier zu verdeutlichen. Die Verhandlung schwieriger ethischer Probleme ist eben dadurch gekennzeichnet, dass es nicht nur kein Einverständnis über konkrete Fragen des Umgangs mit z.B. humanen embryonalen Stammzellen gibt, sondern auch die diesen unterschiedlichen Haltungen zugrundeliegenden moralischen Überzeugungen nicht mehr übereinstimmen. Da aber diese moralischen Überzeugungen nicht einfach aus rationalen Argumenten bestehen, sondern teils aus unterschiedlichen Rationalitätskonzepten, teils aus den hintergründig bleibenden persönlichen Intuitionen, ist es eine schwierige, aber zentrale Aufgabe von solchen Kommissionen, zunächst den konkreten Punkt ihres Dissenses überhaupt zu identifizieren. Sind es lediglich unterschiedliche Auffassungen auf der Basis einer gemeinsam geteilten Moralvorstellung, lassen sich diese Unterschiede in den meisten Fällen relativ einfach zu einer Verständigung im Sinne eines gemeinsam rational geteilten Entschlusses auflösen. Das wäre dann Verständigung als rationaler Konsens. Die eigentliche Brisanz von ethischen Problemen entsteht aber dadurch, dass eben diese gemeinsam geteilten Moralvorstellungen nicht mehr existieren oder zumindest die Übereinstimmung zwischen ihnen nicht erkannt ist oder auch einander

4 Foucault 2003.

abgesprochen wird. Dies spielt z.B. bei den Debatten um die Stammzellforschung mit Blick auf die „Menschenwürde" eine wichtige Rolle (s.u. 2.3). In den Fällen solcher ethischer Konflikte ist ein rationaler Konsens nicht zu erwarten bzw. unmöglich. In liberalen pluralistischen Gesellschaften ist aber gerade diese Situation der eigentliche Anlass, Ethikkommissionen überhaupt ins Leben zu rufen. Die Kommissionen repräsentieren die Art und Weise des Umgangs mit einer solchen schwierigen moralischen Situation, dass nämlich argumentativ im Gespräch die Positionen ausgetauscht werden. Es besteht also zwar kein Konsens über die Inhalte des Diskurses, aber doch über die Tatsache, dass ein solcher Diskurs mit Argumenten bestritten wird bzw., einfach gesagt, dass man miteinander redet. Hierin zeigt sich die Idee, dass der Pluralismus der moralischen Überzeugungen nicht unendlich ist, sondern Verständigung das Telos des Diskurses ist.[5] In diesem Sinne ist gesagt worden, dass die konsensuelle Verständigung die „regulative Idee" von ethischen Diskursen ist.[6]

So ergibt sich für die hier ins Auge zu fassende Analyse von Religion und Religionsvertretern in ethischen Diskursen ein Diskursbegriff, der sich im analytischen Interesse an den Bestimmungen der beiden genannten exponierten Diskursbegriffe orientiert (ohne sie dogmatisch zu vertreten, zu verwenden oder sie theoretisch vermitteln zu wollen). So können die (bio)ethischen Diskurse als ein zusammenhängendes und auf Verständigung zielendes Geschehen beschrieben werden, in dem allerdings nicht nur verständigungsorientierte Argumente vertreten sind, sondern auch Überzeugungen, die ihre Wurzeln in ganz unterschiedlichen Milieus haben.

Zudem sollen nicht nur Personen und Institutionen als Diskursteilnehmer verstanden werden, sondern auch Begriffe, Symbole und Bilder. Dies ist gerade für die Rolle der Religion in solchen Diskursen signifikant.

Für die Bioethik ist der Vorschlag gemacht worden, drei „Gruppen" von Aktivitäten zu unterscheiden: erstens die akademische Bioethik als Subdisziplin der Ethik, die sich in Lehrveranstaltungen, Büchern, Aufsätzen niederschlägt, zweitens die öffentliche Debatte, welche sich in Zeitungsartikeln, Fernsehbeiträgen etc. vollzieht, und drittens die bioethische Arbeit von Gremien, Ausschüssen, Kommissionen. Diese unterschiedlichen Bereiche unterscheiden sich nach Subjekt, Ziel, Prozess, Produkt und Adressat ihrer ethischen Diskurse.[7] Dieser Zugang ist aufschlussreich, um den spezifischen Charakter vor allem der Gremien- und Kommissi-

5 Hieran wird sich in späteren Abschnitten die Frage anschließen, ob Religion zu den Faktoren gehört, die eine solche verständigungsorientierte Diskursauffassung befördern (s.u. 2.3. und 3.).

6 Kettner 2005a, 11.

7 Bayertz 2002, 10f.

onsarbeit zu bestimmen, und die Kriterien und Verfahren von solchen Diskursen zu definieren, die auf die Erarbeitung von Empfehlungen, Richtlinien und Gesetzesvorlagen ausgerichtet sind.

Für die uns hier zunächst interessierende Aufgabenstellung, die Rolle der Religion in ethischen Diskursen zu kartographieren, erscheint es hingegen notwendig, die unterschiedlichen „Gruppen" ethischer Diskurse auch in ihrer Interdependenz und wechselwirksamen Dynamik ins Auge zu fassen. Dafür ist es sinnvoll, statt von unterschiedenen, gleichsam getrennten „Gruppen" von unterschiedlichen Diskurs*ebenen* zu sprechen. Hier lassen sich idealtypisch drei solche Ebenen unterscheiden. Zum ersten eine *Orientierungsebene.* Auf ihr formieren sich diskursiv Intuitionen, Vorstellungen und rudimentäre Argumentationen, welche Überzeugungen und Motivation von Personen und Gruppen ausmachen bzw. artikulierbar werden lassen. Diese Orientierungsebene ist also vor allem lebensweltlich verortet und daher methodisch schwer einzugrenzen. Zweitens gibt es eine *Begründungsebene.* Auf ihr wird Wissen erweitert und vertieft, und es werden vollständige positionelle Argumentationen erarbeitet. Typischerweise ist diese Begründungsarbeit in akademischen Kontexten wie Universitäten und Forschungsinstituten beheimatet. Drittens lässt sich eine Ebene benennen, auf der Beratung erfolgt, Richtlinienvorschläge erarbeitet oder konkrete Vorgaben gemacht werden. Gremien und Kommissionen, denen in der Regel Experten unterschiedlicher Fachgebiete und Disziplinen angehören (z.B. Ärzte, Naturwissenschaftler, Philosophen, Theologen), sind dafür die klassischen Beispiele. Hier können dann nochmals drei Typen unterschieden werden: Ethikkommissionen zur Begutachtung von Forschungsprojekten, eher beratende Gremien wie z.B. der Nationale Ethikrat und konkrete „Vor-Ort-Entscheidungen" z.B. bei klinischen Ethik-Komitees.[8] Den unterschiedlichen Zwecksetzungen dieser Kommissionen wird derzeit hinsichtlich der deskriptiven und normativen Aufgaben einer Angewandten Ethik eine große Bedeutung zugeschrieben. Dies führt zu einer immer feineren Ausdifferenzierung von Kommissionstypen. Als übergreifende Beschreibungskategorie ist der Begriff der „ethischen Beratungsorgane" vorgeschlagen worden.[9] Daran anschließend wollen wir diese Ebene die *Beratungsebene* nennen.

Im Sinne des oben explizierten Diskursbegriffs werden die an ihm auf den unterschiedlichen Ebenen beteiligten „Akteure" nach drei Kategorien unterschieden: Institutionen, Personen, Ideen. Wenn institutionalisierte Religion, Kirchen oder kirchliche Kommissionen offizielle Stellungnahmen oder Verlautbarungen abgeben oder auch einzelne Personen im Namen ihrer Kirche sprechen oder agieren, nehmen *Institutionen* an dem Dis-

8 Hilpert 2006. Vgl. auch Krippner/Pollmann 2004.

9 Kettner 2005a. Vgl. auch Ricken 2005.

kurs teil. Als religiöse Akteure in bioethischen Diskursen treten *Personen* auf, die als kompetente Interpreten der Religion (akademische Theologen) oder mit einem Mandat versehene Vertreter der Religionsgemeinschaften (Kirchen) agieren. Im Bereich der *Ideen* liegen die größten begrifflichen und methodischen Schwierigkeiten, die eng mit den Schwierigkeiten des Religionsbegriffs zusammenhängen. Es gibt jedenfalls explizit religiöse Sprache und Symbole, die sich z.B. in der Berufung auf „Schöpfung" oder „Gottes Willen" manifestiert. Schwieriger hingegen ist jene potentiell religiöse oder „religioide" (Georg Simmel) Bedeutung zu erfassen, die über Bilder und Metaphern der Hoffnung, Erlösung etc. agiert; hier ist die Frage, inwiefern diese religioide Dimension überhaupt methodisch kontrolliert zu erfassen ist.

Jedenfalls erlaubt die hier vorgeschlagene Unterscheidung von Diskursebenen und Diskursakteuren eine sehr umfassende Kartographierung von Religion in ethischen Diskursen, welche die Problematik des Religionsbegriffs durchaus im Blick hat, aber begründungsoffen bleibt.[10]

Akteure / Ebenen	Institutionen	Personen	Ideen
Orientierung	„Lerngemeinschaften"	Alle	Vorstellungen, Traditionen, Symbole, Bilder
Begründung	Universitäten, Institute	Akademische Theologen, Kirchenvertreter, Philosophen, Ethiker	Theologische, religionsphilosophische Begriffe
Beratung	Kommissionen verschiedenen Typs (z.B. Begutachtung, Beratung, Entscheidung)	Beauftragte Vertreter der Religionsgemeinschaften, kompetente Interpreten der Religionen (Theologen, Religionswissenschaftler, Religionsphilosophen)	Begriffe

Tabelle 1: Religion in ethischen Diskursen

10 Eine detaillierte Darstellung, welche alle in der Tabelle aufgezeigten Diskursfelder umfasst, wird derzeit in der von mir geleiteten BMBF-Nachwuchsgruppe „Religion in bioethischen Diskursen" erarbeitet.

2. Religionsvertreter in Ethikkommissionen

Unter Religionsvertretern sollen im Folgenden solche Personen verstanden werden, die durch Amt oder Beruf zu Religionsgemeinschaften und Universitätstheologie gehören. Dies soll am konkreten Beispiel des Nationalen Ethikrates in Deutschland von 2001 bis 2007 dargelegt werden, dessen Konstitution zunächst kurz darzustellen ist (2.1). Dann sind definitorische Probleme der Rede von Religionsvertretern zu erörtern und gegenüber anderen Konzeptionen, wie etwa religiösen „Akteuren", abzugrenzen (2.2). Schließlich soll der Frage nachgegangen werden, ob und inwiefern ihr Mitwirken als die Vertretung von „Religion" erkennbar geworden ist (2.3).

2.1 Das Beispiel des Nationalen Ethikrates

Seit Mitte der 1990er Jahre wurde in Deutschland über die Einrichtung einer „Bundesethikkommission" diskutiert, die dann allerdings erst 2001 mit dem „Nationalen Ethikrat" eingerichtet wurde.[11] Nach dem Einrichtungserlass[12] gehören zu den Aufgaben des Gremiums zunächst, den interdisziplinären Diskurs von Naturwissenschaften, Medizin, Theologie und Philosophie, Sozial- und Rechtswissenschaften zu bündeln, die gesellschaftliche und politische Debatte unter Einbeziehung der verschiedenen Gruppen zu organisieren und die Öffentlichkeit zu informieren (§ 2, Abs. 1). Die Erarbeitung von Stellungnahmen im Auftrag der Bundesregierung oder des Deutschen Bundestages steht an zweiter Stelle der Aufgaben (§ 2, Abs. 2). An dritter Stelle folgt die Erarbeitung von Empfehlungen für politisches und gesetzgeberisches Handeln (§ 2, Abs. 3). § 3 des Einrichtungserlasses regelt die Zusammensetzung des Rates. Dort heißt es: „Der Nationale Ethikrat besteht aus bis zu 25 Mitgliedern, die in besonderer Weise naturwissenschaftliche, medizinische, theologische, philosophische, soziale, rechtliche, ökologische und ökonomische Belange repräsentieren" (Abs. 1).

Als Vertreter aus Kirche und Theologie gehörten dem Nationalen Ethikrat in seiner ersten Amtszeit 2001-2005 der katholische Bischof Gebhard Fürst sowie der Bischof der Evangelischen Kirche Berlin-Brandenburg und ab November 2003 Vorsitzende des Rates der EKD Wolfgang Huber und ihn ab dem 19. Februar 2004 ablösend der Präsident des Kirchenamtes der EKD Hermann Barth von der evangelischen Kir-

11 Zur Vorgeschichte und Einrichtung des Nationalen Ethikrats s. Fuchs 2005, bes. 43-45.

12 Einrichtungserlass des Nationalen Ethikrats. Kabinettvorlage vom 25.04.2001, http://www.ethikrat.org/ueber_uns/einrichtungserlass.html.

che an, zudem der Professor für Moraltheologie an der Katholisch-Theologischen Fakultät der Universität Freiburg, Eberhard Schockenhoff, und der Professor für Philosophie in Verbindung mit Systematischer Theologie an der Evangelisch-Theologischen Fakultät der Humboldt-Universität zu Berlin, Richard Schröder. In der zweiten Amtszeit (Juni 2005 bis Juni 2007) wurde Bischof Fürst durch den Weihbischof der Diözese Augsburg Anton Losinger abgelöst, die anderen Vertreter aus Kirche und Universitätstheologie blieben.

2.2 Zwischen Selbst- und Fremdzuschreibung. Religionsvertreter, Kirchenvertreter, religiöse Akteure

Bei der personellen Konstitution des Nationalen Ethikrates und seines aktuellen Nachfolgeinstituts, des Deutschen Ethikrats, ist also auffällig, dass hier auf eine gleich starke Beteiligung der beiden großen christlichen Konfessionen durch solche explizit als „Religionsvertreter" identifizierbaren Mitglieder geachtet wurde und wird. Freilich verursacht eine solche Zurechnung bestimmte Probleme. Bei der personellen Zusammenstellung der Mitglieder des Nationalen Ethikrates zu Beginn seiner Tätigkeit im Frühjahr 2001 scheint sich diese zahlenmäßige Balance eher zufällig eingestellt zu haben. Nachdem die beiden Kirchen mit den Bischöfen Huber und Fürst vertreten waren, kam es auf Drängen der katholischen Kirche (in Person von Kardinal Lehmann) zur Aufnahme des Freiburger Moraltheologen Schockenhoff, nachdem der protestantische Staatsrechtler Horst Dreier statt des katholischen Staatsrechtlers Ernst-Wolfgang Böckenförde für das Gremium nominiert wurde.[13] Hier ging es also zunächst um ethische *Positionen*, die aber offenbar in einem nicht völlig zufälligen Verhältnis zu den religiösen *Konfessionen* stehen. Dies verweist auf ein weiteres heuristisches Problem, denn es gibt natürlich auch Mitglieder von Ethikkommissionen, die zwar nicht beruflich, aber etwa ehrenamtlich in einer Religionsgemeinschaft tätig sind oder sich zumindest stark mit einer Religionsgemeinschaft identifizieren. Für diesen größeren Personenkreis über die expliziten „Religionsvertreter" hinaus hat sich in den letzten Jahren die der Policy-Theorie entliehene Bezeichnung von „religiösen Akteuren" etabliert. In der Studie von Iris Pinter zu den Einflüssen der christlichen Bioethik auf die deutsche Debatte um Humangenetik ist von Akteuren aus Kirchen und Verbänden, theologischen Fakultäten und

13 Die Berufung in den Nationalen Ethikrat erfolgte durch den Bundeskanzler (§ 3, Abs. 3 des Einrichtungserlasses). Informationen über das Auswahlverfahren sind lediglich der Tagespresse zu entnehmen. Für die Aufnahme Schockenhoffs s. z.B. Drobinski 2006.

christlichen Akademien, Parteien, Medien usw. die Rede, die sich zu einer „christlichen Bioethik-Koalition" zusammenschließen würden.[14]

Wenn wir uns statt auf den umfänglicheren Akteursbegriff hier auf die Religionsvertreter in der erläuterten Konzentration beschränken, ist freilich zu fragen, wie und ob sich diese Religionsvertreter überhaupt selbst als Repräsentanten ihrer Religionsgemeinschaft ansehen oder doch eher als Teilnehmer am Diskurs, die ihren persönlichen Standpunkt einzubringen haben. Hierzu liegt in der Studie von Iris Pinter eine sehr interessante Auswertung eines Fragenkatalogs vor, der Akteuren der „christlichen Bioethik-Koalition" vorgelegt wurde.[15] Die Bischöfe Fürst und Huber betonten dabei, ihre Aufgabe sei es, im Ethikrat die Haltung der Kirche in Fragen der humangenetischen Bioethik zu verdeutlichen.[16] Der Universitätstheologe Schockenhoff betont zwar seine persönliche Verantwortung, wenn er seine eigene Beteiligung am Ethikrat damit begründet, dass er mit seinen Vorbehalten gegen Liberalisierungen der Genforschung den „bestehenden Dissens" deutlich machen wolle. Zugleich hält er aber auch die Beteiligung der Kirchen an den Debatten des Ethikrates für wichtig, um ihre Argumente „weit über den Kreis der eigenen Glaubensgemeinschaft hinaus sichtbar" werden zu lassen.[17] So deutet er den inneren Zusammenhang zwischen persönlicher und kirchlicher Beteiligung zumindest an. Aber auch eine stärker auf die persönliche Stellungnahme abhebende Überzeugung wird erkennbar, wenn der Tübinger Moraltheologe Dietmar Mieth, selbst in zahlreichen Kommissionen vertreten (Mitglied und stellv. Vorsitzender im Ethikbeirat des Bundesgesundheitsministeriums 1999-2002, Mitglied der Enquête-Kommission des Deutschen Bundestages „Ethik und Recht der modernen Medizin" 2003-2005 sowie Mitglied der Ethikkommission der Europäischen Union 1994-2001), im Blick auf den Ethikrat äußert, es sei unverfänglicher, wenn die Religionsvertreter als Theologen teilnehmen würden und nicht eine Mitarbeit der „Kirchen als Kirchen" stattfände.[18]

Hier tritt freilich ein Problem Theologischer Ethik zu Tage, das mit den unterschiedlichen Auffassungen geistlicher Verbindlichkeit von kirchlichen Äußerungen in Katholizismus und Protestantismus verbunden ist. Die Kurzformel für dieses Themenfeld ist die Rede vom „Lehramt".

In der römisch-katholischen Kirche gibt es kirchenrechtlich definierte Äußerungen von Papst und Bischöfen in Fragen der Moral (und des Glaubens), die für die gesamte Kirche und alle Gläubigen als verbindlich

14 Pinter 2003, 35-45.

15 A.a.O, 105-115.

16 A.a.O., 105-107.

17 A.a.O., 107.

18 Ebd.

gelten. Demgegenüber abgestuft sind Äußerungen, die zwar nicht diesen unbedingt verpflichtenden Charakter haben, bei denen jedoch vorausgesetzt wird, dass sie von den Gläubigen aus Glaubens- und Willensgehorsam ebenfalls angenommen werden.[19]

In der protestantischen Kirche hingegen gibt es ein solches Lehramt nicht. Seine Ablehnung ist in der reformatorischen Kritik an einem besonderen Status des Klerus sowie einer verbindlichen Lehrautorität begründet. Weder ein kirchlicher Amtsträger noch kirchenoffizielle Stellungnahmen in ethischen Fragen können deshalb den Anspruch erheben, für alle Angehörigen der Kirche gewissensbindende Vorgaben oder kirchenrechtliche Verpflichtungen zu definieren. „Die Zugehörigkeit zur Kirche Jesu Christi bemisst sich nach evangelischem Verständnis nicht nach Merkmalen der Zustimmung zu kirchlichen Äußerungen in politischen und gesellschaftlichen Fragen."[20] Gleichwohl ist es eine Aufgabe der Kirche, auch zu ethischen Fragen Stellung zu nehmen.[21] Diese Aufgabe wird in Ämtern und Gremien der Kirchenleitung wahrgenommen wie z.B. in der „Kammer für öffentliche Verantwortung" der Evangelischen Kirche in Deutschland (EKD), die Texte und Denkschriften zu ethischen Fragen veröffentlicht. Hinsichtlich der Geltung und Verbindlichkeit dieser Stellungnahmen gilt allerdings, dass sie die Differenz zwischen dem religiösen Glauben und der ethischen Position offen halten müssen. Das heißt, eine solche ethische Stellungnahme kann weder beanspruchen, für alle evangelischen Christen verbindlich zu sein, noch im Namen der Kirche, verstanden als Gemeinschaft aller Gläubigen, erfolgen.[22]

So wird deutlich, dass die Rede von „Religionsvertretern", „Kirchenvertretern"[23] oder „Vertretern von Religionsgemeinschaften" zwar eine recht große prima-facie-Plausibilität besitzt, jedoch bei genauerer Betrachtung erhebliche Probleme aufwirft. Für die hier untersuchten Religionsgemeinschaften, die beiden großen christlichen Kirchen, lässt sich zusammenfassend sagen, dass im Falle der katholischen Kirche durch die theologische und kirchenrechtliche Konstruktion des Lehramts von einer

19 Witsch 2008.

20 Rendtorff 1990, 54.

21 Wie in der letzten Kirchenmitgliedschaftsuntersuchung der Evangelischen Kirche in Deutschland deutlich wurde, wird ein solches ethisches Engagement von den Kirchenmitgliedern, aber auch Konfessionslosen von der Kirche stark erwartet. S. Huber, Wolfgang/ Friedrich, Johannes/Steinacker, Peter 2006.

22 Zu der damit verbundenen Problematik einer protestantischen „Ethik der Kirche" vgl. auch Rendtorff 1990, 55.

23 So werden auf der Informations- und Protestseite zum Nationalen Ethikrat der Interessengemeinschaft Kritische Bioethik Bayern die Mitglieder Fürst, Huber, Schockenhoff und Schröder bezeichnet; siehe Interessengemeinschaft Kritische Bioethik Bayern, Informations- und Protestseite zum Nationalen Ethikrat, http://www.nationaler-ethikrat.de/mitglieder_taetigkeit.html.

relativ klar bestimmbaren kirchlichen Position in ethischen Fragen die Rede sein kann – sofern zu der entsprechenden ethischen Problematik bereits eine „kirchenoffizielle“ Stellungnahme vorliegt. Von den Kommissionsmitgliedern aus dem Bereich von Kirche und Theologie ist in der Regel zu erwarten, dass sie sich im Rahmen der durch diese Stellungnahmen vorgegebenen Position bewegen. Im Protestantismus hingegen ist eine solche Bindung an kirchliche Stellungnahmen oder Denkschriften nicht gegeben. Das entbindet die evangelischen Kirchen nicht von ihrer Aufgabe, ihren Mitgliedern Orientierungshilfen in ethischen Fragen zu geben. Der Vorbehalt, dass es sich dabei aber um eine Orientierung handelt, die keine gewissensbindende oder über die Kirchenmitgliedschaft entscheidende Bedeutung hat, muss dabei aber immer mitgedacht (und möglichst auch ausgesprochen) sein.

2.3 Die Religionsvertreter im Nationalen Ethikrat (2001-2007)

Es ist nun von Interesse zu sehen, wie die Religionsvertreter sich *tatsächlich* in Ethikkommissionen verhalten. Die folgende Analyse beruht auf der Durchsicht von Stellungnahmen und Wortprotokollen aus dem Nationalen Ethikrat (NER) aus dem Zeitraum 2001-2007.[24] Die Arbeit des Natio-

24 Siehe die folgenden Stellungnahmen des Nationalen Ethikrats: NER 2002; 2003a; 2004a; 2004b; 2006a; 2007b. Siehe weiter die folgenden Wortprotokolle öffentlicher Sitzungen (seit 2003): NER 2003b (Thema u.a.: „Ethischer Pluralismus“ – Referate mit anschließender Diskussion); NER 2003c; 2003d (Thema: Erläuterungen von Dr. Detlev Ganten zur Stammzellforschung sowie von Dr. Christoph Rehmann-Sutter, dem Präsidenten der Schweizer Nationalen Ethikkommission im Bereich der Humanmedizin, der die Schweizer Debatte darstellt); NER 2003e (Thema u.a.: Kommerzialisierungstendenzen); NER 2003f (Thema: Erläuterung der Tätigkeit der Zentralen Ethik-Kommission für die Stammzellenforschung durch deren Vorsitzenden, Dr. Ludwig Siep); NER 2004e (Thema: Gespräch zur Arbeit des Nordic Committee on Bioethics); NER 2004d (Thema: Sachverständigen-Anhörung zum Thema „Polkörperdiagnostik“); NER 2004e (Thema: Gespräch mit Dr. Rainer Gerold, Leiter der Direktion „Wissenschaft und Gesellschaft“ der Generaldirektion Forschung in der EU-Kommission); NER 2004f (Thema: Sterbebegleitung. Impulsreferate von Barth, Gerhardt und Schockenhoff. Resümee der Veranstaltung "Wie wir sterben" vom 31. März 2004 in Augsburg von Nagel); NER 2005a (Thema: Professor Dr. Jens Reich: Impulsreferat zum Thema „Chimären“); NER 2005b (Thema: Neueste Forschungsentwicklungen in den Naturwissenschaften: a) Prof. Dr. Peter Propping: Identifizierung humaner Genomvarianten und Einsatz der Array- bzw. Chip-Technologie mit anschließender Diskussion; b) Prof. Dr. Christiane Nüsslein-Volhard: Neue Entwicklungen in der Stammzellforschung mit anschließender Diskussion); NER 2006b (Thema: Moralischer Pluralismus. Referate mit anschließender Diskussion. Referenten: Prof. van den Daele, Prof. Dreier, Prof. Schockenhoff, Prof. Schöne-Seifert); NER 2006c (Thema: Gespräch mit Prof. Qiu und Prof. Zhai, Universität Peking); NER 2006d (Thema: Öffentliche Anhörung zur Forschung mit adulten Stammzellen. Eingeladene Sachverständige: PD Dr. rer. nat. Boris Fehse, Universitätsklinikum Eppendorf, Hamburg, PD Gerd Kempermann M. D., Max-Delbrück-Centrum, Berlin, Prof. Catherine M. Verfaillie, M. D., Katholische Uni-

nalen Ethikrates und seiner Mitglieder ist so zwar nicht lückenlos dokumentiert (so sind nur die öffentlichen Teile der Sitzungen protokolliert, auch wird keine Auskunft über Anwesenheit der Mitglieder des Ethikrats erteilt), aber doch so umfänglich, dass aus den Voten der „Religionsvertreter“ Schlüsse zu ziehen sind. Dies gilt auch, wenn berücksichtigt wird, dass die Diskursteilnehmer bei Voten in öffentlichen Sitzungen und im Bewusstsein, dass diese Voten protokolliert werden, ihre Beiträge auch mit strategischen Überlegungen hinsichtlich ihrer Außenwirkung besonders überdenken. Ein Widerspruch in den Aussagen „vor“ und „hinter“ den Kulissen würde die Argumente und die Personen unglaubwürdig machen.

Zunächst und vor allem ist mit Blick auf die Dokumente festzuhalten, dass ein expliziter Gebrauch religiöser und theologischer Sprache durch Religionsvertreter in den Wortprotokollen so gut wie nie vorkommt. Die Religionsvertreter folgen ganz sachlich eingreifend oder nachfragend dem Verlauf der Themen. In den Stellungnahmen, die aber natürlich von dem NER insgesamt autorisiert sind, lässt sich eine explizite Berufung auf religiöse Sprache vereinzelt finden, sie wird aber sogleich als solche gekennzeichnet und reflektiert. Zwei solche Beispiele aus Stellungnahmen seien hier angefügt:

> In der ethischen Diskussion wird weiter vertreten, schon der frühe Embryo sei aufgrund seiner Gottesebenbildlichkeit ebenso zu schützen wie der geborene Mensch. Doch beruht diese Sicht auf religiösen Glaubenssätzen über Schöpfung und Schöpferwillen, die zwar Respekt und Achtung verdienen, aber nicht das Fundament einer allgemeinverbindlichen säkularen Moral und entsprechender Rechtsregelungen bilden können.[25]

> Die Würde auch der frühesten Formen menschlichen Lebens auf der Grundlage der christlichen Imago-Dei-Vorstellung wird allerdings (freilich vor dem Hintergrund einer sehr bewegten Dogmengeschichte) einhellig von der katholischen Kirche bejaht, während sich im Protestantismus eine pluralistische Auffächerung der Positionen zeigt. Sofern es sich hierbei um die Ableitung aus Glaubenssätzen handelt, bleibt festzuhalten, dass die Positionen von Religionsgemeinschaften nicht ohne weiteres das Verständnis einer so zentralen und für alle gültigen Norm wie Art. 1 Abs. 1 GG bestimmen können.[26]

Von Interesse ist weiterhin, dass auch dort keine explizite Berufung auf religiöse Wertvorstellungen zu finden ist, wo sie am ehesten zu erwarten wären, nämlich bei den Sondervoten der Stellungnahme zur Änderung des Stammzellgesetzes aus dem Jahr 2007. Weder im „Votum für eine Über-

versität, Leuven [Belgien], Prof. Dr. med. Andreas M. Zeiher, Universität Frankfurt/M.); NER 2007a (Thema: Verabschiedung des Nationalen Ethikrates durch die Bundesministerin für Bildung und Forschung, Frau Dr. Annette Schavan). Alle Stellungnahmen und Wortprotokolle unter http://www.ethikrat.org/de_publikationen_ner/index.php.

25 NER 2002, 18.

26 NER, 2004b, 68f.

prüfung des Stammzellgesetzes und gegen die Verschiebung des Stichtages"[27] noch in dem ergänzenden, von Eberhard Schockenhoff, Anton Losinger und Peter Radtke verfassten „Zusatzvotum"[28] ist eine solche explizit religiöse Bezugnahme zu finden. Ebensowenig ist in dem allein von Hermann Barth geschriebenen „Votum für die Verschiebung des Stichtags" eine Berufung auf explizit religiöse Traditionen enthalten.[29] Gegner und Befürworter der Verschiebung des Stichtages argumentieren hier so weit miteinander und mit dem gesamten NER übereinstimmend, dass sie sich auf die bisher geltende Lösung mit dem Stichtag vom 1. Januar 2002 als eine Kompromisslösung beziehen, die zum Ausgleich und zur Befriedung in der ethisch äußerst diffizilen Frage des Imports und der Forschung an humanen embryonalen Stammzellen (HES-Zellen) geführt habe. Die Gegner der bisherigen gesetzlichen Regelung, die einen Import von HES-Zellen ermöglicht, die vor dem 1. Januar 2002 etabliert wurden, argumentieren, die durch den Kompromiss ermöglichte Forschung an den Zellen habe nicht die erhofften Fortschritte erzielt, während die schwerwiegenden ethischen Bedenken, dass nämlich die bei der Gewinnung der HES-Zellen unumgängliche Zerstörung des Embryos die Tötung eines Menschen bedeute, unverändert bestehen. Daher sei auf die Forschung an HES-Zellen ganz zu verzichten. Die Stellungnahme von Hermann Barth betont die ethische Qualität des Kompromisses selbst, die vor allem in der Wahrung des Rechtsfriedens liege.[30] Die Wahrung dieses Kompromisscharakters der einst gefundenen Stichtagsregelung sieht Barth aber nicht durch die von der Mehrheit des NER favorisierten Aufgabe des Stichtages zugunsten einer sogenannten „Einzelfalllösung", sondern in der Beibehaltung des Stichtages, der aber – im Geiste des Kompromisses – nun erneut zu verschieben sei.

Auch wenn hier nicht mit expliziten religiösen Begriffen gearbeitet wird, steckt doch hinter diesen Sondervoten, an denen die Religionsvertreter beteiligt sind, theologische Reflexion. Um sie sichtbar zu machen, muss etwas ausgeholt werden und es muss die Begründungsebene des bioethischen Diskurses einbezogen werden: Mit seinem Votum zugunsten einer Stichtagsverschiebung im Geiste des Kompromisses hat Barth die bis dato gültige offizielle Haltung der EKD hinter sich gelassen, die sich resolut gegen jegliche Forschung mit HES-Zellen und also auch ihren Import nach Deutschland gewendet hat. Sie geht aus der bereits 1989 gemeinsam mit der katholischen Kirche veröffentlichten Erklärung „Gott

27 A.a.O. 36-40.
28 A.a.O. 41.
29 A.a.O. 42-44.
30 A.a.O. 42.

ist ein Freund des Lebens" hervor.[31] Diese Erklärung argumentiert mit einer „besonderen Würde des menschlichen Lebens",[32] die im biblischen Sprachgebrauch mit der Gottesebenbildlichkeit des Menschen verankert sei und in deren Konsequenz auch die Fassung und der besondere Schutz der Menschenwürde in Art. 1 des Grundgesetzes stehe. Dieser besonderen Würde werde mit dem unbedingten Lebensrecht und dem Tötungsverbot entsprochen. In einer weiteren Argumentation wird dann diese Menschenwürde auf das vorgeburtliche Leben bezogen.[33] Dafür werden Ergebnisse der „embryologischen Forschung" namhaft gemacht, welche eindeutig bestätigten, dass mit der Verschmelzung von Ei- und Samenzelle ein „individuelles menschliches Leben"[34] bestehe, auf welches also auch der volle Schutz der Menschenwürde anzuwenden sei.

Auf dem Hintergrund dieses „Anwendungsfalls" von theologischer Naturrechtsinterpretation hatten die beiden großen christlichen Kirchen in Deutschland den HES-Zellen-Import, wie er vom Deutschen Bundestag im Januar 2002 beschlossen wurde, abgelehnt und sich in einer gemeinsamen Pressekonferenz darüber enttäuscht gezeigt.[35]

Doch bereits im Vorfeld der Bundestagsentscheidung des Januar 2002 hatte sich eine Gruppe protestantischer Theologen formiert, die gegen den kirchlichen Anspruch einer gleichsam unbedingten und eindeutigen protestantischen Position in diesen Fragen Einwände formulierte.[36] Sie wiesen unter anderem darauf hin, dass es sich bei den unterschiedlichen Haltungen zur Frage der Forschung an HES-Zellen nicht um die Frage der Verteidigung bzw. Bestreitung des Prinzips der Menschenwürde handelt, sondern um „konkurrierende Auslegungen der Menschenwürde".[37] Auf dieser gemeinsamen Basis müsse es möglich sein, einen „Kompromiss" in dieser Frage zu finden.

Zu dieser Gruppe von theologischen Ethikern gehörte Dietrich Rössler, der sein Eintreten für eine solche Kompromisslösung mit einem Aufsatz zur „Moral des Pluralismus" begründete. Genauer führt Rössler vor allem aus, weshalb der Kompromiss eine „Figur evangelischer Ethik" ist.[38] Er verweist darauf, dass es einen „internen Pluralismus der evangelischen Ethik" gebe, der sich „den Grundsätzen der reformatorischen Theologie"

31 Rat der Evangelischen Kirche in Deutschland/Deutsche Bischofskonferenz 1989.

32 A.a.O., 39ff.

33 A.a.O., 43ff.

34 A.a.O., 43.

35 Deutsche Bischofskonferenz 2002. http://www.dbk.de/aktuell/meldungen/2925/index.html.

36 Anselm u.a. 2002. Etwas erweitert in: Anselm/Körtner 2003.

37 A.a.O., 206.

38 Rössler 2003, bes. 191-193.

verdankt, nämlich der Freiheit zu eigenen Standpunkten in Fragen der Lebensführung und Weltgestaltung, die eben nach protestantischer Auffassung keine Grundfragen des Glaubens sind. In dieser Unterscheidung des protestantischen Rechtfertigungsgedankens liege zugleich die Bedeutung der reformatorischen Freiheitsauffassung für die moderne „Demokratisierung der Gesellschaft".

> Denn Pluralismus ist der Name für den Diskurs, der individuellen moralischen Intuitionen ihre Freiheit lässt und der zwischen solchen unterschiedlichen und gegensätzlichen Auffassungen auch deshalb geführt werden kann, weil sie sich (gemeinsam) als Auslegungen der evangelischen Überlieferung verstehen und diesen Anspruch auf dem Niveau gemeinsamer Reflexionen in Argumenten zur Geltung bringen.[39]

Eine solche, historisch-sachlich gebildete Anerkennung gemeinsamer Herkunft führt aber unweigerlich zur Relativierung der eigenen Position, welche sich eben als individualisierende Aneignung dieser Herkunftstradition versteht. Dies aber schließt aus, die eigene Position als absolute zu betrachten und ihre unbedingte Durchsetzung zu fordern. Aus der Einsicht in die Grenzen der eigenen Position folgt vielmehr die Aufgabe der Verständigung. Diese „geht deutlich über die Wahrnehmung von Differenzen und Übereinstimmungen hinaus. Ziel und Absicht dieser Aufgabe ist vielmehr der Kompromiss, denn der Kompromiss ist die Moral des Pluralismus."[40]

Mit dem Sondervotum Hermann Barths ist diese rechtfertigungstheologische Ethik des Kompromisses dann also mit einiger Verzögerung auch bei einem protestantischen Religionsvertreter im NER angekommen. Es ist von einigem Interesse, dass auch Wolfgang Huber mit einem vielbeachteten Zeitungsartikel aus dem Dezember 2007 auf genau diese Argumentationslinie einschwenkt. Unter dem Titel „Auch der katholische Mensch kann irren" vollzieht auch er den Abschied von der naturrechtlichen Argumentationslinie, die er noch 2002 vertreten hatte, und folgt der Argumentation Rösslers wörtlich, wenn er diesen auch nicht nennt. „Das ethische Urteil" so Huber jetzt,

> hat nach evangelischer Auffassung seinen Ort in der persönlichen Verantwortung vor Gott, in welche Christen ihr gesamtes Leben gestellt sehen. Eindeutigkeit oder Einstimmigkeit verlangt evangelische Lehre in den Grundfragen des Glaubens, mit denen die Kirche steht oder fällt. In ethischen Fragen ist es dagegen nicht nur legitim, sondern auch notwendig, dass kontroverse Standpunkte auch

39 A.a.O., 192.
40 A.a.O., 192.

innerhalb der Kirche klar ausgesprochen werden. Sie werden dadurch „verhandelbar“ – so wird es möglich, den eigenen Standpunkt kritisch zu prüfen.[41]

Ob Huber damit aber auch der pluralismusaffinen Deutung der Tiefenstruktur protestantischer Ethik folgt, die bei Rössler zu finden ist? Diese Frage ist in unserem Zusammenhang berechtigt, weil sie zurückweist auf die konkrete Wirksamkeit des „Religionsvertreters“ Huber im NER.

Im März 2003 hatte der NER das Thema „Ethischer Pluralismus“ zum Thema einer Sitzung. Einer der Referenten war Wolfgang Huber. Er unterscheidet einen deskriptiven Pluralismus, welcher eine Art Bestandsaufnahme moderner Gesellschaften ist und einen normativen Pluralismus, welcher diese plurale Verfasstheit moderner Gesellschaften programmatisch bejaht.

> Normativ ist mit Pluralismus eine sich selbst zum Programm gewordene Pluralität gemeint. Ethischer Pluralismus ist dann sozusagen am Ziel, wenn Pluralität sich selbst zum Programm gemacht hat. Er wird sich dann mutmaßlich ganz und gar auf die Frage konzentrieren, inwiefern das Zusammenleben der Verschiedenen möglich ist, ohne dass sie für alle verbindlichen, handlungsleitenden Prinzipien unterworfen werden müssen, wie also Zusammenleben ohne ethischen Konsens möglich ist.[42]

Diesen normativen Pluralismus lehnt Huber ab. Er führe zu „relativistischen Folgen“ und stehe in Gefahr, verbindliche ethische Urteile überhaupt abzulehnen bzw. unmöglich zu machen. Demgegenüber schlägt Huber einen „reflexiven Prinzipiengebrauch“ vor. Dieser unterscheidet zwischen ethischen Folgerungen und diesen zugrundeliegenden „handlungsleitenden Prämissen“.[43] So kommt Huber zu einer Unterscheidung von „ethischen“ Fragen nach dem „Guten“, auf die es keine verbindliche, sondern immer mehrere Antworten gebe, und der „moralischen“ Frage nach dem „Gerechten“. „Aber die Frage nach dem Gerechten erlaubt im Grundsatz nur eine Antwort. Denn es muss ja gerade eine Antwort sein, die für alle Gültigkeit beanspruchen kann.“[44] Dieser Gedanke einer absoluten Gerechtigkeit, die allen Vorstellungen oder Realisierungen des guten Lebens als Ermöglichungsgrund voraus liegt, führt Huber zu der Frage, ob die im NER divergierenden Positionen in Fragen der Stammzellforschung solche moralischer oder ethischer Natur in dem explizierten Sinne

---

41 Huber 2007. Vgl. dazu das Zitat aus Rössler 2003, 191: „Denn nur in wenigen Fragen hat die protestantische Tradition Eindeutigkeit oder gar Einstimmigkeit verlangt: in den Grundfragen des Glaubens, mit denen die Kirche steht oder fällt. Fragen der Lebensform und der Weltgestaltung – und also die meisten Themen der Ethik – gehören nicht dazu.“

42 Huber, 2003.

43 A.a.O., 26.

44 A.a.O., 26. Huber folgt hierin einer Unterscheidung Jürgen Habermas’, der zwischen einem moralischen und einem ethischen (sowie einem pragmatischen) Gebrauch der Vernunft unterscheidet. So schon Huber 1996, 103f. Vgl. Habermas 1991b.

sind. Sei im Falle unterschiedlicher „ethischer" Überzeugungen Pluralismus also denkbar, gelte dies aber nicht für „moralische" Differenzen.

> Pluralismus ist kein Selbstzweck. Dort, wo man mit ihm zu tun bekommt, ist er eine Schule der Toleranz. Dort, wo in Fragen der Moral im strengen Sinn des Worts Einigkeit nicht erreicht wird, ist er Anlass zu epistemischer Demut. Er nötigt zu erneuter Prüfung. Die Vorstellung, einfach zu konstatieren: „Nicht nur in Fragen des Guten, sondern auch in Fragen des Gerechten können wir uns nicht einigen" und zu sagen, damit seien wir gerade auf der Höhe der Zeit, reicht nach meiner festen Überzeugung nicht zu. In moralischen Fragen muss man einen Konsens immer für möglich halten, auch unter pluralistischen Bedingungen.[45]

Es ist sicher nicht zuviel interpretiert, im Sinne Hubers als ein solches moralisches Prinzip die Menschenwürde zu betrachten. Damit scheint zunächst eine große Nähe zu Rösslers Position gegeben zu sein. Bei genauerer Betrachtung aber machen sich doch große Unterschiede geltend. Während bei Rössler nämlich die Beachtung des Prinzips der Menschenwürde bei den Gesprächspartnern antizipiert wird und von einer rationalen Begründung gerade abgesehen ist, insinuiert Hubers Argumentation, dass es für das Prinzip der Menschenwürde eine legitime Auslegung gibt, die prinzipiell rational darzulegen sein muss. Für den konkreten Fall bedeutet dies also, aus der Definition der Menschenwürde darauf folgern zu können, ob die Forschung an HES-Zellen entweder rational moralisch gerechtfertigt ist oder unmoralisch und folglich zu verbieten. Das ist nicht die Logik des Kompromisses, von der Rössler spricht und auch Huber selbst knapp vier Jahre später sprechen wird.

Es ist nun von Interesse, dass im Jahr 2006 der NER erneut eine öffentliche Sitzung zum Thema „Ethischer Pluralismus" abhielt. Nun ist es aus dem Kreis der Religionsvertreter der katholische Moraltheologe und stellvertretende Vorsitzende des NER, Eberhard Schockenhoff, der hierzu referiert.[46] Auch Schockenhoff argumentiert dabei mit der Habermas'-Huber'schen Unterscheidung von ethischen Fragen des Guten und moralischen Fragen des Gerechten. Er spricht von der „Sonderstellung von strikten Fragen der Gerechtigkeitsmoral"[47], wie sie sich an den Konflikten zwischen Grundrechten zeige.

> Da zeigt sich nun diese Sonderstellung des Rechtes auf Leben als fundamentale Voraussetzung aller anderen Grundrechtspositionen. Denn man kann das Leben nicht schonend einschränken; man kann es nur ganz oder überhaupt nicht aner-

45 A.a.O., 27.

46 NER 2006b, 5f.

47 A.a.O., 6. Vgl. auch 15f. (in einem Wortbeitrag Schockenhoffs): „Dennoch bleibt ein Sonderbereich der Gerechtigkeitsmoral. Das Gerechte ist nicht einfach nur ein Teil des Guten. Vielmehr spielt innerhalb des Guten das Gerechte eine Sonderrolle, insofern es die Voraussetzung dafür ist, dass das Gerechte anerkannt wird. Das gewährt den einzelnen Individuen den Freiraum, dass sie das Gute nach ihren Vorstellungen verwirklichen können."

> kennen. Da geht es nicht um eine ein bisschen noch zumutbare Einschränkung, sondern um alles oder nichts, um die gesamte Zukunft, die noch aussteht. Dagegen lässt sich die Wissenschaftsfreiheit tendenziell, graduell einschränken, ohne dass sie im Kern aufgehoben wird, wie das etwa durch das Tierschutzgesetz geschieht oder auch durch das Embryonenschutzgesetz. Diese Sonderstellung der Gerechtigkeitsmoral gegenüber Konzeptionen des guten Lebens, in denen der moralische Pluralismus kein Problem für die Demokratie darstellt, macht deutlich, warum die moralischen Konflikte gerade auf bioethischem Gebiet so hartnäckig ausgetragen werden.[48]

Schockenhoff führt hier also entschlossen die naturrechtliche Argumentationslinie der Gemeinsamen Erklärung aus dem Jahr 1989 fort, die Huber 2003 ebenfalls vertreten hatte. Die eigentümliche Verbindung, die diese theologische Argumentation mit einer Aneignung der Diskurstheorie von Habermas ebenso eingeht wie mit einer biologischen „Beweis"führung (in der Erklärung von 1989) macht es schwierig, die religiösen Elemente herauszulesen. Sie liegen eben auch nicht separiert und sozusagen sauber herausgelöst vor, sondern sind stets in einen größeren Zusammenhang eingelassen. Deshalb ist auch deutlich geworden, dass ein Verständnis der Religion und der Religionsvertreter in Ethikkommissionen nur bei der integrativen Betrachtung der unterschiedlichen Diskursebenen möglich ist.

3. Deutungsprobleme von Religion und Religionsvertretern in ethischen Diskursen. Folgerungen für das Thema „Religion und Angewandte Ethik"

In Analysen der Rolle von Religion und Religionsvertretern in (bio)ethischen Diskursen ist häufig von einem „inflationären Gebrauch religiöser Begriffe" die Rede.[49] Gerade Theologen beklagen dabei die intellektuell verantwortungslose Instrumentalisierung geprägter Begriffe, die aus ihrem religiösen Kontext und der theologischen Reflexivität herausgenommen werden und so zu Pathosformeln verkümmern.[50] Die Analysen der Stellungnahmen und Wortprotokolle des NER bestätigen diese Diagnose für die Beratungsebene der bioethischen Diskurse aber nicht. Dieses Ergebnis lässt sich auf der Basis einer größeren Datenmenge, also mit dem Blick auf andere Kommissionen, verifizieren.[51] Dies bedeutet aber nicht, dass die Analyse des inflationären Gebrauchs der religiösen Begriffe gänzlich falsch gestellt wäre. Auf der Orientierungsebene spielt eben dieser intuitive, sozusagen vorkritische Gebrauch religiöser Symbole und Vorstellun-

---

48 A.a.O., 6.

49 Pinter 2003, 37f.

50 Hierin stimmen trotz ihrer ganz gegensätzlichen Stoßrichtung die Diagnosen von Joachim Kardinal Meisner und Friedrich Wilhelm Graf überein. Meisner 2002; Graf 2002.

51 Vgl. Anm. 10.

gen durchaus eine gewichtigere Rolle. Und selbstverständlich ist die Durcharbeitung religiöser Symbole im Kontext ihrer theologischen Interpretation das Handwerk der professionellen Religionsexperten auf der Begründungsebene (wenngleich hier der Vorwurf eines „inflationären" Gebrauchs eigentlich nicht treffen kann, da der Umgang mit religiösen Begriffen ja das tägliche Brot der Theologen ist; der Vorwurf kann sich hier allenfalls gegen die Art und Weise des Gebrauchs richten). Es ist aber ein erklärungsbedürftiges Phänomen, dass der explizite Gebrauch von explizit religiösen Symbolen und Begriffen auf der Beratungsebene wesentlich reduziert ist. Was bedeutet dies für die Anwesenheit von „Religion" in diesen Beratungen bzw. die Identität von Religionsvertretern in solchen Gremien?

3.1 Religion und diskursive Vernunft

Eine Interpretation hat Nikolaus Knoepffler vorgelegt. In Bezug auf den NER bemerkt er, die dort beteiligten Bischöfe würden ihre Position „vernunftbezogen" vertreten, „und zwar in der Weise, dass sie in Form und Art öffentlicher Vernunft argumentieren, also gerade ihre weltanschaulichen Basisüberzeugungen, den Glauben an den trinitarischen Gott, nicht als argumentative Basis nehmen." Das wird zugleich als Ausdruck dafür gewertet, dass im NER zwar vernunft-, aber nicht konsensbezogen argumentiert werde. Den Bischöfen ginge es darum, „das von ihnen als wahr Erachtete darzulegen" und darin das Votum ihrer „Interessengruppe" durchzusetzen, weshalb sie sich „gerade nicht auf die Argumente der anderen Seiten einlassen", mithin nicht konsensorientiert agierten.[52] An dieser Deutung überzeugt aber weder die Charakterisierung der religiösen Akteure, noch diejenige des Diskurses. Zunächst suggeriert eine derartige Gegenüberstellung von Vernunft und Glaube die latente Irrationalität von theologischen Argumenten in ethischen Diskursen (und was soll eigentlich die „Diskursform" sein, welche nicht auf der Basis des christlichen Glaubens die vermeintlich angemessene wäre, aber angeblich nicht den Regeln vernünftiger Debatten folgt?). Hier fehlt offenbar die Kenntnis von den unterschiedlichen Rationalitätskonzeptionen in der christlichen Theologie. Sie sind ein Bestandteil der pluralen Rationalitätskonzepte in der Moderne. Nicht der Mangel an Vernunft ist der Grund für Ethikkommissionen, sondern der Pluralismus von Vernunftkonzepten und vernünftigen Argumenten.

52 Knoepffler 2005, 44.

Aber auch die Charakterisierung der Diskursteilnehmer und des Diskursgeschehens ist nicht korrekt. Zunächst ist nämlich festzuhalten, dass die Religionsvertreter im NER nicht einfach als Vertreter ihrer „Interessengruppen“, gemeint sind wohl die Kirchen, auftreten. Dass eine solche Zurechnung schon für das Selbstverständnis der Religionsvertreter unterkomplex ist, wurde oben bereits geschildert (2.2). Hinzu kommt aber und vor allem noch, dass die ihnen unterstellte Einschränkung der Argumentationsfreiheit durch die Bindung an Kirchenvorgaben falsch ist. Vielmehr gehören die Religionsvertreter im NER (zumindest Barth, Huber und Schockenhoff) auch zu den wesentlichen Protagonisten bei der diskursiven Etablierung der Positionen der Kirchen. Es gibt also keinen Anlass, ihnen die Wahrhaftigkeit in der Vertretung ihrer Positionen abzusprechen. Dass sie ihre Positionen darüber hinaus für wahr erachten – nun, genau darum geht es, und darum finden sich Kommissionen zusammen, weil es unterschiedliche Auffassungen von der Wahrheit in ethischen Fragen gibt. Und die regulative Idee des Konsenses besteht, wie gezeigt, nicht in der Einigung auf eine Wahrheit, sondern im Umgang damit, sich darauf eben nicht einigen zu können.[53] Die Behauptung, die Religion würde der (zudem vermeintlich strategischen) Rationalität von Diskursen weichen müssen, ist also keine plausible Antwort auf die Frage nach Ort und Qualität von Religion und Religionsvertretern in Kommissionen.

Im Gegenteil: Die in den Debatten des NER aufgewiesenen theologischen Argumentationen weisen auf den zweiten Blick ein hohes religiöses Identifikationspotential auf, das sich aber erst bei der Beachtung und Kenntnis der anderen Diskursebenen erschließt.

Entscheidend ist: Die Religion ist nicht ein irrationales Moment, das sich dem Rationalisierungsdruck der Diskurse mehr oder weniger gelingend akkommodiert, sondern die scheinbare Unsichtbarkeit der Religion liegt darin begründet, dass sie in den Rationalitätskontext der Diskurse eingewoben ist. Die Frage ist mithin nicht, wie die Religion in die Diskurse kommt, sondern wie die Diskurse in einem Kontext entstehen, der von der religiösen Überlieferung stark geprägt ist.

> Nicht die Ethik ist der Kontext, in dem die Religion interpretiert werden muss. Vielmehr gilt umgekehrt: Die Ethik ist ein Text, der im weiteren Kontext einer bestimmten Religionskultur zu interpretieren ist. Damit werden Fragen der Ethik wieder beziehbar auf den weiteren Horizont eines Christentums, das in unterschiedlichen kulturellen Ausdrucksformen „vorhanden“ ist.[54]

Dies auf die Angewandte Ethik zu beziehen, bedeutet für sie wegen des gerade in ihr so gepflegten „methodischen Atheismus“ (Jürgen Habermas)

53 Zu dem diesbezüglichen Missverständnis Knoepfflers s. auch Anm. 57.

54 Tanner 1999, 239.

eine gewisse Zumutung.[55] Welche Aufschlüsse ein solcher Perspektivwechsel für die Angewandte Ethik ermöglicht, soll nun abschließend umrissen werden.

3.2 Verständigung, Konsens, Kompromiss. Zur religiösen Signatur der Angewandten Ethik und der ethischen Signatur der Religion

Die ethischen Anwendungsdiskurse als kulturelle Ausdrucksform einer vom Christentum geprägten Kultur zu betrachten, knüpft an die eingangs thematisierte Frage nach den in den Kommissionen untergründig wirksamen Normen und Werten an. Im Lichte der hier vollzogenen Analysen aus dem NER wurde dabei besonders die sozusagen fundamentale Schicht der Gremienarbeit von Bedeutung. Diese besteht in der Erwartung, durch den argumentativen Austausch unterschiedlicher Kenntnisse, Meinungen und Vorstellungen ethische Probleme besser rekognostizieren, präzisieren und eingrenzen zu können, Stellungnahmen oder sogar Gesetzesvorlagen liefern zu können, ja unter Umständen sogar – wie etwa in Ethikkommissionen an Krankenhäusern – zu konkreten Entscheidungen in komplizierten Fällen zu kommen, die alle ohne solche Kommissionsarbeit wenn nicht unmöglich, dann doch zumindest weniger akzeptabel – für die Betroffenen und die Öffentlichkeit – gewesen wären. Es ist von entscheidender Bedeutung, die in diesem nur scheinbar trivialen Umstand liegende ethische Tiefendimension zu erkennen: Die Ethikkommissionen sind nicht nur Gremien, die aus der neuen Unübersichtlichkeit von Orientierungs- und Handlungsoptionen entstehen. Darüber hinaus beinhalten sie die Einsicht, dass die Vielfalt der moralischen Haltungen in einer modernen Gesellschaft prinzipiell nicht abgeschafft werden kann. Nicht die vermeintliche „Lösung" von Problemen ist der immanente Sinn von Ethikkommissionen, sondern der akzeptierte Umgang mit Unterschieden.

> In wertepluralistischen Gesellschaften – und alle modernen liberalen Gesellschaften sind wertepluralistisch – wird die Tatsache unübersehbar, dass selbst unter vernünftigen Menschen nicht nur eine einzige Moralauffassung Platz hat, sondern viele verschiedene. Ethische Begründungs- und Letztbegründungsprogramme können diese Tatsache moralischer Diversität nicht aus der Welt schaffen, sondern sich nur möglichst vernünftig auf sie einstellen.[56]

Wenn wir dies die fundamentale ethische Schicht von Ethikkommissionen nennen, dann weil sich in ihnen also ein Umgang der modernen Gesellschaft mit sich selbst vollzieht, in dem sie ihren Wertepluralismus prinzipiell affirmiert. Dies aber, das ist die Pointe, ist kein grenzenloser Relati-

55 Vgl. dazu auch Laubach 2003, bes. 12ff.

56 Kettner 2005a, 4f.

vismus, sondern dieser Wertepluralismus steht unter dem Vorbehalt seiner Anerkennung. Das ist der normative Konsens unter dem in liberalen Gesellschaften überhaupt positionelle Geltungsansprüche erhoben werden können.[57] Wird nach der Bedeutung von Religion und Religionsvertretern für diese fundamentale Werthaltigkeit von Ethikkommissionen gefragt, haben wir am Beispiel der Pluralismus-Debatten des NER zwei verschiedene Antworten kennengelernt, die genau dieses Problem reflektieren. Sie lassen sich unterscheiden in das naturrechtlich geprägte Konsensmodell (Huber 2003, Schockenhoff) und das rechtfertigungstheologische Kompromissmodell (Rössler 2003, Barth, Huber 2007). Ihnen gemeinsam ist die Verständigungsorientierung, welche aber im Falle des Konsensmodells auf die Möglichkeit einer rationalen Bestimmung und Festlegung der hintergründigen Normen und Werte ausgerichtet ist, während sie im Falle des Kompromissmodells einen solchen inhaltlichen Konsens zugunsten von Verfahrensregeln suspendiert, deren Bejahung und Einhaltung selbst als Ausdruck einer grundsätzlichen Zustimmung zu gemeinsamen Normen gewertet werden kann. In diesen beiden Modellen spiegeln sich zugleich unterschiedliche Deutungen und Erwartungen des Verhältnisses von Christentum und moderner liberaler Gesellschaft. Die Frage, ob die Moderne samt ihrer pluralen Verfassung als eine legitime Folge des Christentums zu begreifen ist oder die plurale normative Verfassung der modernen Welt gerade der Beleg für eine entchristianisierende Säkularisierung, liegt auf dem Grund ihrer unterschiedlichen Bewertungen des gesellschaftlichen Pluralismus.

Damit ist keine eindimensionale Herleitung dieser Modelle, die auch in philosophischen Begründungszusammenhängen ohne expliziten Religionsbezug vorkommen, aus der christlichen Religion behauptet, wohl aber ein historisch-systematischer Kontext bezeichnet, in dem die (christliche) Religion zur Entstehung verständigungsorientierter Diskurse wie denen in Ethikkommissionen beigetragen hat. Schließlich ist daran zu erinnern, dass Religion, etwa in fundamentalistischer Gestalt, alles andere als verständigungsorientiert ist. Nicht die Religion ist es, die auf Verständigung

57 Der Vorwurf, besonders Ethikkommissionen auf nationaler Ebene würden den gesellschaftlichen Pluralismus nicht abbilden, sondern dienten nur dazu „die Überzeugungen der betreffenden einsetzenden Stelle“ zu vertreten, wie ihn z.B. Nikolaus Knoepffler erhebt, verkennt diese fundamentale Tiefendimension von Ethikkommissionen in liberalen Gesellschaften und bleibt auf der ergebnisorientierten Oberfläche. Im Übrigen würde sich dann die ethische Reflexionsarbeit zu Nationalen Ethikkommissionen ohnehin weitgehend erledigen; sie wäre allenfalls durch Ideologiekritik an liberalen Gesellschaften zu ersetzen. Knoepffler 2005, 44. Vgl. auch den Einwand Matthias Kettners gegenüber Knoepffler, dass es in liberalen Gesellschaften „als besser gilt, wenn Argumentieren (so weit es eben geht) stattgefunden hat“, bevor über Moralfragen in Komitees entschieden wird. Kettner 2005b, 80f.

aus ist, sondern die Gestalten einer neuzeitlichen Religion, welche mit der Kultur vielfältige Verbindungen eingegangen ist, die dann wiederum auf die Religion selbst zurückgewirkt haben. Dies gilt in besonderer Weise für die jüdisch-christliche Überlieferung im Zusammenhang der westlichen Kultur, ist aber nicht auf diese zu beschränken, wenn auch für sie bisher am eindringlichsten religions- und kulturgeschichtlich untersucht. In diesem unserem Kontext hat die Religion dabei ein ethisches Gepräge erhalten, das sich bis in die Institutionalisierung von Ethikkommissionen auswirkt. Nach einer Untersuchung aus dem Jahr 2003 sind in ca. 6,5% der konfessionellen Krankenhäuser in Deutschland Klinische Ethik-Komitees etabliert, hingegen in nur ca. 0,5% der nicht-konfessionellen Kliniken. Dabei ist in etwa eine Gleichverteilung zwischen evangelischen und katholischen Häusern festgestellt worden.[58] Diese Zahlen sind freilich selbst zu deuten. Sie machen aber jedenfalls auf die Verständigungsorientierung einer plural verfassten Religionskultur aufmerksam, innerhalb derer die Angewandte Ethik überhaupt erst und sich selbst zum Thema werden kann.

Literaturverzeichnis

Anselm, Reiner u.a. (2002): Starre Fronten überwinden. Eine Stellungnahme evangelischer Ethiker zur Debatte um die Embryonenforschung. In: Frankfurter Allgemeine Zeitung, Nr. 19, 23.1.2002, 8.

Anselm, Reiner/Körtner, Ulrich H. J. (Hg.) (2003): Streitfall Biomedizin. Urteilsfindung in christlicher Verantwortung. Göttingen.

Bayertz, Kurt (2002): Warum „Selbstaufklärung der Bioethik"? In: Ach, Johann/Runtenberg, Christa (Hg.): Bioethik: Disziplin und Diskurs. Zur Selbstaufklärung angewandter Ethik. Frankfurt/New York, 9-12.

Deutsche Bischofskonferenz (2002): Der Vorsitzende der Deutschen Bischofskonferenz, Kardinal Karl Lehmann, und der Vorsitzende des Rates der Evangelischen Kirche in Deutschland (EKD), Präses Manfred Kock, zur Entscheidung des Deutschen Bundestages über den Import menschlicher embryonaler Stammzellen, http://www.dbk.de/aktuell/meldungen/2925/index.html.

Drobinski, Matthias (2006): Lehmann setzt Nachnominierung für Ethikrat durch. In: Süddeutsche Zeitung, Nr. 112, 16.05.2001, 6.

Einrichtungserlass des Nationalen Ethikrats. Kabinettvorlage vom 25.04.2001, http://www.ethikrat.org/ueber_uns/einrichtungserlass.html.

Foucault, Michel (2003): Die Ordnung des Diskurses. 9. Auflage, Frankfurt a. M.

Fuchs, Michael (2005): Nationale Ethikräte. Hintergründe, Funktionen und Arbeitsweisen im Vergleich. Berlin.

Graf, Friedrich Wilhelm (2002): Die Würde Gottes scheint antastbar. In: Frankfurter Allgemeine Zeitung, Nr. 1, 2.1.2002, 42.

58 Kettner 2005a, 7f.

Habermas, Jürgen (1991a): Erläuterungen zur Diskursethik. In: Ders.: Erläuterungen zur Diskursethik. Frankfurt a.M., 119-226.

Habermas, Jürgen (1991b): Vom pragmatischen, ethischen und moralischen Gebrauch der Vernunft. In: Ders.: Erläuterungen zur Diskursethik. Frankfurt a.M., 100-118.

Hilpert, Konrad (2006): Institutionalisierung bioethischer Reflexion als Schnittstelle von wissenschaftlichem und öffentlichem Diskurs. In: Ders./Mieth, Dietmar (Hg.): Kriterien biomedizinischer Ethik. Theologische Beiträge zum gesellschaftlichen Diskurs. Freiburg i.Br./Basel/Wien, 356-379.

Huber, Wolfgang (1996): Gerechtigkeit und Recht. Gütersloh.

Huber, Wolfgang (2003): [Pluralismus] In: NER: Wortprotokoll. Niederschrift über die öffentliche Sitzung 27. März 2003 in Berlin. Berlin, 25-27.

Huber, Wolfgang/Friedrich, Johannes/Steinacker, Peter (Hg.): Kirche in der Vielfalt der Lebensbezüge, Die vierte EKD-Erhebung über Kirchenmitgliedschaft, Gütersloh 2006.

Huber, Wolfgang (2007): Auch der katholische Mensch kann irren. In: Frankfurter Allgemeine Zeitung, Nr. 300, 27.12.2007, 29.

Interessengemeinschaft Kritische Bioethik Bayern, Informations- und Protestseite zum Nationalen Ethikrat,
http://www.nationaler-ethikrat.de/mitglieder_taetigkeit.html.

Kettner, Matthias (2005a): Ethik-Komitees. Ihre Organisationsform und ihr moralischer Anspruch. In: Erwägen – Wissen – Ethik 16/1, 3-16.

Kettner, Matthias (2005b): Konsens über Dissens. In: Erwägen – Wissen – Ethik 16/1, 75-83.

Knoepffler, Nikolaus (2005): Real existierende Ethik-Komitees – meist nicht diskursethisch modelliert. In: Erwägen – Wissen – Ethik 16/1, 43-45.

Krippner, Arnd/Pollmann, Bernd (2004): Bioethik-Kommissionen in Deutschland. Ein Überblick. In: MenschenRechtsMagazin-online 3, 239-260,
http://www.uni-potsdam.de/u/mrz/mrm/mrm25-1.pdf.

Laubach, Thomas (2003): Was hat die Religion in der Angewandten Ethik verloren? Eine Problemorientierung. In: Ders. (Hg.): Angewandte Ethik und Religion. Tübingen/Basel, 1-18.

Meisner, Joachim (2002): Ist die CDU noch christlich? In: Die Welt, 19.1.2002.

Nationaler Ethikrat (NER) (2002): Zum Import menschlicher embryonaler Stammzellen. Stellungnahme, Berlin.

NER (2003a): Genetische Diagnostik vor und während der Schwangerschaft. Stellungnahme. Berlin.

NER (2003b): Wortprotokoll. Niederschrift über die öffentliche Sitzung 27. März 2003 in Berlin. Berlin.

NER (2003c): Wortprotokoll. Niederschrift über die öffentliche Sitzung 22. Mai 2003 in Berlin. Berlin.

NER (2003d): Wortprotokoll. Niederschrift über den öffentlichen Teil der Sitzung 12. Juni 2003 in Berlin. Berlin.

NER (2003e): Wortprotokoll. Niederschrift über die öffentliche Sitzung 25. September 2003 in Berlin. Berlin.

NER (2003f): Wortprotokoll. Niederschrift über die öffentliche Sitzung 22. Oktober 2003 in Berlin. Berlin.

NER (2004a): Biobanken für die Forschung. Stellungnahme. Berlin.

NER (2004b): Klonen zu Fortpflanzungszwecken und Klonen zu biomedizinischen Forschungszwecken. Stellungnahme. Berlin.

NER (2004c): Wortprotokoll. Niederschrift über die öffentliche Sitzung 22. Januar 2004 in Berlin. Berlin.

NER (2004d): Wortprotokoll. Niederschrift über die öffentliche Sitzung 19. Februar 2004 in Berlin. Berlin.

NER (2004e): Wortprotokoll. Niederschrift über die öffentliche Sitzung 25. März 2004 in Berlin. Berlin.

NER (2004f): Wortprotokoll. Niederschrift über die öffentliche Sitzung 27. Mai 2004 in Berlin. Berlin.

NER (2005a): Wortprotokoll. Niederschrift über die öffentliche Sitzung 25. August 2005 in Berlin. Berlin.

NER (2005b): Wortprotokoll. Niederschrift über die öffentliche Sitzung 24. November 2005 in Berlin. Berlin.

NER (2006a): Selbstbestimmung und Fürsorge am Lebensende. Stellungnahme. Berlin.

NER (2006b): Wortprotokoll. Niederschrift über den öffentlichen Teil der Sitzung 23. März 2006 in Berlin. Berlin.

NER (2006c): Wortprotokoll. Niederschrift über den öffentlichen Teil der Sitzung 18. Mai 2006 in Berlin. Berlin.

NER (2006d): Wortprotokoll. Niederschrift über den öffentlichen Teil der Sitzung 27. Juli 2006 in Berlin. Berlin.

NER (2007a): Wortprotokoll. Niederschrift über die öffentliche Sitzung 11. September 2007 in Berlin. Berlin.

NER (2007b): Zur Frage einer Änderung des Stammzellgesetzes. Stellungnahme. Berlin.

Pinter, Iris (2003): Einflüsse der christlichen Bioethik auf die deutsche Humangenetik-Debatte. Münster.

Rat der Evangelischen Kirche in Deutschland/Deutsche Bischofskonferenz (1989): Gott ist ein Freund des Lebens. Herausforderung und Aufgaben beim Schutz des Lebens. Gemeinsame Erklärung des Rates der Evangelischen Kirche in Deutschland und der Deutschen Bischofskonferenz. Gütersloh.

Rendtorff, Trutz (1990): Ethik. Grundelemente, Methodologie und Konkretionen einer ethischen Theologie. Bd. 1. 2. Aufl., Stuttgart u.a.

Ricken, Friedo (2005): Beraten oder Entscheiden? In: Erwägen – Wissen – Ethik 16/1, 54-56.

Rössler, Dietrich (2003): Die Moral des Pluralismus. Anmerkungen zur evangelischen Ethik im Kontext der neuzeitlichen Gesellschaft. In: Anselm, Reiner/Körtner, Ulrich H. J. (Hg.): Streitfall Biomedizin. Urteilfindung in christlicher Verantwortung. Göttingen, 179-193.

Siep, Ludwig (2005): Konsens, Pluralismus und Gewissen. In: Erwägen – Wissen – Ethik 16/1, 62f.

Tanner, Klaus (1999): Ethik und Religion. In: Anselm, Reiner/Schleissing, Stephan/Tanner, Klaus (Hg.): Die Kunst des Auslegens. Zur Hermeneutik des Christentums in der Kultur der Gegenwart. Frankfurt a.M. u.a., 225-241.

Witsch, Norbert (2008): Lehramt. In: Horn, Friedrich Wilhelm/Nüssel, Friederike (Hg.): Taschenlexikon Religion und Theologie. 5. Aufl. Göttingen, 723-725.

Teil IV

Zur praktischen Umsetzung theoretischer Ansprüche

Die Rolle der Umweltethik zwischen Grundlagenreflexion und Politikberatung

Konrad Ott

I. Einleitung

Das Unterfangen namens „applied ethics“ steht unter Reflexions- und Legitimationsdruck. Angesichts der Fragwürdigkeiten, die bereits der Terminus „Anwendung“ (ähnliches gilt für „Umsetzung“, „Konkretion“, „Praktizierung“ etc.) mit sich bringt, kann „applied ethics“ sich Reflexionszumutungen nicht entziehen. Die Bemühungen, philosophische Ethik in bestimmten Bereichen gesellschaftlicher Tätigkeit (Praxisformen) zur „Anwendung“ zu bringen, werden denn auch seit längerem kritisch reflektiert.[1] Eine grundlegende Schwierigkeit, angewandte Ethik in den diversen Bereichen zu betreiben, liegt darin, dass angewandte Ethik sich entweder auf eine Reihe von unabweislichen Reflexionsanforderungen einlässt und damit zur Methodologie von Ethik und zur Metaethik wird (also auf die Bedingungen der möglichen Anwendbarkeit von Ethik(theorien) reflektiert), oder aber es als eine ihrer Aufgaben begreift, in interdisziplinären Gruppen zu politischen oder politisch relevanten Fragen substantielle Positionen zu entwickeln, diese auf unterschiedlichen Foren zu vertreten und ggf. an ihrer Umsetzung mitzuwirken. Durch diese Mitwirkung werden die Grenzen zwischen ethischen, moralischen und politischen Äußerungen unscharf und müssen ständig neu gezogen bzw. festgestellt wer-

1 Drei sog. Aporien wurden von Wieland (1989) geltend gemacht. Kettner (1992) hat mehrere Dilemmata angewandter Ethik beschrieben und analysiert. Ich selbst habe sieben Strukturprobleme angewandter Ethik unterschieden (Ott 1996). In dem instruktiven Sammelband „Angewandte Ethik als Politikum“ hat Kettner auf den normativen Rahmen reflektiert, innerhalb dessen angewandte Ethik operiert. Düwell hat im „Handbuch Ethik“ klargestellt, dass der Anwendungsbegriff nicht in einem technizistischen Sinne zu verstehen ist, sondern eher dem entspricht, was in der hermeneutischen Tradition als Aktualisierung philosophischer Einsichten in wechselnden, kontingenten Lebensumständen begriffen wurde. Bayertz (2002) hat für ein pragmatisches Selbstverständnis angewandter Ethik plädiert. Cortina hat in ihrem Aufsatz über den „Status der Anwendungsethik“ (1998) geltend gemacht, dass das Diskursprinzip mit dem aristotelischen Moment gelingender Praxis jeweils konkret vermittelt werden muß (ähnlich auch Ott 1997).

den. Insofern liegt ein Spannungsverhältnis zwischen der Reflexivität und der Positionierung angewandter Ethik vor. Düwell schreibt, die Anwendungsdimension sei der „Zielpunkt der ethischen Reflexion“ (2002, 243). Ziel von Reflexion wäre es demnach, zur Anwendung zu kommen. Nun gilt aber, dass Reflexionen eine Eigendynamik entfalten, die von der Anwendungsdimension fortführt. Nichts ist einfacher, als die Reflexion angewandter Ethik anzumahnen. Reflexionszumutungen sind jedoch für angewandte Ethik aufgrund ihres Richtungssinnes immer ein zweischneidiges Schwert. Diese Spannung zeigt sich *mutatis mutandis* auch in der Umweltethik. Dies verlangt eine zweite Reflexion auf die Spannung zwischen Reflexionsanforderungen und diskursrationalen Positionierungen. Ich möchte zunächst im Allgemeinen auf diese Spannung eingehen (II), um deren Besonderheiten innerhalb der Umweltethik zu erörtern (III). Im vorletzten Abschnitt gehe ich auf einige Spezifika der Politikberatung ein (IV). Der Aufsatz endet mit einer Bemerkung zum performativen Sinn angewandter Ethik (V).

II. Der Weg der Reflexion

Unterscheidet man die folgenden Ebenen ethischer Überlegung, so kann man genauer darstellen, dass und wie die Reflexionszumutungen angewandter Ethik auf unterschiedliche Ebenen von Ethik führen. Das Ebenenmodell, das ich vertrete, gliedert sich folgendermaßen:

a) Normenlogik
b) Metaethik und Methodologie von Ethik
c) Allgemeine normative Ethiktheorien
d) Eudaimonistische Ethik
e) Bereichsethiken („angewandte Ethik“)
f) Querschnittsthemen angewandter Ethik
    - Sachdimension (Epistemologie)
    - Risikoabschätzung (Risikotheorie)
    - Politische Verortung (Demokratietheorie)
    - Rolle von „Ethik-Experten“
g) Kasuistik

Bereits die Reflexion auf unterschiedliche Anwendungskonzepte führt in methodologische Fragen. Allgemein anerkannt wird, dass Anwendung in der Ethik nicht so verstanden werden darf, als ginge es nur darum, eine unstrittige Reihe moralischer Prinzipien und Normen in Verbindung mit einer allgemein anerkannten Auffassung, wer moralisch zu berücksichtigen sei, auf eine Menge von eindeutig vorliegenden Fällen nach Regeln der

Logik anzuwenden. Ein solches „technizistisches" Verständnis von Anwendung ist nicht ethikadäquat. Es verhält sich in der Ethik vielmehr eher so, dass es „die" Ethik nicht gibt, sondern dass der Kern einer jeweils favorisierten Ethiktheorie in Verbindung mit sog. paradigmatischen Anwendungen (vgl. hierzu aus diskursethischer Perspektive Ott 2005) zu einer Topik führen, die in unterschiedlichen Bereichen zur Orientierung dient, aber nicht immer durch alle Sachfragen bis zum Einzelfall hindurch greifen kann. Der Begriff der Orientierung (s. die Beiträge in Wils 1993; Stegmaier 2005) ist daher ein Schlüsselbegriff angewandter Ethik geworden, dessen Interpretation jedoch auf weitere Begriffe führt („Horizont", „Urteilskraft", „Angemessenheit") und daher seinerseits metaethischen Klärungsbedarf mit sich bringt. Ich möchte im Folgenden ohne Anspruch auf Vollständigkeit einige Punkte näher betrachten, an denen das eingangs dargelegte Spannungsverhältnis deutlich wird.

1. Ein Desiderat angewandter Ethik betrifft ein normlogisch tragfähiges *Schlussreglement*, das sich von dem Ideal der deduktiven Beweisführung löst, Spielräume für Plausibilitäten angesichts vielfältiger Begründungslücken und Unschärfen belässt und Übergänge zwischen den Kategorien von Werten, Normen und Zielen erlaubt. Zwei Punkte möchte ich hervorheben.

Erstens wird das Schema des praktischen Syllogismus der Komplexität der Fragen, mit denen angewandte Ethik sich zu befassen hat, nicht gerecht. Allerdings kann man dieses Schema erweitern (Dietrich 2007). Dietrich schlägt vor, dass eine „um ihre kritische Reflexion erweiterte und im Verhältnis ihrer Elemente flexibilisierte Struktur des Praktischen Syllogismus als Basismodell ethischer Urteilsbildung geeignet ist" (Dietrich 2007, 150). Diese These wird in der Auseinandersetzung mit anderen Modellen ethischer Urteilsbildung entfaltet. Im Verlauf der Analyse treten die Bestimmungen hervor, die bei der Erweiterung und Flexibilisierung des praktischen Syllogismus zu einem Analyseinstrument für die angewandte Ethik von besonderer Wichtigkeit sind: a) sprachpragmatische Flexibilisierung, b) reflexive Struktur, c) Wechselwirkung zwischen Wahrnehmung und Bewertung. Die Erweiterungen führen auf Probleme, die über die Normenlogik hinaus und bis in Fragen der adäquaten Wahrnehmung von moralischen Problemen führen.

Zweitens geht es in politischen Kontexten häufig um die Festlegung von Zielsystemen (s. Abschnitt IV). Die für politisch-praktische Zwecke erforderliche Überführung von Normen in spezifische Ziele und komplexe Zielsysteme (etwa in der Umweltpolitik) überfordert die meisten (mir bekannten) normlogischen Systeme einschließlich der „klassischen" Präferenzenlogik (von Wright 1963). In politischen Kontexten wiederum hört man häufig, die Ziele seien „abgeleitet“ worden. In einem strikten Sinne kann von einer logisch-deduktiven Ableitung zumeist nicht die Rede sein. Das sachliche Problem der vernünftigen „Gewinnung“ von spezifischen politischen Zielen aus einer gemischten empirischen und normativen Basis ist in der Normenlogik, so weit ich sehe, bislang nur wenig bearbeitet worden.

Thematisiert man solche Probleme, so muss man sich den Ansätzen von „loose derivation“ (Arne Naess) und der *Fuzzy-Logik* zuwenden. Dies führt letztlich in die Meta-Logik hinein. Ist man dort angelangt, so hat man die Entfernung zur politisch-rechtlichen Regulierungspraxis so weit vergrößert, dass von angewandter Ethik kaum noch die Rede sein kann. Auf Politiker wirken formale normlogische Darstellungen zumeist abschreckend.

2. Schematische deduktive Ideale werden in der angewandten Ethik zu Recht ebenso abgelehnt wie ein rein kasuistisches oder narratives Vorgehen. Diese Differenzen in der Herangehensweise führen auf die Frage nach dem „richtigen Weg“ in der Ethik. Walzer (1990) unterscheidet „Erfinden“, „Entdecken“ und „hermeneutische Interpretation“. Diese drei idealtypischen Wege der Moralphilosophie zu beurteilen, führt in die Debatte um Moralität (Kant) und Sittlichkeit (Hegel) und letztlich in die Frage nach der „Theoretizität“ von Ethik. Die Reflexion auf die Grenzen dieser Theoretizität (vgl. die Beiträge in Clarke/Simpson 1989) entfernt sich ebenfalls von den handlungsorientierten Fragen angewandter Ethik. Die Methodologie von Ethik eröffnet ein „weites Feld“ bis hin zur Frage, ob Narrativität eine eigenständige Form von Diskursivität innerhalb der praktischen Vernunft sein könnte, die neben das Argumentieren treten kann. Bejaht man diese Frage, so müsste man näher untersuchen, wie Argumentationen in narrativen Strukturen eingebettet sind und unter welchen Bedingungen Narrative eine argumentative Kraft innerhalb praktischer Diskurse entfalten können.

Methodologisch sind auch Fragen der Art, ob man sich in einzelnen Bereichen angewandter Ethik auf sogenannte Grundsätze mittlerer Reichweite verständigen kann (man denke beispielsweise an die Kontroverse um die medizinethischen Grundsätze von Beauchamp/Childress, s. hierzu Quante/Vieth 2003) und ob, und wenn ja, wie sich Überzeugungen und theoretisch abgestützte Prinzipien über Konzepte wie das eines reflexiven Überlegungsgleichgewichtes (*sensu* Rawls) aufeinander beziehen lassen. Wählt man eine Prinzipienliste im Sinne von Beauchamp und Childress, stellen sich Fragen der Gewichtung dieser Prima-facie-Grundsätze in Konfliktfällen. Eine überzeugende Theorie von Normkonflikten bzw. der Stärke von konkurrierenden Verpflichtungsgründen fehlt bislang.

3. Als sicher gilt, dass angewandte Ethik eine kognitivistische Metaethik voraussetzen können muss. Die heutigen metaethischen Kontroversen wirken auf Außenstehende zwar häufig wie ein bloßer Streit um Wortbedeutungen; gleichwohl steht hier für die angewandte Ethik viel auf dem Spiel. In Kontexten der Politikberatung und in der Arbeit von Ethik-Kommissionen sind metaethische Reflexionen verpönt und wirken „abgehoben". Zumeist wird in diesen Kontexten ein Common-Sense-Kognitivismus vorausgesetzt, der dem „good reason approach" von Kurt Baier (1974) ähnelt. Diese Position lässt sich diskurs(meta)ethisch „einholen" und präzisieren:[2] Im Medium der argumentativen Rede können wir uns unserer Intuitionen und Überzeugungen kritisch vergewissern und als Folge davon auch sinnvoll von „unseren besten und aufgeklärtesten" Intuitionen sprechen.[3] Im Unterschied zu epistemischen Überzeugungen halten wir an moralischen Überzeugungen nun auch dann fest, wenn sie einigen Ethiktheorien (beispielsweise dem Handlungsutilitarismus, dem Kontraktualismus oder dem Ökozentrismus) widersprechen. Eher halten wir es für Schwachpunkte ethischer Theorien, wenn sie verbreiteten moralischen Überzeugungen widersprechen, also „*kontraintuitiv*" sind. Freilich sind umgekehrt Intuitionen und Überzeugungen nichts, was moralische Sicherheit verbürgt. Wir benutzen Intuitionen vielmehr als Ausgangspunkte unserer gemeinsamen Überlegungen und pendeln in deren Verlauf zwischen Überzeugungen, Argumenten, Grundsätzen und Ethiktheorien hin und her und bemühen uns, diese Komponenten in ein Überlegungsgleichgewicht zu bringen. Details des Konzeptes eines „reflective equilibrium" ziehen neuen methodischen und metaethischen Klärungsbedarf nach sich. Dieses Konzept verweist ja auf die diskursive Praxis des gemeinsamen Einpassens, Augmentierens, Modifizierens und Verwerfens von deontischen und axiologischen Elementen in Bezug auf ein sich hierdurch wandelndes kollektives Überzeugungssystem. Die diskursrationale Erarbeitung eines reflektierten Überlegungsgleichgewichtes ist ersichtlich anspruchsvoller als die Herstellung von Kohärenz zwischen Daten und Theorien in empirischen Wissenschaften. Wenn man den Terminus „kognitiv" nicht *ex definitione* auf empirische Fragen einschränkt, sondern auf die notwendige interne Komplexität ethischer Begründungsleistungen reflektiert, so spricht einiges für einen diskursrationalistischen Kognitivismus in der Metaethik.

---

2 Zur Metaethik der Diskursethik siehe Habermas (1998) und Lafont (2001).

3 Dies sind solche, die bereits einige argumentative Proben bestanden haben und konsistent in das Gesamtsystem passen – ähnlich wie unsere besten naturwissenschaftlichen Theorien einige Falsifikationsversuche überstanden haben und mit dem Gesamtgefüge von Theorien konsistent verflochten sind.

Aber sofort tauchen argumentationstheoretische Folgeprobleme auf. Die Reihung von vagen Attributen wie „stichhaltig", „triftig", „plausibel", „überzeugend" macht den Klärungsbedarf deutlich. Man kann nun mit dem Argumentieren nicht warten, bis eine anerkannte Argumentationstheorie vorliegt und wir wissen, durch welche Qualitäten eine sprachliche Äußerung zu einem „guten" Grund wird. Wir argumentieren, ohne recht zu wissen, was die Güte von Gründen ausmacht, und hoffen darauf, dass sich die guten Gründe in Diskursen „herausstellen" werden.

4. Ein Strukturproblem angewandter Ethik ist es, sich in ein Verhältnis zur vorhandenen Pluralität von Ethiktheorien setzen zu müssen. Auf die hierzu bestehenden Optionen kann ich hier nicht näher eingehen, sondern nur festhalten, dass auch und gerade hier die Reflexion in metatheoretische Grundfragen führt. Lässt man die Frage nach der unterschiedlichen Qualität von Ethiktheorien als unentscheidbar beiseite, gerät man in einen Theorienrelativismus hinein (Kettner 1992; Nida-Rümelin 1996; Ott 1996). Begreift man die Frage nach einer epistemisch vorzugswürdigen Ethik in Analogie zur Theoriewahl in den Wissenschaften, muss man auf mögliche Kriterien rationaler Theoriewahl reflektieren. Dies führt zwangsläufig in kriteriologische Fragen hinein, da Kriterien bei einem Vergleich konkurrierender Ethiktheorien einerseits im logischen Sinne diskriminieren, d.h. (Qualitäts-) Unterschiede sichtbar machen müssen und andererseits die Wahl nicht präjudizieren dürfen (Ott 2000). Eine reflektierte metatheoretische Kriteriologie zum Zwecke der Theoriewahl in der Ethik ist jedoch wiederum keine Anwendung, sondern Theoriearbeit.

5. Die Unverzichtbarkeit der Unterscheidung zwischen den Fragen des „guten Lebens" und moralischen Fragen wird allgemein anerkannt. Diese Unterscheidung ist für viele Bereiche angewandter Ethik (Bioethik, Umweltethik) unhintergehbar. Reflektiert man auf diese Unterscheidung, so zeigt sich, dass die Trennlinien zwischen beiden Fragetypen historischen Verschiebungen unterliegen, dass es eine Reihe nicht-trivialer Grenzfälle gibt (Abtreibung, Ernährungsverhalten, Präimplantationsdiagnostik, Pornographie, Drogenkonsum etc.), und dass aufgrund unterschiedlicher Moralvorstellungen oder Ethiktheorien unterschiedliche Zuordnungen vorgenommen werden. Man kann im Anschluss an diesen Befund geltend machen, dass die Dichotomie zwischen dem Gerechten und dem Guten unvollständig ist bzw. dass es konzeptionell vorteilhaft wäre, eine dritte Kategorie moralischer Selbstachtung oder „Gattungsethik" einzuführen, in die man all diejenigen Grenzfragen einordnen könnte, die von vielen, aber nicht von allen als moralische Fragen empfunden werden und die sich bislang nicht mit zwingenden Gründen intersubjektiv verbindlich

entscheiden ließen. So wurde beispielsweise in der Umweltethik eine biozentrische Ethik der Ehrfurcht vor dem Leben dieser dritten Kategorie zugeschlagen (Wetlesen 1999). Habermas (2001) hat in der Bioethik einen „gattungsethischen Wegweiser" eingeführt, an den man sich halten solle, wenn zwingende moralische Gründe nicht zur Verfügung stünden. Beide Vorschläge sind durchaus plausibel. Die Grenzfragen werden gleichsam vorläufig in diesen Kategorien „geparkt" und können dann so lange analysiert werden, bis sich einige Aspekte (eher) der Sphäre der Moral und andere (eher) der eudaimonistischen Sphäre zuordnen lassen. Bei dieser Zergliederung machen wir von einem unspezifischen übergreifenden „moral sense" Gebrauch, den wir ebenfalls nicht einfach naiv voraussetzen können. Dieser moralische Sinn übergreift einerseits beide Seiten der Unterscheidung und ist andererseits dem „moral point of view" stärker verwandt als der Orientierung an individueller Eudaimonie. An diesem Punkt beginnt sich der Spaten zurück zu biegen.

6. Niemandem ist verborgen geblieben, dass angewandte Ethik einschließlich ihrer Nachbardisziplinen (Technikfolgenabschätzung, Naturschutzforschung) politisch relevant ist. Verortungen der angewandten Ethik in einer demokratischen Gesellschaft zwingen zu gesellschafts- und demokratietheoretischen Reflexionen. Dies führt zur Frage nach den Funktionen von Moral und Ethik in systemisch ausdifferenzierten Gesellschaften (*sensu* Luhmann). Es liegt aufgrund dessen nahe, die soziologischen Theoriedebatten, wie sie etwa zwischen Habermas und Luhmann ausgetragen wurden, wieder aufzunehmen. Keineswegs abwegig ist es angesichts der ökonomischen Globalisierung, die Frage neu aufzuwerfen, was vom Marxismus und von der „alten" Frankfurter Schule aktualisierungsfähig sein mag. Angewandte Ethik darf in gesellschaftstheoretischer Hinsicht nicht abstinent oder gar ignorant sein. Aber Theoriedebatten in der Soziologie entfernen – zumindest dem Anschein nach – von Anwendungsfragen. Wenn man die These vertritt, dass die angewandte Ethik durchaus von der Programmatik einer interdisziplinären Sozialphilosophie profitieren könnte, die Max Horkheimer zu Beginn der 1930er Jahre formulierte, so verlangt es diese These, sich mit dem ursprünglichen Programm einer Kritischen Theorie auseinander zu setzen. Dann betriebe man aber nicht das, was die meisten heute unter angewandter Ethik verstehen.

7. Die Rolle von Ethikexperten wird in unterschiedlichen Theorien unterschiedlich bestimmt und reicht idealtypisch von der Rolle eines benevolenten utilitaristischen Erzengels (*sensu* Hares 1992), eines „Alltagssokratikers", eines kritischen Rekonstrukteurs von hypothetischen Wenn-dann-Beziehungen (Grunwald 2003) bis zu dem (abwegigen) Vorschlag von

Leist (1998), Ethiker aus öffentlichen Diskursen auszuschließen, weil deren Suche nach moralischer Wahrheit einem sozialen Konsens bzw. einem tragbaren Kompromiss hinderlich sei. Nussbaum (2002) hat argumentiert, dass es zwar Expertise in Moralphilosophie gibt, dass solche Expertise jedoch nicht in verfassungspolitische Fragen hinein verlängert werden dürfe. Die Differenzierung von Sprecherrollen (Ethiker, Staatsbürger, Experte für einen Bereich angewandter Ethik) ist unerlässlich; allerdings lassen sich spezifische Stellungnahmen von Ethikern nicht trennscharf diesen Rollen zuordnen. Letztlich ist die Frage nach den Kompetenzen, Berechtigungen und Verpflichtungen von Personen, die angewandte Ethik „professionell" betreiben, nicht befriedigend geklärt.

8. Die Arbeitsteilung zwischen den Wissenschaften, die für die Empirie, und der Philosophie, die für die Begrifflichkeiten zuständig sei, lässt sich im Bereich angewandter Ethik nicht aufrecht halten. Abstinenz gegenüber dem welthaltigen, empirischen Stoff, d.h. den komplexen Sachverhalten, die ihrerseits häufig höchst umstritten sind, ist unmöglich. Allerdings können sich Ethiker in den Details nicht genau so gut auskennen wie Experten. Wenn es etwa um die Risiken der Bewertung chemischer Stoffe geht, so ist es die Aufgabe des Ethikers, die Ablaufschemata einer Risikobewertung zu überprüfen, nicht aber, die Gefährlichkeit einzelner Stoffe abzuschätzen. Sicherlich bieten sich hier sinnvolle Kooperationen an. Die vielfach beschworene Trans- und Interdisziplinarität wird jedoch nur selten wirklich praktiziert (und dies nicht notwendig von denen, die sich damit brüsten).

9. In der Reflexion auf den Umgang mit empirischem Wissen tauchen Probleme der Entscheidung unter Risiko, Ungewissheit und Unwissenheit auf, die in ethische Grundfragen wie die nach der Interpretation von Vorsorgegrundsätzen, der moralischen Bewertung möglicher Doppelwirkungen, der Zumutbarkeit von Handlungsoptionen für die Betroffenen, der Legitimität ökonomischer Techniken wie beispielsweise der Diskontierung (vgl. hierzu die Beiträge in Hampicke/Ott 2003) oder nach der Kompensationsfähigkeit von Schäden hinein führen. In der Umweltethik muss dabei auch auf Konzepte wie etwa das eines ökologischen Schadens reflektiert werden (s. Potthast et al. 2007). Solche Reflexionen sind unvermeidlich, erschweren jedoch die Urteilsbildung, da sie deutlich machen, was alles zu berücksichtigen ist. Daher werden von Seiten der Politik häufig „Vereinfachungen", „Botschaften" und, besser noch, „Zahlen" erwartet. Werden dagegen Aversionen gegen Simplifikationen und fragwürdige Monetarisierungsprogramme geltend gemacht, so werden sie zwar für „völlig berechtigt" erklärt, aber mit dem Hinweis auf das, „was die Politik

jetzt braucht", beiseite gewischt. Aus systemtheoretischer Sicht lässt sich dies leicht mit den unterschiedlichen Codes von Wissenschaft und Politik erklären. Eine systemtheoretische Erklärung löst das Problem der geforderten Simplifikationen aus der Perspektive eines damit konfrontierten Ethikers natürlich nicht, nämlich ob und wenn ja, auf welche Weise er bei derartigen Aktivitäten mitmachen oder sich verweigern sollte. Sicherlich finden sich immer Ökonomen, die monetäre Berechnungen zu den Schäden des Klimawandels, der wachsenden Population der Kormorane, des Verlustes an Biodiversität, des Eindringens von Neobiota usw. anstellen. Für den Ethiker ist eine Teilnahme an den daraus sich ergebenden, teilweise erbitterten „Zahlenschlachten" wenig ergiebig. Seine Aufgabe besteht eher darin, zur Reflexion darauf anzumahnen, unter welchen Voraussetzungen derartige Zahlen erzeugt werden, und dass diese Berechnungen die normativen Grundentscheidungen nicht ersetzen können.

10. Lange Rede, kurzes Fazit: Reflexionen auf Strukturprobleme angewandter Ethik erzeugen einen Sog in Richtung Normenlogik, Metaethik, Methodologie, Argumentationstheorie, Sozial- und Praxisphilosophie usw. Angewandte Ethik kann aufgrund ihres eingreifenden Charakters nicht in der Reflexion aufgehen, sondern muss sich diskursrational positionieren. Angewandte Ethik kann nicht warten, bis die hier aufgeworfenen Probleme „definitiv" gelöst worden sind. Ethische Grundfragen sind zeitlos gegenwärtig („präsent"), angewandte Ethik ist gegenwartsbezogen („aktuell"). Zwar ist auch die angewandte Ethik von direktem Handlungsdruck entlastet, aber sie ist aktuell, da sie sich auf anstehende Entscheidungen bezieht, die nicht beliebig vertagt werden können. Daher betreibt man angewandte Ethik immer auf fragiler und schwankender Grundlage in häufig aktualistischer Manier. Angewandte Ethik zu betreiben ähnelt in manchen Hinsichten daher eher der Kunstfertigkeit, im Aktuellen das Ethische präsent zu halten.

III. Umweltethik als Musterbeispiel

1. Andrew Light (2002) hat dargelegt, dass die Grundprobleme der Umweltethik in metaethische und naturphilosophische Fragen hinein führen, dass man Umweltethikern jedoch auch substanzielle Beiträge zu drängenden Umweltproblemen abverlangen darf. Auch Light geht insofern von der Spannung zwischen Reflexion und Position aus. Begreift man als das Herzstück jeder Konzeption von Umweltethik die beiden Fragen a) in welchen Hinsichten die außermenschliche Natur für Menschen als wert-

voll gelten kann (Axiologie) und b) ob es gute Gründe gibt, auch zukünftigen Personen und außermenschlichen Wesen einen moralischen Selbstwert zuzuerkennen (Deontologie qua Inklusionsproblem), so haben beide Fragen metaethische Präsuppositionen und umweltpolitische Konsequenzen. Unterscheidet man in der axiologischen Dimension zwischen *instrumentellen* und *eudaimonistischen* Werten, so werfen die instrumentellen Werte eine Reihe von epistemischen, die eudaimonistischen Werte hingegen anthropologische und ideengeschichtliche Fragen auf. Beispiele hierfür sind im Hinblick auf instrumentelle Werte die Fragen nach den Nutzenpotenzialen genetischer Ressourcen („Optionswerte"), nach Grenzen oder Schwellen von Belastbarkeit („natürliche Grenzen"), nach den möglichen Zusammenhängen zwischen Artenbestand und ökologischer Resilienz, nach den Komponenten des „kritischen" Naturkapitals usw. Hier sind die epistemischen Dissense gravierend. Im Hinblick auf eudaimonistische Argumente führen Wohlbefindens-Argumente in die Fragen nach einer Phänomenologie der Natur, in deren Mittelpunkt das Konzept des leiblichen Sich-Spürens steht (Böhme 1997), während das „transformative-value"-Argument (Norton 1987) die Frage aufwirft, in welchem Sinne manche Präferenzordnungen „objektiv besser" sein können als andere – und damit letztlich in die Umwelttugendethik (Cafaro 2003). Naturästhetische Argumente wiederum stehen in einem Verweisungszusammenhang zur allgemeinen Ästhetik, zu einer Theorie der sinnlichen Wahrnehmung, zu Methoden der Landschaftsbildbewertung und der Landschaftsplanung. Der Begriff der Landschaft wird in der Landschaftsökologie ebenso verwendet wie in der Landschaftsästhetik, wird aber höchst unterschiedlich verstanden. Die Biophilie-Hypothese (Wilson 1984) führt in die Evolutionsgeschichte von Homo sapiens, die Rede von „spirituellen Naturerfahrungen" führt in Ethnologie und Religionswissenschaft hinein. Zentrale eudaimonistische Argumente lassen sich nur mit Blick auf größere geistesgeschichtliche Kontexte verstehen und kritisieren. So ist beispielsweise Ritters Argument zum Schutz der Landschaft (Ritter 1974) nicht ohne die politische Philosophie kompensatorischer Sittlichkeit verständlich. Heimatargumente führen in die ideengeschichtlichen Verbindungen von Heimatschutz, Nationalchauvinismus und „Blut und Boden" (Ott 2005).

2. Was den moralischen Selbstwert von Naturwesen anbetrifft, so sind die Positionen mittlerweile zur Genüge bekannt: Sentientismus, Biozentrik, Ökozentrik, Holismus. Der Streit über die Begründbarkeit dieser Positionen verlagert sich zunehmend in metaethische Fragen hinein:[4] Was „ist"

4 Ähnliches gilt schon für die Verpflichtungen gegenüber zukünftigen Personen. Ist Parfits „future individual paradox" (k)ein Argument, das gegen Verpflichtungen gegenüber zukünftigen Personen spricht? Ist die „repugnant conclusion" hinreichend, um den Utilitarismus

und wie erkennt man eine moralisch relevante Eigenschaft? Darf man im Anschluss an die Zuerkennung von Selbstwert zur Vermeidung intuitiv unliebsamer Konsequenzen Gradierungserlaubnisse einführen? Sind die vermeintlich anti-speziesistischen Grundsätze gleichmäßiger Berücksichtigung letztlich nicht doch gradualistisch, da sie fordern, unterschiedliche Wesen „*als solche*“ zu berücksichtigen, also Menschen, Mäuse, Libellen, Heringe jeweils als solche? In welchem Sinne können gegenüber überindividuellen, teilweise durch Forschungsinteressen konstituierten Entitäten wie Arten oder Ökosystemen überhaupt moralische Verpflichtungen bestehen? Sollen wir extensionalistisch („von innen nach außen“) vorgehen oder aber die Begründungslasten denen aufbürden, die Naturwesen aus der „moral community“ ausschließen wollen (Gorke 2007)? Und wenn ja, ist die Begründungslast fair in dem Sinne, dass es überhaupt Gründe gibt, mit denen man sie abtragen kann?[5] Welche Rolle dürfen Intuitionen in Begründungskontexten spielen, und unter welchen Bedingungen dürfen kontraintuitive Konsequenzen (Selbstwert für einen Haufen abgestorbenes Seegras oder für ein Stück Baumrinde) als „absurd“ bezeichnet werden? Können wir den rawlsschen Schleier der Unwissenheit so dicht weben, dass wir nicht mehr wissen, Angehörige welcher Spezies wir sind? Ist das „last-person“-Argument überhaupt ein Argument, und was tragen Rettungs-Dilemmata zur Lösung des Inklusionsproblems bei („Würdest du ein Kind, fünf Welpen oder 50 Kakteen aus dem brennenden Haus retten?“)? Was *genau* sind deontische Erfahrungen an und mit Natur (Birch 1993), und wie kann man jemanden kritisieren, der geltend macht, seine Erfahrung mit Natur sei eine deontische und nicht nur eine ästhetische Erfahrung gewesen?

Diese und ähnliche Fragen tauchen *innerhalb* umweltethischer Begründungsversuche auf und führen aufgrund der ihnen innewohnenden Reflexionspotenziale in „höhere Gefilde“. Andere Fragen sind im weiteren Sinne naturphilosophischer Art: Ist Bewusstsein ein „all-or-nothing“-Phänomen oder taucht es graduell in der Natur auf? Kann man sich in außermenschliche Lebewesen einfühlen und sie „verstehen“? Ist das Genom nicht nur codierte Information, sondern auch ein „propositional projective set“ (Rolston 1988)? Gewinnen wir in der Umweltethik Grundlagen durch Rekurse auf Cusanus (Meyer-Abich 1997), Spinoza (Naess 1989) oder Heidegger (Foltz 1995)? Wie verhalten sich die empirischen Befunde der biologischen Wissenschaften, spekulative naturphilosophi-

als Grundlage einer intergenerationellen Ethik („future ethics“) abzulehnen? Impliziert Verantwortung gegenüber zukünftigen Generationen eine individuelle Zeugungs- oder Gebärpflicht?

5 Dieses Problem ist zentral in der Habilitationsschrift von Martin Gorke (2007). Ich halte die dort den Kontrahenten des Holisten auferlegte Begründungslast für unfair.

sche Deutungen und umweltethische Positionen in diversen „Ökosophien“ zueinander? Versuche, derartige Verhältnisse zu rekonstruieren, liegen vor (Martin 1991), führen aber in die Modell- und Typentheorie hinein. Der Reflexionsweg von der Umweltethik über die Ontologie bis hin zur Darstellungsform der Modelltheorie führt von praktischen Fragen der Umweltpolitik fort. Das Spannungsverhältnis ist analog zu dem im Abschnitt II: Reflexionen führen von Anwendungsfragen fort. Vielleicht verhält es sich bei diesen Reflexionen ja wie in Kleists „Marionettentheater“: Man muss um die ganze Welt herumwandern, um die Hintertür zum Paradies zu finden. Da viele nicht bereit sind, sich auf diese Wanderung zu begeben, haben gegenüber einer breiteren Öffentlichkeit, die an der Thematik einer möglichen moralischen Perspektive auf die natürliche Mitwelt ein ernsthaftes Interesse nimmt, diejenigen zunächst leichtes Spiel, die den „Selbstwert der Natur“ wie ein Panier, eine Monstranz oder eine Gebetsmühle vor sich her tragen, ohne sich den damit verbundenen Begründungsfragen zu stellen. Verhindern kann man es nicht, dass Selbstwert-Rhetorik minderer Qualität publiziert wird. Man muss aber darauf hinweisen dürfen, dass die Unterscheidungen „Anthropozentrik versus Physiozentrik“ und „tief versus oberflächlich“ („deep vs. shallow“) logisch voneinander unabhängig sind und quer zueinander stehen. Daraus folgt, dass eine tiefe Anthropozentrik ebenso möglich ist wie eine flache Physiozentrik. Der Monopolanspruch der sog. Tiefenökologen auf „Tiefe“ ist bestenfalls eine rhetorische Geste, schlimmstenfalls ähnlich ideologisch wie die in der deutschen Tradition bekannte Titulierung der Aufklärung als „seicht“ oder gar als „flacher Aufkläricht“.

3. Eine praktisch orientierte Umweltethik kann nicht warten, bis alle reflexiven Fragen unter Umweltethikern einvernehmlich beantwortet sind. Umweltethiker sind untereinander zerstritten. Sie verteidigen ihre ethische Konzeption ausdauernd und zäh, bauen „protective belts“ in ihre Konzepte ein, polieren die Intuitionen, die zu ihrer Konzeption passen, und verschieben Begründungslasten möglichst raffiniert hin und her. Obwohl alle beteuern, dass es in Diskursen eigentlich keine Verlierer geben könne, da alle durch bessere Argumente nur lernen können, ist mir kein Fall bekannt, dass ein Umweltethiker jemals seine Position grundsätzlich geändert hätte.[6] Da man bis auf weiteres von einer Pluralität umweltethischer Konzeptionen ausgehen muss (ähnlich wie auf allgemeinethischer Ebene), bestehen mehrere Optionen, Konsenszonen stärker zu betonen, um die politischen Einflusschancen zu erhöhen. Selbst über diese Optionen be-

6 Die gravierendste Modifikation hat wohl Baird Callicott vorgenommen, als er den Top-down-Ansatz des Ökozentrismus durch das sog. Baumscheiben-Konzept ersetzt hat. Vgl. Callicott 1997.

steht jedoch Dissens. So werden die acht Grundsätze der Plattform von *Deep Ecology* (Naess 1989) in ihrer vorliegenden Form zu recht nicht akzeptiert, und die Konvergenzthese Nortons (1991) wird in ihrer starken Form (vollständige Konvergenz) ebenfalls zu Recht zurückgewiesen. Wenn sich die hartnäckigen umweltethischen Dissense hauptsächlich in den Bereichen von (anti-natalistischer) Bevölkerungspolitik, Erhalt der gesamten Biodiversität, Wildnisschutz und einem geforderten „Rückzug des Menschen" auftun (Stenmark 2003), dann liegt es pragmatisch nahe, a) zunächst die Gemeinsamkeiten auf anderen umweltpolitischen Handlungsfeldern (Klimaschutz, Agrarpolitik, Gewässerschutz etc.) zu betonen und b) mit einem vertretbaren Kompromiss in den genannten Bereichen politisch ins Rennen zu gehen. Da das heutige Naturschutzniveau für alle umweltethischen Konzepte deutlich unterhalb des wünschenswerten Niveaus liegt (SRU 2002a), fällt die Konvergenz mit Personen, die im Sinne der Landethik Aldo Leopolds, eines „biocentric outlook on nature" (Taylor 1986) oder des Holismus (Gorke 1999) weiterreichende Forderungen stellen, *bis auf weiteres* nicht schwer. Das Leitkonzept „Biodiversität" ist ebenfalls geeignet, tiefe naturethische Dissense abzublenden und praktische Koalitionen zu schaffen (Takacs 1996).[7] Die Realisierung des Biotopverbundes und des EU-weiten Netzes „Natura 2000", die Schaffung weiterer Nationalparke in Mitteleuropa, der Schutz der „hot spots" der globalen Biodiversität und der Zentren des Endemismus (Pimm 2003), die Reduktion der Flächeninanspruchnahme in Deutschland auf das Zwischenziel von 30 ha/Tag, Umschichtungen von Agrarsubventionen zur Stärkung der Agrarumweltprogramme, Küsten- und Meeresnaturschutz und ähnliche Ziele und Programme sind für wohl alle Umweltethiker politisch richtig.

Diese Konvergenz ist allerdings befristet und begrenzt, da für egalitäre Biozentriker, Ökozentriker und Holisten selbst eine aus heutiger Sicht anspruchsvolle Naturschutzpraxis nur erste Anfänge hin zu einer völligen Neuausrichtung der Mensch-Natur-Beziehungen sind. Während für Anthropozentriker der Naturschutz eine hochrangige Kulturaufgabe ist, die auf bestimmten Niveaus als erfüllt gelten kann, erkennen Vertreter besagter Positionen strikte moralische Verpflichtungen an, Natur nicht zu schädigen oder sie in ihrer „Integrität" zu beeinträchtigen. Im Holismus gilt ein moralisches Gebot, möglichst wenig in Natur zu interferieren (Gorke 2007). Jeder Eingriff in die Natur ist mit moralischen Gründen zu

---

7 Die Frage, ob sich der Naturschutz in bereits bestehenden Schutzgebieten an einem Idealpol „absoluter", d.h. menschenfreier Wildnis (Ökozentriker und Holisten) oder an einem pragmatisch auszuhandelnden Niveau „relativer" Wildnis (Anthropozentriker) orientieren sollte, stellt sich (vielleicht) auf Svalbard (Unger 2003), aber nicht in Mitteleuropa oder anderen besiedelten Kulturlandschaften.

rechtfertigen. Der Vorrat an Gemeinsamkeiten mit diesen Positionen ist begrenzt. Auch in den Kontroversen zwischen westlichen Wildnis-Schützern und Vertretern des „environmentalism of the poor" (Martinez-Alier 2002) spielt dieses latente Konfliktpotenzial eine Rolle.

Ein anders gelagertes Problem stellen Ansätze dar, die politisch „rechtsaußen" angesiedelt sind. Einen solchen Ansatz vertritt Falter (2006). Sicherlich finden sich bei Falter annehmbare und sogar kluge Bemerkungen zum Naturschutz, zu Ludwig Klages und zur Tradition der sog. Klimatheorie. Falters praktische Verdienste für die Renaturierung der Isar sind ebenfalls unbestritten. Der Versuch Falters allerdings, die NS-Konzeption von „Blut und Boden" in einen (schlechten) Rassismus („Blut") und ein (gutes) „Boden"-Denken aufzuteilen, erscheint mir gerade in historischer Hinsicht völlig verfehlt. Des weiteren ist (vornehmlich im Subtext der 2291 Fußnoten) bei Falter unter anderem zu lesen, dass Hitler im Grunde kein Rassist gewesen sei, sondern ein kulturelles Phänomen gemeint habe, wenn er von „Juda" sprach (ebd., 301 ff.), dass das Judentum „weder Volk noch Religion im Sinne europäischer Normalität" sei (ebd., 267), dass der jüdisch-christliche Anthropozentrismus eine uneuropäische Überformung der antiken Erfahrungsreligionen sei (ebd., 19 u. ö.), dass die Demokratie ein Umerziehungsprodukt der Siegermächte von 1945 sei, die Psychologen wie Fromm und Erikson als „Umerziehungspsychologen" auf Deutschland „angesetzt" hätten, die aus „deutschen Achtundsechziger-‚Männern' den kolonialisierten Samoanern vergleichbare Persönlichkeiten machen konnten" (ebd., 471 f.), dass die „Trauerarbeit" nach 1945 ein bewusstes Festhalten an eigenen Werten „trotz der Niederlage" hätte sein sollen, dass sich die amerikanische Mentalität „nur auf einem von Leichengestank verpesteten Boden wohl" fühle (ebd., 475), dass die Attentäter, die das World Trade Center zerstörten, Sinn für Ökologie gezeigt hätten (ebd., 552),[8] und natürlich, welch perfide Hirnwäsche die heutigen „Blockwarte der politischen Korrektheit" (ebd., 267) betreiben. Weitere anti-westliche, anti-demokratische und anti-jüdische „Kostproben" erspare ich mir. Bei Falter und seinesgleichen stellt sich die Frage praktischer Konvergenz völlig anders dar als bei Vertretern physiozentrischer Positionen, nämlich als eine genuin politische Frage vor dem Hintergrund der deutschen Geschichte einschließlich der Geschichte des Naturschutzes im Nationalsozialismus. Für mich kann ein oberflächlicher Vorrat an gemeinsamen Naturschutzzielen kein ausreichender Grund für *solche* Koalitionen sein.

---

8 Das Problem ist, dass es eigentlich nicht der Mühe wert ist, Falters auf 585 Seiten ausgebreitete „grün-braune" Pseudogelehrsamkeit in allen Details zu widerlegen, dass es aber der Mühe wert sein müsste.

4. Dieses *Caveat* vorausgesetzt, so ist auf der Ebene der Politik, wo es um Herstellung von Mehrheiten für Programme und Ziele geht, eine Zersplitterung der Umwelt- und Naturschützer freilich ein strategischer Fehler. Hierzu Light:

> We could turn our attention to the question of how the work of environmental ethicists could be made more useful in taking in the environmental problems to which environmental ethics is addressed as those problems are undertaken in policy terms. (Light 2002, 435)

Meine eigene Konzeption von Umweltethik ist in diesem Sinne politisch: Sie erlaubt es, dem Argumentationsraum der Umweltethik mit Blick auf bestimmte Probleme unterschiedliche Gründe zu entnehmen und sie untereinander und mit der Sachdimension zu einem Urteil zu verknüpfen, das von Seiten der Politik als Rat oder Empfehlung aufgefasst werden kann und soll. Diese Urteilsbildung ist diskursrational nachvollziehbar und demokratisch legitim. Sie schließt andere Formen von Partizipation nicht aus (hierzu Skorupinski/Ott 2000). In diesem Sinne ergänzen Bürgerforen und Gremien wissenschaftlicher Politikberatung einander.

IV. Realitäten der Politikberatung

1. Es kann als empirisch gesichert gelten, dass demokratisch und rechtsstaatlich verfasste Gesellschaften insgesamt eine bessere Umweltpolitik machen als autoritäre Regime. In den Debatten um „environmental democracy" hat sich weiterhin gezeigt, dass weder autoritäre noch anarchisch-kommunitaristische Ansätze einer tieferen Kritik standhalten können.[9] Neuere Ansätze, „grüne" Werte und Ziele im Rahmen demokratischer Verfassungen zur Geltung zu bringen, schließen daher an Konzeptionen von Zivilgesellschaft und deliberativer Demokratie an (Mason 1999 im Anschluss an John Dryzek). Auch die Rolle von NGOs und von transdisziplinärer Umweltforschung kann innerhalb dieser Konzepte gewürdigt werden. Auf der verfassungsrechtlichen Ebene bietet der Art. 20a GG viele Möglichkeiten zu einem zähen Reformismus in der Umweltpolitik (Ott 2007).

Habermas hat in „*Faktizität und Geltung*" (1992 im Anschluss an Peters) ein Schleusenmodell der politischen Entscheidungsfindung in demokratischen Systemen skizziert. Bei der kursorischen Aufzählung der Insti-

9 Allerdings zeigt sich mindestens ebenso deutlich, dass die Umweltbewegung in bestimmten Varianten repräsentativer Demokratie (Majoritätswahlrecht, starkes Präsidialsystem) weniger Aussichten hat, politischen Einfluss zu gewinnen als in anderen. So ist beispielsweise. die US-amerikanische Umweltbewegung, die proportional ähnlich stark sein dürfte wie die deutsche, in Parlamenten kaum vertreten.

tutionen und Organisationen an der Peripherie des politischen Systems vergaß Habermas allerdings die Gremien wissenschaftlicher Politikberatung. Im Bereich der Umweltpolitik sind hier der Deutsche Rat für Landespflege (DRL), der Wissenschaftliche Beirat für globale Umweltveränderungen (WBGU), der Rat von Sachverständigen für Umweltfragen (SRU), der Rat für nachhaltige Entwicklung (RNE), etliche Fachbeiräte für Bodenschutz, genetische Ressourcen, Risikoregulierung usw. zu nennen. Mitglieder dieser Gremien vertreten sowohl natur- als auch technik-, sozial- oder geisteswissenschaftliche Disziplinen. Sie arbeiten transdisziplinär. Trotz allen Spottes über die „Räte-Republik" wird man ihre Arbeit nicht missen wollen. Denn wenn man mit Olson (1968) davon ausgeht, dass klar geschnittene und klug aggregierte ökonomische Interessen einflussreicher und durchsetzungskräftiger sind als diffus verstreute Interessen am Erhalt kollektiver Güter, so sind Gremien der wissenschaftlichen Politikberatung innerhalb eines Systems politischer *checks and balances* ein Gegengewicht zu den Lobbys beispielsweise der Energie-, Automobil-, Chemie-, und Pharmaindustrie, da sie ihrem Anspruch und ihrem Mandat nach den Gemeinwohlbelangen verpflichtet unabhängig von Partikularinteressen sind.

Diese Räte entwickeln aus Sachständen in Verbindung mit normativen Annahmen möglichst zeitnah und möglichst entscheidungsrelevant Empfehlungen für „Entscheidungsträger".[10] Sie können auch langfristige Entwicklungen kommentieren und entsprechende strategische Empfehlungen abgeben (etwa zur Energie-, Siedlungs- oder Verkehrspolitik).

Werden Ethiker in solche Gremien berufen, so übernehmen sie Rollen, von denen sie wissen, dass deren ethischer Status aufgrund des Problems des „Moralexpertentums" fraglich ist. Aber es könnte sein, dass diese Rolle in Wirklichkeit weniger dramatisch ist als es den Anschein hat. Erstens sind Ethiker in solchen Gremien eher Exoten. Zweitens geben Kommissionen und Gremien nur Empfehlungen und Vorschläge ab, die für demokratisch legitimierte Politiker unverbindlich sind. Solche Gremien liefern insofern Beiträge an der inneren und äußeren Peripherie des politischen Systems, d.h. dort, wo die „Schleusen" zwischen Öffentlichkeit und politischem System noch relativ weit geöffnet sind. Die politische Verortung an der Peripherie, die Einbindung in ein Gremium und eine sprachpragmatische Verortung der Stellungnahmen im Bereich des deliberativen Beratschlagens dürfte die Befürchtung vor anmaßenden „Moralexperten" oder vor neuen „Mandarinen" hinlänglich entkräften. (Während meiner Tätigkeit im SRU hat dieses Thema nie eine Rolle gespielt.)

10 Die folgenden Überlegungen stützen sich weniger auf Literatur zur Arbeit über diese Räte, sondern auf eigene Erfahrungen im Rat von Sachverständigen für Umweltfragen.

2. Gremien der Politikberatung arbeiten auf Positionen zu. Innerhalb der Gremien wird eine Position diskursiv und konsensorientiert entwickelt. Jedes Mitglied muss alle Positionen mittragen können.[11] Jedes Mitglied hat eine Art informelles Veto-Recht („Nicht mit mir!"), von dem aber nur sehr selten Gebrauch gemacht wird. Im Unterschied zu Einigungszwängen in politischen Kontexten (beispielsweise in der EU) bedeutet diese Konsensorientierung nicht, dass man sich nur auf „den kleinsten gemeinsamen Nenner" einigen kann. Die gemeinsame Diskussion führt nicht eben selten dazu, dass tiefer liegende Probleme identifiziert und aufgrund dessen radikalere und anspruchsvolle Zielsetzungen konsensual formuliert werden können. Dies ist ein Beleg für die These, dass Argumentationen zu völlig anderen Ergebnissen führen als eine Kompromissbildung in Verhandlungen. In den Beratungen wird auch normativ argumentiert, da die Positionen nicht ohne Rekurs auf Werte, Maßstäbe und Prinzipien begründet werden können.[12] Ethische Grundsatzreflexionen sind jedoch nur in engen Grenzen erwünscht. Vor allem wenn die ethische Reflexion im „positionellen Nirwana" zu enden droht, wird sie unterbunden. Der Ethiker wird dann gleichsam zur Raison der Politikberatung gerufen. Die Beiträge des Ethikers zur Findung einer gemeinsamen Position müssen sich auch nicht in den fertigen Gutachtentexten wiederfinden, sondern können redaktionell wieder entfernt oder komprimiert werden. Dies ist für den Ethiker anfangs betrüblich, kann aber den Zwecken der Politikberatung durchaus förderlich sein.

3. Häufig orientiert man sich in der Politikberatung an nachfolgendem Schema:

- Grundsätze
- Ziele bzw. Zielsysteme
- Strategien
- Instrumente
- Finanzierung, Monitoring etc.

Vergleicht man dieses Schema mit dem in Abschnitt II skizzierten Ebenenmodell, so erkennt man, dass sich die Ebene der Grundsätze mit den Ethik-Ebenen diffus überlappt, dann aber vor allem Ziele, Strategien und

11 Daher stieß es auf Verblüffung, dass der neu eingerichtete Nationale Ethikrat mehrmals zum Mechanismus der Abstimmung griff.

12 Auch die Notwendigkeit einer Analyse von Wert- und Zielkonflikten mitsamt den darin involvierten ökonomischen „trade-offs" wird als wichtig anerkannt. Sinnvoll kann es auch sein, implizite normative Präsuppositionen in Konzepten und Methoden der Entscheidungsfindung kritisch zu explizieren (Kosten-Nutzen-Analysen, Bundesverkehrswegeplan etc.). Diese Aufdeckung solcher Präsuppositionen ist jedoch kein Selbstzweck, sondern dient der Positionierung.

Instrumente festgelegt werden müssen. Wird am Beginn eines Kapitels eines Gutachtens normativ zu Grundsätzen argumentiert, so soll diese Argumentation möglichst kurz und knapp sein, da befürchtet wird, dass Politiker und Ministerialbeamte mit der Lektüre aufhören, wenn das Kapitel in ihren Augen nicht „zur Sache kommt".[13] Zudem soll sich die Darlegung der Grundsätze nicht an Ethiktheorien, sondern eher an den Grundsätzen internationaler Konventionen orientieren, die Deutschland ratifiziert oder zu deren Umsetzung Deutschland sich verpflichtet hat. Somit stützt man sich auf Oberziele und Leitlinien, wie sie in Verfassungsartikeln, Staatszielen (wie dem Artikel 20a GG) oder internationalen Deklarationen und Konventionen (wie der Biodiversitätskonvention oder der Klimarahmenkonvention) vorliegen. Die umweltethischen Begründungen des Schutzes von Biodiversität sind dann beispielsweise weniger wichtig als der Hinweis, dass Deutschland gemäß der Biodiversitätskonvention verpflichtet ist, eine nationale Strategie zu entwickeln.

Ein besonderes Problem entsteht dabei, wenn die Politik in kruder Form auf ethische Begriffe zurückgreift. So konnte man in den vergangenen Jahren beobachten, wie die berühmte undefinierte Vokabel vom „intrinsic value of biodiversity", die sich in der Präambel der Biodiversitätskonvention findet, durch viele internationale Dokumente weitergereicht wurde, bis sie schließlich *mutatis mutandis* sogar im § 1 des BNatSchG auftauchte, in dem vom „eigenen Wert von Natur und Landschaft" die Rede ist. Zudem glauben Umweltpolitiker, dass Umweltethiker die Aufnahme dieses Begriffs hocherfreut begrüßen müssen, und sind irritiert, wenn es sich anders verhält. Man kann leicht zeigen, dass die Rede vom „intrinsic value" in Verbindung mit der Definition von Biodiversität als „variability amongst organisms" zu dem moralisch kuriosen Resultat führt, einer Disposition, nämlich evolutionärer Wandelbarkeit, einen intrinsischen Wert zuerkennen zu müssen. Ethiker werden also gelegentlich mit derartigen normativen Vorgaben konfrontiert, die, wie im Polit-Jargon gesagt wird, „Ergebnis politischer Prozesse" sind und an denen insofern „kein Weg mehr vorbei" führt. Was völkerrechtlich ratifiziert worden sei, könne von Ethikern nicht mehr umgestoßen werden.

4. Moderne Umweltpolitik zeichnet sich dadurch aus, dass man vage formulierte Grundsätze mit verbindlichen Zielen koppelt, die dann in Formen der horizontalen oder vertikalen Politikintegration umgesetzt werden

13 In einer parlamentarischen Anhörung zum Naturschutz-Sondergutachten des SRU von 2002 wurde von einer Abgeordneten kritisiert, dass Ausdrücke wie „Sentientismus" und „Holismus" verwendet wurden. Obgleich diese Termini im Gutachten klar definiert wurden, wurde die umweltehische Terminologie von Parlamentariern als Fremdsprache wahrgenommen.

sollen. Diese Verkopplungen sind keine Ableitungen, aber sie sind auch nicht völlig willkürlich, sondern mehr oder minder plausibel. So lässt sich ungefähr abschätzen, dass eine Vorrangfläche von etwa 15 % der Landesfläche Deutschlands ausreichen dürfte, um den Grundsatz des Artenschutzes zu realisieren, sofern man die „richtigen" Gebiete auswählt. In diesem Sinne hat der SRU in seinem Sondergutachten zum Naturschutz (SRU 2002a) aus grundsätzlichen Argumenten ein Zielsystem „gewonnen". Andere umweltpolitische Ziele wie das der Reduktion der Flächeninanspruchnahme auf 30 ha/Tag, Ziele der Gewässergüte gemäß der EU-Wasserrahmenrichtlinie, Grenzwerte der Luft- oder Lärmbelastung oder der Reduktion der deutschen CO_2-Emissionen um 40% gegenüber 1990 bis 2020 sind weder wissenschaftlich beweisbar noch willkürlich „aus der Luft gegriffen". Häufig laufen die Ziel-Größen allmählich in einen bestimmten Korridor, der dann Leitplanken definiert. So hat der SRU seit 2002 mehrere Zielsysteme zum Naturschutz, Klimaschutz, Schutz der Meere, Verkehrspolitik, dem Anbau von Biomasse u. a. entwickelt und mit Instrumenten untersetzt, die einer Grundkonzeption „starker" Nachhaltigkeit entsprechen.[14] Diese Plausibilitätskorridore sind Ergebnisse präsumptiv kluger transdisziplinärer Urteilsbildung, keiner ethischen Ableitung.

5. Ziele müssen in einem politischen Mehr-Ebenen-System anschlussfähig sein. Während man sich in der Umweltethik letztlich nicht darum scheren darf, wie weit die je eigene Position von politischen und gesellschaftlichen Realitäten entfernt ist, muss man es auf der Ebene der Politikberatung in Rechnung stellen. Aus der Perspektive der Politikberatung muss man sich immer auch daran orientieren, „was politisch (nicht) geht". Man akzeptiert dadurch Grenzen möglicher Positionierungen. Man würde die Existenz derartiger Beratungsgremien durch hyperradikale Forderungen, von denen man weiß, dass Politiker sie sich nicht zu eigen machen können, langfristig in Frage stellen. Grenzfälle sind die Infragestellung von Wirtschaftswachstum oder von Positionen, die die Existenz bestimmter Firmen oder Branchen gefährden würden. So wurde in einer Anhörung zur Automobilpolitik angemerkt, dass eine bestimmte Position dazu führen könnte, dass „es irgendwann keinen Porsche mehr gäbe". Wer dann sagte, dass ihn das nicht weiter stören würde, berührte Grenzen. Ähnliches gilt, wenn man es ablehnt, dass industrielle Schweinemastanlagen als „Veredelungsbetriebe" und Flüsse als „Wasserstraßen" bezeichnet werden. Hier stellt man bereits mit einer philosophisch harmlosen und umweltethisch berechtigten Kritik an bestimmten Bezeichnungen zu viel an gängiger Praxis in Frage. Inso-

14 Alle Gutachten des SRU sind elektronisch dauerhaft verfügbar unter www.umweltrat.de.

fern bleiben Gremien der Politikberatung meistens in den Grenzen eines reformistisch orientierten Politikmodells. Eine Sonderrolle nimmt hier der WBGU ein, dessen internationale Ausrichtung ihn in höherem Maß zu umweltpolitischer Radikalität befähigt, da viele Forderungen von der nationalen Tagespolitik weit entfernt sind.

6. Jede entwickelte Position schließt Aussagen über den zur Zielerreichung geeignetsten Instrumentenmix ein. Viele Debatten innerhalb der Beratungsgremien bewegen sich daher auf der Instrumentenebene. Wenn Ziele formuliert worden sind, wird der „Instrumentenkoffer" der Umweltpolitik aufgeklappt (Ordnungsrecht, Steuern, Abgaben, freiwillige Selbstvereinbarungen, Zertifizierungen usw.). Alle Beteiligten wissen, dass es auf der Instrumentenebene nur selten eine eindeutige „first best solution" gibt. Bei Moralproblemen würde es uns schwerfallen, die Idee einer Lösung, die im gleichmäßigen Interesse aller Betroffenen liegt, preiszugeben. Auf der Instrumentenebene der Umweltpolitik hingegen gibt es vielfältige *Trade-Offs*, und es ist klar, dass es Gruppen gibt, die von einer bestimmten Lösung stärker begünstigt oder benachteiligt werden als andere. Man weiß also, mit welchen Lobbys die Politik in den „Clinch" wird gehen müssen, wenn sie eine Position auf der Instrumentenebene aufgreift. Mächtige Interessenverbände wie die Automobilindustrie, der Bauernverband, die Forst-, Abfall- oder Energiewirtschaft mitsamt ihren jeweiligen Rechtsabteilungen sind ungemütliche Kontrahenten. Die Gremien der Politikberatung machen sich mit ihren Forderungen bei diesen Interessenverbänden nur unbeliebt, die Politik muss stark genug sein, die Forderungen gegen deren Widerstände umzusetzen. Bei jeder Lösung müssen zudem die strategischen Ausweichreaktionen der Betroffenen mit ins Kalkül gezogen werden. Die Lobbys haben vor Beratungsgremien den entscheidenden Vorsprung, dass sie in einer kontroversen Angelegenheit kontinuierlicher „am Ball" bleiben können, während Beratungsgremien viele Themen behandeln müssen und zu kontinuierlicher strategischer Einflussnahme von ihren Kapazitäten her nicht in der Lage sind.
Viele umweltpolitische Debatten betreffen die Höhe und die Anlastung der anfallenden Kosten. Philosophen als solche konzentrieren sich gewöhnlich auf die Begründung von Prinzipien, während man in der Politikberatung den Fragen nicht ausweichen kann, wer warum wie viel für die Umsetzung einer Position bezahlen soll. Ethiker fragen nach dem moralisch Richtigen und Falschen, nicht aber nach dessen Opportunitätskosten oder nach deren spezifischen Anlastungen an bestimmte Gruppen. Ökonomen machen Ethiker immer wieder unsanft darauf aufmerksam, dass bei der Umsetzung auch einer wohlbegründeten Position Kosten anfallen, die von irgendjemandem zu tragen sind. So kann man leicht hohe Stan-

dards guter fachlicher Praxis in der Landwirtschaft, den Erhalt der alten, naturnahen Wälder, eine Schließung der Kabeljaufischerei in der Nord- und Ostsee, die Halbierung des Primärenergieverbrauches oder massive Investitionen in den Öffentlichen Personennahverkehr (ÖPNV) und in die Kraft-Wärme-Kopplung fordern, wenn man nicht sagen muss, wer hierfür bezahlen soll. Gleiches gilt für die Kosten von Vorsorgepolitik etwa bei der Überwachung von Chemikalien. Im Kontext von Politikberatung laufen die Reflexionszumutungen daher nicht nur gleichsam *vertikal* zurück in Richtung auf Metaethik und Ethiktheorie, sondern sie verlaufen häufig zugleich gleichsam *transversal* in Richtung Ökonomie, Recht und Technik. Wer sich auf transversale statt auf vertikale Reflexionen einlässt, der entwickelt im Lauf der Zeit einen anderen intellektuellen Habitus bzw. eine etwas andere Betrachtungsweise. Er interessiert sich dann auch auf anderen Gebieten nicht nur für Begründungen, sondern auch für Finanzierungskonzepte (etwa bei der Forderung nach einem bedingungslosen Grundeinkommen).

7. Gremien der Politikberatung arbeiten parallel zur parlamentarischen, ministeriellen oder föderalen Entscheidungsvorbereitung und können daher immer auch den „kairos“ verpassen, an dem politischer Beratungsbedarf besteht bzw. die Politik dafür „offen“ ist. Der Beratungsbedarf muss in Sondierungen mit Ministerien und mit Institutionen wie dem Umweltbundesamt (UBA) oder dem Bundesamt für Naturschutz (BfN) ermittelt werden. Häufig existieren bestimmte Zeitfenster, in denen eine politische Debatte ergebnisoffen geführt werden kann und innovative Positionen einen Einfluss erlangen können. Durch politische Entscheidungen jedoch schließen sich diese Zeitfenster und können von den Beratungsgremien selbst nicht mehr beliebig neu geöffnet werden. Verpasst man das Zeitfenster, so kann man nur noch nachträgliche Politikevaluierung betreiben oder muss sehr langfristige Strategien entwickeln.

Der Faktor Zeit bzw. die „Zeitschiene“ spielt bei der Politikberatung eine ganz andere Rolle als in der Philosophie. Philosophische Reflexion ist in gewisser Weise zeitentrückt, und reine praktische Diskurse können im Lichte neuer Gründe jederzeit wieder aufgenommen werden. Politische Debatten sind hingegen geprägt von Terminen und Fristen, bis zu denen ein Thema „in trockenen Tüchern“ zu sein hat. Meist sind die Fristen eng und Zeit somit knapp („Vor der wichtigen Landtagswahl muss die Novelle im Bundesrat gewesen sein, da sonst (vielleicht) die A-Länder ...“; „Noch unter der Ratspräsidentschaft von Land X muss das Thema in Brüssel auf der Agenda sein, da danach Land B an der Reihe ist und dann ...“ usw.). Diese Terminierungen erlauben strategisch eingestellten Akteuren eine Reihe von taktischen Manövern, um durch Verkürzungen oder

Verlängerungen von Zeiträumen Vorteile zu erlangen. Diese strategischen und taktischen Manöver auf der „Zeitschiene" sind für Philosophen ein Gräuel, aber politische Normalität. Im Grunde nehmen die Akteure einander diese Manöver auch nicht wirklich übel, da alle Akteure derartige Formen strategischer Klugheit einsetzen. Für Ethiker ist es gewöhnungsbedürftig, dass schlaues Prozessmanagement eher über den politischen Erfolg entscheiden kann als überzeugende Begründungen.

Positionen sollten sowohl in Richtung auf die direkte Entscheidungsvorbereitung (direkter Einfluss) als auch in die Debatten der politischen Fachöffentlichkeit wirken (indirekter Einfluss). Es gilt die Balance zu wahren zwischen der zeitnahen direkten Relevanz und der sachlichen Triftigkeit einer Position, da auf gut begründete Positionen in günstigeren politischen Situationen zurückgegriffen werden kann. Dadurch baut sich jedoch innerhalb solcher Gremien eine gewisse Spannung auf zwischen einem zeitnahen pragmatischen Interventionismus und einer langfristigen strategischen Ausrichtung. Eine Lösung liegt darin, Positionen mehrstufig aufzubauen, und zu differenzieren zwischen Empfehlungen, die entscheidungsnah formuliert werden, und solchen, die eher eine längerfristige Orientierung anmahnen. Zauberworte sind „kurz-", „mittel-" und „langfristig". Man kann auch Vorschläge formulieren, die unter bestehenden Rahmenbedingungen Fortschritte versprechen, und solche, die die Rahmenbedingungen selbst betreffen.

V. Schlussbemerkung

Die Anstrengung, auf diskursrationale Weise Positionen zu erarbeiten und die Aussichten ihrer politischen Umsetzung zu erhöhen, folgt insgesamt einer anderen Logik als die der philosophischen Reflexion. Definiert man die Aufgabe des Philosophen im Sinne eines Ideals strikter Reflexion, so haben Ethiker in Gremien der Politikberatung eigentlich nichts verloren. Gesteht man jedoch dem Unternehmen namens angewandter Ethik die Spannung zwischen Reflexivität und Positionierung zu, so kann man (besser: sollte man) etwas Milde gegenüber Ethikern walten lassen, die den Brückenschlag zwischen Reflexion und Positionierung zeitweilig zu ihrer Sache machen. Es gibt in diesem Sinne vielfältige Unterschiede, aber keine unüberbrückbaren Gegensätze zwischen der Diskursethik als ethischer Rahmentheorie, dem Argumentationsraum der Umweltethik und einem institutionalistischen Realismus in der Politikberatung.

Man muss in der praktischen Philosophie, ausgehend von den mittleren Bereichen angewandter Ethik, immer zwei gegenläufige Wege gehen können: Den philosophischen Weg der Reflexion und den politischen

Weg der Positionierung. Diese beiden Wege führen im Bereich der Umweltethik einmal in die in III skizzierten Fragen und auch in die Naturphilosophie, zum anderen in die verschiedenen Aktivitätsfelder heutiger Umweltpolitik. Nun hat im Leben alles seine Zeit, und daher darf es Phasen geben, in denen man einen Weg länger und ausdauernder bewandert als den anderen. Wichtig ist die Fähigkeit, zur rechten Zeit umzukehren und den anderen Weg einschlagen zu können. Dieses Hin und Her auf beiden Wegen gehört zu einem performativen Verständnis von angewandter Ethik wesentlich hinzu.

Literaturverzeichnis

Baier, Kurt (1974): Der Standpunkt der Moral. Düsseldorf.
Bayertz, Kurt (2002): Self-Enlightenment of Applied Ethics. In: Chadwick, Ruth/Schroeder, Doris (Hg.): Applied Ethics. London/New York, 36-51.
Böhme, Gernot (1997): Phänomenologie der Natur – ein Projekt. In: Ders./Schiemann, Gregor (Hg.): Phänomenologie der Natur. Frankfurt a.M., 11-43.
Cafaro, Philip (2003): Naturkunde und Umwelt-Tugendethik. In: Natur und Kultur 4/1, 73-99.
Callicott, Baird J. (1997): Die begrifflichen Grundlagen der land ethic. In: Krebs, Angelika (Hg.): Naturethik. Frankfurt a.M., 211-246.
Clarke, Stanley G./Simpson, Evan (Hg.) (1989): Anti-Theory in Ethics and Moral Conservatism. Albany.
Cortina, Adela (1998): Der Status der Anwendungsethik. In: ARSP 84/3, 393-419.
Decker, Michael/Neumann-Held, Eva (2003): Between Expert TA and Expert Dilemma – A plea for Expertise. In: Bechmann, Gotthard/Hronszky, Imre (Hg.): Expertise and Its Interface. Berlin, 203-223.
Dietrich, Julia (2007): Ethische Urteilsbildung – Ethische Grundbildung. Dissertation TU Dresden.
Düwell, Marcus (2002): Einleitung. Angewandte oder Bereichsspezifische Ethik. In: Ders./Hübenthal, Christoph/Werner, Micha H. (Hg.): Handbuch Ethik. Stuttgart/Weimar, 243-247.
Falter, Reinhard (2006): Natur prägt Kultur. Norderstedt.
Foltz, Bruce V. (1995): Inhabiting the Earth. New Jersey.
Gorke, Martin (1999): Artensterben. Von der ökologischen Theorie zum Eigenwert der Natur. Stuttgart.
Gorke, Martin (2007): Eigenwert der Natur. Habilitationsschrift Greifswald.
Grunwald, Armin (2003): Methodical Reconstruction of Ethical Advices. In: Bechmann, Gotthard/Hronszky, Imre (Hg.): Expertise and Its Interface. Berlin, 103-124.
Habermas, Jürgen (1992): Faktizität und Geltung. Frankfurt a.M.
Habermas, Jürgen (2001): Die Zukunft der menschlichen Natur. Frankfurt a.M.
Habermas, Jürgen (1998): Richtigkeit versus Wahrheit. In: DZPhil 46/2, 179-208.

Hampicke, Ulrich/Ott, Konrad (Hg.) (2003): Reflections on Discounting. In: International Journal of Sustainable Development (Special Issue) 6/1.
Hare, Richard M. (1992): Moralisches Denken. Frankfurt a.M.
Kettner, Matthias (1992): Einleitung: Drei Dilemmata angewandter Ethik – Die Beiträge im Kontext. In: Apel, Karl-Otto/Kettner, Matthias (Hg.): Zur Anwendung der Diskursethik in Politik, Recht und Wissenschaft. Frankfurt a.M., 9-28.
Kettner, Matthias (2000): Welchen normativen Rahmen braucht die angewandte Ethik. In: Ders.: (Hg.): Angewandte Ethik als Politikum. Frankfurt a.M., 388-407.
Lafont, Christina (2001): How Cognitivistic is Discourse Ethics? In: Niquet, Marcel/Herrero, Francisco J./Hanke, Michael (Hg.): Diskursethik. Grundlegungen und Anwendungen. Würzburg, 135-144.
Leist, Anton (1998): Angewandte Ethik zwischen theoretischem Anspruch und sozialer Funktion. In: DZPhil 46, 753-779.
Light, Andrew (2002): Contemporary Environmental Ethics. From Metaethics to Public Policy. In: Metaphilosophy 33/4, 426-447.
Martin, John N. (1991): Order Theoretic Properties of Holistic Ethical Theories. In: Environmental Ethics 13, 215-234.
Martinez-Alier, Juan (2002): The Environmentalism of the Poor. Cheltenham.
Mason, Michael (1999): Environmental Democracy. London.
Meyer-Abich, Klaus Michael (1997): Praktische Naturphilosophie. München.
Naess, Arne (1989): Ecology, Community and Lifestyle. Cambridge.
Nida-Rümelin, Julian (1996): Theoretische und angewandte Ethik: Paradigmen, Begründungen, Bereiche. In: Ders. (Hg.): Angewandte Ethik. Stuttgart, 2-85.
Norton, Bryan (1987): Why Preserve Natural Variety. Princeton.
Norton, Bryan (1991): Toward Unity among Environmentalists. Oxford.
Nussbaum, Martha (2002): Moral Expertise? Constitutional Narratives and Philosophical Argument. In: Metaphilosophy 33/5, 502-520.
Olson, Mancur (1968): Die Logik kollektiven Handelns. Tübingen.
Ott, Konrad (1996): Strukturprobleme angewandter Ethik und Möglichkeiten ihrer Lösung. In: Ders.: Vom Begründen zum Handeln. Tübingen, 51-86.
Ott, Konrad (1997): Ipso Facto. Frankfurt a.M.
Ott, Konrad (2000): Moralbegründungen zur Einführung. Hamburg.
Ott, Konrad (2002): Sollte Umweltethik natur- oder sprachtheoretisch fundiert sein? In: Ingensiep, Hans W./Eusterschulte, Anne (Hg.): Philosophie der natürlichen Mitwelt. FS Meyer-Abich. Würzburg, 67-83.
Ott, Konrad/Döring, Ralf (2004): Theorie und Praxis starker Nachhaltigkeit. Marburg.
Ott, Konrad (2005): „Heimat"-Argumente als Naturschutzbegründungen in Vergangenheit und Gegenwart. In: Deutscher Rat für Landespflege: Landschaft und Heimat. Schriftenreihe Nr. 77, 24-32.
Ott, Konrad (2007): Ökologischer Ordoliberalismus. In: Vorgänge 179/3, 4-11.
Pimm, Stuart L. (2002): Hat die Vielfalt des Lebens auf der Erde eine Zukunft? Natur und Kultur 3(2), 3-33.
Potthast, Thomas/Piechocki, Reinhard/Ott, Konrad/Wiersbinski, Norbert (2007): Vilmer Thesen zu „ökologischen Schäden". In: Natur und Landschaft 82/6, 253-261.

Quante, Michael/Vieth, Andreas (2003): Welche Prinzipien braucht die Bioethik. Zum Ansatz von Beauchamp und Childress. In: Düwell, Marcus/Steigleder, Klaus (Hg.): Bioethik. Frankfurt a.M., 136-151.
Ritter, Joachim (1974): Landschaft. In: Ders.: Subjektivität. Frankfurt a.M., 141-163.
Rolston, Holmes (1988): Environmental Ethics. Philadelphia.
Skorupinski, Barbara/Ott, Konrad (2000): Technikfolgenabschätzung und Ethik. Zürich.
SRU (2002) (Der Rat von Sachverständigen für Umweltfragen): Umweltgutachten 2002: Für eine neue Vorreiterrolle. Stuttgart.
SRU (2002a) (Der Rat von Sachverständigen für Umweltfragen): Sondergutachten: Für eine Stärkung und Neuorientierung des Naturschutzes. Stuttgart.
Stegmaier, Werner (Hg.) (2005): Orientierung. Frankfurt a.M.
Stenmark, Mikael (2003): Nachhaltige Entwicklung und Umweltethik. In: Natur und Kultur 4/1, 3-33.
Takacs, David (1996): The Idea of Biodiversity. Baltimore/London.
Taylor, Paul (1986): Respect for Nature. Princeton.
Unger, Sebastian (2003): Wilderness Management on Svalbard. Diplomarbeit Universität Greifswald.
Walzer, Michael (1990): Drei Wege in der Moralphilosophie. In: Ders.: Kritik und Gemeinsinn. Berlin, 9-42.
Wetlesen, Jon (1999): The Moral Status of Beings who are not Persons. In: Environmental Values 8, 287-323.
Wieland, Wolfgang (1989): Aporien der praktischen Vernunft. Frankfurt a.M.
Wils, Jean-Pierre (Hg.) (1993): Orientierung durch Ethik. Paderborn.
Wilson, Edward O. (1984): Biophilia. Harvard.
Wright, Georg Henrik von (1963): The Logic of Preference. Edinburgh.

Governanceethik als anwendungsorientierte Ethik

Josef Wieland

I. Über das Verhältnis von Anwendung und Begründung

In diesem Aufsatz möchte ich einige Aspekte der Implementierung, das heißt der gesellschaftlichen Institutionalisierung und praktischen Organisierung gerechtfertigter moralischer oder ethischer Ansprüche an Handeln, diskutieren. Ich werde mich dabei in den illustrierenden Beispielen auf die Praxis des wirtschaftsethischen Handelns beschränken. Gleichwohl hoffe ich, einen Vorschlag für die Architektur des Verhältnisses von anwendungs- und begründungsorientierten Ethiken zu plausibilisieren, der sich nicht auf dieses Feld gesellschaftlichen Handelns beschränkt, sondern allgemeiner Natur ist.

Zunächst wäre zu prüfen, ob und inwieweit sich das „Anwendungs- oder Implementierungsproblem" ethischer Theorien als Spezialfall der traditionsreichen „Theorie/Praxis-Diskussion" verstehen lässt. Durch die Brille der Ethik betrachtet geht es dabei grundsätzlich um das Verhältnis von Identität und Differenz theoretischer Erkenntnis und richtigem oder angemessenem Handeln. In diesem Sinne ist auch die gegenwärtige Diskussion über den Anwendungsbezug philosophischer Ethiken in bestimmter Weise eine Fortschreibung des altehrwürdigen Theorie/Praxis-Problems. Aber ich möchte vorläufig darauf verzichten, weitere polarisierende Spezifikationen im Sinne einer „kritischen" und daher die Praxis zum Guten verändernden Theorie oder eines rein „wissenschaftlichen" Erkenntnisinteresses, das Praxis als störanfällige Anwendung theoretischer Erkenntnis konzipiert, einzuführen. Das Motiv für diese Zurückhaltung ist keineswegs eine angenommene Irrelevanz der Differenz von kritischem und rein positivem Erkenntnisinteresse. So sind etwa die diskursethischen (kritisches Erkenntnisinteresse) und dem ökonomischen Imperialismus (positives Erkenntnisinteresse) verpflichteten Wirtschafts- und Unternehmensethiken[1] Widerspiegelungen der tradierten Diskussion über das

1 Vgl. für die erstere Ulrich 2001 sowie Maak/Ulrich 2007, für die letztere Homann 1993 und Suchanek 2001.

Verhältnis von wissenschaftlicher Theorie und menschlicher Praxis, und sie gehören, nicht zuletzt auch aus diesem Grund, zum Mainstream der Diskussion. Der Punkt ist vielmehr, dass es aus dieser Perspektive, nämlich der Unterscheidung und Gegenüberstellung von Theorie und Praxis, überhaupt kein grundsätzliches (sondern nur ein kontingentes), das Verhältnis von Begründung und Anwendung betreffendes Implementierungsproblem der Ethik gibt. Es wird vielmehr durch die Art der Zurechnung von Theorie auf beide Seiten der Differenz Theorie/Praxis als prinzipiell gelöst betrachtet. Die Theorie kann „grundlagenorientiert" oder „anwendungsorientiert" sein, in beiden Fällen aber hat sie eine Gestaltungs- oder Orientierungsfunktion für die Praxis. Diese „Lösung" basiert jedoch, wie mir scheint, auf der gleichen Grundidee, nämlich in beiden Fällen auf der Anwendung von Theorie auf Praxis. Übertragen auf das hier zu erörternde Problem „Anwendung" oder „Implementierung" (verstanden als Institutionalisierung und Organisierung legitimer ethischer Präferenzen) und Begründung (verstanden als theoretische Generierung gerechtfertigter ethischer Präferenzen) ginge es dann um die Anwendung deduktiv oder induktiv gewonnener Prämissen auf praktische Sachverhalte, also etwa moralischer Prinzipien und Werte auf ökonomische Entscheidungen oder umgekehrt. Ob das in „kritischer Absicht" oder auf der Basis „positiver Methode" passiert, ändert daran nichts.

In einer solchen Auffassung drücken sich nach meinem Dafürhalten Missverständnisse aus, die beide zusammengenommen zur weitgehenden Paralysierung der praktischen Relevanz philosophischer Ethik im Anwendungskontext der Gesellschaft führen müssen.

1. Das erste Missverständnis bezieht sich auf ein unzutreffendes Ziel-Mittel-Verständnis, das im Wesentlichen besagt, dass die Begründungsethik die moralischen Ziele setzt, während die praktische Ökonomie dazu beizutragen hat, diese dann mit ihren Mitteln zu realisieren. Während rationaler Begründung hauptsächlich eine Legitimierungs- und Rechtfertigungsfunktion zugetraut wird, ist die Ökonomie als ein reines Instrument der Realisierung dieser so gewonnenen moralischen Ansprüche zu verstehen. Die Kurzfassung dieser Überlegungen kann sowohl die Gestalt der Forderung nach einem „Primat der Ethik" (Diskursethik) als auch, und das ist bemerkenswert, nach einem „Primat der Ökonomik" in der zeitgenössischen wirtschaftsethischen Diskussion annehmen, was nach dem bisher Entwickelten nur folgerichtig ist.

2. Das zweite Missverständnis bezieht sich auf die Anwendbarkeit rational begründeter, philosophischer oder gesellschaftswissenschaftlicher Prinzipien. Dass moralische Prinzipien rational begründbar sind, sagt nach meinem Dafürhalten noch nichts darüber aus, ob und vor allem in welcher Weise sie auch praktisch anwendbar sind. Die unaufhebbare Diffe-

renz von Theorie und Praxis, die darin mitschwingt, speist sich einerseits aus der Abstrahierungsleistung von Theorien und der beinahe beliebig detaillierbaren Vielfalt praktischer Sachverhalte, andererseits aus der nur selten anzutreffenden, aber im Anwendungsparadigma von Theorie vorausgesetzten Stabilität der Randbedingungen praktischen Handelns. Der Anwendungsversuch rational produzierter und moralisch begründeter Sätze scheitert demnach an einem Komplexitätsgefälle, welches in beiden Richtungen der Theorie/Praxis-Differenz wirkt.

Die hier vorgetragenen Argumente führen dazu, dass ich die Auffassung von Philippa Foot nur bedingt teile, dass „moralische Urteile motivationale Gründe sind“[2] und dass „die Moral [sich] dazu eignet, Handeln hervorzubringen und zu verhindern, weil das Verstehen von Gründen das tun kann“.[3]

Erstens sind rationale Moralbegründungen in ihrer Wirksamkeit beschränkt auf Länder und Regionen, deren Gesellschaftskulturen bei Moral auf Vernunft und Begründung abstellen. Dies ist jedoch faktisch kein allgemein anerkannter Standard. In Zeiten der globalen Interaktion wirtschaftlicher und gesellschaftlicher Akteure ist nicht nur die Pluralität von moralischen Prinzipien, sondern auch die Pluralität ihrer Begründungsverfahren ein wichtiger Gesichtspunkt. So sind es in vielen Kulturen das Herkommen oder nicht hinterfragbare religiöse Überzeugungen, die moralisches Handeln begründen.

Zweitens speist sich meine Zurückhaltung aus der Tatsache, dass rational begründete moralische Prinzipien und Werte neben religiösen oder kulturellen Grundüberzeugungen nur ein Element eines Sets von informalen Institutionen (IF), in diesem Fall die Kultur einer gegebenen Gesellschaft sind, die moralisches Handeln triggern können. Hinzu kommen emotionale Faktoren der individuellen Selbstbindung (IS) wie Empörung und Scham. Es ist also die Diversifität von individuellen Selbstbindungsregimes (IS) und informalen Institutionen (IF), die einen Einfluss auf die Realisierung einer ökonomischen Transaktion (T) mit einer moralischen Dimension (Tm) haben. Gleich dahinter aber spielen die jeweiligen normativen Vorstellungen über die spezifischen Eigenschaften der ökonomischen Funktionslogik eine Rolle für die Beurteilung der Anwendungsbedingungen einer moralökonomischen Transaktion (Tm). Dazu kommen dann noch die formalen Institutionen (FI) wie Gesetze und Vorschriften eines gegebenen Landes, und auch die für die praktische Implementierung zur Verfügung stehenden Kooperations- und Koordinationsverfahren der involvierten ökonomischen Organisationen (OKK) spielen eine gewichtige Rolle. Mit anderen Worten: Erforderlich sind die gelingende Simulta-

2 Foot 2004, 39.
3 Foot 2004, 36.

neität dieser vier Faktoren (IS, IF, FI, OKK) und deren Integration in eine Governancestruktur, um aus begründeten moralischen Prinzipien eine stabile, gelebte menschliche Praxis zu formen.[4] Dies ist die grundlegende Idee der Governanceethik.

Für das Anwendungs- und Implementierungsproblem der Ethik ergibt sich daraus folgender Schluss: Das Verhältnis von Begründungs- und Anwendungsdiskurs ist nicht bestimmt durch deren Über- oder Nachordnung, sondern durch ihre Zugehörigkeit zu differenten Sphären der Abstraktion,[5] zu differenten Sprachspielen, zu differenten institutionellen und organisationalen Arrangements, und genau daraus folgt überhaupt erst die Aufgabe der simultanen Relationierung von Begründung und Anwendung, ihres In-Beziehung-Bringens in einer umfassenden Governancestruktur. Eine anwendungsorientierte Ethik ist daher aus der Sicht der Governanceethik nicht charakterisiert durch die theoriegeleitete Anwendung moralischer Sätze auf Sachverhalte, sondern, im Fall der Wirtschaft, durch die theoriegeleitete Analyse einer moralökonomischen Transaktion unter den verschiedenen gültigen Entscheidungssprachen einer Gesellschaft und deren anwendungsorientierte Relation in einer bestimmten Governancestruktur.

II. Governanceethik als anwendungsorientierte Ethik[6]

Dieses relationale und kohärentistische Verhältnis von Begründung und Anwendung in der Governanceethik erklärt sich aus deren Theoriearchitektur.[7] Die Grundidee der Ethik der Governance, so wie ich sie vor allem in meinen Büchern *Ökonomische Organisation, Allokation und Status*, *Die Ethik der Governance* und *Normativität und Governance* entwickelt habe,[8] besteht in der Überlegung, dass sich die gegenwärtigen Fragestellungen der Wirtschafts- und Unternehmensethik[9] mikroanalytisch als die moralische Dimension distinkter wirtschaftlicher Transaktionen darstellen lassen. Die Realisierung dieser moralischen Dimension, so die weitere Überlegung, ist eine Funktion der individuellen Selbststeuerungsmechanismen der invol-

4 Wieland 1996; 1999; 2005.

5 Vgl. für diesen Gedanken Whiteheads: „Prinzipien können nie als kategorische Handlungsanweisungen aufgefasst werden, weil sie nur das in der Regel und unter den örtlichen Bedingungen richtige Verhalten angeben." (Lachmann 1994, 177)

6 Die folgende Darstellung stützt sich wesentlich auf Wieland 2005, 28-31 und 40-41.

7 Vgl. Badura 2004. Für den Begriff selbst vgl. Badura 2002.

8 Wieland 1996, 1999 und 2005. Vgl. zur bisherigen Diskussion dieses theoretischen Vorschlags Wieland 2001a; 2004a; 2005 und 2007. Eine aufschlussreiche und weiterführende Erörterung findet sich ebenfalls in Priddat 2004.

9 Für eine gute Übersicht dieser Fragestellungen und theoretischen Ansätze vgl. Noll 2002.

vierten Personen, der formalen und informalen Institutionen eines gegebenen institutionellen Umfeldes und der Beschaffenheit der Koordinations- und Kooperationsmechanismen der involvierten Organisationen. In einer etwas formaleren Schreibweise lässt sich daher der Gegenstandsbereich der Wirtschafts- und Unternehmensethik aus der Perspektive der Governanceethik in einer vereinfachten Schreibweise wie folgt funktional definieren:

$$Tm_{ij} = f\,(aIS_{ij}, bFI_{ij}, cIF_{ij}, dOKK_{ij})$$

(a...d = -1, 0, 1; i = spezifische Transaktion; j = spezifischer Ort)

Tm steht hier für die moralische Dimension einer distinkten wirtschaftlichen Transaktion. Darunter wollen wir die moralischen Dispositionen und Ansprüche an wirtschaftliche Transaktionen verstehen, die entweder aus einer Selbstverpflichtung der jeweiligen Akteure entspringen oder aber durch vorgängige gesellschaftlich akzeptierte Überzeugungen legitimiert sind. Ein Beispiel wäre etwa ein Vertrag mit einem Lieferanten, der Bestimmungen und Vorkehrungen gegen den Einsatz von Kinderarbeit zur Erfüllung dieses Vertrages enthält. In diesem Fall wäre die distinkte Transaktion der Lieferantenvertrag und dessen moralische Dimension eben der Anspruch, dass die Erfüllung des Vertrages ohne den Einsatz nicht akzeptabler Formen der Kinderarbeit zustande kommt.

IS steht für das Regime individueller Selbstbindung oder Selbstgovernance. Solche Selbstbindungsstrategien können auf Prinzipien der Tugend, rationale Vorteilskalküle oder andere Mechanismen zurückgehen. Dies mag von Transaktion zu Transaktion ($_i$) oder Person zu Person ($_j$) unterschiedlich sein und wird durch die Indikatoren $_i$ und $_j$ festgelegt. Sie sind für die Governanceethik unter dem Gesichtspunkt von Interesse, ob und in welcher Weise sie einen Beitrag zur Realisierung von Tm bilden, etwa, um beim gewählten Beispiel zu bleiben, das persönliche Engagement eines Managers zur Abschaffung von Kinderarbeit.

FI steht als Argument in dieser Funktion für die formalen Institutionen einer gegebenen Gesellschaft, in denen moralische Ansprüche an wirtschaftliche Transaktionen wettbewerbsneutral kodifiziert sind. Als Beispiel wäre hier etwa die entsprechende Gesetzgebung zum Verbot von Kinderarbeit anzuführen, die in ihren Bestandteilen je spezifisch für eine Transaktion ($_i$) ausgewählt werden muss und die an einem spezifischen Ort ($_j$), also in einem bestimmten Land, Staat oder in einer bestimmten Region gilt.

IF steht für die informellen Institutionen einer gegebenen Gesellschaft ($_j$), die im Hinblick auf eine bestimmte Transaktion ($_i$) wirksam werden könnten. Zu den informellen Institutionen gehören etwa religiöse oder moralische Überzeugungen einer gegebenen Kultur, sei es nun einer gesellschaftlichen oder organisationalen Kultur. Fragen der Kinderarbeit und deren moralische Bewertung sind tief verankert in den kulturellen Grundüberzeugungen verschiedener Gesellschaften. Wie wir wissen, sind diese Geltungsregeln unterschiedlich in den verschiedenen Regionen der Welt, sowohl was ihre Bestimmungen als auch ihre Durchsetzung angeht. Aber auch die professionellen philosophischen oder theologischen Begründungen der hier angesprochenen kulturellen Überzeugungen gehören in den Bereich der IF, weil und insofern sie über deren Legitimität mitentscheiden – entweder für alle oder aber doch wenigstens für einige der Akteure. Insoweit haben sie einen Einfluss auf die wirtschaftliche Praxis und zwar in Relation zu den anderen Faktoren der Governanceform, die ihre Reichweite determinieren.

OKK steht für die Koordinations- und Kooperationsmechanismen einer bestimmten Organisation, mit denen sie ihre Transaktionen führt, steuert und kontrolliert. Dies können sowohl private Organisationen, wie etwa Unternehmen, aber auch öffentliche Organisationen, wie etwa staatliche Bürokratien, sein. OKK sind die Leitlinien, Verfahren und Instrumente geschäftlicher oder bürokratischer Prozesse, also das, was man im angelsächsischen Sprachgebrauch ‚policies and procedures' nennt. Mit ihnen werden moralische Anforderungen an Transaktionen, im von mir gewählten Beispiel der Verzicht auf nicht akzeptable Kinderarbeit in der Wertschöpfungskette eines Konsumguts, durch Lieferantenbewertungs- und -entwicklungssysteme operationalisiert und implementiert. Ohne die Existenz und Wirkung von OKK gibt es keine Wirtschafts- und Unternehmensethik jenseits von universitären Seminaren.

Die Koeffizienten *a, b, c, d* können jeweils den Wert -1, 0, 1 annehmen. Ihre Vorzeichen informieren uns darüber, ob und in welcher Weise die Argumente IS, FI, IF und OKK der Funktion wirksam sind oder nicht. Nimmt der Koeffizient den Wert 1 an, so wird damit gesagt, dass diesem Argument der Funktion eine positive Wirksamkeit im Hinblick auf die moralische Dimension der Transaktion zugesprochen wird. Der Wert 0 besagt, dass die soeben erwähnte Wirkung nicht angenommen wird. Nimmt der Koeffizient den Wert -1 an, so wird damit zum Ausdruck gebracht, dass dieses Argument eine negative Wirkung auf die angestrebte moralische Dimension der Transaktion haben wird. Ich werde darauf in Abschnitt III eingehender zurückkommen.

Die Kernaussage der Ethik der Governance, so wie sie in dieser formalen Schreibweise festgehalten ist, lautet: Die moralische Dimension einer gegebenen und distinkten ökonomischen Transaktion (Tm) ist eine Funktion individueller Selbstbindungsstrategien (IS), der involvierten formalen (FI) und informalen (IF) Institutionen und der relevanten Koordinations- und Kooperationsmechanismen einer Organisation (OKK). Jedes

Argument dieser Funktion wird im Hinblick auf seinen Einfluss auf eine distinkte Transaktion ($_i$) in einem gegebenen lokalen oder globalen Kontext ($_j$) betrachtet. Weiterhin gilt, dass jedes Argument dieser Funktion, also die individuellen Regimes der Selbstgovernance, die formalen und informalen Institutionen und die involvierten Organisationsstrukturen, die moralische Dimension einer Transaktion entweder positiv (a - d = 1) oder negativ (a - d = -1) beeinflussen kann. Nehmen a - d hingegen den Wert 0 an, ist damit gesagt, dass ein Einfluss zu vernachlässigen ist.[10]

III. Governanceethik und Prozessphilosophie

Während die bisherigen institutionalistischen Ansätze der Wirtschafts- und Unternehmensethik sich im Wesentlichen auf die formalen und gelegentlich auch auf die informalen Institutionen einer gegebenen Gesellschaft oder Wirtschaft zur Erklärung ethischen Handelns in der Wirtschaft beschränkt haben, erlaubt die theoretische Ausarbeitung der Governanceethik die Integration aller relevanten Moralparameter der Wirtschaft und ihrer Unternehmen in ein komparativ arbeitendes Entscheidungsmodell. Die Governanceethik gehört daher in den Bereich der Wahltheorien, aus deren Sicht die Unterscheidung von Wirtschafts- und Unternehmensethik als Bereichsethiken wenig sinnvoll ist. Weder kann die Abgrenzung durchgehalten werden, noch ist sie sinnvoll, weil sie verschleiert, was sie doch klären sollte: Wie können moralische Ansprüche an wirtschaftliches Handeln zur Geltung gebracht werden? Im vorgestellten Modell lässt sich das Problem der Wahl effizienter und effektiver Regimes der Governance wirtschaftlicher Transaktionen einschließlich ihrer moralischen Dimension in einer diskriminierenden Weise thematisieren. Ich werde im Folgenden versuchen, diesen Gesichtspunkt weiter zu plausibilisieren. Dabei werden die Koeffizienten a - d und die ihnen eigene Wirksamkeit -1, 0, 1 von entscheidender Bedeutung sein.

10 Man sollte vielleicht beachten, dass es sich bei den Koeffizienten nicht um Schätzwerte handelt, die zu Signifikanzaussagen führen können. Ob die Ethik der Governance jemals das Niveau statistischer Schätzungen über die Wirksamkeit ihrer Koeffizienten erreichen wird, muss gegenwärtig offen bleiben. Ich möchte hier nur darauf hinweisen, dass prinzipiell eine solche Möglichkeit existiert.

	IS_{ij} a =	FI_{ij} b =	IF_{ij} c =	OKK_{ij} d =
Tugendethik	1	-1,0	-1,0	-1,0
Ordnungsethik	-1,0	1	-1,0	-1,0
Globale Ethik	-1,0	-1,0	1	-1,0
Unternehmensethik	-1,0	-1,0	-1,0	1

Abbildung 1: Koeffizientenmatrix

In den vier Zeilen der oben stehenden Koeffizientenmatrix haben wir verschiedene Bereiche der Wirtschafts- und Unternehmensethik in ihrer jeweils reinen Form entwickelt. Im Fall der Tugendethik wird also theoretisch angenommen, dass nur das Regime der individuellen Selbststeuerung wirkt (1), während formalen, informalen und organisationalen Strukturen entweder keine Wirkungsbedeutung (0) oder eine direkt entgegengesetzte Wirkung (-1) zugesprochen wird. Ordnungsethisch zeigt sich, dass die These, der systematische Ort der Wirtschaftsethik sei die Rahmenordnung[11], bestätigt wird in dem Sinne von FI = 1. Zugleich aber wird das soeben erwähnte Problem der unzureichenden Komplexität dieser Annahme deutlich, weil sie IS, IF und OKK in ihrer Wirkung als theoretisch kontingent versteht. In der globalen Ethik werden die diversen Moralkulturen als dominant angenommen (IF = 1), während staatliche Rahmenordnungen oder private Arrangements hier entweder nicht oder negativ wirken. Damit werden Situationen beschreibbar, in denen nationale Rahmenordnungen entweder nicht kompatibel sind oder gar entgegengesetzt wirken. Im Bereich der Unternehmensethik sind es die Koordinations- und Kooperationsregimes, denen eine positive Wirkung im Hinblick auf die Erreichung der moralischen Dimension wirtschaftlicher Transaktionen zugesprochen wird.

Diese Theoriearchitektur der Governanceethik erlaubt es, das Verhältnis von Theorie und Praxis, Begründung und Anwendung als Relationierung und Integration von Differenz so zu bestimmen, dass sowohl theoretische Verallgemeinerung als auch praktische Relevanz in einer rekursiven Schleife miteinander vernetzt werden. Dies möchte ich nun im Detail erläutern.

Die zu erklärende und zu gestaltende Zielfunktion der Governanceethik ist Tm, also im Fall der Wirtschaft die moralische Dimension einer distinkten ökonomischen Transaktion, in dem bisher genutzten Beispiel des Ausschlusses von Kinderarbeit in der Wertschöpfungskette eines Unternehmens. In der Governanceethik erzeugt die Rede von der „Ethik der

11 Vgl. Homann/Blome-Drees 1992.

Wirtschaft", der „Ethik der Unternehmen" oder der „Ethik der Manager" nur kommunikatives Rauschen, weil es sich bei diesen Bezeichnungen um ein Allgemeinheits- oder Abstraktionsniveau handelt, aus dem für den Anwendungsfall konkreter wirtschaftlicher Entscheidungen, jenseits von Salongesprächen, nichts folgt. Tm hat also eine theoretisch und praktisch disziplinierende Funktion der reduktiven und zugleich präzisierenden Problemexplikation und ist damit eine grundlegende Voraussetzung für Implementierungsstrategien anwendungsorientierter Ethiken. Dies gilt sowohl für die ökonomische als auch die moralische Komponente dieses Terms, das heißt, man muss sowohl das ökonomische Problem als auch das damit verbundene moralische Problem präzis bezeichnen. Mit Tm ist damit immer ein Fall „lokaler Gerechtigkeit" bezeichnet, zu deren Analyse und Aufklärung Jon Elster[12] Wertvolles beigetragen hat. Lokal meint dabei: Anwendungsorientierte Ethiken haben es immer mit a) sachlich, zeitlich und sozial begrenzten Problemen (Tm) von b) individuellen und kollektiven Entscheidungsträgern (IS, OKK) zu tun, die c) multiple und kulturell determinierte Kriterien und Prinzipien (IF, FI), also etwa Wirtschaftlichkeit, Technik, Recht, Gerechtigkeit in jeder ihrer Entscheidungen zu berücksichtigen haben. Schließlich sind d) gefundene Lösungen lokale Lösungen, das heißt, für ein spezifisches Problem unter spezifischen Entscheidungsbedingungen (Tm). Damit schließt sich die rekursive Schleife. Philosophische Begründungen von moralischen Aspirationen sind in diesem Problemaufriss sowohl *ein* Element der Problemexplikation als auch der Problemexekution. Aber eben nur *ein* Element, dessen praktische Reichweite durch die spezifische Relationierung der Argumente IS, IF, FI und OKK einer Governancefunktion bestimmt wird. Alle Argumente der Funktion sind daher zugleich Beschränkung als auch Bedingung der Ermöglichung füreinander.[13] Begründung und Anwendungsbedingungen werden damit als differente Entitäten eines Prozesses konzipiert, dessen moralische Qualität sich aus der Angemessenheit oder, um es ökonomisch zu formulieren, aus der Effizienz und Effektivität der gewählten Governanceform moralökonomischer Handlungen ergibt.[14]

Die Governanceethik präferiert einen kohärentistischen Begründungsbegriff,[15] der Ethik und Moral als Kompetenz des Sich-Zurechtfindens versteht, die sich in lokalen Situationen (Tm) zu bewähren hat. Die ethische Reflexion und Begründung von Tm speist sich dann nicht mehr aus letztgültigen oder universalisierbaren normativen Fundamenten und daraus abgeleiteten Empfehlungen oder ohne Ausnahme

12 Vgl. Elster 1990 und 1992; vgl. auch Schmidt 1992.

13 Für die Ermöglichungsfunktion von Moral vgl. Hubig 2001.

14 Vgl. hierzu ausführlicher Wieland 2005.

15 Vgl. zur Übersicht Badura 2002 und 2004.

gültigen Maximen zur Bearbeitung von Tm, sondern aus der gelingenden kohärenten Relationierung moralischer und nicht moralischer Sprachspiele. Begründung und Anwendung repräsentieren aus dieser Sicht differente Abstraktionsniveaus, deren Integration in eine Governanceform mehr mit Experimentierfreude und Phantasie zu tun hat als mit der stringenten Deduktion von Moralanwendungen aus fundamentalen Gewissheiten. Ich teile Richard Rortys Auffassung: „It is the ability to come up with new ideas, rather than the ability to get in touch with unchanging essences, that is the engine of moral progress."[16]

Die Ethik der Governance, so wie sie in der Governancefunktion als eine ethische Form zusammengefasst ist, fühlt sich einem auf Prozess und Relationierung abstellenden Denken verpflichtet. Es ist die, um es mit Alfred North Whitehead zu sagen, „geordnete Komplexität der Kontraste"[17], die „strukturellen Relationen"[18] der Governanceform, die über die ethische Qualität einer Anwendungssituation und der dieser angemessenen Handlungen entscheidet.[19]

Schließlich sollte beachtet werden, dass mit Tm Moral von einer Handlungsmotivation eines Akteurs zu einem temporalisierten und fragmentierten Ereignis (*actual entity*) mutiert, das in der Gesellschaft, ihren Systemen und Organisationen hoch „poppt", nach Beurteilung und Bearbeitung verlangt und dann wieder aus dem Fokus der Akteure verschwindet, bis es an anderer Stelle als anderes wieder auftaucht. Der in modernen Gesellschaften zu beobachtende vagabundierende Charakter von gesellschaftlich geforderten Moralanwendungen erfährt aus der Ereignishaftigkeit der Moral selbst seine Erklärung. Anwendungsorientierte Ethiken, die damit nicht rechnen, werden leicht auf dem falschen Fuß erwischt.

IV. Deskriptive und normative Reflexion

Ich möchte zum Abschluss dieser Überlegungen auf ein weiteres, mir wesentlich erscheinendes Merkmal für die Methodenreflexion anwendungsorientierter Ethiken zu sprechen kommen. Dabei geht es um die Verhältnisbestimmung der verschiedenen Formen der Reflexion. Die Governanceethik geht im Einklang mit der herkömmlichen philosophischen Tradition von einer Unterscheidung deskriptiver und normativer

16 Rorty 2006, 372.

17 Whitehead 1984, 195f.

18 Whitehead 1984, 196.

19 Lachmann betont zu Recht den Primat der Relationen bei Whitehead und zeigt überzeugend, dass dessen Metaphysik und Prozessphilosophie auf der These „der relationalen Konstitution alles Seienden" (Lachmann 1994, 45; vgl. auch 121) beruht.

Ethiken aus. Sie akzeptiert diese Unterscheidung, setzt aber selbst den Schwerpunkt auf die Simultaneität und Integration, also auf die Relationierung der verschiedenen Formen ethischer Reflexion im Hinblick auf eine Transaktion. Das hat zur Folge, dass, abhängig von der Beobachtungsperspektive, die Governanceethik sowohl als deskriptive als auch als normative Ethik ausgelegt werden kann. Dies veranschaulicht das folgende Schaubild.

Ethiktyp	**Ziel**	**Struktur**
Deskriptive Ethik	• Strukturierung moralökonomischer Transaktionen • Identifikation und Relationierung der Handlungsoptionen • Erweiterung der moralischen Handlungsoptionen	Governancematrix
normative Ethik • Begründungsakt • Handlungsempfehlung	• Legitimation • Realisierung des Besseren	Governanceform

Abbildung 2: Ethik der Governance

Wie alle anwendungsorientierten Ethiken, die sich zunächst einmal und vor allem mit praktischen Ereignissen beschäftigen, ist der Governanceethik eine empirische analytische Orientierung eigen und damit auch eine als deskriptiv zu bezeichnende Methodologie. Das ist es, was die Rede von der Governanceethik als einer deskriptiven Ethik bezeichnet. Dieser deskriptive Aspekt der Governanceethik wird organisiert und zusammengehalten über die Governance- oder Koeffizientenmatrix, die, wie wir im zweiten Abschnitt gesehen haben, im Kern darauf abzielt, die Optionen moralischen Handelns möglichst vollständig zu erfassen, die Strukturierungsbedingungen moralökonomischer Transaktionen zu benennen und auf diese Weise den Kreis möglicher Handlungsalternativen zu bezeichnen und, und dies ist wichtig, vor allem durch Bewertung zu erweitern. Deskriptiven Ethiken kommt daher im Hinblick auf die Quantität und Qualität moralischer Handlungen eine grundlegende Bedeutung zu. Quantität meint die Menge der möglichen oder für möglich gehaltenen Handlungsoptionen. Qualität meint die Eignung dieser Optionen, das angestrebte ethische Handlungsziel zu erreichen. Deskription ist für anwendungsorientierte Ethiken eine fundamentale Voraussetzung, womit sich die Frage ihrer Verbindung zur normativen Ethik stellt. Hier lässt sich aus der Sicht der Governanceethik auf zwei zu unterscheidende Dimensionen von Normativität rekurrieren. In einem ersten Sinne sind ethische Theorien normativ immer dann, wenn sie mit Gestaltungsempfehlungen einhergehen, die entweder das Erreichen des Guten, oder, wie im Fall der Governanceethik, die Realisierung des Besseren zum Ziel haben. Normativität heißt also hier zunächst einmal Gestaltungsempfehlung. Normativität kann aber in einem zweiten Sinne auch verstanden werden als die Inklusion der legitimierenden, Normativität erzeugenden gesellschaftlichen (philosophischen, rechtlichen etc.) Begründungen in die Bewertung und Beurteilung einer wirtschaftlichen Transaktion, was in der Governancestruktur durch den Parameter IF sichergestellt wird. Die Verbannung oder Zurückdrängung von Kinderarbeit (m) in den Lieferbeziehungen ökonomischer Akteure (T) ergibt sich ja nicht aus der Bezeichnung Tm selbst, sondern aus einer moralisch gesteuerten Konzeption von Kindheit (etwa als Entwicklungs- statt Arbeitszeit) und der Rolle, die Arbeit in dieser Konzeption spielen soll. Dass Tm also eine moralische Dimension hat, verdankt sich der eingespeisten moralischen Kommunikation der Gesellschaft über IF. Die durch Gestaltung und Begründung vermittelte Relationierung von deskriptiver und normativer Ethik ist vom Standpunkt der Governanceethik als anwendungsorientierter Ethik nichts Erstaunliches, sondern der Normalfall. Wie sonst könnten anwendungsorientierte Ethiken zugleich als individuelle und kollektive Lernprozesse eines praktischen und normativen Reflexionsprozesses verstanden werden? Erst dann, wenn man gelingende Moral nicht mehr vom gesellschaftlichen Projekt her denkt, sondern wesentlich als Konsequenz der Leistungskraft rationaler Theoriekonstruktionen versteht, entstehen Unsicherheiten der Abgrenzung, die gelegentlich mit dem Versuch einhergehen, diese durch Hierarchisierung (Anwendung zunächst theoretisch gewonnener Prinzipien auf eine nachgängige Praxis) zu eliminieren. Dabei kann dies allenfalls der Startpunkt moralischen Denkens über wirtschaftliche Probleme sein, das in einem „Überlegungsgleichgewicht" (Rawls) seine vorübergehende Lösung erfährt, die dann wiederum zum Startpunkt des gleichen Vorgangs wird.

V. Case Study: Korruption

Ich möchte in diesem Kapitel das bisher auf einem theoretischen Niveau Erörterte an einer Fallstudie weiterentwickeln. Um noch ein anderes empirisches Thema der Wirtschafts- und Unternehmensethik in die Erörterung einzubeziehen, möchte ich an dieser Stelle nicht die bereits ausgeführten moralökonomischen Aspekte der Kinderarbeit vertiefen, sondern das Thema der Korruption in Wirtschaftsbeziehungen fokussieren, das ja auch von nicht geringer Relevanz in der zeitgenössischen Diskussion ist.

Tm soll also die Prävention von korrupten Praktiken in einer wirtschaftlichen Transaktion, sagen wir einer international ausgeschriebenen, öffentlichen Auftragsvergabe in einem Land x und hier im Großanlagenbau sein. Dabei soll das Auftraggeberland x ein hohes Korruptionsrisiko aufweisen, so dass die Vergabe von öffentlichen Großaufträgen mit einer gewissen Wahrscheinlichkeit durch korrupte Praktiken kontaminiert sein wird. Der Auftragnehmer hingegen soll aus einem Kultur- und Rechtsumfeld stammen, in dem Korruption moralisch geächtet ist und strafrechtlich verfolgt wird. Während sich der ökonomische Teil der Transaktion relativ leicht als Bau einer bestimmten Großanlage, sagen wir eines Wasserkraftwerks, definieren lässt, ist dies nicht so für die moralische Bewertung der Korruption, die sich mit diesem wirtschaftlichen Austausch mit einer bestimmten Wahrscheinlichkeit verbindet. Diese Ambiguität in der moralischen Dimension m der Transaktion T kann aus der Sicht der Governanceethik ihre Wurzeln in den Parametern IS, IF und FI haben, die gemeinsam und im Bezug aufeinander die moralischen Ansprüche an dic Transaktion definieren. Anwendungsorientierte Ethik heißt daher im ersten Schritt die Analyse der genannten Parameter und die Deskription der sich daraus ergebenden Probleme moralischer Bewertung. Beginnen wir diese Analyse mit FI:

FI: Die rechtlichen Regelungen, seien es die einer Nation oder einer internationalen Gemeinschaft, die rechtlich festlegen, was Korruption ist und was nicht, sind aus der Perspektive eines weltweit agierenden Unternehmens weder einheitlich noch präzise. Unterscheiden lassen sich „petit corruption", „facilitation payments" und Bestechung. „Petit corruption" meint kleine Geldbeträge, die in bestimmten Ländern gezahlt werden müssen, und deren Ursache nicht selten im Schutz vor behördlicher Willkür liegt. Diese Zahlungen sind illegal, aber dennoch kulturell normal und sozial gefordert, da sie eine Einkommensquelle für einkommensschwache Schichten sind. Anders die Bestechung. Sie war in Deutschland bis zum Jahr 1998 im Fall der Bestechung im Ausland als nützliche Ausgabe steuerlich absetzbar, während sie zum gleichen Zeitpunkt in den USA im Rahmen des Foreign Corrupt Practices Act (FCPA) für amerikanische und in den USA ansässige Unternehmen weltweit von Strafe bedroht war. Viele der Wirtschaftsskandale, über die wir heute in Deutschland reden müssen, resultieren aus dieser Differenz, die genau in dem Moment manifest wurde, als deutsche Unternehmen sich an amerikanischen Börsen notieren ließen oder ihren Hauptsitz in die USA verlegten und damit in den Bereich des amerikanischen Rechts gerieten. Theoretisch und praktisch handelt es sich um einen Wechsel der rechtlichen Rahmenbedingungen wirtschaftlichen Handelns, der in der globalisierten Wirtschaft allerdings nicht die Ausnahme, sondern die Regel ist. Modernes Management muss mit diesem permanenten Wechsel umgehen können.

Es wurde dann im Jahr 1998 eine OECD-Konvention gegen Korruption („OECD Convention on Combating Bribery of Foreign Public Officials in International Business Transactions") verabschiedet, die einen Versuch der internationalen Staatengemeinschaft darstellt, zu gemeinsamen Standards in dieser Angelegenheit zu kommen. Dieser Versuch konnte nur gelingen, indem die sogenannten „facilitation payments", also Beschleunigungszahlungen, ausdrücklich aus der Definition von Korruption ausgeschlossen wurden. Dies ist zu einem bestimmten Grad rechtlich und moralisch gerechtfertigt. Korruption bedeutet, dass man materielle und immaterielle Ressourcen aufwendet, um einen persönlichen Vorteil zu erlangen, der einem nicht zusteht (etwa einen Auftrag), während „facilitation payments" bedeuten, dass man diese Ressourcen aufwenden muss, um eine Dienstleistung zu erlangen, die einem zusteht (etwa die Abnahme eines Baukörpers, die Bezahlung einer hohen Endrechnung oder den Entscheid über eine beantragte Lizenz). Von der OECD definitorisch ausgeschlossen, von der International Chamber of Commerce in Paris als lästiges, abzulehnendes, aber gelegentlich hinzunehmendes Übel behandelt, sind „facilitation payments" in Deutschland, aber nicht in allen Ländern des Westens, bis auf den heutigen Tag strafrechtlich bedroht. Hinzu kommt, dass zwar in allen Ländern der Erde Korruption verboten ist, die staatliche Erzwingung der entsprechenden Vorschriften durch Polizei, Staatsanwaltschaften und Gerichte aber nicht in allen Ländern gleich intensiv ist, um es einmal freundlich zu formulieren. Dafür kann es politische, kulturelle, ökonomische oder logistische Gründe geben, in jedem Fall ist der Erzwingungsgrad von Rechtsvorschriften ein wesentlicher Bestandteil der Bewertung und Handlungsrelevanz von formalen Institutionen.

Ich möchte die Diskussion[20] an dieser Stelle abbrechen und auf den Punkt kommen, um den es mir geht. Der Parameter FI liefert in unserem Fall im Hinblick auf Tm keine klaren Definitionen und Handlungsanwei-

20 Vgl. weiterführend Lambsdorff 2007.

sungen dafür, wie sich die moralisch gebotene Korruptionsfreiheit wirtschaftlicher Transaktionen allgemein verstehen und realisieren lässt. Dass Gesetze einzuhalten sind, mag zwar eine moralische Pflicht sein, aber in unserem Beispiel sagt sie nur sehr wenig darüber aus, was genau zu tun ist, um dieser Pflicht nachzukommen. Weder ist der Begriff noch der Sachverhalt von Korruption so klar, dass sich daraus umstandslos Handlungen ableiten lassen.

IF: Die philosophischen und kulturellen Bewertungen dessen, was Korruption ist, sind ebenfalls sehr unterschiedlich und letztlich abhängig von der sozialen Konzeption des Verhältnisses von Wirtschaft, Staat und Gesellschaft.[21] Gesellschaftliche Akteure, die akzeptieren, dass Marktwirtschaft und demokratischer Rechtsstaat moralisch vorzugswürdig sind, werden der Aussage zustimmen, dass die Vergabe eines öffentlichen oder privaten Auftrags das Ergebnis eines fairen Wettbewerbs sein sollte, der am Ende des Tages über das günstigste Preis-Leistungs-Verhältnis entschieden werden muss. Auftragsvergabe ist in dieser mentalen Konstruktion das Ergebnis einer fairen objektiven Struktur. Gesellschaften mit anderen kulturellen Vorgaben werden die Vergabe eines Auftrags nicht nur als das Ergebnis eines guten Preis-Leistungs-Verhältnisses sehen, sondern darüber hinaus auch als eine persönliche Gunstbezeugung des Auftraggebers gegenüber dem Auftragnehmer. Dahinter kann sich „Freundschaft", „Nepotismus" oder auch „Beziehungsnetzwerk" als positives normatives Deutungsmodell sozialen Handelns verbergen, aber in allen diesen Fällen handelt es sich bei der Vergabe von Aufträgen nicht nur (und nicht in erster Linie) um das Wirken einer fairen Struktur, sondern um eine faire personale Relation. In einem solchen Kontext wird daher erwartet, dass für den Gunstbeweis der Auftragsvergabe (oder die Investition in das Netzwerk) ein Gegengeschenk (oder eine Reinvestition) erfolgt, welche im Modell struktureller Fairness als Korruption gedeutet werden wird. Moderne Unternehmen in einer globalisierten Ökonomie leben exakt in dieser von kultureller Diversifität geprägten Welt, und auch dies ist eine der wesentlichen Triebkräfte sowohl für korrupte Handlungen als auch ihrer öffentlichen Anklage.

IS: Schließlich also der Faktor der individuellen Selbstbindungskräfte. Auch er hat eine entschiedene Einwirkung auf die Deutung dessen, was mit m im Hinblick auf eine spezifische T bezeichnet wird. Es mag in manchen Ländern dieser Welt eine Tugend sein, faire Strukturen der Auftragsvergabe und ihrer Resultate zu akzeptieren, während es in anderen Ländern eine Tugend sein mag, in diesem Zusammenhang ebenfalls Freundschaft zu pflegen. Auch wissen wir aus empirischen Untersuchun-

21 Vgl. für die schiere Vielfalt der sozialen Konstruktionen der Korruption Williams 2000 sowie Wieland 2008b.

gen, dass Korruption als eine Form der Wirtschaftskriminalität von Akteuren (Managern) verübt wird, die keine der üblichen Charakteristika krimineller Lebensläufe zeigen.[22] Weder stammen die Täter aus Unterschichten, noch sind sie verarmt, arbeitslos, ohne Ausbildung oder ungebildet, alles Kriterien, die üblicherweise für das Triggern krimineller Karrieren eine gewisse Bedeutung haben. In der Regel ist das exakte Gegenteil der Fall. Das wiederum führt dazu, dass diese Akteure kognitive Dissonanzen erleiden, die sie zwingen, ihr Handeln so zu rationalisieren, dass es konsonant wird. Diese psychologischen Prozesse bei der individuellen Wahrnehmung und Bewertung der Korruption sind von entscheidender Bedeutung für die Beantwortung der Frage, was unmoralisches Handeln auslöst und stabilisiert.[23] Sie gehören in das Forschungsprogramm einer Behavioral Business Ethics (BBE), weil sich ohne den Einbezug der empirischen Verhaltensdimension von individuellen und organisationalen Akteuren die Entstehung und Bekämpfung von Korruption nicht ausreichend verstehen lässt.

Zusammengefasst zeigt schon allein die skizzenhafte Diskussion der Parameter FI, IF und IS und der sie konstituierenden heterogenen und nicht selten dichotomen Faktoren, die auf die empirische Deutung der moralischen Dimension m einer spezifischen Transaktion T einen wesentlichen Einfluss haben, die Beschränkungen der Idee der rein normativ-rationalen Generierung von moralischen Handlungen als eines Teilaspekts von IF. Eine Ethik, der es um Anwendungsbezug geht, wird daher nicht umhin können, deskriptive und normative Reichhaltigkeit so zu organisieren, dass es überhaupt zu einem moralischen Handeln kommen kann.

OKK: Um mit diesem komplexen Gebilde aus individuellen und kollektiven Motivationen und organisationalen und gesellschaftlichen Strukturen umgehen zu können, bedarf es des Aufbaus moralischer Routinen und Standardverfahren, wie sie etwa in werteorientierten ComplianceManagementSystemen (CMS) von Unternehmen zum Ausdruck kommen. Präventiver Erfolg gegen korrupte Handlungen ist nur und nahezu ausschließlich durch die Instrumentierung und Organisierung moralischer Motive mit einer gewissen Erfolgswahrscheinlichkeit zu haben. Darin drückt sich eine weitere funktionale Differenzierung moderner Gesellschaften aus, nämlich die Ausdifferenzierung der Moral als Eigenschaft und Fähigkeit von individuellen und kollektiven Personen. Ich habe an anderer Stelle zu beiden Aspekten ausführlich geschrieben[24] und möchte hier nur noch die folgende Übersicht über die heute üblichen praktischen Instrumente eines ComplianceManagementSystems (CMS) hinzufügen,

22 Vgl. für diese Charakteristiken Bannenberg 2002.

23 Vgl. exemplarisch Ashforth/Anand 2003; McKendall/Wagner 1997; Reynolds 2006.

24 Vgl. Wieland 2001b; 2005; 2008a.

die den notwendigen und engen Zusammenhang zwischen empirischer Problemstellung, moralischen Werten und anwendungsfähigen Instrumenten visualisieren soll, dessen Gestaltung die genuine Aufgabe anwendungsorientierter Ethiken ist.

Compliance-problem	• Korruption • Kartellrecht • Insiderhandel	• Geldwäsche • Umweltrecht • Export-kontrolle	• Vermögensschädigung • Arbeits- und Sozial-standards • Umgang mit Eigentum

Werte: Integrität, Ehrlichkeit, Aufrichtigkeit, Rechtstreue, Loyalität

CMS	Instrumente
Strategie	• Grundwerteerklärung • Mission-, Vision-, Values-Statement • Code of Ethics • Compliance Risk Assessment
Organisation	• Chief Compliance Officer • Compliance Office • Compliance Organisation • Ombudsperson • Linienverantwortung • Helpline • Hinweisgebersystem
Leitlinien	• Kartellrechtsrichtlinie • Richtlinie für Provisionszahlungen im Vertrieb • Geschenkerichtlinie • Richtlinie Exportkontrolle • Lieferantenauswahl und -bewertung
Kommunikation	• Schulungen • Intranet/Internet • Webbased Training • Broschüre • Mitarbeitergespräch • Reporting

	• Notfallmanagement
Kontrolle	• Dokumentation • Monitoring/Selbstbewertung • Compliance-Audits (intern/extern) • Detection-Audits • Sanktion • Zusammenarbeit mit Behörden

Abbildung 3: Instrumente des ComplianceManagementSystems (CMS)

Es sollte deutlich werden, wie viele und wie sehr spezifische Instrumente nötig sind, um ein dem Problem angemessenes und kohärentes CMS zu entwickeln und in ein Unternehmen einzuführen, das seinerseits wiederum notwendiges Element einer Governancestruktur ist, die die spezifische Relationierung der Parameter IS, FI, IF und OKK verkörpert und damit auch die Definition der moralischen Dimension einer spezifischen Transaktion, hier also der Korruption im Zusammenhang mit Auftragsvergaben. Folgendes Schaubild führt die nunmehr vollständig erläuterten determinierenden Parameter korrupter Handlungen zusammen und zeigt, dass erst das In-Bezug-Setzen kognitiver und struktureller Faktoren einen empirischen Zugang zum Feld der anwendungsorientierten ethischen Korruptionsforschung eröffnet.

	Formale Governance (FG)	**Informale Governance (IG)**
Nation	• Gesetze • Corporate Governance Code • ...	• Wirtschaftskultur • Philosophische Begründungen • ...
Organisation	• ComplianceManagementSystem • Wertemanagementsystem • ...	• Unternehmenskultur • Branchenkultur • ...
Person	• Funktion • Rolle • ...	• Individuelle Werte • Charakter • ...

Abbildung 4: Kognitive und strukturelle Mechanismen

Was sich aus diesem Schaubild weiterhin lernen lässt, ist, warum es so schwierig ist, präventiv gegen Korruption zu arbeiten: weil zumindest an zwei Parametern der Governancefunktion zweier Akteure A oder B ein gleicher positiver Wert herrschen muss, damit es überhaupt in einem Prozess gelingen kann, korrupte Handlungen zu identifizieren, zu bewerten und zu verhindern. Abstrakter formuliert und in der Sprache der Governanceethik ergibt sich folgende Darstellung:

Tm	IS_{ij}		IF_{ij}		FI_{ij}		OKK_{ij}	
Tm = f	A_{ij} 1	B_{ij} -1	A_{ij} 1	B_{ij} -1	A_{ij} 1	B_{ij} -1	A_{ij} 1	B_{ij} -1

Abbildung 5: Korruptionsmatrix

Korruption ist zu eng gedacht als ein zweiseitiger ökonomischer Tauschakt oder als unmoralische Präferenz eines Akteurs, sondern ist ein Ereignis, das im Vollzug wirtschaftlichen Handelns auftaucht und dann professionell abgearbeitet werden muss. Die Konzipierung von Akteuren, die eine begründete Präferenz für oder gegen Korruption haben, ist wenig hilfreich für die Entwicklung einer anwendungsorientierten Wirtschafts- und Unternehmensethik, und zwar deswegen, weil dieser Ausschnitt des Anwendungskontextes zu gering und zu selektiv ist. Es ist gerade die Umstellung der Moral von Handeln auf temporäres Ereignis im Vollzug (hier) wirtschaftlichen Handelns, die einen anwendungsrelevanten Zugang überhaupt erst eröffnet. Weiterhin sollte einsichtig sein, dass sowohl die praktische Problemdisposition als auch deren praktische Lösung lokale Ereignisse sind, deren spezifische Charakteristika sich aus dem rekursiven Prozess der Balancierung und des Aufeinanderbeziehens der vier Parameter der Governancestruktur ergeben. Das schließt nicht aus sondern ein, dass Fallähnlichkeiten und Standardverfahren möglich und nützlich sind. Aber in allen möglichen Varianten wird sich der Begründungsakt für die einzelne Handlung nicht mehr allein aus IF (sei es nun eine philosophische oder ökonomische Begründung, die es dann anzuwenden gilt), sondern aus der Angemessenheit der gefundenen Lösung in einem „Überlegungsgleichgewicht" hinsichtlich einer spezifischen Tm ergeben, das sich in einer ebenso spezifischen Governancestruktur abbildet. Eine Anwendung rational produzierter moralischer Handlungsempfehlungen auf Sachverhalte, also etwa, dass Korruption unfair oder wohlfahrtsschädigend und daher unmoralisch sei, ist im Bereich des Anwendungsvollzugs notwendig, aber nicht hinreichend.

VI. Zusammenfassung

Ich habe in diesem Aufsatz versucht, vier Aspekte der Methodenreflexion anwendungsorientierter Ethiken zu diskutieren, die aus der Sicht der von mir vertretenen Governanceethik, aber auch aus der Erfahrung mit der praktischen Umsetzung der Governanceethik[25] von entscheidender Bedeutung sind. Entscheidend heißt in diesem Zusammenhang: entscheidend für die theoretische Weiterentwicklung anwendungsorientierter Ethiken und entscheidend für das Gelingen der Implementierung moralischer Ansprüche in praktisches, hier also wirtschaftliches Handeln.

Erstens: Ich habe im ersten Schritt dafür argumentiert, dass das Verhältnis von Begründung und Anwendung nicht durch ein Nacheinander und nicht durch eine hierarchische Überordnung charakterisiert werden kann, wenn zugleich die praktische Relevanz moralischer Werte und Prinzipien gewollt ist. Zweitens: Ich habe dann im weiteren Verlauf der Diskussion einige Voraussetzungen dieser praktischen Relevanz erörtert, wozu vor allem eine distinkte Problemexplikation Tm gehört, die als Problem lokaler Gerechtigkeit konzipiert werden kann. Drittens: Tm als Problem lokaler Gerechtigkeit zu verstehen ist allerdings nur möglich, wenn zugleich akzeptiert wird, dass die der Realisierung dieser Transaktion einwohnenden moralischen Ansprüche ein Prozess der Balancierung, des Aufeinander-Beziehens und der Abstimmung der Ansprüche der vier Parameter der Governancefunktion sind, die füreinander eine Beschränkungs- und Ermöglichungsfunktion sind. Viertens: An die Stelle einer hierarchischen oder einer digitalen Ordnung von Begründungs- und Anwendungsdiskursen tritt dann die Idee ihrer Relationierung, die den Begründungsakt zu einem Bestandteil des Anwendungsbezugs und den Anwendungsbezug zum Bestandteil des Begründungsakts macht. Diese rekursive Relationierung von Anwendung und Begründung muss folgerichtig zu einem In-Bezug-Setzen von deskriptiven und normativen Ethiken führen, ohne die die Methodologie einer anwendungsorientierten Ethik, die es mit der Implementierung ihrer Ansprüche in die Gesellschaft ernst meint, nicht auskommen kann.

Literaturverzeichnis

Ashforth, Blake E./Anand, Vikas (2003): The Normalization of Corruption in Organizations. In: Research in Organizational Behavior 25, 1-52.

Badura, Jens (2002): Ethischer Kohärentismus. In: Düwell, Marcus/Hübenthal, Christoph/Werner, Micha H. (Hg.): Handbuch Ethik. Stuttgart/Weimar, 199-205.

25 Vgl. Wieland 2004b.

Badura, Jens (2004): Moralsensitive Orientierungsphilosophie – die Governanceethik im Lichte des Kohärentismus. In: Wieland, Josef (Hg.): Die Governanceethik im Diskurs. Metropolis-Reihe „Studien zur Governanceethik" Bd. 2. Marburg, 19-41.

Bannenberg, Britta (2002): Korruption in Deutschland – Ergebnisse einer kriminologisch-strafrechtlichen Untersuchung. In: Arnim, Hans Herbert von (Hg.): Korruption. Netzwerke in Politik, Ämtern und Wirtschaft. München, 204-234.

Elster, Jon (1990): Local Justice. In: Archives européennes de sociologie 31 (1), 117-205.

Elster, Jon (1992): Local Justice. How Institution Allocates Care Goods and Necessary Burdens. New York.

Foot, Philippa (2004): Die Natur des Guten. Frankfurt a.M.

Homann, Karl (1993): Wirtschaftsethik. Die Funktion der Moral in der modernen Gesellschaft. In: Wieland, Josef (Hg.): Wirtschaftsethik und Theorie der Gesellschaft. Frankfurt a.M.

Homann, Karl/Blome-Drees, Franz (1992): Wirtschafts- und Unternehmensethik. Göttingen.

Hubig, Christoph (2001): Die Modellierung institutionellen Handelns im ökonomischen Bereich – Zur Frage nach den Adressaten einer Wirtschafts- oder Unternehmensethik. In: Wieland, Josef (Hg.): Die moralische Verantwortung kollektiver Akteure. Heidelberg, 3-22.

Lachmann, Rolf (1994): Ethik und Identität. Der ethische Ansatz in der Prozessphilosophie A. N. Whiteheads und seine Bedeutung für die gegenwärtige Ethik. Freiburg i.Br./München.

Lambsdorff, Johann Graf (2007): The Institutional Economics of Corruption and Reform. Cambridge.

Maak, Thomas/Ulrich, Peter (2007): Integre Unternehmensführung. Ethisches Orientierungswissen für die Wirtschaftspraxis. Unter Mitarbeit von Heiko Spitzeck. Stuttgart.

McKendall, Marie A./Wagner, John A. (1997): Motive, Opportunity, Choice, and Corporate Illegality. In: Organization Science 8/6, 624-647.

Noll, Bernd (2002): Wirtschafts- und Unternehmensethik in der Marktwirtschaft. Stuttgart/Berlin/Köln.

Priddat, Birger (2004): Organisation und Sprache. In: Wieland, Josef (Hg.): Die Governanceethik im Diskurs. Metropolis-Reihe „Studien zur Governanceethik" Bd. 2. Marburg, 147-183.

Reynolds, Scott (2006): Moral Awareness and Ethical Predispositions: Investigating the Role of Individual Differences in the Recognition of Moral Issues. In: Journal of Applied Psychology 91/1, 233-243.

Rorty, Richard (2006): Is Philosophy Relevant to Applied Ethics? In: Business Ethics Quarterly 16 (3), 369-389.

Schmidt, Volker H. (1992): Lokale Gerechtigkeit. Perspektiven soziologischer Gerechtigkeitsanalysen. In: Zeitschrift für Soziologie 21 (1), 3-15.

Suchanek, Andreas (2001): Ökonomische Ethik. Tübingen.

Ulrich, Peter (2001): Integrative Wirtschaftsethik. Grundlagen einer lebensdienlichen Ökonomie. 3. Aufl. Bern/Stuttgart/Wien.

Whitehead, Alfred North (1984): Prozess und Realität. Frankfurt a.M.

Wieland, Josef (1996): Ökonomische Organisation, Allokation und Status. Tübingen.

Wieland, Josef (1999): Die Ethik der Governance. Metropolis-Reihe „Studien zur Governanceethik" Bd. 1. Marburg.

Wieland, Josef (2001a): Eine Theorie der Governanceethik. In: zfwu 2/1, 8-33.

Wieland, Josef (2001b): Die Tugend kollektiver Akteure. In: Ders. (Hg.): Die moralische Verantwortung kollektiver Akteure. Heidelberg.

Wieland, Josef (2004a): Governance und Simultanität – Wissen als kooperative und moralische Ressource. In: Ders. (Hg.): Governanceethik im Diskurs. Metropolisreihe "Studien zur Governanceethik" Bd. 2. Marburg, 253-279.

Wieland, Josef (Hg.) (2004b): Handbuch Wertemanagement. Hamburg.

Wieland, Josef (2005): Normativität und Governance. Metropolis-Reihe „Studien zur Governanceethik" Bd. 3. Marburg.

Wieland, Josef (2007): Governanceethik und Diskursethik – ein zwangloser Diskurs. Metropolis-Reihe „Studien zur Governanceethik" Bd. 5. Marburg.

Wieland, Josef (2008a): Unternehmensethik und Compliance Management – zwei Seiten einer Medaille. In: Zeitschrift für Corporate Compliance 1, 15-17.

Wieland, Josef (2008b): Korruption. In: Gosepath, Stefan/Hinsch, Wilfried/Rössler, Beate (Hg.): Handbuch der politischen Philosophie und Sozialphilosophie. Berlin/New York. (im Erscheinen)

Williams, Robert (Hg.) (2000): Explaining Corruption. An Elgar Reference Collection. 4 Bände. Cheltenham.

Pragmatische Leitkonzepte – Kriterien der Begründung angemessener Lösungsvorschläge in der angewandten Ethik

Herwig Grimm

1. Einleitung – Zwischen Theorielosigkeit und Praxisferne

Grundsätzlich hat es die philosophische Ethik als normative, deskriptive und Meta-Ethik mit der kritischen Prüfung und Begründung moralischer Normen, der Beschreibung moralischer Phänomene und der Reflexion der Sprache der Moral zu tun. Als Teil der philosophischen Ethik liegt es demgegenüber in der Absicht der angewandten Ethik, konkrete Probleme sozialer Realität zu behandeln und *praktisch wirksame* Lösungen zu entwickeln. Es ist nicht mehr allein die Frage, ob moralische Urteile gerechtfertigt werden können, sondern zugleich, ob es Ethikern[1] gelingt, tragfähige moralische Orientierungshilfen bereitzustellen. Die angewandte Ethik ist deshalb unstrittig und charakteristischerweise sowohl mit (ethischen) Begründungs- als auch mit (faktischen) Realisierbarkeitsansprüchen konfrontiert (Kaminsky 2005, 82).

Für die Arbeit der Ethiker bedeutet dies, dass sie orientierungsrelevante Aspekte der Lösungsbegründung auch in den faktischen, kontextuellen Bedingungen konkreter Problemstellungen vorfinden. Die Methoden angewandter Ethik müssen folglich für kontextuelle Bedingungen offen sein und empirische Zusammenhänge bei der Lösungsbegründung integrieren können (Bayertz 1991, 29), zudem aber auch an vorhandene moralisch-normative Überzeugungen anschlussfähig sein (Nida-Rümelin 1996, 60; 1998b, 130). Würde die konkret gelebte Praxis keinen Einfluss auf das methodische Vorgehen haben, wäre das Programm der angewandten Ethik sinnlos und verschwendete Zeit. Egal ob *top-down*, *bottom-up* oder *kohärentistischer* Ansatz, jeder findet orientierungsrelevante Aspekte in der

1 Das Maskulinum ist generisch zu verstehen, wo immer dies im vorliegenden Text möglich ist.

konkreten, empirischen und normativ geregelten Praxis.[2] Diese Orientierung kann in eine fragliche Theorieferne münden, wie in der Kasusitik (Jonsen/Toulmin 1988) oder wenn der lebensweltlich-praktische Anspruch über Gebühr strapaziert wird, wie dies Ropohl im Kontext der Technikethik nahe zu legen scheint:

> Wie immer diese Minimalmoral dann im Einzelnen aussehen wird, sie ist das Gebot der Stunde, wenn die Moralphilosophie „praktisch" werden will; wenn die Ethik von der Gesellschaft ernst genommen werden will, muß sie der Gesellschaft verläßliche und brauchbare Orientierung bieten. (Ropohl 2002, 99)

Die einseitige Ausrichtung auf theoretische oder praktische Ansprüche kann nicht befriedigen, da die Lösungsvorschläge angewandter Ethik beiden genügen müssen (Brand u.a. 2008, 11). Sie zu entkoppeln brächte Nachteile für beide (Nida-Rümelin 1998a, 45). Der Versuch, die beiden Ansprüche methodisch zu berücksichtigen, bringt die Schwierigkeit mit sich, bestimmen zu müssen, wo die Grenze zwischen Theorielosigkeit und Praxisferne zu ziehen ist, und zu klären, was es heißt, sich lösungsorientiert mit konkreten, moralischen Problemstellungen sozialer Realität auseinanderzusetzen, ohne theoretisch-wissenschaftliche Ansprüche aufzugeben. Im Bilde gesprochen mündet dies in die Frage, wie viel theoretisches Gepäck ein Ethiker auf dem Weg heraus aus dem viel beschworenen Elfenbeinturm braucht, um sicher auf wissenschaftlichem Boden zu wandern, und wie viel davon er einpacken darf, um nicht Gefahr zu laufen, unter der theoretischen Last auf halber Strecke zusammenzubrechen.

Da letztlich alle Lösungsvorschläge angewandter Ethik auf erfolgreiche Handlungsorientierung zielen, spielen hierbei Konzepte wie *Umsetzbarkeit, Realisierbarkeit, Zumutbarkeit, Kontextsensitivität, wissenschaftliche Anschlussfähigkeit* etc. eine zentrale Rolle. Sie werden im Folgenden *pragmatische Leitkonzepte der angewandten Ethik* genannt, da sie die angewandte Ethik von der traditionellen Ethik unterscheiden und sowohl auf die Eigenschaften praxisrelevanter Lösungsvorschläge angewandter Ethik zielen als auch Kriterien für das methodische Vorgehen ihrer Begründung darstellen. Das Anliegen des vorliegenden Beitrages ist es auszuloten, wie pragmatische Leitkonzepte in die Begründung von tragfähigen Lösungsvorschlägen moralischer Problemstellungen integriert werden können. Entsprechend geht es mir nicht um die Begründung, Reflexion oder Beschreibung mora-

2 Ach und Runtenberg haben eine hilfreiche Übersicht und Darstellung der methodischen Ausrichtungen der Bioethik geschaffen und die unterschiedlichen Zugänge der angewandten Ethik zusammengestellt. Vgl. Ach/Runtenberg 2002. Zur Auseinandersetzung mit rekonstruktiven bzw. fundierenden Modellen der Bioethik vgl. Birnbacher 2006, 29-52; Beauchamp/Childress 2001, 384-413. Zu den Problemen und Grenzen rekonstruktiver Modelle der Bioethik vgl. Birnbacher 2003, 73-77. Zur praxisbezogenen Ethik vgl. Badura 2002, 17-36.

lischer Normen, sondern darum zu prüfen, welche Rolle pragmatische Leitkonzepte bei der Begründung von *angemessenen Lösungsvorschlägen* spielen können und ob das Programm der angewandten Ethik – sich tief auf moralische Problemstellungen sozialer Realität und die empirischen Zusammenhänge einzulassen (Bayertz 1991, 29) – anstrebenswert bzw. bewältigbar sein kann.

Das zu begründende methodische Verständnis dieser Leitkonzepte soll sicherstellen, dass verantwortliche Akteure den Lösungsvorschlägen angewandter Ethik praktisch Folge leisten können, wodurch ihre Verbindlichkeit steigt und sich die Wahrscheinlichkeit ihrer Verwirklichung erhöht. Erstens wird es um die Relation von Problemstellungen der angewandten Ethik und Anforderungen an die Lösungsvorschläge gehen (2), um darauf aufbauend eine Bestimmung des Problembegriffs der angewandten Ethik vornehmen zu können (3). Anschließend argumentiere ich für eine Methode zur Konstruktion angemessener Lösungsvorschläge für eine bestimmte Klasse moralischer Probleme, deren Charakteristika über die Auseinandersetzung mit dem Problembegriff gewonnen werden (4). Diese Problemlösungsstrategie kann die pragmatischen Leitkonzepte als Kriterien angemessener Lösungsvorschläge integrieren (5), was abschließend anhand eines Beispiels aus der Nutztierhaltung veranschaulicht wird (6).

2. Die Relation von Problemstellung und Lösungsvorschlag

Die ethische Begründung von Lösungsvorschlägen muss sich, um erfolgreich sein zu können, an den konkreten moralischen Problemstellungen orientieren, da diese bereits Vorgaben für die Begründung der Lösungsvorschläge enthält. Dies ist der Ausgangspunkt und die grundlegende These, die sich an dem Argument von Albert orientiert:

> Eine der wichtigsten Strukturgegebenheiten, die in diesem Zusammenhang beachtet werden müssen, ist wohl die Tatsache, daß sich Probleme immer in einem Kontext zu präsentieren pflegen, in einem Bezugsrahmen, der nicht nur für ihre Entstehung bedeutsam ist, sondern auch bestimmte Voraussetzungen für ihre Lösung enthält. Dabei handelt es sich um „Voraussetzungen" nicht etwa nur in dem Sinne der Logik, sondern in einem sehr allgemeinen Sinne: Annahmen über faktische Gegebenheiten, Einsichten allgemeineren Charakters, Maßstäbe der Beurteilung, methodische Einstellungen, verfügbare Verfahrensweisen, Zielsetzungen und Ideale. (Albert 1978, 23)

Werden Lösungsvorschläge ohne Bezug zu den kontextuellen Bedingungen der Problemstellung begründet, wird man – wenn überhaupt – nur zufällig Probleme lösen (Albert 1978, 23f.). Vor diesem Hintergrund steht die folgende Ausgangsthese:

Problem-Lösungsrelation (PLR): Die kontextuellen Bedingungen der Problemstellung strukturieren die Begründung von Lösungsvorschlägen. Wer eine ethische Problemstellung nicht adäquat erfasst, hat entsprechend keine (bzw. nur eine zufällige) Chance, einen angemessenen Lösungsvorschlag für dieselbe zu begründen, denn die Problemstellung gibt orientierungsrelevante Aspekte vor, die bei der Begründung eines Lösungsvorschlages zu berücksichtigen sind.

Diese Relation erlaubt es, von den Eigenschaften der Problemstellungen angewandter Ethik auf Anforderungen an ihre Lösungen zu schließen, denen mithilfe pragmatischer Leitkonzepte methodisch entsprochen werden soll.

2.1 Probleme der angewandten Ethik

Der Blick auf die Genese und den Ursprung der Problemstellungen angewandter Ethik macht den Rahmen deutlich, innerhalb dessen sie sich bewegt und worauf die pragmatischen Leitkonzepte zielen. Typischerweise sind Problemstellungen der angewandten Ethik nicht abstrakter Natur, sondern werden, wie Bayertz es prägnant ausdrückt, *vom Leben selbst gestellt* (Bayertz 1999, 74; 1991, 22). Weder werden sie zu philosophischen Zwecken ersonnen, noch dienen sie einfach zur Illustration abstrakter Theorien. Ihre Problemstellungen sollen praktisch gelöst werden. Folglich müssen die Lösungsvorschläge auch so begründet werden, dass sie in praktische Lebensvollzüge integriert werden können. Deshalb nennt Bayertz die angewandte Ethik auch eine *problembezogene* Ethik, wobei er drei Arten ihrer Probleme unterscheidet (Bayertz 1991, 23, 27-33).

Eine erste Gruppe (a) ergibt sich aus dem Konflikt zwischen dem moralisch Gebotenen auf der einen und den außermoralischen Handlungsantrieben auf der anderen Seite, die bei der Umsetzung des moralisch Richtigen berücksichtigt werden müssen. Zur korrespondierenden Aufgabe der angewandten Ethiken gehört es, nach Wegen zur Realisierung der Moral zu suchen, die faktisch wirksam und moralisch akzeptabel sind (Bayertz 1991, 28). Die zweite Art moralischer Probleme (b) resultiert aus Unklarheiten oder der Komplexität der involvierten empirischen Fragen. Entsprechend ist es ein wesentliches Charakteristikum der angewandten Ethik, sich tief auf empirische Fragen einzulassen, um so Handlungsoptionen zu begründen, die sich aus Normen allein nicht deduzieren lassen. Normative Überlegungen geben nur einen allgemeinen Beurteilungsmaßstab, der mit spezifischen Sachgesetzlichkeiten und darüber hinaus mit den konkreten Bedingungen der jeweiligen Lebenswelt und Handlungssituation vermittelt werden muss (Bayertz 1991, 29f.). Entsprechend müssen sich Ethiker bei der Begründung von Lösungsvorschlägen mit den empirischen Gegebenheiten der Situation auseinandersetzen, da moralische Ansprüche in konkrete Handlungszwecke transformiert werden müssen. Die angewandte Ethik hat daher nur dann eine Chance, zu befriedigenden Problemlösungen zu kommen, wenn ihre Reflexion auf Fachkenntnissen über den jeweiligen Problembereich beruht. Die dritte Art der Probleme (c) ergibt sich aus Wertkonflikten oder Prinzipienkollisionen, die dann entstehen, wenn angesichts ein und derselben Problemstellung mehrere Werte tangiert sind oder mehrere Prinzipien gelten, die jeweils unterschiedliche Handlungen vorschreiben. Deshalb ist zu analysieren, *ob* und *welche* Prinzipien konfligieren. Da die ethische Reflexion letztlich auf *eine* Handlung zielt, die ein moralisches Problem (im Idealfall) zum Verschwinden bringt, wird in tatsächlich dilemmatischen Situationen nur der Weg bleiben, aus den zur Verfügung stehenden Handlungsoptionen – unter Abwägen aller involvierten faktischen und normativen Aspekte – die bestmögliche zu wählen (Bayertz 1991, 33). Angesichts moralischer Probleme sind glatte Lösungen unmöglich; „clear cut solutions" sind, wie Putnam feststellt, in der anwendungsorientierten Ethik nicht zu erwarten, denn wir haben es in der Regel mit „messy problems" zu tun, die mehr oder weniger gut, jedoch nicht im strengen wissenschaftlichen Sinn *eindeutig* gelöst werden können (Putnam 2004, 28f).

2.2 Problem- und Lösungstyp der angewandten Ethik

Diese erste Systematisierung der Problemstellungen angewandter Ethik gibt zwar einen schönen Überblick, allerdings machen es uns moralische Problemstellungen nur selten so einfach und halten sich an dieses Schema, was Bayertz keineswegs übersieht (Bayertz 1991, 27). Im Gegenteil, die genannten Aspekte sind typischerweise Facetten ein und derselben Problemstellung, die zu vier Eigenschaften (E_P) des *Problemtyps der angewandten Ethik* führen (Bayertz 1999, 74f.).[3]

(a_P) Die Probleme der angewandten Ethik resultieren aus einer Verunsicherung der Handlungsorientierung und sind folglich normativer Natur.

3 Bayertz setzt sich in unterschiedlichen Hinsichten mit dem Problemtyp bzw. dem Untersuchungsgegenstand der angewandten und der Bioethik auseinander. Vgl. Bayertz 2002, 9-12; 1999, 74f.; 1991, 20-33. Eine ähnliche Charakterisierung wie die hier formulierte skizzierten Arnswald und Kertscher in vier Leitüberzeugungen der angewandten Ethik. Vgl. Arnswald/Kertscher 2002, 14f.

(b_p) Es handelt sich um „reale" Probleme, die auch von Nichtphilosophen als lösungsbedürftig erkannt werden; sie haben ihren Sitz in der Lebenspraxis.

(c_p) Wenngleich es sich um normative Probleme handelt, sind diese auf eine nicht-triviale und oft vertrackte Weise mit empirischen Fragen verknüpft, die nicht unbedingt von Ethikern beantwortet werden können. Erforderlich für ihre Lösung sind daher in der Regel genaue Kenntnisse der jeweils vorliegenden faktischen Zusammenhänge.

(d_p) Der direkte Realitätsbezug bringt es mit sich, dass es sich bisweilen um recht spezielle, kleinräumige Probleme handelt, die in reale Handlungszusammenhänge eingebettet sind und praktisch zu lösen sind.

Problemstellungen mit diesen Eigenschaften werden im Folgenden *konkrete Probleme sozialer Realität* genannt. Auf ihre Eigenschaften muss die angewandte Ethik methodisch reagieren, wenn sie in ihrem Anliegen, angemessene Lösungsvorschläge zu begründen, Erfolg haben möchte. Ein erster Schritt ist es, diesen Problemeigenschaften (E_p) korrespondierende Eigenschaften des Lösungstyps (E_l) zur Seite zu stellen:

Die angewandte Ethik versucht Lösungsvorschläge zu begründen, die:

(a_l) im Rekurs auf relevante moralische Überzeugungen, Normen, Prinzipien, Werte oder ethische Theorien gewonnen werden;

(b_l) in den lebenspraktischen Kontext der Problemstellungen integrierbar sind;

(c_l) wissenschaftliches Wissen anderer Disziplinen integrieren und entsprechend transdisziplinär gesichert sind;

(d_l) nur auf kleinräumige Wirkung zielen und insofern nur Geltung für die konkrete Situation beanspruchen.

Der Lösungstypus weist auf methodische Ansprüche hin, die zu angemessenen Lösungsvorschlägen führen. Nur wenn das methodische Vorgehen die Implikationen von (a_l)-(d_l) integrieren kann, wird man zu angemessenen Lösungsvorschlägen gelangen können, die zu den Problemstellungen „passen". Hier sind jene Aspekte berührt, die es ermöglichen oder verunmöglichen, dass Lösungsvorschläge praktisch verwirklicht werden: So ist beispielsweise der Rekurs auf tangierte moralische Überzeugungen, Normen etc. gefordert (a_l), wenn Lösungsvorschläge *moralisch adäquat* sein sollen; (b_l) und (c_l) bringen spezifische Anforderungen an die Methoden der angewandten Ethik mit sich, die auf *Umsetzbarkeit, Realisierbarkeit, Zumutbarkeit, wissenschaftliche Anschlussfähigkeit* etc. zielen, da Lösungsvorschläge lebenspraktisch wie wissenschaftlich anschlussfähig sein müssen. Weil moralisch-normative wie auch empirische Fragen berührt sind, ist natur- und geisteswissenschaftliches Wissen bei der Lösungsbegründung wichtig, weshalb die Methoden angewandter Ethik für Erkenntnisse anderer Disziplinen offen sein müssen. In (d_l) kann man eine „Bescheidenheitsklausel“ sehen, die den moralischen Geltungsbereich der Ergebnisse ethischer Reflexion begrenzt und davor warnt, denselben über Gebühr zu strapazieren. Die hier untersuchten Problemstellungen der angewandten Ethik bringen die Konzentration auf kleinräumige, konkrete Probleme und entsprechend auch einen begrenzten Geltungsanspruch der Lösungsvorschläge mit sich.

Diese relativ abstrakte Beschreibung der Art von Problemen mit denen man sich in der angewandten Ethik beschäftigt und auf welche Charakteristika der Lösungsvorschläge man zielen sollte, lässt offen, was dies für das methodische Vorgehen konkret bedeutet. Zwar wurde vage bestimmt, womit man sich zu beschäftigen hat, jedoch bleibt unterbestimmt, *wie* man sich mit den Problemstellungen beschäftigen muss, um die erwünschten Eigenschaften der Lösungsvorschläge zu erreichen. Der hier vertretene Vorschlag baut auf einer Klärung des Problembegriffs auf, die nun Gegenstand der Untersuchung wird.

3. Der Problembegriff der angewandten Ethik

Nach der Rekonstruktion des Problemtypus angewandter Ethik und dem Schluss auf den korrespondierenden Lösungstypus soll nun der *Problembegriff* bestimmt werden, da sich hieraus Folgerungen für das methodische Vorgehen der angewandten Ethik ergeben. Anschließend wird es das Ziel sein, für eine Strategie der Problemlösung zu argumentieren, die pragmatische Leitkonzepte methodisch integrieren kann und geeignet ist, angemessene Lösungsvorschläge für Akteure zu begründen, durch deren Verwirklichung sie moralische Defizite einer problematischen Situation überwinden können.

3.1 Struktur einfacher Problemstellungen

Durch die Konzentration auf konkrete moralische Problemstellungen in der angewandten Ethik tritt die Klärung dessen, was ein Problem und was ein moralisches Problem ist, so gut wie nie in Erscheinung. Dies hat zur Folge, dass die Relation zwischen Problem und Lösung (PLR) und methodische Implikationen theoretisch unterbestimmt bleiben. Als Einstieg in die Auseinandersetzung damit, was ein Problem *ist*, soll die Bestimmung von Jackson dienen:

> Die Tatsache, daß es bei jedem Problem ein angestrebtes Ziel und ein der Erreichung dieses Ziels entgegenstehendes Hindernis gibt, liefert uns ein wirksames »Rezept« für die Definition von Problemen. Mit der einfachen Feststellung von Ziel und Hindernis ist jedes Problem hinreichend definiert. (Jackson 1984, 27)

Wer ein Ziel hat und die Hindernisse seiner Erreichung kennt, *hat* ein Problem, soweit ist Jackson recht zu geben. Die einfache Formel Jacksons (1984, 61): *Problem (P) = Ziel (Z) + Hindernis (H)*, ist auf den ersten Blick plausibel. Wenn beispielsweise mein Ziel „Ich möchte auf der anderen Seite des Grabens sein!" festgelegt ist und ich das Hindernis, eben den Graben, vor mir habe, dann *habe* ich ein Problem. Keineswegs ist jedoch damit schon geklärt, was genau mein konkretes Problem *ist*.[4] Das Hindernis, der Graben, verursacht mein Problem, doch die alleinige Feststellung, dass ich ein Problem *habe*, ist keineswegs die Bestimmung eines Problems. Aus der bloßen Feststellung von Ziel und Hindernis ergibt sich das konkrete Problem nicht zwangsläufig.

Die Schwäche der obigen Formel hat ihren Grund in der Vermischung der Begriffe „Hindernis" und „Mittel". Versteht man „Mittel" als bewusst eingesetzte Vermittlung zwischen der Intention einer antizipierten Wirkung und deren Realisation, dem Zweck, so wird dies deutlich. Der Begriff „Hindernis" in Jacksons Formel trennt die *notwendigen Mittel zur Erreichung* und *Hindernisse bei der Realisation* eines Zieles nicht, woraus sich die Unschärfe des Problembegriffs ergibt. Wenn ein Akteur bei der (antizipierten) Verwirklichung eines Zieles auf Hindernisse stößt, so stellt sich die Frage, wie diese zu überwinden sind, wozu er Mittel benötigt. Erst die Suche nach den geeigneten Mitteln für eine angemessene Lösung der Problemstellung wird ihn deshalb dem eigentlichen Problem und den konkreten Hindernissen näher bringen. Hierzu ist allerdings der *Rekurs auf die konkrete Situation* unumgänglich, was bei Jacksons Definitionsvorschlag unberücksichtigt bleibt.

Nur die kontextuellen Bedingungen lassen es zu, ein Problem konkret zu identifizieren und zum Ausgangspunkt der Begründung angemessener Lösungen zu machen. Im obigen Beispiel könnte mein Problem sein, dass ich keine Zeit habe, bis zur nächsten Brücke zu laufen, weil ich versprochen habe, mich mit jemandem zu einer bestimmten Zeit zu treffen. Will ich mit der Person ins Theater, so wird es wahrscheinlich nicht ratsam sein, den Weg durch den Graben zu wählen und zu riskieren, im Dreck zu landen, und ratsam, doch eher den Umweg bis zur nächsten Brücke in Kauf zu nehmen. Wohingegen dasselbe Ziel „Ich möchte auf der anderen

---

4 Zum Übergang von der Wahrnehmung, dass ich ein Problem *habe*, zur Bestimmung eines Problems vgl. John Dewey LW12, 109-111. Im Folgenden werden *Early Works* der Dewey Gesamtausgabe mit EW, die *Middle Works* mit MW und die *Later Works* mit LW abgekürzt. Für die bibliographischen Angaben, siehe Literaturverzeichnis: Dewey (EW; MW; LW).

Seite des Grabens sein!" auch dazu dienen kann, mich in Sicherheit zu bringen. Obwohl das Ziel und das Hindernis gleich sind, handelt es sich um verschiedene Probleme, deren Lösung unterschiedliche Mittel verlangt, wodurch sich je nachdem unterschiedliche Hindernisse auftun werden. Kurz: Ohne die Situation, in der ein Problem erfahren wird, kann dasselbe nicht verständlich werden:

> Ohne einen Kontext tauchen Probleme nicht auf, ohne einen bestimmten Kontext stellen sie sich nicht in bestimmter Weise, ohne die Erfüllung gewisser Rahmenbedingungen können sie nicht gelöst werden. (Albert 1978, 24)

Für eine strukturierte Suche nach angemessenen Lösungen ist es nötig, sich über die Ausgangssituation im Klaren zu sein. Ohne die bestehenden Bedingungen zu berücksichtigen, ist es unmöglich, Mittel, Hindernisse oder geeignete Handlungen zur Realisation eines Zieles zu bestimmen. Am obigen Beispiel veranschaulicht könnte dies bedeuten, dass vielleicht ein stabiler Pfosten daliegt, den ich über den Graben legen und so mein Ziel erreichen würde. Die Suche nach einer Lösung wird jedoch ganz anders aussehen, wenn ich nichts dergleichen vorfinde; die konkreten Bedingungen der Situation geben mir relevante Aspekte und damit die Richtung der Suche nach angemessenen Lösungsmöglichkeiten vor, was auf die Bestimmung des Problems zurückwirkt. Deshalb ist ein Problem vielmehr dann ausreichend bestimmt, wenn sowohl die Ausgangssituation, das Ziel und die Handlungen als auch die Bedingungen der Zielerreichung klar sind. Folglich gelangt man zu einer differenzierteren Bestimmung der Struktur von einfachen Problemen, welche das Defizit der Definition von Jackson überwinden kann und von Hayes vorgeschlagen wird. Hayes (1981) zu *well-defined problems:* „Move from I (initial state) to G (goal state) by O (operators) but without violating C (constraints)."[5] Erst wenn überlegt wird, wie jemand ausgehend von einem Ist-Zustand zu einem Soll-Zustand mittels bestimmter Handlungen gelangen kann, ohne bestimmte Grenzen zu verletzen, kann offensichtlich werden, welche Hindernisse dabei auf ihn warten und was das konkrete Problem *ist.*[6] Nur über die konkrete Situation wird klar werden können, welche Bedingungen für die Lösung eines Problems relevant sind, welche Mittel zur Verfügung stehen

---

5 An dieser Bestimmung des Problembegriffs wird deutlich, dass sie auch als formale Bestimmung der Problem*lösung* funktionieren kann. Während es das Problem ist, einen Soll-Zustand durch bestimmte Handlungen zu erreichen, ohne dabei bestimmte Grenzen zu verletzen, ist die *Lösung* die *tatsächliche Verwirklichung* des Soll-Zustandes durch bestimmte Handlungen, ohne dabei bestimmte Grenzen zu verletzen. Hierin liegt auch die Begründung des in Punkt 2 zitierten Arguments von Albert und der These zur Relation von Problem und Lösung (PLR).

6 In dieselbe Richtung argumentiert auch Dewey. Ohne eine derartige Bestimmung des Problems auf der Grundlage der Untersuchung der Ausgangssituation wäre die Suche nach einer Problemlösung ein Tappen im Dunklen, vgl. LW12, 111f.

und wo die Grenzen der Lösungsfindung liegen. Die Bedingungen der Ausgangssituation bestimmen den Raum, in dem es auch Erfolg versprechend ist, nach Lösungen zu suchen.

Die beschriebene Problemkonzeption zielt auf die Bestimmung von möglichen Wegen zur Verwirklichung eines Soll-Zustandes unter bestimmten Rahmen- und Ausgangsbedingungen. Anders gesagt: Wenn ein Akteur ausgehend von einem Ist- einen Soll-Zustand erreichen möchte, dann wird er innerhalb von Grenzen und unter Verwendung von verfügbaren Mitteln handeln müssen. Deshalb werden in dieser Problemkonzeption die Abwesenheit von notwendigen Mitteln zur Verwirklichung und/oder die Behinderung der Verwirklichung eines Soll-Zustandes durch normativ wirksame Rahmenbedingungen zum Problem. Die Grundlage ist allerdings, dass sowohl die relevanten Handlungen als auch der Soll-Zustand bekannt sind. Hieraus ergeben sich drei Arten von Problemen, die ein Akteur haben kann, der weiß, wie er den Soll-Zustand erreichen könnte:

a) die notwendigen Mittel zur Verwirklichung des Soll-Zustandes fehlen (physische Begrenzungen)
b) die normativ wirksamen Rahmenbedingungen schließen die relevanten Handlungen aus (normative Begrenzungen)
c) die notwendigen Mittel zur Verwirklichung des Soll-Zustandes fehlen *und* die normativ wirksamen Rahmenbedingungen schließen die relevanten Handlungen aus

Das Wissen darüber, ob einem Akteur die notwendigen Mittel fehlen bzw. normativ wirksame Rahmenbedingungen die relevanten Handlungen ausschließen oder beides, kann nur über die konkrete Situation bestimmt werden und begrenzt die konkreten Handlungsmöglichkeiten. Dieses kontextuelle Wissen steckt den Bereich möglicher Lösungen und damit den Lösungsraum ab.

Grundsätzlich können die Hindernisse bei der Bewältigung einfacher Problemstellungen also physischer oder normativer Natur sein. Z.B. könnte ein Kind beim Kauf einer Fahrkarte am Automaten vor dem Problem stehen, den Münzeinwurf nicht zu erreichen, da er für das Kind zu hoch oben angebracht ist. Anderer Natur sind Hindernisse wie Gesetze, die davon abhalten, sich nötige Mittel zu beschaffen; beispielsweise wenn eine Person durch die drohende Strafe davon abgehalten wird, sich das Geld für einen Fahrschein durch Diebstahl zu besorgen. Aber auch ökonomische Grenzen können insofern normativ wirken, als Geld ein knappes Gut ist und von einem Akteur nur einmal ausgegeben werden kann. Empirische wie normative Aspekte liegen in den kontextuellen Bedingungen einer problematischen Situation als orientierungsrelevante Aspekte für die Begründung von Lösungsvorschlägen. Vor dem Hintergrund dieser Auseinandersetzung können nun die weiterhin relevanten Begriffe bestimmt werden:

(Ap) Ein Akteur *hat ein Problem*, wenn er ausgehend von einem Ist-Zustand einen Soll-Zustand erreichen möchte und dabei auf physische und/oder normative Begrenzungen stößt.

(P) Ein Problem ist *ausreichend bestimmt*, wenn klar spezifiziert ist, was zu tun ist, um ausgehend von einem Ist- zu einem antizipierten Soll-Zustand zu gelangen, ohne dabei die Rahmenbedingungen des Lösungsraumes zu verletzen.

(LV) Ein *Lösungsvorschlag* ist eine *mögliche Problemlösung*, die der *begründeten Annahme* entspricht, dass bestimmte Handlungen, welche die Hindernisse bei der Verwirklichung eines bestimmten Soll-Zustandes überwinden können, für einen Akteur physisch möglich sind und die Rahmenbedingungen des Lösungsraumes nicht verletzen.

(PL) Die *Lösung eines Problems* (Problemlösung) ist dadurch bestimmt, dass ein Akteur durch die Befolgung eines Lösungsvorschlages einen bestimmten Ist-Zustand in einen bestimmten Soll-Zustand überführt, ohne die Rahmenbedingungen des Lösungsraumes zu verletzen.

Versucht man nun den skizzierten Problembegriff und den korrelierenden Begriff der Problemlösung auf den Bereich der Moral zu übertragen, so ist klar, dass hier moralisch-normative Aspekte relevant werden. Entsprechend kann man angesichts moralischer Problemstellungen, deren Soll-Zustand klar ist, formulieren:

(Apm) Ein Akteur *hat ein moralisches Problem*, wenn er ausgehend von einem moralisch defizitären Ist-Zustand einen antizipierten, moralisch qualifizierten Soll-Zustand erreichen *soll* und dabei auf physische und/oder normative Begrenzungen stößt.

(Pm) Ein moralisches Problem ist *ausreichend bestimmt*, wenn klar spezifiziert ist, was zu tun ist, um ausgehend von einem moralisch defizitären Ist-Zustand zu einem antizipierten, moralisch qualifizierten Soll-Zustand zu gelangen, ohne dabei die Rahmenbedingungen und moralisch-normativen Grenzen des vorgegebenen Lösungsraumes zu verletzen.

(LVm) Ein *Lösungsvorschlag* für ein *moralisches Problem* ist die *begründete Annahme*, dass bestimmte Handlungen, welche die Hindernisse bei der Verwirklichung eines moralisch qualifizierten Soll-Zustandes überwinden können, für einen Akteur physisch möglich sind und sowohl die Rahmenbedingungen als auch die moralisch-normativen Grenzen des Lösungsraumes nicht verletzen.

(PLm) Die *Lösung eines moralischen Problems* (Problemlösung) ist dadurch bestimmt, dass ein Akteur durch die Befolgung eines Lösungsvorschlages einen moralisch defizitären Ist-Zustand in einen antizipierten, moralisch qualifizierten Soll-Zustand überführt, ohne die Rahmenbedingungen und moralisch-normativen Grenzen des vorgegebenen Lösungsraumes zu verletzen.

Diese Schematisierung hilft ausschließlich angesichts einfacher moralischer Problemstellungen, bei denen der Soll-Zustand klar ist. Dies ist allerdings eine recht seltene Varietät moralischer Probleme, denn im Regelfall hat man es mit Problemstellungen zu tun, bei denen keineswegs klar ist, was der *moralisch qualifizierte Soll-Zustand* ist. Dies führt nun einen Schritt weiter und zur Bestimmung der Struktur moralischer Problemstellungen.

3.2 Struktur moralischer Problemstellungen

Der formulierte Problembegriff legt nahe, dass die Hindernisse der Verwirklichung eines Soll-Zustandes erstens nur im Rekurs auf die Bedingungen im Problem- bzw. Lösungsraum bestimmt werden können, wenn zweitens sowohl der konkrete Ist- als auch der konkrete Soll-Zustand bestimmt sind. Deshalb kann man, so legt der Problembegriff nahe, ohne konkreten Soll-Zustand schlicht nicht wissen, worin das Problem besteht. Während bei einfachen Problemstellungen die Soll-Zustände klar oder einfach bestimmbar sind, ist es jedoch gerade die zentrale Eigenschaft moralischer Problemstellungen, dass wir angesichts eines moralisch defizitären Ist-Zustandes den Soll-Zustand *noch nicht* oder *nur vage* kennen oder nicht einmal darin einig sind, dass der Ist-Zustand moralisch defizitär ist. Würden wir den moralisch qualifizierten Soll-Zustand kennen, so wäre es die Aufgabe der Ethiker nach den moralisch erlaubten Handlungen und Mitteln zur Erreichung desselben zu suchen und insofern nur noch eine Frage nach den adäquaten Mitteln. So wurde bei der Formulierung der Eigenschaften des Problemtyps (E_p) deutlich, dass gerade die moralisch-normative Orientierung fehlt (a_p) und die Problemstellungen der angewandten Ethik geradezu dadurch ausgezeichnet sind. Dies macht moralische Problemstellungen zu *ill-structured problems*.

> Whereas well-structured problems (such as basic arithmetical calculations), usually have clear goals, fixed alternatives to choose from, usually maximally one correct answer and rules or methods that will generate more or less straightforward answers, ill-structured problems have no definitive formulation of the problem, may embody an inconsistent problem formulation, and can only be defined during the process of solving the problem. Moreover, ill-structured problems may

have several alternative (good, satisfying, etc.) solutions, which are not easy compared with each other. (Dorst 2006, 636)[7]

Voss führt die Eigenschaften derartiger Probleme in sieben Punkten aus, die eine andere Problemlösungsstrategie als einfache Problemstellungen erfordern (Voss 2005, 323f.)[8]:

Bei *ill-structured problems* handelt es sich um Probleme,

a) deren Soll-Zustand nur ungefähr und vage bestimmbar ist;
b) deren Bedingungen, Konstituenten und Restriktionen erst im Problemlösungsprozess offensichtlich werden;
c) für deren Lösung unterschiedliche Problemlösungsansätze geeignet sind;
d) deren Problemlösungen nicht wahr oder falsch sind, sondern Güte vielmehr aus ihrer Plausibilität und Akzeptabilität beziehen;
e) deren Lösungen Gegenstand von Argumentationen sind, in denen jemand in Auseinandersetzung mit anderen Vorschlägen für bestimmte Szenarien begründend eintritt;
f) deren Problemlösung nur durch die tatsächliche Verfolgung (retrospektiv) auf Tauglichkeit geprüft werden kann;
g) deren Simulation aufgrund der Größe der Datenbasis schwierig ist.

Die Facetten von *ill-structured problems* treffen nun auch auf moralische Probleme (2.1 und 2.2) zu. So handelt es sich (a) um Problemstellungen, die moralisch-normativer Natur sind, wobei ausgehend von einem Ist-Zustand der zu erreichende, moralisch qualifizierte Soll-Zustand vorerst nicht klar spezifiziert bzw. nur vage bestimmbar ist. Da nicht klar ist, auf welchen konkreten Soll-Zustand die Problemlösung zielt, können (b) die Bedingungen, Konstituenten und Restriktionen seiner Erreichung erst bei der konkreten Entwicklung und Erforschung möglicher Soll-Zustände zu Tage treten. Bei der Suche nach möglichen Soll-Zuständen können sich (c) alternative, konfligierende Lösungsvorschläge ergeben. Da ethisch reflektierte Problemlösungen letztlich immer auf Praxis zielen, müssen sie (d–e) in einem qualifizierten Sinn plausibel und akzeptabel sein, wofür in der Regel argumentativ eingetreten wird; die Güte von Problemlösungen bestimmt sich tendenziell über ihre Angemessenheit in lebenspraktischer und wissenschaftlicher Hinsicht, da sie nicht wahr oder falsch im strengen Sinne sein können. Letztlich kann sich (f) nur in der Praxis herausstellen, ob eine moralische Problemstellung tatsächlich gelöst wurde oder nicht, wobei (g) Simulationen nur begrenzt Vorhersagen ermöglichen.

7 Dorst bezieht sich hier auf Cross (1989), Rittel/Webber (1984) und van de Poel (2001).

8 Die deutsche Übersetzung der Punkte a–g aus dem Englischen stammt von mir.

Für die Begründung von Lösungsvorschlägen moralischer Problemstellungen bedeutet dies, dass ohne konkreten Soll-Zustand die Begründung eines Problemlösungsvorschlages zu einem *Forschungsprozess innerhalb eines bestimmten Lösungsraumes* wird, der durch physische und normative Begrenzungen abgesteckt ist.

4. Konstruktion von Lösungsvorschlägen für moralische Problemstellungen

Aufgrund des bisher Gesagten wird deutlich, dass es sich bei der Begründung angemessener Lösungsvorschläge für moralische Problemstellungen nicht allein um eine Ableitung von Soll-Zuständen aus moralischen Werten oder Prinzipien handeln kann. Vielmehr sind Lösungsvorschläge in Auseinandersetzung mit den kontextuellen Bedingungen zu begründen, welche die Möglichkeiten und Grenzen für Handlungen bestimmen und dadurch Einfluss auf den Inhalt von Lösungsvorschlägen haben.[9] Lösungsvorschläge sind dabei vorerst als Konstruktionen mit Hypothesencharakter zu betrachten, die prinzipiell der Kritik und der Revision zugeführt werden können.

> Wer ein Problem lösen will, der zielt darauf ab, eine Lösung zu finden, die der Kritik standhält. Das bedeutet aber, daß er gut daran tut, bei der Ausarbeitung seiner Lösung mögliche Kritik vorwegzunehmen. Eine brauchbare Lösung konstruieren heißt schon: Alternativen und Einwände bedenken, mögliche Widersprüche fruchtbar machen, Einfälle aller Art so verwerten, daß Lösungen im Sinne der angenommenen Wertgesichtspunkte möglichst angemessen sind. (Albert 1978, 32)

So verschiebt sich der Schwerpunkt ethischer Lösungsbegründung auf die Konstruktion möglicher Lösungsvorschläge, wobei die Wahrscheinlichkeit für deren Angemessenheit umso größer sein wird, je wirklichkeitstreuer die empirischen und normativen Zusammenhänge einfließen und Berücksichtigung finden.

4.1 Moralisch defizitäre Ist-Zustände und moralisch qualifizierte Soll-Zustände als Ausgangspunkt

Versucht man einen Soll-Zustand zumindest vage zu bestimmen, so ist dies über die mitgedachte Differenz zum defizitären Ist-Zustand möglich. So ist die Bestimmung eines konkreten Soll-Zustandes nicht ohne die Defizite des Ist-Zustandes vorzunehmen, da dieser in ihm seinen Grund

9 Ein formaler Rahmen für dieses methodische Vorgehen findet sich bei Zichy 2007.

hat. Wie auch immer dieser Ist-Zustand aussieht, zum moralischen Problem kann er nur werden, wenn das wahrgenommene Defizit an unsere moralischen Intuitionen und Überzeugungen rührt.

> [W]ir empfinden Empörung, wenn wir negativ gefühlsmäßig auf die nach unserem Urteil schlechte Handlung eines anderen reagieren; Groll, wenn eine als schlecht beurteilte Handlung mich selbst schädigt; und Schuld oder auch eine bestimmte Form von Scham angesichts einer nach meinem Urteil schlechten Handlung von mir selbst. (Tugendhat 1993, 20)

Die moralischen Gefühle, mit denen wir auf mutmaßlich moralisch defizitäre Situationen reagieren, sind typischerweise Unlustgefühle, wie Empörung, Scham etc. Wenn eine Person moralisch versagt, ist das Gegenüber nie emotional neutral, und sie belustigt sich auch nicht, sondern sie reagiert empört und tadelnd (Tugendhat 1993, 58). Die moralischen Gefühle weisen auf (mutmaßlich) moralisch defizitäre Situationen hin. Unser implizites Wissen darüber, was moralisch richtig und falsch ist und was wir legitimerweise moralisch voneinander erwarten dürfen, ist der Ausgangspunkt der Begründung moralischer Urteile.[10] Wir mutmaßen relativ schnell, *dass* etwas mit einer bestimmten Situation moralisch nicht in Ordnung ist und *dass* eine bestimmte Situation moralisch problematisch ist. So ist der Ausgangspunkt für die Suche eines moralisch qualifizierten Soll-Zustandes ein erlebtes moralisches Unbehagen gegenüber einem Ist-Zustand, verbunden mit dem Drang zur Veränderung, was die Klasse der hier verhandelten Probleme begrenzt.

Selbstverständlich können unsere moralischen Gefühle nicht schon das moralische Problem ausmachen, sondern sie weisen auf mutmaßlich moralisch problematische Aspekte von Ist-Situationen hin, deren Überwindung angestrebt wird.[11] Deshalb ist die *moralische Qualifikation* eines Defizits Gegenstand der ethischen Reflexion. Ist das Defizit moralisch qualifiziert, weist es darauf hin, wie es *nicht* sein soll, sodass sich angesichts einer moralisch defizitären Ist-Situation ein vager Soll-Zustand als *negatives Ziel* abzeichnet; etwas soll *nicht* mehr der Fall sein (Dörner 2005, 75f.). Eine Problemlösung wird nun dazu führen müssen, dass identifizierte Defizite überwunden werden. Welche Möglichkeiten hierfür bestehen, geben die orientierungsrelevanten Aspekte der konkreten Situation an (MW12, 176). Da ein Lösungsvorschlag verspricht, die Defizite eines konkreten Ist-Zustandes zu überwinden, gibt er im Sinne einer negativen

---

10 Das implizite, *normative Orientierungswissen* wird bei Nida-Rümelin (2002, 108ff.; 1998b, 130f.) behandelt. Sein Gewicht ist kaum zu überschätzen. So führen kontraintuitive Implikationen moralphilosophischer Theorien durchaus dazu, dieselbe zu überdenken, wie bei der anthropozentrisch ansetzenden Theorie von Habermas angesichts tierethischer Fragestellungen, was dort allerdings ohne größere Auswirkung bleibt (Habermas 1992[1991], 220).

11 Zur Kritik des Verständnisses moralischer Gefühle bei Tugendhat vgl. Leist 2000, 147-153.

Bestimmung auch die Forschungsrichtung vor, in der nach Lösungsvorschlägen als Hypothesen zu suchen ist. In diesem konstruktiven Begründungsprozess kommt den pragmatischen Leitkonzepten die Rolle zu, denkbare Hypothesen auf begründet anzunehmende Lösungsmöglichkeiten zu limitieren, wodurch sie zu wirksamen Kriterien bei der Begründung angemessener Lösungsvorschläge angesichts *ill-structured problems* werden.

4.2 Methode zur Begründung von Lösungsvorschlägen für *ill-structured problems*

Bei Methoden zur Lösung von *ill-structured problems* handelt es sich um *heuristische Strategien*, die dabei helfen, sich mit Hypothesen der Lösung anzunähern und die vorhandenen Ressourcen effizient einzusetzen, um Probleme zu lösen. Zudem sind derartige Strategien in Schritte oder *Phasen* gegliedert (O'Connor 1988, 94-97).[12] Diese Gemeinsamkeiten kommen nicht von ungefähr, sondern finden ihren maßgeblichen Urheber in John Dewey und dessen Beschreibung von Problemlösungsprozessen in *How We Think* (LW8, 196-209) bzw. der *Theory of Inquiry* (LW12, 105-122)[13]. Derartige Prozesse zielen auf die Überwindung einer problematisch erfahrenen Situation (*indeterminate situation*), deren Bewältigung einen Reflexions- und Begründungsprozess erfordert. Hier setzt kreatives oder forschendes Denken ein, das sich als problemlösungsorientierte, gestufte Methode beschreiben lässt, mit der Schritt für Schritt lösungsdienliche Erkenntnisse begründet werden können, die schließlich in einer Lösung kulminieren, die einem Test standhalten soll.[14] Dewey nennt fünf Phasen des Forschungsprozesses (Nagl 1998, 119-121)[15]: Eine *unbestimmte, verworrene Ausgangslage* (Stadium eins) wird zum *Beginn eines Forschungsprozesses* (Stadium zwei), wenn a) erkannt wird, *dass* ein – auf forschende Bearbeitung drängendes – Problem besteht, und b) *ein Vorschlag* erstellt wird, wel-

12 O'Connor nimmt hier Bezug auf: Wallas 1926; Polya 1957; Simon 1960; Drucker 1954; Hayes 1981; Janis/Mann 1977; Parnes 1967; Gigch 1978. Auch Jackson (1984) löst in seinem Buch *Die Kunst der Problemlösung* die Gesamtstrategie in Phasen auf.

13 Das einschlägige Kapitel nennt Dewey »The Pattern of Inquiry« (LW12, 105-122), wobei nicht nur dort auf den gestuften Prozess jeglicher Forschung explizit hingewiesen wird. Vgl. LW12, 41.

14 Die Logik als Theorie der Forschung ist selbst das Ergebnis einer Untersuchung und entsprechend selbst ein Ergebnis der Forschung. Vgl. Putnam H./Putnam R.A. 1994, 199. Dewey formuliert deshalb in der *Theory of Inquiry* nicht eine unumstößliche Methode, sondern er begründet einen Vorschlag, nach welcher Methode Untersuchungen erfolgreich sein werden (LW12, 108).

15 In der Sekundärliteratur findet man durchaus unterschiedliche Meinungen über die Anzahl der Phasen: Vgl. Koch 1998, 7f.; Nagel LW 12, xiii-xiv; Pamental 2004, 212. Dewey selbst sieht in den fünf Phasen nichts Sakrosanktes. Vgl. hierzu LW8: 207f.

che Art von Untersuchung der Lösung dieses Problems förderlich ist. Im dritten Stadium werden *Hypothesen oder Ideen formuliert*, die im vierten Stadium mit allen anderen argumentativen Ansprüchen, die innerhalb des angezielten Interpretationsraums bereits plausibel erhoben worden sind, *verträglich* gemacht werden. Das letzte Stadium des Forschungsprozesses ist das *Experiment*, die konkrete Erprobung der logisch-argumentativ ausdifferenzierten Hypothese an ihren Folgen.

Hierbei handelt es sich um einen konstruktiven Prozess der Begründung von Problemlösungen, der von einer konkreten Situation ausgeht, in einem abgesteckten Forschungsraum mögliche Hypothesen begründet, die sich später im Test bewähren sollen. Die Problemlösungen werden somit im Rekurs auf den Lösungsraum entwickelt, der die Bedingungen vorgibt, unter denen eine Problemlösung begründet wird. Ein Lösungsvorschlag einer moralischen Problemstellung ist entsprechend nichts, was von vornherein offenkundig wäre, sondern im Rekurs auf kontextuelle Bedingungen konstruiert und begründet werden muss.[16] Begreift man die methodisch geleitete Suche nach Problemlösungen für eine moralisch problematische Situation als offenen Forschungsprozess, so wird der Weg frei für die Suche nach angemessenen Problemlösungen:

> The individual is now to be regarded as an initiating agent, responding to a problematic situation, using intelligence to overcome difficulty, and seeking a resolution of the problem faced. Moral ends are no longer given in advance, either in the form of a perfect absolute spirit to be emulated or in the form of unchanging moral principles. (Koch 1998, 7)

Weil einem moralischen Akteur die Orientierungsleistung übergeordneter, vorgegebener, unveränderlicher Ziele oder Prinzipien nicht mehr zur Verfügung steht, muss er Problemlösungsprozesse an dem orientieren, was bleibt, der moralisch problematisch erfahrenen Situation. Deshalb wird ethische Reflexion zu einem Forschungsprozess, der in der experimentellen Methode der Naturwissenschaft sein Vorbild findet.[17] Moralische Probleme sind Gegenstand einer reflexiven Lösungssuche, wobei die Moraltheorie in manchen Hinsichten helfen kann (LW7, 165f.). Fertige Lösungen sind von ihr allerdings niemals zu erwarten. So argumentiert Dewey für ein dynamisches Konzept zur Begründung von Problemlösungen als Erforschung von Möglichkeiten angesichts konkreter, problematischer Situationen (MW12, 173; MW14, 164; LW7, 280). Alexander bringt diesen Aspekt auf den Punkt:

---

16 Zur Abwendung Deweys von einem statischen Konzept der Moral, das nach letzten Prinzipien sucht, vgl. LW13, 189-251; LW7, 165; LW5, 279-288; LW4, 203-228; MW12, 172-186.

17 Vgl. hierzu Caspary 2003.

> Deliberation, an important phase of moral conduct, uses imagination in exploring the possibilities of a situation. (Alexander 1993, 387)

Dewey selbst beschreibt dies in *Human Nature and Conduct:*

> Deliberation is an experiment in finding out what the various lines of possible action are really like. It is an experiment in making various combinations of selected elements of habit and impulses, to see what the resultant action would be like if it were entered upon. But the trial is in imagination, not in overt fact. The experiment is carried on by tentative rehearsals in thought which do not affect physical facts outside the body. Thought runs ahead and foresees outcomes, and thereby avoids having to await the instruction of actual failure and disaster. An act overtly tried out is irrevocable, its consequences cannot be blotted out. An act tried out in imagination is not final or fatal. It is retrievable. (MW14, 132f.)[18]

In derartigen Gedankenexperimenten als Lösungsbegründungsstrategie können nun pragmatische Leitkonzepte gute Dienste leisten, was anhand eines Beispiels aus der Nutztierhaltung skizzenhaft veranschaulicht werden soll. Zuerst ist allerdings zu klären, was sie im Rahmen der Begründung von Lösungsvorschlägen für *ill-structured problems* bedeuten.

5. Pragmatische Leitkonzepte als Kriterien angemessener Lösungsvorschläge

Im folgenden Abschnitt werden der Inhalt der einzelnen pragmatischen Leitkonzepte und ihre berechtigte Rolle bei der Konstruktion von Lösungsvorschlägen für moralische Probleme im beschriebenen Sinn diskutiert. Vorweg sind aus methodologischen Gründen drei Gruppen zu unterscheiden: Eine erste Gruppe enthält jene pragmatischen Leitkonzepte, die *Eigenschaften der Lösungsvorschläge* (5.2) beschreiben. Zu ihr zählen *Umsetzbarkeit*, *Realisierbarkeit*, *Zumutbarkeit.* Diese Eigenschaften sind freilich nur zu erreichen, wenn die relevanten kontextuellen Bedingungen und Grenzen berücksichtigt werden. Deshalb zielt eine zweite Gruppe pragmatischer Leitkonzepte auf den *Prozess der Entwicklung von Lösungsvorschlägen* (5.1). In diese Gruppe gehört vorrangig die *Kontextsensitivität*, da nur über die Bedingungen und Wirkzusammenhänge des Kontextes deutlich werden kann, was ein angemessener Lösungsvorschlag sein kann und welche Mittel zu seiner Umsetzung nötig sind. Die dritte Gruppe (5.3) nimmt gewissermaßen die Mittelposition ein, da sie sowohl auf den Prozess als auch auf die Eigenschaften der Lösungsvorschläge zielt. So sind *(natur-) wissenschaftliche* und *moralisch-ethische Anschlussfähigkeit* wichtige Eigenschaften der Lösungsvorschläge, die über den Begründungsprozess zu sichern

18 Diese Gedankenexperimente werden von Dewey *dramatic rehearsals* genannt (MW5, 292); vgl. hierzu auch Welchmann 1995, 172f.; Fesmire 2003, 69-91.

sind. Lassen sich z.B. die empirischen Grundlagen der Begründung eines Lösungsvorschlages widerlegen, wird dieser selbst zweifelhaft; lässt sich ein moralisch-normativer Gehalt nicht nachvollziehbar ethisch begründen, so wird er ebenfalls keine Beachtung verdienen können.

5.1 *Kontextsensitivität* als Grundbedingung im Prozess der Begründung angemessener Lösungsvorschläge

Die Auseinandersetzung mit dem Problembegriff machte deutlich, dass es für die Bestimmung eines Problems wesentlich ist, die Ausgangssituation zu kennen, da ansonsten die Hindernisse bei der Realisierung eines Soll-Zustandes nicht klar werden können. Dieser Rekurs auf die bestehende Situation lässt sich am besten als Kontextsensitivität beschreiben, die ein Kriterium für den Prozess der Begründung angemessener Lösungsvorschläge darstellt. Versucht man aufgrund eines moralisch defizitär erlebten Ist-Zustandes einen erreichbaren, moralisch qualifizierten Soll-Zustand zu entwickeln, so ist dafür Wissen über den konkreten Problembereich unerlässlich. Der Grund liegt darin, dass ein Soll-Zustand nur durch die Veränderung des Ist-Zustandes verwirklicht werden kann, da er ja gerade in der Überwindung der moralischen Defizite liegt (4.1). Folglich kann ohne kontextuelles Wissen nicht klar werden, *wie* irgendein Soll-Zustand verwirklicht werden kann, *was* zur Verwirklichung irgendeines Soll-Zustandes nötig ist und *welche Hindernisse* sich dabei in den Weg stellen. Entwirft ein Ethiker unabhängig von den gegebenen, bestehenden Bedingungen Lösungsvorschläge, so werden diese Vorschläge weder in empirischer noch in moralisch-normativer Hinsicht tragfähig sein können, da die Handlungsmöglichkeiten und Handlungskonsequenzen nur im Rekurs auf die situativen Gegebenheiten des Lösungsraumes einschätzbar sein können.

Der Rekurs auf orientierungsrelevantes Wissen aus dem Kontext ist deshalb eine Grundbedingung, damit die Begründung eines Lösungsvorschlages erfolgreich sein kann, da das konkret moralisch Geforderte nicht situationsunabhängig begründet werden kann (Krones/Richter 2003, 238). Entsprechend kann von einem verantwortlichen Akteur auch nicht gefordert werden, einem Lösungsvorschlag Folge zu leisten, der nicht kontextsensitiv – ohne Rücksicht auf seine konkreten Möglichkeiten und Schwierigkeiten – begründet wurde. Denn nur über die kontextuellen Bedingungen lässt sich bestimmen, ob ein konkreter Akteur einen Lösungsvorschlag befolgen *kann* und *soll*. Hier sind bereits jene pragmatischen Leitkonzepte berührt, die auf *Eigenschaften von Lösungsvorschlägen* (5.2) zielen und im folgenden Schritt spezifiziert werden. An dieser Stelle bleibt festzuhalten: Damit ein Lösungsvorschlag eine *begründete Annahme* darstellen kann, ein Problem zu lösen, ist kontextuelles Wissen über die Möglichkeiten verantwortlicher Akteure nötig. Berücksichtigt ein Ethiker die kontextuellen Bedingungen und Wirkungen eines Lösungsvorschlages im Verantwortungsbereich konkret verantwortlicher Akteure, so wird dieser Lösungsvorschlag jedoch den Vorteil haben, für den Vorwurf der Praxisferne nicht anfällig zu sein.

5.2 *Umsetzbarkeit* als Eigenschaft des Lösungsvorschlages

Die empirisch-praktische Seite der Angemessenheit eines Lösungsvorschlages liegt im Umstand, dass moralisch verantwortliche Akteure ihn umsetzen *können*. Die Rechtfertigung für diese Reduktion *denkbarer* Lösungsvorschläge als Hypothesen auf *umsetzbare*, denen Folge geleistet werden kann, liegt in der Voraussetzung, dass das moralisch Gebotene maximal so weit reichen kann wie die kausalen Einflussmöglichkeiten eines Akteurs (*ultra posse nemo obligatur*). Kein Akteur kann für etwas verantwortlich gemacht werden, was seinem Einflussbereich prinzipiell entzogen ist. Deshalb begrenzen die physischen Handlungsmöglichkeiten eines Akteurs die Menge hypothetischer Lösungsvorschläge. Für Handlungen, die ein Akteur aufgrund physischer Begrenzungen nicht ausführen *kann*, kann er nicht verantwortlich gemacht werden. Auch wenn die Handlung zu noch so guten Zielen führen würde, sie kann von ihm nicht verlangt werden. Die Umsetzbarkeit ist damit jene Eigenschaft eines Lösungsvorschlages, die begründet, weswegen ein moralischer Akteur ihm folgen *kann*, und ist Grundbedingung dafür, dass er es *soll*. Grundsätzlich müssen dafür zwei Bedingungen erfüllt sein: Einem moralischen Akteur muss es physisch möglich sein, den moralisch defizitären Ist-Zustand zu überwinden und einen moralisch qualifizierten Soll-Zustand zu verwirklichen. Zudem muss die Verwirklichung auch in den lebenspraktischen und normativ-moralischen Möglichkeiten liegen und *zumutbar* sein. So lässt sich die *Umsetzbarkeit* eines Lösungsvorschlages in *Realisierbarkeit* (5.2.1) und *Zumutbarkeit* (5.2.2) differenzieren. Die beiden Kriterien reduzieren die Menge der denkbaren Lösungsvorschläge auf jene, die ein Akteur tatsächlich erreichen *kann*, ohne dabei Grenzen überschreiten zu müssen, die er nicht überschreiten *soll*.

5.2.1 *Realisierbarkeit* eines Lösungsvorschlages

Ein Lösungsvorschlag kann nur dann als *realisierbar* angesehen werden, wenn die Handlungen, die zur Verwirklichung eines Soll-Zustandes führen, von den relevanten Akteuren auch – im Sinne physischer Möglichkeiten – befolgt werden *können*. Sind die Mittel zur Realisierung eines Soll-Zustandes für einen verantwortlichen Akteur nicht verfügbar, dann ist der Lösungsvorschlag für ihn auch nicht realisierbar. Deshalb verlangt dieses Kriterium die akteursbezogene Reflexion empirischer Bedingungen, unter denen de facto gehandelt werden muss (Kaminsky 2005, 167). So ist es plausibel anzunehmen, dass viele Lösungsvorschläge in dem Sinne realisierbar sind, dass sie zwar vorstellbar, jedoch keineswegs möglich im genannten Sinne der Realisierbarkeit sind. Wenn moralische Akteure bei der Verwirklichung eines Lösungsvorschlages auf Bedingungen stoßen, welche die Erreichung des Soll-Zustandes verhindern und deren Veränderung nicht in ihren Möglichkeiten liegt, dann überfordert der Lösungsvorschlag und kann nicht als moralisch verbindlich angesehen werden.

Deshalb lässt sich das Kriterium der *Realisierbarkeit* eines Lösungsvorschlages so fassen, dass einem verantwortlichen Akteur die Mittel zur Verwirklichung eines moralisch qualifizierten Soll-Zustandes *nicht* prinzipiell entzogen sein dürfen. Ist es dem Akteur nicht möglich einen Lösungsvorschlag zu verwirklichen, da (für ihn) unabänderbare Bedingungen dies nicht zulassen, so kann von ihm auch nicht gefordert werden, den Lösungsvorschlag umzusetzen. Die Unterlassung kann *keine* moralische Verfehlung darstellen, da die Handlung eine *un*gerechtfertigte Überforderung darstellen würde.

5.2.2 *Zumutbarkeit* eines Lösungsvorschlages

Ein Lösungsvorschlag ist *zumutbar*, wenn es dem verantwortlichen Akteur möglich ist, einen bestimmten Soll-Zustand zu verwirklichen, ohne Handlungen ausführen zu müssen, die den Lösungsvorschlag disqualifizieren und die Unterlassung der relevanten Handlungen rechtfertigen würde. Anders gewendet ist ein Lösungsvorschlag *un*zumutbar, wenn ein Akteur zwar einen Soll-Zustand realisieren könnte, er jedoch gegen begründete moralische Überzeugungen handeln müsste oder gezwungen wäre, bestehende Rahmenbedingungen zu ändern, und dies eine Überforderungen in moralischer bzw. lebenspraktischer Hinsicht bedeuten würde.[19] Während

19 Stocker spricht angesichts derartiger Überforderungen vom Versagen ethischer Theorien: „Sie versagen als ethische Theorien, indem sie es für einen Menschen unmöglich machen, das Gute unbeschadet zu erreichen." (Stocker 1998, 22)

die moralische Überforderung darin liegt, ein moralisch Gesolltes nicht ohne Verstöße gegen moralische Überzeugungen erreichen zu können, liegt die lebenspraktische Überforderung darin, dass die Mittel zur Verwirklichung eines Soll-Zustandes zwar grundsätzlich gewusst und verfügbar sind, ihr Einsatz jedoch nur durch eine Änderung der Rahmenbedingungen möglich ist, die grundsätzlich nicht im Verantwortungsbereich des Akteurs liegt. So obliegt z.B. die Veränderung der ökonomischen Rahmenbedingungen sicherlich nicht einzelnen Akteuren, sondern sie bewegen sich innerhalb derselben, obwohl sie daran arbeiten könnten, dieselben zu ändern. Derartige Sachzwänge sind de facto Zwänge, deren Beseitigung oder Veränderung grundsätzlich nicht im Verantwortungsbereich eines einzelnen Akteurs liegt, ansonsten wären sie keine Sach*zwänge*. Damit ist nicht gesagt, dass derartige Rahmenbedingungen eo ipso moralisch gerechtfertigt wären.[20] Aus der Akteursperspektive betrachtet, begrenzen sie allerdings die Menge möglicher Lösungen. Ihre Veränderung liegt auf einer anderen Ebene der Problemstellung. Folglich würde die Änderung der Rahmenbedingungen auch eine andere Lösungsstrategie erfordern, da es sich um einen anderen Problemtyp handelt, nämlich der Frage nach der Rechtfertigung gesellschaftlicher Normen und Rahmenbedingungen. Liegt deren Veränderung für den Akteur im Bereich des physisch und normativ Möglichen, so sind entsprechend auch Änderungen von ihm zu fordern.

So bestimmt sich die *Zumutbarkeit* eines Lösungsvorschlages dadurch, dass er von einem Akteur nicht nur physisch realisierbar ist, sondern auch lebenspraktisch von ihm *gefordert werden kann.* Ist es für einen Akteur nicht möglich einen Lösungsvorschlag zu erreichen, ohne gegen gerechtfertigte moralische Überzeugungen zu handeln, ist der Lösungsvorschlag nicht zumutbar und seine Unterlassung gerechtfertigt. Zudem ist ein Lösungsvorschlag nicht zumutbar, wenn ein Akteur, um ein konkretes Problem zu lösen, vorher strukturelle Rahmenbedingungen ändern müsste, deren Veränderung ihn überfordert.

---

20 Sollte sich bei der Suche nach Lösungen moralischer Problemstellungen herausstellen, dass die Rahmenbedingungen die Überwindung moralischer Defizite verunmöglichen und entsprechend zu moralisch verwerflichem Handeln zwingen, ergibt sich unmittelbar die Forderung, die Rahmenbedingungen zu ändern. Rahmenbedingungen, die Akteure zu unmoralischem Handeln zwingen, sind nicht nur zweifelhaft, sondern selbst moralisch defizitär. Der Übergang von der Ebene der konkreten Problemstellung zu den Entstehungsbedingungen der Probleme auf der Systemebene ist spätestens dort begründet (und erforderlich), wo die Rahmenbedingungen keine Lösungsvorschläge zulassen, die eindeutige moralische Defizite überwinden.

5.3 *(Natur-)wissenschaftliche und ethisch-moralische Anschlussfähigkeit* der Lösungsvorschläge

Damit ein Lösungsvorschlag angemessen ist, muss er gerechtfertigte moralische Werte oder Prinzipien verwirklichen. Da diese Verwirklichung auf die empirisch wahrnehmbare Veränderung einer Ausgangssituation zielt, ist Wissen über empirische Zusammenhänge des Problem- und Lösungsraumes nötig. So sind beispielsweise die nötigen Mittel oder die Folgen und Nebenfolgen der Realisierung eines Lösungsvorschlages nur mithilfe empirischen Wissens einzuschätzen, wie z.B. in der Technikfolgenabschätzung. Deshalb ist es erforderlich, gesichertes empirisches Wissen als Grundlage für Lösungsvorschläge heranzuziehen. Wissenschaftlich *angemessen* ist ein Lösungsvorschlag dementsprechend dann, wenn seine Voraussetzungen der *wissenschaftlichen Kritik standhalten* können und begründet davon ausgegangen werden kann, dass er zu den antizipierten empirischen Veränderungen führen wird; wissenschaftlich *anschlussfähig* ist ein Lösungsvorschlag, wenn er für eine *wissenschaftliche Kritik zugänglich*, d.h. als Hypothese falsifizierbar, ist.

Für die erwähnte Transformation moralischer Werte oder Prinzipien in Sachverhalte bedarf es der ethischen Klärung, was ein anstrebenswürdiges moralisch-normatives Ziel ist, wobei die empirische Entsprechung des Zieles als eine Frage der interpretativen Transformation im konkreten Problemraum auftaucht. Im Falle konkreter Lösungsvorschläge bedeutet dies für den Ethiker, dass er die moralischen Defizite der Ist-Situation als solche begründet herausstellen und die relevanten Werte oder Prinzipien argumentativ einholen muss, die in einem konkreten Soll-Zustand verwirklicht werden sollen. Bei dieser Transformation moralisch-normativer Ziele geben die formulierten pragmatischen Leitkonzepte die Bandbreite angemessener Lösungsvorschläge vor.

5.4 Interpretative Transformation des moralisch-normativen Ziels

An dem Punkt, wo die empirische Entsprechung eines moralisch-normativen Zieles (konkreter Soll-Zustand) gesucht wird, helfen nun die formulierten pragmatischen Leitkonzepte. Denn damit die empirische Entsprechung des moralisch-normativen Ziels verwirklicht werden kann, muss sie ihnen allen genügen. Deshalb geben die pragmatischen Leitkonzepte Kriterien an, denen Lösungsvorschläge genügen müssen, die für Akteure als relevant erachtet werden können. Denn Lösungsvorschläge müssen realisierbar, zumutbar, (natur-)wissenschaftlich und ethisch-moralisch anschlussfähig und haltbar sein, damit ihnen begründet Folge geleistet werden kann. Dieser Kriterienkatalog steckt nun also den Raum möglicher Lösungsvorschläge ab und zwingt zur kontextsensitiven Suche nach konkreten, angemessenen Vorschlägen, die moralisch defizitäre Ausgangssituation zu überwinden. Auf diese Weise wird man dem Bedürfnis, konkrete Orientierung für moralisch verantwortliche Akteure zu bieten, begegnen können, wie im folgenden Beispiel skizziert werden soll.

6. Ein Beispiel aus der Nutztierhaltung

Um die Rolle pragmatischer Leitkonzepte als Kriterien der Begründung angemessener Lösungsvorschläge zu veranschaulichen, dient nun eine konkrete Problemstellung sozialer Realität im Bereich der Nutztierhaltung: *Die Fixierung der Muttersau im Kastenstand während der Säugeperiode.*[21] Hierbei handelt es sich um ein umstrittenes, rechtlich erlaubtes Standardverfahren der Haltung von säugenden Muttertieren.

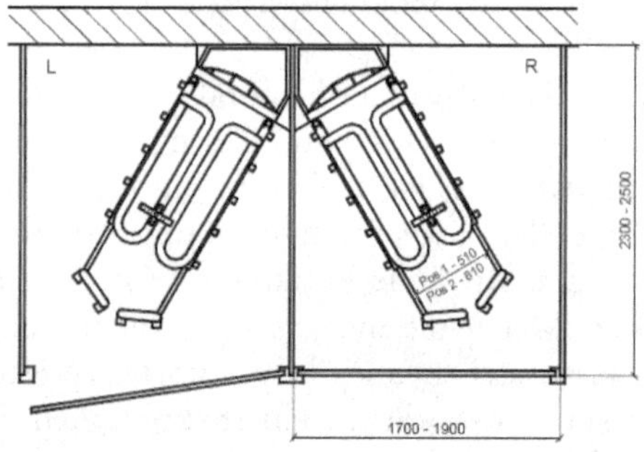

Abbildung 1: Grundriss zweier nebeneinander liegender Kastenstände mit Schrägaufstallung der Sauen, Maße in mm, Quelle: Kamphues 2004, 26.

In solchen Kastenständen werden Muttersauen und ihre Ferkel während der Säugeperiode standardmäßig gehalten. Da den Muttersauen eine Fläche von ca. 600mm x 1800 bis 2300mm zur Verfügung steht (schräge Rechtecke in der Abb.1), können sie sich weder umdrehen noch wirklich bewegen. Den Ferkeln steht die Fläche um den Kastenstand zur Verfügung. Im vorderen Bereich des Kastenstands sind der Futtertrog und die

21 Die Auseinandersetzung mit dieser Fragestellung wird im Folgenden bewusst auf die methodisch interessanten Aspekte reduziert, um den Leser nicht mit überbordender Komplexität zu konfrontieren. Dies ist in diesem Rahmen legitim, da es hier um die Verdeutlichung des methodischen Vorgehens und nicht um die Lösung des Problems geht. Zu den Problemen der Konzentration auf einzelne Aspekte bestimmter Haltungssysteme bzw. Lebens- und Produktionsabschnitte der Nutztiere bei der ethischen Reflexion vgl. Grimm 2007b.

Nippeltränke für die Muttersau angebracht. Der ausschließlich für die Ferkel zugängliche Bereich umfasst etwa eine Fläche von 2,7m², wovon der Liegebereich eine Fläche von 0,6 bis 0,8m² einnimmt. Die trächtigen Sauen werden kurz vor dem Abferkeln aus dem Wartestall, wo sie die Zeit ihrer Trächtigkeit verbringen, in den Kastenstand gebracht, in dem sie dann bis zum Absetzen der Ferkel bleiben (21 bis 28 Tage pro Wurf bei 2,2 Würfen pro Jahr). Hier werden sie auf teilperforiertem, kunststoffummanteltem Boden ohne Einstreu gehalten. Die Bewegungsfreiheit der Sauen ist stark eingeschränkt, sodass angeborene Bewegungsabläufe im Zusammenhang mit Nestbau, Geburt und Nachgeburtsphase ausgeschlossen sind (Friedli/Weber/Troxler 1994). Zudem birgt der konventionelle Kastenstand im Vergleich mit anderen Haltungsverfahren ein erhöhtes Risiko für Abschürfungen, MMA-Komplex (Mastitis-Metritis-Agalaktie), schmerzhafte Bein- und Klauenschäden und Verletzungen der Zitzen.

Das zentrale Defizit dieses Haltungssystems ist die Einschränkung der Bewegungsmöglichkeit, das jedoch zugleich die Vorteile mit sich bringt. Der geringe Flächenbedarf macht es möglich, mehr Muttertiere pro Stallfläche zu halten und entsprechend die betrieblichen Aufwendungen pro Tier zu senken und so den Deckungsbeitrag (Differenz von erzielten Erlösen und den variablen Kosten) zu steigern. Ein weiterer wichtiger Grund für das Fixieren der Muttersauen im Kastenstand ist die Reduktion der Erdrückungsverluste der Ferkel durch die Mutter. (Manche) Statistiken zeigen, dass es in Abferkelbuchten, in denen sich die Sauen frei bewegen können, zu wesentlich mehr erdrückten Ferkeln kommt. Einige wenige Autoren gehen deshalb sogar so weit, die Fixierung der Muttersau im Kastenstand als aktiven Tierschutz zu bezeichnen (Hoy 2004, 16-17).[22]

Nehmen wir den konventionellen Kastenstand (Abb. 1) als Beispiel und fragen nach seiner ethischen Berechtigung, so treffen die oben formulierten Kriterien des Problemtyps angewandter Ethik (2.2) zu. Die Problemstellung ist (mutmaßlich) moralisch-normativer Natur, sie hat ihren Sitz in der Lebenspraxis, ist mit empirischen Fragen verwoben, die nicht unbedingt von Ethikern beantwortet werden können, und sie ist relativ kleinräumig; letztlich geht es um konkret verantwortliche Akteure, die wissen wollen, ob der Kastenstand ein ethisch vertretbares Haltungssystem ist. Konkretisieren wir deshalb das Beispiel und nehmen an, dass ein Landwirt seine säugenden Muttersauen aktuell in konventionellen

---

22 Von dieser Charakterisierung des Kastenstandes möchte ich mich an dieser Stelle explizit distanzieren, da es sich m.E. hierbei um eine Beschreibung der Fixierung der Muttersau handelt, die ans Zynische grenzt und auch veterinärmedizinisch fragwürdig ist. Zur veterinärmedizinischen Grundlage dieser Thematik vgl. Friedli/Weber/Troxler 1994; Bünger 2003.

Kastenständen hält. Möchte man ihm als Ethiker konkret Orientierung bieten, ist es notwendig, die relevanten Bedingungen in seinem Verantwortungsbereich zu berücksichtigen, was sich bei der Begründung von Lösungsvorschlägen niederschlägt. Vorerst ist allerdings zu begründen, weshalb es sich beim konventionellen Kastenstand um ein *moralisch-normatives* Problem handelt.

Die massive Bewegungseinschränkung der Muttersau im konventionellen Kastenstand lässt sich als feststellbare Belastung beschreiben.[23] Obwohl es fast müßig scheint, die moralische Relevanz dieses Defizits zu begründen, soll hierfür mit einer sparsamen tierethischen Position argumentiert werden. Denn die bloße Feststellung, dass es als Common Sense gilt, leidensfähige Tiere aus moralischen Gründen zu berücksichtigen, hilft letztlich nicht weiter. Diese Begründung liegt im Verantwortungsbereich der Ethik. Ethiker müssen begründen können, weshalb es sich hier um einen *moralisch* defizitären Ist-Zustand handelt, wozu der folgende Schluss dienen soll:[24]

> P1: Leidensfähigkeit ist ein etabliertes (und sicherlich nicht das einzig sinnvolle) Kriterium moralischer Relevanz im Hinblick auf Menschen, worauf allseits akzeptierte moralische Normen, wie das Folterverbot oder Nicht-Schadensgebot, hinweisen.
>
> P2: Leidensfähigkeit – zumindest im körperlichen Sinne – können wir, ohne dass mit großem Widerspruch zu rechnen wäre, Menschen wie auch manchen Tieren und insbesondere unseren Nutztieren wie Schweinen zuschreiben.
>
> P3: Gleiches ist gleich und Ungleiches ungleich zu behandeln.
>
> c: Wenn wir Leidensfähigkeit im körperlichen Sinn als ein Kriterium für moralische Relevanz im zwischenmenschlichen Bereich begreifen (P1), gilt dies (entsprechend P3) für alle leidensfähigen Wesen und (entsprechend P2) insbesondere auch für Nutztiere wie Schweine.

Dieser Schluss berechtigt, von einer Rücksichtspflicht gegenüber Nutztieren zu sprechen, die Nutztierhalter haben, wenn sie Tiere, hier Schweine, in ihre Obhut nehmen. Diese Verpflichtung besteht grundsätzlich – im Sinne einer erweiterten *prima-facie*-Pflicht (Ross 2002 [1930], 21) – darin, leidensfähigen Lebewesen kein Leid zuzufügen. Deshalb kann die Zufügung von Leid nur ethisch erlaubt sein, wenn andere moralisch relevante Güter dies rechtfertigen und keine Möglichkeit besteht, das Leid zu redu-

---

23 Zu Methoden für die Einschätzung der Belastungsintensität von Haltungssystemen vgl. Busch/Kunzmann 2006, 65-66; Webster 2005, 43-45; im Bereich der Tierversuche vgl. Salomon u.a. 2001.

24 Bei dem folgenden Argument handelt es sich um eine gekürzte Fassung von Badura 2001, 204-206.

zieren.[25] Im Kontext der Nutztierhaltung ist deshalb zu fordern, tierliches Leid, so weit es möglich ist, zu reduzieren.[26]

Um das Beispiel hier einfach zu halten, soll unser Fall unter der Hinsicht des Bewegungsmangels durchgespielt werden, der zu tierlichem Leid im Sinne von unterbundenen angeborenen Verhaltensweisen und Stress führt, was sich in Verhaltensstörungen und Stressreaktionen zeigt. Dieses tierliche Leid lässt sich mithilfe des obigen Argumentes als moralisch relevant qualifizieren und stellt entsprechend ein moralisches Defizit dar, das nun die Suche nach Lösungsvorschlägen ausrichtet. Ein angemessener Lösungsvorschlag muss dieses Defizit überwinden, was die Hypothesenbildung anleitet.

Die Bestimmung des moralisch qualifizierten Defizits grenzt den Lösungsraum ein und konkretisiert die Suche nach angemessenen Lösungsvorschlägen als Frage nach *alternativen Haltungssystemen*, die mit weniger Belastungen für das Tier auskommen (Grimm 2006). Hierfür müssen Ethiker auf veterinärmedizinisches Wissen zurückgreifen bzw. diese Kompetenz in den Prozess der Lösungsbegründung einbringen. Intuitive Einschätzungen der Bedürfnisse von Tieren können aufgrund anthropomorpher Interpretationen leicht fehl gehen, sodass gesicherte ethologische Daten – trotz methodologischer Probleme (Grimm 2007b) – hier bessere und prüfbare Auskunft über das Wohlbefinden der Tiere geben können.[27] So ist die Frage, welche Haltungsverfahren das identifizierte Defizit tatsächlich überwinden können, in erster Linie eine empirische Frage. Veterinärmedizinische Untersuchungen geben hier Auskunft (Kamphues 2004). Die *wissenschaftliche Anschlussfähigkeit* und *Falsifizierbarkeit* wird so ein wesentliches Kriterium der Hypothesenbildung, da aufbauend auf empirischen Daten geprüft werden kann, ob ein alternatives Haltungssystem das moralisch qualifizierte Bewegungsdefizit überwindet.

---

25 Es bedarf – wie auch im deutschen TSchG §1 verankert – eines *vernünftigen* Grundes, einem Tier Leid zuzufügen. In der Auslegung des Paragraphen sind sich die Kommentatoren einig, dass es nicht nur eines *einsichtigen*, sondern eines *rechtfertigenden* Grundes bedarf. Vgl. Hirt/Maisack/Moritz 2007; Kluge 2002; Lorz/Metzger 1999; hierzu auch: Nida-Rümelin 1996, 496.

26 Eine davon zu unterscheidende Frage ist es, wie das Wohl der Tiere gefördert werden kann. Bei einem Blick auf die Nutztierhaltung scheint allerdings die Reduktion von Belastungen dringlicher. Zudem sei an dieser Stelle erwähnt, dass die grundsätzlich spannende Frage, ob es eine Nutztierhaltung überhaupt geben darf, hier nichts zur Sache tut. Diese Frage erfordert eine gänzlich andere Herangehensweise. Bis eine ausreichend starke Theorie jede Nutztierhaltung verbietet, bleibt als wesentliche Forderung, tierliches Leid zu reduzieren.

27 Zum Verhältnis von Naturwissenschaft und Common Sense in der englischsprachigen animal-welfare Debatte vgl. Rollin 1998 [1989]; Webster 2005; Fraser 1993; Wermsfelder 2007.

Nehmen wir nun ein alternatives Haltungssystem als Hypothese, um zu einem Lösungsvorschlag zu gelangen: Die Abferkelbucht mit Kastenstand *zum Öffnen* (Abb. 2) soll hier als Hypothese dienen, da sie der Muttersau wesentlich mehr Bewegungsfreiheit einräumt:

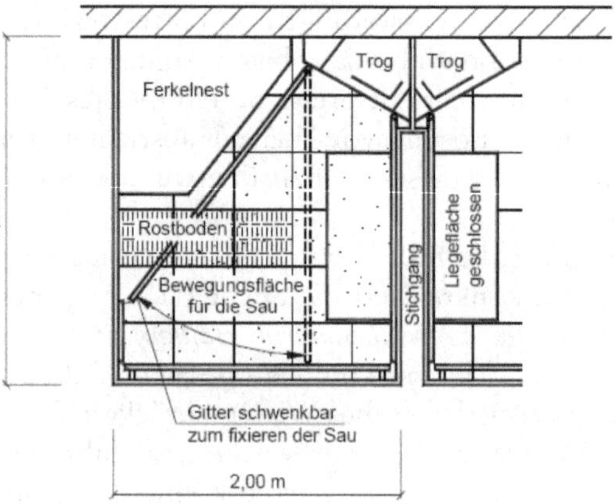

Abbildung 2: Völkenroder Abferkelbucht. Quelle: Kamphues 2004, 28.

Diese Aufstallungsform mit Fixierungsmöglichkeit kommt mit unwesentlich mehr Platz als der konventionelle Kastenstand aus. Ist der Kastenstand aufgeklappt, kann sich die Muttersau in der Bucht bewegen. Nur in Ausnahmefällen wird die Sau mithilfe des schwenkbaren Gitters (siehe Abb. 2) fixiert. Dieses Haltungssystem entschärft das Defizit der massiven Einschränkung der Bewegungsmöglichkeit des konventionellen Kastenstandes zumindest (Friedli/Weber/Troxler 1994). Somit ist diese Alternative prinzipiell als Hypothese geeignet, sodass sich die Frage stellt, ob dieser Lösungsvorschlag für den moralischen Akteur *umsetzbar* im Sinne von *realisierbar* und *zumutbar* ist.

Um zu prüfen, ob der Lösungsvorschlag im Sinne der *Realisierbarkeit* angemessen ist, ist nun zu fragen, ob es dem konkret verantwortlichen Akteur (dem Nutztierhalter) möglich ist, den Lösungsvorschlag zu verwirklichen. Der Handlungsspielraum von Nutztierhaltern ist de facto durch Rahmenbedingungen wie Marktmechanismen, rechtliche Mindestanforderungen und betriebsorganisatorische Grenzen wie verfügbare Arbeitskräfte, bauliche Grenzen, geographische Lage etc. begrenzt, was den Handlungsspielraum und den Verantwortungsbereich einschränkt. Werden diese Begrenzungen in seinem Verantwortungsbereich nicht berücksichtigt, wird die Chance auf Verbesserung verspielt (Grimm 2007a).

Rechtlich ist der Kastenstand zum Öffnen in Ordnung. Er entspricht der relevanten EU-Richtlinie zur Schweinehaltung (Richtlinie 2001/88/EG), die in die Tierschutz-Nutztierhaltungsverordnung (TNVO 2006) aufgenommen worden ist. Da man davon ausgehen kann, dass der Arbeitsaufwand in etwa mit dem des konventionellen Kastenstandes gleich (einstreu los) und der zusätzliche Flächenbedarf pro Muttersau unwesentlich ist, dürfen wir zudem davon ausgehen, dass mit dieser Alternative ebenfalls ein Deckungsbeitrag erwirtschaftet werden kann, der mit dem konventionellen Kastenstand vergleichbar ist. So bleibt die Frage, ob dem Landwirt die Mittel für den Um- oder Neubau des Stalles zur Verfügung stehen. Hierfür sind betriebswirtschaftliche Kalkulationen nötig. Dass diese Frage eine Vielzahl neuer Fragen nach sich zieht, ist selbstverständlich. So gibt es Förderprogramme, die tiergerechte Haltung subventionieren; Verbände, die einen höheren Abnahmepreis bieten, wenn festgelegte Kriterien in der Sauenhaltung eingehalten werden; die Möglichkeit, den Betrieb zu restrukturieren, um die Veredelung der Produkte am Hof zu halten; etc. Ein Ethiker wird hier viel zu tun haben und auf die Hilfe anderer und insbesondere auf die des Landwirtes angewiesen sein, um die *Realisierbarkeit* des Lösungsvorschlages einschätzen zu können.

Nehmen wir optimistisch an, dass unser konkreter Landwirt über die nötigen Mittel verfügt, den Lösungsvorschlag zu realisieren, so gelangen wir zu der Frage, ob ihm der Lösungsvorschlag auch *zumutbar* ist. Dies ist dann der Fall, wenn der Lösungsvorschlag nicht nur realisierbar, sondern auch von einem Akteur moralisch und lebenspraktisch *gefordert werden kann.* Kann der Akteur einen Lösungsvorschlag nicht verwirklichen, ohne gegen gerechtfertigte moralische Überzeugungen zu handeln oder strukturelle Rahmenbedingungen zu ändern, deren Veränderung grundsätzlich nicht in seinen Möglichkeiten liegt, ist der Lösungsvorschlag nicht zumutbar. Würde das alternative Haltungssystem z.B. die Ausbeutung von Arbeitskräften oder des Nutztierhalters erfordern, so hat der Akteur moralisch rechtfertigende Gründe, diese Haltungsform nicht zu verwirklichen.[28] In unserem Fall wurde die Gefahr der Ausbeutung der eigenen Arbeitskräfte ausgeschlossen. Allerdings könnte die Alternative aus dem tierethisch relevanten Grund unzumutbar sein, dass die Bewegungsfreiheit der Muttersau zu mehr erdrückten Ferkeln führt. Hier stellte sich die Frage, ob die gesteigerte Bewegungsfreiheit der Sau die zusätzlich erdrückten Ferkel rechtfertigen könnte; sobald man jedoch zeigen kann, dass ein Nutztier-

28 Ähnlich argumentiert Lehman, wenn er deutlich macht, dass jede nachhaltige Landwirtschaft auch mit gesellschaftlichen Werten kompatibel sein muss, die nicht unmittelbar mit einer nachhaltigen Wirtschaftsweise in Zusammenhang stehen. Vgl. Lehman 1995, 147-163.

halter mit dem alternativen Haltungsverfahren gleich viel oder weniger erdrückte Ferkel wie im konventionellen Kastenstand in Kauf nehmen muss, besteht kein moralisch rechtfertigender Grund mehr, die Muttersauen derart zu fixieren, da der Lösungsvorschlag für unseren Landwirt – der obigen Terminologie folgend – *umsetzbar* ist. Die empirische Grundlage für das Argument, dass mehr Bewegungsfreiheit für die Muttersauen ohne erhöhte Gefahr für die Ferkel im genannten Haltungsverfahren möglich ist, haben Friedli, Weber und Troxler (1994) vorgelegt. Dort wurde keine signifikante Erhöhung der Erdrückungsverluste im Kastenstand zum Öffnen beobachtet, was im konstruierten Fall bedeutet, dass nichts mehr gegen die Verwirklichung des Soll-Zustandes spricht, da der Lösungsvorschlag erstens einen moralisch defizitären Zustand überwindet, zweitens umsetzbar ist und drittens – im Rahmen des hier zur Verfügung stehenden Platzes zumindest im Ansatz – (natur-)wissenschaftlich und ethisch-moralisch anschlussfähig begründet und falsifizierbar ist. Da der Kastenstand zum Öffnen einen angemessenen Lösungsvorschlag zur Überwindung eines moralisch defizitären Ist-Zustandes im obigen Sinn darstellt, *sollte* dieser von unserem konkreten Landwirt nun auch verwirklicht werden. Die Begründungsarbeit des Ethikers ist damit getan.

In diesem Beispiel wurde übersichtshaft skizziert, was es bedeutet, *kontextsensitiv*, *(natur-)wissenschaftlich* und *ethisch-moralisch anschlussfähig* zu begründen, dass ein Lösungsvorschlag angemessen ist. Um die Hypothesen (mögliche Lösungsvorschläge) mithilfe der pragmatischen Leitkonzepte zu prüfen, war veterinärmedizinisches, ökonomisches, rechtliches, ethisches und v.a. nutztierhalterisches Wissen nötig. Wird dieses Wissen berücksichtigt, so steigert dies die Verbindlichkeit der Lösungsvorschläge, und Unterlassungen der Verwirklichung angemessener Lösungsvorschläge werden moralisch kritisierbar, da auf die konkreten, realen Handlungsbedingungen des verantwortlichen Akteurs Rücksicht genommen wurde und Überforderungen kontextsensitiv ausgeschlossen werden konnten.

7. Schlussbemerkung

Versucht man angemessene Lösungsvorschläge für konkrete Probleme sozialer Realität zu begründen, so betritt man den festen Boden empirischer Zusammenhänge und lebenspraktischer Bedingungen. Sie haben Einfluss auf die Begründung bzw. limitieren die Möglichkeiten zur Verwirklichung moralischer Prinzipien und Wertvorstellungen. Die pragmatischen Leitkonzepte können diesen Aspekt theoretisch einholen und methodisch in Problemlösungsstrategien integrieren. So lässt sich durch die rücksichtsvolle und kontextsensitive Begründung von Lösungsvorschlägen deren Verbindlichkeit steigern, wofür allerdings die Kooperation mit anderen Disziplinen und insbesondere der betroffenen Akteure nötig ist. Durch die Konzeption der Begründung von Lösungsvorschlägen als Prüfung relevanter Hypothesen zur Überwindung moralisch defizitärer Ist-Zustände kann sowohl der Theorielosigkeit als auch der Praxisferne angewandter Ethik ein Stück weit und an identifizierbaren Stellen begegnet werden.

Literaturverzeichnis

Ach, Johann/Runtenberg, Christa (2002): Bioethik: Disziplin und Diskurs. Zur Selbstaufklärung angewandter Ethik. Frankfurt a.M./New York.

Albert, Hans (1978): Traktat über rationale Praxis. Tübingen.

Alexander, Thomas (1993): John Dewey and the Moral Imagination: Beyond Putnam and Rorty toward a Postmodern Ethics. In: Transactions of the Charles S. Peirce Society 29/3, 369-400.

Arnswald, Ulrich/Kertscher, Jens (2002): Einleitung: Angewandte Ethik als Medium gesellschaftlicher Selbstreflexion. In: Dies. (Hg.): Herausforderungen der Angewandten Ethik. Paderborn, 13-16.

Badura, Jens (2001): Leidensfähigkeit als Kriterium? Überlegungen zur pathozentrischen Tierschutzethik. In: Schneider, Manuel (Hg.): Den Tieren gerecht werden – Zur Ethik und Kultur der Mensch-Tier-Beziehung. Kassel, 195-210.

Badura, Jens (2002): Die Suche nach Angemessenheit. Praktische Philosophie als ethische Beratung. Münster.

Bayertz, Kurt (1991): Praktische Philosophie als angewandte Ethik. In: Ders. (Hg.): Praktische Philosophie. Grundorientierungen angewandter Ethik. Reinbek, 7-47.

Bayertz, Kurt (1999): Moral als Konstruktion. Zur Selbstaufklärung der angewandten Ethik. In: Kampits, Peter/Weinberg, Anja (Hg.): Angewandte Ethik. Beiträge des 21. Internationalen Wittgenstein Symposiums. Wien, 73-89.

Bayertz, Kurt (2002): Warum „Selbstaufklärung der Bioethik"? In: Ach, Johann/Runtenberg, Christa: Bioethik: Disziplin und Diskurs.Zur Selbstaufklärung angewandter Ethik. Frankfurt a.M./New York, 9-12.

Beauchamp, Tom L./Childress, James F. (2001): Principles of Biomedical Ethics. 5. Aufl. New York.

Birnbacher, Dieter (2003): Analytische Einführung in die Ethik. Berlin/New York.

Birnbacher, Dieter (2006): Zwischen Natur und Interesse. Frankfurt a.M.

Brand, Cordula u.a. (2008): Die Herausforderungen der Bioethik – Zur Einführung. In: Dies. (Hg.): Wie funktioniert Bioethik? Paderborn.

Bünger, Beate (2003): Sauen im Deckzentrum, im Wartebereich und im Abferkelstall: Ist eine durchgehende Gruppenhaltung möglich? In: Freiland-Verband (Hg.): Alternativen in der Tierhaltung: Modeerscheinung oder Zukunftschance? Wien, 20-25.

Busch, Roger J./Kunzmann, Peter (2006): Leben mit und von Tieren. 2. überarb. u. erw. Aufl. München.

Caspary, William R. (2003): One and the Same Method: John Dewey's Thesis of Unity of Method in Ethics and Science. In: Transactions of the Charles Sanders Peirce Society 39/3, 445-468.

Cross, Nigel (1989): Engineering Design Methods. Chichester.

Dewey, John (EW): The Early Works: 1882-1898. Hg. v. Jo Ann Boydston. Carbondale, 1967-1972.

Dewey, John (MW): The Middle Works: 1899-1924. Hg. v. Jo Ann Boydston. Carbondale, 1976-1983.

Dewey, John (LW): The Later Works: 1925-1953. Hg. v. Jo Ann Boydston. Carbondale, 1981-1991.

Dörner, Dietrich (2005): Die Logik des Misslingens. Strategisches Denken in komplexen Situationen. 4. Aufl. Reinbek.

Dorst, Kees (2006): The Design Analogy: A Model for Moral Problem Solving. In: Design Studies 27/6, 633-656.

Drucker, Peter F. (1954): The Practice of Management. New York.

Düwell, Marcus/Steigleder, Klaus (Hg.) (2003): Bioethik – Eine Einführung. Frankfurt a.M.

Fesmire, Steven (2003): John Dewey and Moral Imagination. Bloomington.

Fraser, David (1993): Assessing Animal Well-being: Common Sense, Uncommon Science. In: Food Animal Well-Being. West Lafayette, 37-54. http://www.ansc.purdue.edu/wellbeing/FAWB1993/Fraser.pdf (20. 3. 2008)

Friedli, Katharina/Weber, Roland/Troxler, Josef (1994): Abferkelbuchten mit Kastenständen zum Öffnen. FAT Bericht Nr. 452. Tänikon.

Gigch, John P. van (1978): Applied General Systems Theory. New York.

Grimm, Herwig (2006): Animal Welfare in Animal Husbandry – How to Put Moral Responsibility for Livestock into Practice. In: Kaiser, Matthias/Lien, Marianne E. (Hg.): Ethics and the Politics of Food. Wageningen, 518-522.

Grimm, Herwig (2007a): Rotes Tuch Tierschutz? Ethischer Anspruch und gelingende Praxis in der Landwirtschaft. In: Freiland Verband (Hg.): Grenzgang Nutztier-Haltung – Nutzung und Achtung des Lebens beim Umgang mit Tieren. Wien, 5-11.

Grimm, Herwig (2007b): Empirical Facts in Farm-Animal Welfare Discourse. In: Zollitsch, Werner u.a. (Hg.): Sustainable Food Production and Ethics. Wageningen, 300-305.

Habermas, Jürgen (1992 [1991]): Erläuterungen zur Diskursethik. 2. Aufl. Frankfurt a.M.

Hayes, John R. (1981): The Complete Problem Solver. Philadelphia.

Hirt, Almuth/Maisack, Christoph/Moritz, Johanna (2007): Tierschutzgesetz. Kommentar. 2. Aufl. München.

Honnefelder, Ludger (1999): Anwendung in der Ethik und angewandte Ethik. In: Jahrbuch für Wissenschaft und Ethik 4. Berlin/New York, 273-282.

Hoy, Steffen (2004): Ferkelschutzkörbe sind aktiver Tierschutz. In: top agrar. Ferkelverluste senken. Münster.

Jackson, Keith F. (1984): Die Kunst der Problemlösung. Übers. v. Helga Höhlein. 2. Aufl. Landsberg am Lech.

Janis, Irving G./Mann, Leon R. (1977): Decision Making: A Psychological Analysis of Conflict, Choice and Commitment. New York.

Jonsen, Albert R./Toulmin, Stephen (1988): The Abuse of Casuistry. A History of Moral Reasoning. Berkeley/Los Angeles/London.
Kaminsky, Carmen (2005): Moral für die Politik. Eine konzeptionelle Grundlegung der Angewandten Ethik. Paderborn.
Kamphues, Barbara (2004): Vergleich von Haltungsvarianten für die Einzelhaltung von säugenden Sauen unter besonderer Berücksichtigung der Auswirkungen auf das Tierverhalten und der Wirtschaftlichkeit. Dissertation Göttingen. http://webdoc.sub.gwdg.de/diss/2004/kamphues/index.html (18. 3. 2008).
Kluge, Hans-Georg (2002): Tierschutzgesetz. Kommentar. Stuttgart.
Koch, Donald F. (1998): Editor's Introduction to the Lectures on the Logic of Ethics. In: Ders. (Hg.): Principles of Instrumental Logic. John Dewey's Lectures in Ethics and Political Ethics, 1895-1896. Carbondale, 3-30.
Krones, Tanja/Richter, Gerd (2003): Kontextsensitive Ethik am Rubikon. In: Düwell Marcus/Steigleder, Klaus (Hg.): Bioethik – Eine Einführung. Frankfurt a.M., 238-245.
Lehman, Hugh (1995): Rationality and Ethics in Agriculture. Moscow, Idaho.
Leist, Anton (2000): Die gute Handlung. Eine Einführung in die Ethik. Berlin.
Lorz, Albert/Metzger, Ernst (1999): Tierschutzgesetz. Kommentar. 5. Aufl. München.
Nagel, Ernest (LW12): Introduction. In: John Dewey: The Later Works: 1925-1953. Vol. 12. Hg. v. Jo Ann Boydston. Carbondale: Southern Illinois UP. 1981-1991, vii-xxv.
Nagl, Ludwig (1998): Pragmatismus. Frankfurt/New York.
Nida-Rümelin, Julian (1996): Theoretische und angewandte Ethik: Paradigmen, Begründungen, Berichte. In: Ders. (Hg.): Angewandte Ethik. Die Bereichsethiken und ihre theoretische Fundierung. Stuttgart, 2-89.
Nida-Rümelin, Julian (1998a): Praktische Philosophie zwischen Praxis und Theorie. In: Lohmann, Karl R./Schmidt, Thomas (Hg.): Philosophie zwischen Anspruch und Erwartung. Frankfurt a.M., 31-45.
Nida-Rümelin, Julian (1998b): Angemessenheit als praktische Kohärenz. In: Merker, Barbara/Mohr, Georg/Siep, Ludwig (Hg.): Angemessenheit. Zur Rehabilitierung einer philosophischen Metapher. Würzburg, 115-132.
Nida-Rümelin, Julian (2002): Ethische Essays. Frankfurt a.M.
O'Connor, Finbarr W. (1988): Dewey: Inquiry and Problem-Solving. In: Murphey, Murray G./Berg, Ivar (Hg.): Values and Value Theory in Twentieth-Century America. Philadelphia.
Pamental, Matthew (2004): Pragmatism and Pets: Best Friends Animal Sanctuary, Maddie's Fund[SM], and No More Homeless Pets in Utah. In: McKenna, Erin/Light, Andrew (Hg.): Animal Pragmatism. Rethinking Human-Nonhuman Relationships. Bloomington, 210-227.
Parnes, Sidney J. (1967): Creative Behaviour Guidebook. New York.
Poel, Ibo van de (2001): Investigating Ethical Issues in Engineering Design. In: Science and Engineering Ethics 7/3, 429-446.
Polya, George (1957): How To Solve It. Princeton.
Putnam, Hilary (2004): Ethics without Ontology. Cambridge, Massachusetts u.a.
Putnam, Hilary/Putnam, Ruth A. (1994): Dewey's Logic: Epistemology as Hypotheses. In: Conant, James (Hg.): Hilary Putnam. Words and Life. Cambridge, Massachusetts/London.

Richtlinie (2001/88/EG): Richtlinie 2001/88/EG des Rates vom 23. Oktober 2001 zur Änderung der Richtlinie 91/630/EWG über Mindestanforderungen für den Schutz von Schweinen.

Rittel, Horst W. J./Webber, Melvin M. (1984): Planning Problems are Wicked Problems. In: Cross, Nigel (Hg.): Developments in Design Methodology. Chichester, 135-144.

Rollin, Bernhard E. (1998 [1989]): The Unheeded Cry. Oxford.

Ropohl, Günther (2002): Welche Schwierigkeiten die Technik mit der Ethik hat. In: Arnswald, Ulrich/Kertscher, Jens (Hg.): Herausforderungen der Angewandten Ethik. Paderborn, 97-109.

Ross, David (2002 [1930]): The Right and the Good. Hg. von Philip Stratton-Lake, Oxford.

Salomon, Birgit u.a. (2001): Endbericht zur Studie: Erfassung und Bewertung des Leidens sowie der Belastung transgener Tiere im Vergleich zu konventionellen Tierversuchen. Wien.

Simon, Herbert A. (1960): The New Science of Management Decision. New York.

Stocker, Michael (1998): Die Schizophrenie moderner ethischer Theorien. In: Rippe, Klaus Peter/Schaber, Peter (Hg.): Tugendethik. Stuttgart, 19-41.

TNVO (2006): Bekanntmachung der Neufassung der Tierschutz-Nutztierhaltungsverordnung vom 22. August 2006. Bundesgesetzblatt Jahrgang 2006 Teil I Nr. 41, ausgegeben zu Bonn am 31. August 2006.

Tugendhat, Ernst (1993): Vorlesungen über Ethik. Frankfurt a.M.

Voss, James F. (2005): Toulmin's Model and the Solving of Ill-Structured Problems. In: Argumentation 19, 321-329.

Wallas, Graham (1926): The Art of Thought. London.

Webster, John (2005): Animal Welfare. Limping Towards Eden. Oxford.

Welchman, Jennifer (1995): Dewey's Ethical Thought. Ithaca/London.

Wemsfelder, Françoise (2007): How Animals Communicate Quality of Life: The Qualitative Assessment of Behaviour. In: Animal Welfare 16, 25-31.

Zichy, Michael (2007): Ein methodischer Leitfaden zur strukturierten Behandlung moralischer Probleme. Ein Werkstattbericht. In: Salzburger Jahrbuch für Philosophie 52, 115-131.

Realisierbarkeit sittlicher Urteile als ethisches Kriterium – Implikationen für Theorien angewandter Ethik

Bernhard Irrgang

Angesichts der innovativen Grundstruktur der Hypermoderne sind Wertewandel und moralisches Neuland zum Normalfall einer anwendungsorientierten praktischen Ethik geworden. Auch Gesellschaften, in denen traditionelle Ethiken meist religiöser Provenienz noch eine gewisse Dominanz aufweisen und Kontinuität suggerieren, die sich tatsächlich immer mehr aufweicht, sind durch die technologische Entwicklung in einen Veränderungssog geraten, der die Suche nach neuen Antworten in Handlungsfeldern verlangt, die uns noch gestern verschlossen waren. Wer jeden Wandel in der Moral als Wertverfall deklariert, bedarf eines absoluten Maßstabes, den oft genug der Begriff Menschenwürde übernehmen muss, obwohl er ihn nicht mehr schultern kann. So hat die Wende zur anwendungsorientierten Ethik, die von der Schulphilosophie immer noch nicht so richtig anerkannt ist, einen – wenn auch zaghaften – Aufbruch zu neuen Typen von Ethik mit sich gebracht.

Individualistische, existentialistische, moderne Selbstverwirklichungs- und Perfektionsethiken haben zwar immer noch Konjunktur, aus den vielfachen Krisenphänomenen am Beginn der Hypermoderne helfen sie wohl nicht heraus. In irgendeiner Form müssen gemeinwohlorientierte Leitbilder individualethische Prinzipienethiken „unterfüttern" und aus der Praxis heraus entwickelt werden, um noch plausibel auch für individuelles gutes Leben werden zu können, auch wenn das gesellschaftliche Leben in postindustrialisierten Gesellschaften immer mehr auf soziale Atomisierung hinausläuft. Um wirklich anwendungsorientiert werden zu können, bedarf es für die Ethik eines Paradigmenwechsels. Im Zeichen der Prinzipienethiken und des Kategorischen Imperativs standen Ethiken (für Heilige und sittliche Helden, sog. supererogatorische Ethiken) im Gegensatz zum Pragmatismus oder gar Utilitarismus. Im Zeichen der Anwendungsorientierung von Ethik scheint sich hier ein Ende der Eiszeit anzubahnen. Pragmatismus und Utilitarismus werden zu ernst zu nehmenden Gesprächspartnern auch für Richtungen anwendungsorientierter Ethik, die sich nicht zu den Parteigängern einer solchen Ethik zählen wie die Hermeneutische Ethik (Irrgang 2007).

Anwendungsfragen von Ethik führen notwendig aus dem Bereich traditioneller ethischer Urteilsbildung hinaus, indem die Einbettungsbedingungen sittlichen Urteilens und Entscheidens mitberücksichtigt und Institutionalisierungsfragen bearbeitet werden müssen, die von traditionellen Theorien sittlichen Urteilens oft nicht eigens thematisiert wurden. Die Öffnung für Anwendungsprobleme macht die Arbeit der Ethik erheblich komplizierter, unübersichtlicher, erzwingt eine Erweiterung ins Ökonomische und Politische (Dimension der Pragmatik) und verändert die ethische Theoriebildung. Wird Realisierbarkeit zu einem wesentlichen Kriterium von Theorien anwendungsorientierter Ethiken, dann kann es keinen Gegensatz zwischen instrumenteller und reiner Vernunft in der Praxis mehr geben, wie Kant noch zumindest aus methodischen Gründen unterstellt (Irrgang 1998), sondern ein umfassender Praxisbegriff unter Einschluss von nutzenorientierten, strategischen und sittlichen Aspekten menschlichen Handelns wird zur Grundlage ethischer Theoriebildung. In meiner Terminologie muss angewandte Ethik hermeneutisch werden (Irrgang 1998), sich mit Utilitarismus und Pragmatismus auseinandersetzen (Irrgang 2007a) und im Rahmen einer politischen Technologie Machtaspekte berücksichtigen (Irrgang 2007b).

1. Anwendungsorientierte Ethik zwischen Pragmatismus und Hermeneutik

Pragmatismus und Ethik scheinen nicht so richtig zusammenzupassen. Das einzige Kriterium für potentielle Wahrheiten, das der Pragmatismus gelten lässt, ist die Frage, was uns am zuverlässigsten anleitet, was zu jedem Teil des Lebens am besten passt, sich mit der Gesamtheit der Forderungen aus der Erfahrung verbindet und nichts davon auslässt. Man kann sich getrost darauf verlassen, dass Instinkt und Nutzenorientierung unter den Menschen ausreichen, die sozialen Aufgaben von Bestrafung und Belohnung zu erfüllen. Die populäre Auffassung ist, dass eine wahre Vorstellung ihre Realität abbilden muss. Der Pragmatist dagegen stellt seine übliche Frage: Angenommen, eine Vorstellung oder eine Meinung sei wahr, sagt er, welchen konkreten Unterschied bewirkt diese Wahrheit im tatsächlichen Leben von irgendjemandem? (James 2001, 132-135). Gleiches kann man im Hinblick auf sittliche Normen fragen.

Der Pragmatismus ist weniger interessiert an den Endergebnissen der Forschung, sondern mehr am Forschungsprozess selbst – und für diesen gibt es auch ethische Forschung. Der Pragmatismus ist gekennzeichnet durch Antifundamentalismus, Antidualismus und Antiskeptizismus. Eine pragmatistische Ethik ist eher prozess- als produktorientiert. Es ist nicht Sache der pragmatistischen Ethik, Lösungen anzubieten, sondern die öffentliche Debatte und die politische Entscheidungsfindung im Hinblick auf drängende moralische Probleme zu ermöglichen, zu managen bzw. zu erleichtern. Dabei wendet sich der Pragmatismus gegen Versuche, neue Probleme mit alter Terminologie und alten Theorien lösen zu wollen. Um eine neue Terminologie zu entwickeln, sind insbesondere potentielle Aspekte herauszuarbeiten. Allerdings enthält für pragmatistisch eingefärbtes Denken im Gegensatz zum traditionellen Naturrecht der Gedanke der Potentialität das Konzept einer Gradualisierung. Der Pragmatismus ist konsensorientiert und verweist daher in vielfältiger Form auf Diskursethiken. Hier liegen auch die Unterschiede zwischen einer hermeneutischen Ethik und einer pragmatistischen Ethik. Der Diskurs alleine hilft nicht, er muss vielmehr professionalisiert werden, wofür bestimmte Kriterien und methodische Verfahren entwickelt werden müssen (Keulartz u.a. 2002).

Der philosophische Pragmatismus selbst ist eine relativ ungenaue Bezeichnung, die sehr unterschiedliche Zugänge zu Fragen und Antworten umfasst. Pragmatistische Ethik kombiniert traditionelle Ethik, eine zukunftsorientierte Diskursethik sowie das Konfliktmanagement (Keulartz u.a. 2002). Der Pragmatismus hat keine eigenen Unterscheidungsebenen und keine eigene Methodologie. Das unterscheidet den Pragmatismus von hermeneutischen Ethiken. In ihnen gibt es Argumentations- und Interpretationsebenen und unterschiedliche Kompetenzen. Also ist ein ethischer Pragmatismus keineswegs zu verwechseln mit einer pragmatistischen Ethik. Die hermeneutische Ethik sucht nach Orientierungen auf der Basis einer eher skeptischen Grundeinstellung. Nicht ein naiver Pragmatismus kann zum Ausgangspunkt für angewandte Philosophie werden, sondern ein aufgeklärter Pragmatismus, der gegenüber Totalerklärungen skeptisch bleibt. Dabei führt die pragmatische Alternative zum Konstruktivismus, z.B. zum Interpretations-Konstruktivismus. Die skeptische Reformulierung des Pragmatismus impliziert eine Kritik am Naturalismus und erhöht die Notwendigkeit der Reflexionskompetenz (Irrgang 2007a). Ein naiver Pragmatismus, der Skepsis bekämpft, ist noch zu sehr Alltagsmoral.

Die Wendung einer anwendungsorientierten und an Realisierungsfragen ausgerichteten Ethik zum Pragmatismus hängt nicht zuletzt mit der Entwicklung der Technik zusammen. Die Verselbständigung der Technik ist ein spezifisch neuzeitliches Phänomen. Der kollektive Technikgebrauch hat oft Nebenwirkungen, die ursprünglich nicht eingeplant waren, und dann, wenn er aufgrund des kollektiven Nutzens extrem schädlich wird, nicht mehr gestoppt werden kann. Dieser kollektive

Technikgebrauch ist zwar nicht quasi naturwüchsig, gefährlich macht ihn die gesellschaftliche Routine und die kulturelle Einbettung, die von massenhaft akzeptierter Technik ausgeht. Diese quasi Naturwüchsigkeit ist nur in einer Hinsicht gerechtfertigt, nämlich unter dem Aspekt, dass es extrem schwer ist, eingeführte und routinierte Technik, deren Nutzen akzeptiert ist, durch neue innovative Technik und sei sie z.B. nachhaltiger, zu ersetzen. Folgenabschätzung und Güterabwägung sind zwar nicht selbst Ethik, wohl aber ein unverzichtbarer empirischer Bestandteil einer Verantwortungsethik. Deren Aufgabe wiederum ist nicht nur, Nutzens- oder Nicht-Schadensaspekte bei der ethischen Entscheidungsfindung zugrunde zu legen, sondern es ist eine Abwägung der unterschiedlichen Verpflichtungen erforderlich, die sich aus ethischen Grundsätzen, Regeln und Kriterien ergeben. Die Abwägung der Verpflichtungen, die sich aus bestimmten Konsequenzen ergeben, hat zur Aufgabe, bestimmte Verpflichtungen in ihrer Dringlichkeit gegenüber anderen Verpflichtungen einzuordnen. Hier sind keine objektiven Urteile möglich.

Folgende vier Ebenen spielen eine zentrale Rolle im Rahmen einer hermeneutischen Ethik: (1) alltägliche sittliche Erfahrung, (2) wissenschaftliche Ethik, (3) Tradition, Moral Sense, Institutionen und (4) Kunst und Methode. Der Interpretationshorizont für Deuten und Werten umfasst ein Set evaluativer Eigenschaften (Quante 2003, 157): (1) Sein und Sollen; (2) Verallgemeinerung, empirisch und allgemein; (3) Sittlichkeit und Nützlichkeit; (4) Strategie und Sittlichkeit; (5) Subjektivität und Objektivität und (6) Idealität und Realisierbarkeit (Irrgang 2007a). Die hermeneutische Ethik verbindet einen schwachen ethischen Realismus und einen schwachen ethischen Subjektivismus. Die unterschiedlichen Aspekte von Deuten und Werten umfassen (1) die alltägliche sittliche Erfahrung und hermeneutische Ethik als Kunst, (2) den Moral Sense und eine wissenschaftliche Ethik, (3) Traditionen und Institutionen bzw. Organisationen, in denen Anwendungsfragen der Ethik thematisiert werden. Letztlich lassen sich vier unterschiedliche methodische Ebenen voneinander abgrenzen: (1) die Ebene allgemeiner Prinzipien und Leitbilder, (2) die Ebene bereichsspezifischer und temporaler Handlungsregeln (Normen und Werte; Maximen), (3) die Ebene der Anwendungsregeln im Sinne von Handlungsregeln und (4) die Ebene der Anwendungsregeln für Handlungskriterien durch Etablierung ethisch relevanter empirischer Kriterien. Mithilfe dieser stufentheoretischen Konstruktion soll der Übergang von Sein zu Sollen und vom Deuten zum Werten methodisch abgesichert werden. Diese Problematik habe ich an anderer Stelle ausführlich diskutiert (Irrgang 1998; Irrgang 2007a).

Die strikte „Wahr-Falsch"-Unterscheidung bzw. das strikte „Entweder-Oder" war das klassische logische bzw. naturwissenschaftliche Deutungsmuster der Moderne und ist Kennzeichnen für das naturwissenschaftliche Deutungsmonopol. Trotz der grandiosen Leistungen dieses Interpretationsansatzes bedarf dieser zumindest dort der pragmatischen Ergänzung, wo die Erste-Person-Perspektive (1 PP) wie in der Ethik eine wichtige Rolle spielt. Hermeneutische Ethik versteht sich als komplementärer Interpretationsansatz zu einer neuen Epistemologie der Natur- und Geisteswissenschaften inklusive Anthropologie und Sozialanthropologie, wie ich sie für Fragen des moralischen Status des menschlichen Embryos und des Gehirntodes in meiner „Einführung in die Bioethik" (Irrgang 2005b) bereits entwickelt habe. Dort wurde der Begriff der anthropologischen Potentialität entwickelt als vermittelnde Argumentationsebene zwischen Empirie und ethischem Urteil. Dies hat insbesondere Auswirkungen auf die Konzeption menschlich-leiblicher Personalität.

2. Realisierbarkeit als Leitbild einer anwendungsorientierten Ethik

Ideale Sittlichkeit und Realisierbarkeit umschreiben das fünfte methodische Paradigma im Zeichen des „Sowohl – als auch", das sich direkt an die wertende Interpretation menschlicher Praxis wendet. Die weiteren sind (1) Moralisches Gefühl und ethische Theorie, (2) Zirkularität, (3) Einzelnes und Allgemeines, (4) Sein und Sollen (Irrgang 2007a, 40f.). Sie soll in dieser Untersuchung in den Vordergrund gerückt werden. Realisierbarkeit als wichtiger methodischer Gesichtspunkt einer anwendungsorientierten hermeneutischen Ethik bedeutet: Die Analyse des Anteils instrumenteller und sittlicher Rationalität bei der Durchführung von Handlungen ergibt, dass instrumentelle und sittliche Rationalität nicht als Gegensatz begriffen werden sollten, jedenfalls nicht unter allen Umständen. Auch hier brauchen wir eine Synoptik. Eine Entgegensetzung von hypothetischen und kategorischen Imperativen erfolgt auch bei Kant nicht, außer in methodischer Hinsicht, um den sittlichen Verpflichtungscharakter von Aufforderungen hervorzuheben. Hermeneutische Ethik verknüpft den instrumentellen strategischen Anteil an Handlungen mit dem sittlichen Verpflichtungscharakter in der Zielbewertung, unter dem Handlungen stehen. Anders als in der Kantischen Ethik sind Situationsanalyse, Mittelanalyse und Folgenabschätzung konstitutive Rahmenbedingungen für die Bewertung einer Handlung. In zunehmendem Maße werden technisch-ökonomische Rahmenbedingungen für die Eruierung und Formulierung einer sittlichen Verpflichtung in einer konkreten Situation relevant. Geltungsfragen müssen mit der Analyse der Realisierbarkeit verknüpft werden. Es sind realisierbare sittliche Verpflichtungen für konkrete Situationen zu erarbeiten. Zwar ist die Realisierbarkeit kein Kriterium für die Geltung einer Norm an sich, zur Beurteilung der Anwendbarkeit einer sittlichen Verpflichtung sind aber Situation- und Mittelwahl, potentielle Folgen und nicht intendierte Folgen ganz entscheidend und dürfen nicht übersehen werden. Und schließlich trägt der Ethiker Verantwortung für die Ethik, die er vertritt, und die Folgen, die ihre Anwendung hervorruft.

Ein konkretes Beispiel: Das Transplantationsgesetz der Bundesrepublik schreibt für die Freigabe der Spenderorgane die Zustimmungslösung vor. Patienten bestimmen vor ihrem Tod, ob ihre Organe unter geeigneten Umständen nach ihrem Tod als Transplantate verwendet werden dürfen. Dies scheint im Sinne der Ethik der Patientenautonomie auch ganz in Ordnung. Und ich habe dies selbst lange so gesehen. Heute ist das für mich ein Beispiel für eine supererogatorische Ethik. Wenn wir alle moralische Helden wären, wäre diese Position kein Problem. Dann hätte ein hoher Prozentsatz der Bevölkerung einen Organspendeausweis. Da wir aber offenbar keine moralischen Helden sind (man kann dies an der tatsächlichen Anzahl der Organspendeausweise in der Bevölkerung ablesen), werden aufgrund dieses unrealistisch hohen ethischen Standards tausende von Menschen zu einem vorzeitigen Tod verurteilt, die man sonst retten könnte. Die Nichtwiderspruchslösung, praktiziert in Österreich, könnte so der Verpflichtung einer hermeneutischen Ethik gerecht werden, eine Synopse zwischen sittlicher Idealität und Realisierbarkeit anzustreben. Vielleicht kommt dabei ja dann auch eine ethisch befriedigendere Lösung heraus?

Sittliche Verpflichtungen so zu formulieren, dass ihre Anwendungsbedingungen nicht geklärt werden, läuft darauf hinaus, normative Ethik als Sonntagsmoral mit moralinsaurem Zeigefinger zu betreiben. Sachzwänge, unter denen Handelnde in bestimmten Bereichen stehen, z.B. ruinöse Dilemma-Situationen, wie sie die ökonomisch orientierte Spieltheorie beschreibt, sind zu berücksichtigen und in einer Form aufzulösen, die dem Handelnden einen persönlichen Ausweg in seinem Handeln eröffnet. Die Hoffnung auf Auflösung theoretischer Konfliktsituationen im konkreten Handeln vermittelt das Umgangswissen mit sittlichen Verpflichtungen trotz des Bewusstseins, dass in bestimmten Situationen eine allseits befriedigende Handlungsmöglichkeit nicht besteht. Bei der Entscheidung von Eltern über die Abtreibung von Feten mit schwersten Behinderungen z.B. können solche Verpflichtungskonflikte auftreten, dass eine glatte ethische Lösung nicht möglich erscheint. Eine hermeneutische Ethik erkennt diese Möglichkeit an, im Gegensatz zu den meisten Prinzipienethiken. Ein-Prinzipien-Ethiken legen nur ein Bewertungsprinzip zugrunde, entweder das Lebensrecht des ungeborenen Kindes in naturrechtlichen Positionen oder Präferenzen (Embryo – Mutter) im Präferenz-Utilitarismus. Im ersten Fall ist eindeutig das Lebensrecht höher als Präferenzen, im zweiten die Präferenzen der Mutter eindeutig ausgeprägter als diejenigen von Embryonen. Ein echter ethischer Konflikt entsteht so nicht, jedoch werden wichtige ethische Bewertungsgesichtspunkte ausgeblendet.

Eine hermeneutische Ethik stellt die Realisierung sittlicher Verpflichtung in den Mittelpunkt einer anwendungsorientierten Ethik. Sie entwickelt damit für das Verhältnis von instrumentellem und ethischem Umgangswissen eine neue Beziehung. Seit Kant werden hypothetische und kategorische Imperative, strategisches Umgangswissen, nämlich wie ein bestimmtes Ergebnis erzielt werden kann, und eigentliche sittliche, also kategorische Verpflichtungen als Gegensätze gesehen. Und nur kategorische Imperative sind für Kant Gegenstand der Ethik. Es ist nicht zu leugnen: Effektivität kann unsittlich sein. Perfekte Kooperation einer mafiösen Organisation ist effizient im Sinne des Gruppenegoismus, keinesfalls darum schon sittlich. Vielleicht gibt es den edlen Räuber wie Robin Hood, aber auch in diesem Falle manifestiert sich Sittlichkeit nicht in der Maximierung des geraubten Gutes, sondern höchstens im Hinblick auf die Verteilung des erbeuteten Gutes an Arme und Ausgebeutete. Strategisches Verhalten kann unsittlich sein, aber wenn jemand überhaupt nicht versteht, etwas zu erwerben, kann er auch nichts abgeben oder verteilen. Dann ist er auch nicht in der Lage, sittlichen Verpflichtungen nachzukommen. Also ist strategische Vernunft keineswegs irrelevant für die Realisierung sittlicher Verpflichtungen. Koppelt man Realisierungsfragen von Geltungsfragen sittlicher Verpflichtungen vollständig ab, dann ist strategisches Umgangswissen irrelevant für Ethik. Für eine anwendungsorientierte Ethik kann dies aber nicht der Fall sein.

Homann und Pies behaupten sogar, die Geltung einer Norm hänge von ihrer Realisierbarkeit ab. Allerdings wird mit Geltung hier vor allem die soziale Geltung einer Norm gemeint sein. Unter den Bedingungen der Moderne schlägt die Implementierung einer Norm auf ihre Geltung durch. Die durchaus normativ verstandenen Produktivitäts- und Freiheitspotentiale moderner Gesellschaften lassen sich nur durch strategisches Handeln und durch institutionelle Arrangements so kanalisieren, dass dieses zu allgemein wünschenswerten Ergebnissen führt. Das Gewissen sei nicht in der Lage, das Versagen der Institutionen zu kompensieren. Strategische Rationalität stelle das zentrale Problem für jede praktische Ethik dar (Homann/Pies 1994, 5f.). Zwar kann eine ökonomisch diktierte Wirtschaftsethik nicht zum Maßstab von praktischer Ethik schlechthin werden, zu nahe liegt ein naturalistischer Fehlschluss, dennoch sind Realisierungsbedingungen ein zentrales Bestimmungsmoment für die Formulierung sittlicher Verpflichtungen. Das Realisierbarkeitsparadigma greift auf das ethische Umgangswissen um Verfahren zurück, sittliche Verpflichtungen in bestimmten Situationen aufzufinden und zu realisieren. Dabei sind spezifische Formen des verstehenden Umgangs mit sittlichen Verpflichtungen herauszuarbeiten. In ethischen Faustregeln bzw. sittlichen Prinzipien mittlerer Reichweite manifestiert sich ein implizites Umgangswissen mit sittlichen Verpflichtungen, dessen verschiedene Formen und Strategien und somit auch Ethiktypen in eine hermeneutische Ethik eingehen. Für diese muss eine hermeneutische Ethik den methodischen Rahmen erarbeiten.

Die Realisierbarkeitsregel besagt, dass jedes Sollen ein in-der-Lage-Sein impliziert und niemand über sein Können hinaus zu etwas zu verpflichten ist. Die Realisierung sittlich zurechenbaren Handelns aber verweist auf menschliche Dispositionen, Einstellungen, Haltungen, traditionell Tugenden genannt. Damit hat die Frage, warum wir überhaupt moralisch handeln sollen, in einen Bereich menschlichen Handelns geführt, in dem Normatives und Deskriptives ineinander greifen. Sie können hier nur noch unter methodischer Rücksicht voneinander unterschieden werden. Ausgangspunkt für eine hermeneutische Ethik sind daher realisierte sittliche Verpflichtungen, konkrete Verpflichtungserfahrungen und konkretes sittliches Verstehen. Instrumentelles Umgangswissen ist durch den Gebrauch von Artefakten verursacht, wobei dieses Umgangswissen nicht willkürlich gewählt werden kann. Nützlichkeitserfahrungen und Erfolg sind Kriterien für die Richtigkeit eines instrumentellen Umgangswissens. Moralisches Umgangswissen wird durch Tradition und Vorbild verursacht, wobei ein Umgangswissen sich ebenfalls an Nützlichkeitskriterien und am Erfolg, der Anerkennung durch andere Menschen orientiert. Um Erfolg und Anerkennung „einplanen" zu können, ist ein Regelwissen hilfreich, das auch theoretisch expliziert werden kann. Dies ist insbesondere auch für den Übergang vom moralischen zum ethischen Urteil von Bedeutung.

Die Realisierbarkeitsregel ist spezifisch für eine anwendungsorientierte Ethik. In ihr geht es darum, das strategische, auf Folgen orientierte Handeln so zu kanalisieren, dass es zu allgemein wünschenswerten, konsensfähigen Ergebnissen führt, also zu Ergebnissen, die sittlichen Verpflichtungen in ihrer Realisierung entsprechen. Die Realisierbarkeitsregel als Verfahrensregel verpflichtet, sittliche und strategische Vernunft aufeinander zu beziehen und damit die Umstände, überhaupt die Situation und die Folgen zu einem zentralen Beurteilungsgesichtspunkt für die Formulierung sittlicher Verpflichtungen werden zu lassen. Die Realisierbarkeitsregel wird in der klassischen philosophischen Ethik vergeblich gesucht. Vorläufer dieser Regel finden sich in der juristischen und moraltheologischen Kasuistik, aber auch bei Aristoteles in seiner Konzeption der Epikie (Irrgang 1998; Irrgang 2007a) oder der Güterabwägung. Dies liegt nicht zuletzt daran, dass hier empirische Tatbestände zum Maßstab ethischer Urteile werden. Die Realisierbarkeitsforderung ist Ausdruck praktischer Rationalität. Praktische Rationalität ist daher in der Lage, eine Klammer zwischen deskriptiven Aussagen und präskriptiven Imperativen anzugeben. Dies liegt daran, dass die Rationalitätstheorie offenbar sowohl eine normative wie eine empirische Theorie ist. Theorien der praktischen Rationalität sind viel schwieriger als die der theoretischen Rationalität, weil sie eben umfassender sind als letztere (Eckensberger/Gähde 1993, 154-157). Plausibilisierungsargumente für ethische Imperative sind da gefragt.

„Sollen impliziert Können": Bei einem schwachen Sinn von Können besagt diese Formel, dass moralische Normen insgesamt widerspruchsfrei bzw. für die Fälle, in denen sie widersprechende Anweisungen geben, mit Prioritätsregeln versehen sein müssen. Denn logisch unerfüllbaren Anforderungen lässt sich nicht genügen. Versteht man „Können" allerdings im Sinne einer adressatenbezogenen Position als „für uns Menschen möglich", so besagt die Formel, dass Heroismus und andere moralische Überforderungen, denen wir nicht genügen können, sich nicht zur moralischen Norm erheben lassen. Dies impliziert eine Rehabilitation der praktischen Rationalität. Auch die zweite Traditionslinie, die moralisches Sollen an die Kompetenz zur Handlungsausführung zurückbindet, entstammt eher der juristischen Tradition. Ausgehend von dem juristischen Diktum „ultra posse nemo obligatur" („Über sein Können hinaus ist niemand zu verpflichten") kommt Hoche (1992) zu dem Schluss, Wollen schließe Können pragmatisch mit ein, das Müssen impliziert das Bestehen einer moralischen Verpflichtung.

Hoches Überlegungen eröffnen einen interessanten Weg der Analyse moralischer Verpflichtung. Er will das „Muss" der Moral vom „Sollte" der Klugheit abgrenzen (Hoche 1992, 303). Im Unterschied zu „muss"- oder Verpflichtungssätzen der Moral und „sollte"-Sätzen der Klugheit stellen uns „soll"-Sätze bei dem Versuch ihrer logischen Analyse vor zusätzliche Probleme. Mit den Vokabeln „muss", „sollte" und „soll" ist nicht bereits das gesamte moralisch-praktische Wortfeld abgedeckt. Und so ist die Vermutung erlaubt, dass z.B. die Analyse des sittlich Erlaubten und seiner Abgrenzung vom Nicht-Erlaubten ein vielleicht dringlicheres Desiderat metaethischer Überlegungen darstellt als die Analyse der moralischen Verpflichtung. Die Direktive methodischer Art „Sollen impliziert Können" postuliert somit einen Zusammenhang von kategorischen und hypothetischen Imperativen und impliziert eine Aufwertung des Erlaubten im Rahmen einer Klugheitsethik, die strategisch-praktische Vernunft mit ethisch-praktischer Vernunft verknüpft. Damit wird Empirie zum Maßstab für die Anwendbarkeit ethischer Theorien. Und das „Sollte" der Klugheit wird Bestandteil des „Muss" ethischer Verpflichtungen, welches dadurch ausdifferenziert wird und (regional verallgemeinerbare) Ausnahmen (Epikie) zulässt.

Das Realisierbarkeitskriterium führt damit zu einem moralischen Realismus, zu einer Orientierung auch am äußeren Erfolg. Dieser moralische Realismus macht es z.B. erforderlich, Verfahren zu entwickeln, mit deren Hilfe Kooperation trotz unterschiedlicher Risikobereitschaft möglich ist. Vor allem aber fordert es Ethiker auf, Übersetzungsregeln von sittlichen Verpflichtungen in die Logik von Recht, Politik, Gesellschaft, Wirtschaft, Wissenschaft, Technik und Kultur zu explizieren oder zu konstruieren, insbesondere wenn es sich um innovative Bereiche handelt, in denen noch kaum Erfahrung und Umgangswissen vorliegen. Gemäß dem Realisierungskriterium schlägt die Implementierung moralischer Ideen auf ihre Geltung durch. Wer Verantwortung für eine mit Risiken verbundene Praxis übernehmen möchte, sollte dies tun dürfen, sofern das Schadensausmaß in vernünftigem und überschaubarem Maße bleibt, wenn die Praxis misslingt.

Für eine hermeneutische Ethik spielen Realisierungen und die Realisierungsrichtung eine zentrale Rolle. Aus dem Gedanken der Realisierbarkeit sittlicher Verpflichtung ergibt sich das Konzept der Gradualität von Bewertungskriterien praktisch von selbst. Eine Möglichkeit der Hermeneutik sittlicher Verpflichtung ist der Aufweis der Gradualität der Verpflichtung, der Aufweis einschränkender Geltungsbedingungen und Ausnahmen im Sinne der Epikie. Im Unterschied zur Kasuistik beschränkt sich hermeneutische Ethik nicht auf die Lösung von Fällen und verzichtet nicht auf ethische Theorie. Vielmehr entwickelt sich hermeneutische Ethik als eine ethische Theorie, die aufgrund des Realisierbarkeitskriteriums immer schon das Lösen von Fällen im Auge hat. Hermeneutische Ethik ist nicht die Praxis selbst, sondern eine Erwägungskultur und Reflexionskultur der Praxis, mithin Theorie. Hermeneutische Ethik stellt damit eine Verknüpfung von Fragen der anwendungsorientierten Ethik mit normativ-materialer Ethik dar, verbindet situationsangemessene Ethik mit metaethischen Fragestellungen, mit Fragen menschlicher Praxis und einer phänomenologisch-hermeneutischen Anthropologie.

Für diese leitend ist das Konzept des ethischen Paradigmas, das an die Stelle des Prinzipbegriffes in der Ethik tritt. Es umschreibt das methodische Zentrum einer hermeneutischen Ethik. Ein ethisches Paradigma kann folgende Aspekte erfassen: (1) grundlegende Perspektiven, die beim Übergang vom Deuten zum Werten beachtet werden müssen; (2) Beispiele für grundsätzliche Bewertungsperspektiven; (3) Leitlinien für den methodisch abgesicherten Übergang vom Deuten zum Werten; und (4) Horizonte für Deutungen und Wertungen, die letztlich auch Kohärenz in der ethischen Argumentation erlauben; (5) Leitbilder für kollektive Praxen; (6)

ethisches Ideal, Visionen usw. Ein solches zentrales Paradigma ist das der „ethisch eingebetteten Autonomie" oder der sozial verantwortbaren Selbstverwirklichung als Adressat einer Hermeneutischen Ethik. Er kann ein Individuum bzw. eine menschliche Person sein, in indirekter Weise auch eine Institution bzw. eine Organisation. Die Leitbildorientierung lässt eine Reflexion der Anwendungsbedingungen eher zu als seine Prinzipienethik.

3. Realisierbarkeit und experimentelle Ethik: Offenheit, Flexibilität und Revidierbarkeit ethischer Urteile

Angewandte Ethik erarbeitet Urteile für spezifische Entscheidungssituationen mithilfe von Kriterien, die relative Allgemeingültigkeit besitzen (Irrgang 1998). Diese sind nicht immer über jeden Zweifel erhaben. So kann anwendungsorientierte Ethik von einem literarischen Modell der Moralreflexion lernen, wie sie beispielsweise in Robert Musils Roman „Der Mann ohne Eigenschaften" Gestalt gewonnen hat. Robert Musil interpretiert die Menschheit als Experimentalgemeinschaft, die mit Möglichkeiten spielt (Musil 1978, 490). Moral versteht sich als das unendliche Ganze der Möglichkeiten zu leben und als Phantasie, allerdings nicht als Willkür (Musil 1978, 1028). Wir sind heute mit zu vielen Lebensmöglichkeiten konfrontiert (Musil 1978, 1038), daher müssen wir wählen und entscheiden. Weil es keine absolut normativen Prinzipien oder Sätze gibt, kann dieses Entscheiden nur nach Modellen erfolgen. Eine Beschränkung auf nur ein Ethikmodell wäre angesichts der Unendlichkeit der Möglichkeiten dogmatisch. Für das „Weltsekretariat der Genauigkeit der Seele" (Musil 1978, 742), Musils Name für die Wissenschaft der Moral, ist charakteristisch, dass sie uns anleiten muss, in verschiedenen Welten zu leben (Musil 1978, 787), verschiedene Modelle zu koordinieren. Regeln widersprechen dem inneren Wesen der Moral (Musil 1978, 797). Eine absolute Auszeichnung bestimmter ethischer Verpflichtungen vor anderen ist gemäß dieser Form von skeptischer Ethik unmöglich. Also können auch keine Vorschriften dem anderen gegenüber gemacht werden (Irrgang 1994).

Jedes Modell hat Vorzugswürdigkeiten gegenüber anderen, kann aber einen absoluten Vorrang nicht erweisen. Daher ist Toleranz gegenüber anderen Modellen gefordert und gegenüber denen, die nach diesen leben. Skeptische Möglichkeitsethik und Experimentalmoral implizieren Toleranz, denn vor seiner Erprobung im menschlichen Handeln kann kein Modell seine Vorzugswürdigkeit durch Theorie erweisen. Man muss erst sehen, was beim Handeln herauskommt. Die Einsicht neuzeitlicher Skepsis, dass ein konsequenter Skeptizismus als philosophische Position nicht möglich ist, ein definitives Wahrheits- oder Gewissheitskriterium aber auch nicht gefunden werden kann, legt einen Pluralismus des Meinens und Wertens nahe, der ohne Toleranz nicht gelebt zu werden vermag (Irrgang 1994).

Eine skeptische Möglichkeitsethik beruht auf Formen ethischer Reflexion mit Hinblick auf das Realisierbarkeitskriterium. Hinter dem skeptischen Problem steht die Frage nach dem Umgang mit Wissen, mit Nichtwissen und mit dem Zu-Wissen-Glauben. Die Aufgabe besteht in der gezielten Veränderung der Organisation gemeinschaftlicher Praxis. Ziel ist die intelligente Organisation und die Wissensbasis einer Organisation. Die Rahmenbedingungen, Horizonte und Paradigmen für Interpretationen und Bewertungen sind zu bestimmen. Dies ist ein interpretatorisches Verfahren. Auch Interpretationen der Problem- und der Begriffsgeschichte sind heranzuziehen. Der nächste Schritt umfasst Identifikation und Strukturierung des relevanten Wissens und Nicht-Wissens. Dann folgt die Identifikation der Sach- und Bewertungsprobleme. Eine Analyse der technologischen Mittel und der Folgen dieses Mitteleinsatzes ist ebenfalls unvermeidlich (Götz 1999).

Der traditionelle Umgang mit Unsicherheit und Nichtwissen war wissenschaftlich. Und Ethik sollte wie Philosophie Wissenschaft sein. Hermeneutische Ethik glaubt, dass sowohl der Umgang mit Unsicherheit als auch ethische Reflexion eine Kunst sind (Irrgang 2007a). Am intensivsten hat sich Christoph Hubig mit dem gerechtfertigten Umgang mit Dissensen, mit Dissensmanagement beschäftigt (Hubig 1997). Strategien eines Dissensmanagements sind im Rahmen von Institutionen und Organisationen (als bevorzugten Adressaten einer Ethik der Technik und Vertreter einer Technologie-Reflexionskultur) auf der Basis einer modernen Werteethik zu entwickeln. Wenn „Kultur" neben „Zivilisation" als Inbegriff aller Techniken und ihrer gesellschaftlichen Situierung die Gesamtheit der Wertideen ausmacht, die von Institutionen getragen, von Organisationen verkörpert und in den Köpfen verankert sind, dann ist zu fragen: Welche Ideen dieser Art leiten den Gebrauch und Missbrauch von Technik? Technikideale, Technikbilder und Vorurteile als ideell-normative Basis für Technikgestaltung sind zu eruieren. Auch tief liegende Strukturen des Denkens und Wertens sind hier angesprochen. Einstellungen und Leitbilder sind aufzudecken, die eine rationale Auseinandersetzung mit der Technik verhindern, weil sie aus einer Anpassung an eben diese Prozesse und an eine Verabsolutierung technisch-strategischen Denkens hervorgegangen sind. Dabei hat sich das Wertedissensmanagement an konvergenzorientierten Gesichtspunkten zu orientieren. Die Aufgabe von Institutionen und Organisationen im Dissensmanagement besteht darin, eine gemeinsame Basis für die Technikinterpretation zu schaffen.

Wertedissens stellt die Frage nach einem ethischen Minimalismus. Mit der Beschränkung auf einen moralischen Kernbereich verliert das Faktum der Pluralität ethischer Theorien entscheidend an Gewicht. Auch die Problematik der internen Konfliktursachen wird entschärft: Je kleiner die Zahl der relevanten Werte, desto geringer ist auch naturgemäß die Wahrscheinlichkeit eines Konfliktes zwischen ihnen. Aus diesem, mit moralischen Technikbewertungen verbundenen Ziel folgt eine Zurückweisung der These, es bedürfe einer neuen Ethik der Technik. Eine moralische Technikbewertung ist lediglich dann plausibel, wenn sie Antworten auf Probleme geben kann, die erst durch die moderne Technik virulent geworden sind. Die wichtigsten dieser Probleme lassen sich unter den Stichworten raumzeitliche Fernwirkung, Katastrophenpotential und Unsicherheit bezüglich der Folgen technischen Handelns zusammenfassen (Mehl 2001).

4. Ethikkommissionen: Institutionalisierung anwendungsorientierter Ethik unter politischen Vorgaben

Die Institutionalisierung angewandter Ethik oder besser noch von angewandter Philosophie überhaupt, denn die Ethik lässt sich aus dem Kontext vieler anderer philosophischer Disziplinen gar nicht trennen, erfordert eigene Überlegungen und einen eigenen Ansatz. Die ängstlich-bornierte Festlegung auf eine menschliche Natur wird einem Menschenbild nicht gerecht, welches Kreativität, Innovation und Neugierde in solidarischer Rückbindung (Autonomie im Kontext) als Ansatzpunkt des Menschseins betrachtet. Im Sport zeigen sich beim Doping einige der Gefahren der neuen biomedizinischen technischen Möglichkeiten, wenn es nur um den sportlichen Erfolg ohne sittliche Einbindung geht (Irrgang 2004). Um den technologischen Imperativ einzugrenzen, der das Machbare in die Tat umsetzen möchte, werden Grenzziehungsmoralen propagiert. Eine reflektierte Kultur des technisch Machbaren wird dagegen Realisierbarkeit und Realisierungswürdigkeit stärker bedenken, insbesondere bezahlbare und sozial verträglich gestaltete Anwendungen biomedizinischer Forschung. Trotz aller Formen der Verwissenschaftlichung und Technologisierung in der Biomedizin sollte z.B. im Zentrum in der Medizin eine medizinisch-therapeutische Praxis mit humaner Ausrichtung stehen im vollen Bewusstsein der Grenzen der Realisierbarkeit des Humanen, gerade wenn es um Fragen von Leben und Tod bei Menschen geht. Der Einzellfall, das persönliche Schicksal, sollte in solidarischer Verantwortung ohne dogmatische Verengungen auf Lösungsmöglichkeiten im Sinne des Betroffenen hin untersucht werden. Dammbruch-Szenarien opfern meist Einzelfälle einem vermeintlich größeren Allgemeinwohl. Aber auch die Durchführbarkeit und Bezahlbarkeit z.B. biomedizinischer Maßnahmen im Gesundheitswesen müssen stärker berücksichtigt werden.

Philosophische Argumente spielen in Ethikkommissionen häufig – wenn überhaupt – eine untergeordnete Rolle. Strukturelle Gründe für den Mangel an philosophischer Problemdurchdringung liegen darin, dass entsprechende Institutionen von vornherein eine andere soziologische Funktion haben. Warum ethische Fragen in Ethikkommissionen oftmals nicht die ihnen gebührende Aufmerksamkeit erhalten, lässt sich mit den unterschiedlichen Anforderungen der praktischen Ausrichtung von Institutionalisierungen und der theoretischen Ausrichtung einer universitären Disziplin erklären. Es gibt Leitdifferenzen, die quer durch alle institutionellen Kontexte eine wichtige Rolle spielen. Rekonstruktion und Analyse sind wichtige Gesichtspunkte bei der Arbeit von Kommissionen. Moralische Expertise, moralische Kartographie und eine moralische Landkarte sind für Kommissionsarbeit erforderlich. Je entscheidungsnäher die Institutionen arbeiten, umso größer ist der Bedarf an Antworten. Die intellektuelle Aufarbeitung einer Problemkonstellation ist nicht genug. Gefragt sind Transparenz und Offenheit der bioethischen Expertise, nicht Wahrheit oder Objektivität, sondern verlässliche moralische Orientierung (Ach/Runtenberg 2002, 143-152).

Viele erwarten von Ethikkommissionen begründete Parteinahme. Dies entspricht aber nicht der wissenschaftlichen Unparteilichkeitsforderung als Grundlage einer ethisch normativen Theorie. Aus den unterschiedlichen Funktionen von Kommissionen und wissenschaftlichen Institutionen resultieren Zielkonflikte. Manche Betroffene sind der Auffassung, dass Ethiker gewissermaßen als „Lobbyisten" derjenigen Gruppen oder Betroffenen zu agieren haben, die selber ihre eigenen Interessen nicht vertreten können. Daraus ergibt sich eine gewisse Konfliktkonstellation zwischen Kritik und Interpretation. Auch die Hauspolitik des Kommissionsträgers ist nicht ohne Einfluss auf die Arbeit der Kommission. Forschungsfreiheit und Kritikmöglichkeit sollten aber auch dem Bioethiker in Institutionen zugebilligt werden. Ein weiterer Konflikt zwischen Bioethik als wissenschaftlicher Disziplin und Gegenstand von Kommissionen ist der zwischen Theorie und Kompromiss. Je konkreter die Fälle sind, desto weniger kann man allgemeine Theorien erarbeiten (Ach/Runtenberg 2002, 155-161).

Innerhalb einer Kommission ist eine einheitliche Moraltheorie oder gar eine ethische Theorie nicht zu finden. Häufig wird die Aufgabe genannt, sich in die Lage der Betroffenen zu versetzen. Die Nützlichkeit ethischer Expertise in Kommissionen muss erwiesen werden, weshalb Überredungs- und Überzeugungsstrategien eingebaut werden müssen. So lässt sich der Zielkonflikt zwischen akademisch-philosophischer Reflexion und den Aufgaben einer Bioethikkommission letztendlich nicht aufheben. Erforderlich für die konkrete Arbeit ist eine rationale Kontrolle der strategischen Implikationen (Ach/Runtenberg 2002, 162-169). Häufig wird der Bioethik der Vorwurf gemacht, Anpassungsethik zu sein. Dagegen kann bioethische Expertise nur auf Transparenz, Konsistenz und Differenzierung der Argumentation setzen. Ihr Ziel muss die Generierung der wichtigen und richtigen Probleme sein. Der sokratische Zweifel gegenüber all dem, was von der Kommission für unproblematisch gehalten wird, ist eine Aufgabe des Ethikers und Philosophen. Außerdem kann er bei der Erarbeitung von Konsensen bei divergierenden Positionen helfen (Ach/Runtenberg 2002, 171-177). Verbreitet ist die Meinung: Eine philosophische Ausbildung ist für den Bioethiker in Kommissionen wohl nicht zwingend erforderlich. Aber kann man ohne fachphilosophische Ausbildung ein guter Bioethiker sein? Sind zertifizierte Bioethiker erforderlich? All diese Fragen sollten nicht dazu führen, dass es zu einer Abkoppelung der Bioethik von ihrem fachphilosophischen Ursprung kommt (Ach/Runtenberg 2002, 178-180).

Der anwendungsorientierte Ethiker benötigt eine Kasuistik zur Überbrückung zwischen Prinzipien- und Anwendungsebene (Irrgang 2007a). Zur Modellierung der komplizierten Binnenstruktur der Praxis bedarf es praktischer Lebensklugheit. Somit steht Erfahrung, nicht die Prinzipien, insbesondere nicht die Prinzipien der instrumentellen Vernunft, im Vordergrund (Hubig 1993, 19). In der Expertendiskussion geht es um die fachspezifische Darlegung von entscheidungsrelevanten Sachverhalten. Dabei dürfen Unparteilichkeit der Zeugenschaft und Richterstuhl in der Kommissionsarbeit nicht miteinander verwechselt werden. Nur dann ist es sinnvoll, den Stand der Technik z.B. von Technikern bestimmen zu lassen. Gutachter sind Zeugen, aber keine Richter. Zeugen haben keine Entscheidungskompetenz. Auch die Ethik hat keine Entscheidungskompetenz, sondern nur eine Beurteilungskompetenz. Man muss sich daher deutlich machen, wo die Grenzen der Fachkompetenz liegen (Feldhaus 1996).

Ethikkommissionen können demnach ein Moment eines staatlich moderierten größeren und breit angelegten gesellschaftlichen Reflexionsprozesses werden. Im Zusammenhang mit der Institutionalisierung der Moral haben Ethikkommissionen eine eminent politische Funktion zu erfüllen. Sie können als Reaktion auf Unsicherheiten in der Gesellschaft für die Politik eine Möglichkeit und eine Chance in Zeiten viel beschworener Politikverdrossenheit, Problemsensibilität und gegebenenfalls Handlungs- und Entscheidungskompetenz anbieten. Das Etablieren und Institutionalisieren von Gesprächs- und Verhandlungsverfahren, das Präzisieren und Abwägen von Argumenten unter Miteinbezug möglichst vieler Beteiligter wird zu einem nicht zu unterschätzenden politischen Faktor (Bogner/Torgersen 2005, 145f).

Eine erweiterte gesellschaftliche Verantwortung des wissenschaftlichen Experten ist heute angebracht. Die Dynamik, mit der technische Innovationen erzeugt und verwertet werden, hat sich erheblich erhöht. Gleichzeitig aber hat die Entwicklung von Instrumenten zu ihrer Steuerung, Beherrschung und Gestaltung nicht im gleichen Tempo Schritt gehalten (Nennen/Garbe 1996, 77). Insgesamt wäre eine stärkere Kommunikation über Resultate wissenschaftlich-technischer Arbeiten in der Öffentlichkeit sinnvoll (Nennen/Garbe 1996, 82). Das Expertendilemma besteht nun darin, dass die Bedarfsträger von Expertenmeinungen, die Politik, die Öffentlichkeit oder die Justiz, nicht immer den richtigen Experten folgen. Besonders die Öffentlichkeit wählt Experten nach Kriterien aus, die von der Sache her nicht begründet sind. So haben beispielsweise die Unheilspropheten heute Konjunktur. Dieser Eindruck deckt sich mit dem Unbehagen einzelner Mitglieder innerhalb der deutschen Scientific Community über die Darstellung von Wissenschaft und Technik in den Medien. Dabei könnten die Experten versuchen, in der Community von sich aus mehr zugleich die Experten der Öffentlichkeit zu sein und Öffentlichkeitsarbeit zu betreiben (Nennen/Garbe 1996, 85).

Wissenschaft, Politik, Wirtschaft sind weitgehend getrennte Teilsysteme der gesellschaftlichen Wirklichkeit mit ihren eigenen Zielsetzungen und einem jeweils eigenen Verhaltenskodex. An den Berührungsstellen der Teilsysteme beobachten wir Flüsse. Wissenschaft ist alimentierungsbedürftig, Politik und Wirtschaft sind auf das Wissen der Wissenschaft angewiesen. Die Verantwortung des Forschers für die Güte des Wissens regelt das wissenschaftliche Ethos. Wissenschaftliche Erkenntnis ist nicht unmittelbar praxisfähig. Erkenntnis bedarf der Vermittlung. Die Öffentlichkeit gewinnt bei einer solchen Sachlage leicht den Eindruck, wissenschaftliche Rationalität sei eine höchst fragwürdige Instanz (Nennen/Garbe 1996, 3-7). Der Mangel der meisten bestehenden so genannten Ethik-Kommissionen liegen darin, dass es sich in einem philosophischen Sinne gar nicht um Ethik-Kommissionen handelt, sondern eher um politische Riten und Akzeptanzbeschaffungsmaßnahmen. Dies liegt insbesondere daran, dass diesen eine zu Grunde liegende Theorie fehlt.

5. Technologie-Reflexions-Kultur und Expertenrolle

Die Technologie-Reflexions-Kultur bzw. Technologie-Abwägungs-Kultur (Irrgang 2002; Irrgang 2003; Irrgang 2006) bemüht sich um eine Anleitung zur Selbstreflexion der Forscher. Allerdings ist der Versuch einer ethischen Argumentation über wissenschaftlich-technischen Fortschritt nicht statthaft, wenn diese sich auf einen archimedischen Punkt außerhalb des technischen Handelns stellt und von dort aus die Legitimität technischen Handelns zu beurteilen versucht. Legitimitätsargumentationen können sowohl deduktive wie induktive Folgerungen verwenden, allerdings mit unterschiedlichem Ergebnis, was die Sicherheit der Folgerung betrifft. Dies ist eine wesentliche Komponente von Peirces Konzeption der Abduktion. Vor allem aber sind bei Peirce beide Argumentationsformen ineinander verschränkt. Rechtfertigung ist eine Frage des Argumentationszusammenhangs, der Konvergenz der Argumentation. Praxis meint ein partielles Verfügen über natürliche Ressourcen, ein Eingebundensein in einen kulturellen bzw. institutionellen Horizont, ein partielles Bewirken-Können von Handlungszielen und die Nutzung einer möglichst sicheren technischen Infrastruktur für eigene Zwecke (Irrgang 2002). Experten vertreten nicht mehr die objektive Wahrheit, sondern ihre Interpretation.

Ein Schlüsselfaktor einer Technologie-Reflexions-Kultur ist daher Ausbildung, Vermittlung von Kompetenzen und ein lebenslanges Lernen für alle Beteiligten, Laien wie Experten. Gemeint sind technologische Kompetenzen, aber auch Kompetenzen, die jemanden in die Lage versetzen, ein gutes Leben führen zu können, also ethische Kompetenzen. Das gute Leben des Experten sind möglichst gute Expertisen. Aber auch der Laie sollte zu einem Urteil mit Augenmaß in der Lage sein, zumindest über Faustregeln zu verfügen, die zu einem einigermaßen angemessenen Urteil führen. Sich nur darüber zu beklagen, dass unsere Welt so kompliziert geworden ist und diese Komplexität mit einfach gestrickten Lösungsvorschlägen in den Griff bekommen zu wollen, führt nicht zu einem guten Leben, sondern in eine Scheinexistenz. Es besteht ein eklatanter Mangel an Ausbildung einer Technologie-Reflexions-Kultur, an Aufklärung über Wissenschaft und Technik, der Alltag besteht in einer verkürzten Diskussion um die ethischen Dimensionen der Technologie-Zivilisation. Die Alarmisten und Kassandren warnen vor High Technology mit ihren schlüpfrigen Pfaden und haben einfache Lösungen. Aber ein Leben in permanenter Angst ist kein gutes Leben.

Zu berücksichtigen ist daher die Praxis-Lücke jeder angewandten Ethik und Philosophie als Expertenkultur, denn die Praxis der Philosophie ist die Theorie und nicht die Praxis selbst. Sie ist nur ein Teil der zu beurteilenden Praxis, der Teil, der sich mit Legitimationsfragen beschäftigt. Die Praxis der Interpretationsgemeinschaft einer Praxis ist nicht die Praxis selbst, die zur Diskussion und Interpretation steht. Sie ist nicht die Wissenschaft oder Technik selbst, sondern die Kunst, diese Bereiche wie alle anderen Formen menschlicher Praxis zu verstehen. Damit erhebt sie sich auch über die Alltäglichkeit, die zwar Vorformen des Verstehens aufweist, eben alltägliche, aber keinesfalls adäquate, meisterliche, gekonnte Experteninterpretationen, die sowohl der Praxis selbst wie der Alltagsmeinung darüber als Interpretations- und Bewertungshilfe angeboten werden. Interpretationspraxis und Praxis selbst dürfen daher nicht verwechselt werden, wenn sie auch in ständigem Wechselbezug und in Rückkoppelungsschleifen miteinander verbunden sind. Daher bedürfen Mitglieder von Experten-Interpretationsgemeinschaften einer transdisziplinären Besetzung oder zumindest einiger Mitglieder mit doppelten Kompetenzen.

Es schadet also nichts, wenn sich im Wissenschaftsbetrieb noch etwas mehr herumspricht, dass heute das Volk der Souverän ist. Souveräne sind oft launisch und unberechenbar. So ist eine sehr langwierige Erkenntnisarbeit und Überzeugungsarbeit erforderlich, heutzutage also eine Form von Öffentlichkeitsarbeit (Nennen/Garbe 1996, 86). Es ist darauf hinzuweisen, dass epistemologische Skrupel weder die Öffentlichkeit noch die Politik interessieren. Man erwartet von der Wissenschaft verlässliches Wissen. Unsere Mitbürger interessieren sich primär dafür, wie zuverlässig und nützlich Wissenschaft ist (Nennen/Garbe 1996, 122). Die öffentliche Wahrnehmung von Wissenschaft unterliegt schon seit einiger Zeit dem Wandel (Nennen/Garbe 1996, 144). Beweisfähige Wissenschaft ist allerdings ein ausgesprochen voraussetzungsreicher Begriff, der in der Öffentlichkeit gar nicht so einfach erklärt werden kann (Nennen/Garbe 1996, 150). Die Reichweite wissenschaftlicher Aussagen selbst kann wiederum aus Gründen der Wissenschaftlichkeit nur begrenzt sein. Es kann nicht die Aufgabe von Wissenschaftlern sein, als Experten aufzutreten, um der Gesellschaft oder Teilbereichen der Gesellschaft die Legitimation von Handlungsoptionen abzunehmen, dagegen ist es ihre Aufgabe, mögliche Handlungsoptionen als solche aufzuzeigen und auch die jeweils damit einhergehenden potentiellen Folgen möglichst umfassend und konkret anzugehen (Nennen/Garbe 1996, 177).

Dabei muss zunächst das zugrunde liegende Modell der Beteiligung der Experten an der öffentlichen Kommunikation überprüft werden. Abzulehnen ist ein Konzept von Öffentlichkeit, das (1) dieser eigentlich keine Funktion bei der gesellschaftlichen Entscheidungsbildung belässt, sondern die Öffentlichkeit in erster Linie als Hindernis für eine rationale Entscheidungsfindung ansieht, (2) eine Vorstellung von öffentlicher Kommunikation von Experten, die nichtreziproke Teilnahme an einem Diskurs, sondern lediglich Verkündigung wissenschaftlicher Erkenntnisse vorsieht und (3) eine strikte Trennung zwischen binnenwissenschaftlichem und grenzüberschreitendem Diskurs (Nennen/Garbe 1996, 67). Das wissenschaftliche Ethos, auf das Hans Mohr rekurriert, hat sich als produktiv für die Generierung wissenschaftlichen Wissens erwiesen, ist für den Wissenstransfer in Praxisbereiche jedoch eher hinderlich (Nennen/Garbe 1996, 72). Die Verantwortung des einzelnen Wissenschaftlers wie der Wissenschaftsgemeinschaft kann sich heute nicht allein auf die Schaffung verlässlichen Wissens beschränken, sondern muss auch die Umformung des wissenschaftlichen Wissens in Verfügungswissen, die nach wissenschaftlichen Grundsätzen zu erfolgende Abschätzung von Technikfolgen sowie deren Bewertung beinhalten (Nennen/Garbe 1996, 75).

So stellen sich die Frage nach der Privatisierung der Expertise und insbesondere die Frage nach der moralischen Expertise im Spannungsfeld zwischen Privatisierung und Institutionalisierung. Auch moralische Expertise gewinnt immer mehr Raum im Rahmen wissenschaftlicher Politikberatung. Die Produktionsweise moralischer Expertise wird mit den Kategorien und Regelmodellen diskursethischer Prägung nicht erfasst. Argumentieren ist nicht allein die Wurzel für moralisches Expertentum (Bogner/Torgersen 2005, 173f.). Erforderlich ist die Kenntnis aktuellen Sachstands in der Biologie und in der Medizin. Letztlich muss ein bestimmtes Sachstandswissen außer Streit gestellt sein, damit die Ethik in den Vordergrund treten kann. Um der eigenen Stimme Gewicht zu verleihen, ist es für die Experten angeraten, sich auf ihren Argumentationskanon zu beziehen, der einen konstruktiven Dialog und eine übersichtliche Bündelung der Positionen ermöglicht. Es empfiehlt sich eine Perspektive, die die institutionale Bioethik weder auf ein politisches Instrument reduziert noch Machtprozesse ausblendet (Bogner/Torgersen 2005, 179-182). Partizipation scheint in den letzten Jahren zum Weg zwischen Scylla und Charybdis der Legitimationsdefizite von dezisionistischen und technokratischen Modellen des Verhältnisses von Wissenschaft und Politik geworden zu sein. Weisen dezisionistische Entscheidungen eine Rationalitätslücke auf, ermangeln technokratische der öffentlichen Zustimmung (Bogner/Torgersen 2005, 222). Beide Modelle bleiben aber letztlich willkürlich.

Die Geschwindigkeit der politischen Entscheidungsfindung ist schneller als die Geschwindigkeit wissenschaftlicher Konsensbildung (Selinger/Crease 2006, 75f.). Außerdem entstehen zusätzliche Probleme, wenn Wissenschaftler mit der Regierung oder der Industrie institutionell verknüpft sind (Selinger/Crease 2006, 80). Wichtig ist die erfahrungsbasierte Expertise spezifischer Gruppen. Es geht darum, die Spezifizität von Expertisen zu überprüfen, weniger darum, allgemein über die Entwicklung von Expertisen in der Öffentlichkeit zu debattieren (Selinger/Crease 2006, 91f.). Das Konzept des Verstehens sollte ein integraler und wichtiger Bestandteil einer umfassenden epistemologischen Theorie der Expertise darstellen. Dabei gibt es Wissen, bewährte Meinungen, Glauben und andere Stufen epistemischer Kompetenz (Selinger/Crease 2006, 113). Wettbewerb im Bereich der Expertenzeugnisse tritt auf, wenn zwei Experten zu evident gleichen Positionen unterschiedliche Meinungen bzw. Expertisen vertreten (Selinger/Crease 2006, 116). Dann sollte ein Forschungsprozess beginnen, nicht das große Lamentieren.

6. Expertentum und Expertise

Moderne Industriegesellschaften gründen in ihrem Selbstverständnis und in ihrer Entwicklung wesentlich auch auf wissenschaftlichem Wissen, das in besonderer Weise durch Experten vermittelt wird. Mit der Verlässlichkeit von Experten-Urteilen steht und fällt gleichermaßen auch die Glaubwürdigkeit von Wissenschaft in der öffentlichen Wahrnehmung. Auseinandersetzungen um divergierende Expertengutachten sind häufig von der Hypothese geprägt, schwarze Schafe in der Wissenschaft würden die Beförderung eigener und fremder Interessen über die strenge Norm des ausschließlichen Ringens um Wahrheit stellen. Vom Expertendilemma erster Art wird gesprochen, wenn Widersprüche wissenschaftsintern auftreten. Das Expertendilemma der zweiten Art zeigt sich dagegen an der Nahtstelle zwischen Wissenschaft und Öffentlichkeit bzw. Wissenschaft und Politik. Zum einen wird die Expertise in der politischen Praxis häufig als selektives Instrument benutzt, um bereits getroffene Entscheidungen nachträglich zu legitimieren, statt anstehende Entscheidungen darauf zu stützen. Zum anderen hat sich die Praxis herausgebildet, dass der Politiker damit rechnen kann, zu jeder Sachfrage das gewünschte, als wissenschaftlich bezeichnete Gutachten zu bekommen. Dieses zweite Expertendilemma beruht auch auf einem fehlenden adäquaten Umgang mit dem Eingeständnis des Nicht-Genau-Wissens der Experten. Insofern ist das Expertendilemma zweiter Art weniger ein Dilemma der Experten, denn nicht diese, sondern ihre Klienten, die Entscheider, müssen aus der Fülle alternativer Optionen wählen und sich entscheiden. Die Mehrdeutigkeit der technischen Expertise muss aber nicht notwendig ein Problem für die Entscheider sein – im Gegenteil. Sie könnte auch als Möglichkeit begriffen werden, weitere Kriterien und Wertgesichtspunkte in die Entscheidung einfließen zu lassen (Nennen/Garbe 1996, Vf.).

Wissenschaftsintern lässt sich das Expertendilemma oder Gutachtendilemma durch neue Methoden – Punkt-für-Punkt-Analysen, überlappende Gutachten, Konvergenzstrategien, Meta-Analysen – weitgehend überwinden. Freilich kommt es bei ungenauem Wissen entscheidend auf die Formulierung an, in der eine für die Öffentlichkeit bestimmte Aussage abgefasst ist. Außerdem sollte die Öffentlichkeit über die Unterschiede zwischen einem wissenschaftlichen Gutachten und einem Rechtsgutachten aufgeklärt werden (Nennen/Garbe 1996, 9f). Auch die Wissenschaft ist gefordert. Sie muss Verfahren entwickeln, um den jeweiligen Erkenntnisstand der Wissenschaft konsensfähig und überzeugend in das öffentliche Gespräch und in die Politikberatung einzubringen. Dabei muss die Wissenschaft eine abnehmende Informationskompetenz der Öffentlichkeit in Rechnung stellen und sich davor hüten, unter öffentlichem Erwartungsdruck mehr geben zu wollen, als im Moment nach den Standards der Wissenschaft möglich ist. Der Experte kann prinzipiell nur über die Angemessenheit der Mittel für vorgegebene Ziele urteilen und nicht über die Angemessenheit der Ziele (Nennen/Garbe 1996, 11-13).

Das Expertendilemma könnte auch als Ergebnis der funktionalen Spezialisierung und der jeweiligen Rückwirkungen in den gesellschaftlichen Teilsystemen gefasst werden. Das hätte den Vorteil, das Problem primär als Strukturproblem moderner Gesellschaften anzusehen und nicht ausschließlich als Verhaltensproblem (Nennen/Garbe 1996, 33). Dabei sollte berücksichtigt werden, dass es verschiedene Erwägungsformen gibt. Das Expertendilemma kann man auch unter drei Gesichtspunkten betrachten: (1) Expertenprofessionen sind in eine Krise geraten. Indikatoren dieser Krise sind unter anderem die Praxis von Gutachten und Gegengutachten statt innerwissenschaftlicher Klärung, d.h. die Vermengung von binnenwissenschaftlicher und politischer Auseinandersetzung (erstes Dilemma), der Missbrauch von Expertisen durch die Praxis und Korruption der Wissenschaft unter dem Einfluss der Praxis (zweites Dilemma), und der Verlust der unbestrittenen Autorität der Professionen, die Anerkennung der Experten nach eigenen Kriterien vorzunehmen. (2) Die Beziehung der Wissenschaft zu Politik und Öffentlichkeit sind weithin schlecht organisiert. Insbesondere führen sie zur Aufweichung der klaren Systemgrenzen von Expertenprofessionen und zur Kontamination professioneller Handlungsnamen mit außerwissenschaftlichen Normen. (3) Der Umgang mit Experten und Expertenwissen in öffentlichen Auseinandersetzungen und gelegentlich auch das öffentliche Auftreten der Experten erscheinen oft unangemessen (Nennen/Garbe 1996, 62f.).

Der Begriff Expertendilemma trifft im Kern nicht das, worum es hier geht. Es sind nicht die Experten diejenigen, die sich im Dilemma befinden, sondern die Anwender von Expertisen. Auch legt dieser Begriff nahe, es handele sich hierbei um ein spezifisch wissenschaftliches, ja fast ausschließlich wissenschaftsinternes Problem, das zum überwiegenden Teil die Experten unter sich auszumachen hätten. Tatsächlich aber geht es hier um Probleme im Wechselwirkungsverhältnis zwischen Wissenschaft/Technik, Politik und Gesellschaft, und vor allem um die Frage, was zu tun ist, angesichts fälliger Entscheidungen, die durch einen hohen Grad an Unsicherheit und Unvorhersehbarkeit und mangelnder wissenschaftlicher Operationalisierbarkeit gekennzeichnet sind. Einander widersprechende Experten sind kein zureichender Grund für die Annahme, die fachspezifischen Regeln der Kunst seien verletzt worden. Die Entwicklung der wissenschaftstheoretischen Reflexion des 21. Jahrhunderts zwingt uns, von der Annahme einer eindeutigen, widerspruchsfreien, zur Vollendung gelangten Wissensbasis Abschied zu nehmen (Nennen/Garbe 1996, 170).

Technisch-wissenschaftliche Entwicklung hat den Effekt, dass Laien immer weniger von dem verstehen, wovon sie immer abhängiger werden. Anwachsende Laieninkompetenz lässt aber ihrerseits den Bedarf an Expertenmeinungen steigen. Da es sich um Fragen zukünftiger Entwicklung handelt, kann es natürlich nicht ausbleiben, dass Experten sich in Sachen Vorhersage und Bewertung von Folgen und Nebenfolgen vertun. Statt des erwünschten Effektes einer Übertragung der technisch-wissenschaftlichen Beurteilungskompetenz von Experten auf den Laien ergibt sich durch die Einführung des Expertentums in immer stärkerem Maße das genaue Gegenteil. Keiner glaubt mehr den Experten, und daher wird entweder jeder selbst zum Quasiexperten oder aber jeder kauft sich seinen Experten. Damit wird das Konzept des Expertentums kontraproduktiv. Dies führt zu massiven Glaubwürdigkeits-Einbußen. Denn nach wissenschaftlicher Ansicht können zwei sich widersprechende Expertenmeinungen nicht beide wahr sein. So kehren die Wissenschaftler und d.h. die Expertengesellschaft gleichsam in den Naturzustand zurück: zum Kampf aller gegen alle.

Wenn aber Expertise nicht durch Wissenschaft definiert wird, sondern durch Abwägungskunst oder ethische Kompetenz (Irrgang 2007a), dann sieht die Sachlage schon ganz anders aus. Experten müssen in einem Praxiskontext stehen, also meisterlich ihr Geschäft verstehen, sei dies technisch-instrumenteller, medizinisch-therapeutischer oder organisatorisch-strategischer oder eben spekulativ-ethischer Natur. Nur interaktive Experten mit zwar spezifischen Kompetenzen, aber auch mit Interessen, die nicht nur auf ihr eigenes Gebiet beschränkt bleiben, sondern offen sind für die Fragestellungen anderer Disziplinen, sind in der Lage, ein entsprechendes Expertengremium zu bilden (Selinger/Mix 2004). Ethiktransfer ist ein weiterer Teil einer Abwägungskultur und beschreibt den Übergang von Expertenwissen in moralisch-sittliches Alltagswisssen, aber darf keine Einbahnstrasse werden. Diese Reflexionskultur sollte nicht zuletzt von den Ingenieuren und Wissenschaftlern wirklich interdisziplinär, d.h. unter Einbezug von Ethik-Experten organisiert und betrieben werden. Außerdem sollten die entspechenden Bereichsethiken in die Abbildungsordnungen aufgenommen werden. Die Erhöhung der Anzahl der Publikationen zur angewandten Ethik mit allgemein verständlichem Charakter ist anzustreben. Überblicksartikel, nicht die Bearbeitung von Detailproblemen sind gefragt. Fragen der angewandten Ethik sind in die Weiterbildung zu integrieren, wobei auch E-Learning, die Nutzung neuer und alter Medien (Fernsehen) und die Verbesserung des Wissenschaftsjournalismus unter Einbezug der Ethik berücksichtigt werden sollte. Der ethische Experte sollte nicht in Expertenkulturen und Expertenzirkeln wirken, sondern verstärkt in einer breiteren Öffentlichkeit. Und auch die Politik sollte endlich den Wert einer technologisch aufgeklärten Öffentlichkeit realisieren.

Das Problem von Expertentum und Expertise ergibt sich aber nicht nur aus der Anwendungsorientierung von Ethik, sondern aus der Struktur technologisierter Forschung. Dabei handelt es sich nicht nur um ein epistemologisches Problem, sondern Expertentum betrifft die Natur und die Ausübung der politischen Rationalität selbst (Selinger/Crease 2006, 1-3). Dabei entsteht neben dem Regressproblem das Problem des Novizen versus Experten und das Problem des Experten versus Experten (Selinger/Crease 2006, 17f.). In diesem Zusammenhang ist insbesondere die relative Glaubwürdigkeit rivalisierender Experten zu thematisieren. Neben der erfahrungsbasierten ist auch die auf Argumenten basierte Evidenzgrundlage für das Expertentum zu unterscheiden. Es ist genau die relative Expertise des Experten, die die hartnäckigen Rückfragen über den Status des Experten hervorrufen. Die Übereinstimmung mit anderen Experten ist ebenfalls ein methodisches Problem (Selinger/Crease 2006, 24). Außerdem muss das Problem von Metaexperten über die Expertise von anderen geklärt werden (Selinger/Crease 2006, 34). Zur Bewertung der Glaubwürdigkeit von Expertisen und Erfahrung (Selinger/Crease 2006, 39f.) ist eine normative Theorie der Expertise erforderlich (Selinger/Crease 2006, 53). Es geht nicht um Expertise überhaupt, sondern insbesondere um erfahrungsbasierte Expertise (Selinger/Crease 2006, 56). Expertisen lassen sich im Hinblick auf folgende Ebenen unterscheiden: (1) die Nichtexpertise, die auf normaler empirischer Ebene erfolgt, (2) die interaktionale Expertise, die in vielfacher Form Kritik und Gegenkritik überstanden hat und (3) die aussagefähige Expertise, die genügend Diskussionen bestanden hat, um als Theorieansatz gelten zu können. Dabei haben wir angefangen, Expertise als eine analytische Kategorie genauso wie eine Kategorie des Handelnden zu analysieren (Selinger/Crease 2006, 59). Der Experte sollte also von der Expertise bzw. vom Wissen oder der Theorie als bewährtem Wissen her definiert werden, nicht so sehr von einer seiner sozialen Rollen.

Nichtexperten sind nicht in der Lage zu beurteilen, wer zurecht als Experte für bestimmte Dinge heranzuziehen ist und wer nicht, ohne dass ein Regressproblem entsteht. Die Lage des Nichtexperten im Hinblick auf den Experten ist unterdeterminiert, so dass das Regressproblem unvermeidlich ist. In diesem Zusammenhang sind antiskeptische Argumentationen erforderlich. Universitäten, Colleges und Unterrichtseinheiten im Hinblick auf Schüler sind die führenden Beispiele dafür zertifizierende Institutionen zu sein, die im Hinblick auf Glaubwürdigkeit eine zentrale Rolle spielen. Die Unterdeterminierung des Expertentums führt zu epistemologischen Problemen im Hinblick auf Glaubwürdigkeit und Zeugenschaft. Ausgebildete und überprüfte Intuitionen und bedeutungserschließende Prozesse, Abduktionen, spielen eine kritische Rolle im Prozess des Nachdenkens und der Erzeugung von Expertise (Selinger/Crease 2006, 148).

Die Diskussionen um Experten und Expertenmacht haben typischerweise politische Implikationen. In dieser Art und Weise verstanden ist Expertise ein Problem derart, dass es die Vergewaltigung der Bedingungen von Gleichheit zu implizieren scheint, die aber für eine demokratische Zuordnung wichtig sind. Expertentum scheint also mit Demokratie nicht kompatibel zu sein. Aber es gibt eine Reihe von notwendigen Aktionen hinter dieser genuinen Kompetenz von denjenigen, die handeln. So sind wir konfrontiert mit dem Dilemma der Kapitulation vor der Herrschaft der Experten oder der demokratischen Regel der Herrschaft der Populisten. Betrachten wir diese Differenz im Hinblick auf Erziehung oder dem undifferenzierten Entgegentreten gegenüber Expertisen, werden wir der Sachlage nicht gerecht. Nun ist es ein wesentliches Kennzeichen von Expertentum Gleichheit und Neutralität anzuerkennen. Wenn wir die Konzeption des Expertenwissens für Ideologie halten, dann ist die Idee einer liberalen parlamentarischen Diskussion letztendlich ein reines Deckmäntelchen. Wichtig ist in diesem Zusammenhang die kognitive Autorität der Wissenschaft. Sie verdankt sich nicht einer Abstimmung (Selinger/Crease 2006, 159-167).

Expertentum und parlamentarische Demokratie lassen sich vereinigen, wenn der Erwerb von Kompetenz grundsätzlich jedermann offen steht. Experten müssen fähig sein, Rechenschaft abzulegen über das, was sie als Experten für ein bestimmtes Gebiet auszeichnet (Selinger/Crease 2006, 287). Praktische Expertise entsteht durch Studium der moralischen Tradition, in der praktische Expertisen in standardmäßiger Form in sehr vielen relevanten Diskussionen moralischen Wissens diskutiert werden (Selinger/Crease 2006, 289). Objektive Werte spielen eine Rolle in praktischer Expertise genauso wie im moralischen oder ästhetischen Denken (Selinger/Crease 2006, 293). Expertise ist ein gewissermaßen personales Wissen, beruhend auf persönlicher Erfahrung im leiblichen Kontext. Expertise ist daher in gewisser Weise nicht ohne den Rückbezug auf die Subjektivität des Experten verstehbar. D.h. im Gegensatz zum objektiven mathematischen Wissen muss bei Expertenwissen die Subjektivität des Interpreten mit berücksichtigt werden. Insofern muss bei der Interpretation der Expertise der Standpunkt des anderen Experten bekannt sein.

Experten gibt es für spezialisiertes Wissen, und Experten sind für dieses spezialisierte Wissen trainiert. Experten werden dem normalen beruflichen Laientum entgegen gesetzt, aber auch den entsprechenden Intellektuellen. So definiert sich die epistemische Macht der Expertise. Kollegialität befähigt Experten dazu, dass sie sowohl Wissen repräsentieren als auch eine ideale Form der Macht haben. Dies alles umschreibt den epistemologischen Status der Expertise. Expertise ist aber auch ein konstitutives soziales Phänomen (Selinger/Crease 2006, 342-344). Expertentum ist keine universalisierbare soziale Rolle. Außerdem lässt sich die utopische Vision einer demokratisierten Expertise formulieren. Expertenwissen darf nicht durch einen Mangel an Effizienz gekennzeichnet sein, d.h. das Expertenwissen ist durch seine Folgen gekennzeichnet (Selinger/Crease 2006, 351-355).

Expertise setzt politische Technologie voraus. Expertentum ist die Antwort auf den Machtaspekt von Technik und von Technologie zwischen Kunst und Wissenschaft (Irrgang 2007c). Wissenschaftliche Expertise braucht zu lange, technologische Expertisen stehen unter Zeit- und Entscheidungsdruck. Beschleunigung aber ist ein technologisches Phänomen, unter dem auch die Expertise leidet und mit dem Experten umgehen lernen müssen. Das Problem aber, mit dem methodisch das Expertentum und die Expertise ringen, ist, dass Nichtexperten nicht richtig abschätzen können, wer ein Experte ist und wer nicht. Expertise ist insgesamt ein Phänomen von Technoscience und Technoresearch. Technoresearch ist das, was ich früher Forschungshandlung genannt habe (Irrgang 1997). In diesem Zusammenhang erhalten der Experte und seine Expertise kognitive Autorität. Es gibt aber auch eine Expertise im Sinne der Berufs- und Standesethik. Ich verstehe zunächst unter Expertise eine Form des Urteils im Sinne der Reflexions- und Argumentationskompetenz. In dem Zusammenhang ist von Ethikexpertise zu sprechen. Der Experte muss sich rechtfertigen und ausweisen können und zwar durch Methode und durch Argumentation. Es gibt auch eine interdisziplinäre Kompetenz als Expertise. Expertise ist die Folge von wissenschaftlich durchgearbeiteter Kunst, nicht von klassischer Wissenschaft. Von Technoscience und Laboratoriums- und Experimentalkunst ist Expertise genauso abzuleiten wie von Epistemologie und Methodologie in der Philosophie. Es gibt eine Methodenpluralität im Hinblick auf die Expertise und hoffentlich Konvergenz in den Ergebnissen bzw. den Punkten, über die am Anfang gestritten wurde.

Als typische Eigenschaften des Experten gelten erwiesene Sachkenntnis, Erfahrung auf einem Fachgebiet, Sorgfalt und Redlichkeit der Arbeit,

Streben nach Objektivität, Lernfähigkeit durch Kritik und Selbstkritik, Professionalität, Problemlösungskompetenz, systematisches Wissen, Sozial- und Gemeinwohlorientierung, Unparteilichkeit, Unabhängigkeit, Orientierung an objektiven Maßstäben, Kenntnisse und Methodenbewusstsein auf dem aktuellen Wissensstand des Faches, Unvoreingenommenheit, Unbestechlichkeit, Verwendung einer unpersönlichen und sachlichen Sprache, verfügen über ein Deutungsmonopol für Probleme und Wahrheitsorientierung. Die Zuweisung der Expertenrolle ist Resultat einer sozialen Zuschreibung. Die Definition des Experten geschieht durch die Profession selbst. Eine Definition des Experten geschieht aber auch durch die Erwartung des Klienten. Zudem wird der Experte durch die Medien definiert. Außerdem gibt es eine Selbstdarstellung als Experte. Experten bieten ihr Wissen zur Lösung gesellschaftlicher Probleme an. Fundamental ist zunächst die Informations- und Beratungsfunktion des Experten (Nennen/Garbe 1996, 187-190).

Weit verbreitet ist die Meinung: Sobald Experten auf Urteilskraft rekurrieren müssen, sind sie den Laien nicht mehr prinzipiell überlegen (aber nach meiner Meinung zumindest graduell). Wenn das Expertendilemma kein Dilemma der Experten ist, sondern eines der Anwender widersprüchlicher Gutachten, dann kann die Lösung nicht einzig in einer Verbesserung des Gutachterwesens liegen. Es kommt darauf an, neue, intensivere und fruchtbarere Formen der Erwägung zu finden (Nennen/Garbe 1996, 178). Hierzu habe ich Entwürfe zu einer Technologie-Reflexions-Kultur (Irrgang 2002; Irrgang 2003) vorgelegt. Das Subjekt eines Expertenzeugnisses sollte wissenschaftliches Wissen sein. Dabei tritt häufig ein interpretatives Urteil im Sinne eines Beurteilungsspielraums auf (Selinger/Crease 2006, 119f.). Gerechtfertigte epistemische Entgegensetzung im Hinblick auf Experten ist möglich. Es geht um den Status von Experten im Hinblick auf wissenschaftliche Zeugenschaft.

7. Schluss: Realisierbarkeit als Theoriekomponente angewandter Ethik

Realisierbarkeit als Kriterium von Theorien anwendungsorientierter Ethiken macht erforderlich, dass ein zumindest implizites Bild des potentiellen oder tatsächlichen Anwenders oder Entscheiders praktischer Probleme in der ethischen Theorie entwickelt werden muss. Die Aufgabe solcher Theorien ist es, Rahmenbedingungen aufzustellen, gemäß diesen Expertisen relevante Kriterien in ihrem Strukturzusammenhang aufzeigen, der eine Bearbeitung ermöglicht. Das Bild des impliziten Entscheiders oder Nutzers kann sehr vielfältig sein: Laie, gebildeter Laie, Experte, berufsmäßig-professioneller Experte, Experte fürs Interdisziplinäre, Experte fürs Allgemeine und Spekulative, Ethikexperte. Das partizipationsorientierte Modell der Berücksichtigung von Betroffenen verliert die für Anwendungsfragen unverzichtbare Materialität aus den Augen, so dass Expertise ins Zentrum der Realisierbarkeitsdiskussion angewandter Ethik rücken sollte. Die ganze Expertendiskussion als sozialer Rollen hat hier nur auf die schiefe Ebene geführt. Technologie-Reflexionskultur, politische Technologie im Sinne argumentations- und kriterienorientierter Entscheidungen im Sinne der Konvergenzargumentation (John Henry Newman: Irrgang 1998) können als Rahmenbedingungen einer neuen Kultur der Expertise dienen, die sich nicht im Parteiengezänk der Pseudoexperten verstrickt. Vor allem sollte der Experte nicht die Fronten wechseln, selbst zur interessierten Partei oder zum Entscheider werden wollen, auch wenn derartige gesellschaftliche Erwartungen bestehen. Dabei unterscheidet den Experten vom traditionellen Wissenschaftler, dass er persönliches Wissen (Polyani 1998; Irrgang 2007c) und nicht Objektivität vertritt.

Literaturverzeichnis

Ach, Johann/Runtenberg, Christa (2002): Bioethik: Disziplin und Diskurs. Zur Selbstaufklärung angewandter Ethik. Frankfurt a.M./New York.

Bogner, Alexander/Torgersen, Helge (Hg.) (2005): Wozu Experten? Ambivalenzen der Beziehung von Wissenschaft und Politik. Wiesbaden.

Eckensberger, Ludwig/Gähde, Ulrich (Hg.) (1993): Ethische Norm und empirische Hypothese. Frankfurt a.M.

Feldhaus, Stephan (1996): Unsicherheitsbewältigung durch Expertenkompetenz? Ansätze einer Gutachterethik. In: Jahrbuch für christliche Sozialwissenschaften 37, 96-122.

Götz, Klaus (Hg) (1999): Wissensmanagement. Zwischen Wissen und Nichtwissen. München.

Hoche, Hans-Ulrich (1992): Elemente einer Anatomie der Verpflichtung. Pragmatisch-wollenslogische Grundlegung einer Theorie des moralischen Argumentierens. Freiburg.

Homann, Karl/Pies, Ingo (1994): Wirtschaftsethik der Moderne. Zur ökonomischen Theorie der Moral. In: Ethik und Sozialwissenschaften 5/1, 3-12.

Hossenfelder, Malte (2000): Der Wille zum Recht und das Streben nach Glück. Grundlegung einer Ethik des Wollens und Begründung der Menschenrechte. München.

Hubig, Christoph (1993): Technik- und Wissenschaftsethik. Ein Leitfaden. Berlin u. a.

Hubig, Christoph (1997): Technologische Kultur. Leipzig.

Irrgang, Bernhard (1994): Neuzeitliche Skepsis, nicht der Pyrrhonismus begründet Toleranz. In: Ethik und Sozialwissenschaften 5, 593-594.

Irrgang, Bernhard (1997): Forschungsethik Gentechnik und neue Biotechnologie. Entwurf einer anwendungsorientierten Wissenschaftsethik unter besonderer Berücksichtigung von gentechnologischen Projekten an Pflanzen, Tieren und Mikroorganismen. Stuttgart/Leipzig.

Irrgang, Bernhard (1998): Praktische Ethik aus hermeneutischer Perspektive. Paderborn.

Irrgang, Bernhard (2002): Natur als Ressource, Konsumgesellschaft und Langzeitverantwortung. Zur Philosophie nachhaltiger Entwicklung. Technikhermeneutik Bd. 2. Dresden.

Irrgang, Bernhard (2003): Von der Mendelgenetik zur synthetischen Biologie. Epistemologie der Laboratoriumspraxis Biotechnologie. Technikhermeneutik Bd. 3. Dresden.

Irrgang, Bernhard (2004): Wie unnatürlich ist Doping? Anthropologisch-ethische Reflexionen zur Erlebnis- und Leistungssteigerung. In: Pawlenka, Claudia (Hg.): Sportethik. Regeln, Fairness, Doping. Paderborn, 279-291.

Irrgang, Bernhard (2005a): Posthumanes Menschsein? Künstliche Intelligenz, Cyberspace, Roboter, Cyborgs und Designer-Menschen – Anthropologie des künstlichen Menschen im 21. Jahrhundert. Stuttgart.

Irrgang, Bernhard (2005b): Einführung in die Bioethik. München.

Irrgang, Bernhard (2006): Technologietransfer transkulturell. Komparative Hermeneutik von Technik in Europa, Indien und China. Frankfurt a.M. u. a.

Irrgang, Bernhard (2007a): Hermeneutische Ethik. Pragmatisch-ethische Orientierung für das Leben in technologisierten Gesellschaften. Darmstadt.

Irrgang, Bernhard (2007b): Technik als Macht. Versuche über politische Technologie. Hamburg.

Irrgang, Bernhard (2007c): Gehirn und leiblicher Geist. Phänomenologisch-hermeneutische Philosophie des Geistes. Stuttgart.

James, William (2001): Pragmatismus. Ein neuer Name für einige alte Denkweisen. Darmstadt.

Janich, Peter (1993): Erkennen als Handeln. Von der konstruktiven Wissenschaftstheorie zur Erkenntnistheorie. Erlangen/Jena.

Keulartz, Jan u. a. (Hg.) (2002): Pragmatist Ethics for a Technological Culture. Dordrecht.

Mehl, Felix (2001): Komplexe Bewertungen. Zur ethischen Grundlegung der Technikbewertung. Münster u. a.

Musil, Robert (1978): Der Mann ohne Eigenschaften. Reinbek bei Hamburg.

Nennen, Hans-Ulrich/Garbe, Dieter (Hg.) (1996): Das Expertendilemma. Zur Rolle wissenschaftlicher Gutachter in der öffentlichen Meinungsbildung. Berlin u. a.

Polanyi, Michael (1998 [1958]): Personal Knowledge. Towards a Post-Critical Philosophy. Chicago.

Quante, Michael (2003): Einführung in die Allgemeine Ethik. Darmstadt.

Selinger, Evan/Mix, John (2004): On the Interactional Expertise: Pragmatic and Ontological Considerations. In: Phenomenology and the Cognitive Sciences 3, 145-163.

Selinger, Evan/Crease, Robert (Hg.) (2006): The Philosophy of Expertise. New York.

Verzeichnis der Autoren

Wolfgang van den Daele, Prof. Dr., geb. 1939, Studium der Rechtswissenschaft und Philosophie in Hamburg, Tübingen und München, Professor für Soziologie an der Freien Universität Berlin (1989 – 2004), Direktor der Abteilung „Normbildung und Umwelt" (später: „Zivilgesellschaft und transnationale Netzwerke") am Wissenschaftszentrum Berlin (WZB) (1989 - 2005), Mitglied des Nationalen Ethikrats 2001-2007. Publikationen in Auswahl: Streitkultur. Über den Umgang mit unlösbaren moralischen Konflikten im Nationalen Ethikrat. In: Gosewinkel, Dieter/ Schuppert, Gunnar Folke (Hg.): Politische Kultur im Wandel von Staatlichkeit. WZB-Jahrbuch 2007. Berlin 2008 (im Druck); Das Euthanasieverbot in liberalen Gesellschaften – aus soziologischer Perspektive. In: Robertson-von Trotha, Caroline von (Hg.): Tod und Sterben in der Gegenwartsgesellschaft. Eine interdisziplinäre Auseinandersetzung. Baden-Baden 2008, 37 – 62; mit Döbert, Rainer: Rationality and global governance: Mediating the conflict over access to essential medicines through deliberations between TNCs and NGOs. In: Schuppert, Gunnar Folke (Hg.): Global Governance and the Role of Non-State Actors. Baden-Baden 2008, 157 – 178; The Spectre of Coercion: Is Public Health Genetics the Route to Policies of Enforced Disease Prevention? In: Community Genetics 9 (2006), 40 – 49; mit Breyer, Friedrich/Engelhard, Margret/ Gubernatis, Gundolf/Kliemt, Hartmut/ Kopetzki, Christian/Schlitt/ Hans Jürgen/Taupitz, Jochen: Organmangel. Ist der Tod auf der Warteliste unvermeidbar? Berlin 2006.

Herwig Grimm, Mag. phil., geb. 1978, Studium der Philosophie in Salzburg, Zürich und München, wissenschaftlicher Mitarbeiter am Institut Technik, Theologie und Naturwissenschaften an der Ludwig-Maximilians-Universität München; Forschungsschwerpunkte: Methodenfragen der angewandten Ethik, Ethik in der Landwirtschaft (Agroethik). Publikationen in Auswahl: Ethical Issues in Agriculture. In: Christen, Olaf (Hg.): Interdisciplinary and Sustainability Issues. In: Encyclopedia of Life Support Systems (EOLSS), Developed under the Auspices of the UNESCO, Eolss Publishers. Oxford 2005 [http://www.eolss.net]; Empirical Facts in

Farm-Animal Welfare Discourse. In: Zollitsch, Werner u.a. (Hg.): Sustainable Food Production and Ethics. Wageningen 2007, 300-305; Animal Welfare in Animal Husbandry – How to Put Moral Responsibility for Livestock into Practice. In: Kaiser, Matthias/Lien, Marianne E. (Hg.): Ethics and the Politics of Food. Wageningen 2006, 518-522; Konflikte um die Tierhaltung: Skizze eines ethisch begründbaren Entscheidungsweges. In: Geiger, Helmut (Hg.): Tierschutz und Umweltschutz, Konflikte und Bündnisse. Bad Boll 2005, 27-45.

Konrad Hilpert, Prof. Dr., geb. 1947, Studium der Philosophie, Katholischen Theologie und Germanistik in Freiburg und München, 1990-2001 Lehrstuhlinhaber für Praktische Theologie und Sozialethik an der Universität des Saarlandes in Saarbrücken, seit 2001 Lehrstuhlinhaber für Moraltheologie an der LMU München; u.a. Mitglied der Kommission der Bayerischen Staatsregierung für ethische Fragen in den Biowissenschaften; stellvertretendes Mitglied der Zentralen Ethik-Kommission für Stammzellenforschung (ZES); Mitglied des Vorstands des Münchener Kompetenzzentrum Ethik (MKE). Publikationen in Auswahl: Theologie und Menschenrechte. Forschungsbeiträge zur ethischen Diskussion der Menschenrechte (= Studien zur Theologischen Ethik 85). Freiburg i. Br./Freiburg i. Ue. 2001; Hg. mit Mieth, Dietmar: Kriterien biomedizinischer Ethik. Theologische Beiträge zum gesellschaftlichen Diskurs. Freiburg/Basel/Wien 2006; Hg. mit Bohrmann, Thomas: Solidarische Gesellschaft. Christliche Sozialethik als Auftrag zur Weltgestaltung im Konkreten. Regensburg 2006.

Otfried Höffe, Prof. Dr., geb. 1943 in Leobschütz (Oberschlesien), von 1964-1970 Studium der Philosophie, Theologie, Geschichte und Soziologie in Münster, Tübingen, Saarbrücken und München; 1970 Promotion zum Dr. phil. (München); ab Sommersemester 1977 o. Prof. für Philosophie an der Universität Duisburg, ab Sommersemester 1978 Lehrstuhl für Ethik und Politische Philosophie an der Universität Freiburg (Schweiz), ab 1992 Lehrstuhl für Philosophie am Philosophischen Seminar der Universität Tübingen. Publikationen in Auswahl: Praktische Philosophie – Das Modell des Aristoteles. Berlin ^{3}2008 [1971]; Immanuel Kant. Leben, Werk, Wirkung. München ^{7}2007 [1983]; Politische Gerechtigkeit. Grundlegung einer kritischen Philosophie von Recht und Staat. Frankfurt a.M. ^{4}2003 [1987]; Moral als Preis der Moderne. Ein Versuch über Wissenschaft, Technik und Umwelt. Frankfurt a.M. ^{4}2000 [1993]; Aristoteles. Leben, Werk, Wirkung. München ^{3}2006 [1996]; Demokratie im Zeitalter der Globalisierung. München ^{2}2002 [1999]; Medizin ohne Ethik? Frankfurt a.M. ^{2}2003 [2002]; Kants Kritik der reinen Vernunft. Die Grundlegung der modernen Philosophie. München [4]2004 [2003]; Lebenskunst und Moral. Oder Macht Tugend glücklich? München 2007.

Bernhard Irrgang, Prof. Dr. phil. habil., Dr. theol., geb. 1953, Professor für Technikphilosophie an der TU Dresden seit 1993; Studium der Philosophie, katholischen Theologie, Germanistik und Indologie an der Universität Würzburg 73/82, der kath. Theologie und Philosophie in Passau und München 83/86, Promotion in Theologie (Würzburg) 1991; Wiss. Mitarbeiter am Institut für Systematische Theologie der Universität Siegen 92/93; 1992/93 Lehrbeauftragter des Genzentrums in München; Dozent für Philosophie an der VHS München 1985-1998, an der VHS Siegen 1992/93; 1996 Habilitation in Philosophie in Bamberg. Publikationen in Auswahl: Posthumanes Menschsein? Künstliche Intelligenz, Cyberspace, Roboter, Cyborgs und Designer-Menschen – Anthropologie des künstlichen Menschen im 21. Jahrhundert. Stuttgart 2005; Einführung in die Bioethik. München 2005; Einführung in die Bioethik. München 2005; Technologietransfer transkulturell. Komparative Hermeneutik von Technik in Europa, Indien und China. Frankfurt u.a. 2006; Hermeneutische Ethik. Pragmatisch-ethische Orientierung in technologischen Gesellschaften. Darmstadt 2007; Gehirn und leiblicher Geist. Phänomenologisch-hermeneutische Philosophie des Geistes. Stuttgart, 2007; Technik als Macht. Versuche über politische Technologie. Hamburg, 2007.

Kristian Köchy, Prof. Dr. Dr., seit 2003 Professor für Theoretische Philosophie an der Universität Kassel; Studium der Biologie, Wissenschaftsgeschichte und Philosophie in Braunschweig und Dortmund; Promotion im Fach Biologie 1991, im Fach Philosophie 1995, Habilitation in Philosophie 2000; Von 2001-2003 Koordination des „Gentechnologieberichts" an der Berlin-Brandenburgischen Akademie der Wissenschaften, dort Mitglied des „Gentechnologieberichts" (ab 2003), des „Humanprojekts" (ab 2005); ab 2007 Mitglied des Kooperationsverbundes für den Stipendienschwerpunkt Umweltethik (DBU), ab 2008 der Forschungsgruppe „Leben" an der Forschungsstelle der evangelischen Studiengemeinschaft (FEST, Heidelberg); Forschungsschwerpunkte: Wissenschaftsphilosophie (Philosophie der Biowissenschaften), Naturphilosophie, Bioethik. Publikationen in Auswahl: Ganzheit und Wissenschaft. Würzburg 1997; Perspektiven des Organischen. München/Wien/Zürich 2003; Biophilosophie zur Einführung. Hamburg 2008 (im Druck); Herausgeberschaften: mit Stederoth, Dirk: Willensfreiheit als interdisziplinäres Problem. Freiburg/München 2006; mit Norwig, Martin: Umwelt-Handeln. Freiburg/München 2006; (mit Schiemann, Gregor: Natur im Labor, Sonderheft „Philosophia naturalis" 43/1. Frankfurt a.M. 2006.

Julian Nida-Rümelin, Prof. Dr., studierte Philosophie, Physik, Mathematik und Politikwissenschaft in München und Tübingen, lehrte Philosophie und politische Theorie in München, Minneapolis, Tübingen, Brügge, Göttingen und Berlin; 1991 – 1993 Professor für Ethik in den Wissenschaften an der Universität Tübingen, 1993 – 2003 o. Professor für Philosophie an der Universität Göttingen, seit 2004 Ordinarius für politische Theorie und Philosophie an der Universität München; Forschungsschwerpunkte: Rationalitätstheorie, Theoretische und Angewandte Ethik, Politische Philosophie. Publikationen in Auswahl: Kritik des Konsequentialismus. München 1993; mit Kern, Lucian: Logik kollektiver Entscheidungen. München 1994; Economic Rationality and Practical Reason. Dordrecht/Boston/London 1997; Demokratie als Kooperation, Frankfurt a.M. 1999; Strukturelle Rationalität. Stuttgart 2001; Ethische Essays. Frankfurt a.M. 2002; Angewandte Ethik. Die Bereichsethiken und Ihre Fundierung. Ein Handbuch. Stuttgart ²2005 (Hg. und Mitautor); Über menschliche Freiheit. Stuttgart 2005; Demokratie und Wahrheit. München 2006. Weitere Informationen unter: http://www.julian.nida-ruemelin.de.

Jochen Ostheimer, Dr., geb. 1975, Studium der Theologie, Philosophie und Sozialpädagogik in Benediktbeuern, München und Berlin, Promotion in Theologie, wissenschaftlicher Mitarbeiter am Lehrstuhl für Christliche Sozialethik, Ludwig-Maximilians-Universtät München. Publikationen in Auswahl: mit Vogt, Markus: Die Sehnsucht nach der guten Gesellschaft. Politische Ökologie. In: Politische Ökologie, 100 (2006), 13-17; Die religiöse Szene in Bewegung. In: Hilpert, Konrad/Leimgruber, Stephan (Hg.): Theologie im Durchblick. Freiburg 2008 (im Druck); Zeichen der Zeit lesen. Erkenntnistheoretische Bedingungen einer praktisch-theologischen Gegenwartsanalyse. Stuttgart 2008.

Konrad Ott, Prof. Dr., geb. 1959, Studium der Philosophie vorwiegend in Frankfurt a. M., Promotion 1989; von 1991 bis 1993 Stipendiat am Graduiertenkolleg des „Zentrums für Ethik in den Wissenschaften" der Universität Tübingen, von 1993 bis 1994 Lehrstuhlvertretung in Tübingen, 1995 Habilitation; 1995 bis 1999 Forschungsprojekt „Technikfolgenabschätzung und Ethik" an der Universität Zürich; seit 1997 Professor für Umweltethik an der Universität Greifswald; Forschungsschwerpunkte: Umweltethik, Diskursethik, Theorie nachhaltiger Entwicklung, Naturschutzbegründung, Naturschutzgeschichte, ethische Aspekte des Klimawandels. Publikationen vornehmlich auf diesen Gebieten. Mitgliedschaften: Von 2000 bis 2008 Rat von Sachverständigen für Umweltfragen (SRU), Deutscher Rat für Landespflege (DRL), Deutsche UNESCO-

Kommission, Kammer für nachhaltige Entwicklung der Evangelischen Kirche Deutschlands. Weitere Informationen unter: http://www.umwethik.botanik.uni-greifswald.de.

Ludwig Siep, Prof. Dr., Professor für Philosophie und Leiter des Centrums für Bioethik an der Universität Münster, Vorsitzender der Zentralen Ethik-Kommission für Stammzellforschung; Publikationen in Auswahl: Hegels Fichtekritik und die Wissenschaftslehre von 1804. Freiburg i.Br./München 1970; Anerkennung als Prinzip der praktischen Philosophie. Freiburg i.Br./München 1979; Praktische Philosophie im Deutschen Idealismus. Frankfurt a.M. 1992; Der Weg der Phänomenologie des Geistes. Frankfurt a.M. ³2001; Konkrete Ethik. Frankfurt a.M. 2004; John Locke, Zweite Abhandlung über die Regierung. Kommentar von Ludwig Siep. Frankfurt a.M. 2007. Hg.: G.W.F. Hegel, Grundlinien der Philosophie des Rechts, Reihe „Klassiker auslegen". Berlin ²2005.

Markus Vogt, Prof. Dr., geb. 1962 in Freiburg i.Br., Studium der Philosophie und Theologie in München, Jerusalem und Luzern, seit 2007 Professor für Christliche Sozialethik an der Ludwig-Maximilians-Univeristät München. Publikationen in Auswahl: Markt und Moral. Sozialethische Zwischenrufe zu einer Ethik des Wettbewerbs, in: SKZ 4/2008, 48-50 und 5/2008, 70-77; Nachhaltigkeit in der Perspektive theologischer Ethik. München 2008 (im Druck).

Friedemann Voigt, Dr. theol., geb. 1967, Privatdozent für Systematische Theologie und Leiter der BMBF-Nachwuchsgruppe „Religion in bioethischen Diskursen" an der Ludwig-Maximilians-Universtität München. Publikationen in Auswahl: „Die Tragödie des Reiches Gottes"? Ernst Troeltsch als Leser Georg Simmels. Gütersloh 1998; Hg.: Ernst Troeltsch Lesebuch. Tübingen 2003; Vermittlung im Streit. Das Konzept theologischer Vermittlung in den Zeitschriften der Schulen Schleiermachers und Hegels. Tübingen 2006. Zahlreiche Aufsätze und Rezensionen zur Theologiegeschichte, Dogmatik, Ethik und Kulturwissenschaft in Sammelbänden und Fachorganen sowie als freier Mitarbeiter der „Süddeutschen Zeitung".

Josef Wieland, Prof. Dr. habil., ist Professor für Allgemeine BWL mit Schwerpunkt Wirtschafts- und Unternehmensethik an der Hochschule Konstanz für Technik, Wirtschaft und Gestaltung (HTWG); Gastprofessuren in VR China und Großbritannien, u.a. Wissenschaftlicher Direktor des Konstanz Institut für Werte Management (KIeM) – Institut für Interkulturelles Management, Werte und Kommunikation, Forschungs- und

Arbeitsschwerpunkte: Wirtschafts- und Unternehmensethik, Neue Institutionen- und Organisationsökonomik, Empirische Gerechtigkeitsforschung, Öko-nomische Theoriegeschichte. Publikationen in Auswahl: Ökonomische Organisation, Allokation und Status. Tübingen 1996. Herausgeberschaften: Metropolis-Reihe „Studien zur Governanceethik", bisher 5 Bände; Handbuch Wertemanagement. Hamburg 2004; Dezentralisierung und weltweite Kooperationen – Die moralische Herausforderung der Unternehmen.(DNWE-Schriftenreihe) München/Mering 2000.

Michael Zichy, Dr., geb. 1975, Studium der Philosophie und katholischen Theologie an der Universität Salzburg, Forschungsassistent (2000-2003) und Lehrbeauftragter (2003-05) ebendort; Generalsekretär der Österreichischen Gesellschaft für Philosophie (2002-05), Wissenschaftlicher Koordinator des Zentrums für Ethik und Armutsforschung, Universität Salzburg (2005-06); seit 2006 wissenschaftlicher Mitarbeiter am Lehrstuhl für Systematische Theologie und Ethik an der Ludwig-Maximilians-Universität München und am Institut Technik-Theologie-Naturwissenschaften in München. Publikationen in Auswahl: „...aber die Wahrheit ist sehr sehr complicirt". Wahrheit im mittleren Werk Friedrich Nietzsches. Berlin 2002; Ich im Spiegel. Subjektivität bei Jacques Lacan und Jacques Derrida. Freiburg i.Br./München 2006. Ein methodischer Leitfaden zur strukturierten Behandlung moralischer Probleme. Ein Werkstattbericht. In: Salzburger Jahrbuch für Philosophie 52 (2007), 115-131. Herausgeberschaften: mit Schmidinger, Heinrich: Tod des Subjekts? Poststrukturalismus und christliches Denken. Innsbruck 2005; mit Neumaier, Otto/Sedmak, Clemens: Gerechtigkeit. Auf der Suche nach einem Gleichgewicht. Frankfurt/Lancaster 2005.

Personenregister

Sachregister

Kolibri 360 GmbH
Ferdinand-Jühlke-Straße 7
99095 Erfurt, Deutschland
produktsicherheit@kolibri360.de